生命科学实验指南系列

抗体制备与使用实验指南

（原书第二版）

Making and Using Antibodies：A Practical Handbook
(2nd Edition)

〔美〕G.C.霍华德　M.R.凯瑟　著

张建民　章静波　陈实平　等　译

科学出版社
北京

图字：01-2018-1010 号

内 容 简 介

抗体是最非凡的蛋白质之一，它们保护我们免受各种传染病和癌症的侵害。在发达国家，多种疫苗已成功控制了许多传染病，如脊髓灰质炎、腮腺炎、麻疹和水痘，以及根除了天花，并越来越多地用于抗击癌症。为跟上这一领域的最新发展，本书在第一版的基础上对原有章节进行了修订、更新或扩充，增加了 ELISAs、蛋白质免疫印记、免疫组织化学法、流式细胞术、核酸适配体、定量生产及抗体的人源化的章节。书中对制备和使用抗体的基本方法及基本的实验室技术都进行了详细的描述，并为抗体的商业和工业应用提供了明确的指导。

本书将协助生命科学领域的相关生物医学研究人员与学生掌握抗体所起作用的真实场景，并为未来发现制备和使用抗体的新方法铺平道路。

图书在版编目（CIP）数据

抗体制备与使用实验指南：原书第二版/〔美〕G.C.霍华德(Gary C. Howard)，〔美〕M.R.凯瑟(Matthew R. Kaser) 著；张建民等译. —北京：科学出版社，2020.3
（生命科学实验指南系列）
书名原文: Making and Using Antibodies: A Practical Handbook (2nd Edition)
ISBN 978-7-03-064449-7

Ⅰ.①抗… Ⅱ.①G… ②M… ③张… Ⅲ.①抗体–制备 ②抗体–使用方法 Ⅳ. ①Q939.91

中国版本图书馆 CIP 数据核字(2020)第 027044 号

责任编辑：李 悦 刘 晶 / 责任校对：严 娜
责任印制：赵 博 / 封面设计：刘新新

科学出版社 出版
北京东黄城根北街 16 号
邮政编码：100717
http://www.sciencep.com

北京华宇信诺印刷有限公司印刷
科学出版社发行 各地新华书店经销
*
2020 年 3 月第 一 版 开本：787 × 1092 1/16
2024 年 2 月第三次印刷 印张：23 1/4
字数：542 000

定价：188.00 元
(如有印装质量问题，我社负责调换)

《抗体制备与使用实验指南》(原书第二版)

译者、审校者名单

第 1 章	章静波 译	陈实平 校
第 2 章	王　玥 译	陈　慧 校
第 3 章	韩佳佳 译	张建民 校
第 4 章	王　欣 译	章静波 校
第 5 章	陈实平 译	章静波 校
第 6 章	章静波 译	陈实平 校
第 7 章	党光蕾 译	张建民 校
第 8 章	许　依 译	张建民 校
第 9 章	张斯雅 译	张建民 校
第 10 章	韩睿钦 译	陈实平 校
第 11 章	钱晓菁 译	章静波 校
第 12 章	陈咏梅 译	章静波 校
第 13 章	刘晓玲　王　勇 译	章静波 校
第 14 章	陈实平 译	章静波 校
第 15 章	庞永胜 译	张建民 校
第 16 章	章静波 译	陈实平 校

译　者　序

抗体（antibody）是指机体由于抗原的刺激而产生的具有保护作用的蛋白质。在地球漫长的生命史中，抗体是生物进化出来的最杰出的蛋白质之一。目前发现抗体仅仅存在于脊椎动物的血液等体液中或是B细胞膜表面，抗体能够有效特异地识别外源微生物或肿瘤细胞（抗原），保护机体免受各种感染性疾病和癌症的侵害，被称为“魔法子弹”。

在基础科学研究领域，无论是在鉴定蛋白质的表达以及定位情况还是在研究蛋白质功能等领域，抗体已成为生命科学研究中必不可少的工具，极大地推动了生命科学的发展。在医学领域，起初在19世纪后期，Von Behring及其同事Kitasato用白喉或破伤风毒素免疫动物产生的物质，称之为抗毒素（antitoxin），具有中和毒素作用，随后引入“抗体”一词。疫苗的应用有效控制了多种传染病，这些传染病包括脊髓灰质炎、腮腺炎、麻疹和水痘，甚至利用疫苗根除了天花。目前抗体药物已发展为最活跃的生物药物，它不仅用于治疗感染性疾病，还广泛用于癌症（抗PD-1抗体、抗CTLA4抗体、抗PD-L1抗体等）、自身免疫性疾病（抗TNF-a抗体、抗IL-17抗体等）和炎症（抗IL-1beta抗体，抗IL-6抗体等）等疾病的治疗。

基于抗体自身具有的极大灵活性和广泛的应用价值，抗体制备技术也在不断创新。在本书中，不仅详细介绍了抗体制备和应用技术的基本理论知识和操作方法，如单克隆抗体和多克隆抗体的制备、酶联免疫吸附测定、蛋白质印迹法、免疫组织化学、免疫电镜和流式细胞术等，而且还添加了有关适配体（apatamer）的应用和抗体人源化章节。这是一本实用手册性质的书，其最重要的特色是实用性。每一章节中对每一个实验技术都详细介绍了其理论知识、具体的实验材料、方法和操作步骤，具有明确的可重复性、可操作性。我们衷心希望翻译这本书对中国生物医学研究者能有所帮助，对中国生物医学的发展起到积极的推动作用，对人民的健康事业做出贡献。

本书的翻译工作由北京协和医学院和中国医学科学院基础医学研究所师生共同完成，在此对他们的辛勤付出表示衷心感谢！

张建民

北京协和医学院免疫学系

中国医学科学院基础医学研究所

前　言

抗体，是地球生命史上进化出的最奇特的蛋白质之一，可保护我们免受各种传染病和癌症的侵害。在科研领域，这种“魔法子弹”已经成为不可或缺的研究工具。在生物学领域中，25 年来关于抗体的研究迅速进展，构成了生物学基础知识的关键部分。抗体相对容易制备且使用方便，在应用中具有很大的灵活性，其使用成本对于大多数实验室来说皆可负担，性价比很高。除了用于常规免疫反应研究之外，抗体还可用于基础研究的许多领域，包括鉴定修饰蛋白和酶、转录因子、膜蛋白，以及通过免疫沉淀鉴定具有已知表位的未知蛋白。在医学领域，多种疫苗的使用（至少在发达国家）有效控制了包括小儿麻痹症、腮腺炎、麻疹和水痘在内的许多传染病的发生，并根除了天花；同时，抗体和疫苗也正越来越多地应用于抗肿瘤治疗之中。

抗体制备和使用的新方法仍在不断发展进步，我们希望本书内容可为生物医学相关领域的研究人员和学生提供一定的辅助和参考。在新版本中，我们增加了关于核酸适配体应用和抗体人源化相关章节的内容。同时我们也认为，抗体相关技术在其目前的许多强势应用领域如 Elisa、Western Blotting、免疫组织化学和流式细胞术等中的发展，在未来相当长的一段时间内对生物医学科学仍会起到至关重要的推动作用。

MATLAB®是 MathWorks, Inc 的注册商标。获取更多产品信息请联系：

MathWorks, Inc.

3 Apple Hill Drive

Natick, MA 01760-2098 USA

电话：508 647 7000

传真：508-647-7001

电子邮箱：info@mathworks.com

网址：www.mathworks.com

原书作者简介

Matthew R. Kaser 博士 1988毕业于牛津大学（英国），获得生物化学博士学位。曾先后于加州大学、得克萨斯大学和雷港加州大学洛杉矶分校医学中心进行博士后研究工作，之后就职于加州大学旧金山分校儿科系，随后前往加州帕洛阿尔托的 Incyte Genomics 担任研究员和专利代理人。Kaser 博士自 1999 年开始从事专利代理工作，曾任 Mendel Biotechnology 的知识产权副总监，现在是旧金山 Bell&Associates 的高级合伙人。曾在多个地区、国家和国际会议上发表研究论文，出版著作十余部。

Gary C. Howard 博士 1979年毕业于卡内基梅隆大学，获得生物科学博士学位。在哈佛大学和约翰•霍普金斯大学完成博士后研究工作，并在旧金山加利福尼亚大学担任生物化学助理教授。随后加入了伯灵盖姆的载体实验室，并在加利福尼亚州福斯特市的 Medix Biotech（Genzyme 的子公司）担任化学经理和运营经理。目前在隶属于旧金山加利福尼亚大学的私人生物医学研究机构 Gladstone Institutes 担任科学编辑经理。

原书贡献者

Paul Algate
Emergent BioSolutions
Emergent Product Development Seattle
Seattle, Washington

Juan Carlos Almagro
CTI-Boston, Pfizer
Boston, Massachusetts

Jory Baldridge
GSKBio-Hamilton
Hamilton, Montana

Lee Bendickson
Department of Biochemistry,
Biophysics and Molecular Biology
Iowa State University
Ames, Iowa

Joseph P. Chandler
Maine Biotechnology Services
Portland, Maine

John Chen
BioCheck, Inc.
Foster City, California

Xiangyu Cong
Department of Biochemistry,
Biophysics and Molecular Biology
Iowa State University
Ames, Iowa

and

School of Public Health
Yale University
New Haven, Connecticut

Frederic A. Fellouse
Samuel Lunenfeld Research Institute
Toronto, Ontario, Canada

David A. Fox
Department of Internal Medicine and
Rheumatic Disease Core Center
University of Michigan School of
Medicine
Ann Arbor, Michigan

Gary C. Howard
The Gladstone Institutes
San Francisco, California

David N. Howell
Department of Pathology
Duke University Medical Center
Durham, North Carolina

Matthew R. Kaser
Bell & Associates
San Francisco, California

Lon V. Kendall
Department of Microbiology,
Immunology and Pathology
Colorado State University
Fort Collins, Colorado

Sreekumar Kodangattil
CTI-Boston, Pfizer
Boston, Massachusetts

Jian Li
CTI-Boston, Pfizer
Boston, Massachusetts

Steven B. McClellan
Mitchell Cancer Institute
University of South Alabama
Mobile, Alabama

Sara E. Miller
Department of Pathology
Duke University Medical Center
Durham, North Carolina

Sally P. Mossman
GSK Vaccines
Rixensart, Belgium

Marit Nilsen-Hamilton
Department of Biochemistry, Biophysics and Molecular Biology
Iowa State University
Ames, Iowa

José A. Ramos-Vara
Department of Veterinary Pathology
Purdue University College of Veterinary Medicine
West Lafayette, Indiana

Kathleen C. F. Sheehan
Department of Pathology and Immunology
Washington University School of Medicine
St. Louis, Missouri

Sachdev S. Sidhu
Department of Molecular Genetics
University of Toronto
Toronto, Ontario, Canada

Elizabeth M. Smith
Department of Internal Medicine and Rheumatic Disease Core Center
University of Michigan School of Medicine
Ann Arbor, Michigan

George P. Smith
Division of Biological Sciences
University of Missouri
Columbia, Missouri

Tianjiao Wang
Department of Biochemistry, Biophysics and Molecular Biology
Iowa State University
Ames, Iowa

目　　录

第1章 抗　　体

Matthew R. Kaser and Gary C. Howard

1.1 抗体——一种多功能的分子

抗体是地球生命进化史上一类最不寻常的蛋白质，如果生物医学界有所谓的“魔力子弹”的话，所指的大概就是抗体。在哺乳动物中，抗体能对机体固有的免疫系统起到增强和补充作用，当机体遭遇外界刺激（如细菌、病毒或其他病原微生物等）时，会产生获得性免疫反应，合成并分泌抗体。

人们认识到抗体的本质是一种蛋白质分子的历史仅有数十年，但抗体被人们应用的历史却长远得多。1796 年 Edward Jenner 发现了机体对减毒病毒抗原的免疫反应可保护其免遭随后相同病毒侵袭的现象[1]，这是最早的关于在可控条件下利用疫苗接种来防控疾病的机制的阐述。但早在这之前的几个世纪，中国就已经采用接种牛痘的方式，使机体获得相应的免疫力以抵抗天花病毒感染[2]。

免疫学是当今科学与医学必不可少的一部分。50 年前，当 Porter [3,4]和 Edelman 率先分离出免疫球蛋白分子时（图 1.1 和图 1.2），人们无法想象这些免疫球蛋白能干什么。Kohler Milstein[5]创建的单克隆抗体技术为抗体的应用打开了一扇大门，现如今，

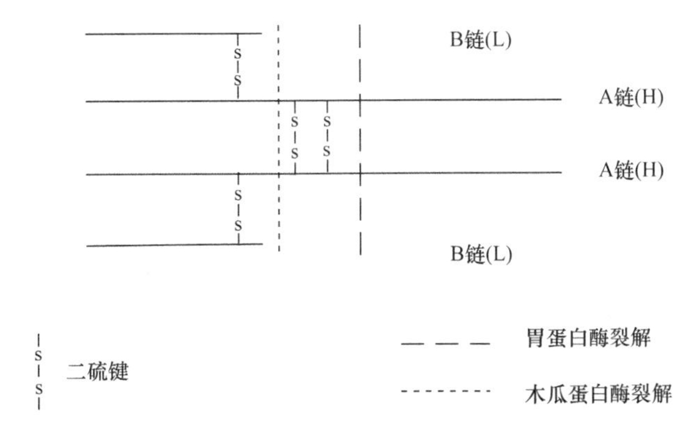

图 1.1　抗体结构。抗体是 Y 型四聚体结构分子，由两条重链（H）和两条轻链（L）组成[3,4,6]。用木瓜蛋白酶消化抗体，可得到两个 45kDa 的可结合抗原的 Fab 片段（包含抗原结合位点）和一个 55kDa 的 Fc 片段（不结合抗原但可形成结晶）。其中两个 Fab 片段可通过二硫键结合在一起。用胃蛋白酶消化抗体，可产生略有不同的蛋白水解片段，得到比前述 Fab 片段稍大的片段，即 $F(ab')_2$。同时胃蛋白酶可消化 Fc 片段更多的肽键，产生更多小分子抗原片段，其意义目前还不明确。需要注意的是，这一早期的概念现在被认为是不正确的，参见图 1.2。

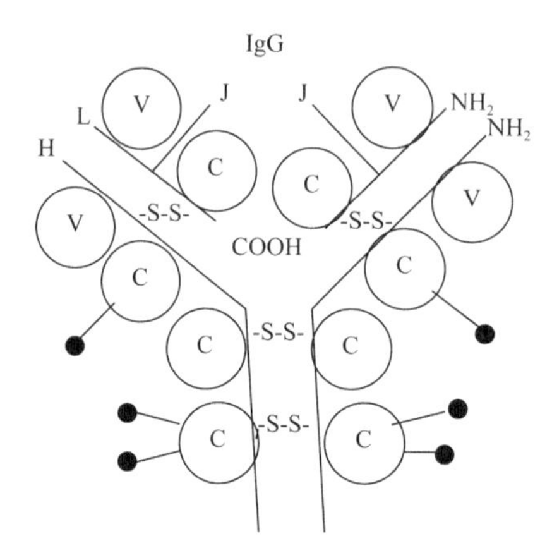

图 1.2 免疫球蛋白分子的各个区域。免疫球蛋白含有 4 条肽链，每条肽链都包含一个可结合抗原的可变区（V）、一个连接区（J）和一个恒定区（C）。这些肽链可根据它们在 8mol/L 尿素变性后的相对分子量大小进一步分为 2 条轻链（L）和 2 条重链（H）。

抗体已被非常广泛地应用于生物医学各个领域中。从 1986 年美国国家食品药品监督管理局（FDA）批准了在人体中使用的第一个抗体药物开始，到如今大约已有 30 多个获批的抗体药物，另外还有许多正在进行临床试验。特异性针对肿瘤抗原和病原微生物相关抗原的抗体被应用于蛋白质组学和诊断学方面，检测肿瘤发生和病原微生物感染；在山羊奶和植物中合成的抗体被作为疫苗和抗肿瘤因子来预防与治疗相关疾病；抗体还被用作药物载体来治疗感染或癌症。除了天然抗体分子之外，在免疫球蛋白超家族（IgSF）中，不同抗体分子的结构域间存在一定的同源性（图 1.3）。利用抗体的这一特性可以构建具有双重或多重活性的基因工程重组嵌合抗体分子，用于治疗恶性肿瘤、免疫性疾病及其他疾病。

1.2 伦理学的思考

有关抗体的结构和作用机制的许多研究工作都离不开动物实验，而这些实验中所用到的实验动物已经逐渐成为社会和科学家的关注焦点。对于有一些实验，可以选择一些能模拟或替代生物组织或生物体的方法进行，如利用原代细胞或永生化细胞系、整株植物或叶片、细菌或噬菌体繁殖、生化或化学合成等。

但是，有些实验必须在活体实验动物上进行验证才能得到更充分的证据。在这种情况下，严格遵守所有的有关实验动物使用和健康的规章制度就显得非常重要。现在，在大学、研究机构和其他涉及动物实验的相关组织都设有伦理监督委员会，负责在动物实验前核准动物实验的研究方案。

实验动物伦理审核的原则是在任何情况下，在能得到显著性统计结果的前提下，使用实验动物的数量应绝对控制在最小值，伦理监督委员会的职责是确保在不违背伦理的情况下对动物实验方案做出最佳的选择。

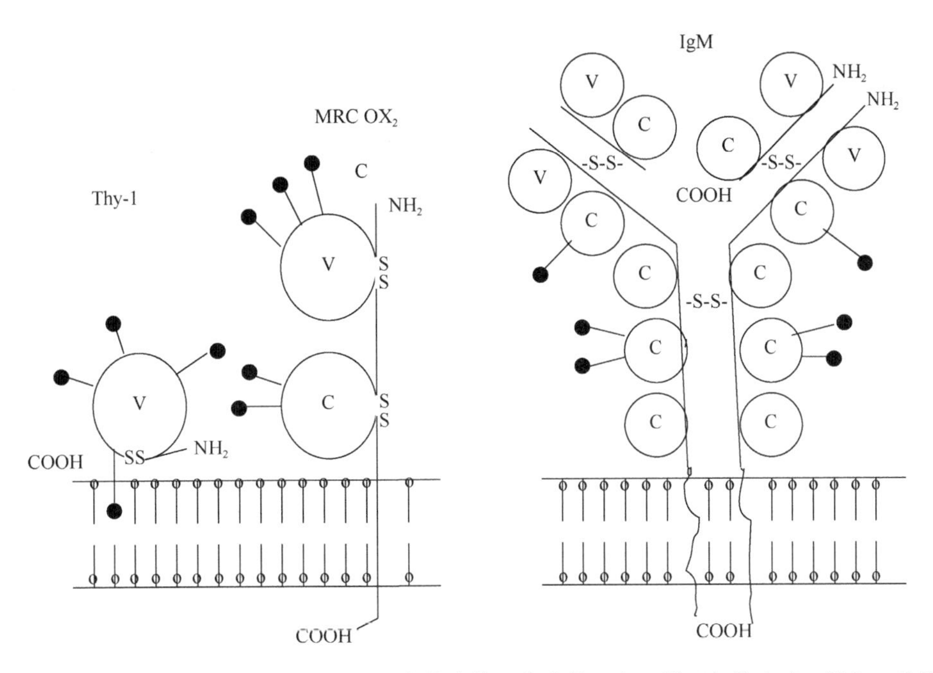

图 1.3　超家族。抗体是免疫球蛋白（Ig）超家族中的一个成员，由 B 淋巴细胞合成，能与一些外源微生物的或非己成分的某些抗原表位结合。免疫球蛋白超家族的一些成员，如 IgF 和 IgA，以 B 细胞受体的形式合成并表达在 B 淋巴细胞表面，可与附近的组织或细胞环境中的相关抗原结合并被其激活。然后通过跨膜区将活化信号传递到细胞内，并通过胞质内一系列的信号转导蛋白，将此信号传递到细胞核。另外，可溶性抗体，如 IgG 或 IgE，可通过循环系统自由迁移，在机体内对外源病原微生物起免疫“侦察”作用。研究发现，大约 4.7 亿年前，即早奥陶纪时期，免疫球蛋白超家族成员（IgSF）已在脊椎动物体内存在[7]。研究发现，在灵长类和啮齿类动物体内，抗体多样性的产生主要归因于 DNA 水平的 V-J-D 基因片段的重排；但是，在其他一些脊椎动物体内，体细胞高频突变和抗体类别转换对抗体多样性的产生同样重要[8]。这一发现与目前对哺乳动物进化的研究一致，即在北劳伦西亚古大陆时期，灵长类动物和啮齿类动物共享一个共同的祖先，到大约 85 亿年前两者才分开[9,10]。IgSF 的可变区（V）和恒定区（C）的每个功能区域典型长度分别为 100~110 个和 90 个氨基酸残基[11]。IgSF 各成员间结构域的氨基酸组成有 20%~30%的同源性。免疫球蛋白的不同 V-J-C 片段是由于在原始低等的生物内 Thy-1 样序列重复、变异和缺失（若干次）而形成，这样的理论可解释那些存在于种系内或种系间超家族分子氨基酸残基序列的相似性和同源性。Thy-1 分子很可能参与了一种细胞型对另一种细胞增殖的调控，在原始真核细胞间相互作用也有着相似的作用。图中还显示了免疫球蛋白超家族成员 MRC OX$_2$，以及与膜结合的 IgM 的结构[11]。

1.3　实验室安全

现代研究型实验室存在许多潜在的安全隐患（如化学制品、仪器设备、生物制品、辐射、电力、动物等）。虽然实验室安全极其重要，但目前却没有一本书籍能系统总结和描述在实验室可能遇到的所有安全隐患及注意事项。

政府机构会对实验室细胞培养、蛋白质分离、分析、经常使用的化学试剂的存放和使用进行管理，并要求项目研究方案必须通过相关机构的审查，符合当地的规章制度。最近 10~15 年，随着荧光基团和其他一些体内、原位、体外蛋白质分子标记示踪方法的应用，放射性同位素和致癌物质（如溴化乙锭）在实验室的使用已经明显减少。除此之外，使用一些毒性物质或有害试剂的实验室检测方法已经逐步被更低剂量或者更安全替代物的试剂盒取代。

所有安全条目中最重要的是培训实验室员工遵守所有的管理规定。要对实验室每个工作人员进行培训，详细介绍和说明其将用到的相关设备、化学制品、生物制品与试验方法，还应包括实验室安全的内容，包括如何处理实验室突发事故（如化学物或放射活性物外泄、锐器伤、火灾等）。

1.4 书籍编排

本书旨在为学生提供当今常用方法的指导说明和简明概述。编写该书时考虑到研究人员的需要，我们试图将同一实验方案尽量编排于较少的页码内，这样做可以让使用者在实验过程中不用翻书。对于在一本由多人撰写的书里，难以避免出现内容遗漏或者重复的现象，本书更倾向于对一些内容进行重复介绍，我们会在各个章节中合适的位置标明哪些方法可以相互参照。在某些章节里，材料和方法部分则可见于本章的附录。

读者或许会注意到，本书没有涉及抗体生产或应用方面的内容，诸如抗体的规模生产、临床用抗体的生产，以及细菌和噬菌体展示的方法等。本书之所以未包括这些内容，因为我们认为这些内容或许在其他的书籍，如 George 和 Urch[12]以及 Aitken[13]的文献综述中已有更好的介绍，我们努力做到尽可能详尽地介绍涉及的内容，但不是面面俱到。

抗体的选择取决于研究的目的。一般来说，单克隆抗体最适于天然蛋白质表面表位或是变性蛋白隐匿表位的鉴定和分析；多克隆抗体常用于不同蛋白质同源类似物的蛋白印迹分析和鉴定；而嵌合抗体多用于在同源基因型作为嵌合抗体的一部分的实验模型中，研究异源分子的作用。

本书每一位撰稿人都基于他们的经验编写了相关的章节。可能内容并不能满足每个读者的个性化需求，但每位撰稿人都提供了行之有效的方案及有助于读者找到适合特殊实验所需方法的参考文献，例如，发现单克隆抗体和多克隆抗体的联合应用是检测芯片上大分子物质的最有效方法。如果你仍有存疑，可咨询一下有经验的同事并试行几个小规模的预实验。

（章静波 译　陈实平 校）

参 考 文 献

1. Jenner E, 1801. *The Origin of the Vaccine Innoculation*, D.M. Shury (printer), Soho, London.
2. Leung AKC, 2011. "Variolation" and vaccination in late imperial China, ca. 1570–1911. In: *History of Vaccine Development* (ed. SA Plotkin), Springer, New York, pp. 5–12.
3. Porter RR, 1962. The structure of gamma globulin and antibodies. In: *Basic Problems in Neoplastic Disease* (eds. Gellhorn A, Hirschberg E), Columbia University Press, New York, pp. 177–194.

4. Porter RR, 1963. Chemical structure of gamma globulin and antibodies. *Br. Med. Bull.*, 19:197–201.
5. Kohler G and Milstein C, 1975. Continuous cultures of fused cells secreting antibody of predefined specificity. *Nature* 256:495–497.
6. Tonegawa S, 1983. Somatic generation of antibody diversity. *Nature* 302:575–581.
7. Rast JP et al., 1994. Immunoglobulin light chain class multiplicity and alternative organizational forms in early vertebrate phylogeny. *Immunogenetics* 40:83–99.
8. Sitnikova T and Su C, 1998. Coevolution of immunoglobulin heavy- and light-chain variable-region gene families. *Mol. Biol. Evol.* 15:617–625.
9. Murray WJ et al., 2001. Resolution of the early placental mammal radiation using Bayesian phylogenetics. *Science* 294:2348–2351.
10. Springer MS et al., 2003. Placental mammal diversification and the Cretaceous-Tertiary boundary. *Proc. Natl. Acad. Sci. USA* 100:1056–1061.
11. Barclay AN et al., 1986. Neuronal/lymphoid membrane glycoprotein MRC OX-2 is a member of the immunoglobulin superfamily with a light-chain-like structure. *Biochem. Soc. Symp.* 51:149–157.
12. George JT and Urch CE (eds.), 2010. *Diagnostic and Therapeutic Antibodies (Methods in Molecular Medicine)*, Human Press, Inc., Totowa, NJ.
13. Aitken R (ed.), 2009. *Antibody Phage Display: Methods and Protocols (Methods in Molecular Biology)*, Human Press, Inc., Totowa, NJ.

第 2 章　抗原和佐剂

Paul Algate, Jory Baldridge, and Sally P. Mossman

2.1　抗原的选择

能被特异性免疫应答所识别的分子被称为抗原。然而，不是所有的抗原都是免疫原。免疫原是指能引起体液免疫和（或）细胞免疫的分子。一些小分子物质（半抗原）只有在和有活性的大分子物质（载体）偶联时才能引起免疫应答。因此，免疫原和抗原是两个既有区别又有联系的概念。能引起抗体应答的抗原必定是免疫原。

制备抗体的第一步是选择合适的抗原作为免疫原。选择的抗原及其质量直接关系到能否成功得到你需要的具有一定特异性和实用性的抗体。在诱导产生任何抗体前，首先应该认真考虑所制备抗体的用途。选择合适的抗原能最大限度地诱导产生具有所需特性的抗体。如果制备的抗体用于免疫印迹或者免疫组化实验，那么它必须对线性抗原表位具有特异性，从而能识别变性的蛋白质。相应地，如果抗体用来检测细胞表面的蛋白质（如流式细胞术），蛋白质的构象表位就非常重要，那么制备的抗体应该能够识别天然蛋白质。如果抗体用于潜在的临床治疗，那么它识别天然抗原的能力是必需的。

第二步要考虑如何筛选所需的抗体。抗原来源的多样性提供了更多的免疫接种和筛选的策略。本章将讨论选择特定抗原的利弊。这些抗原包括多肽、原核或真核重组蛋白抗原、全细胞抗原、质粒 DNA 和腺病毒表达的抗原等。我们要介绍和讨论一些产生不同抗原的方法及策略，以满足免疫原和筛选抗体的需要。

人类基因组基因序列测定得到了许多潜在抗原的核苷酸序列和蛋白质序列。可通过美国国家生物技术信息中心（http://www.ncbi.nlm.nih.gov/）等公开的数据库进行搜索。它们提供了丰富的信息来源，可用于识别和分析潜在的抗原。抗原作为潜在免疫原的关键因素之一，用来确定它与制备抗体所用物种间的同源性关系。

对于任何特定的抗原应选择以下物种来制备抗体：抗原和这个物种的内源性同源体蛋白的同源性应最小，以增加抗原的异质性，从而提高其免疫原性。许多动物包括兔子、小鼠、大鼠、豚鼠、山羊、绵羊、驴和鸡等已被用于制备抗体。最常用的动物是兔子、小鼠、大鼠，因为它们易于饲养，而且通常可以产生良好的抗体应答。免疫兔子往往需要大量的免疫原，但是可产生大量的血清。大鼠和小鼠产生的血清量少，但可以用来制备单克隆抗体。

需要进一步考虑的因素是抗原和相关蛋白质及家族成员的潜在同源性，以减少生成的抗体和类似抗原发生不必要的交叉反应。

HomoloGene（http://www.ncbi.nlm.nih.gov/ entrez/query.fcgi?DB=homologene）是一

种自动检测同源基因的计算机系统，它可以自动地在已经完成测序的真核生物之间寻找同源基因。使用类似 HomoloGene 这样的系统可分析种内同源性和种间同源体，使设计的抗原达到最强的免疫原性和最弱的交叉反应。如果发现有强同源性（氨基酸水平>90%）的区域，我们要使用和同源性最小区域对应的截短蛋白片段或多肽。当制备功能性抗体的时候，可使用生物信息学来查明和确定所针对的特异性蛋白质结构域的功能。

利用 TMpred 程序（http://www.ch.embnet.org/software/ TMPRED_form.html）可以预测蛋白质跨膜区并对蛋白质进行定位。这个程序主要依靠一个天然存在的跨膜蛋白[1]的数据库 TMbase，来确定细胞表面分子的跨膜拓扑模型，这样就可以识别胞外结构域，并以之为靶点来生成可用于流式细胞仪的抗体。PSORT II 及其相关程序和数据集（http://www.psort.org/）也可预测亚细胞的定位。

2.2　多肽抗原

多肽无疑是生产抗原的最快方式，可用于免疫接种来制备抗体。许多机构和公司发现保持核心多肽合成的能力经济有效。如果你不具备多肽合成能力，一些商业公司可以提供多肽合成定制服务。这种方法可靠、经济，可在几周之内提供高质量的多肽，其数量足以用于免疫接种。对于典型的多肽免疫原，大约几百美元可以买到 10mg 含 15 个氨基酸并且纯度>80%的多肽，这些多肽足够免疫几个动物来得到抗体，并用酶联免疫吸附试验进行抗体筛选。

多肽可以特别有效地提高抗体对抗原某区域的特异性，如新的结构域或同源性最低的区域。当抗原没有其他来源的时候，也可使用多肽。许多情况下，重组蛋白因为不能被表达和纯化而不能作为抗原的来源。对于大分子跨膜蛋白，如 G 蛋白偶联受体（在制药领域重要的分子家族），这是经常发生的，对应胞外结构域蛋白环状结构的短肽已被证明是可行的免疫原，可以产生针对这些复杂分子的抗体。

由 6 个氨基酸组成的肽可以用来制备抗血清，由 10~12 个氨基酸残基组成的多肽通常有更高的免疫原性[2]。一个较短的抗原表位的例子是 Flag 标签，其在蛋白质纯化、鉴定和功能分析领域被广泛使用。这是一个八肽序列（DYKDDDDK），其单克隆抗体和多克隆抗体易于购得。我们发现由 12~15 个氨基酸组成的多肽在多数情况下都是非常好的免疫原。由 30~35 个氨基酸组成的较长多肽，虽然本身化学合成受限，但也是非常好的免疫原，其优点是可能会形成相关的二级结构。多肽免疫原使用受限是因为其线性表位序列短，在一个完整的蛋白质抗原中不易被识别。因而由多肽产生的抗体趋向于识别线性表位，总的来说，在免疫印迹实验和其他识别变性蛋白的抗体实验中效果非常好。然而，由多肽产生的抗体通常不能识别蛋白质构象，因此不太可能和天然分子反应。这样的抗体往往没有功能，不能用于流式细胞术。但是应该指出的是，在有些情况下多肽免疫原确实能够生成可识别天然蛋白质的抗体，例如，当蛋白质抗原的线性表位没有被其三级结构所掩盖的时候。

多肽抗原由于长度较短应被视为半抗原，需要结合载体蛋白以提高其免疫原性。对于小于 3kDa 的多肽来说，这种结合被认为是有必要的；对于任何不超过 10kDa 的多肽来说，这种结合可能是有益的。典型的载体蛋白包括钥孔血蓝蛋白（KLH）、牛血清白蛋白（BSA）和卵白蛋白（Ova）。Imject 免疫原准备试剂盒（Thermo Fisher Scientific，Rockford，Illinois）使用快速、简便，可供选择使用。若使用该试剂盒，应该在多肽末端合成半胱氨酸残基形成游离的巯基（—SH），通过简单的一步反应结合到马来酰亚胺活化的载体。载体和多肽结合物通过脱盐及透析方法进行纯化，并分装冷冻保存，直至使用。

初次免疫动物应注射多肽和弗氏完全佐剂（CFA）的复合物，初次加强免疫使用多肽和弗氏不完全佐剂（IFA）的复合物，随后的加强免疫不需要佐剂。

针对多肽的抗体应答应在预先免疫放血，应取免疫前血清及加强免疫后的血清同时检测，采用 ELISA 方法，酶标板中包被未连接载体的多肽，以区分对载体的应答及对多肽的应答，为了此目的，一定要预留一些多肽，另将部分多肽用于连接载体。

2.3 蛋白质抗原

重组蛋白技术能够相对简单地生产高产量的纯化蛋白质。蛋白质的纯度很重要，因为它能确保任何特异性免疫应答是针对目的蛋白质的，而不是针对免疫显性污染物。许多试剂，包括表达系统和试剂盒都可以从商业公司购买得到。蛋白质可以从许多异种来源，包括原核生物（如大肠杆菌）、昆虫细胞（杆状病毒）、酵母（酿酒酵母和毕赤酵母），以及各种哺乳动物等细胞培养系统（如中国仓鼠卵巢细胞）得到。当选择合适的表达系统的时候，蛋白质的质量、生产速度和产量通常是最重要的考虑因素。使用原核表达系统成本低廉且耗时最少，但是表达的蛋白质有时功能低下，而用真核系统表达的蛋白质更能保证蛋白质的功能。重组 DNA 技术实现了融合蛋白的构建，可在目的序列上添加特异性亲和标签。这些亲和标签被用于亲和层析，从而简化了重组融合蛋白的纯化过程。

亲和标签包括 Flag、c-myc、HA、谷胱甘肽 SG 转移酶（GST）、绿色荧光蛋白（GFP）和 6×His。这些标签抗体用于免疫印迹实验、流式细胞术和免疫组化法检测融合蛋白，同时它们对融合蛋白功能的影响很小。带有 Flag、c-myc 和 HA 标签的蛋白质纯化需要结合有抗体的亲和层析柱，因此大规模纯化的费用昂贵。GST 标签依靠其和覆盖谷胱甘肽基质既强大又可逆的亲和力，使大规模蛋白质纯化和生产成为可能，但是，GST 标签本身有较高的免疫原性，可以诱导较强的免疫应答。GST 可以和融合蛋白分离，但是这种分离可能是不完全的，而且费用昂贵。6×His 标签以 6 个组氨酸残基螯合像镍这样的金属离子为基础，可以通过固定的镍柱亲和层析方法进行纯化。其纯化的规模可大可小，经济有效，可一步完成，蛋白质在天然和变性的状态下都可以。6×His 相对来说无免疫原性，这么小的分子通常不会影响融合蛋白的结构和生物学功能，所以对要作为免疫原的蛋白质进行纯化，它是很好的标签。此外，能够在大肠杆菌、昆虫细胞和哺乳动物细胞表达 6×His 标签蛋白的载体可以从许多商业公司获得。

2.3.1 原核蛋白

大肠杆菌表达的融合蛋白及其纯化无疑代表着最简单、快捷的方式，可用以产生充足数量的蛋白质抗原来进行免疫。原核生物来源的抗原的不利因素在于其不能像天然真核蛋白一样进行翻译后修饰，它们缺少糖基化，而糖基化对于天然蛋白质构象和有效性抗原表位非常重要。随着一般的分子生物学克隆技术[3]及一些基本柱纯化技术的发展，在 4~6 周这么短的时间内可以对目的抗原进行鉴定、克隆、表达，纯化到毫克级。载体和纯化系统主要从以下商业公司购买，包括 Novagen 公司（EMD Millipore Corporation，Billerica，Massachusetts）、Qiagen 公司（Valencia，California）、Invitrogen 公司（Life Technologies）和 Stratagene 公司（Agilent Technologies，Inc.，Santa Clara，California）等。这些公司还提供优良的使用手册和实验流程。载体种类繁多、变化多端，带有不同的启动子和多克隆位点，可设计使表达蛋白在 N 端或 C 端带有标签。

2.3.1.1　表达载体的构建

编码目的抗原的基因通过聚合酶链反应（PCR）分离出来，PCR 需要使用含有校正功能的聚合酶（如 *Pfu* 聚合酶）和含有限制性酶切位点的适宜引物。适合该基因克隆的载体带有这些限制性酶切位点并表达 6×His。精心设计引物，引入和载体相同的限制性酶切位点，无论 6×His 标签放在目的基因的 N 端还是 C 端，结果都是目的基因和 6×His 按正确的可读框被克隆扩增。为了获得最佳的蛋白质生产和纯化，以及确保良好的免疫应答，在设计表达载体的时候要采取一些策略。应尽可能避免蛋白质跨膜区，这些疏水区在大肠杆菌中表达经常出现问题，在蛋白质再折叠和纯化过程中也经常出现问题。随着跨膜区数量增加，这些潜在的问题往往增多。根据我们的经验，单次跨膜蛋白造成的问题很少，但是多次跨膜蛋白（如 7 次跨膜的 G 蛋白偶联受体）就很难进行表达和纯化。此外，应当避免信号肽，它们在蛋白质迁移过程中容易被切除，不能作为成熟蛋白质的相关抗原表位，还将导致与它融合的任何标签的断裂。目的片段的大小应该易于扩增而不引入突变，并且易于连接到质粒载体（<1000 个氨基酸；3.0kb）。虽然较大的片段也可使用，但是很难被操作，而且给蛋白质提供构象表位也不是必需的。正如以前所讨论的，为了避免和产生的抗原发生交叉反应，选择的片段与其他蛋白质相比应尽可能是独一无二的。最后，在部分蛋白质的生产过程中要降低一些风险，如在大肠杆菌中可能产生具有毒副作用、妨碍蛋白质表达的功能性蛋白。谨慎的做法是构建几种含有不同基因片段和基因长度的载体，再根据经验选择最好的表达质粒。所有构建的质粒应进行独立克隆和序列分析，以确保序列完整和保留可读框。通过对转化的大肠杆菌进行规范的过夜培养获得质粒载体，即可以从细菌裂解液得到纯化的质粒。Qiagen 公司的质粒纯化试剂盒通常用来纯化质粒，其质量适用于所有后续实验。

作为宿主的几种大肠杆菌应和使用的载体及启动子系统相匹配。转化几种不同的菌株并进行小规模表达可确定最适合表达蛋白质的菌株。有时用于一般用途的表达宿主可以缺失启动子［BL21（DE3）］，如果表达蛋白是有毒性的，就应使用更严格的表达宿主［BL21（DE3）pLysS］。一些大肠杆菌（例如，AD494 宿主系列；Novagen，EMD Millipore Corporation）可以在细胞质形成二硫键。此外，菌株已经可以避免人类密码子使用偏好（例如，BL21 CodonPlus；Stratagene，Agilent Technologies，Inc.）。这可以在一定程度上减少两个方面的风险：一个是低效识别一些哺乳动物的密码子导致的蛋白质翻译中断；另一个是潜在的高频率的可读框移位。每个条件对抗原的表达都将产生不利影响。

2.3.1.2　6×His 标记重组抗原的表达和纯化

试剂

超声波缓冲液	20mmol/L Tris，pH8.0，500mmol/L NaCl（4℃储存）
洗涤缓冲液	20mmol/L Tris，pH8.0，500mmol/L NaCl，10mmol/L 咪唑
洗脱缓冲液	20mmol/L Tris，pH8.0，500mmol/L NaCl，250mmol/L 咪唑
CHAPS 洗液	加 0.5% CHAPS 到洗涤缓冲液
DOC 洗液	加 0.5% DOC 到洗涤缓冲液（始终室温）
Pellet 结合缓冲液	20mmol/L Tris，pH8.0，8mol/L 尿素
Pellet 洗涤缓冲液	20mmol/L Tris，pH8.0，500mmol/L NaCl，8mol/L 尿素
Pellet 洗脱缓冲液#1	20mmol/L Tris，pH8.0，500mmol/L NaCl，8mol/L 尿素，300mmol/L 咪唑
Pellet 洗脱缓冲液#2	同#1，但 pH 为 4.5

2.3.1.2.1　小规模表达培养

对某一特定蛋白质抗原来说，要进行小规模（100ml）的表达和纯化，应进行预试验来确定克隆、宿主和最佳的诱导时间。离心后分装的诱导细胞（10ml 培养物）往往可以直接溶于样品缓冲液，如果有合适的抗体（如抗标签抗体），就可以直接通过 SDS-聚丙烯酰胺凝胶电泳（SDS-PAGE）和免疫印迹实验确定最佳的培养条件并测定重组蛋白的溶解度。进行大规模制备前，要在优化条件下用镍亲和层析技术进行小规模纯化。下面描述的小规模柱纯化与用下述大型纯化系统进行 100ml 规模纯化相当。

2.3.1.2.2　大肠杆菌的培养和蛋白质的诱导

（1）接种含有重组质粒的大肠杆菌到 20ml 含抗生素的 LB 培养液（含羧苄西林或氨苄青霉素 100μg/ml），37℃剧烈振荡培养过夜。

（2）按 1∶50 的比例把过夜培养的细菌接种到 1L 的 LB 培养液（含抗生素），37℃剧烈振荡培养至 OD_{600} 为 0.6。

（3）诱导前迅速取出 1ml 样品备用。

（4）在培养液中加入异丙基-β-D-硫代吡喃半乳糖苷（IPTG）诱导表达，至终浓度为 1mmol/L。

（5）继续培养 4~5h（根据预实验结果）。收集 1ml 样品备用*。

（6）离心 4000*g*，20min，收集细菌。

（7）细菌沉淀于–20℃冷冻储存过夜。

2.3.1.2.3　冷冻细菌沉淀

（1）在冰上融化细菌沉淀。

（2）每升诱导培养物加 25ml 超声缓冲液。

（3）在混合液中加 1 片完全蛋白酶抑制剂（Roche，Indianapolis，Indiana）和 2mmol/L

苯甲基磺酰氟（PMSF）。

（4）用吸管充分混悬沉淀。

（5）加溶菌酶 0.5mg/ml（取自–20℃冻干保存的新鲜溶菌酶）。

（6）缓慢倒进玻璃烧杯，用搅拌棒在 4℃轻轻地搅拌 30min。

（7）高频超声 20s×8 次（20W），或 French press 1100psi 2 次（必要时超声 20s×4），冰浴。

（8）超声处理使黏度下降时，离心 11 000r/min，30 min，4℃。

（9）保存上清液和沉淀*。

2.3.1.2.4　上清液（可溶性蛋白质）

（1）将上清液 4℃保存直至使用。

（2）加咪唑至终浓度 10mmol/L。

（3）用洗涤缓冲液平衡 Ni^{2+}NTA 树脂（Qiagen），离心，覆洗（0.5ml 树脂/沉淀）。

（4）用少量洗涤缓冲液混悬树脂，并加到上清液中，慢慢搅拌 1h，4℃。

（5）准备空柱和缓冲液。用洗涤缓冲液清洗空柱。

（6）把上清液/镍树脂倒进柱里，收集流出的液体*。

（7）用 20ml 洗涤缓冲液洗柱，或直至吸光度值返回基线*。

（8）用洗脱缓冲液洗脱，4ml×6 次，或直至吸光度值返回基线*。

（9）用含 8mol/L 尿素的洗脱缓冲液洗脱，4ml×3 次*。

（10）分装后 4℃保存（保留部分树脂进行凝胶电泳）。

2.3.1.2.5　超声波沉淀（包涵体）

（1）把沉淀保存在–20℃，直到使用。

（2）用 25ml 0.5% CHAPS 洗液超声（15~20W）20s，清洗沉淀 1 次（或根据需要）。

（3）离心 11 000r/min，25min，重复 4 次或直至上清液澄清*。

（4）用 0.5% DOC 洗液重复上述步骤 3~5 次。

（5）用 pellet 结合缓冲液混悬沉淀，如有必要可超声。

（6）用 pellet 结合缓冲液平衡 Ni^{2+}NTA 树脂（Qiagen），离心，覆洗（0.5ml 树脂/沉淀）。

（7）把树脂加到混悬的沉淀中，室温搅拌 45min。

（8）准备空柱和缓冲液。用 pellet 结合缓冲液清洗空柱。

（9）把沉淀/镍树脂混合液倒入柱里，收集流出的液体*。

（10）用 20ml pellet 结合缓冲液洗柱*。

（11）用 20ml 0.5% DOC 结合缓冲液洗柱*。

（12）用 20ml pellet 洗涤缓冲液洗柱，或直至吸光度值返回基线。

（13）用 pellet 洗脱缓冲液#1 洗脱，4ml×6 次*。

（14）用 pellet 洗脱缓冲液#2 洗脱，4ml×3 次*。

（15）分装后 4℃保存（保留部分树脂进行凝胶电泳）*。

> ＊在纯化每一步通常都要保存部分样品来进行 SDS-PAGE。所有步骤的样品都应该做 SDS-PAGE 跟踪重组蛋白。如果有抗体，应当用 Western blot 检测样品凝胶，从而确定重组蛋白在纯化过程中的纯度和复性情况。

2.3.1.3 离子交换层析

如果仍然有证据表明重组融合蛋白含有一些污染性的蛋白质，可用离子交换层析法对其进行进一步纯化。虽然这一额外纯化过程通常是不需要的，但是它有时可以帮助去除残留的污染物和内毒素。阴离子交换层析法使用 Q Sepharose fast flow 树脂，阳离子交换层析法使用 SP Sepharose fast flow 树脂（均来自 GE Healthcare Biosciences，Philadelphia，Pennsylvania）。

从镍柱或离子交换柱洗脱的抗原应用 10mmol/L Tris（pH 8.0）进行透析（更换 4 次透析液），并用适当相对分子量截留的蛋白质纯化浓缩器进行浓缩（Vivaspin；Vivaproducts，Inc.，Littleton，Massachusetts）。回收的重组蛋白的数量和浓度可以用蛋白质检测试剂进行检测，如 BCA 蛋白定量试剂盒（Thermo Fisher Scientific）。对最后纯化的重组蛋白进行 N 端测序，可以验证其纯度和性质。

对原核蛋白来说，确保最后的产物没有内毒素非常重要，特别是当它作为小鼠免疫原时，要确保小鼠不会死于内毒素引起的发热反应。对于最终得到的抗原，应取部分样品用鲎基质显色法检测有无细菌内毒素污染（LAL；QCL-100，Cambrex Bio Science，Walkersville，Maryland）。

2.3.2 真核蛋白

来自真核细胞的重组蛋白有潜在的优势，其可以和天然蛋白质一样进行翻译后修饰，如糖基化。这种重组抗原能展示更多的天然构象，刺激后产生的抗体可用于流式细胞术和捕获细胞。此外，识别天然抗原的抗体在体内更可能阻止或刺激抗原的正常活动，因此具有潜在的治疗价值。由于这些原因，来自真核细胞的重组蛋白是蛋白质免疫原颇具吸引力的来源。

目前可得到的载体能使融合蛋白以与原核蛋白相似的方式进行表达和纯化。然而，不同的启动子活性和载体拷贝数往往造成真核蛋白的表达水平比在大肠杆菌中低得多。此外，真核细胞培养，尤其是杆状病毒和哺乳动物细胞，即使选择了用发酵罐分批培养，往往也昂贵且费时。尽管有这些不利因素，当需要识别天然蛋白质的抗体时，尤其是已知抗原表位会被翻译后修饰影响的时候，都应首先考虑真核重组蛋白。

与真核重组蛋白表达和纯化相关的一个问题是，为了分离和纯化蛋白质，细胞要被裂解，如果真核细胞可以分泌重组蛋白到培养液中，而培养液可以不断地被收集和纯化，那么大量生产真核蛋白的成本会显著降低。通过模仿杂交瘤细胞生产抗体的过程，现在已经开发了一些系统可以表达免疫球蛋白融合蛋白并持续分泌到培养上清液中。通过 PCR 和克隆到使用启动子（如巨细胞病毒启动子）的哺乳动物表达载体的方法，各种细胞表面受体、黏附分子、生长因子和孤儿配体/受体都可以与人或鼠的免疫球蛋白重链的 Fc 段连接以融合蛋白的形式表达[4]。对 Fc 融合蛋白的纯化可以用蛋白 A 或蛋白 G 亲和柱处理转染细胞（适应于无蛋白质培养基）的上清液[5]。Fc 融合蛋白，也称为免疫黏附素，是研究体外和体内控制生物学功能的分子间相互作用的有用工具，并提供了一些治疗人类疾病的药物。药物 Enbrel（Amgen，Thousand Oaks，CA）是一种肿瘤坏死因子受体融合蛋白，它是由天然的可溶性人类肿瘤坏死因子受体蛋白（75kDa）与人 IgG1 的 Fc 段融合蛋白构成的二聚体。这种通过基因工程方法得到的可溶性肿瘤坏死因子受体抑制了肿瘤坏死因子的作用，是人体调控过程的重要补充，可治疗类风湿关节炎和其他免疫性疾病。免疫黏附素在哺乳动物细胞的有效表达、相对简单的纯化过程和分子生物活性的保留使其成为颇具吸引力的生产及纯化免疫动物抗原的工具。

2.4 全细胞免疫原

对于通常表达于细胞表面的天然抗原，用全细胞抗原来制备抗体是很好的选择。就在细胞系中外源表达的膜蛋白而言，如果该细胞系来源于用于生产该抗体的物种（如果是小鼠，应是同一品系），那么重组细胞中除了表达的重组抗原外，其他成分应该都无免疫原性。该细胞系能够对重组抗原进行翻译后修饰，使其像天然蛋白质一样，并将抗原的相关构象表位提呈于细胞表面。

因为载体 pCEP4 和 pREP4 含有巨细胞病毒或 Rous 肉瘤病毒（Rous sarcoma virus）的长末端重复序列增强子 G 启动子，所以其适用于高水平的组成型表达（Invitrogen，Life Technologies）。这两类载体可以在灵长类动物细胞内进行游离基因的瞬时高表达。用线性载体进行转染和选择适当的药物可以产生稳定的表达细胞系。

其他载体（pcDNA，Invitrogen，Life Technologies）适用于各种哺乳动物细胞的快速克隆和组成型表达。这些载体可以携带不同的选择性标记，带或不带融合蛋白标签（6×His 和 myc），还可以具有其他特性，如表达分泌蛋白质或诱导型表达等。许多载体使用巨细胞病毒的增强子-启动子，从而可以在哺乳动物细胞内高水平表达。如果巨细胞病毒的启动子对载体而言不是最佳选择，可选择人 EF-1α 或者 UbC 启动子。

不管选择哪种载体，表达的目的片段都应该使用标准的 DNA 重组技术经 PCR 扩增后克隆到载体上。如有可能，应该克隆全长基因，也应确保该基因能被适宜地转运到细胞表面进行翻译后修饰和正确折叠。此外，为了避免标签对蛋白质构象的潜在影响，蛋白质的附加标签应仅限于细胞的胞内区，但仍然提供表位以确保蛋白质被检测到。有些技术可以使表达载体稳定地转染到哺乳动物细胞中，包括磷酸钙沉淀法[6,7]、电穿孔法[8,9]、阳离子脂质体转染法[10]和使用适当抗生素筛选稳定表达的细胞株。作为全细胞免疫原的细胞系，在使用前最好通过免疫印迹分析和流式细胞术，证明其具有表达细胞表面蛋白的特性。细胞系建立以后，应存放等份样品在液氮中，当培养物表达量有损失时可以作为替代品。

反转录病毒载体为在多种类型哺乳动物细胞中进行单一整合和表达提供了有效的手段，尤其对不容易被其他技术转染的细胞系。反转录病毒载体的优点是可以整合入宿主基因组稳定持久地表达重组蛋白。虽然反转录病毒载体提供了一个相对简单的、可以稳定地把基因导入哺乳动物细胞的方法，但是它们的使用确实需要一些特殊考虑，而且程序也相对费时。使用反转录病毒载体一定要遵循标准的操作准则以确保安全，包括使用I级生物安全组织培养设施（美国）、使用I级有HEPA滤器的层流洁净工作台、使用有限的工作区域和双层手套、使用实验室外套和面部保护。不同研究机构对反转录病毒的操作规范也不同。在使用任何反转录病毒表达系统前都要向机构的安全人员咨询你所用的实验设施的特殊要求。

斯坦福大学GarryNolan博士所在的实验室在Moloney小鼠白血病病毒的基础上开发出了Phoenix反转录病毒转染系统，可以把基因导入大部分处于分裂期的哺乳动物细胞。该系统既可以作为一个单向性包装系统（能够把基因导入小鼠或大鼠的分裂期细胞），也可以作为双向性包装系统（能够把基因导入包括人类在内的大多数哺乳动物分裂期细胞）。通过Nolan的实验室网站可以查到构建反转录病毒载体所需的材料、实验指导和方案，以及病毒的生产和稳定转染的方法（http://www.stanford.edu/group/nolan/retroviral_systems/retsys.html）。反转录病毒商业系统可从Clontech公司（Mountain View，California）获得。

2.5 免疫方案

2.5.1 多肽和蛋白质抗原

2.5.1.1 小鼠：BALB/c，雌性小鼠，6~8周龄

初次免疫：取50μg多肽或25~50μg蛋白质溶于80ul PBS，与100μl Stimune（PrionicsAG，瑞士）佐剂混合，通过肌肉注射（IM）进入两个部位；加强免疫：使用相同的抗原/佐剂混合物，每隔3~4周加强（至少2次），肌肉注射（IM）；最终加强：最终用100μg多肽或蛋白质，不加佐剂，采用腹腔注射（IP）或静脉注射（IV）（如果抗原体积足够小），在最后一次加强后3~4天取脾。

2.5.1.2 家兔：新西兰白色，雌性家兔，8周龄

初次免疫：取0.4mg肽或蛋白质溶于80μl PBS，再加1ml Stimune佐剂，皮下注射（4个部位：两侧腹股沟和腋窝）；4周后第一次加强免疫：取0.2mg肽或蛋白质加PBS至0.8ml，加入1ml Stimune，皮下注射（4个部位：两侧腹股沟和腋窝）；每4周进行第2次加强和随后的加强，取0.1mg肽或蛋白质加入50~100μl PBS，不加佐剂，静脉注射（IV）；最后一次加强免疫后5~7d放血，最多可得到20ml血清。

2.5.2　全细胞免疫原的免疫方案

2.5.2.1　小鼠：BALB/c 小鼠，雌性，6~8 周龄

完整细胞通常具有强免疫原性，无须佐剂辅助。把细胞用 PBS 洗涤三次后以适当的浓度悬浮于 PBS。免疫小鼠的典型剂量是 2×10^6~5×10^7 个细胞，腹腔注射（0.4ml，10^8 个细胞/ml），此外静脉注射已经被成功地使用（0.1ml，10^8 个细胞/ml）。间隔 3~8 周用类似的剂量进行加强免疫，最后一次免疫后 2~4d 取脾。

2.6　基因免疫

根据抗体疗法的最新进展要求，应该开发有效的方法来生成针对膜蛋白天然构象的抗体。这些蛋白质不容易被表达，其天然构象也很难维持。在任何重组蛋白不能被表达的情况下，可利用基因疫苗接种技术（质粒表达载体或病毒载体）在小鼠或较大的动物体内制备抗体。

2.6.1　质粒 DNA

用表达目的基因的质粒 DNA 或 cDNA 免疫动物来制备抗体具有明显的优势，因为其不需要表达蛋白来产生免疫原。由于没有了大肠杆菌或者哺乳动物宿主细胞污染物（其通常与重组蛋白共同被纯化），质粒表达载体可诱导特异性高的体液免疫应答。通过使用截短的基因片段，添加分泌信号序列和共表达辅助分子（如细胞因子基因）的方法可增强质粒 DNA 引起的体液免疫应答。这个技术还可以用于将多个基因免疫同一动物，甚至是一个基因表达文库同时免疫同一动物而不会出现明显的抗原性竞争[11]。

用质粒 DNA 免疫动物制备多克隆抗体或单克隆抗体的主要缺点是生成的抗体效价相对较低，有时甚至多次免疫后也是如此。与通常注射几十微克重组蛋白免疫原相比，这种结果和蛋白质体内低表达（皮克级至纳克级）直接相关。这些多克隆抗体的低效价与制备单克隆抗体的杂交瘤细胞产量低相关。然而，在某些情况下质粒 DNA 还是具有优势的，而且有许多文献报道了成功利用质粒 DNA 免疫动物制备小鼠和兔的多克隆抗体，以及小鼠的单克隆抗体，得到的抗体可以结合多种抗原的构象表位和线性表位[12~18]。

2.6.1.1　表达载体的构建

详细说明 PCR 扩增和 DNA 克隆的分子生物学技术超出了本章的范围，但这些标准的实验方法可从其他途径获得。简言之，应设计适当的引物通过反转录聚合酶链反应分离得到目的基因（cDNA 序列）[3]，并克隆入真核表达载体。多种哺乳动物表达质粒可从商业公司得到，它们都带有强启动子（如巨细胞病毒启动子）和 poly（A）这样的序列，如牛生长激素的 poly（A）。pVAX1（Invitrogen，Life Technologies）和 pCI（Promega Corporation，Madison，Wisconsin）是两种适合免疫接种的载体。把重组载体转化入大

肠杆菌进行扩增，通过限制性酶切消化对目的基因进行正确定位，然后将其瞬时转染到细胞系（如 COS 细胞系）来验证其表达。以下几种实验方法可以用来检测表达蛋白：针对固定细胞的免疫细胞化学法、免疫蛋白印迹法，针对细胞溶解液的酶联免疫吸附试验。如果不能进行上述实验，对重组载体进行必要的诊断性限制性酶切消化或对插入序列进行测序就能充分证明其序列正确性。

过夜培养的转化大肠杆菌可用于大量提取质粒，再通过细菌裂解来纯化质粒。通常使用 Qiagen 公司的无内毒素的质粒纯化试剂盒来纯化质粒以用于体内免疫接种。根据质粒 DNA 的需要量（500μg~10mg）来选择相应规格的试剂盒并决定需要过夜培养的初始细菌用量。将纯化的质粒 DNA 悬于注射用无菌盐水或 PBS 中，终浓度为 1~5mg/ml。分装后–20℃长期储存，或 4℃短期储存。

2.6.1.2　质粒表达载体的免疫接种

免疫接种质粒表达载体的方法较多。对小鼠和家兔的标准免疫接种流程如下。

2.6.1.2.1　小鼠

BALB/c 小鼠，雌性，6~8 周龄。

剂量：100μg/次。

免疫途径和用量：一种方法是在小鼠每个后腿胫骨前（胫）肌肉进行肌肉注射 50μl（用结核菌素注射器和 28 号针头），总量为 100μl。另外一种方法是在小鼠尾巴底部皮内注射 100μl。皮下注射 DNA 无效。

方案：免疫 4 次，每次间隔不少于 10d，每 3 周一次最佳。每次免疫接种前需监测血清抗体的效价。最后一次免疫接种后 3~4d 取脾以制备杂交瘤细胞。

2.6.1.2.2　家兔

新西兰白兔，雌性，8 周龄。

剂量：1mg/次。

免疫途径和用量：在家兔每个后腿股四头肌肌肉注射 200μl 或在背部剪去被毛的多个部位皮内注射，每个部位 100μl，直至达到总量为止。

方案：免疫接种至少 4 次，必要时可以更多，每月一次。每次接种后 3 周取血来监测血清抗体的效价。

2.6.1.3　提高 DNA 免疫的效率

对这个基本方法的一些精细调整手段可以用来增加 DNA 免疫的效率。

（1）在巨细胞病毒增强子/启动子的下游添加巨细胞病毒，即刻早期基因内含子 A 元件可显著提高质粒载体的蛋白质表达水平[19]。

（2）据报道，在目的基因的上游增加分泌信号序列，在体内可以显著增加抗体的应答水平[20,21]。

（3）使用基因枪粒子轰击装置导入质粒可以提高质粒在体内细胞的导入效率[13,22]，如可从 BioGRad 实验室（Hercules，CA）购买到 Helios 基因枪。与肌肉或皮肤注射引起的抗体应答所需的 DNA 量相比，使用基因枪仅需要少于其 100 倍的 DNA 量即可达到同样的抗体应答效果。

（4）通过针注射法或基因枪接种法把 DNA 直接导入动物脾细胞的技术，已被用来提高提呈表达蛋白给 B 细胞的效率。使用这种技术免疫小鼠仅需一次就可制备多克隆抗体和单克隆抗体。收集脾细胞制备杂交瘤细胞的最佳时间是经脾免疫后 5d，这时 IgM 和 IgG 同种型抗体正在生成，是一种非常快速的免疫方案[18]。

（5）最后增加佐剂，如同时注射编码粒细胞/巨噬细胞集落刺激因子质粒[13]，或质粒 DNA 吸附明矾[24]，可以提高体内抗转基因产物抗体的效价。

2.6.1.4　抗体应答

使用 DNA 免疫小鼠和家兔得到的抗体效价为 1/100 000~1/10 000[14,15,17]，小鼠体内产生的抗体通常是混合的 IgG 亚类，以 IgG2a 为主。然而，多克隆抗体的总效价和抗体亚类之间的平衡受很多因素的影响，如抗原本身因素、导入的方法、小鼠品系、分泌信号序列的存在与缺失等[25~27]。使用这种免疫方法，可以生成 IgM、IgG1 和 IgG2a 同种型的单克隆抗体，这些抗体与使用佐剂的蛋白质免疫原或使用病毒载体制备的抗体的亲和力相似[15,18,28]。

2.6.1.5　使用其他免疫原加强 DNA 免疫

如前所述，单独 DNA 免疫动物制备的多克隆抗体效价较低，生成杂交瘤细胞的效率低。在这种情况下，使用第二种免疫原加强免疫可增强抗体应答，如表达抗原蛋白的细胞[29~31]或重组病毒载体[32]。这种策略不仅提高了总抗体效价，似乎同时也能激活 B 细胞，从而提高了稳定杂交瘤细胞的产量[29]。这种加强免疫方法保留了抗原的天然构象，而不需要表达重组蛋白。这种方法的特别之处是 DNA 能够激发针对目的基因的体液免疫，而不是针对加强免疫所使用的任何宿主细胞蛋白或病毒蛋白[29,33]。

2.6.2　腺病毒

如同质粒表达载体一样，如果要制备细胞表面蛋白质或其他构象蛋白质的抗体，使用腺病毒载体进行免疫接种具有特别的优势。制备重组腺病毒比构建重组质粒更为复杂，但总的来说，因为重组腺病毒在体内表达更大量的蛋白质，所以诱导的抗体效价更高[28,34]。如前所述，重组腺病毒质粒可作为唯一的免疫原，或者与 DNA 联合应用启动免疫。

2.6.2.1　重组腺病毒载体的构建

商业化的腺病毒载体简化了重组病毒的制备过程。这里描述的两个系统是基于人类 5 型腺病毒的，删除腺病毒 *E1* 基因导致其复制不完全，删除腺病毒 *E3* 基因使其不能逃避宿主免疫应答。

（1）AdEasy 系统[35]（Agilent Technologies，Inc.）使用穿梭质粒来克隆目的基因。

该质粒与腺病毒骨架质粒 pAdEasyG1 共转化大肠杆菌，进行重组，然后筛选具有卡那霉素抗性的正确重组子。把最后得到的重组子转染到试剂盒提供的 HEK293A 细胞系（其表达 *E1* 基因产物）来制备病毒颗粒。该病毒可扩增，可对其进行有限稀释，分析其致 HEK293 细胞出现病变效应的最高稀释度，从而测定病毒的滴度。

（2）Invitrogen 公司提供了 ViraPower 腺病毒载体系统。该系统使用 Gateway 技术来提高克隆到腺病毒载体的速度和准确性。表达 *E1* 基因的 HEK293A 包装细胞系可以用来扩增重组病毒和测定病毒滴度。

2.6.2.2 腺病毒的纯化和滴度测定

以前通常使用标准的双氯化铯梯度离心法来纯化重组腺病毒[36]。目前可以替代氯化铯纯化方法的是不需要超速离心的色谱纯化试剂盒，可从 BD Biosciences 公司（San Jose，California；BD Adeno-X Virus Purification Kits）和 Sartorius AG 股份公司（Goettingen，Germany；Vivapure AdenoPACK 100）购买到。最后得到的病毒应重悬于 10mmol/L Tris（pH8）、2mmol/L $MgCl_2$ 和 5%的蔗糖混合液中，分装后在–80℃储存。病毒经过反复冻融三次以内可造成相对较小的病毒滴度下降，但是反复冻融超过三次的病毒应该弃掉。通过对病毒进行有限稀释分析其致 HEK293 细胞出现病变效应的最高稀释度，可测定病毒的感染滴度[36]。

2.6.2.3 腺病毒的免疫接种

由于没有 *E1* 基因，这些重组腺病毒不能在免疫接种的动物体内进行复制，也不会产生子代颗粒。然而，无论是实验室还是动物室使用的材料，都应在 II 级生物安全标准（BL-2）的条件下处理。每批腺病毒的定量可以用“总颗粒数/ml”表示（但是不一定能全部计数），或者用“感染性单位（空斑形成单位，pfu）/ml”表示。如果用于免疫接种，使用“空斑形成单位/ml”（pfu/ml）来定量更合适。

2.6.2.3.1 小鼠

BALB/c 小鼠，雌性，6~8 周龄。

剂量：最佳剂量将随着特异性抗原不同而不同，但给每只小鼠接种 10^6~10^8pfu（以适宜的浓度溶于 PBS）来测试免疫反应是合理的。在接种前，解冻的腺病毒应冰浴保存。

免疫途径和用量：在小鼠每个后腿胫骨前肌肌肉注射 50μl（用结核菌素注射器和 28 号针头），总量为 100μl。另外一种方法是在小鼠尾巴底部皮内注射 100μl。用腺病毒免疫接种时，和皮下注射相比，肌肉注射和皮内注射可以引起更强有力的抗体应答。

方案：免疫 2 次，间隔 3 周。因为动物体内诱导了病毒中和抗体，进一步的免疫接种将不会增强反应强度。最后一次免疫接种后 3~4d 取脾来制备杂交瘤细胞。

2.6.2.3.2 家兔

新西兰白兔，雌性，8 周龄。

剂量：10^7~10^9pfu，用 PBS 稀释至适当浓度。在接种前，解冻的腺病毒应冰浴保存。

免疫途径和用量：在家兔每个后腿股四头肌肌肉注射 200μl 或在皮肤剪去被毛的多

个部位皮内注射，每个部位 100μl，直至达到总量为止。

方案：免疫 2 次，间隔 3 周。因为动物体内诱导了病毒中和抗体，进一步的免疫接种将不会增强反应强度。

2.7 佐剂

免疫佐剂能非特异性地加强或修饰与其共同注入体内的抗原的免疫应答，因此，与仅使用抗原相比，其抗体的产量会更大。诸多机制参与到这一佐剂介导的放大效应中包括：①一种免疫原的仓库，使其能在较长时间内缓慢释放从而向免疫系统提呈；②免疫刺激被优化，一般免疫刺激剂和抗原集中于同一微环境中，并同时与抗原提呈细胞和淋巴细胞相互作用；③免疫系统细胞非特异性活化，而这种活化对产生抗体的反应有益。本章主要阐述商品化的、为生产抗血清而设计的佐剂在研究中的使用问题（表 2.1）。

表 2.1　佐剂购买信息

佐剂	供应商/地址	网址	电话
弗氏佐剂（Freund's adjuvants）	多家供应商皆可购买，包括弗氏完全佐剂（CFA）和弗氏不完全佐剂（IFA）		
TiterMax	TiterMax USA 6971 Peachtree Industrial Boulevard，Suite 103 Norcross，GA 30092	www.titermax.com	1-800-345-2987
Stimune	Prionics AG Waginstrasse 27a CH-8952 Sclieren-Zurich，Switzerland	www.prionics.com	+ 44 44 200 20 00
Sigma adjuvant system	Sigma-Aldrich 3050 Spruce St.，St. Louis，MO 63103	www.sigma-aldrich.com	1-800-521-8956
Gerbu adjuvant	GERBU Biochemicals GmbH Am Kirchwald 6 69251 Gaiberg，Germany	www.gerbu.de	（0049）6223/95130
AbISCO（ISCOMs）	Isconova AB Kungsgatan，109 SE-753 18 Uppsala，Sweden	www.isconova.se	+ 46 18 16 17 00
Imject（Alum）	Pierce Chemical Co. PO Box 117 Rockford，IL，61105	www.piercenet.com	1-800-874-3723
Aluminum-based —Alhydrogel（alum） —Adju-Phos	Brenntag Biosector A/S Elsenbakken 23 DK-3600 Frederikssund，Denmark	www.brenntagbiosector.com	+ 45 47 38 47 00
Adjuprime	Pierce Chemical Co. PO Box 117 Rockford，IL，61105	www.piercenet.com	1-800-874-3723
Montanide	ISA Seppic 30 Two Bridges Road，Suite 225 Fairfield，NJ 07004-1530	www.seppic.com	1（937）882-5597 1-201-882-5597
Quil A	Accurate Chemical & Scientific Corporation 300 Shames Drive Westbury，NY 11590	www.accuratechemical.com	1-800-645-6264 1-800-255-9378

无论是制备多克隆抗体还是生产单克隆抗体，选择佐剂时都需要考虑诸多因素，包括：①人道地对待动物；②机构的规定；③所需抗体的特性；④使用简便；⑤费用。总而言之，油包水乳剂，如弗氏佐剂，是商品化的最高效的佐剂之一，但同时刺激性也最大，注射局部反应最大，最难使用。这类佐剂能导致蛋白质类抗原的变性，从而阻止针对基于立体结构的抗原表位的抗体产生。为避免弗氏佐剂产生的毒性，水包油乳剂由此发展，该类乳剂含有少量的油脂，虽效力较低，但具有局部反应轻、使用简便、蛋白质抗原变性的可能性小等特点，因此通常加入其他免疫刺激剂以增强该类佐

剂的效应。铝盐主要促进 ThG2 型抗体应答，一般来说其佐剂效应最小，但局部反应最轻，并且容易使用。

没有一种佐剂适用于所有情况，但大部分商品化的佐剂只要使用恰当都能获得足够滴度的抗体。对于佐剂的选择，建议读者与当地动物保护和使用委员会，或有经验的同行讨论，或参考已发表的文章[37~43]。

油包水佐剂是认识和使用最广泛的佐剂，由 Freund 最先研制出来[44,45]。这类乳剂由含有可溶性抗原的水相溶液与等体积的油经乳化作用产生。在乳化过程中，含有抗原的小水滴被油所捕获，在非常黏的乳剂中形成颗粒。为维持佐剂活性，非常关键的一点是，该黏稠的乳剂要保持稳定，各成分在混合后不会分散，当运用到宿主组织后，该黏稠的混合物将发挥抗原仓库的作用。

油包水佐剂的效力可以通过联合使用免疫刺激剂而加强。经典的例子是弗氏完全佐剂。它由水溶性抗原、矿物油乳化剂和热灭活结核分枝杆菌（非常强的免疫反应调节剂）组成。弗氏不完全佐剂与弗氏完全佐剂一样，只是省去了结核分枝杆菌成分。弗氏佐剂已经被、也将继续被广泛地用于与抗原联合使用以刺激高滴度抗血清的产生。

弗氏佐剂具有内在的毒性，运用后可导致肉芽肿、无菌性脓肿，以及溃疡产生[46,47]。为减轻这些副作用的程度，大多数方案建议只在初次免疫时使用弗氏完全佐剂，而随后的接种使用弗氏不完全佐剂代替。此外，由于对实验动物关注的增加，许多动物饲养中心禁止或限制弗氏完全佐剂的使用，而鼓励使用其他佐剂。目前有几种替代品可以选择，它们在增加抗体产生的效率方面几乎与 CFA/IFA 一致，但却极大地减低了毒性[48~50]。本章介绍了一些替代方案的使用。

TiterMax 是专门为在实验动物体内生产抗体而发展起来的一种油包水乳剂。TiterMax 含三种主要成分：嵌段共聚物 CRL89-41（a block copolymer CRL89-41）、角鲨烯（一种可代谢的油类）和二氧化硅微粒。非离子性的嵌段共聚物是一种合成的免疫修饰成分，通过将蛋白质抗原结合到油脂上，从而加强高浓度的抗原向抗原提呈细胞的传递而发挥作用。通过使用角鲨烯代替矿物油，TiterMax 乳剂的毒性大大低于弗氏佐剂[50]。与弗氏佐剂相比，TiterMax 与抗原更易形成乳化剂，并且也更稳定[50]。

Stimune 是一种矿物质水包油乳液，用于研究动物，包括小鼠、家兔和山羊。Stimune 是弗氏佐剂的安全替代品，可引发强烈的抗体反应，在猪、仔猪和家兔中进行广泛测试后引起的副作用可忽略不计。另外，与弗氏佐剂不同，抗原-佐剂混合物可以通过混合配制，而不需要使用注射器进行费力的乳化。

Sigma 辅助系统是一种稳定的水包油乳液，可用作弗氏乳液的替代品，可与不再商业化的 Ribi 佐剂系统（RAS）相媲美。Sigma 佐剂系统是一种非黏性乳液，含有 0.5mg 来自明尼苏达沙门氏菌的单磷酰脂质 A、0.5mg 合成海藻糖二十二烷酸酯、角鲨烯油和 Tween80 的水溶液。单磷酰脂质 A 和海藻糖二十四烷酸酯是免疫刺激剂，其激活抗原提呈细胞并促进抗体产生。Sigma 辅助系统与 RAS 具有很高的可比性，RAS 已不再商业化。

Gerbu 佐剂是作为弗氏佐剂的替代品发展而来的。与 RAS 佐剂一样，Gerbu 佐剂依赖于免疫刺激物推动针对与其相伴抗原的抗体反应。*N*-acetyl-glucosaminyl-*N*-acetylmuramyl-l-alanyl-d-isoglutamine 或者 glucosaminylmuramyldipeptide（GMDP）是由保加利亚乳酸

杆菌细胞壁分离出的一种糖肽。该免疫调节剂可激活免疫系统细胞，从而导致促进抗体产生的细胞因子的生成。Gerbu 佐剂为水溶性，使用简单。

铝盐类佐剂是运用于许多人体疫苗的一种主要佐剂。蛋白质易吸附于铝离子表面，当注射以后，铝离子吸附的抗原像一个仓库，可缓慢地向免疫系统释放抗原数天以上。一般而言，铝盐被认为是一种较弱的佐剂，但其温和的反应性却提供了一个安全的选择。

ISCOM 或免疫刺激复合物为细胞结构成分，由皂苷类、胆固醇和磷酯类组成。ISCOM 已作为实验性佐剂运用多年。近来，Isconova 公司（Uppsala，Sweden）采用一种 ISCOM 制成立即可用的佐剂，称为 Abisco，用于实验动物的抗体生产。

2.7.1　佐剂的使用

2.7.1.1　总体要求

（1）用于生产抗血清的佐剂进入机体组织后会引起非常强的炎症反应，因此在使用这些材料时需要佩戴具有保护作用的眼镜和手套。

（2）佐剂以无菌形式出售，因此应该无菌操作。任何在疫苗准备过程中的污染都会对所期望产生的抗血清有不良影响。污染物可能比抗原更具免疫原性，使产生的抗血清针对污染物而非抗原。佐剂一旦被污染，应丢弃。

（3）过量佐剂可导致免疫抑制，从而引起抗体产出低。因此，佐剂使用量应为或接近生产商建议的剂量。

（4）对于多肽抗原或其他免疫原性较弱的抗原，可将它们与一辅助蛋白共价偶联，再与佐剂混合。为抗原附上辅助蛋白的许多实验方案可在本书的其他章节或 *Current Protocols in Immunology*（《精编免疫学实验指南》）一书中找到[51]。

（5）高滴度的抗体通常经低剂量多次抗原免疫后产生，而非一次大剂量免疫。当抗原贫乏时可考虑这点。

（6）一些佐剂，包括 TiterMax，能增加小鼠 IgG2a 亚类抗体的产生[52~54]。小鼠 IgG2a 亚类抗体可能有价值，因为它能激活补体，并参与体内和体外的抗体依赖细胞毒性作用。这些亚类抗体也能与巨噬细胞 FcγRI 高效结合。

2.7.1.2　TiterMax 佐剂的使用方案

2.7.1.2.1　材料

TiterMax 佐剂

防护眼镜

注射器

抗原（溶于 PBS）

乳胶手套

一个三通阀或双孔乳化接头

两个 3ml 全塑胶注射器（橡胶活塞会黏住注射器筒）或经硅化的全玻璃带 Luer-lock 的注射器

2.7.1.2.2 步骤

（1）室温预热 TiterMax，振荡 30s 或更长，以确保 TiterMax 混匀。

（2）制备 1ml 乳化剂：一个注射器吸入 0.5ml TiterMax，另一个注射器吸入 0.25ml 水溶性抗原。洗涤剂将会减弱乳化效应，应避免。留 0.25ml 水溶性抗原备用。

（3）将两个注射器都连上三通活塞，乳化第一步是把水溶性抗原推入 TiterMax 中，这步非常重要。用力反复抽吸乳化剂，使其通过三通阀，约 2min。

（4）将所有乳化剂压入一个注射器，取下空注射器。空注射器吸入余下的 0.25ml 水溶性抗原。

（5）再将注射器装上，把水溶性抗原推入之前的乳化剂中，重复乳化过程 60s。

（6）将所有乳化剂推入一个注射器，取下空注射器。

（7）推出一小滴滴到烧杯内水面上，以检测乳化剂的稳定性。如果小乳滴在水面变平或扩散，将注射器重装上三通活塞，继续乳化，直至稳定的乳化剂形成，这个过程大概需要数分钟。

2.7.1.3 Stimune 佐剂的使用方案

2.7.1.3.1 材料

Stimune 佐剂
抗原（溶于生理盐水）
防护眼镜
乳胶手套
全塑料注射器
无菌试管或 Eppendorf 管
注射用注射器

2.7.1.3.2 步骤

（1）确定所需抗原的量并将其无菌转移至无菌 Eppendorf 管（或试管）。

（2）使用无菌塑料注射器将适当体积的 Stimune 佐剂转移至含有抗原的试管中并剧烈混合。通常，推荐抗原与佐剂的比例为 4∶5（*V*/*V*）。

（3）将抗原-佐剂溶液取出到注射器中并通过相应地注射抗原-佐剂乳液对动物进行接种（所引用的体积仅用于佐剂）。

a. 小鼠：100μl 佐剂/只；
b. 大鼠：500μl 佐剂/只；
c. 豚鼠：500μl 佐剂/只；
d. 兔：1ml 佐剂/只；
e. 山羊：1ml 佐剂/只；
f. 猪：1ml 佐剂/只。

（4）建议动物每 14~28 天根据需要接种加强免疫接种疫苗。

2.7.1.4　Sigma 佐剂的使用方案

2.7.1.4.1　材料

Sigma 辅助系统
抗原
安全眼镜
乳胶手套
全塑料注射器
无菌试管或 Eppendorf 管
注射用注射器

2.7.1.4.2　步骤

（1）在加入抗原之前，将小瓶的温热内容物加热至 40~45℃。

（2）使用 20 号或 21 号针头的注射器通过橡皮塞将抗原盐溶液（2ml）直接注入样品瓶中（将盖子密封保留在适当位置）。注意：如果最初不使用小瓶的全部内容物，则用 1ml 不含抗原的生理盐水重新配制。该乳液可在 2~8℃下储存长达 60 天。不要冻存。使用时，将分装的样品与盐水中的抗原 1∶1 混合。

（3）剧烈涡旋小瓶 2~3min 以形成乳液。将小瓶倒置并涡旋 1min，以确保黏附在塞子上的产品混匀。

（4）接种前，将小瓶加热至 37℃并短暂涡旋。

a. 小鼠：200μl 佐剂/只，腹腔或皮下注射；

b. 大鼠：500μl 佐剂/只，400μl 皮下注射（两个位点各 200μl）和 100μl 腹腔注射；

c. 豚鼠：500μl 佐剂/只，400μl 皮下注射（两个位点各 200μl）及 100μl 腹腔注射；

d. 兔：1.0ml 佐剂/只，以 300μl 皮内注射（六个位点各 50μl）、400μl 肌肉注射（每个后腿 200μl）、100μl 皮下注射（颈部区域）及 200μl 腹腔注射；

e. 山羊：1.0ml 佐剂/只，皮内注射（每只后腿 500μl）。

（5）建议动物每 14~28 天根据需要接种加强免疫接种疫苗。

2.7.1.5　Gerbu 佐剂的应用

2.7.1.5.1　材料

Gerbu 佐剂
抗原
防护眼镜
乳胶手套
全塑胶注射器
无菌试管或 Eppendorf 管
注射器

2.7.1.5.2 步骤

（1）计算所需抗原量，无菌操作移入无菌 Eppendorf 管（或试管）。

（2）用一无菌塑胶注射器将适量体积的 Gerbu 佐剂转入盛有抗原的管中，简单混匀。通常建议佐剂与抗原的体积比为 1∶1。

（3）抽吸抗原 G 佐剂溶液到一注射器内，适量注射入免疫动物体内（所述仅为佐剂体积）。

a. 小鼠：50μl 佐剂/只；

b. 大鼠：100μl 佐剂/只；

c. 仓鼠：200μl 佐剂/只；

d. 豚鼠：250μl 佐剂/只；

e. 兔：1ml 佐剂/只；

f. 羊：4ml 佐剂/只。

（4）建议：如需要，可每隔 14~28 天重复免疫。

2.7.1.6 Imject 铝盐佐剂的使用

2.7.1.6.1 材料

Imject 铝盐佐剂抗原

防护眼镜

乳胶手套

无菌烧杯

无菌搅拌子

无菌吸量管

磁力搅拌器

注射用注射器

2.7.1.6.2 步骤

（1）计算所需抗原量，无菌操作转入一个有无菌搅拌子的无菌烧杯中，将烧杯放在搅拌器上搅拌。

（2）一次加入 1 滴 Imject 铝盐佐剂抗原，持续搅拌，1ml 抗原加 0.3~1ml 铝盐。

（3）盖上烧杯，室温混合该混合液 30min，以确保抗原有效吸附于铝离子上。

（4）1ml 注射器吸入悬液，排出气泡，注射。

（5）免疫动物，适量注射抗原-佐剂乳化剂。

a. 小鼠：总剂量 0.05~0.2ml，分两处皮下注射；

b. 大鼠或豚鼠：总剂量 0.2~0.5ml，分两处皮下注射；

c. 兔：总剂量 0.5~1ml，0.25ml/点，于颈后皮下注射。

（6）间隔 2~4 周加强免疫，以取得最好结果。

（王玥 译 陈慧 校）

参考文献

1. Stoffel, K. H. W., TMbase–A database of membrane spanning proteins segments. *Biol. Chem. Hoppe-Seyler*, 374, 166, 1993.
2. Janin, J., Surface and inside volumes in globular proteins. *Nature*, 277, 491, 1979.
3. Sambrook, J. R. and Russell, D. W., *Molecular Cloning: A Laboratory Manual*, 3rd Edition, Cold Spring Harbor Laboratory Press, Cold Spring Harbor, 2001.
4. Ashkenazi, A. and Chamow, S. M., Immunoadhesins as research tools and therapeutic agents. *Curr. Opin. Immunol.*, 9, 195, 1997.
5. Sakurai, T., Roonprapunt, C., and Grumet, M., Purification of Ig-fusion proteins from medium containing Ig. *BioTechniques*, 25, 382, 1998.
6. Chen, C. and Okayama, H., High-efficiency transformation of mammalian cells by plasmid DNA. *Mol. Cell Biol.*, 7, 2745, 1987.
7. Wigler, M. et al., Transfer of purified herpes virus thymidine kinase gene to cultured mouse cells. *Cell*, 11, 223, 1977.
8. Chu, G., Hayakawa, H., and Berg, P., Electroporation for the efficient transfection of mammalian cells with DNA. *Nucleic Acids Res.*, 15, 1311, 1987.
9. Shigekawa, K. and Dower, W. J., Electroporation of eukaryotes and prokaryotes: A general approach to the introduction of macromolecules into cells. *Biotechniques*, 6, 742, 1988.
10. Felgner, P. L. and Ringold, G. M., Cationic liposome-mediated transfection. *Nature*, 337, 1989.
11. Yero, C. D. et al., Immunization of mice with *Neisseria meningitidis* serogroup B genomic expression libraries elicits functional antibodies and reduces the level of bacteremia in an infant rat infection model. *Vaccine*, 23, 932, 2005.
12. Chua, K. Y., Ramos, J. D. A., and Cheong, N., Production of monoclonal antibody by DNA immunization with electroporation. *Methods Mol. Biol.*, 423, 509, 2008.
13. Chambers, R. S. and Johnston, S. A., High-level generation of polyclonal antibodies by genetic immunization. *Nat. Biotechnol.*, 21, 1088, 2003.
14. Chowdhury, P. S., Gallo, M., and Pastan, I., Generation of high titer antisera in rabbits by DNA immunization. *J. Immunol. Methods*, 249, 147, 2001.
15. Leinonen, J. et al., Characterization of monoclonal antibodies against prostate specific antigen produced by genetic immunization. *J. Immunol. Methods*, 289, 157, 2004.
16. Gardsvoll, H. et al., Generation of high-affinity rabbit polyclonal antibodies to the murine urokinase receptor using DNA immunization. *J. Immunol. Methods*, 234, 107, 2000.
17. Oynebraten, I., Lovas, T. O., Thompson, K., and Bogen, B., Generation of antibody-producing hybridomas following one single immunization with a targeted DNA vaccine. *Scand. J. Immunol.*, 75, 379, 2012.
18. Velikovsky, C. A. et al., Single-shot plasmid DNA intrasplenic immunization for the production of monoclonal antibodies. Persistent expression of DNA. *J. Immunol. Methods*, 244, 1, 2000.
19. Chapman, B. S. et al., Effect of intron A from human cytomegalovirus (Towne) immediate-early gene on heterologous expression in mammalian cells. *Nucleic Acids Res.*, 19, 3979, 1991.
20. Svanholm, C. et al., Enhancement of antibody responses by DNA immunization using expression vectors mediating efficient antigen secretion. *J. Immunol. Methods*, 228, 121, 1999.
21. Li, Z. et al., Immunogenicity of DNA vaccines expressing tuberculosis proteins fused to tissue plasminogen activator signal sequences. *Infect. Immun.*, 67, 4780, 1999.
22. Kilpatrick, K. E. et al., Gene gun delivered DNA-based immunizations mediate rapid production of murine monoclonal antibodies to the Flt-3 receptor. *Hybridoma*, 17, 569, 1998.
23. Moonsom, S., Khunkeawla, P., and Kasinrerk, W., Production of polyclonal and monoclonal antibodies against CD54 molecules by intrasplenic immunization of plasmid DNA encoding CD54 protein. *Immunol. Lett.*, 76, 25, 2001.

24. Kwissa, M. et al., Co-delivery of a DNA vaccine and a protein vaccine with aluminum phosphate stimulates a potent and multivalent immune response. *J. Mol. Med.*, 81, 502, 2003.
25. Daly, L. M. et al., Innate IL-10 promotes the induction of Th2 responses with plasmid DNA expressing HIV gp120. *Vaccine*, 23, 963, 2005.
26. Feltquate, D. M. et al., Different *T* helper cell types and antibody isotypes generated by saline and gene gun DNA immunization. *J. Immunol.*, 158, 2278, 1997.
27. Haddad, D. et al., Differential induction of immunoglobulin G subclasses by immunization with DNA vectors containing or lacking a signal sequence. *Immunol. Lett.*, 61, 201, 1998.
28. Guo, J. et al., Insight into antibody responses induced by plasmid or adenoviral vectors encoding thyroid peroxidase, a major thyroid autoantigen. *Clin. Exp. Immunol.*, 132, 408, 2003.
29. Nagata, S., Salvatore, G., and Pastan, I., DNA immunization followed by a single boost with cells: A protein-free immunization protocol for production of monoclonal antibodies against the native form of membrane proteins. *J. Immunol. Methods*, 280, 59, 2003.
30. Tearina Chu, T. H. et al., A DNA-based immunization protocol to produce monoclonal antibodies to blood group antigens. *Br. J. Haematol.*, 113, 32, 2001.
31. Costagliola, S. et al., Genetic immunization against the human thyrotropin receptor causes thyroiditis and allows production of monoclonal antibodies recognizing the native receptor. *J. Immunol.*, 160, 1458, 1998.
32. Chen, Z., Guo, X., Ge, X., Chen, Y., and Yang, H., Preparation of monoclonal antibodies against pseudorabies virus glycoprotein gC by adenovirus immunization alone or as a boost following DNA priming. *Hybridoma*, 27, 36, 2008.
33. Yang, Z. Y. et al., Overcoming immunity to a viral vaccine by DNA priming before vector boosting. *J. Virol.*, 77, 799, 2003.
34. Schwarz-Lauer, L. et al., The cysteine-rich amino terminus of the thyrotropin receptor is the immunodominant linear antibody epitope in mice immunized using naked deoxyribonucleic acid or adenovirus vectors. *Endocrinology*, 44, 1718, 2003.
35. He, T. C. et al., A simplified system for generating recombinant adenoviruses. *Proc. Natl. Acad. Sci. USA*, 95, 2509, 1998.
36. Tollefson, A., Hermiston, T. W., and Wold, W. S. M., Preparation and titration of CsCl-banded adenovirus stock, in *Adenovirus Methods and Protocols*, Wold, W. S. M. (ed.), Humana Press, Totowa, New Jersey, 9, 1999.
37. Jennings, V. J., Review of selected adjuvants used in antibody production. *ILAR J.*, 37, 119, 1995.
38. Hanley, W. C., Artwhol, J. E., Bennett, and B. T., Review of polyclonal antibody production procedures in mammals and poultry. *ILAR J.*, 37, 93, 1995.
39. Robuccio, J. A., Griffith, J. W., Chroscinski, E. A., Cross, P. J., Light, T. E., and Lang, C. M., Comparison of effects of five adjuvants on the antibody response to influenza virus antigen in guinea pigs. *Lab. Animal Sci.*, 45, 420, 1995.
40. Deeb, B. J., DiGiacomo, R. F., Kunz, L. L., and Stewart, J. L., Comparison of Freund's and Ribi adjuvants for inducing antibodies to synthetic antigen (TG)- AL in rabbits. *J. Immunol. Methods*, 152, 105, 1992.
41. Lipman, N. S., Trudel, L. J. Murphy, J. C., and Sahali, Y., Comparison of immune response potentiation and in vivo inflammatory effects of Freund's and Ribi adjuvants in mice. *Lab. Anim. Sci.*, 43, 193, 1992.
42. Leenaars, P. P. A. M., Hendricksen, C. F. M., Koedam, M. A., Claassen, I., and Claassen, E., Comparison of adjuvants for immune potentiating properties and side effects in mice. *Vet. Immunol. Immunopathol.*, 48, 123, 1995.
43. Kenney, J. S., Hughes, B. W., Masada, M. P., and Allison, A. C., Influence of adjuvants on the quality, affinity, isotype and epitope specificity of murine antibodies. *J. Immunol., Methods*, 121, 157, 1989.
44. Freund, J., Casals, J., and Hosmer, E. P., Sensitization and antibody formation after injection of tubercle bacilli and paraffin oil. *Proc. Soc. Exp. Biol. Med.*, 37, 509, 1937.
45. Freund, J., The effect of paraffin oil and mycobacteria on antibody formulation and sensitization. *Am. J. Clin. Pathol.*, 21, 645, 1951.

46. Broderson, J. R., A retrospective review of lesions associated with the use of Freund's adjuvant. *Lab. Anim. Sci.*, 39, 400, 1989.
47. Claassen, E., de Leeuw, W., de Greeve, P., Hendriksen, C., and Boersma, W., Freund's complete adjuvant: An effective but disagreeable formula. *Res. Immunol.*, 143, 478, 1992.
48. Mallon, F. M., Graichen, M. E., Conway, B. R., Landi, M. S., and Hughes, H. C., Comparison of antibody response by use of synthetic adjuvant system and Freund complete adjuvants in rabbits. *Am. J. Vet. Res.*, 52, 1503, 1991.
49. Lipman, N. S., Trudel, L. J., Murphy, J. C., and Sahali, Y., Comparison of immune response potentiation and in vivo inflammatory effects of Freund's and Ribi adjuvants in mice. *Lab. Anim. Sci.*, 42, 193, 1992.
50. Hunter, R. L., Olsen, M. R., and Bennett, B., Copolymer adjuvants and TiterMax, in *The Theory and Practical Applications of Adjuvants*, Stewart-Tull, D. E. S. (ed.), Wiley, New York, 51, 1995.
51. Maloy, W. L., Coligan, J. E., and Paterson, Y., Production of antipeptide antisera, in *Current Protocols in Immunology*, Vol. 1, Coligan, J. E., Kruisbeek, A. D., Margulies, D. H., Shevach, E.M., and Strober, W. (eds.), John Wiley & Sons, New York, Chapter 9.4, 1994.
52. Rudbach, J. A., Cantrell, J. L., and Ulrich, J. T., Methods of immunization to enhance the immune response to specific antigens in vivo in preparation for fusions yielding monoclonal antibodies. *Methods Mol. Biol.*, 45, 1, 1995.
53. van de Wijgert, J. H., Verheul, A. F., Snippe, H., Check, I. J., and Hunter, R. L., Immunogenicity of *Streptococcus pneumoniae* type 14 capsular polysaccharide: Influence of carriers and adjuvants on isotype distribution. *Infect. Immunol.*, 59, 2750, 1991.
54. Glenn, G. M., Rao, M., Richards, R. L., Matyas, G. R., and Alving, C. R., Murine IgG subclass antibodies to antigens incorporated in liposomes containing lipid A. *Immunol. Lett.*, 47, 73, 1995.

第3章 多克隆抗体的制备

Lon V. Kendall

3.1 引言

多克隆抗体作为一种重要工具广泛应用于科学研究和诊断中。它们能够识别特定的抗原物质，主要是蛋白质类抗原，可以应用于 Western blot、放射性免疫测定（radio immuno assays）、酶联免疫吸附试验（ELISA）、直接-间接荧光抗体检测、红细胞凝集试验、免疫组织化学（IHC）、免疫沉淀（IP）、免疫扩散、亲和层析、酶学、基因产物分离等众多实验中。由于其用途广泛，目前已经有一百多家生物公司专门从事多克隆抗体的制备。

多克隆抗体来源于分化成熟的 B 淋巴细胞，这些 B 细胞经免疫原刺激后可产生多种抗体，而单克隆抗体仅来源于一种 B 淋巴细胞，并产生针对某种抗原的高度特异性抗体。免疫原（抗原）是指能够引起体液免疫应答的物质，如蛋白质、脂类、糖类等。

生产单克隆抗体时，需要预先将特异性免疫原注入宿主体内，类似于疫苗接种过程。抗原物质进入体内后，经免疫系统的加工提呈，传递抗原信号，使 B 淋巴细胞增殖分化为产生抗体的浆细胞，然后就可以收集血清并分离抗体。为了提高抗体的应答能力和滴度，常将佐剂和免疫原一起注射至宿主体内，佐剂可通过减缓抗原物质的释放来提高免疫系统应答能力。要理解多克隆抗体的制备，首先要了解免疫系统接受抗原物质刺激后产生抗体的过程，详细过程见本书第 1 章，此外也有几篇介绍此过程的文献综述[1,2]可供参考。下文中我们将简要介绍抗原提呈和抗体产生的过程。

3.2 抗原提呈细胞

抗原是一种能够引起机体免疫系统发生体液免疫应答或适应性免疫应答进而产生抗体的物质。抗原信息经抗原提呈细胞加工处理后，抗体的产生过程正式开始，经典的抗原提呈细胞有树突状细胞（dendritic cell，DC）、巨噬细胞（macrophage），以及 B 细胞（图 3.1）。DC 通常被认为是专职抗原提呈细胞，主要分布在淋巴器官、皮肤（朗格汉斯细胞，Langerhan’s cell）、心脏、胃肠道、生殖道、肺、眼睛等处。这些细胞在初次免疫应答中发挥重要作用。外周血中未成熟的 DC 摄取颗粒性抗原及可溶性抗原后，进入淋巴管并到达局部淋巴组织，发育为成熟的 DC[3]，成熟后的 DC 是 T 细胞活化的重要刺激因素，但它们不能以胞吞的形式摄取抗原物质，只能依靠定植在局部组织的未成熟 DC 以非特异性巨吞饮形式摄取，然后迁移至淋巴管，上调共刺激因子的表达，进而活化 T 细胞。细菌 DNA 中的胞嘧啶磷酸鸟苷酸（CpG）序列，能够促进 DC 快速活化及 IL-6、IL-12、IL-18、IFN-α 和 IFN-γ 的表达，上调 DC 细胞表面共刺激分子表达，细菌中的热激蛋白也具有此功能[2]。共刺激分子高表达对 T 细胞活化及后续抗体的产生具有重要意义。

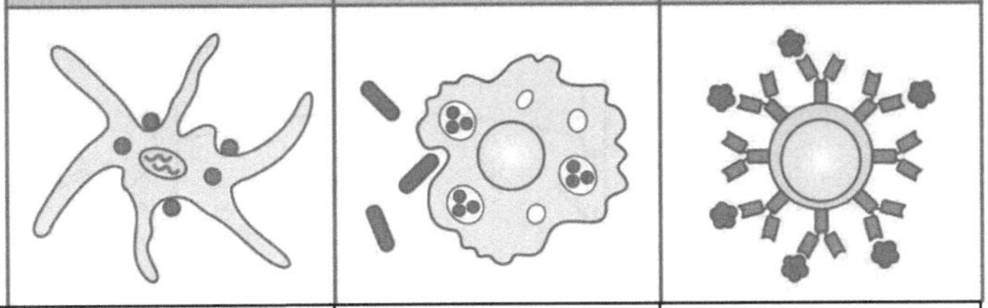

	DC	巨噬细胞	B细胞
抗原摄取	组织中DC的巨胞饮和吞噬作用	吞噬作用	抗原特异性受体
MHC表达	组织中DC低表达，淋巴组织DC高表达	细菌和细胞因子诱导表达	组成型表达;活化后增加
共刺激分子递送	成熟DC组成型表达	可诱导	可诱导
抗原提呈	肽、病毒抗原、过敏原	颗粒抗原	可溶性抗原

图 3.1　各类抗原提呈细胞的特征。树突状细胞、巨噬细胞和 B 细胞是外来抗原入侵起始时主要的抗原提呈细胞，这三种抗原提呈细胞提呈抗原的方式各不相同，主要因所提呈抗原的种类、MHC 分子的表达、共刺激分子的表达及这些细胞在机体中的定植部位而异。（详见 Janeway，C. A. Jr. et al.，Immunobiology：The Immune System in Health and Disease，6th ed. Reproduced by permission of Garland Science/Taylor & Francis Group. Copyright 2005.）

另一类重要的抗原提呈细胞是巨噬细胞，这类细胞遍及全身，通过吞噬抗原颗粒并将抗原信息提呈在其细胞表面来活化并调节机体适应性免疫应答，以及部分固有免疫应答[4]。抗原提呈细胞将抗原信息加工并提呈给淋巴细胞后，启动机体体液免疫应答。淋巴细胞一旦识别由 APC 处理并提呈的抗原，即开始启动体液免疫反应。为了保证所提呈的抗原能够被正确而有效地识别，APC 往往采取将所处理的抗原与 MHC 分子相结合的方式来进行提呈（以便淋巴细胞在识别抗原本身的同时，也能够识别与之结合的 MHC 分子），见图 3.2。MHC 分子分为 I 型（cI MHC）和 II 型（cII MHC），这两类 MHC 通过不同的细胞组分展示抗原并被不同的 T 细胞亚群所识别。DC 和巨噬细胞能够提呈 cI MHC 和 cII MHC 两类分子表达的抗原物质。

MHC I 类分子能够提呈细胞内抗原成分，将病毒的典型成分在胞内合成抗原肽，并提呈在细胞表面，细胞质内合成的抗原肽被 DC 或巨噬细胞内的蛋白酶体降解成 8~12 个氨基酸的肽段。这些肽段在内质网中合成，并与 MHC 分子结合成复合物，后经高尔基体被运输到细胞膜上，抗原肽-MHC 复合物被 CD8 T 细胞表面的 T 细胞受体（TCR）所识别，并启动细胞免疫应答，发挥细胞毒作用。这是疫苗研究中的一个重要方面，但不是抗体产生的首要机制。

囊泡内的抗原加工过程则有所不同。一些病原体，如分枝杆菌，位于细胞内的小囊泡内，可逃脱蛋白酶体的捕捉。有的抗原以内吞作用内化，包裹在核内。这两者无论哪种抗原，在向细胞内部行进的过程中细胞内酸度都会增加，酸性环境可以活化蛋白酶体，从而将抗原肽降解。MHC II 类分子在内质网中合成，并以囊泡运输的形式被转运到细胞膜上，此过程中，内体将 MHC 小囊泡与抗原肽融合，并运输至细胞表面。抗原肽-MHC II 类分子可被 CD4 T 细胞表面的 TCR 识别。

图 3.2 抗原提呈细胞加工抗原过程。APC 以吞噬作用或受体介导的胞吞作用摄取抗原，如图所示，抗原物质被细胞表面受体和内吞作用摄取，在细胞核内被蛋白酶体降解成小肽段，并与 MHC 分子结合，形成的抗原肽-MHC 分子复合物被提呈至细胞表面供 T 细胞识别。（详见 Janeway，C. A. Jr. et al.，Immunobiology：The Immune System in Health and Disease，6th ed. Reproduced by permission of Garland Science/Taylor & Francis Group. Copyright 2005.）

共刺激分子是 T 细胞活化过程中所必需的，当缺少共刺激分子时，T 细胞呈无应答状态。几种细菌类抗原能够刺激共刺激分子的表达，以活化 T 细胞。细菌抗原和蛋白抗原混合可使共刺激分子表达，提高蛋白抗原的免疫原性，因此，细菌对蛋白抗原起着辅助的作用[2]。

3.2.1 B 细胞抗原识别

B 细胞也具有抗原提呈细胞的作用，尤其对可溶性蛋白。在分泌抗体之前，B 细胞在细胞表面表达自身的免疫球蛋白或者 B 细胞受体（BCR）。B 细胞表面有 20 万~50 万个完全相同的 BCR，来识别特定的可溶性抗原。抗原物质与 B 细胞受体结合形成复合物，通过内吞作用内化。抗原在小囊泡中加工，类似于 DC 和巨噬细胞，并将抗原肽-cII MHC 复合物提呈在细胞表面供 CD4 T 细胞结合。B 细胞表达共刺激分子也需要 Th 细胞的协助，抗原提呈作用在以细菌抗原作为佐剂时得以增强。除了识别和加工抗原之外，BCR 识别外来抗原后可产生抗体。

3.2.2 T 细胞抗原识别

T 细胞通过表面 T 细胞受体（TCR）来识别 APC 提呈的抗原肽-MHC 分子复合物，与 B 细胞表面的 BCR 受体类似，每个 T 细胞表面大约有 30 000 个完全相同的抗原受体分子[2]。不像 BCR 只识别抗原片段，TCR 只能识别经抗原提呈细胞提呈的、与 MHC 分子相结合的抗原肽-MHC 分子复合物。T 细胞还需要辅助受体（即 CD4 和 CD8）才能活化。CD8 T 细胞识别抗原肽-cI MHC 复合物，CD4 T 细胞识别抗原肽-cII MHC 复合物，同时，CD4 T 细胞还可作为 T 辅助细胞，协助体液免疫和细胞免疫应答。

在 B 细胞被诱导分泌抗体之前，CD4 T 细胞必须被 APC 活化，T 细胞活化需要双信号刺激。第一信号是由初始 T 细胞上的 TCR 和 CD4 与 APC 上的 MHC-抗原肽复合物相互作用而产生的，第二信号是 APC 上的共刺激信号，APC 上典型的共刺激信号是 B7（CD80 和 CD86）[5]。B7 分子组成型高表达在成熟 DC 上，所以具有强大的刺激免疫应答的作用，它可以和 T 细胞上的 CD28 分子结合，使 T 细胞活化增殖（图 3.3）。另外还有其他分子表达来维持共刺激作用，如 CD40L。CD40L 结合 APC 上的 CD40，活化 B7 分子的表达，加快 T 细胞增殖。共刺激信号缺失时，T 细胞不能活化或者产生免疫耐受。经双信号活化后，T 细胞产生 IL-2 来促使 T 细胞增殖分化。

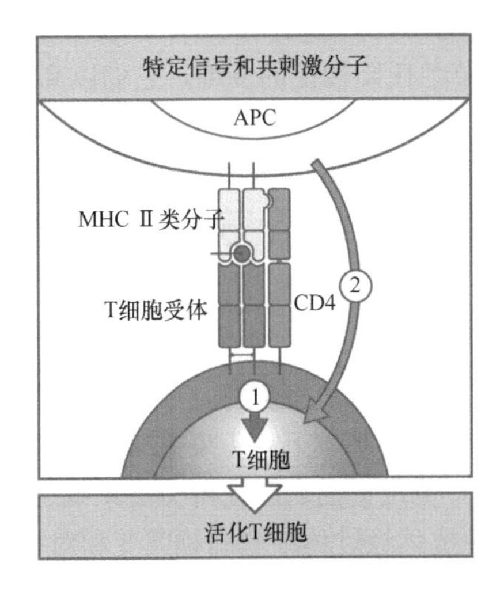

图 3.3　初始 T 细胞需要两种信号刺激。第一信号是 T 细胞受体（TCR）和抗原肽-MHC 复合物相结合，如图所示，CD4 共受体将抗原信号（箭号 1）传递给 T 细胞使抗原被识别。初始 T 细胞活化还需要第二信号，即共刺激信号（箭号 2），由同一 APC 提供。（详见 Janeway，C. A. Jr. et al.，Immunobiology：The Immune System in Health and Disease，6th ed. Reproduced by permission of Garland Science/Taylor & Francis Group.Copyright 2005.）

CD4 T 辅助细胞可根据它们所分泌的细胞因子来分类[6]。Th1 分泌 IL-2 和 IFN-γ，主要刺激细胞介导的免疫应答，如巨噬细胞活化，调节抗体的产生。Th2 辅助细胞以分泌 IL-4、IL-5、IL-10，促进体液免疫应答和抗体的分泌[6]。CD4 效应 T 细胞可使 B 细胞与抗原肽-MHC-Ⅱ类分子复合物相结合，并增殖分化为分泌抗体的浆细胞。活化 CD4 T 细胞分泌的细胞因子驱动抗体免疫应答并决定所分泌免疫球蛋白的类型。Th1 型细胞因子能够增强抗体的调理作用，如小鼠中 IgG2a 的产生；Th2 型细胞因子能够增强抗体的中和作用，如小鼠中 B 细胞来源的 IgG1。这种抗体应答需要 TCR 和 BCR 识别相同的抗原。整个过程（抗原加工、抗原识别、共刺激、细胞因子产生）导致 B 细胞克隆增殖分化成为浆细胞，且一种浆细胞分泌一种特异性抗体（图 3.4）。

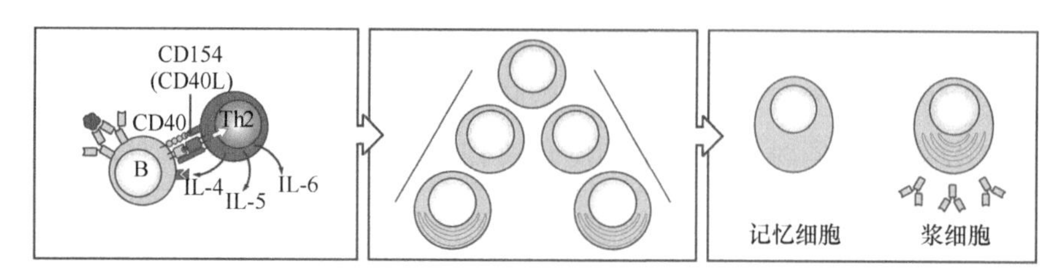

图 3.4　T 辅助细胞促进结合抗原后的 B 细胞的活化增殖。结合抗原后的 B 细胞和 T 辅助细胞相互作用，促使共刺激分子（CD40、CD40L）和 B 细胞刺激性细胞因子（IL-4、IL-5、IL-6）的表达，导致细胞增殖与分化，成为产生抗体的浆细胞也有一部分细胞选择性地成为记忆性 B 细胞。（详见 Janeway，C. A. Jr. et al.，Immunobiology：The Immune System in Health and Disease，6th ed. Reproduced by permission of Garland Science/Taylor & Francis Group.Copyright 2005.）

3.2.3　B 细胞受体及抗体产生

在没有 T 细胞辅助的情况下，某些抗原能够单独使 B 细胞增殖分化，如革兰氏阴性菌的脂多糖（LPS）和某些革兰氏阳性菌的多糖，它们以高度重复序列和 B 细胞受体结合并与邻近的 BCR 相互交联，这种交联使 B 细胞分泌 IgM。辅助性 T 细胞可以识别交联抗原的某个成分，从而增强 B 细胞应答及诱导同型转化[2]。这种活化方式主要促使多种 B 细胞增殖分化，没有抗原特异性，是多克隆活化。

3.2.4　免疫记忆

以上介绍的是机体对抗原的初次免疫应答，主要产生的是低亲和力的抗体，抗体类型主要是 IgM。在初次免疫应答的基础上，免疫系统产生记忆 B 细胞及记忆 T 细胞[7]，当机体再次遇到相同抗原时，免疫记忆功能使得免疫系统迅速产生大量高亲和力、高效应的以 IgG 为主的抗体，此种抗体经过体细胞高频突变和对抗原高亲和力的 B 细胞筛选，具有极高亲和力[2]。多克隆抗体的产生利用免疫记忆功能，增强了免疫应答。

3.2.5　抗体

B 细胞识别、接受蛋白类抗原信号刺激并产生抗体的过程具有极高特异性。蛋白类抗原被 APC 降解为小分子抗原肽，因此 APC 同时将几种不同的抗原信号提呈给 T 细胞，使 T 细胞分化并诱导几种 B 细胞克隆性扩增，每种 B 细胞产生一种针对某种抗原肽特定表位的抗体，从而产生多克隆抗体。

多克隆抗体具有庞大的抗原识别库，通过基因重组，可识别超过 10^5 种不同抗原。抗体分子一般被描绘成“Y”字形，其 N 端为可变区，C 端为恒定区，抗体 N 端能够识别抗原的部分称为可变区，C 端主要决定抗体的效应功能，即如何在对抗原进行免疫应答中发挥作用。抗体的可变区和恒定区进一步组成了 4 条多肽链，称为重链和轻链。重链和轻链的可变区共同构成了抗体的抗原识别部位（图 3.5）。可变区基因的变异和重排决定了所识别抗原的特异性。恒定区基因的变异和重排决定了抗体的效应功能及抗体的同种异型或种类。机体大量存在且对特定抗原具有应答能力的免疫球蛋白主要有 IgM、

IgG、IgE 和 IgA 4 种，第五种 IgD 和 IgM 共表达在 B 细胞上，且分泌量较少，其功能尚不明确。在多克隆抗体生产中，IgM 和 IgG 是两种最重要的免疫球蛋白，不同物种产生的免疫球蛋白 IgG 的亚型不同。表 3.1 列出了不同物种的 IgG 亚型。

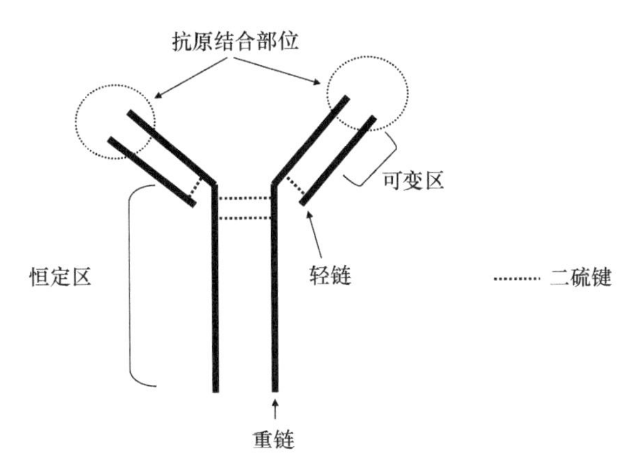

图 3.5　抗体分子的结构。抗体分子由两条重链和两条轻链构成，其 N 端是抗原识别部位，由重链和轻链的可变区组成，C 端是恒定区，决定抗体的效应功能。（详见 Janeway，C. A. Jr. et al.，Immunobiology: The Immune System in Health and Disease，6th ed. Reproduced by permission of Garland Science/Taylor & Francis Group.Copyright 2005.）

表 3.1　不同物种的免疫球蛋白（Ig）亚类

物种	免疫球蛋白亚类
人	IgG1，IgG2，IgG3，IgG4
小鼠	IgG1，IgG2a，IgG2b，IgG2c，IgG3
大鼠	IgG1，IgG2a，IgG2b，IgG2c
豚鼠	IgG1，IgG2
兔	仅有一种 IgG 同种型
绵羊	IgG1，IgG2，IgG3
鸡	IgY（同 IgG 相似）
猪	IgG1，IgG2a，IgG2b，IgG3，IgG4
马	IgGa，IgGb，IgGc，IgG(B)，IgG(Ta)，IgG(Tb)

来源：摘自 Hanly，W. C.，Artwohl，J. E.，and Bennett，B. T.，Ilar J 37（3），93–118，1995；Tizard，I. R.，Veterinary Immunology：An Introduction，6th ed. W.B. Saunders Company，Philadelphia，2000

3.2.6　佐剂的作用

抗原信号传递给机体免疫系统并引起抗体应答，但产生的抗体的量不足以用于科学研究（或作为疫苗提供保护性免疫应答）。佐剂能够增强机体免疫系统对抗原物质的应答，因而被广泛应用于免疫过程来提高抗体的产生。佐剂能够被用来提高对抗原的免疫应答，从而减少抗原物质的用量或所需的免疫次数或者在抗原提呈中起抗原传递作用[10]。有几种佐剂的分类方法。在多克隆抗体制备中，佐剂可以看成是一种抗原传递系统或者免疫刺激物[11]。作为抗原传递系统，佐剂可以为抗原提呈细胞持续提供抗原，形成抗原储存库，如乳剂和脂质体。免疫增强佐剂能够促进初始免疫细胞的增殖和分化[8]，如细菌来源的佐剂有革兰氏阴性菌的 LPS、胞壁酰二肽（细菌细胞壁表面的一种肽聚糖）、细胞因子及细菌 DNA[10, 11]。最好的佐剂能够在将抗原信息传递给免疫系统的同时，通过调整免疫系统来提高其对该种抗原的应答[12]。值得一提的是，并没有一种通用的佐剂来传递所有种类的抗原信息，每种抗原都有其对应的最佳佐剂[13]。事实上，已经有 100 多种佐剂的制备方法被详细记载[13]。佐剂的选择非常重要，因为不同的佐剂可以提高所产生抗体的不同特性，如抗体的数量、亲和力、同种异型、表位特异性等[14]。尽管如此，还是有佐剂能够稳定地提供理想的免疫应答并被广泛用于多克隆抗体的制备中。本章简要介绍最常用的一些佐剂及其作用机制，详细的介绍见前面的章节和参考文献[10,11,15~18]。

常用佐剂的首要功能是形成抗原储存库，使抗原能够缓慢持续地释放给 APC，延长 B 细胞的活化和抗体形成，同时也可在不重复注射的情况下，通过延长抗体应答来促进免疫记忆。基于乳剂的佐剂（如弗氏完全佐剂）、氢氧化铝凝胶、固相吸附剂，以及一些封装材料如脂质体等，可以形成抗原储存库[8]。

乳剂是多克隆抗体制备中最常用的佐剂，有多种水包油和油包水的乳剂可被利用。金标准是弗氏完全佐剂（FCA），它是一种油包水乳剂，含有巢油酸酯（一种表面活性剂）和加热灭活的结核分枝杆菌[19]。传统的 FCA 包含整个结核分枝杆菌，其他制品可能仅含有结核分枝杆菌的部分成分或含有其他类型的分枝杆菌[13]。弗氏非完全佐剂（FIA）除了缺少分枝杆菌的成分之外，和 FCA 完全相同。FCA 和 FIA 都使抗原在乳剂中维持水相，以此产生隔绝状态，使抗原缓慢暴露给免疫系统。使用弗氏完全佐剂的主要缺点是其具有毒性，矿物油不能被机体代谢，另外，分枝杆菌的成分也会引发严重的肉芽肿性炎症反应及注射部位溃疡（图 3.6）。这些肉芽肿性炎症会形成大的无菌脓肿，压迫局部皮肤，产生疼痛或者脓肿破溃。FCA 的副作用可通过降低注射部位的佐剂浓度来减轻。因此，FCA 仅限于实验用途，即便如此，仍面临被迫停止使用或大幅减少使用的压力[20,21]。

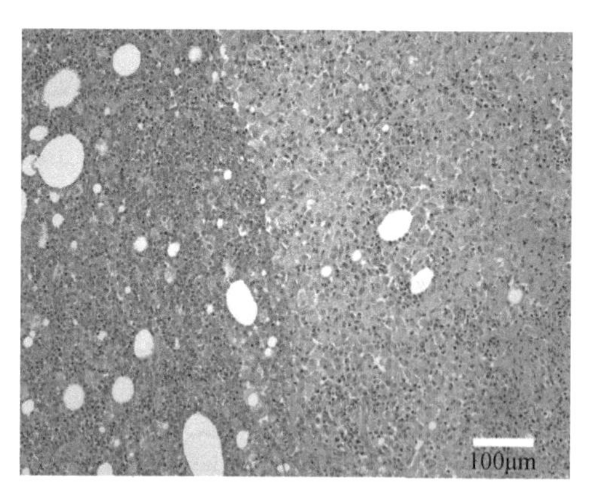

图 3.6 家兔对弗氏完全佐剂肉芽肿性反应的显微镜下照片。右侧区域由上皮样细胞组成，或有异嗜性浸润物，大空泡是矿物油。左侧区域坏死，有异嗜性物质弥漫浸润。

TiterMax 是另一种油包水乳剂，含有鲨烯而不是矿物油，它是一种乳化剂（去水山梨醇油酸酯）、表面作用聚合物（CRL8941）[12]，极易代谢。这种聚合物比其他表面作用试剂毒性小，通过抗原提呈、补体活化、趋化特性及巨噬细胞活化，发挥显著的辅助活化作用[22,23]，此外还能够将抗原黏附在其表面，形成比水溶液中高的高浓度抗原黏附物[22]。在多克隆抗体制备过程中，该佐剂已经被用于隔绝蛋白质、多肽、多糖、全病毒，以及重组蛋白[15]。根据所用抗原及种类不同，关于使用 TiterMax 佐剂的抗体反应有形形色色的报道。一些研究比较了对几种抗原使用不同佐剂产生的抗体反应。相对于 FCA 而言，TiterMax 具有延迟的抗体反应及较低的滴度[24~26]。TiterMax 在家兔中反应最小，并且似乎不会引起持续的疼痛和危害[27]。在另一个研究中，用半抗原联合载体蛋白（鸡卵清蛋白）免疫小鼠，同时使用不同佐剂中的一种，发现在这几种佐剂（包括 FCA）中，使用 TiterMax 时抗体反应持续最久且所用佐剂的剂量最小，抗体同种型 IgG1、IgG2a 及 IgG2b 均有较高的滴度。还有相似的研究将类固醇激素与半载体抗原（牛血清白蛋白 BSA）连用，免疫山羊和家兔，来比较不同佐剂促进抗体反应的效力，发现使用 TiterMax 与 FCA 具有等价的抗体反应效力[28]。这表明最佳抗原与佐剂剂量比需要基于不同佐剂的效力来确定。

不像 FCA 和 TiterMax，Ribi 佐剂系统（RSA）是水包油乳剂，将抗原与少量的可代谢角鲨烯油混合，混合物在含有表面活性剂的盐水中乳化[29]。其单独使用作用微弱，所以需要加入分枝杆菌或革兰氏阴性菌的免疫刺激剂[30]。研究表明，分枝杆菌的好几种成分可以作为免疫刺激剂，例如，海藻糖-6,6′-二霉菌酸酯（TDM）与其他免疫刺激剂联用时，可以增强免疫应答[17, 30]。

有三种商品化的 RSA 佐剂制备方法，由水包油乳剂、海藻糖、一个或更多细菌来源的免疫刺激剂组成。除 TDM 之外，RSA 中分枝杆菌的细胞壁骨架（CWS）可作为免疫刺激剂。CWS 是分枝杆菌细胞壁提取物，其中起佐剂活化作用的主要是胞壁酰二肽[31]。Ribi 佐剂的另一种成分是单磷酰脂质 A（MPL），它由细菌内毒素（LPS）来源的脂质 A 经化学修饰而成[32,33]。脂多糖的脂质 A 成分已被证明能够增强体液和细胞介导的免疫[34,35]。虽然 RAS 的使用相比弗氏完全佐剂有较低的毒性[27,36]，但许多研究发现，与使用 CFA/IFA 作为佐剂相比，RAS 的抗体滴度较低[24,25,37~39]。

虽然这并不是一个完全列表，但这些乳化剂是多克隆抗体生产中使用最为广泛的佐剂，其他作为佐剂的乳化剂还包括 Specol、 索塔尼公司的不完全 Seppic 佐剂、Syntex 佐剂、Gerbu 佐剂等[17,40~43]。铝盐佐剂是在人体和兽医疫苗中最常用的佐剂，铝盐佐剂通过作为抗原储存库增加免疫原性[44]，但是在注射后 3~4 周被清除，因此导致抗体滴度快速下降[17]。与弗氏完全佐剂相比，上述乳化剂和铝盐佐剂所产生的佐剂诱导性损害都更小，但同时它们所诱导产生的抗体滴度却较低，因此限制了其在多克隆抗体生产中的应用[14,17,45,46]。

使用弗氏完全佐剂、TiterMax 和 RAS 生产多克隆抗体的标准步骤见表 3.2。

在研究中使用其他佐剂制剂诱导多克隆抗体可产生不同的结果。例如，脂质体混合抗原形成脂质双层，这保护了抗原快速降解形成储存库效应[48]。在初次免疫时脂质体有储存库效应，并被巨噬细胞加工诱导体液免疫反应而产生大多数的 IgG 亚类[49]。还有证据表明脂质体转运抗原到引流淋巴结中，因此能够同 APC 相接触[48]，在疫苗研究中，脂质体能够诱导细胞介导的免疫，这被认为是在巨噬细胞提呈抗原时，一些抗原逃避溶酶体进入胞质同 cI MHC 结合，促进细胞介导的免疫反应[50]。同时脂质体能够诱导体液和细胞介导的免疫反应的能力使其在疫苗研究中成为最好的佐剂，可以通过加入其他免疫刺激剂，如脂多糖或细菌来源的胞壁酰二肽到脂质体复合物中，增强免疫反应[15,51]。

虽然脂质体相比乳化剂有较低的副作用，但却难以正确制备且对大多数抗原效果不佳[15]，因此在多克隆抗体生产中使用受限。

表 3.2 使用乳化剂佐剂生产多克隆抗体的标准免疫步骤[134]

佐剂	蛋白质浓度	佐剂含量	最终抗原：佐剂	注释
弗氏完全佐剂①	2 ml 0.25~0.5mg/ml 的纯化蛋白	2 ml（每毫升含 1mg 结核分枝杆菌、0.85ml 石蜡油、0.15ml 失水甘露糖醇单油酸酯）	1∶1	足够免疫 4 只家兔或者 80 只小鼠
弗氏不完全佐剂①	2 ml 0.25~0.5mg/ml 的纯化蛋白	2 ml（每毫升含 0.85ml 石蜡油、0.15ml 失水甘露糖醇单油酸酯）	1∶1	足够免疫 4 只家兔或者 80 只小鼠
TiterMax 佐剂①	0.5 ml 0.25~0.5mg/ml 的纯化蛋白	0.5ml［含阻断聚合物（CRL- 8941，CRL-8300）、角鲨烯和单油酸］	1∶1	足够免疫 10 只家兔或者 20 只小鼠
RAS®	2 ml 0.25~0.5mg/ml 的纯化蛋白	与一管 RSA 混合(RAS 含有 0.5mg MPL、TDM、CSW，加入到 44μl 角鲨烯和 Tween 80 中）	1∶1	足够免疫 2 只家兔或者 10 只小鼠

引自：Cooper，H. M. and Paterson，Y.，Current Protocols in Immunology，Coligan，J. E.，Kruisbeek，A.M.，Margulies，D. H.，Shevach，E. M.，and Strober，W.（eds.），pp. 2.4.1–2.4.5. 1995.

①来自 Sigma 公司。

人工合成的寡脱氧核苷酸（oligodeoxynucleotide，ODN）是近年来兴起的应用于疫苗制备的新型佐剂[52~54]。与细菌的 DNA 序列类似，含有未甲基化 CpG 基序的 ODN 具有免疫佐剂作用。固有免疫系统能够通过数量有限的模式识别受体（pattern recognition receptor，PRR）识别病原相关分子模式（pathogen-associated molecular pattern，PAMP），而 CpG 基序正是被 PRR 识别的 PAMP 之一[55]。这种 PRR 识别 PAMP 的模式，使得机体能够对保守的微生物结构进行有效识别并做出适当反应。CpG 基序通过被机体细胞表面受体识别，并快速内化，进而在内吞泡内与 Toll 样受体 9（Toll like receptor9，TLR9）相互作用，从而最终引起细胞活化和促炎细胞因子的上调表达[52,56]。该过程有助于增强抗原加工、共刺激分子上调表达及细胞因子的分泌等一系列免疫反应效果。B 细胞的活化增殖及免疫球蛋白分泌也能够被 CpG 序列所影响[52]。产生的细胞因子含有 IL-6，可以促进 B 细胞活化[53]，IFNγ 和 IL-12 促进 Th1 细胞介导的反应，细胞因子还可以影响抗体的同种型[57]。虽然 ODN 主要在 DNA 疫苗中使用，但也可以通过加入 DNA 编码细胞因子，如 IL-4 增强抗体反应提高免疫刺激[57]。其他增强 CpG 佐剂活性的机制包括改变主链化学结构、改变传递系统或同其他佐剂相结合[54]。此外，CpG 同蛋白质抗原共同作用时可以作为佐剂，然而，其对免疫系统的作用效果根据不同的抗原、CpG 基序长度和宿主物种不同而改变，例如，具有磷硫酰骨架结构的 CpG 基序可以产生更好的 Th2 型反应并能够分泌更为广谱的抗体同种型[57]。许多 CpG 序列可以降低免疫反应[53]；合成的 CpG 基序在多种种属还可以改变免疫反应，例如，核酸序列 GACGTT 最适合活化小鼠或兔的免疫反应，但并不适于人[57]。CpG 已被证实在多种属包括小鼠、羊、马和鸡中引起 B 细胞增殖[58]。目前，ODN 作为佐剂应用于多克隆抗体制备的技术正与基因免疫方法相结合而共同使用[59,60]。基因免疫使用一个含有编码目的蛋白质 DNA 序列的质粒。该质粒通过基因枪在皮下注射，表达此蛋白质的巨噬细胞或 APC 能刺激免疫反应[61]。可以通过加入编码免疫刺激因子，如细胞因子的质粒或传统的佐剂增强免疫反应[59]。

阳离子脂质体-寡核苷酸复合物（CLDC）是免疫应答中的强活化剂，脂质体保护寡核苷酸不被核酸酶降解，促进 APC 的提呈作用[62]。CLDC 为蛋白质抗原提供了强大的疫苗佐剂，使得抗体反应等价于氢氧化铝和 FCA[63]。

免疫刺激复合物（ISCOMS）是由抗原、胆固醇、磷脂及皂苷（Quil A）组成的微胶粒[64]。尽管佐剂活化的作用机制还未完全明确[65]，这些制剂已被证明是可溶性及不可溶性抗原强有力的佐剂。ISCOMS 刺激所产生的抗体应答效果等同于 FCA，有较高的抗体滴度及广谱的抗体同种型[65]。类似于脂质体，ISCOMS 产生的副作用较乳化佐剂少[66]，但是难以制备且抗原的类型受限，因此在多克隆抗体生产中并非常规使用。ISCOMMATRIX 佐剂是 ISCOM 的改进[67]。ISCOMATRIX 佐剂除了不含有抗原外，同 ISCOM 的结构相似，比 ISCOM 更容易制备且在免疫前就可以同抗原混合。ISCOM 和 ISCOMATRIX 在多种动物模型，如小鼠、兔和羊中显示是安全的，并可以有效地产生体液和细胞介导的免疫。在少于其他抗原/佐剂混合物 10~100 倍时就能够保持有效的抗体反应[65,67]。

在疫苗研究中的其他佐剂被证实在多克隆抗体生产中获益，这包括合成的脂蛋白[68,69]、其他合成的细菌蛋白质[70]、可增强免疫反应的寄生虫蛋白质[71]、黏膜佐剂（如霍乱毒素或大肠杆菌的不耐热肠毒）[72]或共刺激分子（如 CD40 和 CD28）等[73,74]。

3.2.7　抗原的特性

抗体的产生由抗原的特性决定，而抗原的特性包括抗原的分子大小、聚集状态及构象状态等。分子量大于 5kDa 的抗原更易于刺激抗体产生，然而小的多肽和非蛋白质抗原需要交联到大的免疫原的载体蛋白，如钥孔血蓝蛋白（KLH）或牛血清白蛋白上[75]。这在多肽仅含有 15~20 个氨基酸（大概 2000MW）作为抗原时尤为需要[8]。

当生产多克隆抗体时还必须考虑抗原的状态，以天然状态的抗原提呈给免疫系统产生的抗体针对天然抗原，而以变性状态的抗原提呈将诱发抗体反应针对变性的蛋白质。因此，如果研究中使用抗体检测在变性胶上的细菌蛋白质，在抗体生产中应使用变性蛋白质。如果是在捕获法 ELISA 中检测病毒的抗体，则天然的病毒蛋白质是抗体生产最合适的。使用油包水佐剂需要剧烈的混合，可能会改变抗原的状态[76]。因此，研究中需要考虑使用的佐剂及如何影响抗原和接下来的抗体制备，有些抗原的制备会导致免疫耐受而不是抗体产生，例如，静脉给予可溶的非聚集蛋白质已被证明诱导免疫耐受而不是抗体产生[77]。

通常来说，较大的抗原将产生更强的多克隆抗体反应，较大的蛋白质因为更多的抗原被 APC 加工，因此有更多的机会被 TCR 识别，这使得一个蛋白质具有多个较小的抗原片段，抗原片段结合 TCR，从而使产生抗体的 B 细胞具有多样性，如果使用较小的肽段，抗体反应未必能够识别原来的蛋白质，因为小肽可能在天然状态下被中和。因此，抗原的末端肽相对天然蛋白质有更好的抗体反应[8]。

在免疫前，需要正确制备抗原从而避免杂质和不必要的抗体反应。有些污染物可能对宿主有毒性，如化合物或细菌内毒素。内毒素能引起化脓或者炎性反应从而改变抗体反应，大多数抗原可以通过 0.22μm 过滤器除菌从而最小限度地破坏抗原构象，但这种方法不能去除内毒素[8]。

每种抗原均有广泛的“免疫原性窗”，然而，使用的诱导抗体反应的抗原用量必须要经过考虑，因为太多或者太少都可能引起免疫抑制、耐受或免疫反应的偏移而促进细胞介导的免疫反应[78~80]。最适合的抗原用量依赖于抗原的特性、使用的佐剂、免疫途径和物种，每个抗原最好单独决定[81]。一般而言，需要纳克到微克级的抗原加上佐剂才能诱导高滴度的抗体反应[82]，例如，兔需要免疫 500~1000μg，小鼠需要 10~200μg，山羊或者绵羊需要 250~5000μg 可溶性抗原加上弗氏完全佐剂诱发高滴度的抗体反应[82,83]。越小的动物需要的抗原/佐剂混合物的浓度越低，但是产生抗体所需的抗原剂量并不需要根据动物的大小而增加或减少[83]。一只 4kg 的兔需要的抗原剂量同 25g 小鼠所需的一样[84]。抗原的剂量非常关键，因为高剂量的抗原导致低亲和力的 B 细胞活化，而低剂量抗原能引起高亲和力的 B 细胞活化。佐剂的应用使低剂量抗原进行免疫成为可能，佐剂能提高抗体滴度，并能减少免疫耐受产生的机会[8]。抗原相关内容详见第 2 章。

3.2.8 免疫途径

免疫途径受物种、抗原特征、佐剂混合物、抗原数量及注射体积的影响。免疫途径决定哪些淋巴器官被激活，以及诱发免疫反应后产生哪种抗体[81]。免疫途径也需要考虑动物伦理学，因为佐剂可能会引起疼痛[46,85,86]。考虑到这些因素，所以没有一个针对所有抗原、佐剂和物种的通用标准免疫步骤。典型的注射途径为静脉（i.v.）、肌内（i.m.）、皮下（s.c.）、腹膜内（i.p.）、皮内（i.d.），较少使用的免疫途径为直接将抗原注射到淋巴组织，如淋巴结内（直接到淋巴结）或脾内。足垫和关节内途径也被使用，尽管这些途径已被证明是成功的，但是由于考虑到动物伦理而很少应用，特别是同佐剂一起应用时会使动物足垫或关节严重肿胀而限制动物的正常行动[8]。

抗体反应的效力由抗原提呈到淋巴组织的效率[83]及抗原/佐剂的混合物所决定。为了达到最适抗体应答水平，抗原应该广泛分布，从而激活更多的免疫细胞[28,87]，多部位注射不仅能潜在增强抗体反应，还能因为降低每个部位佐剂的用量而使佐剂相关的不良反应减小[88]。

静脉注射主要将抗原提呈到脾和二级淋巴结。一些研究者认为这是小颗粒状抗原的理想注射途径，然而乳化剂佐剂或大颗粒状抗原静脉注射有一定的风险[89]。当使用没有佐剂的可溶性抗原时，静脉注射难以在淋巴组织外建立抗原储存库从而使效率不佳，在初次免疫应答时，这可能会妨碍保持高滴度反应水平的能力，还可能增加免疫耐受的可能性[8]。再次免疫应答时，使用水相抗原通过静脉注射途径则因为抗原在体内以抗原-抗体复合物形式聚集而效果不佳[90]。而且，再次免疫时静脉内注射相比肌内和皮下注射发生过敏反应的可能性更大，这些风险可以通过接种前使用抗组胺药物而避免[91]。不是所有的佐剂均可经静脉注射，一些佐剂可能在组织器官中引起系统性炎症反应，如肝脏和肺脏[8]。静脉途径在一些物种中受限，使静脉注射难以实施，而且根据体积大小不同，注射量也受到限制，这在啮齿类动物中尤为明显。

腹腔注射抗原提供了提呈抗原到淋巴组织及抗原广泛分布的有效方法。相对大体积的抗原制剂可直接注射到腹膜腔并易于通过，腹腔注射途径可以使用多种类型的佐剂包括脂质体和乳化剂佐剂。腹腔注射途径在小鼠中经常使用，在其他物种中偶尔使用，因为同静脉注射相似，抗原快速吸收，经腹腔注射的水相抗原再次注射可能引起过敏反应[8]。腹腔注射的主要缺点为潜在的、在免疫后数天引起的严重急性疼痛腹膜炎[27,93]。

骨骼肌通过毛细血管快速吸收小分子（<2kDa），因而肌肉注射是相对分子量低的抗原良好的免疫部位。通过肌肉注射的免疫还可以引起抗原区室化加工[94]。除非有毛细血管损伤或严重炎症的情况，否则大分子和颗粒性抗原难以穿透脉管系统[8]，但是易被淋巴系统吸收提呈到引流淋巴结，由于肌肉内淋巴流动受限，抗原提呈较慢[92]。大体积抗原只能够被注射到大块肌肉内，这又限制了其在啮齿类动物中的使用，大体积注射到肌肉常沿着肌肉间的筋膜分散[95]，如果同时给予佐剂，炎性反应将蔓延到邻近神经束，引起短暂或永久性神经损伤[96]。

皮下是为最容易吸收和最为方便的注射途径，即使进行局部单个位点注射，由于皮肤的紧张度，抗原也可以分散到多个部位，例如，家兔皮肤松垂但豚鼠则相反，因而，注射物易于移行到多个位点。来自乳化剂佐剂的炎性反应可能也会增加抗原的分散效果[8]，甚至单个位点注射大量抗原也能产生有效的抗体反应，建议在多位点注射来减小佐剂的不良反应及导致耐受的可能性[80,81]。抗原在皮下注射后主要通过淋巴组织缓慢吸收，同时，还会受皮下肌肉组织的血流、活性、抗原特性、物种，以及注射部位的影响[8]。皮下途径常被用于水相抗原的再次免疫，从而最小化过敏反应的可能性。

在多种物种植入皮下小室作为皮下注射的演变方法获得了一定的成功[97~102]，这种方法需要手术步骤将穿破的高尔夫小球植入皮下部位，手术部位的愈合需要 4~6 周，在植入部位形成肉芽肿，然后在小室注入抗原。同时使用佐剂，或者肉芽肿与治疗方法一起作为佐剂[98]。没有相关数据描述使用皮下植入方式获得的抗体量，然而，在肉芽肿中形成具有成熟亲和力的抗体是不太可能的。据报道，皮下植入方法已经被运用在兔、大鼠、绵羊和鸡等物种中。

皮下途径免疫生产多克隆抗体的另一个演变方式是使用数毫克的抗原浸润过的硝酸纤维素膜创可贴免疫[103]。目的蛋白覆盖在硝酸纤维素上，脱落，手术植入皮下。在未使用佐剂情况下，4 周时获得了极好的抗体反应，并且相比弗氏完全佐剂在极大程度上减少了炎性反应。

皮肤中高浓度的 DC 及快速提呈抗原到淋巴结使皮下途径被许多研究者所青睐。然而，使用乳化剂佐剂会导致严重的溃疡，这种副作用可以通过在多个部位注射降低，但同样仍能产生免疫反应。例如，一次在 30~50 个位点注射含有 20μg 抗原的 2ml 的抗原/佐剂乳化剂可以在兔初次免疫 2~4 个月后达到最高滴度[87,104,105]。此种方法免疫不需要加强注射[75]。皮下注射已在大鼠和绵羊中试验成功[106,107]，皮下注射途径常被用于递送 DNA 免疫到金珠或基因枪上[61]。

皮下注射的一种演变方式为在后足垫中注射，这是一种普及的方法，因为抗原的潴留和消耗在腿淋巴结很容易被鉴定。足垫承受体重，当有炎症存在时非常敏感，因而，在选择制备多克隆抗体的最适方法时要慎重考虑此方法。如果使用此种方法，应该避免在前足注射并且只能在一只脚的后足注射，在兔中不建议使用此种方法[93]，有可能当使用乳化剂佐剂时炎性反应更为严重。相比生产多克隆抗体，足垫注射在从局部淋巴结分离大量的 B 细胞时更为有用[81]。然而，在尾部或腘区注射也可得到相似的结果，而且后者引起的疼痛和应激反应更弱[21]。

当只有少量的抗原或抗原免疫原性较弱时，可以考虑使用淋巴结内或脾内注射，直接将抗原提呈到淋巴组织，这种方法可以通过经皮接种或使用外科手术设备直接观察器官实现。使用这些方法制备多克隆抗体已经获得了不同程度的成功，特别当使用佐剂诱发炎性反应时。有人认为炎性反应破坏了组织结构，从而改变了组织的功能[75]。有许多报道表明，当抗原同琼脂糖或硝酸纤维素偶联时，其他各种途径的接种方法同皮下注射一样有效，如淋巴结内或足垫注射[108,109]。

表 3.3 总结了不同注射途径的优缺点，表 3.4 给出了使用油或黏稠凝胶佐剂或水相抗原/佐剂混合物的最大注射体积。

表 3.3　物种推荐注射途径的优缺点

途径	细节	优点	缺点	物种
皮下	最为常用优选途径，不要在用于捆绑固定的动物身体部位注射	可以注射相对大的体积，炎症过程易于监测	吸收慢	所有物种常规使用
肌肉注射	骨骼肌血管丰富	快速吸收；特别是对大型动物，可以注射相对大的体积	注射到封闭空间，有肌肉活性时引起疼痛 抗原和佐剂沿着界面和神经束扩散，易损伤神经或产生其他严重副作用	不推荐在啮齿动物中注射油性佐剂
腹腔内	抗原提呈的有效途径	相对大的接种体积	注射失败率相对较高，油性佐剂产生腹膜炎增加注射过敏性休克风险	主要为啮齿动物
静脉内	适用于颗粒型抗原，不推荐用于可溶性抗原，不推荐注射油性佐剂，抗原主要提呈到脾脏和二级淋巴结	抗原快速分布	不可用油性或黏性胶状佐剂，使用佐剂有增加过敏性休克的风险	可用于所有物种，但仅为可溶性抗原
真皮内	皮肤内高浓度树突状细胞快速提呈抗原到淋巴结部位给予	少量抗原有效	使用油性佐剂引起溃疡	在啮齿动物中不推荐使用

来源：Reprinted from Hendriksen，C. F. and Hau，J.，Handbook of Laboratory Animal Science，Hau，J. and Van Hoosier，G. L.（eds.），CRC Press，Boca Raton，FL，2003，pp. 391–408；Leenaars，M. and Hendriksen，C. F.，Ilar J 46（3），269–79，2005.

表 3.4　不同物种油性及水性佐剂的推荐用量

使用油和黏稠凝胶佐剂					
物种	s.c.	i.d.	i.m.	i.p.	i.v.
小鼠	0.1	0.05 a	NR	NR	NA
大鼠	0.1~0.2	0.05 a	NR	NR	NA
豚鼠	0.2	0.05 a	NR	NR	NA
兔	0.1~0.25	0.025~0.05	NR	NR	NA
绵羊/山羊	0.5	0.05	NR	NR	NA
鸡	0.25	0.05	NR	NR	NA
使用水相抗原/佐剂制备					
物种	s.c.	i.d.	i.m.	i.p.	i.v.
小鼠	0.5	0.05 a，0.025 b	0.05	1.0	0.2
大鼠	0.5~1.0	0.05 a	0.1 a	5.0	0.5

续表

使用水相抗原/佐剂制备					
物种	s.c.	i.d.	i.m.	i.p	i.v.
豚鼠	1.0	0.05 b	0.2 b	5.0~10.0 a	0.5~1.0
兔	1.5	0.05	0.2~0.5	10.0~20.0 b	1.0~5.0
绵羊/山羊	2.0	0.05	2.0	NA	30
鸡	0.5	0.05	1.0	NA	0.5

来源：Adapted from Hendriksen，C. F. and Hau，J.，Handbook of Laboratory Animal Science，Hau，J.and Van Hoosier，G. L.（eds.），CRC Press，Boca Raton，FL，2003，pp. 391–408；Leenaars，M. and Hendriksen，C. F.，Ilar J 46（3），269–79，2005.

注：NR=不推荐；NA=不可接受；a 不推荐；b 如需要使用此方法，则尽可能使用最小剂量进行足垫注射。

由于抗原/佐剂的结合，并没有单独一种最好的、生产多克隆抗体的免疫途径，免疫方式应根据抗原、佐剂和物种来决定。一般来说，水相可溶性抗原联合佐剂产生的抗体反应，以皮内注射效果最好，其次依次为腹膜内、皮下、肌肉和静脉注射[83]。其他注射途径在不同研究中产生不同程度的反应[8]。

一些研究比较了不同抗原和不同免疫途径对产生抗体滴度的影响。有的研究发现在小鼠腹膜内途径要优于皮下途径[111]，而另一项研究发现皮下途径要优于腹膜内途径[14]。弗氏完全佐剂在抗原乳化时，在绵羊中抗体反应皮下途径要比皮内途径更好[107]。兔用弗氏完全佐剂乳化的抗原免疫后，皮内免疫相比肌内有更高的滴度，而抗体亲和力两者相似[112]。免疫动物产生多克隆抗体最常用的途径见表 3.5。

表 3.5　动物初始免疫推荐年龄及免疫部位

物种	年龄	部位
小鼠和大鼠	6 周	s.c.，i.p.
鸡	18~20 周	i.m.
兔和豚鼠	3 个月	i.d.，s.c.，i.m.，i.v.
山羊	6~7 个月	i.d.，s.c.，i.m.，i.v.
绵羊	7~9 个月	i.d.，s.c.，i.m.，i.v.

来源：引自 Marlies Leenaars，P.P.A.，PPAM，et al. The Production of Polyclonal Antibodies in Laboratory Animals. The Report and Recommendations of ECVAM Workshop 35，ATLA 27，79–102，1999. http：//altweb.jhsph.edu/pubs/ecvam/ecvam35.html.

3.2.9　免疫步骤

开始制备多克隆抗体之前，必须考虑整个制备过程中涉及的所有因素，特别要注意选择正确的物种。这可以根据所需抗体的亲缘关系选择动物，亲缘关系越远越好。还需要考虑所需抗体量，因为较小的啮齿类动物难以产生大量的抗体，接种方案应该考虑剂量、合适的抗原浓度、注射的体积，以及免疫的部位。用于免疫动物的抗原需要经过精心而充分的准备，务必要去除无关的或者可能含有的污染性抗体，以使待用的抗原具有相当高的纯度。可以考虑使用免疫增强策略，包括增加使用的频率和改善注射的途径等。当然，也可以根据研究目的不同而选用相应不同的免疫增强方法[94]。

虽然没有单独一种最好的免疫步骤诱导抗体反应，但有一些规律可以作为参考。即便使用佐剂，单次免疫动物要得到高滴度的抗体一般情况下是不可能实现的，加强免疫常用于增强和延长抗体反应，因为它们活化了记忆细胞。记忆细胞在产生抗体前有短暂的潜伏期，能够产生更多的 IgG 而非 IgM，抗体相比初次免疫还有更好的亲和力（affinity）和亲合力（avidity）[2,94]。理想地，研究者应该检测抗体的滴度并且在滴度平台期或开始下降后即刻给予再次免疫，因为抗原在抗体存在时不能增强抗体反应[113]。初次抗体反应在初次免疫后 3~6 周逐渐减弱，表明再次免疫可在此时即 3~4 周给予[8,81]。增加再次免疫的次数并不能提高抗体的滴度或亲和力，甚至可能降低[112,114,115]。虽然免疫佐剂的持续使用可以增强所产生抗体的亲和力，但是在免疫佐剂的辅助作用下，大剂量的抗原也可诱发机体产生免疫耐受。典型的再次免疫在每次再次免疫的 10 天后产生最大化的抗体反应[94]。

再次免疫不需要在同一部位或同一途径给药。皮内免疫使抗原局限分布，再次免疫可以通过替代途径给予使抗原提呈更为广泛。例如，再次免疫在初次免疫后替代途径可以通过皮下途径给予[91]。可溶性抗原不宜通过静脉途径给予，因为过敏反应的可能性增大，因而，再次免疫可通过皮下或肌内给予，对可溶性抗原产生抗体反应最常使用的步骤是在初次免疫时使用弗氏完全佐剂，而在再次免疫时给予弗氏不完全佐剂[8]。没有佐剂形成的抗原储存库，免疫反应通常在 1~2 周达到顶峰，应每月给予后续的再次免疫以保持较高的抗体滴度[8]。使用佐剂时，抗体滴度可在数周到数月间持续增加。如果在初次免疫时使用了乳化剂，再次免疫可不使用佐剂，乳化剂保持的储存效果可维持数周到数月[81]。显然，研究者不希望将再次免疫注射到皮下肉芽肿。有人建议再次免疫的数量应该限制为 2~3 次，如果此时还没有抗体反应，则应该终止实验。然而，相对分子量低的抗原可能需要增加免疫次数[81]。最近有报道在改动免疫步骤后一个月内获得了良好的多克隆抗体反应[116]。该研究用含弗氏完全佐剂的抗原免疫兔，在第 1 天和第 3 天进行免疫，第 28 天进行加强免疫，第 35 天收获血清。

收集血清的频率并不会对抗体反应产生不利影响，并在多种情况下促进抗体反应。这被认为是由于促进抗原：抗体复合物中抗原释放并与记忆 B 细胞接触有关[8]。

3.2.10 物种选择

选择最适合的动物模型生产多克隆抗体应考虑以下几点：抗体对抗原的亲缘关系、收集抗体的用途、抗体反应的特性、所需的血清量、动物模型是否容易得到、动物模型的年龄和性别、血浆收集的难易程度[8,81,110]。

抗原来源同免疫动物之间的亲缘关系会影响针对抗原的免疫反应。例如，针对小鼠抗原的抗体反应可能在小鼠或大鼠中不发挥作用，但是在兔中就可以。这是因为细胞内抗原在胸腺发育时被宿主所识别产生了耐受，另外，为制备针对一些抗原表位的高特异性抗体，则需要免疫与抗原种属相近的动物或有遗传偏移的同一种属动物[8]。免疫亲缘关系较远的哺乳动物可产生高达 10mg/ml 的抗体，但免疫同种异型动物的抗体量低于 1mg/ml[8]。鸡被用来制备 IgY（等同于哺乳动物的 IgG）的多克隆抗体，然而 IgY 不会同哺乳动物 IgG 发生交叉反应[117,118]。这对于高度保守的哺乳动物抗原，如细胞内蛋白质特别有用，因为供体和受体之间的亲缘关系较远[81]。

抗体的用途影响动物的选择。例如，如果抗体用在 ELISA 中，则不应该选择与所结合抗原同一种属的一抗，否则会产生高水平的交叉反应。如果要使用不同技术，如多重微珠分析（multiplex microbead analysis），则要使用大量的血清[119]。这种情况下用兔取代小鼠制备抗体更为合适，因为使用体积大的兔能收集更多的血清。抗体亚型的特点，如调理能力和补体固定可能影响免疫步骤及动物模型的选择。虽然小鼠可产生 5 种不同类型亚类的抗体，但总有一种优于其他几种。例如，与 IgG2a 和 IgG2b 相比，IgG1 有更强的补体固定和调理能力。

首选年轻动物模型制备多克隆抗体，因为动物成熟过程中会产生强的 IgG 反应并增加免疫记忆[94]；还有一个原因是它们通常还没有接受明显的潜在病原体和环境中抗原物质的刺激。但是，如果动物年龄太小，则会产生非特异性的 IgM 反应，或者如果动物年龄太大，则免疫反应的强度和多样性都会降低[8,115]。一些物种（如小鼠）在子宫时免疫系统未发育完全，在发育过程中太早接受抗原刺激会导致耐受。表 3.5 给出了各种物种开始免疫的推荐年龄。

动物饲养环境也能够影响免疫反应。首选在无特定病原体环境下饲养的动物，因为它们不会遇到在传统饲养环境下遭遇的免疫刺激。周围环境中的常见植被和具有感染作用的物质都可能会对机体免疫状态产生影响并诱使其产生与其他抗原存在交叉反应的抗体[120,121]。性别也是需要考虑的因素之一，通常选择雌性动物而不是雄性动物，雌性动物一般攻击性较小，易于处理并可以群养。据报道，在低剂量抗原时，雌性动物还比雄性动物有更高的敏感性，对抗原的初次反应和再次反应有更长的持续时间[8]。雌性动物还有更高浓度的循环抗体和较强的免疫反应，因为雌激素能增加 B 细胞反应，而睾酮能降低 B 细胞反应[122]。然而，激素在多克隆抗体制备中的作用还有争议[110]。应激激素可能对免疫反应具有相反的作用，皮质醇可抑制淋巴细胞增殖。群养的猪中，处于领导地位的猪比其他猪有更强的免疫反应也证明了这一点[123]。因此，群居或单独圈养动物特别是啮齿类和兔可以影响抗体反应。动物的营养状态也能影响免疫反应，蛋白质缺乏可损害免疫反应[124]，添加维生素 A、维生素 C 和维生素 E 等能够增强反应[125]。

在制备抗体时，若要对动物类别进行选择，考虑所需的抗体量非常重要，因为这和动物的大小及收集血浆的难易程度相关。通常不止一只动物被免疫，这可以产生有更多多样性的抗体库来防止存在无免疫应答的动物，通常在免疫后需要 4~8 周才能产生多克隆抗体[110]。多克隆抗体的制备中最常用的物种是兔、小鼠、大鼠、豚鼠、山羊、绵羊和鸡。

家兔为制备抗体时最常选用的哺乳类动物。这是基于家兔具备以下优点：供源充足、体型大小合适、寿命适中、易于饲养、性情温和、便于免疫注射和收集抗体等。兔产生高亲和力的高滴度抗体、能用作免疫沉淀的抗血清[96]，这些都能容易地从耳中央动脉收集。兔为兔形目动物，同啮齿类亲缘关系较远。

一些啮齿类动物也被用作多克隆抗体的制备，尤以小鼠最为常用。小鼠的多种系可轻易从市场中获得，使得研究者可以选择针对它们抗原最适合的品系。例如，BALB/c 小鼠针对抗原有较强的体液免疫反应并以 IgG1 为主，而 C57BL/6 小鼠抗体反应较弱，以 IgG2a 反应为主[126,127]。使用近交系更为适合，因为免疫反应在个体间有较小的差异[128]。然而，并不是所有的近交系都相同。来自不同商家的动物可能经历了品系变异，会改变不同来源近交系的免疫反应[94]。用小鼠制备大量抗体需要很多动物，25g 小鼠仅能在常规出血间隔安全地采集 200μl，注射体积也因为较小的组织块而受限（见表 3.4）。有研究通过制造腹腔积液来克服这个限制[129~132]。这种方法是在制备多克隆抗体方法的基础上进行的革新，主要通过在动物腹膜腔接种肿瘤实现。实验表明，腹水能引起严重的疼痛和应激，因而逐渐用其他方法来取代此种方法[133~135]。如果必须使用腹水方法制备多克隆抗体，应该在腹水发展过程中使用单端穿刺放液管（one terminal tap）来将动物的疼痛和应激减少到最低。

其他啮齿类动物也可用于多克隆抗体的制备，但是相比兔等常规的多克隆抗体制备物种并没有多少优势。对于特定的反应，大鼠可作为 IgE 的首选种属，豚鼠抗体有良好的补体固定作用[8]。

农场动物，如绵羊、山羊和马相比小型哺乳动物有某些优势，血液易从颈静脉收集，而且并发症少。由于它们寿命较长，因此还可以在较长的时间内收集。与其他物种相比，少量的农场动物即可获得更多的抗血清。但它们价格昂贵，而且需要专业的饲养环境，因而在多数实验室并不适合。

鸡是多克隆抗体制备中极其有用的动物。免疫的鸡可在蛋黄中产生高浓度的 IgY 抗体[117,118,136]。单个鸡蛋每周产生的抗体是从兔血清中收集到的 10 倍，且具有同等亲和力，不需要处理或注射进动物体内收集血液[137]，仅需收集鸡蛋即可。鸡与哺乳动物亲缘关系较远，因而交叉反应小，并能提供近交系，减小个体差异。此外，IgY 不能活化哺乳动物的补体，并且不会和细菌蛋白 A 或 G、哺乳动物 Fc 受体或风湿因子反应。IgY 在鸡蛋中能够稳定维持数月，如果从蛋黄中提取且保存得当的话，稳定性还会延长。使用鸡作为宿主的缺点在于直接交联到 IgY 的抗体数量有限[136]。

免疫后，应监测动物的过敏性，特别是当可溶性抗原通过静脉或腹膜内给予时，还应该每日检测动物的不良反应，如肉芽肿形成情况及动物的伦理学。如果不良反应非常严重，动物应该得到人道的关怀。

每种动物采血的频率和数量都有一定的限制。一般来说，每间隔 10d 的采血量不应超过动物血容量的 10%，否则会引起血容量减少性休克和贫血[138]。动物的恢复期可根据采血量而改变，由于收集抗血清通常是采集单个样品，如果采集了 7.5%、10.5%、15%的血容量，推荐的恢复期分别为 1 周、2 周和 4 周[139]。推荐的采血体积和采血部位见表 3.6。

表 3.6　不同物种血浆体积和推荐的安全放血体积及部位

物种（平均体重）	血浆体积/ml（平均 ml/kg）	最大收集体积/ml	推荐部位
小鼠（25g）	1.8（79）	0.3	尾静脉、侧隐静脉、下颌下静脉、眶后窦、断尾术
大鼠（250g）	16（64）	2.0	尾静脉、眶后丛、颈静脉②
豚鼠（900g）	68（75）	5.0	跖后静脉、颅腔静脉②
兔（4kg）	224（56）	25①	耳缘静脉
绵羊/山羊（90kg）	6.0L（68）	200~600①	颈静脉、头静脉

① 根据体重；②需要麻醉。

来源：摘自 Diehl，K. H. et al. J Appl Toxicol 21（1），15–23，2001；Hawk，C. T. and Leary，S. L.，Formulary for Laboratory Animals，Iowa State Press，Ames，1995；Hendriksen，C. F. and Hau，J.，Handbook of Laboratory Animal Science，Hau，J. and Van Hoosier，G. L.（eds.），CRC Press，Boca Raton，FL，2003，pp. 391–408.

终期放血法可用于最大限度地一次性收集所免疫动物的抗血清。为了最大限度地收集血液，对于体型较小的动物，如家兔和啮齿类动物，可在全麻下行心脏穿刺术进行全血采集；而对于体型较大的动物，则可在全麻下行颈内静脉置管术进行放血。对不同体型动物实施麻醉的具体操作方法，可详询当地兽医部门。而对于放血后的动物，应根据美国兽医协会的最新规定予以安乐死[141]。表 3.7 给出了不同动物建议的麻醉方法及最大放血量。

表 3.7　不同物种放血法推荐的麻醉剂量及最大放血量

物种	麻醉剂剂量和途径	可收集量/ml
小鼠	1. 氯胺酮（100 mg/kg）和甲苯噻嗪（10mg/kg）i.p. 2. 戊巴比妥（45 mg/kg）i.p. 3. 异氟烷吸入	1.0~1.5
大鼠	1. 氯胺酮（75 mg/kg）和甲苯噻嗪（10mg/kg）i.p. 2. 戊巴比妥（45 mg/kg）i.p. 3. 异氟烷吸入	6.0~8.0
豚鼠	1. 氯胺酮（40mg/kg）和甲苯噻嗪（5mg/kg）i.p. 2. 戊巴比妥（40mg/kg）i.p. 3. 异氟烷吸入	20~30
兔	1. 麻醉前 15~20min 肌肉注射乙酰丙嗪（1mg/kg） 2. 氯胺酮（10 mg/kg）和甲苯噻嗪（3mg/kg）i.p. 3. 戊巴比妥（35 mg/kg）i.v. 4. 异氟烷吸入	90~120
绵羊/山羊	1. 氯胺酮（4mg/kg）和甲苯噻嗪（绵羊 0.2mg/kg，山羊 0.05 mg/kg,），i.v. 2. 戊巴比妥（30 mg/kg）i.v. 3. 泰拉瑞（3mg/kg）i.m. 4. 异氟烷吸入（需要插管）	2000~3000

来源：摘自 Flecknell，P.，Laboratory Animal Anaesthesia：A Practical Introduction for Research Workers and Technicians，Academic Press，London，1996；Diehl，K. H. et al. J Appl Toxicol 21（1），15–23，2001.

3.3　结语

多克隆抗体在科学研究中仍然起着重要作用。虽然制备多克隆抗体的过程相对简单，但在实施前有几个需要考虑的因素，如所需抗体反应的类型（如同种型）、佐剂的使用、免疫途径和时间点、所用的种属。并没有最好的、十分标准的步骤。本章及其他的参考文献将引导研究者制备多克隆抗体。

致谢：非常感激 Mary Wood（加利福尼亚大学动物中心）在文献检索中的帮助、MichelleSwan 提供的帮助，以及 Laurel Gershwin 博士和 Kate Wasson 博士对本章提出的宝贵建议。

（韩佳佳 译　张建民 校）

参 考 文 献

1. Paul, W. E., *Fundamental Immunology*, 5th ed., Lippincott Williams & Wilkins, Philadelphia, 2003.
2. Janeway, C. A. Jr., Travers, P., Walport, M., and Shlomchik, M., *Immunobiology: The Immune System in Health and Disease*, 6th ed., Garland Science, New York, 2005.
3. Moser, M., Dendritic cells, in *Fundamental Immunology*, 5th ed., Paul, W. E. (ed.), Lippincott Williams & Wilkins, Philadelphia, 2003, pp. 455–480.

4. Gordon, S., Macrophages and the immune response, in *Fundamental Immunology*, 5th ed., Paul, W. E. (ed.), Lippincott Williams & Wilkins, Philadelphia, 2003, pp. 481–496.
5. Lenschow, D. J., Walunas, T. L., and Bluestone, J. A., CD28/B7 system of T cell costimulation, *Annu Rev Immunol* 14, 233–58, 1996.
6. Mosmann, T. R. and Coffman, R. L., TH1 and TH2 cells: Different patterns of lymphokine secretion lead to different functional properties, *Annu Rev Immunol* 7, 145–73, 1989.
7. Tough, D. F. and Sprent, J., Immunologic memory, in *Fundamental Immunology*, 5th ed., Paul, W. E. (ed.), Lippincott Williams & Wilkins, Philadelphia, 2003, pp. 865–900.
8. Hanly, W. C., Artwohl, J. E., and Bennett, B. T., Review of polyclonal antibody production procedures in mammals and poultry, *Ilar J* 37(3), 93–118, 1995.
9. Tizard, I. R., *Veterinary Immunology: An Introduction*, 6th ed. W.B. Saunders Company, Philadelphia, 2000.
10. Petrovsky, N. and Aguilar, J. C., Vaccine adjuvants: Current state and future trends, *Immunol Cell Biol* 82(5), 488–96, 2004.
11. Singh, M. and O'Hagan, D. T., Recent advances in veterinary vaccine adjuvants, *Int J Parasitol* 33(5–6), 469–78, 2003.
12. Hunter, R. L., Olsen, M. R., and Bennett, B., Copolymer adjuvants and Titermax, in *The Theory and Application of Adjuvants*, Stewart-Tull, D. E. S. (ed.), John Wiley & Sons Ltd, West Sussex, England, 1995.
13. Stewart-Tull, D. E. S., Freund-type mineral oil adjuvant emulsions, in *The Theory and Application of Adjuvants*, Stewart-Tull, D. E. S. (ed.), John Wiley & Sons Ltd, West Sussex, England, 1995.
14. Kenney, J. S., Hughes, B. W., Masada, M. P., and Allison, A. C., Influence of adjuvants on the quantity, affinity, isotype and epitope specificity of murine antibodies, *J Immunol Methods* 121(2), 157–66, 1989.
15. Jennings, V. M., Review of selected adjuvants used in antibody production, *Ilar J* 37(3), 119–25, 1995.
16. Sprigg, D. R. and Koff, W. C., *Topics in Vaccine Adjuvant Research*, CRC Press, Boca Raton, FL, 1991.
17. Stills, H. F. Jr., Adjuvants and antibody production: Dispelling the myths associated with Freund's complete and other adjuvants, *Ilar J* 46(3), 280–93, 2005.
18. Stewart-Tull, D. E. S., *The Theory and Application of Adjuvants*, John Wiley & Sons Ltd., West Sussex, England, 1995.
19. Freund, J., The effect of paraffin oil and mycobacteria on antibody formation and sensitization; A review, *Am J Clin Pathol* 21(7), 645–56, 1951.
20. NIH Intramural Recommendation for the Use of Complete Freund's Adjuvant, *ILAR News* 30(2), 1988.
21. Care, C. C. o. A., *Guidelines on: Antibody Production*, Ottawa, Ontario, Canada, 2002.
22. Hunter, R. L. and Bennett, B., The adjuvant activity of nonionic block polymer surfactants. II. Antibody formation and inflammation related to the structure of triblock and octablock copolymers, *J Immunol* 133(6), 3167–75, 1984.
23. Howerton, D. A., Hunter, R. L., Ziegler, H. K., and Check, I. J., Induction of macrophage Ia expression *in vivo* by a synthetic block copolymer, L81, *J Immunol* 144(5), 1578–84, 1990.
24. Leenaars, P. P., Hendriksen, C. F., Angulo, A. F., Koedam, M. A., and Claassen, E., Evaluation of several adjuvants as alternatives to the use of Freund's adjuvant in rabbits, *Vet Immunol Immunopathol* 40(3), 225–41, 1994.
25. Smith, D. E., O'Brien, M. E., Palmer, V. J., and Sadowski, J. A., The selection of an adjuvant emulsion for polyclonal antibody production using a low-molecular-weight antigen in rabbits, *Lab Anim Sci* 42(6), 599–601, 1992.
26. Tejada-Simon, M. V. and Pestka, J. J., Production of polyclonal antibody against ergosterol hemisuccinate using Freund's and Titermax adjuvants, *J Food Prot* 61(8), 1060–3, 1998.
27. Leenaars, P. P., Koedam, M. A., Wester, P. W., Baumans, V., Claassen, E., and Hendriksen, C. F., Assessment of side effects induced by injection of different adjuvant/antigen combinations in rabbits and mice, *Lab Anim* 32(4), 387–406, 1998.
28. Bennett, B., Check, I. J., Olsen, M. R., and Hunter, R. L., A comparison of commercially available adjuvants for use in research, *J Immunol Methods* 153(1–2), 31–40, 1992.

29. Ribi, E., Meyer, T. J., Azuma, I., Parker, R., and Brehmer, W., Biologically active components from mycobacterial cell walls. IV. Protection of mice against aerosol infection with virulent *Mycobacterium tuberculosis*, *Cell Immunol* 16(1), 1–10, 1975.
30. Altman, A. and Dixon, F. J., Immunomodifiers in vaccines, *Adv Vet Sci Comp Med* 33, 301–43, 1989.
31. Ellouz, F., Adam, A., Ciorbaru, R., and Lederer, E., Minimal structural requirements for adjuvant activity of bacterial peptidoglycan derivatives, *Biochem Biophys Res Commun* 59(4), 1317–25, 1974.
32. Rudbach, J. A., Johnson, D. A., and Ulrich, J. T., Ribi adjuvants: Chemistry, biology and utility in vaccines for human and veterinary medicine, in *The Theory and Application of Adjuvants*, Stewart-Tull, D. E. S. (ed.), John Wiley & Sons Ltd, West Sussex, England, 1995.
33. Ribi, E., Cantrell, J. L., Takayama, K., Qureshi, N., Peterson, J., and Ribi, H. O., Lipid A and immunotherapy, *Rev Infect Dis* 6(4), 567–72, 1984.
34. Chiller, J. M., Skidmore, B. J., Morrison, D. C., and Weigle, W. O., Relationship of the structure of bacterial lipopolysaccharides to its function in mitogenesis and adjuvanticity, *Proc Natl Acad Sci U S A* 70(7), 2129–33, 1973.
35. Kotani, S., Takada, H., Takahashi, I., Ogawa, T., Tsujimoto, M., Shimauchi, H., Ikeda, T. et al., Immunobiological activities of synthetic lipid A analogs with low endotoxicity, *Infect Immun* 54(3), 673–82, 1986.
36. Deeb, B. J., DiGiacomo, R. F., Kunz, L. L., and Stewart, J. L., Comparison of Freund's and Ribi adjuvants for inducing antibodies to the synthetic antigen (TG)-AL in rabbits, *J Immunol Methods* 152(1), 105–13, 1992.
37. Johnston, B. A., Eisen, H., and Fry, D., An evaluation of several adjuvant emulsion regimens for the production of polyclonal antisera in rabbits, *Lab Anim Sci* 41(1), 15–21, 1991.
38. Lipman, N. S., Trudel, L. J., Murphy, J. C., and Sahali, Y., Comparison of immune response potentiation and *in vivo* inflammatory effects of Freund's and RIBI adjuvants in mice, *Lab Anim Sci* 42(2), 193–7, 1992.
39. Mallon, F. M., Graichen, M. E., Conway, B. R., Landi, M. S., and Hughes, H. C., Comparison of antibody response by use of synthetic adjuvant system and Freund complete adjuvant in rabbits, *Am J Vet Res* 52(9), 1503–6, 1991.
40. Bokhout, B., van Gaale, C., van der Heijden, Ph. J., A selected water-in-oil emulsion: Composition and usefulness as an immunological adjuvant, *Vet Immunol Immunopathol* 2, 491–500, 1981.
41. Halassy, B., Vdovic, V., Habjanec, L., Balija, M. L., Gebauuer, B., Sabioncello, A., Santek, T., and Tomasic, J., Effectiveness of novel PGM-containing incomplete Seppic adjuvants in rabbits, *Vaccine* 25(17), 3475–81, 2007.
42. Grubhofer, N., An adjuvant formulation based on *N*-acetylglucosaminyl-*N*-acetylmuramyl-L-alanyl-D-isoglutamine with dimethyldioctadecylammonium chloride and zinc-L-proline complex as synergists, *Immunol Lett* 44(1), 19–24, 1995.
43. Fodey, T. L., Delahaut, P., Charlier, C., and Elliott, C. T., Comparison of three adjuvants used to produce polyclonal antibodies to veterinary drugs, *Vet Immunol Immunopathol* 122(1–2), 25–34, 2008.
44. Lindblad, E. B., Aluminium adjuvants, in *The Theory and Application of Adjuvants*, Stewart-Tull, D. E. S. (ed.), John Wiley & Sons Ltd, West Sussex, England, 1995.
45. Allison, A. C. and Byars, N. E., Immunological adjuvants: Desirable properties and side-effects, *Mol Immunol* 28(3), 279–84, 1991.
46. Leenaars, P. P., Hendriksen, C. F., Koedam, M. A., Claassen, I., and Claassen, E., Comparison of adjuvants for immune potentiating properties and side effects in mice, *Vet Immunol Immunopathol* 48(1–2), 123–38, 1995.
47. Cooper, H. M. and Paterson, Y., Production of antibodies, in *Current Protocols in Immunology*, Coligan, J. E., Kruisbeek, A. M., Margulies, D. H., Shevach, E. M., and Strober, W. (eds.), John Wiley & Sons, Inc., 1995, pp. 2.4.1–2.4.5.
48. Allison, A. C. and Gregoriadis, G., Liposomes as immunological adjuvants, *Recent Results Cancer Res* (56), 58–64, 1976.
49. Gregoriadis, G., Liposomes as immunological adjuvants, in *The Theory and Application of Adjuvants*, Stewart-Tull, D. E. S. (ed.), John Wiley & Sons Ltd, West Sussex, England, 1995.
50. Reddy, R., Nair, S., Brynestad, K., and Rouse, B. T., Liposomes as antigen delivery systems in viral immunity, *Semin Immunol* 4(2), 91–6, 1992.

51. Takada, H. and Shozo, K., Muramyl dipeptide and derivatives, in *The Theory and Application of Adjuvants*, Stewart-Tull, D. E. S. (ed.), John Wiley & Sons Ltd, West Sussex, England, 1995, pp. 171–202.
52. Dalpke, A. H. and Heeg, K., CpG-DNA as immune response modifier, *Int J Med Microbiol* 294(5), 345–54, 2004.
53. Klinman, D. M., CpG DNA as a vaccine adjuvant, *Expert Rev Vaccines* 2(2), 305–15, 2003.
54. Mutwiri, G. K., Nichani, A. K., Babiuk, S., and Babiuk, L. A., Strategies for enhancing the immunostimulatory effects of CpG oligodeoxynucleotides, *J Control Release* 97(1), 1–17, 2004.
55. Medzhitov, R. and Janeway, C. A. Jr., Innate immunity: The virtues of a nonclonal system of recognition, *Cell* 91(3), 295–8, 1997.
56. Klinman, D. M., Currie, D., Gursel, I., and Verthelyi, D., Use of CpG oligodeoxynucleotides as immune adjuvants, *Immunol Rev* 199, 201–16, 2004.
57. Ada, G. and Ramshaw, I., DNA vaccination, *Expert Opin Emerg Drugs* 8(1), 27–35, 2003.
58. Mutwiri, G., Pontarollo, R., Babiuk, S., Griebel, P., van Drunen Littel-van den Hurk, S., Mena, A., Tsang, C. et al. Biological activity of immunostimulatory CpG DNA motifs in domestic animals, *Vet Immunol Immunopathol* 91(2), 89–103, 2003.
59. Sasaki, S., Takeshita, F., Xin, K. Q., Ishii, N., and Okuda, K., Adjuvant formulations and delivery systems for DNA vaccines, *Methods* 31(3), 243–54, 2003.
60. Chambers, R. S. and Johnston, S. A., High-level generation of polyclonal antibodies by genetic immunization, *Nat Biotechnol* 21(9), 1088–92, 2003.
61. Johnston, S. A. and Tang, D. C., Gene gun transfection of animal cells and genetic immunization, *Methods Cell Biol* 43 Pt A, 353–65, 1994.
62. Gursel, I., Gursel, M., Ishii, K. J., and Klinman D. M., Sterically stabilized cationic liposomes improve the uptake and immunostimulatory activity of CpG oligonucleotides, *J Immunol* 167(6), 3324–8, 2001.
63. Dow, S. W., Liposome-nucleic acid immunotherapeutics, *Expert Opin Drug Deliv* 5(1), 11–24, 2008.
64. Dalsgaard, K., Lovgren, K., and Stewart-Tull, D. E. S., Immune stimulating complexes with Quil A, in *The Theory and Application of Adjuvants*, Stewart-Tull, D. E. S. (ed.), John Wiley & Sons Ltd, West Sussex, England, 1995, pp. 129–144.
65. Sanders, M. T., Brown, L. E., Deliyannis, G., and Pearse, M. J., ISCOM-based vaccines: The second decade, *Immunol Cell Biol* 83(2), 119–28, 2005.
66. Speijers, G. J., Danse, L. H., Beuvery, E. C., Strik, J. J., and Vos, J. G., Local reactions of the saponin Quil A and a Quil A containing iscom measles vaccine after intramuscular injection of rats: A comparison with the effect of DPT-polio vaccine, *Fundam Appl Toxicol* 10(3), 425–30, 1988.
67. Pearse, M. J. and Drane, D., ISCOMATRIX adjuvant for antigen delivery, *Adv Drug Deliv Rev* 57(3), 465–74, 2005.
68. Esche, U. v. d., Ayoub, M., Pfannes, S. D., Muller, M. R., Huber, M., Wiesmuller, K. H., Loop, T. et al. Immunostimulation by bacterial components: I. Activation Of macrophages and enhancement of genetic immunization by the lipopeptide P3CSK4, *Int J Immunopharmacol* 22(12), 1093–102, 2000.
69. Kellner, J., Erhard, M., Schranner, I., and Losch, U., The influence of various adjuvants on antibody synthesis following immunization with an hapten, *Biol Chem Hoppe Seyler* 373(1), 51–5, 1992.
70. Wu, J. Y., Wade, W. F., and Taylor, R. K., Evaluation of cholera vaccines formulated with toxin-coregulated pilin peptide plus polymer adjuvant in mice, *Infect Immun* 69(12), 7695–702, 2001.
71. Holland, M. J., Harcus, Y. M., Riches, P. L., and Maizels, R. M., Proteins secreted by the parasitic nematode *Nippostrongylus brasiliensis* act as adjuvants for Th2 responses, *Eur J Immunol* 30(7), 1977–87, 2000.
72. Stevceva, L. and Ferrari, M. G., Mucosal adjuvants, *Curr Pharm Des* 11(6), 801–11, 2005.
73. Barr, T. A., McCormick, A. L., Carlring, J., and Heath, A. W., A potent adjuvant effect of CD40 antibody attached to antigen, *Immunology* 109(1), 87–92, 2003.

74. Carlring, J., Barr, T. A., Buckle, A. M., and Heath, A. W., Anti-CD28 has a potent adjuvant effect on the antibody response to soluble antigens mediated through CTLA-4 bypass, *Eur J Immunol* 33(1), 135–42, 2003.
75. Hurn, B., Practical problems in raising antisera, *Brit Med Bull* 30, 26–28, 1974.
76. Byars, N. E. and Allison, A. C., Syntex adjuvant formulation, in *The Theory and Application of Adjuvants*, Stewart-Tull, D. E. S. (ed.), John Wiley & Sons Ltd, West Sussex, England, 1995, pp. 203–212.
77. McCoy, K. L., Kendrick, L., and Chused, T. M., Tolerance defects in New Zealand Black and New Zealand Black X New Zealand White F1 mice, *J Immunol* 136(4), 1217–22, 1986.
78. Maurer, P. H. and Callahan, H. J., Proteins and polypeptides as antigens, *Methods Enzymol* 70(A), 49–70, 1980.
79. Hu, J. G. and Kitagawa, T., Studies on the optimal immunization schedule of experimental animals. VI. Antigen dose-response of aluminum hydroxide-aided immunization and booster effect under low antigen dose, *Chem Pharm Bull (Tokyo)* 38(10), 2775–9, 1990.
80. Zinkernagel, R. M., Localization dose and time of antigens determine immune reactivity, *Semin Immunol* 12(3), 163–71; discussion 257–344, 2000.
81. Hendriksen, C. F. and Hau, J., *Production of Polyclonal and Monoclonal Antibodies*, CRC Press, Boca Raton, FL, 2003.
82. Harlow, E. and Lane, D., *Antibodies: A Laboratory Manual*, Cold Spring Harbor Laboratory, Cold Spring Harbor, New York, 1988.
83. Hurn, B. A. and Chantler, S. M., Production of reagent antibodies, *Methods Enzymol* 70(A), 104–42, 1980.
84. Muller, S., Immunization with peptides, in *Synthetic Peptides as Antigens*, Muller, S. (ed.), Elsevier, Amsterdam, 1999, pp. 133–78.
85. Halliday, L. C., Artwohl, J. E., Hanly, W. C., Bunte, R. M., and Bennett, B. T., Physiologic and behavioral assessment of rabbits immunized with Freund's complete adjuvant, *Contemp Top Lab Anim Sci* 39(5), 8–13, 2000.
86. Halliday, L. C., Artwohl, J. E., Bunte, R. M., Ramakrishnan, V., and Bennett, B. T., Effects of Freund's complete adjuvant on the physiology, histology, and activity of New Zealand White Rabbits, *Contemp Top Lab Anim Sci* 43(1), 8–13, 2004.
87. Vaitukaitis, J. L., Production of antisera with small doses of immunogen: Multiple intradermal injections, *Methods Enzymol* 73 (Pt B), 46–52, 1981.
88. Stills, H. F., Jr. and Bailey, M., The use of Freund's complete adjuvant, *Lab Anim* 20, 25–30, 1991.
89. Herbert, W. J., Mineral oil adjuvants and the immunization of laboratory animals, in *Handbook of Experimental Immunology*, 3rd ed., Weir, D. M. (ed.), Blackwell Scientific Publications, Oxford, 1978, pp. A3.1–3.15.
90. Leskowitz, S. and Waksman, B. H., Studies on immunization. 1. The effect of route of injection of bovine serum albumin in Freund adjuvant on production of circulating antibody and delayed hypersensitivity, *J Immunol* 84, 58–72, 1960.
91. Herbert, W. J., Laboratory animal techniques for immunology, in *Handbook of Experimental Immunology*, 3rd ed., Weir, D. M. (ed.), Blackwell Scientific Publications, Oxford, 1978, pp. A4.1–4.29.
92. O'Driscoll, C. M., Anatomy and physiology of the lymphatics, in *Lymphatic Transport of Drugs*, Charman, W. N. and Stella, V. J. (eds.), CRC Press, Boca Raton, FL, 1992, pp. 1–35.
93. Amyx, H. L., Control of animal pain and distress in antibody production and infectious disease studies, *J Am Vet Med Assoc* 191(10), 1287–9, 1987.
94. Schunk, M. K. and Macallum, G. E., Applications and optimization of immunization procedures, *Ilar J* 46(3), 241–57, 2005.
95. Droual, R., Bickford, A. A., Charlton, B. R., and Kuney, D. R., Investigation of problems associated with intramuscular breast injection of oil-adjuvanted killed vaccines in chickens, *Avian Dis* 34(2), 473–8, 1990.

96. Stills, H. F., Polyclonal antibody production, in *The Biology of the Laboratory Rabbits*, 2nd ed., Manning, P. J., Ringler, D. H., and Newcomer, C. E. (eds.), Academic Press, San Diego, 1994, pp. 435–448.
97. Ermeling, B. L., Steffen, E. K., Fish, R. E., and Hook, R. R. Jr., Evaluation of subcutaneous chambers as an alternative to conventional methods of antibody production in chickens, *Lab Anim Sci* 42(4), 402–7, 1992.
98. Clemons, D. J., Besch-Williford, C., Steffen, E. K., Riley, L. K., and Moore, D. H., Evaluation of a subcutaneously implanted chamber for antibody production in rabbits, *Lab Anim Sci* 42(3), 307–11, 1992.
99. Ried, J. L., Walker-Simmons, M. K., Everard, J. D., and Diani, J., Production of polyclonal antibodies in rabbits is simplified using perforated plastic golf balls, *Biotechniques* 12(5), 660–6, 1992.
100. Wolff, K. L., Hudson, B. W., Ormsbee, R. A., and Peacock, M. G., Production of antibody in induced granulomas, *J Clin Microbiol* 4(4), 384–7, 1976.
101. Hillam, R. P., Tengerdy, R. P., and Brown, G. L., Local antibody production against the murine toxin of *Yersinia pestis* in a golf ball-induced granuloma, *Infect Immun* 10(3), 458–63, 1974.
102. Hajer, I., Jochim, M. M., and Lauerman, L. H., Immunoglobulin response to bluetongue virus soluble antigen in subcutaneous chambers, *Am J Vet Res* 38(6), 815–8, 1977.
103. Coghlan, L. G. and Hanausek, M., Subcutaneous immunization of rabbits with nitrocellulose paper strips impregnated with microgram quantities of protein, *J Immunol Methods* 129(1), 135–8, 1990.
104. Herbert, W. J., The mode of action of mineral-oil emulsion adjuvants on antibody production in mice, *Immunology* 14(3), 301–18, 1968.
105. Vaitukaitis, J., Robbins, J. B., Nieschlag, E., and Ross, G. T., A method for producing specific antisera with small doses of immunogen, *J Clin Endocrinol Metab* 33(6), 988–91, 1971.
106. Hillier, S. G., Groom, G. V., Boyns, A. R., and Cmaeron, E. H. D., The active immunisation of intact adult rats against steroid-protein conjugates: Effects on circulating hormone levels and related physiological processes, in *Steroid Immunoassay*, Cameron, E. H. D., Hillier, S. G., and Griffiths, K. (eds.), Alpha Omega Publishing, Ltd., Cardiff, Wales, 1975, pp. 97–110.
107. Scaramuzzi, R. J., Corker, C. S., Young, G., and Baird, D. T., Production of antisera to steroid hormones in sheep, in *Steroid Immunoassay*, Cameron, E. H. D., Hillier, S. G., and Griffiths, K. (eds.), Alpha Omega Publishing, Ltd., Cardiff, Wales, 1975, pp. 111–32.
108. Horne, C. H. and White, R. G., Evaluation of the direct injection of antigen into a peripheral lymph node for the production of humoral and cell-mediated immunity in the guinea-pig, *Immunology* 15(1), 65–74, 1968.
109. Nilsson, B. O., Svalander, P. C., and Larsson, A., Immunization of mice and rabbits by intrasplenic deposition of nanogram quantities of protein attached to Sepharose beads or nitrocellulose paper strips, *J Immunol Methods* 99(1), 67–75, 1987.
110. Leenaars, M. and Hendriksen, C. F., Critical steps in the production of polyclonal and monoclonal antibodies: Evaluation and recommendations, *Ilar J* 46(3), 269–79, 2005.
111. Hu, J. G., Yokoyama, T., and Kitagawa, T., Studies on the optimal immunization schedule of experimental animals. V. The effects of the route of injection, the content of Mycobacteria in Freund's adjuvant and the emulsifying antigen, *Chem Pharm Bull (Tokyo)* 38(7), 1961–5, 1990.
112. Lader, S., Hurn, B. A. L., and Court, G., A comparative assessment of immunization procedures for radioimmunoassays, in *Radioimmunoassay and Related Procedures in Medicine*, Rodbard, D. and Hatt, D. M. (eds.), International Atomic Energy Agency, Vienna, 1974, pp. 31–44.
113. Chande, C., Thakar, Y. S., Pande, S., Dhanvijay, A. G., Shrikhande, A. V., and Saoji, A. M., Sequential study of IgG antibody response in immunized rabbit and development of immunization protocol for raising monospecific antibody, *Indian J Pathol Microbiol* 39(1), 27–32, 1996.

114. Serody, J. S., Collins, E. J., Tisch, R. M., Kuhns, J. J., and Frelinger, J. A., T cell activity after dendritic cell vaccination is dependent on both the type of antigen and the mode of delivery, *J Immunol* 164(9), 4961–7, 2000.
115. Hu, J. G., Yokoyama, T., and Kitagawa, T., Studies on the optimal immunization schedule of experimental animals. IV. The optimal age and sex of mice, and the influence of booster injections, *Chem Pharm Bull (Tokyo)* 38(2), 448–51, 1990.
116. Hu, Y. X., Guo, J. Y., Shen, L., Chen, Y., Zhang, Z. C., and Zhang, Y. L., Get effective polyclonal antisera in one month, *Cell Res* 12(2), 157–60, 2002.
117. Larsson, A., Balow, R. M., Lindahl, T. L., and Forsberg, P. O., Chicken antibodies: Taking advantage of evolution—A review, *Poult Sci* 72(10), 1807–12, 1993.
118. Tini, M., Jewell, U. R., Camenisch, G., Chilov, D., and Gassmann, M., Generation and application of chicken egg-yolk antibodies, *Comp Biochem Physiol A Mol Integr Physiol* 131(3), 569–74, 2002.
119. Khan, I. H., Kendall, L. V., Ziman, M., Wong, S., Mendoza, S., Fahey, J., Griffey, S. M., Barthold, S. W., and Luciw, P. A., Simultaneous serodetection of 10 highly prevalent mouse infectious pathogens in a single reaction by multiplex analysis, *Clin Diagn Lab Immunol* 12(4), 513–9, 2005.
120. Klaasen, H. L., Van der Heijden, P. J., Stok, W., Poelma, F. G., Koopman, J. P., Van den Brink, M. E., Bakker, M. H., Eling, W. M., and Beynen, A. C., Apathogenic, intestinal, segmented, filamentous bacteria stimulate the mucosal immune system of mice, *Infect Immun* 61(1), 303–6, 1993.
121. O'Rourke, J., Lee, A., and McNeill, J., Differences in the gastrointestinal microbiota of specific pathogen free mice: An often unknown variable in biomedical research, *Lab Anim* 22(4), 297–303, 1988.
122. Da Silva, J. A., Sex hormones and glucocorticoids: Interactions with the immune system, *Ann N Y Acad Sci* 876, 102–17; discussion 117–8, 1999.
123. de Groot, J., Ruis, M. A., Scholten, J. W., Koolhaas, J. M., and Boersma, W. J., Long-term effects of social stress on antiviral immunity in pigs, *Physiol Behav* 73(1–2), 145–58, 2001.
124. Konno, A., Utsuyama, M., Kurashima, C., Kasai, M., Kimura, S., and Hirokawa, K., Effects of a protein-free diet or food restriction on the immune system of Wistar and Buffalo rats at different ages, *Mech Ageing Dev* 72(3), 183–97, 1993.
125. Lopez-Varela, S., Gonzalez-Gross, M., and Marcos, A., Functional foods and the immune system: A review, *Eur J Clin Nutr* 56 Suppl 3, S29–33, 2002.
126. Kendall, L. V., Riley, L. K., Hook, R. R. Jr., Besch-Williford, C. L., and Franklin, C. L. Antibody and cytokine responses to the cilium-associated respiratory bacillus in BALB/c and C57BL/6 mice. *Infection and Immunity* 68(9), 4961–7, 2000.
127. Snapper, C. M. and Finkelman, F. D., Immunoglobulin class switching, in *Fundamental Immunology*, 4th ed., Paul, W. E. (ed.), Lippincott-Raven, Philadelphia, 1999, pp. 831–862.
128. Melo, M. E., Gabaglia, C. R., Moudgil, K. D., Sercarz, E. E., and Quinn, A., Strain-dependent effect of nasal instillation of antigen on the immune response in mice, *Isr Med Assoc J* 4(11 Suppl), 902–7, 2002.
129. Cartledge, C., McLean, C., and Landon, J., Production of polyclonal antibodies in ascitic fluid of mice: Time and dose relationships, *J Immunoassay* 13(3), 339–53, 1992.
130. Kurpisz, M., Gupta, S. K., Fulgham, D. L., and Alexander, N. J., Production of large amounts of mouse polyclonal antisera, *J Immunol Methods* 115(2), 195–8, 1988.
131. Lacy, M. J. and Voss, E. W. Jr., A modified method to induce immune polyclonal ascites fluid in BALB/c mice using Sp2/0-Ag14 cells, *J Immunol Methods* 87(2), 169–77, 1986.
132. Mahana, W. and Paraf, A., Mice ascites as a source of polyclonal and monoclonal antibodies, *J Immunol Methods* 161(2), 187–92, 1993.
133. Peterson, N. C., Behavioral, clinical, and physiologic analysis of mice used for ascites monoclonal antibody production, *Comp Med* 50(5), 516–26, 2000.
134. Jackson, L. R., Trudel, L. J., Fox, J. G., and Lipman, N. S., Monoclonal antibody production in murine ascites. I. Clinical and pathologic features, *Lab Anim Sci* 49(1), 70–80, 1999.

135. Toth, L. A., Dunlap, A. W., Olson, G. A., and Hessler, J. R., An evaluation of distress following intraperitoneal immunization with Freund's adjuvant in mice, *Lab Anim Sci* 39(2), 122–6, 1989.
136. Schade, R., Staak, C., Hendriksen, C. F., Erhard, M., Hugl, H., Koch, G., Larsson, A. et al. Report No. The Report and Recommendations of ECVAM Workshop 21, 1994.
137. Svendsen Bollen, L., Crowley, A., Stodulski, G., and Hau, J., Antibody production in rabbits and chickens immunized with human IgG. A comparison of titre and avidity development in rabbit serum, chicken serum and egg yolk using three different adjuvants, *J Immunol Methods* 191(2), 113–20, 1996.
138. Wagner, A. E. and Dunlop, C. I., Anesthetic and medical management of acute hemorrhage during surgery, *J Am Vet Med Assoc* 203(1), 40–5, 1993.
139. Diehl, K. H., Hull, R., Morton, D., Pfister, R., Rabemampianina, Y., Smith, D., Vidal, J. M., and van de Vorstenbosch, C., A good practice guide to the administration of substances and removal of blood, including routes and volumes, *J Appl Toxicol* 21(1), 15–23, 2001.
140. Hawk, C. T. and Leary, S. L., *Formulary for Laboratory Animals*, Iowa State Press, Ames, 1995.
141. American Veterinary Medical Association, 2013, AVMA Guidelines for the Euthanasia of Animals: 2013 edition, [cited March 20, 2013]. Available at www.avma.org/KB/Policies/Documents/euthanasia.pdf
142. Flecknell, P., *Laboratory Animal Anaesthesia: A Practical Introduction for Research Workers and Technicians*, Academic Press, London, 1996.
143. Marlies Leenaars, P.P.A., PPAM, et al. The Production of Polyclonal Antibodies in Laboratory Animals. *The Report and Recommendations of ECVAM Workshop* 35, ATLA 27, 79–102, 1999. Available at http://altweb.jhsph.edu/pubs/ecvam/ecvam35.html

第 4 章 抗体的纯化和鉴定

Joseph P. Chandler

4.1 引言

抗体作为生物学的一个有用工具，已经被人类应用超过一个世纪。19 世纪 70 年代，Emil von Behring 和 Shibasaburo Kitasato 最先发现了免疫球蛋白[1]。从那时起，伴随着研究，抗体就开始得到广泛应用，并取得了前所未有的进展。抗体最初的应用是作为治疗病毒性疾病的天然抗血清，而现今，高度工程化的治疗性抗体已被用于治疗多种危及生命的疾病。

这一章将介绍纯化抗体的几种方法，尤其是单克隆抗体（mAb）的纯化，纯化后的单克隆抗体具有多种用途。此外还将介绍抗体纯化前后的鉴定方法。本章所介绍的方法是专为中小规模的抗体纯化而设计的，这些方法均可通过手工操作或半自动仪器设备来完成。当然，一种方法不可能适用于所有抗体，而任何一种抗体都可通过多种不同的方法进行纯化。

对大多数实验室而言，应该在各种抗体纯化方法中选择一个适合自己的纯化平台。此外，还有的情况下不需要使用纯化的抗体，如进行免疫电泳或放射免疫扩散实验。在这些情况下通常只要包含合适的对照组，使用抗体的粗提物就可以。但是，对于临床前期试验中所使用的抗体，必须采用多步的纯化方法来获得高纯度、低内毒素的抗体。

4.2 抗体纯化

纯化抗体的方法很多，本章倾向于详细地介绍几种对于大多数抗体应用都有效的纯化方法。表 4.1 列举了最常用的抗体纯化方法及其特性[2]，其中也包含各种方法的优点和缺点。

表 4.1 抗体纯化方法一览表

方法	容易程度	成本	适用性	特异性	主要用途	缺点	规模化纯化
硫酸铵/辛酸沉淀	非常容易	廉价	适用于所有的血清和腹水，不适用培养上清	无	增加抗体的浓度	抗体纯度不高	可以，但有局限性
阴离子交换层析	稍有困难，使用者必须知道抗体的 pI	中等廉价	适合大多数的抗体及类型	无	适于去除非抗体蛋白、蛋白质 A、DNA、内毒素、反转录病毒。加样和洗涤过程中 IgG 是可溶性的	对有些抗体纯化能力有限，DNA 易与基质不可逆结合	大规模

续表

方法	容易程度	成本	适用性	特异性	主要用途	缺点	规模化纯化
阳离子交换层析	稍有困难，使用者必须知道抗体的pI	中等廉价	适合大多数的抗体及类型	无	适于去除非抗体蛋白、蛋白质A。对IgG有高结和力	对去除DNA及内毒素的效果中等。最佳结合条件可能会使IgG沉淀。缓冲液会失效	大规模
分子筛	预装和维护柱子可能会有困难	中等廉价	适合所有的抗体	无	可分离碎片、聚集体	只能纯化小量高度浓缩的蛋白质	不是很大
羟磷灰石柱	比较容易，基质的使用寿命较短且在预装柱时需要特殊维护	中等廉价	适合大多数的抗体及类型	无	精制备步骤——适于去除非抗体蛋白、蛋白质A、DNA及内毒素	基质在pH 6.5以下不稳定。基质易结合于金属污染物	大规模
疏水作用柱	稍有困难，使用者必须知道抗体的pI	中等廉价	适合大多数的抗体及类型	无	精制备步骤——适于去除非抗体蛋白、蛋白质A、DNA及内毒素	高盐纯化产量高，但缓冲液易失效；低盐更方便操作，但纯化能力会相应降低	大规模
蛋白质A	依据抗体的种属和亚型会稍有困难	昂贵	最适于小鼠和兔的抗体。IgG1亚类需要高盐	有	最好的抗体第一步纯化方法	在纯化过程中可能会形成碎片和聚集体	规模化但成本高
蛋白质G	较蛋白质A容易，但不是对所有的种属	昂贵	最适于人、山羊、绵羊。能结合所有同种型	有	最好的抗体第一步纯化方法	在纯化过程中可能会形成碎片和聚集体	规模化但成本高

注：Ig，免疫球蛋白；pI，等电点。

4.2.1 通过沉淀进行部分纯化

用硫酸铵（ammonium sulfate，AS）沉淀蛋白质是最古老的抗体纯化方法之一。将饱和硫酸铵加入收集的杂交瘤细胞培养上清或者腹水中来沉淀抗体，通过离心将沉淀的蛋白质与未沉淀的蛋白质分开，再用水溶剂将沉淀重悬后，即得到富含抗体的溶液。

相反，使用辛酸沉淀，大多数沉淀的蛋白质是除了免疫球蛋白以外的杂蛋白。沉淀后，抗体存在于离心上清中。

标准试剂的准备[如 1×0.15mol/L 磷酸缓冲盐溶液（PBS）]在本书其他章节已有介绍 (参见第 11 章，附录)。

4.2.1.1 硫酸铵沉淀

（1）准备一份饱和硫酸铵（AS）溶液（4.1mol/L），使用时会向细胞培养上清或者腹水中加入等量的饱和 AS 溶液，此时溶液的饱和度是 50%，抗体将会被沉淀。

（2）沉淀前，2500r/min 离心腹水或上清 15~30min，使原液澄清，将上清或腹水转入一个清洁的烧杯中，放入一个磁力搅拌子，将其放置在磁力搅拌器上搅拌。

（3）加入与原液等体积的饱和 AS 溶液。缓慢加入 AS 使其与腹水或上清充分混合。等出现的沉淀溶解后再加入更多的 AS。当加完几乎所有的 AS 时，将会出现不溶解性沉淀。继续加完所有的 AS。让溶液在 4℃继续混合 6~24 h。

（4）沉淀完成后，3000*g* 离心溶液 30min，弃上清（保留弃液样品做后期检测）。缓慢用 150mmol/L PBS 溶液溶解沉淀，用移液枪或吸管轻柔搅拌混匀。加入 PBS 的体积相当于沉淀前体积的 25%~50%。

（5）将溶解的预处理抗体用 20 倍体积的 PBS 溶液透析，去除高浓度的 AS。建议至少每 2h 更换一次透析缓冲液，更换 3 次。

（6）对终产物进行蛋白质浓度测定、区带电泳、密度扫描及特异性检测（参见下述 4.3 节），确定抗体的纯化水平及特异活性。

（7）纯化的抗体分装并保存于–70℃。

4.2.1.2　辛酸沉淀

（1）称量并记录腹水或细胞培养上清的体积，将其转移到一个清洁的烧杯或烧瓶中。加入磁力搅拌子，并放置在磁力搅拌器上搅拌。

（2）加入 2 倍体积的 pH 4.0，60mmol/L 乙酸缓冲液，调节 pH 至 4.8。

（3）缓慢地滴加辛酸（辛酸原液），并轻轻搅拌溶液。10ml 稀释后的腹水或培养上清中加入 0.4ml 的辛酸。室温下，搅拌 30min。

（4）5 000*g* 离心 10min，吸取上清并保留。

（5）如前所述，富含抗体的上清在保存前应该用 20 倍体积的 PBS 溶液进行透析。

通常沉淀法纯化获得的抗体产量不超过 50%，纯度也不超过 70%，因此，抗体还需要进一步的纯化。可以对腹水进行二次沉淀，以产生中等纯度的抗体，例如，先进行硫酸铵沉淀，再进行辛酸沉淀。硫酸铵沉淀后，抗体初提物在 PBS 溶液中复性，然后在 60mmol/L 的乙酸盐缓冲液中透析。透析后，在进行辛酸沉淀前应将 pH 调至 4.8。无论是通过硫酸铵沉淀，或者辛酸沉淀，或者通过两者共同沉淀，所得抗体都是有用的，能被应用进行后续检测，如酶免疫试验（EIA）、免疫沉淀（IP）、免疫印迹（Western blot）及斑点杂交（dot blot）等。

经过硫酸铵或辛酸沉淀的抗体，其纯度可通过区带电泳凝胶来检测（图 4.1）。结果可见，腹水经 AS 沉淀后抗体浓度由原液的 16.3%增加至 23.0%，经辛酸二次沉淀后浓度增至 32.75%。单独应用 AS 沉淀已经显著提高了单克隆抗体的浓度，但联合辛酸沉淀后，抗体的纯度得到了更喜人的提高。尽管纯度大大提高，但即使使用两步沉淀后，抗体的纯度也还是只能达到 75%~80%。

4.2.2　蛋白质 A 和蛋白质 G

利用蛋白质 A 和蛋白质 G 从血清、腹水、细胞培养上清中纯化单克隆抗体是最经典的方法，纯化后的抗体纯度可达 95%以上。用蛋白质 A 或蛋白质 G 纯化的单克隆抗体经过进一步的处理，就可直接用于临床前期或临床试验。现在利用许多仪器，蛋白质 A 和蛋白质 G 纯化抗体的操作能实现自动化。

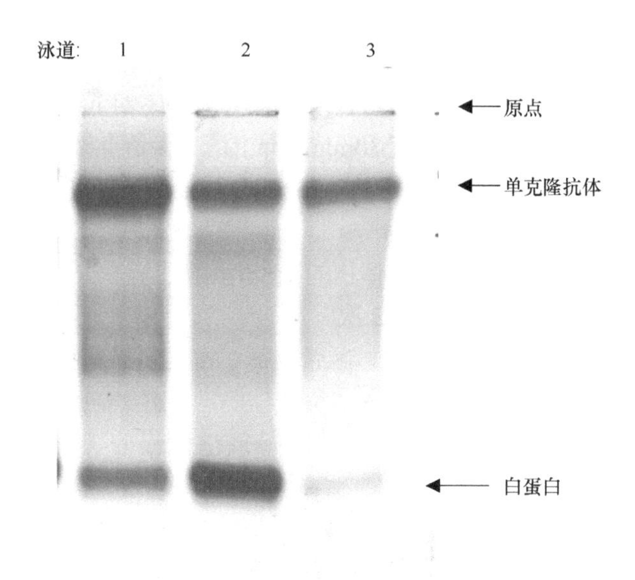

图 4.1 区带电泳凝胶显示了一个血清样本（泳道 2）经过单独的硫酸铵沉淀（泳道 1）或经过硫酸铵及辛酸两步沉淀（泳道 3）后的电泳效果图。

4.2.2.1 蛋白质 A

蛋白质 A 是细菌细胞壁的一个构成组分，对抗体 Fc 区域有高度亲和性。商品化的蛋白质 A 有的是单纯的蛋白质形式，也有的是螯合到树脂上的。蛋白质 A 的预装柱能在市场上买到，但是根据个人实验自己装柱也并不困难。改变不同的结合和洗脱条件，蛋白质 A 能够依据抗体的类型来纯化单克隆抗体。例如，小鼠的腹水中除了杂交瘤分泌的单克隆抗体外，还含有一些自身免疫球蛋白（一般为 IgG1 和 IgM）。蛋白质 A 在低盐条件下不结合 IgM，与 IgG1 有微弱的结合。 因此，如果单克隆抗体的亚型是 IgG2a、IgG2b 或者 IgG3，那么便可用蛋白质 A 在低盐条件下获得相对纯净的单克隆抗体。而在高盐（约 3mol/L）结合缓冲液的条件下，蛋白质 A 可成功用于纯化 IgG1 亚型的单克隆抗体。但是在这种条件下，如果用腹水作为原材料，纯化后的单克隆抗体中将会残留一些小鼠自身的免疫球蛋白。如果必须去除这些自身免疫球蛋白，那就应该用细胞培养法进行单克隆抗体的生产（第 5、6 章）。

4.2.2.1.1 试剂

10 × PBS：1.5mol/L PBS，pH 7.6
NaCl（固体）
结合缓冲液：3.0mol/L NaCl 溶于 100mmol/L 柠檬酸/磷酸盐缓冲液中，pH 9.0
洗脱缓冲液：100mmol/L 柠檬酸/磷酸盐缓冲液，pH 3.0
中和缓冲液：1.0mol/L Tris
透析缓冲液：150mmol/L PBS，pH 7.6

4.2.2.1.2　操作步骤

（1）根据将要纯化的抗体数量来决定蛋白质 A 凝胶或预装柱的体积。蛋白质 A 的结合能力是每毫升树脂可结合 5mg 的免疫球蛋白。因此，如果要纯化 10~100mg 的蛋白质，那么 5~10ml 的凝胶柱应该足够。当要纯化克级数量时，最好用 50~100ml 的凝胶。

（2）清洗并干燥一个玻璃柱，将结合了蛋白质 A 的凝胶倒入柱内，让凝胶颗粒自然下沉，使结合缓冲液以 5ml/min 的初始速度流过柱子，一定不要让柱子流干（如果是购买的蛋白质 A 琼脂糖预装柱，则可忽略此步）。加入 3~5 个柱体积的结合缓冲液，让其穿过柱子以洗去颗粒中的储存液。柱子清洗完后可立即使用或者于 4℃保存。

（3）抗体原液在上柱前要通过离心、玻璃纤维滤器（如 Whatman GF/C）过滤，把腹水及血清中的脂质、微凝块及其他不想要的成分除掉。

（4）浓缩一般情况下来自传统培养装置的上清，包括 T 型瓶、自旋瓶、滚瓶或灌注培养系统等，在上柱前需要浓缩 10 倍。而来自于一些高级培养系统的上清，如中空纤维及斧式搅拌生物反应器，除非体积很大，否则不需要浓缩。培养上清的浓缩是为了易于操作，在上述两种情况下，培养上清在收获和浓缩后，一定要经过离心和过滤使其清亮。

（5）腹水、血清或者培养上清离心、过滤后，每 9ml 原液加入 1ml 10×PBS 溶液。或者，确定原液的最终体积后，根据以下公式加入 NaCl：原液体积（ml）×0.1753=要加入的 NaCl 克数，加入 NaCl 后搅拌至溶解。

（6）在纯化前，柱子要从 4℃拿出使其温度平衡到室温，并用结合缓冲液冲洗。建议使用紫外检测仪监测流出物，这样可以实时观察和记录蛋白质从柱子中流过和流出的情况。当结合缓冲液到达基线并平稳时，就可以上样了。

（7）一次性加入柱子中的抗体原液量要根据柱子的体积，以及预估的每毫升原液中所含抗体的量来确定。大多数蛋白质 A 的抗体结合能力至少为 4~5mg 抗体/ml 凝胶。因此，如果是 10ml 的柱子，加入的抗体量应少于 40~50mg。通常情况下，血清中抗体的含量是 5~10mg/ml，腹水中抗体的含量为 3~12mg/ml，浓缩后的细胞培养上清的抗体含量为 0.2~2mg/ml。

（8）当结合缓冲液的液面与柱床表面相平时，向柱内缓慢添加抗体原液。让原液充分流入柱床。当所有原液进入柱床后，再用几毫升结合缓冲液淋洗柱壁，让此液也进入柱内。然后继续添加结合缓冲液让原液继续流过柱床。在持续添加结合缓冲液的同时，用 280nm 的吸光度值（A_{280}）来监测流出柱子的蛋白质。

（9）准备好一个干净的玻璃容器，向容器中加入 1mol/L Tris，其用量为抗体洗脱液体积的 1/10。例如，如果抗体洗脱液为 10ml，那么就向容器中加入 1ml 的 1mol/L Tris 溶液。

（10）当 280nm 的吸光度值（A_{280}）回到基线时，加洗脱缓冲液。当吸光度值曲线表明蛋白质开始流出柱子时（此时的蛋白质为目的抗体），将装有 Tris 的容器放在柱子的下面来收集含抗体的洗脱液。当记录曲线返回接近于基线并达到平稳时，对抗体的洗脱完成。一般情况下，因为洗脱缓冲液和结合缓冲液的盐浓度不同，会导致 280nm 的吸光度值曲线不再能返回初始基线，抗体洗脱完成后会形成一个新的基线。

（11）抗体洗脱完毕后，加结合缓冲液，用至少两个柱体积的结合缓冲液清洗柱床，直到 280nm 的吸光度值（A_{280}）记录曲线返回初始基线。

（12）这时，可将之前收集的穿透峰重新上样，以便收集因为过量上样而损失的抗体。可反复上样直到最大限度收获所有的目的抗体。洗脱下来的抗体可保存于 4℃，每次收获的抗体可混合在一起，直到整个纯化过程完成。最好检测一下所收获的抗体的 pH，确保其在 7.2~7.6。

（13）纯化步骤完成后，应采用 PBS 溶液对纯化的抗体进行透析。因为透析可能导致抗体被稀释，所以透析后抗体有可能需进行浓缩。大多数抗体的浓度可被安全地浓缩到 1~10mg/ml。当然，在浓缩的过程中有可能出现沉淀而损失抗体。如果担心损失抗体，可将其只浓缩到 2~5mg/ml。

（14）需要注意，IgG1 类抗体必须在 pH 3.0 这样极端的条件才能洗脱，而其他亚型的抗体在 pH 6.0 时即可被洗脱下来。在制定纯化策略时可以考虑如果单克隆抗体在极低 pH 条件下不稳定，那么使用 pH 4.5~6.0 的洗脱液可能对抗体的稳定性很重要。此外，还可考虑梯度 pH 洗脱的方法，可使柠檬酸/磷酸盐缓冲液的浓度保持不变而逐渐降低 pH。这种方法可使抗体在最适 pH 时洗脱。

（15）此方案适用于小鼠所有类型抗体的纯化。IgG2a、IgG2b 或者 IgG3 亚类纯化时可适当改用温和一些的纯化条件。例如，用低盐结合缓冲液（缓冲液中含 0.5mol/L NaCl）替代高盐结合缓冲液（如柠檬酸/磷酸盐缓冲液中含 3 mol/L NaCl），使用下面的公式计算结合缓冲液中 NaCl 的量：原液的体积（ml）× 0.0292=要加入的 NaCl 克数，调节 pH 至 9.0。这种改变将有助于降低腹水中的宿主自身 IgG1 的含量，因为这些亚类与蛋白质 A 结合得十分牢固，它们必须在 pH 3.0~4.5 时才被洗脱下来。在任何情况下，确保用 Tris 来中和洗脱下来的抗体，以阻止其变性或降解。

图 4.2 显示了经蛋白质 A 纯化的腹水和细胞培养上清中的单克隆抗体的纯度。

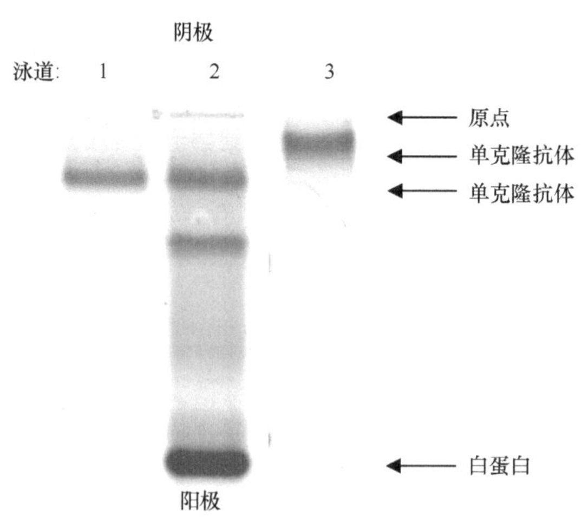

泳道1. 从腹水中纯化的单克隆抗体；泳道2. 未纯化的腹水；泳道3. 从培养上清中纯化的单克隆抗体

图 4.2 区带电泳凝胶显示腹水中的抗体（泳道 2）经蛋白质 A 纯化后的纯度提高（泳道 1）。

4.2.2.2 蛋白质 G

蛋白质 G 是构成细菌细胞壁的另一种蛋白质，对免疫球蛋白的 Fc 区域具有高度的亲和性。依据我们的经验，用蛋白质 G 纯化人源和除了鼠、兔以外的动物血清中的抗体效果最好。尽管蛋白质 G 也用于纯化鼠类的单克隆抗体，但是用蛋白质 A 纯化小鼠和兔的抗体效果更好。

4.2.2.2.1　试剂

10×乙酸钠缓冲液：1mol/L 乙酸钠，pH 5.0
结合缓冲液：100mmol/L 乙酸盐缓冲液，pH 5.0
洗脱缓冲液：100mmol/L 甘氨酸，pH 2.5
中和缓冲液：1.0mol/L Tris
透析缓冲液：150mmol/L PBS，pH 7.6

4.2.2.2.2　操作步骤

蛋白质 G 的使用与蛋白质 A 类似。蛋白质 G 被交联到树脂上，可以预装柱或以浆液的形式购买。抗体上样原液的准备与上面提到的蛋白质 A 纯化需考虑的因素相同。因此，上述蛋白质 A 的步骤（1）～（4）也适用，在此不再重述。此实验方案从抗体上样原液的准备开始。

（1）保证抗体原液清亮，9ml 的抗体原液加 1ml 10×乙酸钠缓冲液，调节 pH 至 5.0。

（2）将抗体原液加到蛋白质 G 柱上，使其流入基质。然后立即添加结合缓冲液保持液体持续。当所有的未结合物被洗出柱床，监测器返回基线时，加入洗脱缓冲液。

（3）将含抗体的洗脱液按 9ml 洗脱液+1ml Tris 缓冲液的比例，收集到一个含 1 mol/L Tris 缓冲液的烧杯中。

（4）与之前所介绍的蛋白质 A 纯化相同，柱子可重复上样直到全部抗体原液被纯化。将收获的洗脱抗体在 PBS 溶液中进行透析。

图 4.3 显示的是蛋白质 G 纯化多克隆抗血清的结果。可以看出，纯化的多克隆抗体是一系列电泳迁移率不同的抗体混合物。相对于单克隆抗体的独立条带，多克隆抗体表现为弥散的形式。这两条泳道代表两个批次纯化的相同多克隆抗体。

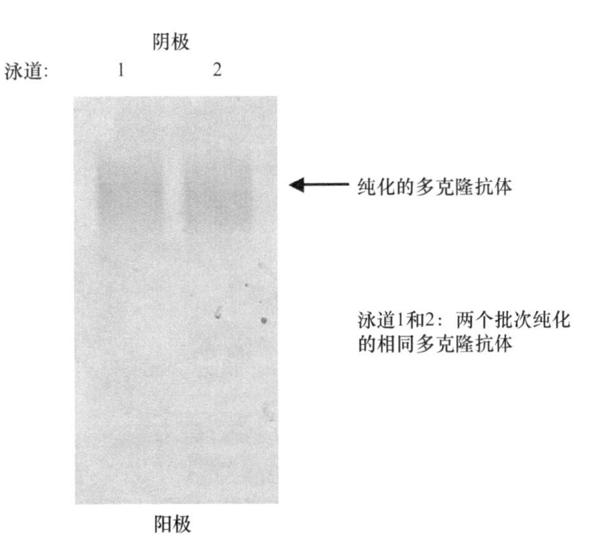

图 4.3　纯化的多克隆抗体是多种抗体组成的混合物。不同抗体的电泳迁移率不同，因此电泳时表现为弥散条带而不是像纯化的单克隆抗体那样的独立条带。这两条泳道代表两个批次纯化的相同多克隆抗体。

4.2.2.2.3　纯化柱的再生和复性

蛋白质 A 和蛋白质 G 凝胶柱可重复使用。但是，重复使用这两种纯化基质需要注意几点。最好是一个柱子用来纯化一种抗体，但是对于每个实验室来说这未必可行。如果一个柱子要用来纯化不同抗体，那么柱子应该再生。纯化柱再生的方法可从制造商处得到，但一般而言，蛋白质 A 可用 2mol/L 尿素、1mol/L LiCl 或者 100mmol/L 甘氨酸再生。如果可以，应用 100mmol/L NaOH 对柱子进行除热原处理。所有这些操作通常应该用至少两个柱床体积的相应溶液来处理柱子。每次再生后，要用 PBS 充分洗涤柱子，以清除这些溶液。柱子应该置于 4℃ 保存，可加或不加叠氮钠（NaN_3）。

对于蛋白质 G，用 100mmol/L pH 2.5 的甘氨酸来再生柱子。与蛋白质 A 一样，柱子应置于 4℃保存，可加或不加叠氮钠。

4.2.2.3 IgG 抗体的其他纯化方法

抗体纯化还有其他方法，最著名的是分子筛层析法（size exclusion chromatography，SEC）及离子交换层析法（ion exchange chromatography，IEC）。对于 IEC，有许多阴离子交换树脂，它们用于单克隆抗体的纯化效果要好于多克隆抗体。IEC 纯化抗体的原理是依赖抗体的等电点（isoelectric point，pI）。很明显，多克隆抗体的 pI 范围宽，而单克隆抗体的 pI 范围较窄。图 4.4 显示了各种单克隆抗体在使用阳离子或者阴离子交换柱纯化时，其洗脱峰的 NaCl 摩尔浓度范围。

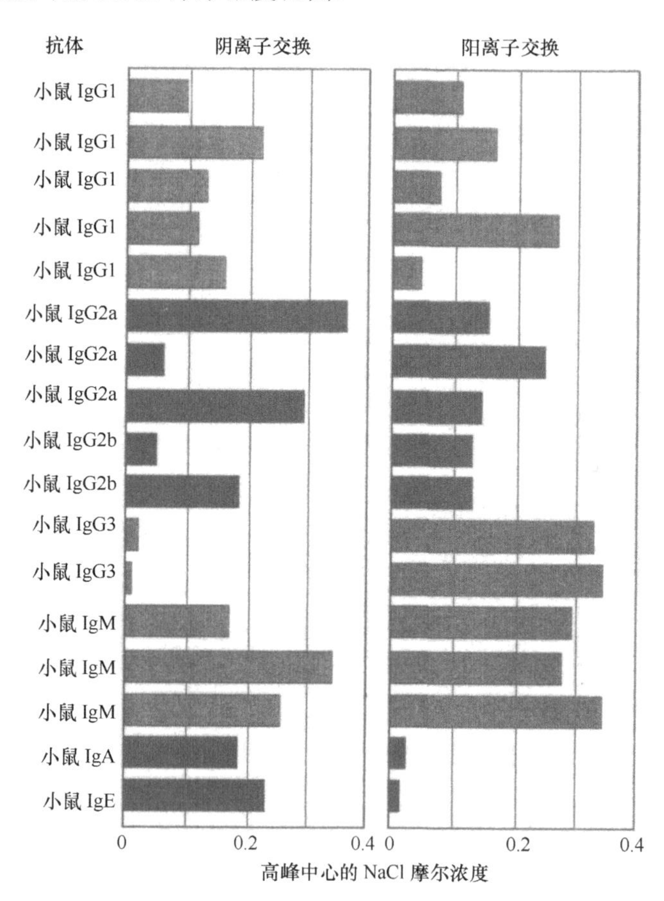

图 4.4 17 种单克隆抗体在阴离子和阳离子交换层析时的洗脱特点。阴离子交换是在 pH 8.6 的 50mmol/L Tris 缓冲液下进行的。阳离子交换是在 pH 5.6 的 50mmol/L MES 缓冲液下进行的。

由于多克隆抗体 pI 范围较宽，所以用某一特定的 pH 缓冲液及离子强度洗脱时，不是血清中的所有抗体都能与基质保持结合。因此，最好采用梯度洗脱体系，这样可实现对血清中洗脱的免疫球蛋白进行选择，并可将不同条件洗脱的抗体加到一起。对于某些多克隆抗体，其他血清蛋白可能会在相同的条件下与其一同洗脱。IEC 的主要优点是成本低。不论是阳离子还是阴离子交换树脂，其费用均比蛋白质 A 和蛋白质 G 低。但与蛋白质 A 和蛋白质 G 相比，这种方法纯化结果变异很大，并且纯化条件需依据每种抗体而确定，抗体最终的纯度范围为 60%~95%。

IEC 最大的优点是它能用于其他方法纯化的单克隆抗体的精纯。IEC 将分离去除单克隆抗体中的蛋白质 A、蛋白质 G、DNA、反转录病毒及内毒素，纯化后所得的单克隆抗体纯度>99%，这对制备用于动物实验和临床试验的单克隆抗体具有很大价值。

SEC 是蛋白质纯化中最古老的技术，同时也是一种较为温和的方法，因为它是用生理条件下的缓冲液将抗体在最适 pH 中进行纯化。制造商们可提供种类繁多的树脂。对于抗体，葡聚糖凝胶（Sephadex）G150、G200、G300（Pharmacia/Pfizer）是最常用的基质，其中数值代表凝胶颗粒上小孔的孔径，数值越高，表明孔径越大。大分子不进入孔内，因此其穿过柱子的速度要比小分子快而从凝胶间隙中先流出；小分子则穿入孔洞进入凝胶基质中而被阻滞，所以比大分子后洗脱下来。

经过蛋白质 A/G 纯化后的抗体制品中，可能会有一些脱落的蛋白质 A/G、细胞来源的 DNA、小的抗体片段及大的蛋白质聚集体。在蛋白质 A/G 纯化后，可用 SEC 去除抗体制品中的这些少量成分，使得其纯度几乎>99%。SEC 也可以作为分析抗体制品纯度的一种常用的手段。在一个小柱子中加入少量的浓缩抗体就能够以色谱方式显示抗体的纯度和杂质的分子大小，所得结果与高效液相相近。

依据所准备的 SEC 或 IEC 柱种类不同，柱子的最大上样量与柱宽和柱高有一个最低限度的绝对相关性，可以参照图 4.5 计算柱子直径。

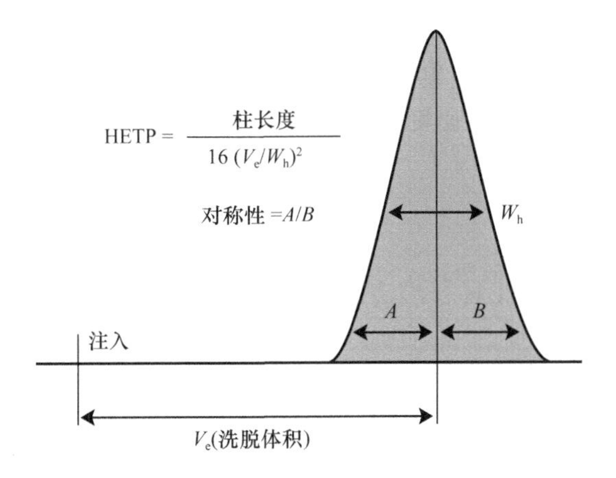

图 4.5　凝胶过滤柱的高度和宽度与柱的最大上样量之间的关系。HETP（height equivalent of a theoretical plate，HETP）是指柱高所定的理论上样量，W_h 指在一半高度时的峰宽，A 和 B 是峰高 10%时的宽度测量值。

一般情况下不能以大样本量上样，除非柱子的直径达 2 英寸*以上并且柱高达几英尺**。依我们的经验，上柱的抗体体积应为整个柱容量的 5%。在大多数情况下，一次只能纯化几毫克的量，因此大量抗体的纯化是一个冗长复杂的过程。尽管如此，SEC 仍是增加抗体产品纯度的有价值的方法，并且也是分析最终的抗体纯度的廉价途径。

4.2.3 IgM 和 F(ab) 抗体片段的纯化

IgM 抗体是以五聚体结构存在，因此非常难以纯化。要纯化 IgM，需要用盐析法结合 IEC 或者 SEC 的多步操作，才可以得到令人满意的结果。但是对于大量的抗体，这种方案过于烦琐且预期的产量太低。我们实验室用两种其他的亲和柱纯化 IgM：蛋白质 L 亲和柱和山羊抗小鼠 IgM 抗体亲和柱。

4.2.3.1 抗小鼠 IgM 抗体亲和层析

我们实验室纯化 IgM 的首选技术是用山羊抗小鼠 IgM 抗体亲和层析柱。我们购买已经交联抗体的琼脂糖珠并自己装柱。

4.2.3.1.1 试剂

结合缓冲液：10mmol/L 磷酸缓冲液含 0.5mol/L NaCl，pH 7.2

2×结合缓冲液：20mmol/L 磷酸缓冲液含 1mol/L NaCl，pH 7.2

洗脱缓冲液：100mmol/L 甘氨酸含 150mmol/L NaCl，pH 2.4

中和缓冲液：1.0mol/L Tris

透析缓冲液：150mmol/L PBS 溶液，pH 7.6

柱子的准备可按照准备蛋白质 A/G 柱的程序。向干净的玻璃柱内倒入交联了山羊抗-小鼠 IgM 的琼脂糖珠。当微珠沉淀后，用几个柱体积的结合缓冲液清洗。当 A_{280} 监测器显示流出液吸光度值达水平基线时，柱子便可随时使用。尽管任何来源的小鼠 IgM 都可上柱，培养上清的纯化效果要好于腹水，因为用腹水作为原材料时，可见到纯化的 IgM 有少量的白蛋白污染。如果这样的话，可能有必要用 IEC 或者 SEC 进行进一步纯化。

4.2.3.1.2 操作步骤

（1）用 2×结合缓冲液 1∶1 稀释澄清的抗体原液。只需稀释当天要纯化的样本量，抗体原液现用现稀释。

（2）第一次上样时，我们建议加过量的抗体原液，保留含有抗体的穿透峰。这种做法的目的是确定层析柱对 IgM 的最大结合量。

（3）上样后，收集并保留柱中流出的原液及第一次洗柱的液体。用结合缓冲液洗柱，直到监测器返回基线为止。

---

* 1 英寸≈2.54cm

** 1 英尺≈30.48cm

（4）用洗脱缓冲液洗脱结合的抗体，在 280nm 处测定洗脱下来的抗体量（参见下述 4.3 节）。参考此浓度值，便可计算亲和柱的最大抗体结合量，以进行剩余的抗体纯化。

（5）根据对原液中所含抗体量的估计，依照先前的分离程序，将所有或者一部分收集的流出液重新上柱。

（6）用结合缓冲液洗去未结合的物质。当监测器返回基线时，直接洗脱抗体于 Tris 中和缓冲液中。

（7）当所有抗体洗脱完毕、监测器回复到基线时，加结合缓冲液于柱内。当监测器达到原先的基线时，柱子就已经准备好，可以进行下一批的抗体纯化了。

（8）将洗脱下来并已中和过的抗体保存于 4℃ 以便与再次纯化的 IgM 合并。

（9）继续上样并洗脱结合的抗体，直到将所有抗体纯化完。

（10）集中所有洗脱抗体并用 PBS 溶液透析。抗体可进一步浓缩，但 IgM 易有沉淀析出，建议以 2~5mg/ml 的浓度保存最终的抗体。

用山羊抗小鼠 IgM 亲和层析柱进行纯化的 IgM 抗体可用凝胶电泳 [聚丙烯酰胺凝胶电泳（PAGE）或者等电聚焦（IEF）] 来检测。在区带凝胶电泳上呈弥漫带型是大多数 IgM 单克隆抗体的典型特征。IgM 是一个大分子，分子量约 750kDa，有大量的糖基化位点。拥有这些位点使一种 IgM 会有相当宽的电荷范围。从培养上清中纯化的 IgM 抗体将不含腹水中小鼠白蛋白的污染（图 4.6）。

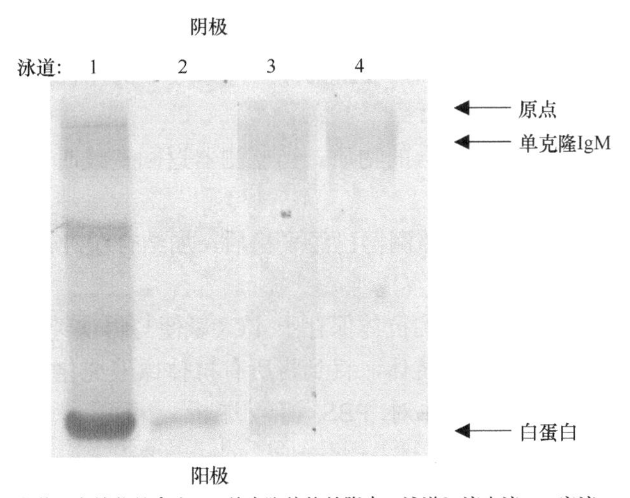

泳道1. 未纯化的含有IgM单克隆抗体的腹水；泳道2. 流出液——废液；
泳道3. 从腹水中纯化的IgM；泳道4. 从培养上清中纯化的IgM

图 4.6　经山羊抗小鼠 IgM 亲和柱纯化的 IgM 的纯度可用凝胶电泳（PAGE 或者 IEF）来检测。在区带凝胶电泳上呈现弥漫带型是大多数 IgM 单克隆抗体的典型特征。IgM 是一个大分子，分子量约为 750kDa，有大量的糖基化位点。拥有这些位点，一种 IgM 就带有相当宽的电荷范围。从培养上清中纯化的 IgM 抗体将不含腹水中鼠白蛋白的污染。

4.2.3.2　蛋白质 L 亲和层析

蛋白质 L 是一种广谱的抗体纯化基质，对抗体 λ 轻链具有高亲和力，可纯化完整抗体或抗体的片段，常用于纯化 IgM 和 F（ab）及 F(ab)′$_2$ 片段。此外，蛋白质 L 也可与免疫球蛋白的 κ 轻链结合，这对于纯化抗体片段及完整的 IgG、IgM 和 IgA 非常有用。但是蛋白质 L 半衰期较短，结合能力会随着时间减弱。

4.2.3.2.1 试剂

结合缓冲液：10mmol/L PBS，pH 7.4

2×结合缓冲液：20mmol/L PBS，pH 7.4

洗脱缓冲液：100mmol/L 柠檬酸缓冲液，pH 3.0

中和缓冲液：1.0mol/L Tris

透析缓冲液：150mmol/L PBS，pH 7.6

4.2.3.2.2 操作步骤

（1）用 2×结合缓冲液 1∶1 稀释澄清的抗体上样原液。注意抗体上样原液纯化时再稀释。

（2）抗体上样原液第一次上样时，建议过量上样。保留仍含有抗体的流出液。过量上样可确定柱子对目的抗体或者抗体片段的最大结合量。

（3）加样后，收集并保留抗体上样原液流出液及第一次洗柱的液体。用结合缓冲液洗柱直到监测器返回基线为止。

（4）用洗脱缓冲液洗脱结合的抗体。在 280nm 波长处测定洗脱下来的抗体量（参见本章 4.3 节）。依据此数据，便可计算层析柱的抗体结合量，以进行剩余的抗体纯化。

（5）完成先前所述纯化程序后，依据抗体上样原液中抗体含量的估算，将所有或者一部分流出液返回此柱。

（6）用结合缓冲液洗去未结合的物质。当监测器返回基线时，直接洗脱抗体于 Tris 中和缓冲液中。

（7）当所有抗体已洗脱完、监测器已经平稳后，加结合缓冲液于柱内。当监测器达到基线时，柱子可用于重新上样。

（8）将洗脱下来并已中和过的抗体保存于 4℃ 以便与再次纯化的抗体合并。

（9）继续上样并洗脱结合的抗体，直到将所有抗体原液纯化完成。

（10）集中所有洗脱抗体并对 PBS 溶液透析。可进一步浓缩抗体到终浓度 2~10mg/ml。

蛋白质L半衰期短，纯化柱最多只可以用 10 次，之后柱的结合力会减至一半。

蛋白质 A、蛋白质 G 及 IEC 的纯化程序最易扩展，可制备大柱子，具有大量纯化抗体的能力。同时，购买的纯化基质材料越多，那么每单位基质材料就越便宜。用这三种基质装柱，纯化柱的大小基本上没有限制。许多商品柱可容纳数升至数千升的纯化产物。

4.2.3.3 经济上的考虑

在实验室或者抗体纯化中心，SEC 纯化柱的高度通常只能依据房间天花板的高度量身定制。当然，体积大的柱子能容纳大体积的抗体上样原液，但是纯化柱的制备中的诸多问题也可能会降低柱子的纯化效率。用蛋白质 L 基质和山羊抗小鼠 IgM 抗体亲和层析柱纯化抗体的成本并不会随着纯化抗体的量的增加而显著降低。如果需要纯化克级的 IgM 单克隆抗体，那么购买高质量的山羊抗小鼠 IgM 抗体与活化的琼脂糖凝胶微珠（CNBr）进行交联，是比较经济的方法。

除了上述方法，还有其他方法也可以用于抗体纯化，包括聚乙二醇（polyethylene glycol，PEG）吸附、羟磷灰石层析法（hydroxyapatite chromatography）和疏水性层析法（hydrophobic interaction chromatography）。

抗体的最终用途将决定选用何种纯化方法或纯化方法组合。对于仅需要快速廉价的纯化的抗体，沉淀法初纯就足够了。如果抗体需要用于诊断，蛋白质 A/G 纯化的抗体能够使检测结果的重复性更好。如果用于临床前期研究高度纯化的抗体，需要用蛋白质 A/G 纯化，再用 IEC、SEC 或者疏水作用层析法进一步纯化。对于任何临床前期和临床应用，抗体纯化必须在无菌和低内毒素的条件下进行，必须符合当地部门（如食品药品监督管理局）的法定操作程序。因此，对于每个实验室，应该对每种抗体确定一种合适的纯化策略。

4.2.3.4　高效色谱法

正如前面所述，采用基于非重力的层析技术，如高效液相色谱（HPLC），仅用一个小容积的柱子也可以纯化出纯度极高的抗体[3]。该技术将在下列情况下特别有用：分离和鉴定小量样本（如从活检组织分离）；需要测定抗体的亲和力；抗体用于治疗；需要大量筛选样本时（如筛选抗体）；或者需去除抗体中内毒素污染[4]。在此简述一些实例。

Josic 等[3]使用 Affi-Gel Blue 柱对兔抗转铁蛋白抗血清进行了 HPLC 纯化，对小鼠腹水中的抗体也进行了类似的纯化。结果在纯化的第一轮，用反向 NaCl 梯度法 HPLC，白蛋白在 0.4mol/L NaCl 时被洗脱下来，而 IgG 要在低得多的 NaCl 浓度下才被洗脱下来。HPLC 大大增加了层析柱的抗体分离能力。

Bowles 等[5]采用高效羟磷灰石层析法（high performance hydroxylapatite chromatography，HPHT）或 DEAE 5PW（Wasters Protein Pak 公司）高效液相法（HPLC）大规模纯化完整 IgG 单克隆抗体。用 HPHT 从澄清腹水中纯化抗体时，需先将腹水进行透析、稀释并经 0.22μm Millipore 滤膜过滤，然后上样到 BioRad 公司的 MAPS（单克隆抗体纯化系统）柱上，再用 20~300mmol/L 梯度磷酸盐缓冲液（pH6.8）进行洗脱，IgG1 在大约 250mmol/L 的浓度下被洗脱下来。IgG 峰（约 100mg）为洗脱蛋白质总量的 25%~30%。但是这样的操作可能会因为在稀释步骤时抗体形成的凝集，显著缩短柱子的使用寿命[6]。经 HPHT 方法收集的 IgG 经过木瓜蛋白酶消化后产生 Fab 片段，再用 MAPS HPHT 柱纯化并用线性磷酸盐梯度进行洗脱。Fab 片段会在 120~150mmol/L 磷酸盐时被洗脱下来。Bowles 等[5]也用 DEAE 5PW（Waters Protein Pak 公司）HPLC 纯化抗体并将纯化的抗体进行 SDS-PAGE 分析，发现这种方法纯化的抗体有少量的污染蛋白。

Manzke 等[7]采用了一种抗体大规模生产并用疏水作用 HPLC 方法进行单步纯化双

特异性单克隆抗体的方法，使用这种方法每月可得到 8~12g 的纯化 IgG。双特异性抗体主要在临床使用，如治疗人类癌症，也可能用于抗病毒感染。Manzke 等[7]使用的抗体来自于杂交-杂交瘤（四倍体杂交瘤，tetradoma），这种抗体的轻链和重链分别来自于母代的两种特异性杂交瘤细胞。用中空纤维生物反应器对此四倍体杂交瘤进行扩增培养，收获培养上清并过滤（0.2μm），调至含 1.0mol/L 硫酸铵和 100mmol/L 磷酸盐缓冲液（pH 7.9），再过滤，并上样于一个 8ml 的 Phenhyl-Superose HR 10/10 柱（Pharmacia）。用硫酸铵梯度递减（1.0 mol/L 至 0 mol/L 的硫酸铵溶于磷酸盐缓冲液）洗脱抗体。此柱能有效地将双特异性抗体（IgG1/IgG2a）与来自母代杂交瘤细胞的单一独特型抗体分开，双特异性抗体在 40~25mmol/L 硫酸铵时被洗脱。

4.3 抗体的鉴定

抗体可通过各种各样的物理化学方法及功能分析等进行鉴定，我们在这里介绍的方法是最标准的，能提供抗体的独特性、完整性、纯度及功能等信息。这些方法包括：醋酸纤维膜上的区带电泳、A_{280} 浓度测定、SDS-PAGE、免疫印迹、等电聚焦（IEF）及酶联免疫分析（ELISA）。

4.3.1 区带（醋酸纤维）电泳

区带电泳是依据蛋白质的电荷特性将蛋白质彼此分开。Helena Laboratory 公司（Beauford，Texas）市售的区带电泳商品全套装置，其中包含醋酸纤维膜条、凝胶、转膜器、模板、混合缓冲液。从该公司还可购买电泳槽、电源、固定剂及考马斯亮蓝（Coomassie blue）染色剂。Helena 的产品中对操作步骤有详细的介绍。

操作步骤如下：

（1）向电泳槽加入水并将电泳槽放入冰箱。

（2）按照制造商的说明书准备缓冲液、固定剂、脱色液。

（3）从保护包装里取出凝胶，用滤纸从其一端吸去水分。将模板装在凝胶面上。

（4）取 2~5μl 的样品加入模板孔中。每块胶最多可加 7 个样本。应该留一个孔作为标准或对照，比如正常血清。让胶吸收样本 5min。再次吸干胶并取下模板。

（5）从冰箱中取出电泳槽，向外槽中加入缓冲液。把胶放在电泳槽的中部，使加样端靠近阴极。将膜条放在胶的两端并将其浸泡入缓冲液槽中。它们应迅速变湿。

（6）将电泳槽盖上槽盖并用导线接通电源。

（7）打开电源开关并调至 250V，电泳不要超过 20min，关闭电源开关并拔掉导线。

（8）从电泳槽中取出凝胶。用水冲洗电泳槽，并将中槽再注入水。将电泳槽放回冰箱以备以后使用。

（9）用考马斯亮蓝（10%冰醋酸/40%甲醇溶液中含 0.1%考马斯亮蓝）染胶 15min。用乙酸/甲醇（10%/40%，*V*/*V*）溶液脱色。

（10）可以用吹风机或者真空干胶仪进行干燥以作为永久记录。

区带电泳所显示蛋白质条带有许多用途。血清中不同的蛋白质依据其种类不同会移动到特定的位置。血清中的白蛋白浓度最高，因而染色最深，并因其带有最大量的负电荷，电泳时跑得最远。多克隆抗血清中的抗体（pAb）接近出发点并呈一条弥散的带。单克隆抗体将会是接近原点清晰独立的条带，不同单克隆抗体将迁移到不同的位置，这点可用于区分不同的单克隆抗体或检查同一抗体不同批次间是否一致。如图 4.7 所示，胶上有来自腹水的三种不同单克隆抗体样本。每条泳道最上面的条带代表单克隆抗体，因各自所带的电荷不同而使它们的电泳迁移率有所差别。前三条泳道的单克隆抗体是不同的；最后两条泳道条带相似，这是相同的抗体，但来自不同批次的腹水。

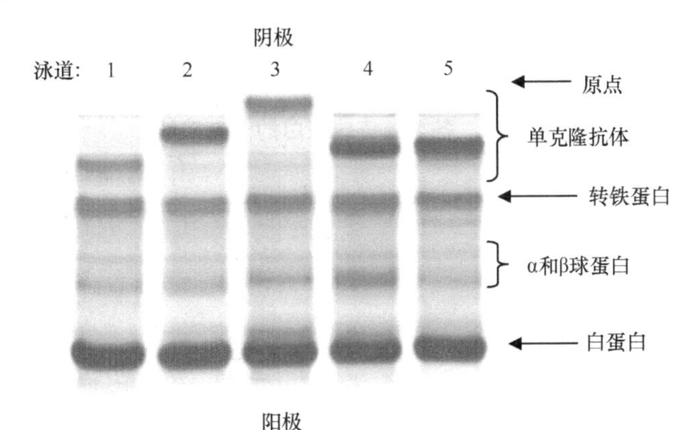

图 4.7　区带电泳既可用于区分单克隆抗体，也可证明不同批次间的一致性。前三条泳道的单克隆抗体是不同的；每条泳道最上面的条带表示单克隆抗体，不同单克隆抗体因所带的电荷不同而使其电泳迁移率有差别。最后两条泳道条带相似。这些是同一单克隆抗体，但来自不同批次的腹水。

也可以通过对胶进行扫描，用多种分析软件程序，确定每条带的相对蛋白质含量及在总蛋白质中所占的百分比。例如，如果用修正的 Lowry 分析法来测定腹水中蛋白质的浓度 [8]，单克隆抗体的浓度可用这个公式进行计算：密度扫描所得抗体占总蛋白质的百分比×总蛋白质（mg/ml）=单克隆抗体（mg/ml）。

4.3.2　通过 280 nm 吸光度值测定抗体浓度

测定纯化的抗体浓度的最快捷方法之一是测定其在 280nm 处的吸光度值（A_{280}）。为此，需要使用紫外分光光度计。那些含有芳香族氨基酸残基（色氨酸、苯丙氨酸及酪氨酸）的蛋白质会吸收波长在 280nm 左右的光的能量。依据含有这三种氨基酸的数量，每种蛋白质都有自己特定的消光系数。对于免疫球蛋白，其差异在很大程度上可以被忽略。因此 280nm 处的吸光度值越大，其抗体的浓度也就越高，为获得满意结果，抗体纯度需要大于 95%。

操作步骤如下：

（1）打开分光光度计并设定光波长为 280nm。

（2）稀释样本至蛋白浓度为 0.5~1.5mg/ml。如果样本的浓度很高，准备两个不同的稀释样品（如 1∶5 和 1∶10）来确认结果。

（3）在比色皿加入稀释液。当分光光度计预热足够时间后，插入装有稀释液的比色皿并调至读数为“0”。

（4）倒出比色皿中的稀释液，在滤纸上扣干。向比色皿中加入足量稀释的待测抗体样品，稍微混合一下并倒掉此样品，再加入稀释的待测抗体样品于比色皿内。插入分光光度计，记录数值。

（5）倒掉样品。如果还有浓度更高的此待测样品，加入比色皿内。如上述操作，稍微混合一下后倒掉，再加入此待测样品并插入分光光度计，记录数值。

（6）计算稀释样品的浓度。样品的吸光度数值除以表 4.2 中所列的恰当数值，这个表表明浓度是 1.0 mg/ml 的不同亚型的抗体的平均吸光度数值（消光系数）。

表 4.2 各类免疫球蛋白的消光系数

蛋白质部分	1.0mg/ml 时的吸光度值
IgG	1.36
IgM	1.18
IgA	1.32
IgE	1.53
IgG F(ab)	1.50
IgG $F(ab)'_2$	1.48

（7）因此，如果一个 IgG 样品的吸光度值是 0.75，那么它的浓度为 0.75/1.36=0.55mg/ml。如果是 1∶5 稀释的样品，那么原样品的浓度为 0.55×5=2.75 mg/ml。

4.3.3 SDS-PAGE

SDS（sodium dodecyl sulfate）是一种阴离子去污剂，它通过“包裹”多肽骨架使蛋白质变性。SDS 一般以 1.4∶1 的比率与蛋白质特异性结合。这样，SDS 使整条多肽链都带负电荷（这样变性的多肽链就变成一条带负电荷的“棍子”，相同长度多肽链电荷相同）。除了所带电荷量以外，要完全根据分子大小将蛋白质分离，通常需要用 2-巯基乙醇（2-mercaptoethanol）或二硫苏糖醇（dithiothreitol，DTT）对蛋白质二硫键进行还原，使其成为线性结构。因此，以变性的 SDS-PAGE 分离蛋白质，迁移率完全由蛋白质的分子量决定。样品通常以变性和非变性两种形式进行电泳。

有许多公司生产电泳槽、凝胶及电泳系统，我们一般建议越简单、越防漏的装置越好。

4.3.3.1 仪器设备

Bio-Rad Criterion 胶槽

Bio-Rad 胶支架

Fisher Biotec 电泳系统

4.3.3.2　试剂

电泳缓冲液：50mmol/L Tris 碱，50mmol/L Tricine，0.1% SDS

5×非还原样本缓冲液：62.5mmol/L Tris-HCl，10%甘油，2% SDS，0.025%溴酚蓝

5×还原样本缓冲液：62.5mmol/L Tris-HCl，10% 甘油，2% SDS，0.7mol/L 2-巯基乙醇，0.025%溴酚蓝

抗体稀释缓冲液：150mmol/L PBS

4.3.3.3　操作步骤

（1）准备一个待检测的天然（非还原的）及还原的样本。在两个小管上分别标记为还原和非还原样本。向每个小管中加入 2μg 的抗体。

（2）向每个管中添加 PBS，使总体积为 20μl。

（3）对于非还原的样本，加入 5μl 非还原样本缓冲液；对于还原的样本，加 5μl 还原样本缓冲液。用涡旋混合器充分将每个样品混匀。

（4）为了还原抗体的 H 链和 L 链之间的二硫键，还原的样品在上样于凝胶之前需要煮沸 2min。非还原的样品则不需要该步骤。

（5）在加样于凝胶之前，凝胶按照说明书步骤进行操作，包括用去离子水（deionized water，DI H_2O）洗涤凝胶及切掉底部的凝胶。

（6）将凝胶及其支架放置到电泳槽中，保证凝胶腔室是密封的，将小室填满 SDS 电泳缓冲液。

（7）样本加样于凝胶加样孔中。凝胶分为两部分，第一部分加非还原样品；第二部分加还原样品。每一部分的第一个孔应加上相应的分子量标志物。在每一部分以同样的顺序加每一对非还原/还原样品于凝胶孔内，将加样顺序记录在笔记本或标准操作程序中。

（8）向孔中加样完毕后，盖上电泳槽盖使其与正确的电极连接。打开电源将电流调至 60mA，运行大约 30min，蓝色染料指示剂应该移至凝胶的底部但不能跑出。关闭电源，拔掉电极。

（9）取下电泳槽盖，拿出凝胶，倒掉电泳缓冲液。

（10）将凝胶转至一个浅的塑料容器内，用 DI H_2O 漂洗三次。漂洗第三次后，加适当的染色剂，如考马斯亮蓝或凝胶蓝（GelCode blue，Themo Scientific），染色 15min。

（11）根据所用的染色剂用乙酸/甲醇或者 DI H_2O 进行脱色。

（12）脱色后，将凝胶放置于一个硬玻璃表面来观察。凝胶可通过密封或者干燥进行长期保存，最好是用凝胶成像系统将胶作一个永久的记录，也可对凝胶进行扫描以做进一步的分析。

SDS-PAGE 分析（图 4.8）能够显示抗体的完整性和稳定性。在分析 F(ab)和 $F(ab)'_2$ 片段时，它也必不可少。在凝胶非还原部分，完整的抗体与 150kDa 蛋白质标准

的迁移位置基本一致，如果有抗体碎片，那么将会在浓的抗体条带下面看见弱的条带。如果有聚集物，将会在加样孔下与浓的抗体条带之间看见这些条带。在还原部分的凝胶上，纯化的抗体样品中应有两条不同的条带：一条是在 50kDa 蛋白质分子量标准处，是抗体重链；另一条在 25kDa 蛋白质分子量标准处，是抗体轻链。

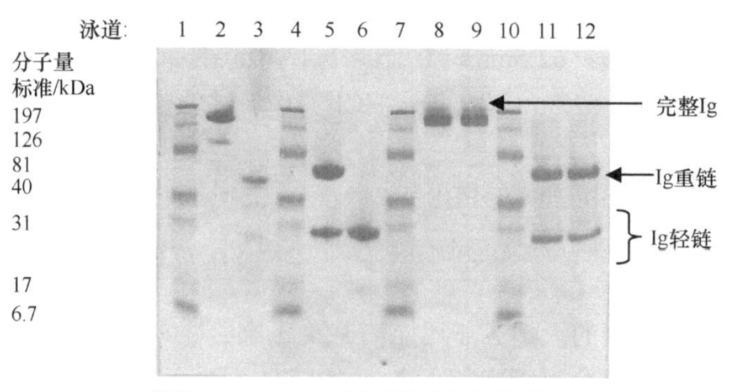

泳道 1、4、7、10. 蛋白质相对分子量标准；
泳道 2. 非还原完整多克隆抗体；
泳道 3. 非还原pAbF(ab)$'_2$片段；
泳道 5. 还原的完整多克隆抗体(与泳道2相对)；
泳道 6. 还原的pAbF(ab)$'_2$片段(与泳道3相对)；
泳道 8、9. 非还原完整单克隆抗体；
泳道 11、12. 还原的完整单克隆抗体(与泳道8、9相对)

图 4.8 多种抗体样本的 SDS-PAGE，包括非还原完整多克隆抗体（2）、非还原多克隆抗体 F(ab)片段（3）、还原完整多克隆抗体（5）、还原多克隆抗体 F(ab)片段（6）、非还原完整单克隆抗体（8、9）、还原的完整单克隆抗体（11、12）及相对分子量标准（1、4、7、10）。

4.3.4 免疫印迹

免疫印迹（Western blot）分析可以从蛋白质混合物中检测出目的蛋白，同时给出有关蛋白分子量大小的信息。然而，该方法依赖于使用针对目的蛋白的高质量抗体。它是一种将 SDS-PAGE 方法与直接酶免疫检测方法相结合，对蛋白质按相对分子量大小进行分离和检测的方法。利用免疫印迹技术，不仅能确定目的蛋白或多肽是否存在，还可以确定其分子量。

4.3.4.1 试剂

转移缓冲液：25mmol/L Tris，192mmol/L 甘氨酸，20%甲醇，pH 7.8~8.2
洗涤缓冲液：150mmol/L PBS，0.05% Tween
封闭缓冲液：150mmol/L PBS，1.0%脱脂奶粉
特异性结合目标配体的一抗
抗特异性结合一抗种属并与辣根过氧化物酶（HRP）交联的二抗
TMB 膜过氧化物酶底物

4.3.4.2 仪器和其他耗材

免疫印迹装置
冷却装置
摇床
胶结合膜/胶印迹纸/滤纸
磁力搅拌器
吸水海绵垫
转移缓冲液

4.3.4.3 操作步骤

（1）按照前面的叙述进行 SDS-PAGE 电泳。将包括目标分子的还原和非还原样本上样于凝胶。电泳结束后，取下夹住胶的两块玻璃板中的一块，将胶剪去一个角。

（2）用塑料盘内的去离子水（DI H_2O）清洗凝胶，倒掉水并加入转移缓冲液，孵育凝胶约 30min。

（3）剪一张与凝胶同样大小的硝酸纤维膜及两张滤纸。

（4）在另一个塑料盘内加入转移缓冲液。将凝胶、硝酸纤维膜及两张滤纸、两块吸水海绵垫放置在含有转移缓冲液的盘中，浸泡 2~3min。

（5）按照生产商的说明准备免疫印迹装置，将电极插入缓冲电泳槽中，在电泳槽的底部放置一个 1 英寸的搅拌子。

（6）打开凝胶夹，按照由下到上分别为海绵—滤纸—硝酸纤维素膜—凝胶—滤纸—海绵的顺序将海绵、凝胶及滤纸放在凝胶夹的黑色表面上，确保每一层之间都不能有气泡。闭合此转移夹。

（7）在印迹装置中加入约 400ml 的转移缓冲液。插入凝胶夹，使其黑面对着电泳槽的黑面。插入冷却装置。

（8）将电泳槽放在磁力搅拌器上并打开搅拌器使其低速搅拌。盖上电泳槽盖，按正确的电极接通电源导线。

（9）打开电源使系统设置电压为 100V。开始时电流应为约 250mA，转印快结束时为约 350mA，转印约 1h。

（10）转印结束后，拿出转移夹，轻轻将转印膜放到一个盛有洗涤缓冲液的塑料盒内，漂洗膜 3 次，每次约 5min。

（11）于 10 ml 封闭缓冲液中孵育膜 30 min，如有必要可封闭过夜。封闭后，在洗涤缓冲液中漂洗膜 3 次，每次约 5min。

（12）按照下面的描述用封闭缓冲液稀释抗体来准备一抗：

（a）纯化的抗体最好用 0.5~1.0μg/ml。

（b）抗血清最好按 1∶200~1∶5000 稀释。

（c）腹水最好按 1∶500~1∶10 000 稀释。

(d) 含有单克隆抗体的细胞培养上清液，最好不稀释或者按 1∶10~1∶100 稀释。

(13) 将稀释好的抗体倒在塑料盒中的膜上，抗体稀释液需要足够完全覆盖塑料盒中的膜（15~20 ml）。将其放在水平摇床上，摇床设置为低速，孵育 30 min。

(14) 孵育后，用洗涤缓冲液漂洗膜 3 次，每次 5min。

(15) 准备 HRP-交联的二抗。二抗按照供应商的建议用洗涤液进行稀释。二抗一般应按 1∶500~1∶10 000 稀释，如果浓度过高，有可能产生非特异性结合的背景信号；如果浓度过低，可能不能显示含量低的蛋白条带。

(16) 将稀释好的 HRP-交联的二抗添加到有膜的塑料盒内，将其再次置于水平摇床上孵育 30min。孵育后，用洗涤缓冲液漂洗膜 3 次，每次 5min。

(17) 轻轻倒出最后的洗涤液后，加 TMB 膜底物，孵育 2~10min。淡蓝色的条带开始显现出来，此处即是特异性抗体-抗原复合物形成的位置。

(18) 倒掉酶底物溶液并加入去离子水以终止反应。膜可以进行扫描，以数码形式保存；也可以进行真空干燥并将其密封在袋里，保存于 4℃。

4.3.5 等电聚焦

等电聚焦是测定抗体等电点（pI）的一个非常有用的方法。了解抗体的 pI 就能决定用 IEC 对抗体纯化时的正确纯化条件及抗体的最佳储存条件。这个结果如同特定的抗体“指纹”，因为抗体根据制备方法的不同可产生一系列等电点电泳条带。抗体的等电点“指纹”在一些情况下会发生明显改变，如保存的缓冲液发生变化、抗体发生脱氨基作用、抗体由体内生产转为体外培养等。

4.3.5.1 试剂

注意：以下用 Bio-Rad Criterion Cell 系统及试剂举例，不同公司的产品可能会有所不同。

抗体：样品缓冲液中含 1~2mg/ml

样品缓冲液：含 50%甘油的 DI H_2O

10×阳极缓冲液

10×阴极缓冲液

IEF 标准品：pI 4.45~9.6

IEF 胶染色液

IEF 脱色液

4.3.5.2 仪器

Criterion Cell 系统

Criterion 预制胶匣

4.3.5.3　操作步骤

（1）在有盖的样品管中加 10μl 的抗体，再加入 5μl 的甘油。

（2）准备 10μl 的 pI 标准品。

（3）用 10×储存溶液配制 60ml 阴极缓冲液，用 10×储存溶液配制 400ml 阳极缓冲液。

（4）从包装中取出预制胶并拔下梳子，用 DI H_2O 冲洗。

（5）将预制胶放入 Criterion Cell 系统装置中，将 60ml 的阴极缓冲液注入上槽中。

（6）将标准品和待测蛋白质样本加样于拔去梳子留下的胶孔。

（7）加 400ml 阳极缓冲液于下槽中。

（8）盖上电泳槽盖并接通电源。

（9）打开开关，设置电压到 100V 时电泳 1h，200V 时电泳 1h，500V 时电泳 30min。

（10）运行 2.5h 后，关闭电源并拔掉导线。打开槽盖从电泳槽中取出胶匣，按照生产商的说明打开胶匣并暴露凝胶。

（11）将凝胶置于考马斯亮蓝染色液中染色 45min。用 100ml 的脱色液进行脱色。需要更换脱色液数次。

（12）保存凝胶。凝胶结果可用肉眼观察或进行电子扫描。

4.3.6　酶联免疫分析

酶联免疫分析，如 ELISA，是免疫分析的主要方法。理解了 ELISA 的实验原理，就可以理解其他以抗原-抗体反应为基础的实验原理。依据检测的操作程序，ELISA 方法能检测任何给定抗体的特异性、亲和力、浓度及敏感性。下面是进行直接或间接 ELISA 的操作步骤。直接与间接 ELISA 的操作步骤基本是相同的。不同之处是与目标配体相结合的一抗是否是酶标抗体。在直接分析中，一抗是酶标抗体；在间接分析中，一抗不是酶标抗体，酶标记于特异性针对一抗的二抗上。

4.3.6.1　试剂和材料

稀释液：150mmol/L PBS，pH 7.6

包被缓冲液：200mmol/L 碳酸盐/碳酸氢盐缓冲液，pH 9.5

洗涤缓冲液：150mmol/L PBS 加 0.05% Tween

封闭缓冲液：150mmol/L PBS 加 1%脱脂奶粉

一抗，交联一种酶，如 HRP、碱性磷酸酶或生物素，或者不交联

二抗，交联一种酶，如 HRP、碱性磷酸酶或生物素

TMB（过氧化物酶底物）

终止液：0.6mol/L HCl

4.3.6.2 操作步骤

（1）在进行分析前，应首先建立酶标板每孔的加样策略，要设立空白孔作为阴性对照。例如，如果打算对血清或者培养上清进行抗体浓度滴定，通常是仅在奇数列包被抗原；而如果是进行杂交瘤的阳性筛选，除了一个或者两个孔不包被抗原留作空白对照外，其余整块板都包被抗原进行筛选。

（2）最好过夜包被酶标板，使目标抗原有足够的时间与孔结合。孔板的包被可以放置在 4℃，最长时间可达 2 周。用包被缓冲液稀释配体至 2~5μg/ml，每孔加 0.1ml 进行包被。

（3）从冰箱里拿出包被板，倒掉孔中的液体，用洗涤缓冲液洗整块孔板 3 次。每次洗涤后要在滤纸上扣干残留液体。

（4）向所有孔中加 300μl 的封闭缓冲液。将孔板于室温静置至少 30min，然后用洗涤缓冲液洗孔板一次。

（5）在封闭孔板的同时，用 PBS 稀释一抗。如果是筛选抗血清，通常进行 5 倍的倍比稀释，起始点为 1∶50 或 1∶100。如要检测培养上清，进行 2 倍的倍比稀释比较适当。如果是检测杂交瘤培养上清，不必做任何稀释。

（6）如果一抗是酶标抗体，可将其进行 1∶100~1∶10 000 稀释。可对几个稀释度的抗体进行测定。

（7）向孔中加入 100μl 稀释的抗体。对于系列稀释的抗体，最好每个稀释度加双份孔（一共 4 个孔）。37℃ 孵育孔板 30min。

（8）孵育后，用洗涤缓冲液洗板 5 次，每次洗涤后都要在滤纸上扣干残留液体。

（9）如果向孔板加入的是酶标一抗，越过此步而直接进行步骤（10）。如果是用间接法分析，向所有的孔中加入 100μl 稀释的酶标二抗。30℃孵育孔板 30min。

（10）用洗涤缓冲液洗孔板 5 次，注意在滤纸上扣干残留液体。

（11）向所有的孔中加入 100μl 的 TMB 底物。观察颜色的变化，等待阴性对照显示轻微的颜色，但这种现象未必会发生，如果阴性对照不显色，5~10min 后终止反应。

（12）加 50μl 的终止液终止反应。

（13）在酶标仪上以适当的吸光波长读取孔板颜色强度的数值。TMB 的吸光波长为 450nm。吸光度的数值越大，说明抗体含量越多。

图 4.9 是一个显示滴定结果读数的柱形图。一个纯化的单克隆抗体被稀释后加入到用其特异性抗原包被的板中。从图中可以看出，即使在单克隆抗体被稀释到 6.25ng/ml 时，其特异的活性仍能被检测到。

4.4 结语

笔者希望本章内容能为大家在纯化和鉴定抗体上提供一个参考。虽然重点介绍

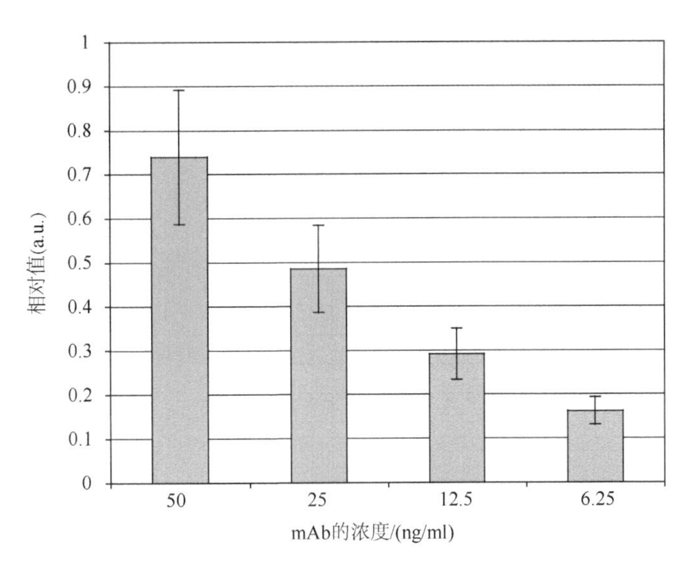

图 4.9　一个显示滴定结果读数的柱形图。一个纯化的单克隆抗体被稀释后加入到用其特异性配体包被的板中。可以看出，即使在单克隆抗体被稀释到 6.25ng/ml 时，其特异的活性仍能被检测到。

的是单克隆抗体，但所有纯化和鉴定的方法既适用于单克隆抗体，也同样适用于多克隆抗体。当然，没有一种纯化方法能适用于所有抗体的纯化。因此，一般最好具备一系列不同的抗体纯化方法。同样地，依据不同的抗体特性，也需要具备一系列不同的抗体鉴定技术。希望本章内容能给读者提供一个适用于大多数抗体的纯化和鉴定的方法学集锦。

致谢：特别感谢 Nathalie Forster、Cheryl Steenstra 和 Moira Reno 帮助编写本章。

（王欣 译　章静波 校）

参 考 文 献

1. C. A. Janeway, P. Travers, M. Walport, and J. D. Capra. *Immunobiology: The Immune System in Health and Disease*, 4th Ed., Current Biology Publications, London, 1999. p. 2.
2. P. Gagnon, The quest for a generic IgG purification procedure. Presentation given at the Waterside Conference, Bal Harbour, FL, May 3, 2005.
3. Dj. Josic, W. Schutt, J. van Renswoude, and W. Reutter. HPLC of antibodies, glycosidases and membrane proteins. *J. Chromatogr.*, 353: 13–18, 1986.
4. H. Zola. *Monoclonal Antibodies: A Manual of Techniques*. CRC Press, Boca Raton, FL, 1987.
5. M. Bowles, S. C. Johnston, D. D. Schoof, P. R. Pentel, and S. M. Pond. Large scale production and purification of paraquat and desipramine monoclonal antibodies and their fab-fragments. *Int. J. Immunopharmac.*, 10(5): 537–45, 1988.
6. H. Zola and S. H. Neoh. Monoclonal antibody purification: Choice of method and assessment. *Biotechniques*, 7(8): 802, 804–8, 1989.

7. O. Manzke et al. Single-step purification of bispecific monoclonal antibodies for immunotherapeutic use by hydrophobic interaction chromatography. *J. Immunol. Methods*, 208: 65–73, 1997.
8. O. H. Lowry, N. Roseberough, A. L. Farr, and R. J. Randall. Protein measurement with the Folin phenol reagent. *J. Biol. Chem.*, 193(1): 265–75, 1951.

第 5 章　单克隆抗体的制备

Kathleen C. F. Sheehan

5.1　引言

杂交瘤技术问世后的 30 年，这项技术的发展延续着其发明人 Kohler 和 Milstein 的希望，单克隆抗体已成为在生物医学及工业领域应用最广泛、最具价值的生物大分子[1]。杂交瘤技术的发明及单克隆抗体的生产为科研工作带来了革命性的改变，为其提供了无限量的、独特的单克隆抗体试剂，用于特异性抗原的识别、分离、清除、活化或检测，同时单克隆抗体也逐渐应用于医学领域，成为各种疾病的治疗药物。如今，免疫策略的改进使得多种宿主都能够对不同的抗原刺激产生更加迅速且有效的体液免疫应答，也为杂交瘤细胞的筛选及抗体的制备提供了更好、更迅速的手段。此外，基因工程技术的发展使得人们可以对单克隆抗体进行修饰，以使其高效低毒地应用于临床治疗。因此，尽管我们仍在继续完善和改进许多相关的细枝末节，杂交瘤技术仍然算得上是科学研究和临床治疗的一个重要的工具。

在研制任何抗体之前，首先要确定需求，接下来的工作中多克隆抗体（多价抗血清）和单克隆抗体哪个更适合，这很重要。多克隆抗体是多种抗体的混合物，每种抗体都能与某种抗原的某一个独特表位结合，表现出不同的亲和力及不同的免疫球蛋白类型或亚类。多克隆抗体能够与多个抗原表位结合，从而使亲和力增加，同时还可用于检测结构相关的分子。但是，多克隆抗体也含有无关的抗体。尽管多克隆抗体在制备方面相对容易，但是不同批次的抗血清可能存在差异，生产的抗体量也有限。而单克隆抗体是由单一克隆的杂交瘤细胞产生的，在结合特性上具有高度的特异性和均一性。单克隆抗体是根据其对特定抗原表位的结合或特定的生物学功能进行筛选的，通常呈现出纳摩尔浓度的亲和力。与多克隆抗体不同，如果抗原表位发生变化，单克隆抗体可能更容易失去与其的反应性，而异质性的多克隆抗体却可以显示出意想不到的交叉反应。尽管单克隆抗体可以无限量生产，但是生产单克隆抗体更耗时而且成本更高。因此，在决定是否制备单克隆抗体时，重要的是要弄清单克隆抗体的优点，判断花费这些努力是否值得，是否制备多克隆抗体不能满足需要（图 5.1）。单克隆抗体还有一个优点：从杂交瘤细胞可以克隆出各细胞克隆所包含的独特的免疫球蛋白基因，从而进行必要的基因修饰，或进行单克隆抗体的人源化改造，进一步为临床研究服务。

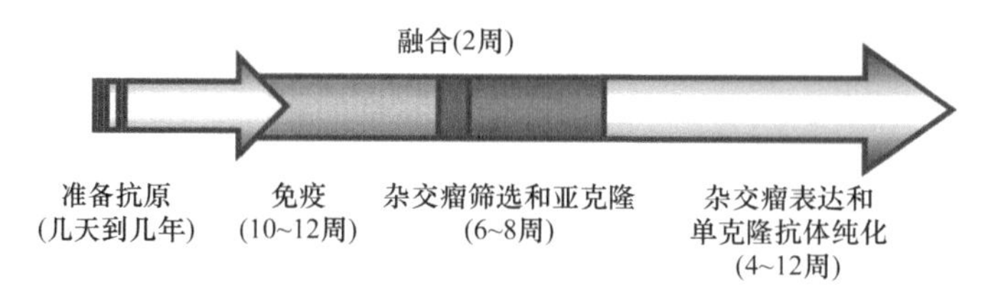

图 5.1 单克隆抗体制备的时间轴

5.2 材料

5.2.1 免疫原

一旦确定需要制备单克隆抗体，首先要考虑的问题是使用何种类型的免疫原。免疫原有多种形式，包括全细胞、细胞提取物、纯化的蛋白、融合蛋白、多肽、碳水化合物、脂类或 DNA。此外，制备单克隆抗体不需要很纯或单一特异性的抗原，因为在后续单克隆抗体筛选的过程中，会去掉与目的抗原结合特异性不好的克隆。在选择免疫原的类型时，也需要考虑到单克隆抗体的最终用途，是用于变性蛋白的检测，还是用于抑制配体与活细胞的结合？通过选择不同类型的免疫原，可以使获得的抗体有所侧重。全细胞或细胞裂解物（每次注射 10^7 个细胞）可以作为细胞内或细胞外抗原分子的天然形式（经过正确折叠和糖基化的），但特定抗原的含量较少也会影响免疫的效果。因此，过表达某种特定蛋白的工程化细胞系通常是很好的抗原来源。经过纯化的重组蛋白或融合蛋白也常用于免疫（每次注射 10~100μg），可以产生针对该蛋白质不同表位的抗体。如果是以融合蛋白进行免疫，就必须同时制备单独的免疫原或免疫原与其他蛋白的融合蛋白，以便在筛选特异性抗体时，得到针对免疫原的单克隆抗体，而不是针对融合蛋白另一部分的单克隆抗体。类似的，多肽抗原（大于 10 个氨基酸）因为太小，必须与载体蛋白偶联才能用于免疫。由于这些载体蛋白具有很高的免疫原性，所以多肽应该与不止一种的载体蛋白偶联，如钥孔戚血蓝蛋白（KLH）、牛血清白蛋白（BSA）或卵清蛋白（OVA）等，以便筛选出的单克隆抗体是针对多肽的，而并非载体蛋白。抗多肽的单克隆抗体能鉴别小的线性序列，并且已经被证明能有效地区别靶标是否被修饰，如特定氨基酸上的磷酸化或去磷酸化。抗多肽单克隆抗体还可用于检测变性抗原，如用于免疫印迹（Western blot）分析或免疫组化实验。

近年来，以质粒为媒介，通过在体内诱导表达有免疫原性蛋白进行免疫来制备单克隆抗体的新技术已经成熟。基因免疫接种可以通过脾内注射、肌肉注射[2]、皮内注射（用基因枪等仪器设备）[3,4]或静脉注射（流体动力免疫法）[5~7]等不同途径对动物进行有效的免疫。这些方法的不同在于将质粒 DNA 导入宿主细胞的机制不同。然而每种方法都依赖于哺乳动物表达载体上的独特编码序列，使这些外源质粒 DNA 能被宿主细胞摄取，在细胞内产生蛋白质。当抗原难以制备或基因产物不清楚的情况下，基因免疫显得优势更明显。此外，基因免疫能使宿主对免疫原更敏感，因为这种免疫原是以最天然的、正确折叠的、适当修饰的形式存在于宿主体内的。外源质粒的表达能在体内产生足够的目标蛋白，从而诱导机体产生强有力的体液免疫应答。这种技术还可用于基因打靶小鼠（gene-targeted mice），以产生针对靶抗原的特异性抗体[5]（Sheehan 等，手稿）。更重要的是，经过基因免疫产生的抗体已经被证明具有体内的功能活性[5]。

糖类抗原决定簇往往表达在病原微生物表面，可以引起适度的初次体液免疫应答，但很少引起再次免疫应答。因此，糖类抗原通常只能诱导产生 IgM，如针对血型抗原的应答。将糖类抗原与载体蛋白偶联之后，也能增强机体对它的应答。游离的脂质或者脂蛋白，经 CD1 分子的抗原提呈后可以诱导产生针对这些半抗原样片段的抗体。核酸则很难诱导体液免疫的产生。

通常，抗体分子识别的蛋白质抗原表位分为三种类型：构象表位、线性表位及新表位。构象表位是由序列上不连续的氨基酸（非线性序列）形成的具有三维结构的表位。抗原以天然形式存在时形成很多构象表位，而当蛋白质分子变性后，构象表位可能丧失。线性表位是由序列上相邻的氨基酸形成的表位，不会因蛋白质变性而被破坏。但是当蛋白质处于天然折叠状态时，线性表位可能暴露在蛋白分子表面，也可能隐藏在分子内部。抗多肽的抗体针对的多肽就是线性表位。新表位是指天然蛋白质水解后新形成的表位，识别新表位的抗体通常不能识别天然蛋白质。

显然，免疫原的形式会影响宿主体液免疫产生的抗体谱。用全细胞、细胞裂解物或者用在体内表达的蛋白质免疫接种，会产生广谱的抗体，这些抗体可以识别天然蛋白质上的各种抗原表位（构象表位、线性表位和新表位）。这些抗体可能更适合于广泛的功能活性研究，包括流式细胞术、功能性的中和、阻断实验等。用多肽进行免疫通常只是接触单一抗原表位，识别这些线性表位的抗体并不总能结合天然折叠的蛋白质。但是这些线性表位在天然蛋白变性的情况下能很好地被保存，因而这种抗多肽的抗体通常适用于免疫印迹（Western blot）或免疫组化实验。因此，选择免疫原制备抗体时应该首先明确所制备抗体的最终用途，并应该根据其用途决定用何种方法筛选抗体。虽然不能保证某一种形式的免疫原将会产生有某种特定功能的抗体，但是这种选择却能增加获得某种特定功能抗体的可能性。免疫接种和抗体初步筛选所需的蛋白质抗原量大约是 2mg。

在免疫接种前，必须对抗原进行筛查，以确定是否存在潜在的病原体。了解所有材料的病原体状态，可以保护接受免疫的动物及接触这些材料的工作人员。细胞株的支原体污染对于细胞系和动物群体的影响是毁灭性的。此外，如果免疫原来源于病原体（如病毒蛋白），必须首先确认抗原的制备不含有具备感染活性的成分。这样的筛查适合于用细胞系、细胞系产生的蛋白质作为免疫原，或者在有血清存在的情况下制备的蛋白质作为免疫原的情况。该筛查试验也称小鼠抗体生产筛查试验（mouse antibody production screening，MAPS），是用每种特定抗原（2×10^7 个细胞或 10~100μg 蛋白）接种至经检疫的无特定病原体的 SPF（specific pathogen free）动物，观察 4 周。4 周后，收集免疫后动物的血清，检测其对一系列已知病原体的反应，和免疫前的血清比较。阳性结果就意味着抗原已被污染，应当丢弃；阴性结果则表明免疫原是安全的，可用于体内注射。其次，也可用基于 PCR（聚合酶链反应）筛选病原体的方法（也称 IMPACT 检测），市场上也有相应的商业产品，能大大缩短实验周期。

5.2.2 免疫用的动物

基于分离经过免疫的实验动物的淋巴细胞进行的杂交瘤技术已经非常成熟，常用的实验动物包括小鼠、大鼠、亚美尼亚仓鼠和兔。小鼠是极好的免疫接种对象：首先，易于获得多个近交系品种，且价格合理、易操作；其次，有很多试剂可用于检测小鼠免疫球蛋白；另外，小鼠对外来蛋白质能产生良好的免疫应答，致敏淋巴细胞可与多种鼠源骨髓瘤细胞系（表 5.1）发生有效融合。

表 5.1 常用的骨髓瘤细胞系

骨髓瘤细胞系	种属	来源	参考文献
P3X63Ag8.653	小鼠	MOPC21 → P3 K → P3X63Ag8	[8]
Sp2/0-AG14	小鼠	MOPC21 → P3 K → P3X63Ag8 →与脾细胞融合	[1][9]
NSO/1	小鼠	MOPC21 → P3 K → NSI/1-Ag4-1	[10]
YB2/0	大鼠	S210 → Y3-Ag 1.2.3 与 AO 脾细胞融合 → YB2/3HL	[11]
Sp2/mIL-6	小鼠	MOPC21 → P3 K → P3X63Ag8 →与脾细胞融合 → 反转录病毒 L6PNL	[12]

在免疫系统功能得以保留的情况下，基因打靶（gene-targeted）小鼠能够产生针对特定靶蛋白的抗体。如果与基因免疫技术相结合，这是一种特别有效的方法[5]。不同品种的小鼠可能对特定抗原的反应不同（识别不同的免疫显性表位），这取决于免疫球蛋白（Ig）可变区的表达，或是特定品种小鼠对某种刺激的敏感性或抵抗性。大鼠同样是一个好的宿主，尤其是在制备针对小鼠蛋白的抗体时。小鼠和大鼠的骨髓瘤细胞都可以与大鼠的 B 细胞融合。亚美尼亚仓鼠是一种独特的模型，因为从系统发育学上它们的亲缘关系与小鼠相差甚远，所以能够对鼠类（及其他种属）来源的蛋白质产生良好的免疫应答，而同时又能够与小鼠骨髓瘤细胞系发生有效的融合[5,13~21]。更重要的是，亚美尼亚仓鼠产生的抗体在小鼠体内是无免疫原性的，这使它们成为一些疾病的理想模型动物[5,14~16]，广泛应用于制备高亲和力的针对小鼠细胞因子、受体，以及转录因子的抗体[14,15,17~21]。兔的杂交瘤细胞是由免疫兔的脾细胞和兔的骨髓瘤细胞系融合得到的[22]（第 7 章中讨论）。兔单克隆抗体被证实常能识别蛋白质的一些独特表位，在免疫组化试剂的研发中占有优势。因此，根据免疫原的来源和抗体的最终用途，一系列的实验动物可供选择用于制备具有所需特异性和功能的独特的单克隆抗体试剂。

除了标准的杂交瘤技术，还有一种替代细胞融合制备单克隆抗体的方法，是使用淋巴细胞条件转化鼠（immortomouse）[23]。这些转基因小鼠携带 SV40 T 抗原的温度敏感突变体，该基因由 H-2 K^b 启动子控制。免疫上述转基因小鼠后，脾细胞在允许温度（33℃）的培养条件下能够表达热不稳定的 SV40 T 抗原，导致 B 细胞的转化，从而不需要与永生细胞系融合，而且还避免了异核体细胞（杂交瘤细胞）常出现的不稳定性。从这些转化后不断生长的 B 细胞中能筛选到分泌特异性抗体的细胞。Abgenix 公司开发出 XenoMouse[24,25]，在成熟的杂交瘤技术的基础上更加有效地生产完全人源化的抗体。这些转基因小鼠因为缺失小鼠 J_H 和 C 基因（Ig 基因$^{-/-}$小鼠），而缺乏所有类型的小鼠免疫球蛋白。通过转基因的方式导入人类 IgH 及 IgLκ 链基因，能使转基因小鼠 XenoMouse

具有类似于成年人那样的对免疫原产生初始免疫应答和强有力的再次应答的能力。常规免疫这些转基因小鼠，将致敏后小鼠的脾细胞与小鼠骨髓瘤细胞融合，能获得大量与目的蛋白反应、高亲和力的完全人源化的抗体。这些抗体具有中和活性，很多已被批准用于人类疾病的治疗。

5.2.3　免疫策略

不同实验室使用的免疫策略不同，但是同样都很有效。免疫的目的主要是在宿主体内刺激抗原特异性 B 细胞克隆，并使其扩增。机体在初次接触到外源的抗原刺激时，都会产生体液免疫应答，抗原特异性 B 细胞克隆被活化并扩增，分化成浆细胞并产生一定量的抗体。在对相同抗原的再次应答中，机体产生的抗体量会显著增加，抗体类别也会从以 IgM 为主转变为以 IgG 为主，同时特异性抗体的亲和力也会显著提高。总体来说，体内的体液免疫应答越强，靶抗原特异性 B 细胞的数量就会越多，那么分离得到能够分泌满足特异性和亲和力要求的抗体的 B 淋巴细胞的概率也越大。目前，除了体内，用体外方法进行免疫激活和 B 细胞致敏、扩增的技术还不成熟。事实上已经有人尝试从未经免疫的动物中分离脾细胞，在体外进行激活，再与永生化细胞系进行融合来制备单克隆抗体获得了成功，这种方法获得的主要是 IgM 类单克隆抗体。

某一种抗原的免疫原性受多种因素影响，使用佐剂（第 2 章）可显著增强抗原的免疫原性。佐剂（来源于拉丁语 adjuvare，是“帮助”的意思）一方面可以阻止机体对抗原的清除，延长抗原在体内刺激免疫系统的时间；另一方面，可以募集淋巴细胞到抗原所在的部位，并通过增强共刺激信号来激活免疫应答，刺激淋巴细胞增殖。最常用的免疫佐剂是弗氏佐剂，已经用了几十年。然而，弗氏完全佐剂也可引发一些毒副作用，因此，一种毒性更低的合成的油包水型乳化佐剂已经被开发出来作为弗氏佐剂的替代品，如 Ribi 或 TiterMax。此外，明矾（氢氧化铝）可以和抗原一起形成共沉淀，具有低毒性，已经作为佐剂用于某些疫苗的免疫。在某些情况下，使用弗氏佐剂不能产生针对特定表位的有效体液免疫应答，但是使用明矾却可以。最后，来源于细菌的基因序列——免疫刺激性 CpG 寡核苷酸序列（含未甲基化的胞嘧啶和鸟嘌呤二核苷酸），最近也被用来作为佐剂，通过增强固有免疫，诱导树突状细胞、单核细胞和巨噬细胞成熟，引发 Th1 细胞介导的细胞免疫，从而促进 B 细胞增殖和抗体的合成分泌 [26,27]。

经典的免疫策略核心在于抗原的反复刺激，以增强体液免疫应答水平并使产生的抗体的亲和力提高。表 5.2 列出了一个典型的免疫接种时间表。抗原（10~100μg 蛋白质或 10^7 个细胞）和等量的弗氏完全佐剂一起乳化成稠厚的乳剂，对小鼠、大鼠或仓鼠进行多点皮下注射（总体积 0.5~1ml）。弗氏完全佐剂中经过热处理杀死的分枝杆菌可以引起注射点局部炎症反应，并募集淋巴细胞到抗原沉积的位置，引发机体初次免疫应答，并产生弱抗体反应（以低亲和力的 IgM 抗体为主）。10~14 天后进行第一次加强免疫（第二次注射抗原），使用弗氏不完全佐剂（弗氏不完全佐剂不含热处理杀死的分枝杆菌，而弗氏完全佐剂中含有；弗氏完全佐剂的重复刺激可导致肉芽肿的形成，所以重复使用弗氏完全佐剂是不恰当的），抗原和弗氏不完全佐剂的乳化物再次多点皮下注射。第一次加强免疫将刺激机体对抗原产生更强的再次应答，与初次免疫主要产生的 IgM 类抗体相比，加强免疫产生的抗体中 IgG 类抗体的数量明显增加。虽然第一次加强免疫后就已经可以检测到有意义的免疫应答，在第一次加强免疫 14 天后进行的第二次加强免疫仍然是必要的，它能刺激免疫应答的成熟，增加血清抗体的效价。第二次加强免疫后的 8~10 天，收集免疫后动物的血清进行效价检测，检测其对目的抗原的反应性。已经公开发表的制备单克隆抗体的免疫策略有很多，它们在佐剂的选择、注射体积、抗原浓度、剂量及接种次数等方面都会有不同的改进。以上描述的免疫策略是一个在多种动物模型中均取得良好免疫效果的通用策略。

表 5.2　典型的免疫接种时间表

天数	操作	佐剂	接种部位
0	初次免疫	CFA	皮下
14	第一次加强免疫	IFA	皮下
28	第二次加强免疫	IFA	皮下
36	收集血清测效价	—	
42	融合前休息或	—	
	第三次加强免疫	IFA	皮下
52	融合前冲击免疫	无	静脉内
55	收获脾细胞和融合	—	

上述通用免疫策略也可适用于基因免疫接种和水溶液免疫接种[5~7]，这些操作不需要专门的仪器设备。将目的基因克隆到表达载体中，例如，pRK5、pcDNA3、pSec，或含有强 CMV 启动子的其他特定载体。对于分泌型蛋白，应包含信号序列；对于膜结合型蛋白，通常仅表达蛋白质的胞外结构域，能使表达的部分分泌到细胞外。分泌型的融合蛋白也已经被成功地应用（私人通讯）。这种方法可能也可用于细胞内蛋白。在无内毒素的条件下，用标准方法纯化质粒 DNA，大约需要 2mg 的 DNA。每种抗原要注射 5 只小鼠，将小鼠称重，用加热灯取暖，用温的 Ringer’s 液稀释 100μg 质粒 DNA，注射体积为动物体重的 10%，即体重 20g 的小鼠注射 2ml，用 3G 针头将 DNA 快速地打入尾静脉。动物对这种注射的耐受力很好，几乎没有副作用。注射后约 20h，就可以利用靶蛋白的 His 或 myc 标签，用免疫沉淀和免疫印迹的方法，检测免疫动物血清中靶蛋白的表达情况。初次免疫后间隔两周，用类似的方案加强免疫，在第三次注射质粒 DNA 10 天之后，再次以血清为样品，检测靶蛋白特异性抗体。如果达到足够的效价（见下文），动物休息 3~6 周后，用 100μg 质粒 DNA 做融合前的冲击免疫，按照前述的方法进行。4 天后实施安乐死，取脾脏细胞用于下一步的细胞融合。

免疫后应该用多种稀释倍数、多种检测系统来确定血清中的抗体效价和抗体的特异性。由于血清组分的复杂性，检测时血清样品的稀释倍数通常应该大于 50 倍，以减少非特异性结合。此外，检测时应该包括大于 1000，甚至超过 10 万的血清稀释度，以便更好地了解体内体液免疫应答的情况。血清效价的定义是在任何指定的筛选试验中均能与抗原出现明显的、可检测到的特异反应的血清最大稀释度的倒数。根据免疫原性质的不同，可以选择多种筛选方法（随后详细讨论），包括酶联免疫吸附试验（ELISA）、流式细胞术、免疫印迹、免疫沉淀、功能性中和试验和生物活性检测等。血清效价最好使用能够检测抗体预期功能的试验体系来评估。也就是说，如果制备的单克隆抗体是用来结合重组蛋白的，那么 ELISA 可能是最有效的筛选方法；而如果制备的单克隆抗体是用来识别天然的细胞表面受体，那么筛选血清的方法就应该是流式细胞术，或者是其他的针对天然形式表达抗原的抗体结合分析试验。之所以要选择适合的检测方法，是因为在一种方法中有功能的抗体可能会在另外一种体系中失去结合活性。在免疫印迹实验中，由于蛋白质是变性的，识别构象表位的抗体可能会出现不结合的现象；同样，识别隐藏在天然蛋白内部的表位的抗体，可能不能够阻断该天然蛋白的功能活性。因此，对免疫原的性质有清楚的认识及充分考虑到制备抗体的用途，在设计免疫程序和选择筛选方法时非常重要。通常，如果免疫后血清效价大于 1∶1000，可以继续进行杂交瘤的制备；如果血清效价小于 1∶1000，就应该再次加强免疫以增强机体对抗原的应答水平。

有时，即便经过多次加强免疫，也只能检测到很弱的免疫反应。在这种情况下，虽然从那些低血清效价的动物中也能筛选到抗原特异性的杂交瘤细胞，但得到这种克隆的概率很低，并且通常是分泌 IgM 类抗体的杂交瘤细胞。因此，最明智的选择是重新审查免疫策略，从抗原的形式、所用佐剂的种类方面对免疫策略进行优化。使用 CFA/IFA 作为佐剂不能诱导产生有效免疫应答的抗原，在换用明矾作为佐剂后可能会大大提高其免疫原性；或者如果换用质粒 DNA 做基因免疫后在体内表达抗原，其免疫原性也可能会大大增强。

一旦确认免疫后的动物已经显示出显著的血清效价（大于 1∶1000），这些动物应该“休息”3~6 周。这段时间是让增强的二次应答逐渐减弱，以便在冲击免疫接触抗原后记忆 B 细胞迅速活化和扩增。“休息”后的动物要接受最后一次的冲击免疫，抗原用无热原的生理盐水或磷酸盐缓冲液稀释（总量 200μl），不含佐剂。冲击免疫的最有效途径是静脉注射，可以将抗原直接输送到脾脏，脾脏中迅速活化的记忆型 B 淋巴母细胞收获后可用于之后的细胞融合。如果抗原不适合静脉注射（如抗原是颗粒状的，或者含有的缓冲液成分可能有毒），可以采用不含佐剂的抗原腹腔内注射进行冲击免疫。不适合做静脉注射的成分包括弗氏佐剂、浓度大于 0.1%的清洁剂/去污剂、大于 1mol/L 的尿素、内毒素、Tris 缓冲液、NaN_3，或者超过生理浓度的缓冲液和盐水。经静脉注射冲击免疫后 3 天（经腹腔内注射冲击免疫后 4 天），收获免疫动物的脾细胞或淋巴结细胞用于细胞融合。

5.3　制备程序

5.3.1　培养基和骨髓瘤细胞

制备能分泌抗体的 B 细胞杂交瘤细胞，首先依赖于抗原反应性 B 细胞与永生化的 B 淋巴瘤细胞（骨髓瘤细胞）的高效率融合，随后要进行鉴定，将能够持续生长并产生特异性抗体的细胞系分离培养。筛选出的杂交瘤细胞相对比较脆弱，需要很熟练的组织培养技能及悉心照顾[28]。虽然有多种不同的培养基和培养条件都可用于杂交瘤细胞的培养，这里还是要介绍一种十分可靠的经典方案（表 5.3）。因为细胞融合过程，以及随后的细胞扩增和低密度的亚克隆都是杂交瘤细胞建立的关键步骤，所以必须选择营养足够丰富的培养基，高糖的 DMEM（也可以使用 RPMI1640 或 IMEM）就是常用的一种。用于细胞培养的 DMEM 完全培养基中含有 10%~20%的胎牛血清（FBS）、4mmol/L 的 L-谷氨酰胺、1mmol/L 的丙酮酸钠、50U/ml 的青霉素、50μg/ml 的链霉素和 50μmol/L 的 2-巯基乙醇（2-ME）。由于细胞培养时间长，所有的培养基组分都应该用 0.22μm 的过滤器过滤，而且在 4℃储存的时间不超过 2 周。FBS 优于其他来源的血清，因为它的免疫球蛋白含量低，而牛的免疫球蛋白可能会干扰后续抗体的筛选和纯化。在用于杂交瘤细胞培养前，也应该对不同批次的 FBS（或血清替代品）进行筛查，因为不同批次的 FBS 促进杂交瘤细胞生长的能力不同。所有试剂必须满足无支原体污染、内毒素含量低（<0.25EU/ml）。在 DMEM 培养基中添加 L-谷氨酰胺和丙酮酸钠，可以支持细胞的旺盛生长。虽然抗生素不是必需的组分，但由于杂交瘤细胞的培养需要在数周内反复操作，因此，在培养基中添加对革兰氏阳性菌和革兰氏阴性菌都起作用的抗生素是明智的选择。在支原体污染的情况下，必须用环丙沙星（ciprofloxacin，10μg/ml）替代培养基中的青霉素和链霉素，至少培养 5 代。在培养基中加入 2-ME 是有争议的，因为其作用机制不明。虽然在没有 2-ME 的情况下也能制备出杂交瘤，但是添加后对培养有益处。一旦在杂交瘤细胞的培养基中添加了 2-ME，就不能够再将其去除了，因为这样做可能会导致免疫球蛋白的分泌和（或）活性的显著下降。对杂交瘤细胞培养过程的改进主要体现在新型培养基的研制，包括多种无血清培养基或不含动物蛋白的培养基，这为下游的杂

表 5.3　制备和培养杂交瘤细胞所需的试剂

	试剂	终浓度
培养基成分	DMEM（4.5g/L 葡萄糖）	—
	胎牛血清（FBS）	10%~20%
	L-谷氨酰胺	4mmol/L
	丙酮酸钠	1mmol/L
	抗生素	
	青霉素	50U/ml
	链霉素	50μg/ml
	2-巯基乙醇	50μmol/L
补充物	HAT 筛选混合试剂	1×
	次黄嘌呤	100μmol/L
	氨基蝶呤	0.4μmol/L
	胸苷嘧啶	16μmol/L
	HT 补充物	1×
	杂交瘤细胞克隆因子	1%~5%
融合试剂	PEG1500	50%

交瘤细胞大规模扩增和单克隆抗体的生产提供了更好的选择。很多新型培养基已被用于杂交瘤细胞的高密度培养和简化的单克隆抗体的纯化程序，但这些新型培养基在杂交瘤细胞的初始培养阶段的效果还有待证明。杂交瘤细胞可能需要慢慢适应这些新型培养基以保持其自身抗体的产生能力。在多数情况下，随着培养基中血清浓度的减少，抗体的产量会增加。

细胞融合后要用药物进行选择，以清除那些未融合形成杂交瘤细胞的骨髓瘤细胞。这个步骤有许多试剂可供选用，主要根据骨髓瘤细胞系特定的突变而定。HAT 是最常用的筛选药物，表 5.1 中所列的骨髓瘤细胞系都可用此药物进行筛选。HAT 可通过多种商业途径购买，由次黄嘌呤（100μmol/L）、氨基蝶呤（0.4μmol/L）和胸腺嘧啶（16μmol/L）组成。氨基蝶呤可以阻断所有细胞内的嘌呤和嘧啶的从头合成途径，次黄嘌呤和胸腺嘧啶可参与细胞内的补救合成途径（图 5.2）。在杂交瘤细胞初始的生长及扩增过程中，可能需要添加一些额外的生长因子或补充物。有些实验室会使用由“滋养细胞层”（脾细胞或腹腔巨噬细胞）产生的“条件培养基”，也可使用提供 IL-6 来源的商品化添加剂（PAA，杂交瘤细胞克隆化因子）。目前已经有了工程化的、可分泌 IL-6 的新型骨髓瘤细胞系。如果使用滋养细胞层，应该在使用前 1~2 天将其接种在 96 孔细胞培养板中，每孔 75μl，含 4×10^3 个腹腔灌洗细胞或 1×10^4 个脾细胞。这样做可以利用滋养细胞产生的细胞因子，帮助杂交瘤细胞更好地生长。但使用时必须确保滋养细胞层没有受到污染，污染的滋养细胞会危及杂交瘤细胞的生长。使用商品化的添加物应严格按商家推荐的浓度使用，一般是 1%~5%（体积比），可以在使用时直接添加到培养基中。滋养细胞层和商品化的添加物对于促进新形成的杂交瘤细胞的生长有相同的效果。

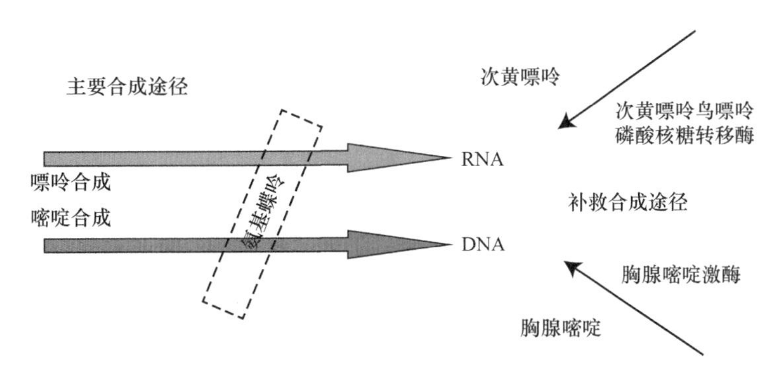

图 5.2　HAT 选择培养的原理

前面提到的许多小鼠和大鼠的骨髓瘤细胞系都具有永生化生长的特性，并能用药物进行筛选（表 5.1）。小鼠的骨髓瘤细胞系最初都来源于由矿物油诱导 *Balb/c* 小鼠产生的浆细胞瘤（MOPC21），在体外经过诱变（P3K）和 8-氮杂鸟嘌呤选择培养后，获得嘌呤核苷酸补救途径中次黄嘌呤鸟嘌呤磷酸核糖转移酶缺陷（$HGPRT^-$）的克隆，同时也不产生免疫球蛋白的重链和轻链。这些骨髓瘤细胞可以在培养基中连续生长，然而，在有选择性药物（如氨基蝶呤、甲氨蝶呤或重氮丝氨酸）存在的情况下，核酸的从头合成途径被这些试剂阻断，这些缺乏 HGPRT 的骨髓瘤细胞由于不能利用核酸合成补救途径而无法生存（图 5.2）。因此，这些骨髓瘤细胞就成了能够利用选择性试剂筛选建立杂交瘤细胞的非常好的模型。同样，也可使用工程化的、能够分泌细胞因子的骨髓瘤细胞系 Sp2/mIL-6（ATCC，CRL-2016），它有助于 B 细胞生长和杂交瘤细胞的建立[12]。

骨髓瘤细胞应该储存在液氮中，每次细胞融合前要复苏一管新的细胞。首先需确保冻存的骨髓瘤细胞没有受到支原体污染，并且应该检查不存在任何传染性微生物，检查的方法与前面提到的筛选免疫原时用的方法一样（小鼠抗体生产筛选试验，MAPS）。骨髓瘤细胞在融合前的培养时间不应超过两周，要始终保持细胞处于对数生长期，密度不超过 10^6 个细胞/ml。骨髓瘤细胞通常用含 10% FBS 的 DMEM 完全培养基培养（如前所述），每周传代 3 次，密度为 2.5×10^4~1.0×10^5 个细胞/ml，传代间隔取决于不同骨髓瘤细胞的生长速度。通常应该在融合前取一些骨髓瘤细胞，培养在含选择性试剂（HAT）的培养基中，以确定所有细胞是否都会死亡、这些骨髓瘤细胞是否都没有被污染、选择性试剂是否有效等。在与抗原反应性 B 细胞融合前，骨髓瘤细胞要用无血清培养基在 4℃条件下洗 3 次，因为血清中的蛋白质会干扰膜融合。清洗后，用无血清的 DMEM 重悬骨髓瘤细胞，对其进行计数，调整浓度为 1×10^7 个细胞/ml，放在 4℃。骨髓瘤细胞中活细胞比例应大于 95%。

5.3.2 免疫活性 B 细胞的制备

血清效价有意义（>1∶1000）的免疫动物可以提供抗原反应性 B 细胞用于融合。这些细胞可以从脾脏或淋巴结中获得。动物用吸入 CO_2 的方式处死，无菌操作取出组织，放在 4℃无血清培养基中，最多可放 1h。用镊子或针头轻轻挑开脾脏或淋巴结的外包膜，得到单细胞悬液。不能用毛玻璃片碾压组织取细胞，因为那样会损坏细胞膜的完整性。也不能在金属滤网上碾压，因为会导致成纤维细胞更多释放。与制备骨髓瘤细胞相同，脾细胞或淋巴结细胞用不含血清的培养基洗 3 次（4℃离心，1000r/min），计数，并用 20ml 无血清培养基重悬，放入 50ml 聚丙烯塑料离心管，置于冰上。通常，一只免疫后小鼠可收获 1×10^8 个脾细胞，一只亚美尼亚仓鼠可收获 0.6×10^8 个脾细胞。

5.3.3 融合与铺板

细胞融合前，准备好所有材料和设备，培养基和试剂要预热到合适的温度（图 5.3）。生物安全柜要彻底清洁，并用 70%乙醇擦拭。所有培养基试剂要过滤除菌。电子移液器应该安装新的滤膜，多道移液器应该擦拭以减少任何污染的机会。如果使用滋养细胞，含有滋养细胞层的培养板应该放在显微镜下检查，确认状态良好，没有污染。其他需要的物品包括计时器和 2ml、10ml、25ml 的移液管。免疫反应性 B 细胞和骨髓瘤细胞重悬于无血清培养基中，并保存于 4℃。下列组分要预热至 37℃：隔热的烧杯（充当水浴）、50% PEG 溶液（每个脾用 1ml）、10ml 含 10% FBS 的 DMEM 完全培养基、用于最后铺板的含 20% FBS 的 DMEM 完全培养基。细胞计数，并计算活细胞比例，做记录。根据计数结果确定骨髓瘤细胞的用量（见下文），以及最后铺板所需要的培养基用量（1×10^5 个细胞/孔）。

在细胞融合前将含免疫活性 B 细胞的脾细胞或淋巴结细胞与骨髓瘤细胞按一定的

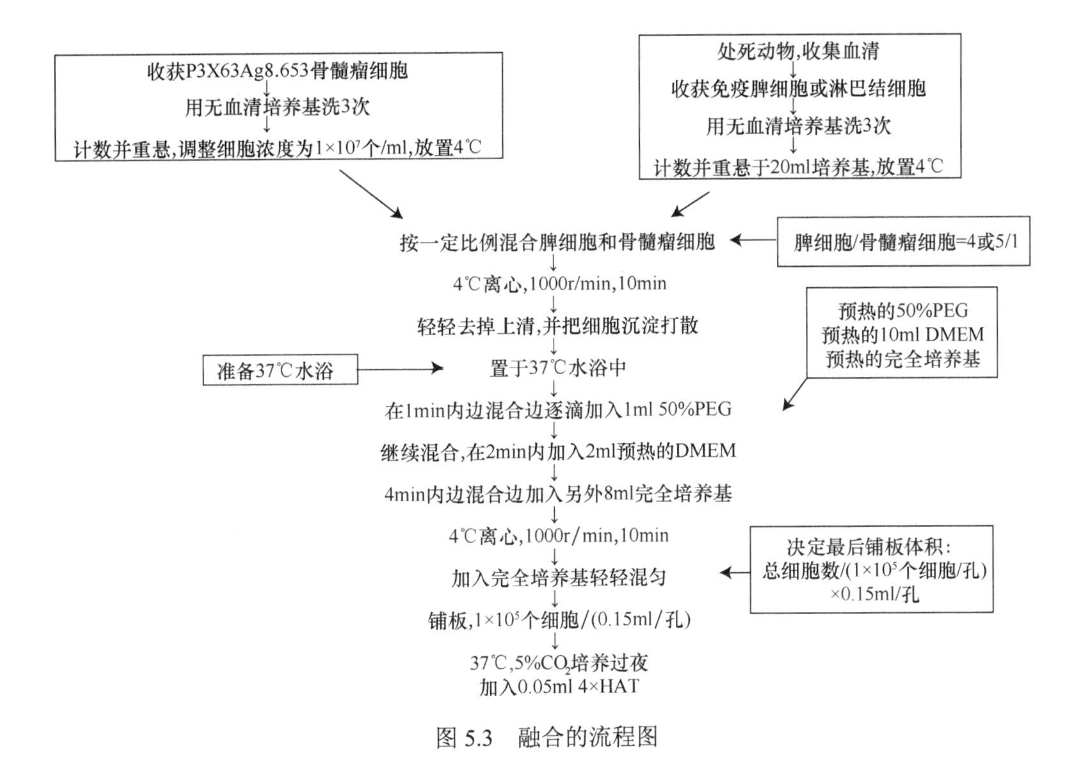

图 5.3　融合的流程图

比例混合。两者的比例由于使用的动物不同、骨髓瘤细胞系的不同，以及实验室之间的不同会有很大差异。通常小鼠或大鼠的脾细胞与骨髓瘤细胞（P3X63Ag8.653）混合的比例是 5∶1，亚美尼亚仓鼠脾细胞与骨髓瘤细胞的比例是 4∶1。为了更好地产生 B 细胞杂交瘤，骨髓瘤细胞按照适当的比例加入到免疫脾细胞或淋巴结细胞中，例如，2×10^7 个骨髓瘤细胞应该和 1×10^8 个小鼠脾细胞混合。细胞在 50ml 尖底离心管中混合后在 4℃离心，1000r/min，10min。离心后，将上清液完全倒干净，将管底的细胞沉淀震动打散（沿着有刻度的表面转动管），使细胞均匀地铺在管底。将含有骨髓瘤细胞和 B 细胞混合物的试管放在装有 37℃温水的隔热烧杯中。

以下的操作都要确保在 37℃进行，因为在 37℃的时候，膜的流动性更大，这对于由 PEG1500 介导的细胞融合过程是有利的。将保温的细胞混合物、预热的 50% PEG、预热的含 10% FBS 的 DMEM 都放在超净台中。为了使免疫反应性 B 细胞与骨髓瘤细胞融合，在 37℃水浴中，一边转动着细胞管，一边将 1ml 的 50% PEG 逐滴加入混合的细胞中（1min 内加完）。盛有混合细胞的尖底离心管与水平面应成一个角度，以便使每一滴 PEG 都能沿着铺在管底的细胞悬液的上缘轻轻地落下，与单细胞悬液均匀地混合。将融合的细胞（在离心管中）置于 37℃再轻轻转动 30s，随后，于 2min 内加入 2ml 预温的含 10% FBS 的 DMEM 培养基，边加边搅拌。而后，同样在 2min 内加入 8ml 的上述培养基，边加边搅拌，稀释 PEG。稀释后的含脾细胞、骨髓瘤细胞，以及新形成的杂交瘤细胞的混合物在 4℃离心，1000r/min，10min，然后弃上清，细胞沉淀用含 20% FBS 的 DMEM 完全培养基轻轻重悬，重悬使用大口径的移液管（25ml）操作。因为新形成的融合细胞很脆弱，所以避免用力震荡或涡旋。

将新生成的杂交瘤细胞重悬于适当体积的培养基，接种在带低蒸发盖的96孔板中。如果接种在已含有滋养细胞层的板中（每孔75μl的腹腔灌洗细胞或脾细胞），那么新的融合细胞重悬后的浓度应为1.3×10^6个细胞/ml，每孔加75μl，这样铺板后的融合细胞密度为1×10^5个细胞/孔，每孔总体积为150μl。如果不使用滋养细胞，那么要在含20% FBS的DMEM完全培养基中添加生长因子，如添加1%~5%的杂交瘤细胞克隆因子（PAA）。在这种情况下，新生成的杂交瘤细胞重悬后的浓度应为6.7×10^5个细胞/ml，以便使铺板后每孔150μl细胞悬液中含有1×10^5个细胞。将接种后的培养板放在37℃、5%CO_2和95%湿度的条件下培养过夜。融合后一天，细胞要用HAT的培养基选择培养（每孔加50μl含20% FBS的DMEM完全培养基，内含4×HAT）。在融合后24h（而不是在融合的当时）加入HAT筛选，是为了使细胞从融合过程的压力中恢复过来，保证细胞活性，从而提高阳性克隆的产量。

一旦细胞在选择培养基中培养（嘌呤和嘧啶生物合成的主要途径被氨基蝶呤阻断），没有与脾细胞融合的骨髓瘤细胞（缺乏HEPRT），就将由于缺乏核酸合成补救途径所需的酶而开始死亡。同样，没有与骨髓瘤细胞融合的脾细胞在培养过程中也不能永生化。在开始选择性培养的3~5天，能明显地观察到活细胞数量的减少和细胞碎片的增加。融合后第5天开始，细胞培养板一周要换液三次，换液时用无菌的吸管或多道移液器插入培养板的一半，轻轻吸出一半体积（约100μl）的培养上清，不要搅动底部的细胞，然后补入100~125μl含1×HAT的新鲜培养基（含20% FBS的DMEM完全培养基，如果最初没有使用滋养层细胞的话，还应继续添加一定浓度的生长因子）。常规的换液是给生长中的杂交瘤细胞补充营养物质，维持细胞健康、旺盛生长，去除细胞代谢产生的废物和细胞碎片，减少培养上清中由未融合的B细胞或不稳定的杂交瘤细胞分泌的免疫球蛋白。免疫后动物血清效价高（>1：50 000）的融合中是很容易出现假阳性的，通过给细胞频繁更换培养基，可以去除暂时表达的抗体，以减少筛选过程中假阳性孔的出现。融合细胞要在含HAT的选择培养基中培养大约两周，之后的培养可由HT替代HAT，因为未融合的骨髓瘤细胞已不复存在，不再需要氨基蝶呤的选择作用了。

融合后约14天，大多数细胞培养孔都显示细胞生长旺盛，在显微镜下检查细胞培养孔，可见小的葡萄串样的杂交瘤细胞团变得更加明显，并不断增大。按照1×10^5个细胞/孔接种细胞，每个细胞培养孔中都有可能长出多集落的杂交瘤细胞，而非单克隆的。一般来说，按照上述建议的细胞接种密度，80%以上的细胞培养孔中都应有完成融合、经过筛选、活性良好的杂交瘤细胞生长。如果这样的孔比例较低，原因可能是多方面的，包括融合时骨髓瘤细胞生长状况不好（如细胞不处于对数生长期）、经最后静脉冲击免疫后B细胞没有被有效激活、细胞没有被有效融合、细胞培养条件不适当或支原体污染等。在大多数有杂交瘤细胞生长的培养孔中，当细胞生长达到50%时，培养上清中的抗体浓度（可达1μg/ml）就足以用来鉴别孔中杂交瘤细胞是否产生抗原特异性抗体。当新换液后培养2天，培养上清中的抗体达到最高水平时，取一半的上清进行筛选。每个细胞培养孔都必须使用一个单独的移液器吸头，以防止交叉污染。当细胞培养上清转移至检测用的多孔板后，要给杂交瘤细胞补充新鲜的培养液（如上所述）。由于这些杂交瘤细胞处于对数生长期，所以必须在48h内确定筛选结果，以便对阳性细胞进行监控和扩增。杂交瘤细胞仍然用含 HT 和 20% FBS 的 DMEM 完全培养基培养。

5.3.4 筛选

筛选最重要目的就是鉴别出分泌有用抗体的单克隆杂交瘤细胞。有许多筛选方法可用，常见的方法包括酶联免疫吸附试验、免疫沉淀、结合抑制试验、流式细胞术、免疫印迹分析、免疫组织化学和功能中和试验等。在选择筛选方法时，原则是基于抗体的最终用途，即抗体将用于干什么。例如，基于 ELISA 筛选出的抗体可能不能用于需要与细胞表面表达的天然分子结合的流式细胞术。同样，用功能中和试验筛选出的杂交瘤分泌的抗体可能不能用于免疫印迹分析或免疫组织化学。此外，选择筛选方案时也必须兼顾其他因素，包括是否具有处理多达 1000 个样品（每个样品约 120μl）的能力、是否能在 48h 内鉴定出阳性结果、是否具备必要的试剂/设备、反应的特异性如何、实验体系的灵敏性如何等。筛选时要用融合前的免疫血清作为阳性对照，这将确保所有的技术、试剂、设备是没有问题的。同时，用培养杂交瘤细胞的培养基作为阴性对照，对评估筛选结果也是很重要的，因为这种含 20% FBS 及生长因子的培养基可能会干扰一些实验的检测结果。例如，HAT/HT 选择培养基中含有高浓度的胸腺嘧啶，在增殖实验中，可以阻止 ^{3}H 与胸腺嘧啶的有效结合。为了鉴别出分泌所需单抗的杂交瘤细胞克隆，通常可能需要使用不止一个筛选手段，需要综合多种筛选实验的数据来确认产生目的抗体的杂交瘤细胞。免疫原的性质对筛选方法的选择也是有帮助的，用肽抗原制备的抗体筛查可将肽抗原结合在酶标板上，很容易地用 ELISA 进行筛选，然后进一步用其他筛选方法鉴定抗体的其他功能。流式细胞术可用来检测与膜表面分子反应的抗体，而后再进一步用功能中和实验或配体结合抑制实验来筛选。另一个要考虑的问题是抗体的同种型，可以使用识别不同同种型免疫球蛋白的二抗来检测抗原反应性抗体的亚型，是 IgG 还是 IgM。重要的是，必须依据两个独立的筛选实验的结果来确定阳性克隆（和丢弃阴性克隆），即使是完全相同的筛选方法，重复操作也是必要的。因为在筛选融合细胞时，重复实验有助于评估实验体系的重复性，减少出现假阳性或假阴性的风险，有助于鉴定出反应最强的杂交瘤细胞系。筛选结束，阳性孔的杂交瘤细胞扩增做进一步分析，而阴性孔的细胞就可以丢弃了。

5.3.5 亚克隆和低温冻存

平均来说，用经典的融合方法制备杂交瘤，按照已描述的方案铺板，1%~3%的孔能够得到分泌与抗原反应的抗体的杂交瘤细胞。如果阳性孔太多而无法进行下一步亚克隆操作，应当用多种筛选方法从所有阳性孔中鉴别出最佳候选孔，进行下一步亚克隆操作。一旦使用两个独立的筛选实验确定了阳性孔，孔中的杂交瘤细胞应当立即进行亚克隆，分离出能够分泌抗体的单克隆杂交瘤细胞，同时扩增冻存该原始阳性孔中的细胞。阳性孔中通常含有不止一种稳定的杂交瘤细胞，因此必须进行亚克隆，以便得到只分泌一种同种型、一种抗原特异性抗体的单克隆的杂交瘤细胞。在原始孔中可能存在不分泌抗体的杂交瘤细胞和含不稳定染色体的杂交瘤细胞，这些细胞的生长能力可能比分泌抗体的杂交瘤细胞更强，因此克隆化培养是一个漫长（数周到数月）而辛苦的过程，但是该过程对分离能够产生高水平预期抗体的、稳定的杂交瘤细胞是必需的。常用的亚克隆方法包括有限稀释法和软琼脂克隆法。无论选择哪种方法，杂交瘤细胞都要经历至少两轮的亚克隆，以减少两个细胞正好黏在一起形成集落的可能性。这样做能保证获得具备最佳生长特性和分泌高水平抗体的单克隆杂交瘤细胞。

有限稀释法是一种简单易行的亚克隆技术，就是通过将细胞稀释到很低的密度，最终达到单克隆的目的。培养低密度的杂交瘤细胞往往需要滋养细胞或条件培养基，以提供细胞生长所需的生长因子。如前所述，滋养细胞可用同系动物的脾细胞、胸腺细胞或巨噬细胞。原代培养的细胞是生长因子极好的来源，由于其在体外生存能力有限，不会污染长期培养的杂交瘤细胞。用未接触过目的抗原的幼年动物组织制备单细胞悬液，细胞的铺板密度为 2×10^4 个细胞/0.1ml/孔（与细胞融合时铺板的滋养细胞密度相比，亚克隆过程要用更高的密度）。滋养细胞应该至少在使用前一天铺板，使产生的生长因子积累在培养上清中，同时也可以确保分离的原代细胞没有被污染。另外，许多商品化的生长因子补充剂（多数都含 IL-6）也可以取代滋养细胞，克隆化培养时，按照制造商推荐的用量加入培养基中即可。

有限稀释法的操作程序如下。首先对杂交瘤细胞进行适当的稀释，用三种不同浓度梯度铺板：100 个细胞/孔、10 个细胞/孔和 1 个细胞/孔。具体操作为：待选定的抗体分泌阳性孔的杂交瘤细胞生长到约 80%汇合时，轻轻吹打重悬，通过台盼蓝染色进行活细胞计数。取 5000 个活细胞转入 5ml 含 HT 的 DMEM 完全培养基中（亚克隆过程最好不要改变培养基的成分），这样形成的细胞悬液浓度为 1000 个细胞/ml。利用这种细胞悬液，依次进行 10 倍稀释，便可分别得到浓度为 100 个细胞/ml 和浓度为 10 个细胞/ml 的细胞悬液。在两块已添加滋养细胞或补充成分的 96 孔培养板的最上面一行（A 行）加入 100μl 浓度为 1000 个细胞/ml 的细胞悬液，使每孔含有 100 个有活力的杂交瘤细胞。这种密度的细胞，大约在 10 天内能生长到汇合。在每块板的 B 行，加入 100μl 浓度为 100 个细胞/ml 的细胞悬液，使每孔含有 10 个有活力的杂交瘤细胞。在培养板的 C~H 行加入 100μl 浓度为 10 个细胞/ml 的细胞悬液，使每孔中含有 1 个有活力的细胞（图 5.4）。最理想的结果是能在每孔接种 1 个细胞的孔中收获到单细胞克隆。然而，有时候阳性克隆很少或生长很慢，只能从接种较高密度的孔中分离得到。因此，接种一些 10 个或 100 个细胞的孔作为备用是必要的。从接种 1 个细胞的孔中得到的克隆也不一定是单克隆，也还要进行多轮的克隆化培养，以保证得到单克隆杂交瘤细胞。培养过程中应该时常用显微镜肉眼观察一下每个孔是否有单一的细胞集落形成。统计分析结果表明，在接种 1 个细胞的培养孔中，得到的单克隆的杂交瘤细胞的比例>63% [29]。每个原始的阳性细胞群体至少要用有限稀释法进行两轮的克隆化培养，前三轮的亚克隆都可以进行扩增并冻存，以进行进一步亚克隆化培养或鉴定。如果很难获得单克隆的细胞群体，可以在亚克隆之前用流式细胞术对杂交瘤细胞进行分选。杂交瘤细胞由于膜表面表达免疫球蛋白分子可以被特异性染色，流式分选出 1%的阳性细胞，然后用有限稀释法铺板，可能有助于更迅速地分离和鉴定产生最高水平抗体的杂交瘤克隆。如果完全不能鉴定出任何阳性克隆，可能是由于铺板密度计算错误或者是最初鉴定出的原始杂交瘤细胞的严重不稳定性。在亚克隆的整个过程中都应该维持原始阳性细胞的生长，并监测抗体产生的稳定性。如果这些传代的细胞保持抗体分泌阳性，它们就可作为再次用有限稀释法进行亚克隆化培养的细胞来源。如果在持续培养的过程中不再产生抗体，说明这些细胞系可能不稳定，这时可能需要复苏其他的原始阳性细胞，在体外扩增 2~3 天，然后用 6 块或更多的 96 孔板进行再次亚克隆（如上所述），才能重新获得分泌特异性抗体的杂交瘤细胞。在亚克隆的过程中，通常有高达 20%的初始鉴定为阳性的克隆变为阴性，不再分泌抗体。因此，如果可能的话，应该鉴定并建库冻存多个分泌抗体的细胞系。

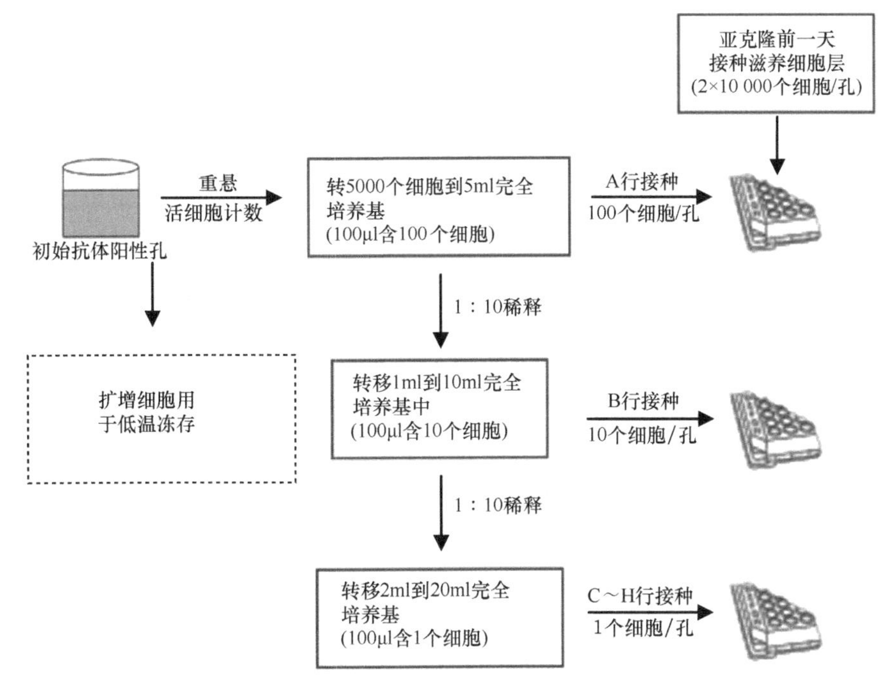

图 5.4　有限稀释法克隆化培养

一旦单克隆的杂交瘤细胞系已建立并冻存，就应该换成不含 HT 的培养基培养细胞，并逐渐减少直至不添加任何生长因子。这可能需要经过多次传代，每代减少一半的生长因子。这期间，细胞的增长率可能会降低，但也常常伴随着抗体产量的增加。在所有的添加物都已去除后，FBS 的使用浓度也可减少。通常情况下，培养杂交瘤细胞的 FBS 浓度可以从 20%到 15%、12%，最终过渡到 10%。一些杂交瘤细胞系甚至可用 5% FBS 培养，并最终可用无血清培养基培养。在改变培养条件时，每一步都应该对杂交瘤细胞的生长特性和抗体产生能力进行监测。单克隆的杂交瘤细胞建立后，其分泌的免疫球蛋白的同种型也能够被确定，有多种商用试剂盒及试剂可用于分析抗体的同种型。同种型的鉴定对于选择适当的抗体纯化方法很重要，可能也会影响特定抗体的功能。

原始的阳性细胞培养物及前三轮亚克隆得到的杂交瘤细胞株扩增后都应该冻存。单个孔的细胞扩增慢，细胞密度维持在 1×10^5~1×10^6 个细胞/ml。冻存前，细胞应处于对数生长期，4℃离心收集细胞，用已过滤除菌并预冷到 4℃的含 10% DMSO 的培养基重悬细胞沉淀，调整浓度为 5×10^5 个细胞/ml。装有 1ml 细胞悬液的冷冻管（5×10^5 个细胞/

管）先在-70℃冻存数天，然后转移到液氮中长期保存。细胞系在鉴定和分离的每个阶段都应当冻存，包括初始融合筛选得到的阳性培养物、第一轮和第二轮亚克隆得到的阳性克隆。此外，每个细胞系应该冻存多个克隆，如果关键的细胞系丢失，可以保证从冻存的细胞中找回。一般来说，每个杂交瘤克隆冻存 10 管，液氮中的细胞可保存 10 年，但为保证细胞活性，最好每隔几年将这些细胞复苏培养一次，再次冻存。

5.3.6 杂交瘤细胞的扩增

产生特异性抗体的杂交瘤细胞经过分离、克隆化并建库冻存后，就可以通过扩增杂交瘤细胞生产抗体。处于对数生长期的杂交瘤细胞培养上清可产生 3~20μg/ml 的抗体，根据实际所需单克隆抗体的量，可选用不同的扩增方法（第 6 章）。扩增前，杂交瘤细胞必须是单克隆的，以防止不分泌抗体的细胞过度生长而降低了抗体的产量。一般来说，如果需要的抗体量不足 20mg，那么使用培养瓶或滚瓶简单地扩增细胞就可以满足需要。如果需要 20~200mg 的抗体，可以使用滚瓶培养，或者使用专门设计的能供细胞高密度生长的培养瓶（CeLLine Flask，Integra），或者使用小型生物反应器培养。大规模的抗体生产需要专门的设备和技术，或者通过多轮小规模的生产而积累得到。在扩增培养的培养基选择方面，许多杂交瘤细胞可在低浓度血清（2%~5%）或专门的无血清培养基中生长。因为牛血清中含有牛免疫球蛋白，因此应该尽量减少或避免牛血清的使用，以免在最后抗体生产中有其他污染的抗体。有专为杂交瘤细胞研制的无血清培养基或不含任何动物蛋白的培养基可供购买，以利于抗体的生产与纯化。不同的杂交瘤细胞在不同类型的培养基中的生长情况可能不同，因此在进行大规模扩增前，应该对其在不同类型培养基中的生长情况和抗体生产水平进行评估。在大规模扩增时还要考虑的一个因素是所用培养基的质量，所有试剂都应检测内毒素的污染情况，最好使用内毒素含量低于 0.2EU/ml 的试剂。内毒素污染可以影响体外培养的杂交瘤细胞的生长，也可导致其产生的抗体不能用于体内。有多种产品可用于去除抗体制备过程中的内毒素，但它们也常常会导致大量蛋白质的丢失。含有抗体的细胞培养上清，可直接用于多种实验体系（免疫沉淀、免疫印迹分析），但在许多应用中需要使用纯化的单克隆抗体。抗体纯化的方法将在第 8 章具体讲述。单克隆抗体的纯化方案取决于其种属来源和同种型。单克隆抗体纯化后，应该对抗体的特异性和质量进行检测。有一些参数可用于对抗体的评估，包括无菌性、浓度（>0.1mg/ml）、纯度（用 SDS-PAGE 检测）、凝集水平、内毒素污染（在体内使用应<0.2EU/mg）和蛋白 A 的污染（<50ng/ml）等。

5.4 结语

单克隆抗体是重要的研究工具、诊断试剂和临床治疗手段。随着抗原制备、免疫策略、高通量筛选和抗体生产等方面先进技术的不断发展，推动和加速了新型抗体试剂的发展和应用。如今，单克隆抗体不仅被用于研究和实验室诊断，并且已经作为治疗试剂在多个领域都有广泛的用途，如移植、肿瘤学、感染性疾病等。此外，天然抗体通过多种修饰，包括添加标记、嵌合抗体、人源化抗体和工程化抗体，扩大了其在很多领域的用途。表 5.4 是一个网站列表，提供了一些关于已制备出的抗体和杂交瘤细胞的用途、操作程序、相关问题和解决方法指南、供应商及各种抗体相关链接的信息。许多商业机构可以为客户提供杂交瘤制备的技术服务，但对于那些具备基本组织培养技能的研究者，本文所描述的方法将为他们自行成功研制杂交瘤打下基础。本文精心设计的免疫方案和筛选策略，希望能帮助他们分离和鉴定出能分泌所需特异性抗体的独特的杂交瘤细胞。因此，杂交瘤技术的发展和单克隆抗体的大规模生产，将继续大力推动单克隆抗体在医学及工业领域中的应用，使其仍是该领域最有应用价值的工具。

表 5.4　抗体相关网站

http：//linscottsirectory.codm	抗体搜索引擎
http：//Idegreebio.com	带用户评论的抗体搜索引擎
http：//pathimm.wustl.edu/research/hybriddoma.php	华盛顿大学医学院杂交瘤中心
http：//dshb.biology.uiowa.edu/	发展研究杂交瘤库
http：//www.drmr.com/abcon/index.html	单克隆抗体的标记

（陈实平 译　章静波 校）

参 考 文 献

1. Kohler, G. and Milstein, C., Continuous cultures of fused cells secreting antibody of predefined specificity, *Nature* 256(5517), 495–7, 1975.
2. Velikovsky, C. A., Cassataro, J., Sanchez, M., Fossati, C. A., Fainboim, L., and Spitz, M., Single-shot plasmid DNA intrasplenic immunization for the production of monoclonal antibodies. Persistent expression of DNA, *J Immunol Methods* 244(1–2), 1–7, 2000.
3. Kilpatrick, K. E., Cutler, T., Whitehorn, E., Drape, R. J., Macklin, M. D., Witherspoon, S. M., Singer, S., and Hutchins, J. T., Gene gun delivered DNA-based immunizations mediate rapid production of murine monoclonal antibodies to the Flt-3 receptor, *Hybridoma* 17(6), 569–76, 1998.
4. Kilpatrick, K. E., Kerner, S., Dixon, E. P., Hutchins, J. T., Parham, J. H., Condreay, J. P., and Pahel, G., *In vivo* expression of a GST-fusion protein mediates the rapid generation of affinity matured monoclonal antibodies using DNA-based immunizations, *Hybrid Hybridomics* 21(4), 237–43, 2002.
5. Sheehan K. C. F., Lai K. S., Dunn G. P., Bruce A. T., Diamond M. S., Heutel J. D., Dungo-Arthur C. et al. Blocking monoclonal antibodies specific for mouse IFNalpha/beta receptor subunit 1 (IFNAR1) from mice immunized by *in vivo* hydrodynamic transfection, *J Interferon Cytokine Res* 26, 804–819, 2006.
6. Liu, F., Song, Y., and Liu, D., Hydrodynamics-based transfection in animals by systemic administration of plasmid DNA, *Gene Ther* 6(7), 1258–66, 1999.
7. Zhang, G., Budker, V., and Wolff, J. A., High levels of foreign gene expression in hepatocytes after tail vein injections of naked plasmid DNA, *Hum Gene Ther* 10(10), 1735–7, 1999.
8. Kearney, J. F., Radbruch, A., Liesegang, B., and Rajewsky, K., A new mouse myeloma cell line that has lost immunoglobulin expression but permits the construction of antibody-secreting hybrid cell lines, *J Immunol* 123(4), 1548–50, 1979.
9. Shulman, M., Wilde, C. D., and Kohler, G., A better cell line for making hybridomas secreting specific antibodies, *Nature* 276(5685), 269–70, 1978.
10. Galfre, G. and Milstein, C., Preparation of monoclonal antibodies: Strategies and procedures, *Methods Enzymol* 73(Pt B), 3–46, 1981.

11. Kilmartin, J. V., Wright, B., and Milstein, C., Rat monoclonal antitubulin antibodies derived by using a new nonsecreting rat cell line, *J Cell Biol* 93(3), 576–82, 1982.
12. Harris J. F., Hawley R. G., Hawley T. S., and Crawford-Sharp G. C., Increased frequency of both total and specific monoclonal antibody producing hybridomas using a fusion partner that constitutively expresses recombinant IL-6, *J Immunol Methods* 148, 199–207, 1992.
13. Yerganian, G., History and cytogenetics of hamsters, *Prog Exp Tumor Res* 16, 2–34, 1972.
14. Sheehan, K. C., Pinckard, J. K., Arthur, C. D., Dehner, L. P., Goeddel, D. V., and Schreiber, R. D., Monoclonal antibodies specific for murine p55 and p75 tumor necrosis factor receptors: Identification of a novel *in vivo* role for p75, *J Exp Med* 181(2), 607–17, 1995.
15. Sheehan, K. C., Ruddle, N. H., and Schreiber, R. D., Generation and characterization of hamster monoclonal antibodies that neutralize murine tumor necrosis factors, *J Immunol* 142(11), 3884–93, 1989.
16. Shalaby, M. R., Fendly, B., Sheehan, K. C., Schreiber, R. D., and Ammann, A. J., Prevention of the graft-versus-host reaction in newborn mice by antibodies to tumor necrosis factor-alpha, *Transplantation* 47(6), 1057–61, 1989.
17. Ferran, C., Sheehan, K., Dy, M., Schreiber, R., Merite, S., Landais, P., Noel, L. H., Grau, G., Bluestone, J. Bach, J. F. et al., Cytokine-related syndrome following injection of anti-CD3 monoclonal antibody: Further evidence for transient *in vivo* T cell activation, *Eur J Immunol* 20(3), 509–15, 1990.
18. Fuhlbrigge, R. C., Sheehan, K. C., Schreiber, R. D., Chaplin, D. D., and Unanue, E. R., Monoclonal antibodies to murine IL-1 alpha. Production, characterization, and inhibition of membrane-associated IL-1 activity, *J Immunol* 141(8), 2643–50, 1988.
19. Gronowski, A. M., Hilbert, D. M., Sheehan, K. C., Garotta, G., and Schreiber, R. D., Baculovirus stimulates antiviral effects in mammalian cells, *J Virol* 73(12), 9944–51, 1999.
20. Hogquist, K. A., Nett, M. A., Sheehan, K. C., Pendleton, K. D., Schreiber, R. D., and Chaplin, D. D., Generation of monoclonal antibodies to murine IL-1 beta and demonstration of IL-1 *in vivo*, *J Immunol* 146(5), 1534–40, 1991.
21. Rogers, H. W., Sheehan, K. C., Brunt, L. M., Dower, S. K., Unanue, E. R., and Schreiber, R. D., Interleukin 1 participates in the development of anti-Listeria responses in normal and SCID mice, *Proc Natl Acad Sci USA* 89(3), 1011–5, 1992.
22. Spieker-Polet, H., Sethupathi, P., Yam, P. C., and Knight, K. L., Rabbit monoclonal antibodies: Generating a fusion partner to produce rabbit–rabbit hybridomas, *Proc Natl Acad Sci USA* 92(20), 9348–52, 1995.
23. Jat, P. S., Noble, M. D., Ataliotis, P., Tanaka, Y., Yannoutsos, N., Larsen, L., and Kioussis, D., Direct derivation of conditionally immortal cell lines from an H-2Kb-tsA58 transgenic mouse, *Proc Natl Acad Sci USA* 88(12), 5096–100, 1991.
24. Green, L. L., Antibody engineering via genetic engineering of the mouse: XenoMouse strains are a vehicle for the facile generation of therapeutic human monoclonal antibodies, *J Immunol Methods* 231(1–2), 11–23, 1999.
25. Mendez, M. J., Green, L. L., Corvalan, J. R., Jia, X. C., Maynard-Currie, C. E., Yang, X. D., Gallo, M. L. et al. Functional transplant of megabase human immunoglobulin loci recapitulates human antibody response in mice, *Nat Genet* 15(2), 146–56, 1997.
26. Heeg, K. and Zimmermann, S., CpG DNA as a Th1 trigger, *Int Arch Allergy Immunol* 121(2), 87–97, 2000.
27. Murphy, K. M., Ouyang, W., Szabo, S. J., Jacobson, N. G., Guler, M. L., Gorham, J. D., Gubler, U., and Murphy, T. L., T helper differentiation proceeds through Stat1-dependent, Stat4-dependent and Stat4-independent phases, *Curr Top Microbiol Immunol* 238, 13–26, 1999.
28. Harlow, E. and Lane, D., *Antibodies: A Laboratory Manual,* Cold Spring Harbor Laboratory, Cold Spring Harbor, NY, 1988.
29. Hunter, P. and Kettman, J. R., Mode of action of a supernatant activity from T-cell cultures that nonspecifically stimulates the humoral immune response, *Proc Natl Acad Sci USA* 71(2), 512–6, 1974.

第6章　单克隆抗体的定量生产

David A. Fox and Elizabeth M. Smith

6.1　引言：方法比较

单克隆抗体（mAb）是生物医学研究中应用最广泛的工具之一，而且在临床医学中作为诊断和治疗试剂，其应用价值也越来越高。各种用途的单克隆抗体可用不同的方法获得，包括体内的方法（如腹水），或通过各种杂交瘤细胞培养系统在体外生产。抗体生产方法的选择取决于以下几个因素：杂交瘤细胞的特性、抗体的需求量（表6.1）、可用的设备、使用啮齿动物产生腹水的地方法规、费用考虑和各个科研团队的特殊技能或经验。

表6.1　单克隆抗体：用途和制备规模

用途	每批制备规模
体外系统研究使用	20~200mg
动物模型研究使用	100mg~1g
诊断试剂盒和试剂	500mg~10g
临床治疗	>10g（通常>10kg）

本章介绍了体内途径和体外途径生产单克隆抗体的优点和缺点，包括目前在我们实验室使用的具体方法。相比那些在制药级别单克隆抗体工业化规模生产的方法而言，本章重点放在介绍可在大学独立实验室条件下应用的方法[1,2]。读者还可查阅1999年由美国国家科学院委托发表的报告[3]。我们认为，报告的建议在当前依然是可行的。

6.2　抗体生产方法概述

几篇原始报告和综述都已清楚表述了各种因素对选择生产单克隆抗体的方法的影响[3~10]。这些因素的影响可能随时间的改变而改变。例如，动物使用方法和管理规定，以及体外生产单克隆抗体所需的小鼠和实验材料的成本，这些都是可能有变化的。

必须强调的是，每种杂交瘤都是一个独特的生物体系。使用少数几种杂交瘤、以几种不同的方式生产单克隆抗体，比较后得出的结论可能不具有普遍性。在融合细胞中会随机发生的染色体重组和丢失，使所有杂交瘤细胞难以保留相同的基因谱，而这些改变的基因在不同的环境条件下会影响杂交瘤细胞的生长和单克隆抗体的产生。因此，研究者必须分别测定每个杂交瘤细胞系的特性和偏好。

此外，杂交瘤细胞随着培养时间延长，有时会改变其生长需求和单克隆抗体产生的模式。因此，必须在液氮中保存足量的杂交瘤细胞的相同备份，以应对在扩增和抗体生长过程中产生的各种问题。

表 6.2 总结了选择生产单克隆抗体方法时应考虑的因素，下面会对每一个因素进行更详细的说明。表 6.2 所列的各种因素显示，适用于科研用途小批量单克隆抗体的优选生产方法为体内制备。关于临床应用的大批量抗体生产，则倾向于体外制备。对于少数杂交瘤细胞，可能经任何体外实验方法也不能产生有效量的单克隆抗体。在这种情况下，体内制备依然是唯一选择。

表 6.2 体内制备抗体与体外制备抗体的比较：重要的考虑因素

考虑的因素	优选的方法
抗体产量	体内制备
成本	体内制备
设备需求	体内制备
动物福利	体外制备
免疫活性分子污染	体外制备
微生物污染	体内制备
单克隆抗体糖基化作用的保真度和效应功能	体内制备

6.2.1 产量

通常在组织培养皿或瓶中培养杂交瘤细胞，上清中单克隆抗体含量大多少于0.01mg/ml。相比之下，通常腹水中含单克隆抗体 1~10mg/ml，尽管也含有一些多克隆小鼠免疫球蛋白。抗体产量 10^2~10^3 倍的差异使标准细胞培养方法不适用于单克隆抗体的批量生产，并且对低效价的单克隆抗体必须选择足够敏感的筛选方法。而高密度细胞培养法（详细介绍见 6.4.2 节）则可以显著减少培养上清和腹水之间单克隆抗体含量的差别[5,7,8]。通常制备腹水所需时间不超过 4 周，而用高密度细胞培养法生产相似数量的单克隆抗体则需要 9 周时间[8]。

6.2.2 费用和设备

制备抗体的总费用包括基础设施设备成本、劳动力成本和包括细胞培养或小鼠饲养费用在内的试剂耗材成本。首先，单克隆抗体的体内生产需要一个具备适当环境控制和相关服务的合格动物饲养单位，动物在里面饲养需要消耗食物、水、垫料等；体外生产则需要一个细胞培养实验室，以及各种一次性耗材、培养基、动物血清和补充用品。虽然单克隆抗体体外生产通常倾向于用低血清含量的培养基培养杂交瘤细胞，以收获更多的抗体，但是动物血清成本仍然占抗体体外生产总成本的重要组成部分。计算显示，体外生产单克隆抗体的劳动力成本至少是体内生产等量单克隆抗体劳动力成本的两倍，而两者的材料成本大致相同[8]。一篇根据现有信息对这些抗体生产方法所需成本的总结的综述认为，如果是小批量生产单克隆抗体，体外方法的成本比体内方法高 1.5~6 倍，但体外方法的成本可随生产规模的逐步增大而降低，在抗体大规模生产中呈现出更多优势[3]。

6.2.3　动物福利

单克隆抗体的体内生产涉及向实验动物（通常为小鼠）腹腔注射恶性的杂交瘤细胞。通常此过程中，如果没有在观察到濒临死亡的现象后对动物实施安乐死，最终会导致动物死亡。

人们已经关注接种杂交瘤诱发腹水产生的小鼠所经历的痛苦及其程度[2,5,11,12]。小鼠可能出现腹胀、活动减少、体重下降、脱水、行走困难、驼背、呼吸窘迫等症状，还有厌食、贫血、血供应不足，最终可能导致休克。病理检查发现小鼠会发生腹膜炎、肿瘤浸润、腹腔积血和腹腔粘连[5,11]。正是因为腹腔内注射杂交瘤细胞会引起实验动物的这些痛苦，澳大利亚已经停止利用腹水生产单克隆抗体，而整个欧盟国家也已有效地禁用体内生产途径，转而支持体外技术。在美国，美国国立卫生研究院已经批准体外方法作为生产单克隆抗体的标准方法，同时为体内方法的合理使用提供了指导原则[3, 5]。

Jackson 和他的同事报道了对注射了 5 种不同的杂交瘤细胞的 20 只小鼠群体的详细临床和病理研究[3]。结果大致为：首次穿刺放液（从腹腔中引流腹水）后小鼠平均生存率为 98%，第二次穿刺放液后为 96%，第三次穿刺放液后降为 79%。第三次穿刺放液后小鼠的生存率取决于不同杂交瘤细胞的特性，生存率为 35%~100%[11]。因此，实施安乐死的恰当时间必须按照不同杂交瘤细胞而进行个性化设置。实验的 5 种杂交瘤细胞中的 4 种，在穿刺放液前很少出现临床脱水迹象，但在穿刺放液后会出现。

通过小鼠行为观察和体内激素测定，Peterson 分析了腹腔注射杂交瘤细胞后 12 天小鼠应激反应的级别[12]。他得出结论：至少到第 12 天，Pristane 预刺激对小鼠很少或没有副作用，并且注射杂交瘤细胞后小鼠的健康状况在产生腹水过程中可被充分地监控。基于这些发现和对其他相关文献的全面回顾，他写了一篇致美国国家科学院的报告，提出禁止体内生产单克隆抗体的反对意见，同时也赞成在可行的情况下使用体外生产方法[3]。我们需要注意的是，当作为替代腹水生产单克隆抗体的体外方法需要使用胎牛血清时，同样涉及动物牺牲的问题。

6.2.4　免疫活性物质污染

单克隆抗体无论用于实验室研究还是临床应用，均可能受到混入的杂蛋白和其他生物活性物质的影响。恶性腹水是一种炎性液体，含有多克隆小鼠免疫球蛋白、其他血清蛋白和细胞因子，如 TNF、IL-1 和 IL-6 等[13]。这些细胞因子即使含量较低，也具有高效性。甚至于有些杂交瘤细胞无论在体内或体外，都可以自己分泌 IL-6[13]。除此之外，杂交瘤腹水中还可能包含不同水平的单克隆抗体介导补体效应功能的抑制因子[14]。这些问题通常可通过纯化腹水中的单克隆抗体得以解决。虽然稀释的腹水中的杂蛋白通常不会干扰以抗原抗体反应为基础的检测，如流式细胞术，但对单克隆抗体功能性的相关检测，最好用纯化的抗体完成。

体外生产的单克隆抗体还会遇到另外一个问题，就是被来自小鼠以外其他物种的血清蛋白污染，包括免疫球蛋白。胎牛血清中免疫球蛋白的水平相对较低，通常大约为50μg/ml，如果使用低血清含量的培养基，这种影响会很小。但如果体外生产的单克隆抗体是用于小鼠体内研究并重复注射，则有可能引发小鼠对异源性免疫球蛋白的免疫反应。因此，这种情况下运用体内生产单克隆抗体的方法会更适宜[3]。

6.2.5 微生物污染

生产单克隆抗体的体外细胞培养系统易于被细菌或真菌污染。鉴于一些体外杂交瘤细胞培养体系的复杂性，这种污染的可能性比其他短期细胞培养过程更大。虽然理论上杂交瘤腹水也存在类似污染的可能，但由于小鼠体内存在的内源性抗菌机制，有时在体外培养被污染的杂交瘤细胞，可利用这种内源性的抗菌机制，通过体内产生腹水的过程达到去除污染的目的[3]。

6.2.6 抗体糖基化

单克隆抗体的糖基化修饰多种多样。糖基化修饰非常重要，不仅能直接影响抗原抗体的相互作用和单克隆抗体的效应功能[3,9,10,15~18]，还可以影响注射到动物体内后单克隆抗体的药代动力学[9]和临床治疗中单克隆抗体的效用[17]。一般来说，体内生产的单克隆抗体与体外生产的单克隆抗体的糖基化修饰是不一样的[3,9,10,15~18]，并且使用不同的培养基和培养技术的差异也能显著影响获得抗体的糖基化修饰[9,15,16,18,19]。已有的资料显示，非鼠源性单克隆抗体的糖基化和功能在体外培养体系中保存得最好，而鼠源性单克隆抗体则以腹水制备保存得最好。在运用这些普遍原则时应当谨慎，因为有些特殊的杂交瘤细胞可能会出现例外。含氧量[16]和 pH[18]稍许的差异都可能改变体外制备的单克隆抗体的糖基化模式，因此，在单克隆抗体的体外批量生产过程中，抗体糖基化在同一培养过程的早晚阶段可能呈现异质性[20]。同样，体外生产的不同批次单克隆抗体之间也可能存在细微的差异。需要强调的是杂交瘤细胞是动态的生物体系，因此由其分泌产生的单克隆抗体也不可能是完全相同或均质的糖蛋白。

6.3 腹水的生产

6.3.1 方法概述

体内生产单克隆抗体前，应首先检测杂交瘤细胞的培养上清，确认存在感兴趣的单克隆抗体。要冻存杂交瘤的原代培养物，并通常进行两轮亚克隆，重新筛选和冻存亚克隆的杂交瘤细胞。

体内生产单克隆抗体腹水的程序如下：

（1）用 Pristane（2,6,10,14 -四甲基十五烷）注射小鼠；

（2）杂交瘤细胞的注射；

（3）腹水的收集。

关于小鼠的选择涉及性别、年龄和品系。通常选择 BALB/c 小鼠，以避免排斥杂交瘤细胞的同种异体反应，因为用于细胞融合的骨髓瘤细胞来源于 BALB/C 小鼠。然而，也有方案提出使用雄性 Balb/c 小鼠与 SW 或 MF1 雌性小鼠杂交的 F_1 代杂交小鼠，因为这种小鼠个体更大，能产生较多的腹水[21,22]。还有提议认为，应使用 6~11 周龄的雄性小鼠，因为杂交瘤细胞在睾酮存在的条件下生长更快[23]。这些方法中尚未有一种被广泛采用。

注射 Pristane 和杂交瘤细胞的最佳间隔是 7~20 天[23~26]，注射 Pristane 的体积通常是 0.3 ~0.5ml。有时，依照标准 Pristane 预刺激启动时间表，杂交瘤会在腹腔内形成实体瘤，而不能产生充足的腹水。有两例报道研究者使用了截然不同的 Pristane 刺激方法：一例 Pristane 预刺激和杂交瘤细胞注射之间间隔长达 24 周，却获得了充足的腹水；另一例在注射 10^7 个杂交瘤细胞（异常高的细胞数）后仅 1 周，就出现了腹水[27]。

关于 Pristane 的作用机制也存在争议。有观点认为，Pristane 是通过抑制动物的正常免疫功能来促进肿瘤细胞生长。而另一项研究结果则显示，Pristine 具有直接刺激杂交瘤细胞生长的特性[28]。或者，对 Pristane 的炎症反应，可在腹腔内形成杂交瘤细胞生长的适宜环境，通过产生细胞因子来加速杂交瘤细胞的生长。Pristane 是一种从鲨鱼肝油中分离出来的类异戊二烯烷烃，但由于国际条约保护了几种鲨鱼，因此从该来源提取 Pristane 受到了严重限制。现在已经开发出合成 Pristane 的方法，可人工合成天然 Pristane 的替代品（Sigma-Aldrich 或 CosmoBio，USA）[29]。尽管用合成的 Pristane 在体内生产单克隆抗体很少有报道，但它替代鲨鱼肝油来源的 Pristane 的应用实际上已超过 10 年。在过去 5 年中，我们实验室一直在使用合成的 Pristane，体内生产单克隆抗体。

另一种可替代的预刺激策略是使用弗氏不完全佐剂[30,31]，有报道在预刺激和杂交瘤注射之间仅间隔短短 1 天就获得较高的抗体产量[30,31]。这种方法可能在紧急挽救培养过程中感染或凋亡的杂交瘤细胞系时有用。然而，这种方法产生的腹水中可能含有较高水平的细胞因子和其他炎症因子。

研究结果显示，注射杂交瘤细胞的最佳数量为 0.6×10^6~3.2×10^6 个，也可以达到 5×10^6 个[23]。即使注射的细胞数恒定，产生腹水的体积和抗体含量也会完全相同[26]。如果注射的杂交瘤细胞量不是最佳剂量，或者导致腹水产生的延迟和产量不足，或者导致动物的快速死亡，那么随后的腹水生产就应当调整杂交瘤细胞的注射量。一项研究指出，采用脾内注射杂交瘤细胞制备腹水的方法，注射细胞的数量比腹腔注射低 100~1000 倍[32]。只是这种难度较大的脾内注射技术只在杂交瘤细胞数量不足时才会被使用。

采集腹水时，应用口径足够大的针头（如 18 号）插入腹腔，通过重力引流收集腹水，同时避免持续泄漏。注射杂交瘤细胞后何时采集腹水需要平衡多方面因素，既要减少动物的痛苦，也要从每只小鼠获得尽可能多的腹水，使最终用于生产抗体的小鼠数量越少越好[3]。在人类腹水患者中，中度至大容量的引流常可引起暂时性症状改善[3]。因此，对于大多数产生腹水的动物，我们可以在不同时间进行 2~3 次穿刺放液。

6.3.2 同种异体反应性或异种反应性的对策

在各种基础研究和临床应用中，也会经常使用来自小鼠以外的其他种属的单克隆抗体。在科研实验室，大鼠或仓鼠来源的单克隆抗体经常用于研究小鼠来源的抗原，因为小鼠来源的抗原通常在小鼠中不具有免疫原性。

有时我们需要使用人源单克隆抗体，因为作为治疗分子体内使用，它们不会被人体当作异种蛋白质而引起免疫反应。虽然用基因重组体系生产的治疗性单克隆抗体正在日益增加，但用于科研的非小鼠单克隆抗体通常还是由异质杂交瘤细胞产生的，即使用非小鼠来源的淋巴细胞与小鼠骨髓瘤细胞融合。这种异质杂交瘤在小鼠体内通常是有免疫原性的，因为它们携带异种抗原决定簇。因此，这种情况下不能用标准方法获得腹水，因为杂交瘤细胞会遭到小鼠免疫系统排斥。

为了规避杂交瘤细胞在体内受到免疫排斥的问题，可以使用免疫缺陷小鼠（如裸鼠或 SCID 小鼠），或免疫抑制小鼠（用环磷酰胺照射或预处理）[33~40]。但是这些方法产生腹水的体积和单克隆抗体的产量通常是较低的，而且成本较高，有时往往购买动物的费用要高于生产单克隆抗体的费用，因此在这种情况下迫切需求体外生产单克隆抗体的方法。

通常用大鼠腹水来生产单克隆抗体是比较困难的，但是已经有了很好的替代方法。首先采用静脉注射杂交瘤，使其扩散到肝脏和其他器官。然后取这样的肝细胞悬液，注射到用 Pristane 预刺激的大鼠的腹腔内，产生腹水[41]。改进后的方法通过注射 Pristane 和弗氏不完全佐剂的混合物来预刺激，随后立即腹腔注射 1.0×10^7~1.5×10^7 个杂交瘤细胞[42]，得到更好的抗体产量。

在我们的单克隆抗体制备实验中，有一种制备针对鼠源抗原的单克隆抗体的有效方法，就是利用免疫基因敲除小鼠，小鼠来源的抗原被这些小鼠视为外来物。这些小鼠与 BALB/c 品系几乎总是同种异型，而异源基因杂交瘤通常会被拒绝，除非采用类似于促进（异种）杂交瘤细胞制备腹水的方法。

6.3.3 体内制备方案：用 BALB/C 小鼠生产腹水

6.3.3.1 小鼠的预刺激和杂交瘤细胞的注射

6.3.3.1.1 材料

小鼠：2~4 只 BALB/C 雌性老年繁殖鼠
Pristane，合成的（Sigma P-2870）
Tuberculin 注射器（1ml）
无菌针头（21 号）
杂交瘤细胞，每只小鼠 2×10^6~5×10^6 个细胞
台盼蓝溶液，0.4%（Sigma T8154）
无菌尖底离心管（15ml 或 50ml）

无菌 Dulbecco's 磷酸盐缓冲盐水（D-PBS）

6.3.3.1.2　设备

血细胞计数器
相差显微镜
台式离心机

6.3.3.1.3　时间需求

在注射杂交瘤细胞前 10~14 天完成 4 只小鼠 Pristane 腹腔注射，注射过程约 10min。杂交瘤细胞应提前培养，注射用细胞准备过程大约需要 30min，注射细胞过程大约需要 10min。

6.3.3.1.4　步骤

（1）计划注射细胞前 10~14 天，用 Pristane 预刺激小鼠。用手按住小鼠，头部向下倾斜使肠子移开，并在小鼠下腹部中线左侧找到一个点（图 6.1）。插入一个 21 号针头，倾斜，与注射点呈 45°角，将 0.3ml Pristane 注入腹腔。由于试剂的黏性，可能需要一定的压力将 Pristane 注入。注意针头不要刺得太深，以免伤到内脏。注射后，握住针头短暂停留，不推压注射器，然后轻轻退出针头，避免 Pristane 从注射部位渗漏。

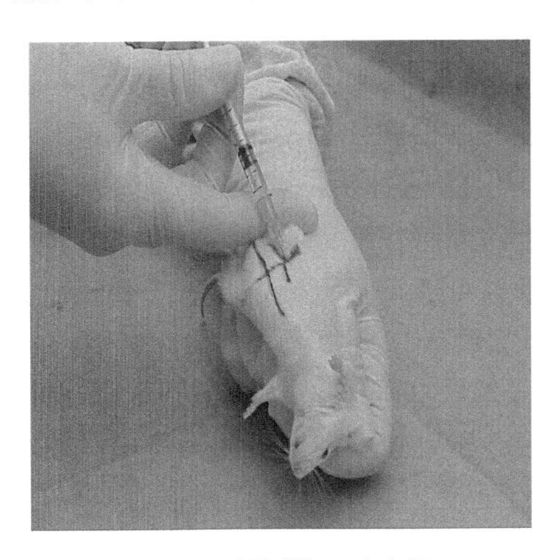

图 6.1　预刺激一只小鼠

（2）注射前 1~2 天，杂交瘤细胞应当用新鲜培养基传代，以保证其处于对数生长期。在注射当天，用台盼蓝染色确定活细胞的数量。细胞存活率应为 90%~100%。

（3）将含有所需数量的活细胞悬液转移到 15ml 或 50ml 尖底离心管中，室温下用 200*g* 离心 5min，弃上清液后，用 D-PBS 重悬细胞，使其浓度达到 10×10^6/ml。细胞应尽快注射到小鼠体内，以保持细胞的活力。

（4）用带有 21 号针头的无菌注射器吸取混匀的细胞悬液，并在注射 Pristane 的相同部位，以相同方式腹腔注射杂交瘤细胞 0.5ml［见步骤（1）］。

（5）在注射杂交瘤细胞后 24h 对小鼠进行监测，此后每日监测小鼠的健康状况及腹水产生情况。

6.3.3.2 腹水采集

6.3.3.2.1 材料

无菌乙醇纱布垫

无菌 18 号针头

无菌尖底离心管（15ml 和 50ml）

无菌巴斯德吸管

6.3.3.2.2 时间需求

通常在注射杂交瘤细胞后 7~14 天，小鼠腹腔内会产生腹水。收集腹水（引流）和离心每次大约需要 30min。7 天内，每只小鼠最多引流三次，最后一次收集腹水后实施安乐死。

6.3.3.2.3 步骤

（1）观察到小鼠腹部中度扩张时，进行腹水的第一次收集。腹水的累积量也可以通过称重小鼠来测量。动物福利专家建议，在收集腹水前增加的体重不要超过小鼠基础体重的 20%。如果太早开始收集，抗体产量通常会减少；而如果不及时收集，腹水过多则会增加小鼠的痛苦和死亡率。

（2）准备一个无菌的 15ml 尖底离心管，牢牢地固定在试管架上。用手按住小鼠，尽可能多抓背部和颈部的皮肤，使腹部绷紧，用无菌乙醇纱布垫擦拭腹部。

（3）实施穿刺引流术，用 18 号针头，以 45°角倾斜刺入小鼠下腹部中线的左侧，避开腹部的脏器及腹中线附近的血管。针头要直接对准离心管的开口，因为流体可能在高压下喷出。有些情况下腹水也可能不易流出，此时需要轻轻挪动针头（旋转、改变刺入深度和/或插入的角度），以启动或恢复引流。

（4）通过针头尽可能多地收集腹水，然后小心地取出。通常每只小鼠一次可收集 3~5ml，变化区间为 1~10ml。如果腹水在针头周围流出，或在拔针后继续明显外流，要将外流的腹水从针头插入点处滴入离心管。远离插入点轻轻按摩腹部会有助于腹水流出。应特别注意的是，要保持无菌收集腹水，并尽量避免动物的痛苦。

（5）同一杂交瘤细胞注射的一组小鼠，收集的腹水可以汇集。腹水在 1500*g*、4℃下离心 10min，去除其中沉淀的细胞。如果腹水凝结，则离心前可用木棒（或吸管）在凝块和离心管侧壁间划动，使凝块与管壁分开。将腹水上清液转移至无菌的 50ml 离心管中，并储存在–20℃。

（6）将小鼠放回笼子，并每日观察健康状况，如果健康状况没有显著下降，可以再次进行引流。再次穿刺引流之前，应允许腹水积累约 48h；在第三次抽取腹水 24~48h 后对小鼠实施安乐死。将收集的腹水离心后，可汇集放在同一试管中。

（7）解冻腹水，用高速离心机离心，使其澄清，并在纯化前除去脂类。腹水可以用这种粗提方法纯化后使用，也可做进一步纯化。为了长期储存，可检测抗体的效价，并按每次的使用量分装成小包装，冻存于–80℃，以避免在使用过程中反复冻融。

6.3.3.3　结果

每只小鼠可收集的腹水体积为 2~10ml，腹水中单克隆抗体的含量约为 1~10mg/ml，即 4 只 BALB/c 小鼠可能产生 8~40ml 腹水，含有 10~200mg 抗体。不同的杂交瘤细胞抗体产量可能不同，同一种杂交瘤细胞不同批次生产的抗体产量也可能不同。

6.3.3.4　问题与排除

为了降低小鼠因预刺激而产生的痛苦，注射 Pristane 的体积应该控制在能诱导腹水肿瘤生长所必需的最小量，一般为 0.2~0.5ml。用来制备腹水而注入小鼠体内的杂交瘤细胞应该处于对数生长期的健康细胞，这非常重要。在这之前，应检测培养上清液，确保杂交瘤产生的是所需抗体。每只小鼠注射的杂交瘤细胞数可低至 1×10^6。注射细胞量超过 5×10^6 通常会因为缩短了小鼠存活时间，反而导致抗体产量下降。当注射较少的细胞时，可能需要长达 21 天的时间才能获得足够量的腹水，但是小鼠会存活更长时间。在选择最佳注射细胞数时，伦理是一个重要的考虑因素。细胞悬液必须在无菌条件下制备和注射，以避免动物感染了传染性病原体。

同一批次注射相同杂交瘤细胞的小鼠产生的腹水可以合并在一起。有时一组分别注射了相同杂交瘤细胞的小鼠中，有某些个体可能不产生任何腹水。如果出现这样的情况，可以从产生腹水的小鼠体内抽取腹水，重新注射至不产腹水的小鼠腹腔内，每只 0.5ml。一些杂交瘤细胞在某些小鼠体内可能主要产生的是实体瘤，如果在这只小鼠中只能产生少量的（0.2~1ml）腹水，可以将这些腹水转移到另一只经 Pristane 预刺激的小鼠体内。如果再次注入的腹水可以成功地生成大量腹水，就可以从腹水中回收杂交瘤细胞进行培养，同时检测抗体分泌的情况，并分装冻存，以备日后腹水生产之用。如果某些杂交瘤细胞持续产生实体瘤而没有腹水，或在腹腔内根本不生长，那么这种杂交瘤细胞可能要在免疫抑制的 BALB/c 小鼠或无胸腺裸鼠体内生长并产生腹水。在这种情况下，体外生产抗体的方法可能更适合这种杂交瘤细胞。

注射 Pristane 和杂交瘤细胞使用的针头的大小非常重要。如果针头太大，Pristane 会从注射孔中流出；而如果针头太小，可能会造成注射杂交瘤细胞的损伤。注射和腹水收集时操作要非常小心，避免进针过深刺伤脏器和主要血管；而且操作时一定要注意无菌操作，以防止小鼠感染或腹水污染。采集腹水后应尽快离心，将液体与白细胞分离（白细胞可分泌蛋白酶），收集并储存在低于 4℃的环境中，以保护抗体的产量和活性。

仔细观察每次穿刺放液后 30min 内小鼠的状况，以及之后每天小鼠的健康状况，评估腹水收集后小鼠的反应，判断每只小鼠在第一次放液后是否适合继续收集腹水同样非常重要。收集腹水后小鼠痛苦的迹象包括活动减少、嗜睡、保持驼背的姿势、毛皱乱、呼吸窘迫和躯体变冷，或出现消瘦和严重脱水症状，其中一些现象可能是在穿刺放液后短暂出现而能迅速恢复的。如果一次从小鼠体内收集了大量腹水，则可能需要给小鼠补液，以避免出现低血容量性休克。用温的、无菌的 0.9%生理盐水或含乳糖的 Ringer’s 溶液（2~3ml）在放液后进行皮下注射，如果流出的腹水浑浊，可能是出现腹腔感染的征兆，这时应该对小鼠进行安乐死。在任何一组小鼠中，由于个体差异，可能有一些动物比其他动物或早或晚地表现出痛苦的迹象，因此每只小鼠最终能收获的腹水量不尽相同。另一方面，小鼠健康状况的变化也可因杂交瘤细胞的不同而不同。如果某个特定的杂交瘤细胞可导致小鼠的健康状况迅速恶化，那么在腹水生产时应使用较少的细胞注射量，可能会得到更多的抗体。如果发现杂交瘤在小鼠体内生长为实体瘤，没有腹水产生，则应该对小鼠实施安乐死。应尽可能合理地减少小鼠在腹水生产过程中的痛苦，在健康状态不好的情况下，应立即按照批准的方法对小鼠实施安乐死并进行最后一次穿刺放液。

6.3.4 体内单克隆抗体制备：异种杂交瘤细胞系制备腹水

这里所描述的是运用 BALB/c 小鼠制备腹水的变更方案，适用于以大鼠脾细胞或 BALB/c 以外的其他品系小鼠脾细胞与标准小鼠骨髓瘤细胞融合产生的异质杂交瘤细胞系，或其他异种杂交瘤细胞系如大鼠-大鼠杂交瘤细胞系等。

6.3.4.1 实验方案 1：用免疫抑制的 BALB/c 小鼠制备腹水

6.3.4.1.1 材料

小鼠：4 只 BALB/c 雌性老年繁殖鼠，经过 Pristane 预刺激

Pristane，合成的（Sigma P-2870）

结核菌素注射器（1ml）

无菌针头（21 号和 30 号）

氢化可的松半琥珀酸酯（hydrocortisone 21-hemisuccinate，Sigma H4881），6mg/ml 溶于无菌 D-PBS

杂交瘤细胞，2×10^6~5×10^6/只小鼠

0.4%台盼蓝溶液（Sigma T8154）

无菌尖底离心管（15ml 或 50ml）

无菌 D-PBS

6.3.4.1.2 设备

血细胞计数器

光学相差显微镜

台式离心机

铯同位素 γ 射线照射器

6.3.4.1.3 时间需求

用 Pristane 预刺激 4 只小鼠需要 10min；准备和注射氢化可的松半琥珀酸酯需要 45min；γ 射线照射 4 只小鼠需要 10min；杂交瘤细胞应提前培养，准备注射用细胞大约需要 30min，细胞注射大约需要 10min。

6.3.4.1.4 步骤

（1）注射杂交瘤细胞前 14 天，用 Pristane 预刺激小鼠（方法同第 6.3.3.1 节）。

（2）注射杂交瘤细胞前三天，用装有 30 号针头的 1ml 注射器，在每只小鼠一条腿的臀部肌肉上注射 0.5ml 氢化可的松半琥珀酸酯。

（3）注射杂交瘤细胞前两天，用 550rad 亚致死剂量的 γ 射线照射小鼠。

（4）准备和注射杂交瘤细胞及腹水收集，方法同第 6.3.3.1 节和第 6 3.3.2 节。

6.3.4.1.5　结果

杂交瘤细胞在同种异型小鼠中生长得很慢，即使在进行免疫抑制或免疫缺陷处理的情况下，也比同源杂交瘤在 BALB/c 小鼠体内的生长要慢，因此腹水形成也更慢。一般来说，小鼠在注射杂交瘤细胞后 10~21 天，可以准备第一次收获腹水（穿刺放液），但如果在 30 天内没有明显腹水产生，则表明实验失败。

每个小鼠可收获 2~10ml 腹水，腹水中单克隆抗体的含量为 1~10mg/ml，即 4 只免疫抑制型小鼠可产生 8~40ml 腹水，获得 8~400mg 抗体。不同的杂交瘤细胞抗体产量可能不同，同一种杂交瘤细胞不同批次生产的抗体产量也可能不同。

6.3.4.1.6　问题与排除

用免疫抑制的 BALB/c 小鼠制备腹水也会出现类似于第 6.3.3.4 节所描述的所有情况。

除此之外需要注意的是氢化可的松半琥珀酸酯必须是钠盐形式才能溶解于水，溶液配制后应在 48h 内使用。

γ 射线照射剂量应控制在 550rad 和 580rad，照射的剂量是很关键的，剂量过低则辐射不够，剂量过高则可能使小鼠在 2~5 天内死亡。

另外，免疫抑制后的小鼠更易感染，因此应特别注意在细胞注射和腹水采集时的无菌操作。喂食消毒的饲料和酸化水也能减少小鼠感染的机会。

6.3.4.2　实验方案 2　用无胸腺裸鼠制备腹水

6.3.4.2.1　无胸腺裸鼠的预刺激和杂交瘤细胞的注射

6.3.4.2.1.1　材料

小鼠，5 只 7~8 周龄雌性无胸腺裸鼠（nu/nu）
Pristane，合成的（Sigma P-2870）
结核菌素注射器（1ml）
无菌针头（25 号和 21 号）
杂交瘤细胞，2×10^6~5×10^6/只小鼠
0.4%台盼蓝溶液（Sigma T8154）
无菌尖底离心管（15ml 或 50ml）
无菌 D-PBS

6.3.4.2.1.2　设备

血细胞计数器

光学相差显微镜
台式离心机

6.3.4.2.1.3　时间需求

5 只小鼠注射 Pristane 需要约 10min。整个过程需要进行两次 Pristane 注射，第一次应该在注射杂交瘤细胞前 12 天进行，第二次应该在注射杂交瘤细胞前 2 天进行。杂交瘤细胞需要提前培养，准备注射用的细胞大约需要 30min，注射细胞大约需要 10min。

6.3.4.2.1.4　步骤

（1）杂交瘤细胞注射前 12 天，用 25 号针头给每只小鼠注射 0.3ml Pristane。腹腔注射方法类似于用 BALB/c 小鼠的操作。Pristane 更容易从裸鼠光滑无毛皮的皮肤上的针孔流出，因此注射后，应该在没有注射器压力的情况下短暂地握住针头，然后缓慢地撤回针头，这样可以尽量避免 Pristane 从注射部位渗漏。

（2）注射细胞前两天，每只小鼠再次注射 0.2ml Pristane。

（3）杂交瘤细胞应提前培养，计数、制备成细胞悬液用于注射，方法同 BALB/c 小鼠腹水的制备。

（4）用带有 21 号针头的无菌注射器均匀地吸取制备好的细胞悬液，在注射 Pristane 的相同部位以相同的方式注入小鼠腹腔，每只小鼠注射 0.5ml［见步骤（1)］。

（5）注射杂交瘤细胞后 24h 观察小鼠，并隔天观察小鼠的健康状况和腹水的产生状况。

6.3.4.2.2　在无胸腺裸鼠体内采集腹水

6.3.4.2.2.1　材料

无菌乙醇纱布垫
无菌针头（18 号）
无菌的尖底离心管（15ml 和 50ml）

6.3.4.2.2.2　时间需求

杂交瘤细胞在无胸腺裸鼠体内生长的速度要比在 BALB/c 小鼠体内的生长速度慢，因此腹水产生也更加缓慢。一般来说，在注射杂交瘤细胞后 10~21 天，可进行第一次腹水收集（穿刺引流）。每次收集腹水（穿刺引流）和离心大约需要 30min。7 天内，每只小鼠最多穿刺引流 3 次，并于最后一次收集时实施安乐死。

6.3.4.2.2.3　步骤

同第 6.3.3.2 节的腹水采集收获方案。

6.3.4.2.3　结果

每只小鼠可收获 1~5ml 腹水，腹水中单克隆抗体的含量为 1~10mg/ml，因此 5 只无胸腺裸鼠可产生 5~25ml 腹水，获得 5~250mg 抗体。不同的杂交瘤细胞抗体产量可能不同，同一种杂交瘤细胞不同批次生产的抗体产量也可能不同。

6.3.4.2.4　问题与排除

用无胸腺裸鼠制备腹水也会出现类似于第 6.3.3.4 节所描述的所有情况。

除此之外，无胸腺裸鼠应饲养在有层流空气循环的无病原体（SPF）的笼式设施中，并按严格的无菌技术操作，以减少动物发生感染的机会。

对无胸腺裸鼠行穿刺术更加困难，因为腹水的引流更缓慢，并且更容易顺着针头从皮肤穿刺点流出。收集腹水时常常需要将针头拔出，使腹水直接滴入离心管中，但应尽量通过针头收集。在收集过程中，一旦腹水已经润湿了腹部皮肤，其余的腹水可能会在皮肤上扩散，而不能直接滴入试管中。这时应该用无菌乙醇纱布垫快速擦干腹部皮肤，再继续进行腹水引流，这样可以大大提高每次腹水引流的回收率。

相比 BALB/c 小鼠，杂交瘤细胞在无胸腺裸鼠体内更容易形成实体瘤，而不产生腹水。如果发现裸鼠长了实体瘤，应立即实施安乐死。在超净台中从安乐死的小鼠腹腔中切取实体瘤，在含 4℃无血清培养基的培养皿中，用虹膜剪将肿瘤切碎，制备细胞悬液，离心，得到细胞沉淀用红细胞裂解试剂去除红细胞，并用无血清培养基再次洗涤后，按照标准杂交瘤细胞培养条件培养，培养后的细胞可以再次注射到无胸腺裸鼠的体内。也有些适应体内环境的杂交瘤细胞可能可以很好地产生腹水而不形成实体瘤。有的时候，用 0.2ml 不完全弗氏佐剂代替第二次 Pristane 注射，可以更有效地减少杂交瘤细胞在裸鼠体内长成实体瘤的情况发生。

6.4　细胞培养生产单克隆抗体

6.4.1　在研究实验室体外制备单克隆抗体

鉴于以腹水生产单克隆抗体固有的缺点、局限性，以及对实验动物使用的限制，研究人员已在努力改进在体外细胞培养体系中生产单克隆抗体的技术。标准细胞培养板或培养瓶并不是理想的培养体系，因为抗体的产量通常小于 0.01mg/ml。如果采用这种培养体系要获得足够量的单克隆抗体，通常需要从几升培养液中纯化抗体，这是一个非常烦琐、造价高而效率低的过程。

迄今为止已有报道有几种不同系统可增加细胞培养生产单克隆抗体的产量，它们在途径、规模和复杂性方面均有所不同。这些适于较小研究实验室的细胞培养系统通常不能像体内腹水生产那样，每个细胞有相同的产率[43]。表 6.3 列出了一些这样的培养体系。术语“生物反应器”已被广泛应用于其中的许多体系，包括那些通过机械泵分配氧气和营养的体系，以及通过自动传感器和控制设备来监测及调节诸如 pH、氧气、养分和废物含量等参数的体系。其他的简易体系虽然缺少泵装置或自动调控设备，但可通过细胞培养装置的特殊内在几何形状来优化细胞密度和单克隆抗体产量，也被看成具有类似生物反应器的功能。这些简易体系对于较小实验室更加实用，本章会对

表 6.3　高密度杂交瘤细胞生长体系和细胞培养法高产量单克隆抗体生产体系

滚转瓶
旋转瓶
透气袋
•WAVE CELLbag（GE Healthcare）
•CultiBag（Sartorius）
•CELL-tainer（CELLution Biotech）
培养瓶内的透析管
以半透膜分离两室的双室培养瓶
•miniPERM（Sarstedt）
•CELLine（Wilson-Wolf Manufacturing）
中空纤维生物反应器
•FiberCell（FiberCell Systems）
•CellMax Quad（Spectrum Laboratories）
•PrimerHF（BioVest International）
•Maximizer/AcuSyst（BioVest International）
•Renal dialysis cartridges
•Centrifugation-coupled bioreactors
台式搅拌槽生物反应器，1~5L
•BIOSTAT（Sartorius）
•Minifor（Lambda Laboratory Instruments）
•CelliGen（New Brunswick Scientific）
深槽搅拌发酵罐
灌注槽系统
气升式生物反应器

其中一种方法进行详细的实验方案介绍（6.4.2 节）。

就单克隆抗体的产量而言，滚转瓶和旋转瓶较一般细胞培养瓶只有少许优势。透析的使用是一种更为廉价的方法，而且有研究分析指出与细胞培养瓶相比，其单克隆抗体的产量可提高 70%[44]。对该方法涉及 30 种不同杂交瘤细胞系的全面的分析结果显示，从 500ml 透析袋中纯化的单克隆抗体平均产量可达 36.9mg（范围为 1.8~ 102mg）[45]。在培养器皿中将透析袋浸泡在较大容量的培养基里，生长在透析袋里的杂交瘤细胞可以与袋外培养基中的养分和代谢物进行交换，产生的单克隆抗体则不能透过透析袋[46~48]。这种方法是一种最简单的两室培养体系，可实现高密度的细胞生长，从而在体外获得更高产量的单克隆抗体。

基于透析袋的原理，目前已研发出适用于体外生产抗体的自带两室的细胞培养系统，这是统称为生物反应器的众多设备中最简单的一种[7,49~52]。MiniPERM 系统和 CELLine 培养瓶就是通过不同途径构建的两室培养系统的实例[53,54]。

MiniPERM 生物反应器含有一个 35ml 抗体生产室和一个 550ml 营养供应室，两个室被一个 12.5kDa 截留分子量（MWCO）的透析膜分开。气体交换是通过一个伸入到供应室（含营养液）中的硅胶指（silicone finger）来完成的。整个系统置于组织培养箱中，放在一个以 10r/min 的速度滚动的设备上[54]。当杂交瘤细胞转入低血清培养后，单克隆抗体的产量在几周内可大于 1mg/ml[51]。通常每周换三次培养基，每周收集单克隆抗体 1~2 次[52]。

CELLine 培养瓶体系比 miniPERM 的设计更简单，并且为一次性使用。它含有被透析膜分隔的两个腔室，允许小于 10kDa 的分子在两室间交换，培养箱中无须其他组件和设备，单克隆抗体生产浓度能达到与 miniPERM 反应器接近[49,53]。培养基交换和单克隆抗体收获的程序已被优化[49,53]（见 6.4.2 节）。依据我们的经验，采用 CELLine 培养瓶系统更容易避免微生物污染，并且透析膜材料不易撕裂或破裂。包括 30 个不同杂交瘤细胞的比较研究结果显示，63%的杂交瘤细胞使用 CELLine 培养瓶系统能产生更多的单克隆抗体，7%的杂交瘤细胞使用 miniPERM 装置获得较高的抗体产量，其余 30%的杂交瘤细胞没有明显差异[55]。来自 FCS 的牛免疫球蛋白对单克隆抗体的最终污染水平预计<1%[53]。

中空纤维生物反应器是一种更为复杂的设备，它让杂交瘤细胞在模拟体内毛细血管系统设计成的纤维中高密度生长[8,56,59]。这种系统需要机械装置维持对纤维的持续灌注，因此在培养过程中更容易受到微生物污染，造成细胞死亡，以及容易受到机械故障或运行不稳等因素的影响。这种系统适合大中规模单克隆抗体的批量生产，需要在组织培养工程方面具有精湛的专业技能。FiberCell 系统是一种适用于研究实验室的中空纤维生物反应器[60]，它可达到 10^8 个细胞/ml 以上的杂交瘤细胞培养密度，最终获得 5mg/ml 的单克隆抗体的浓度。研究发现，使用时在反应器体系中添加天然或者人工合成的携氧分子，可进一步增加单克隆抗体产量[61]。

生物反应器的其他设计还包括培养腔室的累叠、气泡技术、连续离心过滤、灌注控制和这些方法的组合使用[62~70]。这些设计密切关注养分、血清含量、氧张力、pH 和减少细胞损伤的条件等方面，并通过改善来优化抗体产量[1,70~79]。这些系统适用于单克隆抗体的工业化大批量生产，规模可多达几千升。制备 1kg 的单克隆抗体，估计需要一个 1000L 的生物反应器培养 10 次(或用数千只老鼠制备腹水)[80]。相比之下，在较小的研究实验室中需要中等量单克隆抗体时，使用 CELLine 培养瓶体系则更加实际。

6.4.2　实验方案：在 CELLine CL-1000 培养瓶中制备单克隆抗体

在外观上，CELLine 生物反应器与大型 T-培养瓶相似，两室之间被半透醋酸纤维素膜（10kDa MWCD）分隔开来，该分隔膜允许小分子在上方大容量营养室与下方小容量细胞室之间自由交换。杂交瘤细胞及其分泌的单克隆抗体被限制于细胞室，细胞可高密度生长，抗体产物也可浓缩。细胞室可通过装有硅胶隔膜的接口与顶部相连接。细胞室的底部由透气膜构成，允许气体进行交换。营养室中装着培养基给细胞提供营养，随着杂交瘤细胞的生长，培养基中将会含有杂交瘤细胞分泌的小分子，通常是抑制性代谢废物，它们可经过渗透膜进入营养室内。在营养室的顶部有一通风口，可进行气体交换。图 6.2 显示 CELLine 生物反应器。当前有两种大小的容器：CL-350 培养瓶的细胞室容量为 10~15ml，营养室容量 350ml；CL-1000 培养瓶则分别是 15~30ml 和 1L。

本方案介绍在 CL-1000 容器中培养杂交瘤，培养基为 HyClone SFM4MAb-Utility，这是实验室规模体外生产单克隆抗体所用的无血清培养基，该方案也适用于 CL-350。还有一些无血清培养基也是可用的，已有报道诸如 BD Biosciences's BD Cell MAb-SF 或 Invitrogen's Hybridoma SFM（可参考制造商所提供的方案）都已成功应用于 CELLine 系统生产单克隆抗体 [81~84]。SFM4MAb-Utility 是按 6mmol/L L-谷氨酰胺浓度制备的，但为了补偿因储存而分解的谷氨酰胺，使用时需添加 L-谷氨酰胺至 8mmol/L。在本方案里并未真正使用无血清培养基：营养室培养基中补充有 5% FCS，细胞室培养基中补充有 1% FCS。要培养的杂交瘤细胞系必须预先适应于在 1% FCS 的 HyClone SFM4MAb-Utility 培养基中生长。细胞每两天按 1∶1 的比例进行传代，传代时通过不断增加含 1% FCS 的 HyClone SFM4MAb-Utility 培养基与细胞系标准生长液（在我们实验室，通常用 IMDM 或 RPMI 为基础培养基，加 10%FCS）的混合比例，来逐渐降低血清浓度，直至细胞最终在 100%含 1% FCS 的 SFM4MAb-Utility 培养基中生长良好。在适应过程中，每次传代时都要进行细胞计数及活力测试。每个阶段的杂交瘤细胞都需维持 48h 以上，直至它们适应并重新开始对数增长。在接种于 CELLine 之前，杂交瘤细胞必须已在 1% FCS 中传代数次，还应该通过测试确定上清液中特异性单克隆抗体的分泌状况。不是所有的杂交瘤细胞系都能顺利过渡并适应在低血清培养基中生长，而且保持有一定的生长速率、活力及单克隆抗体的分泌。有报道可在低浓度血清培养基中进行亚克隆传代，由此获得稳定产生抗体的杂交瘤细胞系[55]。一旦细胞适应于低血清培养基，须进行分装冻存。

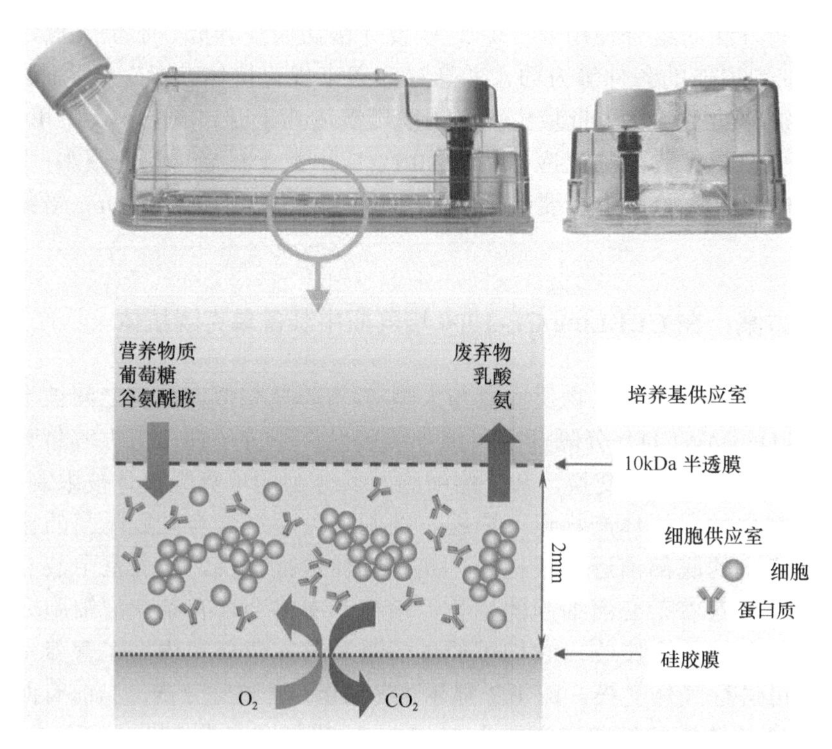

图 6.2　CELLine CL-1000 培养瓶示意图

6.4.2.1　材料

CELLine CL-1000 生物反应器培养瓶，Wheaton Industries 是全球制造商和营销商，也可通过 ThermoScientific、Argos Technologics、BD Biosciences、VWR International 和 Integra Biosciences A.G.购买。

HyClone SFM4MAb-Utility，含有 6mmol/L L-谷氨酰胺（ThermoScientific SH30382）

200mmol/L L-谷氨酰胺

10 000U/ml 青霉素，10 000μg/ml 链霉素（100×）

胎牛血清（FBS），56℃ 30min 热灭活

杂交瘤细胞，50×10^6

无菌尖底离心管（15ml 和 50ml）

血清移液管（25ml）

无菌废液缸（如 1.5L 的玻璃烧杯或空培养基瓶）
0.4%台盼蓝溶液（Sigma T8154）
无菌 D-PBS

6.4.2.2　设备

血细胞计数器
光学相差显微镜
台式离心机
CO_2 培养箱，保湿的，37℃，7.5% CO_2

6.4.2.3　时间需求

（不包括杂交瘤细胞系对低血清培养基的适应）
在生物反应器中接种杂交瘤细胞需要 20min。每次收集细胞室的培养基、分离杂交瘤细胞传代，以及更换营养室培养基需要 30min。如果操作很小心，杂交瘤细胞系可在单个生物反应器中生长 1~3 个月，每两周收集抗体、分离细胞传代及更换培养基。对于常规周一至周五工作的实验室，细胞接种至 CELLine 生物反应器的时间最好安排在周五，第一次收集抗体安排在下周四，再下个周一和周四继续收集抗体及更换培养基。

6.4.2.4　细胞接种步骤

（1）在 HyClone SFM4MAb-Utility 培养基中，加入 100U/ml 青霉素、100μg 链霉素，以及适量的 2mmol/L L-谷氨酰胺（终浓度达到 8mmol/L），用此基础培养基制备 5% FCS 的营养室培养基（NC 培养基）和 1% FCS 的细胞室培养基（CC 培养基）。本方案的所有步骤中，培养基在加入 CELLine 培养瓶之前均应于 37℃预热。

（2）在超净台中，将两室 CELLine 生物反应器从包装中取出，检查细胞室顶部入口的小螺旋帽是否拧紧，每次从营养室少量取样、加入或是移出培养基之前都必须做好此步骤，以防止污染，在本方案后续步骤中还可防止细胞室内液体倒流。

（3）通过培养瓶侧面的大口径通气帽，加入 50ml NC 培养基至营养室内预湿半透膜。注意使用移液管时，不可触及半透膜，以免造成损伤。膜的平衡需要 30min，这对于降低细胞接种期间失败的风险很重要，当加入细胞室中的体积大于 15ml 时尤其如此。

（4）杂交瘤细胞应在接种至瓶中前 1~2 天用新鲜培养基进行传代，以确保细胞处于对数生长期。接种当天，用台盼蓝染色法进行细胞计数，保证活细胞比例达到 90%~100%。

（5）将含有 50×10^6 个杂交瘤细胞的一定体积的培养细胞悬液转移到一个 50ml 尖底离心管中，在 200*g* 离心力下，室温离心 5min 后获得细胞沉淀。弃上清后用 20ml CC 培养基轻柔地重悬。

（6）拧松营养室入口大螺旋帽，以避免空气闭塞而导致液体从细胞室入口回流。每次拧开小螺旋帽打开细胞室前都必须进行此操作。

（7）用 25ml 移液管吸取细胞悬液，取下细胞室开口的螺帽，移液管尖端伸进端口的黑色硅胶隔膜中，将细胞轻轻接种于腔室中。接种时产生的空气气泡会干扰半透膜交换。排除方法是用移液管尖端压紧端口处以保持密闭，立即将细胞悬液从细胞室中吸回并在移液管中轻轻提升，将细胞悬液抽吸到移液管顶部，直至尽可能多地去除腔室中的气泡。将细胞悬液重新移回细胞室，气泡留在移液管中，然后紧闭螺帽。

（8）用一只手持住生物反应器培养瓶，一端靠在超净台上，培养瓶呈半垂直位（45°角），并使瓶口对着超净台中心。严格按照无菌操作小心地向营养室倒入 550ml NC 培养基（最终体积为 600ml）。拧紧瓶口螺旋帽，封闭营养室，将培养瓶置于细胞培养箱中。在我们实验室，培养箱长期保持 37℃、7.5% CO_2、潮湿的状态。

（9）三天后（如果周一开始培养，则在周五）计数细胞室中的细胞，用台盼蓝测定活力。做法如下：松开营养室帽，打开细胞室，将 25ml 移液管伸入端口，轻轻缓慢地上下抽吸细胞-培养基悬液，使其混匀，但不要打入气泡。而后取一小份混匀的细胞悬液进行细胞计数。加入 400ml NC 培养基至营养室。

6.4.2.5 细胞室收集程序

通常首次收获抗体是在接钟后的第 7 天进行，随后可每隔 3~4 天收获一次，如果是周五接种在 CELLine 培养瓶中，第一次收获通常是在下个周四，接下来是在周一/周四，每两周一轮。收获前细胞室中活细胞的群体数量至少应达到 350×10^6 个。

（1）确保细胞室入口螺帽拧紧，取下营养室入口的螺帽，慢慢地、小心地向无菌废液缸中倾倒废弃培养基，倾倒过程应避免液体滴落或飞溅；或者可用 25~50ml 移液管多次吸出废弃培养基。也可用真空抽吸，或者换用不是很锐利的吸管（如巴氏吸管），因为锐器有损伤膜的危险。除去液体后立即向营养室加入 50ml 的 NC 培养基。

（2）将培养瓶放回超净台，拧松营养室螺帽，然后取下细胞室螺帽，用 25ml 的移液管轻轻吸取细胞悬液。慢慢抽吸液体使其进出腔室几次以混匀瓶中的细胞悬液，注意总体积，将细胞悬液转移至一个 50ml 尖底离心管中，拧紧细胞室盖。

（3）测定细胞数和活力。用 25ml 移液管将含有 75×10^6~200×10^6 个细胞的细胞悬液（通常有 3~5ml）放回细胞室，同时补充新鲜 CC 培养基至 20ml。用移液管吸去所有的气泡。在细胞注入细胞室之前要确保营养室盖松开，当完成此步骤后要将两室的盖都拧紧。如果在周四收获，要重新接种 75×10^6~100×10^6 个细胞；如果是在周一收获细胞，则重新接种 100×10^6~ 200×10^6 个细胞。如果由于渗透流量的原因，细胞悬液的总体积比收获前有所增加，或如果细胞不能充分生长，或细胞数因生长速度显著高于平均值而增加，则返回细胞室的体积可能需要调整。

（4）将最终的收获液以 1000*g* 离心 10min，沉淀细胞。收获的各个步骤应尽快迅速完成，以保持细胞的活力、减少营养室排空及半透膜变干的时间。在对收获物进行离心时，小心地、无菌地倒入或用移液管吸取 950ml（最终体积为 1L）新鲜 NC 培养基至营养室。检查细胞室和营养室的盖子是否拧紧，将 CL-1000 生物反应器培养瓶放置于温箱内。

（5）吸取离心后的上清液放入 50ml 离心管中，将这些抗体产物冻存在–20℃至–80℃。

（6）几次的收获上清可以合并在一起存放。一般来说，只要膜完整、没有污染、细胞连续以高密度生长、有 50%~70%的活力并能持续分泌抗体，生物反应器就可以按周一/周四收获与换液传代的程序连续运作至少 30 天，多达 90 天。另一种方案是，于周一换入 600~700 ml（而非 1L）NC 培养基，这要依据杂交瘤细胞系实际生长速率和营养消耗而定。

6.4.2.6　结果

CELLine CL-1000 细胞室中的细胞密度可高达 10^9 个，但最好争取保持适当的细胞密度从而使每次收获的活细胞数量大约为 400×10^6~600×10^6 个。经 5~8 周的培养，可从单个 CELLine 生物反应器培养瓶中收集 100~150ml 培养上清，抗体浓度为 0.15~2mg/ml，总产量依收获的体积和次数而定。通常培养第一周产生的抗体较之后的几周少，但这取决于细胞密度和各个杂交瘤细胞系抗体的产率。对每次收获抗体的含量进行测定，定期评估单克隆抗体生产的进展情况。细胞密度较高时，活细胞比例经常会下降到 50%~70%，但往往可在这种情况下得到最多的抗体。

对于不能过渡到低血清 HyClone SFM4MAb-Utility 培养基培养的杂交瘤细胞，也可以选择用含 5%血清的这种培养基培养，在这种情况下，CELLine 生物反应器的细胞室和营养室均使用这种培养基。如果一个细胞系不能很好地适应 1%或 5%血清的 HyClone SFM4MAb-Utility 培养基，那么可按照厂商的说明，用含血清的标准培养基（如 DMEM、IMDM 或 RPMI）来培养。有报道称在营养室中用含 10%~20%血清的培养基，在细胞室中用含 5%血清的培养基[53,85]，或者在营养室用含 10%血清的培养基，在细胞室用不含血清的培养基[86]，均可成功地生产单克隆抗体。在这些实例中，只要能达到高密度生长，都有可能在培养基中降低血清的浓度。

6.4.2.7　故障诊断和排除

CELLine 培养瓶中的膜薄而柔和，容易破裂。它可以承受本实验方案中提到的一般操作，但千万注意不要为了消化细胞使劲摇动或敲击培养瓶，或用力过猛地从细胞室吸取液体，特别是在营养室液体清空后。如果半透膜撕裂，就会看到营养室培养基变浑浊，说明细胞室的杂交瘤细胞进入了营养室在营养室生长。为减少由于干燥而导致膜破裂的可能，在倾倒营养室废弃培养基后，收获抗体前，应当立即向营养室中加入 50ml 新鲜培养基。

由于要进行多轮细胞和培养基的更换，CELLine 生物反应器培养瓶容易被污染。所有操作步骤应在超净台中严格按无菌操作进行，操作前超净台表面要用 70%乙醇进行彻底擦拭。可购置负压泵系统（VACUSAFE，INTEGRA Biosciences），用于有效地抽吸废弃的培养基。如果培养基是倒出的，装废液的容器应是无菌的，并要格外小心地避免瓶颈处有残留的液体。如果这种情况发生了，可用无菌巴斯德移液管或 P-1000 移液器吸头从瓶颈内部去除或用无菌乙醇纱布垫在外部擦拭。打开细胞室端口的旋帽前，松开营养室端口的旋帽是很关键的，此举可防止抽吸时细胞悬液因负压而回流及细胞室污染的可能。

当抗体分泌到细胞室中后，营养室和细胞室之间的蛋白质浓度差可产生渗透梯度，驱使水进入细胞室导致液体体积增加。细胞室大概可承受至少 30ml 的悬液而膜不破裂。如果悬液体积明显超过最初接种的 20ml，应该对收获的液体量进行调整，以保留适当数量的细胞于生物反应器中继续培养。

如果培养的第一周杂交瘤细胞长势不良，需要采取一些措施处理。首先要确认接种时的细胞处于对数生长期并进行支原体污染的检查。在杂交瘤细胞接种于生物反应器之前的静态培养体系中，支原体的影响通常不易察觉，但可在细胞室中积累。一般来说最少细胞接种数应不低于 50×10^6 个活细胞，但如果在 CL-1000 培养瓶细胞室中一开始就接种较大数量的细胞（100×10^6~200×10^6），可能会使其杂交瘤细胞生长得更好或更快适应生物反应器中的培养。如果一周后细胞数没有从 50×10^6 增加到至少 350×10^6，则可以将营养室培养基 FCS 增加至 10%，直至达到高密度生长。依据具体杂交瘤细胞的需求，或逐渐降低或保持 10%的 FCS 水平。另外，为了达到使杂交瘤细胞高密度生长，细胞室血清浓度也可增加至 2%~5%。但是，也必须要充分考虑到血清中的血清蛋白，如牛免疫球蛋白和 α-2-巨球蛋白对细胞室中的单克隆抗体的污染。但对许多研究应用来说，1%和 5%血清的差别不会太明显。在杂交瘤细胞初次接种于生物反应器中时，最好同时培养在普通静置状态下，以便如果反应器中的细胞初期长势不好时可额外添加细胞。如果杂交瘤细胞的密度接近或达到 10^9 或活细胞比例低于 50%，可能需要更经常地更换营养液，或于收获抗体后用较少的细胞再次接种。

因为各个杂交瘤细胞系在 CELLine 生物反应器培养瓶中的生长特性不一样，因此，生长条件必须按实际情况优化，以期能让细胞更好地增殖和产生抗体。例如，谷氨酰胺是细胞体外快速分裂的主要能量来源，所以在谷氨酰胺限定性杂交瘤培养中，当谷氨酰胺耗尽时，会发生明显的细胞凋亡，细胞生长及抗体分泌率快速下降。另一方面，氨是谷氨酰胺的代谢副产物，对于细胞生长具有毒性作用，当达到足够水平时也可触发细胞死亡[87]。相对于其他因素，个别杂交瘤细胞系可能对氨更为敏感。谷氨酰胺在培养基中，甚至在 4℃储存时也是不稳定的，很容易降解成氨，因此在使用市售含谷氨酰胺的培养基时，必须在使用之前重新添加恢复谷氨酰胺的水平[88]。最好使用无 L-谷氨酰胺的培养基。建议使用更稳定的二肽谷氨酰胺（dipeptide glutamine）替代物（GLUTA-Max，Invitrogen 或 Glutamine-Plus/Hybridoma，Atlantic Biological）替代谷氨酰胺。对于杂交瘤细胞在 CELLine 系统中高密度生长和产生单克隆抗体，L-谷氨酰胺的最适量迄今尚未有充分的研究，但在旋转培养瓶培养中，实验证明 8mmol/L 谷氨酰胺能得到理想的抗体产量[89]。用于培养杂交瘤的市售无血清培养基包含或推荐的 L-谷氨酰胺浓度范围都在 6~8mmol/L。有报道称，在杂交瘤培养开始时，用活化的巨噬细胞或可识别凋亡细胞的磁珠去除凋亡细胞，可使体外单克隆抗体产量增加一倍[90]。如果杂交瘤融合用的亲本细胞——小鼠骨髓瘤细胞系 Sp2/0-Ag14 被转入了一个来自 Bcl2 家族的基因，可延长其存活期[91]。已证明该修饰过的细胞系在应激生长条件下可顽强地生长并抗拒细胞凋亡，用它进行细胞融合所产生的杂交瘤细胞系也具有培养寿命更长、产生单克隆抗体更多的优点。另外，还可以在培养基中加入其他刺激因子。有报道称，联合使用 LPS 和抗小鼠 IgG 抗体可促进杂交瘤细胞增殖和单克隆抗体分泌。在这些实验里，与对照培养相比，最高可使抗体浓度增加 500%。当然，某些杂交瘤细胞系对于培养相关的应激较为敏感，也许尝试各种不同的措施，它们在 CELLine 生物反应器中都不能良好地生长，或者不能很好地产生抗体[92]。

6.4.3 用重组和转基因系统制备抗体

用重组 DNA 技术制备抗体或抗体样分子将在本书第 8 章中讨论，该技术涉及编码抗体的基因载体在哺乳动物细胞或微生物细胞中的表达。重组抗体的大规模生产可在细菌、酵母、哺乳动物细胞系、转基因植物、昆虫（如蚕茧）或动物（如山羊奶）中实现[93~102]。最新的研究进展可以通过分选单个人浆细胞[103]或小鼠浆细胞[104]而得到单克隆抗体的克隆和快速表达。与传统的单克隆抗体技术相同，需要关注其他生物活性分子污染及抗体糖基化与功能相关性的问题。

6.5 结语

自从制备单克隆抗体的方法被首次提出后的近 40 年间，已经研制出一系列的抗体制备技术，用以生产可供科研和临床使用的有效量的单克隆抗体。抗体生产方法的选择必须考虑到其所需的试剂、抗体的需求量和每一种杂交瘤细胞各自的特性及动物福利。未来可以预见的是，生产单克隆抗体的技术还将不断优化，而且没有一种单一途径会普遍适合所有杂交瘤细胞及所有单克隆抗体的应用，因而高效实用的体内或体外的抗体生产技术都是需要的。

致谢：图 6.2 CELLine 培养系统的示意图承 INTEGRA Biosciences，AG.允许，作者感谢 Wilson-Wolf Manufacturing 的 John Wilson，由于他的帮助得到该示意图。我们十分感谢 Donna Cash 帮助整理手稿。

（章静波 译　陈实平 校）

参 考 文 献

1. Li, F. et al. Cell culture processes for monoclonal antibody production. *MAbs*. 2(5):466. 2010.
2. Liu, H. F. et al. Recovery and purification process development for monoclonal antibody production. *MAbs*. 2(5):480. 2010.

3. Institute for Laboratory Animal Research and the National Research Council. Monoclonal antibody production: A report of the Committee on Methods of Producing Monoclonal Antibodies. National Academy Press. Washington, D.C. 1999.
4. Marx, U., and Merz, W. *In vivo* and *in vitro* production of monoclonal antibodies. Bioreactors vs immune ascites. *Methods Mol Biol*. 45:169. 1995.
5. Hendriksen, C. F., and de Leeuw, W. Production of monoclonal antibodies by the ascites method in laboratory animals. *Res Immunol*. 149(6):535. 1998.
6. Falkenberg, F. W. Monoclonal antibody production: Problems and solutions. *Res Immunol*. 149(6):542. 1998.
7. Nagel, A. et al. Membrane-based cell culture systems—An alternative to *in vivo* production of monoclonal antibodies. *Dev Biol Stand*. 101:57. 1999.
8. Jackson, L. R. et al. Evaluation of hollow fiber bioreactors as an alternative to murine ascites production for small scale monoclonal antibody production. *J Immunol Methods*. 189(2):217. 1996.
9. Maiorella, B. L. et al. Effect of culture conditions on IgM antibody structure, pharmacokinetics and activity. *Biotechnology (NY)*. 11(3):387. 1993.
10. Weitzhandler, M. et al. Analysis of carbohydrates on IgG preparations. *J Pharm Sci*. 83(12):1670. 1994.
11. Jackson, L. R. et al. Monoclonal antibody production in murine ascites. I. Clinical and pathologic features. *Lab Anim Sci*. 49(1):70. 1999.
12. Peterson, N. C. Behavioral, clinical, and physiologic analysis of mice used for ascites monoclonal antibody production. *Comp Med*. 50(5):516. 2000.
13. Gearing, A. J. et al. Presence of the inflammatory cytokines IL-1, TNF, and IL-6 in preparations of monoclonal antibodies. *Hybridoma*. 8(3):361. 1989.
14. Appelmelk, B. J. et al. Murine ascitic fluids contain varying amounts of an inhibitor that interferes with complement-mediated effector functions of monoclonal antibodies. *Immunol Lett*. 33(2):135. 1992.
15. Patel, T. P. et al. Different culture methods lead to differences in glycosylation of a murine IgG monoclonal antibody. *Biochem J*. 285 (Pt 3):839. 1992.
16. Kunkel, J. P. et al. Comparisons of the glycosylation of a monoclonal antibody produced under nominally identical cell culture conditions in two different bioreactors. *Biotechnol Prog*. 16(3):462. 2000.
17. Kemminer, S. E. et al. Production and molecular characterization of clinical phase i anti-melanoma mouse IgG3 monoclonal antibody R24. *Biotechnol Prog*. 17(5):809. 2001.
18. Muthing, J. et al. Effects of buffering conditions and culture pH on production rates and glycosylation of clinical phase I anti-melanoma mouse IgG3 monoclonal antibody R24. *Biotechnol Bioeng*. 83(3):321. 2003.
19. Serrato, J. A. et al. Differences in the glycosylation profile of a monoclonal antibody produced by hybridomas cultured in serum-supplemented, serum-free or chemically defined media. *Biotechnol Appl Biochem*. 47(Pt 2):113. 2007.
20. Schenerman, M. A. et al. Comparability testing of a humanized monoclonal antibody (Synagis) to support cell line stability, process validation, and scale-up for manufacturing. *Biologicals*. 27(3):203. 1999.
21. Brodeur, B. R., and Tsang, P. S. High yield monoclonal antibody production in ascites. *J Immunol Methods*. 86(2):239. 1986.
22. Stewart, F., Callander, A., and Garwes, D. J. Comparison of ascites production for monoclonal antibodies in BALB/c and BALB/c-derived cross-bred mice. *J Immunol Methods*. 119(2):269. 1989.
23. Brodeur, B. R., Tsang, P., and Larose, Y. Parameters affecting ascites tumour formation in mice and monoclonal antibody production. *J Immunol Methods*. 71(2):265. 1984.
24. Hoogenraad, N. J., and Wraight, C. J. The effect of pristane on ascites tumor formation and monoclonal antibody production. *Methods Enzymol*. 121:375. 1986.
25. Hoogenraad, N., Helman, T., and Hoogenraad, J. The effect of pre-injection of mice with pristane on ascites tumour formation and monoclonal antibody production. *J Immunol Methods*. 61(3):317. 1983.
26. Jackson, L. R. et al. Monoclonal antibody production in murine ascites. II. Production characteristics. *Lab Anim Sci*. 49(1):81. 1999.

27. Hasegawa, N. et al. Production of monoclonal antibody in mouse ascitic fluid with two solid tumor-forming hybridoma cell lines. *Hybridoma*. 10(5):647. 1991.
28. Ruiz-Bravo, A., Perez, M., and Jimenez-Valera, M. The enhancement of growth of a syngeneic plasmacytoma in BALB/c mice by pristane priming is not due to immunosuppressive effects on antibody-forming cell or mitogen-responsive splenocytes. *Immunol Lett*. 44(1):41. 1995.
29. Tanaka, K. et al. Large-scale synthesis of immunoactivating natural product, pristane, by continuous microfluidic dehydration as the key step. *Org Lett*. 9(2):299. 2007.
30. Jones, S. L., Cox, J. C., and Pearson, J. E. Increased monoclonal antibody ascites production in mice primed with Freund's incomplete adjuvant. *J Immunol Methods*. 129(2):227. 1990.
31. Mueller, U. W., Hawes, C. S., and Jones, W. R. Monoclonal antibody production by hybridoma growth in Freund's adjuvant primed mice. *J Immunol Methods*. 87(2):193. 1986.
32. Witte, P. L., and Ber, R. Improved efficiency of hybridoma ascites production by intrasplenic inoculation in mice. *J Natl Cancer Inst*. 70(3):575. 1983.
33. Truitt, K. E. et al. Production of human monoclonal antibody in mouse ascites. *Hybridoma*. 3(2):195. 1984.
34. Abrams, P. G. et al. Production of large quantities of human immunoglobulin in the ascites of athymic mice: Implications for the development of anti-human idiotype monoclonal antibodies. *J Immunol*. 132(4):1611. 1984.
35. Ware, C. F., Donato, N. J., and Dorshkind, K. Human, rat or mouse hybridomas secrete high levels of monoclonal antibodies following transplantation into mice with severe combined immunodeficiency disease (SCID). *J Immunol Methods*. 85(2):353. 1985.
36. Matsumoto, M., Mochizuki, K., and Kobayashi, Y. Productive ascites growth of heterohybridomas between Epstein-Barr virus-transformed human B cells and murine P3X63Ag8.653 myeloma cells. *Microbiol Immunol*. 33(10):883. 1989.
37. Pistillo, M. P., Sguerso, V., and Ferrara, G. B. High yields of anti-HLA human monoclonal antibodies can be provided by SCID mice. *Hum Immunol*. 35(4):256. 1992.
38. Kan-Mitchell, J. et al. Altered antigenicity of human monoclonal antibodies derived from human-mouse heterohybridomas. *Hybridoma*. 6(2):161. 1987.
39. Witt, S. et al. Optimal production of murine monoclonal antibodies in ascites of syngeneic mice by a single whole body irradiation. *Allerg Immunol (Leipz)*. 33(4):259. 1987.
40. Weissman, D. et al. Methods for the production of xenogeneic monoclonal antibodies in murine ascites. *J Immunol*. 135(2):1001. 1985.
41. Hirsch, F. et al. Rat monoclonal antibodies. III. A simple method for facilitation of hybridoma cell growth *in vivo*. *J Immunol Methods*. 78(1):103. 1985.
42. Kints, J. P., Manouvriez, P., and Bazin, H. Rat monoclonal antibodies. VII. Enhancement of ascites production and yield of monoclonal antibodies in rats following pretreatment with pristane and Freund's adjuvant. *J Immunol Methods*. 119(2):241. 1989.
43. Kundu, P. K. et al. Getting higher yields of monoclonal antibody in culture. *Indian J Physiol Pharmacol*. 42(2):155. 1998.
44. Peterson, N. C. Considerations for *in vitro* monoclonal antibody production. *Res Immunol*. 149(6):553. 1998.
45. Lipski, L. A. et al. Evaluation of small to moderate scale *in vitro* monoclonal antibody production via the use of the i-MAb gas-permeable bag system. *Res Immunol*. 149(6):547. 1998.
46. Kasehagen, C. et al. Metabolism of hybridoma cells and antibody secretion at high cell densities in dialysis tubing. *Enzyme Microb Technol*. 13(11):873. 1991.
47. Mathiot, B. et al. Increase of hybridoma productivity using an original dialysis culture system. *Cytotechnology*. 11(1):41. 1993.
48. Sjogren-Jansson, E., and Jeansson, S. Large-scale production of monoclonal antibodies in dialysis tubing. *J Immunol Methods*. 84(1–2):359. 1985.
49. Bruce, M. P. et al. Dialysis-based bioreactor systems for the production of monoclonal antibodies—Alternatives to ascites production in mice. *J Immunol Methods*. 264(1–2):59. 2002.
50. Jaspert, R. et al. Laboratory scale production of monoclonal antibodies in a tumbling chamber. *J Immunol Methods*. 178(1):77. 1995.

51. Falkenberg, F. W. Production of monoclonal antibodies in the miniPERM bioreactor: Comparison with other hybridoma culture methods. *Res Immunol.* 149(6):560. 1998.
52. Marx, U. Membrane-based cell culture technologies: A scientifically and economically satisfactory alternative to malignant ascites production for monoclonal antibodies. *Res Immunol.* 149(6):557. 1998.
53. Trebak, M. et al. Efficient laboratory-scale production of monoclonal antibodies using membrane-based high-density cell culture technology. *J Immunol Methods.* 230(1–2):59. 1999.
54. Falkenberg, F. W. et al. *In vitro* production of monoclonal antibodies in high concentration in a new and easy to handle modular minifermenter. *J Immunol Methods.* 179(1):13. 1995.
55. Weis-Garcia, F. *In vitro* monoclonal antibody production: Academic scale. In: *Immunoassay and Other Bioanalytical Techniques*, Van Emon, J.M., editor. Boca Raton: CRC Press/Taylor & Francis, 2007. p. 75.
56. Goodall, M. A simple hollow-fiber bioreactor for the "in-house" production of monoclonal antibodies. *Methods Mol Biol.* 80:39. 1998.
57. Kreutz, F. T. et al. Production of highly pure monoclonal antibodies without purification using a hollow fiber bioreactor. *Hybridoma.* 16(5):485. 1997.
58. Lipman, N. S., and Jackson, L. R. Hollow fibre bioreactors: An alternative to murine ascites for small scale (<1 gram) monoclonal antibody production. *Res Immunol.* 149(6):571. 1998.
59. Dowd, J. E. et al. Predictive control of hollow-fiber bioreactors for the production of monoclonal antibodies. *Biotechnol Bioeng.* 63(4):484. 1999.
60. Cadwell, J. S. S. New developments in hollow fiber cell culture. *Amer Biotech Lab.* 14. 2004.
61. Shi, Y., Sardonini, C. A., and Goffe, R. A. The use of oxygen carriers for increasing the production of monoclonal antibodies from hollow fibre bioreactors. *Res Immunol.* 149(6):576. 1998.
62. Wang, G. et al. Modified CelliGen-packed bed bioreactors for hybridoma cell cultures. *Cytotechnology.* 9(1–3):41. 1992.
63. Gudermann, F., Lutkemeyer, D., and Lehmann, J. Design of a bubble-swarm bioreactor for animal cell culture. *Cytotechnology.* 15(1–3):301. 1994.
64. Banik, G. G., and Heath, C. A. Partial and total cell retention in a filtration-based homogeneous perfusion reactor. *Biotechnol Prog.* 11(5):584. 1995.
65. Persson, B., and Emborg, C. A comparison of simple growth vessels and a specially designed bioreactor for the cultivation of hybridoma cells. *Cytotechnology.* 8(3):179. 1992.
66. Deo, Y. M., Mahadevan, M. D., and Fuchs, R. Practical considerations in operation and scale-up of spin-filter based bioreactors for monoclonal antibody production. *Biotechnol Prog.* 12(1):57. 1996.
67. Johnson, M. et al. Use of the Centritech Lab centrifuge for perfusion culture of hybridoma cells in protein-free medium. *Biotechnol Prog.* 12(6):855. 1996.
68. Yang, J. D. et al. Achievement of high cell density and high antibody productivity by a controlled-fed perfusion bioreactor process. *Biotechnol Bioeng.* 69(1):74. 2000.
69. Petrossian, A., and Cortessis, G. P. Large-scale production of monoclonal antibodies in defined serum-free media in airlift bioreactors. *Biotechniques.* 8(4):414. 1990.
70. Detzel, C. J. et al. Kinetic simulation of a centrifugal bioreactor for high population density hybridoma culture. *Biotechnol Prog.* 25(6):1650. 2009.
71. Zhou, J. X. et al. Implementation of advanced technologies in commercial monoclonal antibody production. *Biotechnol J.* 3(9–10):1185. 2008.
72. Rodrigues, M. E. et al. Technological progresses in monoclonal antibody production systems. *Biotechnol Prog.* 26(2):332. 2010.
73. Farid, S. S. Established bioprocesses for producing antibodies as a basis for future planning. *Adv Biochem Eng Biotechnol.* 101:1. 2006.
74. Abu-Reesh, I., and Kargi, F. Biological responses of hybridoma cells to hydrodynamic shear in an agitated bioreactor. *Enzyme Microb Technol.* 13(11):913. 1991.

75. Ozturk, S. S., and Palsson, B. O. Growth, metabolic, and antibody production kinetics of hybridoma cell culture: 1. Analysis of data from controlled batch reactors. *Biotechnol Prog*. 7(6):471. 1991.
76. Ozturk, S. S., and Palsson, B. O. Growth, metabolic, and antibody production kinetics of hybridoma cell culture: 2. Effects of serum concentration, dissolved oxygen concentration, and medium pH in a batch reactor. *Biotechnol Prog*. 7(6):481. 1991.
77. Iyer, M. S., Wiesner, T. F., and Rhinehart, R. R. Dynamic reoptimization of a fed-batch fermentor. *Biotechnol Bioeng*. 63(1):10. 1999.
78. Wen, Z. Y., Teng, X. W., and Chen, F. A novel perfusion system for animal cell cultures by two step sequential sedimentation. *J Biotechnol*. 79(1):1. 2000.
79. Dhir, S. et al. Dynamic optimization of hybridoma growth in a fed-batch bioreactor. *Biotechnol Bioeng*. 67(2):197. 2000.
80. Kretzmer, G. Industrial processes with animal cells. *Appl Microbiol Biotechnol*. 59(2–3):135. 2002.
81. Dewar, V. et al. Industrial implementation of *in vitro* production of monoclonal antibodies. *ILAR J*. 46(3):307. 2005.
82. Zhu, X. et al. Preparation of specific monoclonal antibodies (MAbs) against heavy metals: MAbs that recognize chelated cadmium ions. *J Agric Food Chem*. 55(19):7648. 2007.
83. Gramer, M. J., Maas, J., and Lieberman, M. M. Use of hollow fiber systems for rapid and direct scale up of antibody production from hybridoma cell lines cultured in CL-1000 flasks using BD Cell MAb medium. *Cytotechnology*. 42(3):155. 2003.
84. Karuppaiya, A. et al. Generation and characterization of monoclonal antibodies against prostate-specific antigen. *Hybridoma (Larchmt)*. 28(2):133. 2009.
85. Fox, D. A., and Smith, E. M. Quantitative production of monoclonal antibodies. In: *Making and Using Antibodies*, Howard, G. C. and Kaser, M. R., editors. Boca Raton: CRC Press/Taylor & Francis, 2007. p. 95.
86. Scott, L. E., Aggett, H., and Glencross, D. K. Manufacture of pure monoclonal antibodies by heterogeneous culture without downstream purification. *Biotechniques*. 31(3):666. 2001.
87. Mercille, S., and Massie, B. Induction of apoptosis in oxygen-deprived cultures of hybridoma cells. *Cytotechnology*. 15(1–3):117. 1994.
88. Ozturk, S. S., and Palsson, B. O. Effects of dissolved oxygen on hybridoma cell growth, metabolism, and antibody production kinetics in continuous culture. *Biotechnol Prog*. 6(6):437. 1990.
89. Schneider, Y. J., and Lavoix, A. Monoclonal antibody production in semi-continuous serum- and protein-free culture. Effect of glutamine concentration and culture conditions on cell growth and antibody secretion. *J Immunol Methods*. 129(2):251. 1990.
90. Gregory, C. D. et al. Inhibitory effects of persistent apoptotic cells on monoclonal antibody production *in vitro*: Simple removal of non-viable cells improves antibody productivity by hybridoma cells in culture. *MAbs*. 1(4):370. 2009.
91. Rossi, D. L. et al. A new mammalian host cell with enhanced survival enables completely serum-free development of high-level protein production cell lines. *Biotechnol Prog*. 27(3):766. 2011.
92. Martin-Lopez, A. et al. Enhanced monoclonal antibody production in hybridoma cells by LPS and Anti-mIgG. *Biotechnol Prog*. 23(6):1447. 2007.
93. Rita Costa, A. et al. Guidelines to cell engineering for monoclonal antibody production. *Eur J Pharm Biopharm*. 74(2):127. 2010.
94. Larrick, J. W. et al. Production of antibodies in transgenic plants. *Res Immunol*. 149(6):603. 1998.
95. Kipriyanov, S. M., and Le Gall, F. Generation and production of engineered antibodies. *Mol Biotechnol*. 26(1):39. 2004.
96. Huang, Z. et al. High-level rapid production of full-size monoclonal antibodies in plants by a single-vector DNA replicon system. *Biotechnol Bioeng*. 106(1):9. 2010.
97. Bendandi, M. et al. Rapid, high-yield production in plants of individualized idiotype vaccines for non-Hodgkin's lymphoma. *Ann Oncol*. 21(12):2420. 2010.
98. Huang, D., and Shusta, E. V. A yeast platform for the production of single-chain antibody-green fluorescent protein fusions. *Appl Environ Microbiol*. 72(12):7748. 2006.

99. Hartman, T. E. et al. Derivation and characterization of cholesterol-independent non-GS NS0 cell lines for production of recombinant antibodies. *Biotechnol Bioeng*. 96(2):294. 2007.
100. Echelard, Y. Transgenic technology: A validated approach for large-scale manufacturing. *Innovat Pharm Technol*. 29:50. 2009.
101. Iizuka, M. et al. Production of a recombinant mouse monoclonal antibody in transgenic silkworm cocoons. *FEBS J*. 276(20):5806. 2009.
102. Baruah, G. L. et al. Purification of monoclonal antibodies derived from transgenic goat milk by ultrafiltration. *Biotechnol Bioeng*. 93(4):747. 2006.
103. Liao, H. X. et al. High-throughput isolation of immunoglobulin genes from single human B cells and expression as monoclonal antibodies. *J Virol Methods*. 158(1–2):171. 2009.
104. Kurosawa, N., Yoshioka, M., and Isobe, M. Target-selective homologous recombination cloning for high-throughput generation of monoclonal antibodies from single plasma cells. *BMC Biotechnol*. 11:39. 2011.

第 7 章　细菌中制备抗体

Frederic A. Fellouse and Sachdev S. Sidhu

7.1　引言

大肠杆菌因其遗传背景清楚，是一种可用于重组蛋白表达的有力工具。在大肠杆菌中表达蛋白质还有其他优势，即可以实现有效的突变和 DNA 扩增，质粒构建及蛋白产物表达快捷，并且在理想情况下会有高产量的纯蛋白质。因此，在大肠杆菌中表达纯化抗体，在抗体结构功能的基础研究和抗体制剂及疗法的发展应用中是非常有用的。然而，尽管经过了很多研究者不懈努力，由于免疫球蛋白分子的天然复杂性，其在细菌中能够有效表达的方案优化依旧面临巨大的挑战。

IgG 是一种最常见的重组抗体，全长分子是一个有两条重链和两条轻链的异源四聚体（图 7.1）。二硫键（分子间和分子内部）和重链糖基化的存在使免疫球蛋白分子的复杂性进一步增加。重链和轻链经分泌途径运输并形成正确的二硫键才能组装成正确的异

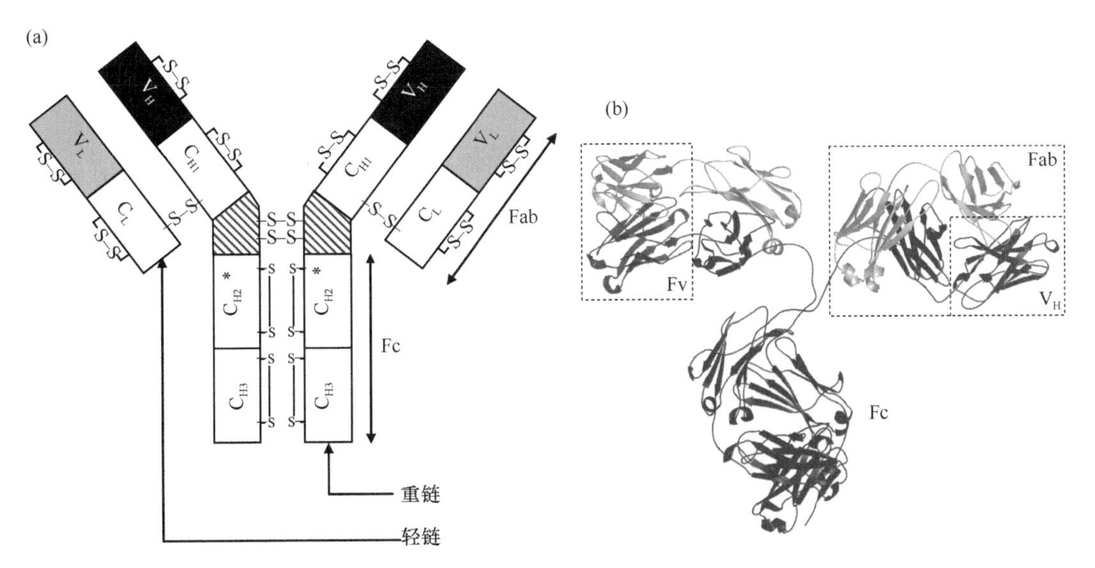

图 7.1　免疫球蛋白 G（IgG）分子。(a) 由两条重链和两条轻链组成的 IgG 异源四聚体示意图。恒定区显示为白色区域，铰链区显示为阴影线区域。轻链和重链的可变区分别为灰色和黑色。抗原结合 Fab 段和可结晶 Fc 段在图中已经标记出来。链内和链间的二硫键用-S-S-表示，在 C_{H2} 的糖基化位点处标记了星号（*）。(b) IgG 的晶体结构。IgG（PDB 数据库中的 ID 号为 1IGT）的主链轮廓用卡通画的形式表示，轻链和重链的颜色分别是灰色和黑色。虚线框里是可由噬菌体展示文库表达的三种抗体：V_H 结构域、Fab 段和以 scFv 形式展示的 Fv 段。Fc 段也进行了标记。该结构图由计算机程序 PyMOL 产生（DeLano Scientific，San Carlos，CA）。

源四聚体。在大多数情况下，这个过程在细菌宿主中效率很低[1,2]，而且细菌缺少糖基化机制。幸运的是，识别抗原过程不需要全长的免疫球蛋白，因为抗原结合位点在不需糖基化的 Fab 段，需要糖基化的可结晶的 Fc 段用于介导生物学功能。

在大肠杆菌中表达 Fab 段的方法优化是抗体研究中的一个主要突破，因为它使得在细菌宿主中纯化有抗原结合活性的抗体成为可能[3]。单链可变区 scFv 结构的优化使得抗原结合域进一步简化[4,5]，因为 scFv 只包括一条短链连接的重链和轻链的可变区。让人惊讶的是不带轻链的单域抗体可以表达重链可变区（V_H）[6~8]，V_H代表着最简单的天然抗原结合结构。大肠杆菌可以表达三种抗体，这极大地促进了抗体研究，特别是突变分析和结构分析。最近大肠杆菌中也能表达高水平的全长、非糖基化的 IgG[9]。这些进展使得快速修饰改善抗体结合特性成为可能，也推动了研制更好抗体制剂的发展，最重要的是极大地促进了抗体疗法的发展。

抗体研究领域的第二个重要突破是噬菌体展示技术的发展[10]，其使得体外产生抗体的大容量文库成为可能[11~25]。噬菌体展示技术的原理是，编码抗体（或其他蛋白质）的基因与丝状噬菌体的外壳蛋白基因发生融合后，融合基因的产物就会掺入噬菌体颗粒中并在噬菌体表面表达抗体片段（图 7.2）[10,26~28]。基因型和表型也就以这种方式建立了物理联系。从噬菌体展示文库中可利用固定化抗原挑选出有特异亲和力的抗体，然后选出的噬菌体可以在细菌宿主中传代扩增以便再进行几轮的筛选。最重要的是可以通过测定包装在噬菌体颗粒中的编码 DNA 序列获取所展示抗体的序列。

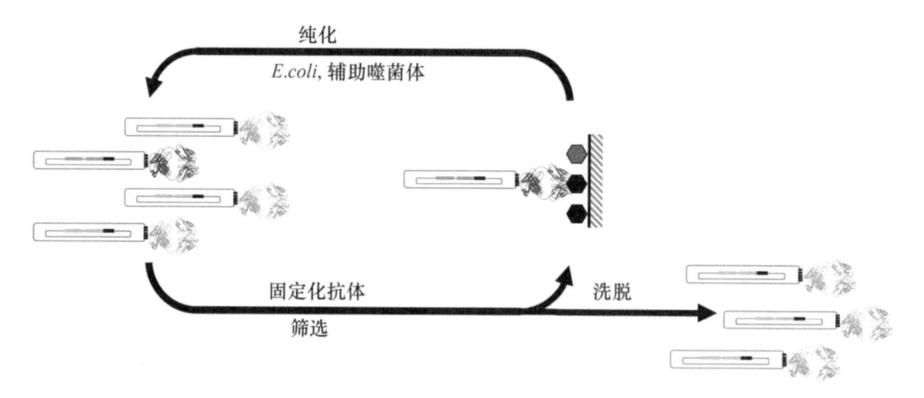

图 7.2 噬菌体展示周期。 抗体 Fab 段展示在含编码 DNA 的噬菌体颗粒表面。通过固定化抗原的结合并冲洗掉未结合的噬菌体颗粒，就能将具有特异结合性的克隆从文库中筛选富集出来。随后洗脱下结合的噬菌体，与辅助噬菌体共感染大肠杆菌宿主，在宿主菌中传代扩增并进行后续的几轮筛选。

噬菌体展示技术可以实现体外抗体文库的发展，其模仿了天然免疫系统的关键特征，也就是从巨大、多样的抗体文库中进行抗原特异性抗体的克隆筛选。已发展的噬菌体展示抗体系统包括展示 Fab 段[12,29]、scFV 段[16,30]、V_H段[19,21,31]结构域中的抗原结合位点的系统。最早的噬菌体展示抗体文库依赖于免疫动物抗体文库，这也提供了一种方法实现经特定抗原免疫的天然抗体文库（natural repertoire）的结合活性富集[24,32]。另外，来自未经特定抗原免疫的天然文库（naive library）的构建显著推动了这项技术的发展，虽然该文库仍然依赖于天然文库，但是因为其库容量大和足够多样化，即使未经动物免疫，也可直接从这些天然文库中筛选针对特定抗原的抗体[25,33,34]。最近合成抗体文库的发展已经完全取代了对天然抗体文库的需求。在合成抗体文库中，合成 DNA 可以在特定的框架环境下的抗原结合位点上引入多样性[12,16,18,22,35,36]。

合成抗体文库因其使用精确的框架和位点特异形式的多样性为高精确抗体工程带来了很大希望。在本章中，我们描述噬菌体展示文库构建和使用的原则与方法，噬菌体展示文库的应用避免了对天然免疫文库的依赖，促进了对任何抗原物都有亲和能力的合成抗体的发展。

7.2　所需材料

（1）0.2cm 狭缝电转杯（BTX，San Diego，CA）

（2）1.0mol/L H_3PO_4

（3）1.0mol/L Tris 碱，pH8.0

（4）1.0mmol/L Hepes，pH7.4（4.0 ml，pH7.4 的 1mol/L Hepes 加入到 4.0L USP 超纯水中，过滤除菌）

（5）3,3′,5,5′-四甲基对二氨基联苯/H_2O_2 过氧化物酶（TMB）底物（Kirkegaard & Perry Laboratories，Gaithersburg，MD）

（6）10%（*V/V*）超纯甘油（100ml 超纯甘油加入 900ml USP 超纯水中，过滤除菌）

（7）10mmol/L 5′腺苷-三磷酸盐（GE Healthcare，Piscataway，NJ）

（8）10×聚合酶链反应缓冲液（600mmol/L Tris-HCl，pH8.3，250mmol/L KCl，15mmol/L $MgCl_2$，1% Triton X100，100mmol/L β-巯基乙醇）

（9）10×TM 缓冲液（0.1mol/L $MgCl_2$，0.5mol/L Tris，pH7.5）

（10）100mmol/L dNTP 混合液（包含 dATP、dCTP、dGTP、dTTP 各 25mmol/L）（GE Healthcare）

（11）96 孔免疫吸附板（NUNC，Roskilde，Denmark）

（12）96 孔微管（VWR，Chicago，IL）

（13）100mmol/L HCl

（14）100mmol/L 二巯基乙醇（DTT）（Sigma，St Louis，MO）

（15）2YT 培养基（10g 酵母提取物，16g 蛋白胨，5g NaCl，加水至 1L；用 NaOH 调节 pH 为 7.0；高压灭菌）

（16）2YT/carb/cmp 培养基（2YT，50μg/ml 羧苄青霉素，5μg/ml 氯霉素）

（17）2YT/carb/kan 培养基（2YT，50μg/ml 羧苄青霉素，25μg/ml 卡那霉素）

（18）2YT/carb/kan/uridine 培养基（2YT，50μg/ml 羧苄青霉素，25μg/ml 卡那霉素，0.25μg/ml 尿嘧啶核苷）

（19）2YT/carb/KO7 培养基（2YT，50μg/ml 羧苄青霉素，10^{10} 个噬菌体/ml M13KO7）

（20）2YT/tet 培养基（2YT，5μg/ml 四环素）

（21）2YT/carb/tet 培养基（2YT，50μg/ml 羧苄青霉素，10μg/ml 四环素）

（22）2YT/carb/tet/KO7（2YT，50μg/ml 羧苄青霉素，10μg/ml 四环素，10^{10}个噬菌体/ml M13KO7）

（23）2YT/kan 培养基（2YT，25μg/ml 卡那霉素）

（24）2YT/kan/tet 培养基（2YT，25μg/ml 卡那霉素，5μg/ml 四环素）

（25）2YT 顶层培养基（16g 蛋白胨，10g 酵母提取物，5g NaCl，7.5g 琼脂粉，加水至 1L，用 NaOH 调节 pH 到 7.0，加热溶解，高压灭菌）

（26）AmpliTaq DNA 聚合酶（Applied Biosystems，Hayward，CA）

（27）羧苄青霉素（5mg/ml，水溶，过滤除菌）

（28）氯霉素（50mg/ml 溶于乙醇）

（29）完全 CRAP 培养基［3.57g $(NH_4)_2SO_4$，0.71g NaCitrate-$2H_2O$，1.07g KCl，5.36g 酵母提取物，5.36g Hycase SF-Sheffield。用 KOH 调 pH 至 7.3，加水到 1.0L，高压灭菌，冷却至 55℃，加 110ml 1.0mol/L MOPS，pH7.3，11ml 50%葡萄糖，7ml 1.0mol/L $MgSO_4$］

（30）ECM-600 电转仪（BTX）

（31）*E.coli* 34B8（Stratagene，La Jolla，CA）

（32）*E.coli* CJ236（New England Biolabs，Beverly，MA）

（33）*E.coli* MC1061（Bio-Rad，Hercules，CA）

（34）*E.coli* XL1-blue（Stratagene）

（35）EZ-Link NHS-SS-生物素（Pierce，Rockford，IL）

（36）过滤器（Nalgene Nunc，Rochester，NY）

（37）匀浆器，T-50 Ultra G Turrax 型（Janke & Kunkel，Staufen，Germany）

（38）辣根过氧化物酶标记的抗 M13 抗体（GE Healthcare）

（39）卡那霉素（5mg/ml，水溶，过滤除菌）

（40）LB/carb 平板（LB 琼脂，50μg/ml 羧苄青霉素）

（41）LB/tet 平板（LB 琼脂，5μg/ml 四环素）

（42）M13K07 辅助噬菌体（New England Biolabs）

（43）2in 磁力搅拌子浸泡于乙醇中

（44）微射流乳化处理器，M-110Y 型（Microfluidics，Newton，MA）

（45）Neutravidin（Pierce）

（46）磷酸盐缓冲液（PBS）（137mmol/L NaCl，3mmol/L KCl，8mmol/L Na_2HPO_4，1.5mmol/L KH_2PO_4。用 HCl 调 pH 至 7.2，高压灭菌）

（47）PBS，0.2%牛血清白蛋白（BSA）

（48）PBT 缓冲液（PBS，0.05% Tween-20，0.2% BSA）

（49）PT 缓冲液（PBS，0.05% Tween-20）

（50）PCR clean up mix（外切核酸酶 I 和虾碱性磷酸酶）（United States Biochemical，Cleveland，OH）

（51）PEG/NaCl（20% PEG-8000（*m*/*V*），2.5mol/L NaCl，混合后高压灭菌）

（52）Protein A-琼脂糖树脂（GE Healthcare）

（53）QIAprep Spin M13 Kit（Qiagen，Valencia，CA）

（54）QIAquick Gel Extraction Kit（Qiagen）

（55）重悬缓冲液（PBS，25mmol/L EDTA，蛋白酶抑制剂混合物）（Roche，Indianapolis，IN）

（56）SOC 培养基（5g 细菌酵母提取物，20g 细菌蛋白胨，0.5g NaCl，0.2g KCl，加水至 10L，用 NaOH 调 pH 至 7.0，高压灭菌后加入 5.0ml 高压灭菌过的 2.0mol/L $MgCl_2$ 和 20ml 过滤除菌的 1.0mol/L 葡萄糖）

（57）Superbroth 培养基（12g 胰蛋白胨，24g 酵母提取物，5ml 甘油；加水至 900ml，高压灭菌后加入 100ml 高压灭菌过的 0.17mol/L KH_2PO_4，0.72mol/L K_2HPO_4）

（58）Superbroth/tet/kan 培养基（Superbroth 培养基，5μg/ml 四环素，25μg/ml 卡那霉素）

（59）T4 多聚核苷酸激酶（New England Biolabs）

（60）T4 DNA 连接酶（Invitrogen，Carlsbad，CA）

（61）T7 DNA 聚合酶（New England Biolabs）

（62）TAE 缓冲液（40mmol/L Tris-乙酸盐，1.0mmol/L EDTA；调 pH 到 8.0，高压灭菌）

（63）TAE/琼脂糖凝胶（TAE 缓冲液，1.0%（*m*/*V*）琼脂糖，1∶5000（*V*/*V*）10% 溴化乙锭）

（64）四环素（5mg/ml，水溶，高压灭菌）

（65）超纯 USP 水（Braun Medical，Irvine，CA）

（66）尿嘧啶核苷（25 mg/ml，溶于水，过滤除菌）

（67）超纯甘油（Invitrogen）

7.3　方法

下面内容详细描述了所有可用于分离抗原特异性抗体的噬菌体展示文库的构建和使用方法。首先，设计一个抗体骨架的噬菌体，然后往抗体互补决定区引入合适的遗传多样性以构建抗体文库。基因文库在大肠杆菌宿主中传代后就转变为噬菌体展示蛋白质文库，而且该文库用于抗原特异克隆的筛选。这些克隆可以直接作为噬菌体颗粒的形式进行检测，此外对噬菌体编码 DNA 测序也可获得蛋白质序列。最后，亲和的抗体可以纯化成游离蛋白质用于后续分析或使用。

7.3.1　噬菌体设计

我们通常使用一种特殊的噬菌体颗粒载体来构建噬菌体展示抗体文库（图 7.3），如经适当考虑后，同一个载体也可经改造后用于游离蛋白质的表达纯化与分析。一个噬菌体颗粒载体包含一个双链 DNA（dsDNA）复制起点（dsDNA ori），确保其能在大肠杆菌中像质粒一样复制；同时还带有一个单链 DNA（ssDNA）丝状噬菌体复制起始点（f1 ori）以允许噬菌体颗粒的包装。我们描述了一个多功能的噬粒载体可用于抗体 Fabs[18]、scFvs[36]、V_H[21]结构域及其他蛋白质和肽段的展示[26,27]。载体还包含一个 β-内酰胺酶基因（*bla*），其有青霉素（包括氨苄青霉素和羧苄青霉素）抗性（Amp^r），也可以选择其他的抗性标志物。最后一个部分是碱性磷酸酶启动子（PphoA）调控下的 DNA 盒，负责展示抗体的表达。我们已经使用碱性磷酸酶启动子展示过 Fab 片段[18]，因为这个启动子很适合 Fab 蛋白质的表达和纯化。当然也可以使用其他启动子。例如，我们也用过异丙基 1-硫-β-D-吡喃型葡萄糖苷诱导的 Ptac 启动子用于 scFvs 和 V_H 结构域[21,36]的噬菌体文库展示。在单链 scFv 或 V_H 结构域展示时，DNA 盒编码一个融合蛋白，该融合蛋白先是一段分泌信号，后面是展示的蛋白和 M13 噬菌体基因 3 微壳蛋白（protein-3，P-3）的 C 端。为了展示 Fab 段，因为该蛋白质是异二聚体结构，所以情况会复杂一些，需要使用一个双顺反子表达系统。此时重链与噬菌体衣壳蛋白融合表达，而轻链独立表达。每条链都和分泌信号融合表达，以便各条链可以直接到胞质组装形成异二聚体 Fab，随后表达在噬菌体表面。

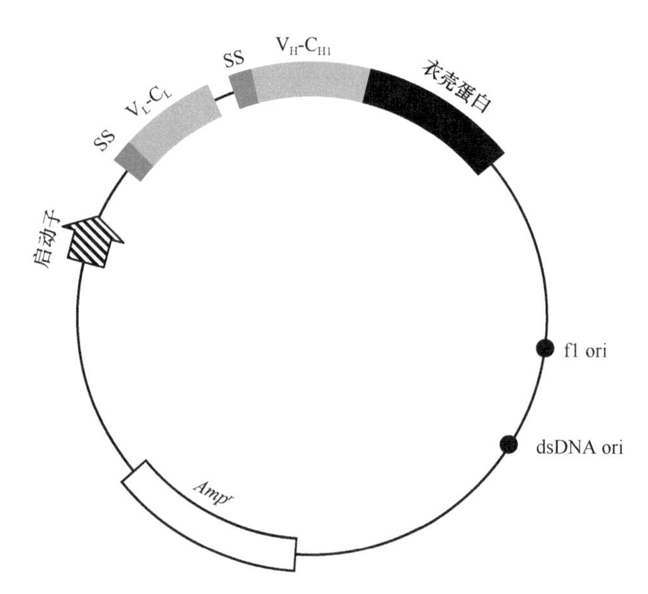

图 7.3 设计用于 Fab 展示的噬粒载体。该载体带有一个单链 DNA 复制起点（f1 ori）、一个双链 DNA 复制起点（dsDNA ori）和一个选择性标记物，如有青霉素抗性（Amp^r）的 β-内酰胺酶基因。为进行 Fab 展示，噬粒还需要包含一个 DNA 盒（cassette），其中包含承担启动编码轻链（V_L-C_L）及重链的可变区和恒定区 1（V_H-C_{H1}）的双顺反子信息转录的启动子。每条链的 N 端与分泌信号（SS）融合，重链的 C 端还与噬菌体衣壳蛋白融合。轻链和重链在胞质中装配形成功能性的 Fab 片段。该片段掺入噬菌体颗粒中一起被大肠杆菌宿主分泌到细胞外。

在大肠杆菌宿主中，噬菌体如双链质粒一般复制。与辅助噬菌体（如 M13KO7）共感染时，ssDNA 复制启动，噬粒 ssDNA 优先包装形成噬菌体颗粒。从噬菌体中很容易纯化得到 ssDNA，可用做测序、突变或构建文库等（见下述部分）。虽然辅助噬菌体提供了噬菌体表达所需的所有蛋白质，但是仍有几拷贝的噬粒编码的衣壳蛋白也掺入了包装的病毒颗粒中。这样的话，抗体多肽与噬粒编码的衣壳蛋白融合表达展示，这与它们的编码 DNA 有关，而且包装的噬菌体颗粒可用于抗体文库的筛选。

7.3.2　文库构建

使用优化的基于 Kunkel 等的经典寡核苷酸定点突变技术[18,36,37]可以快速构建大容量（>10^{10} 个）的噬菌体展示抗体文库（图 7.4）[38]。首先诱变寡核苷酸可以在随机位点引入终止密码子，因为终止密码子可以消除野生型（wt）蛋白质的展示，所以可以将得到的“终止模板”噬粒用做文库构建的模板。含有尿嘧啶的 ssDNA（dU-ssDNA）终止模板（从大肠杆菌 *dut*⁻/*ung*⁻株纯化获得）与带有适当简并密码子的诱变寡核苷酸复性后，可以替换终止密码子。例如，NNK 简并密码子（N = A/G/C/T，K = G/T）编码了所有 20 种氨基酸。也可以选择其他简并密码子，但是仅限于特定氨基酸如天然抗体[18,36]中常见的氨基酸或特别适合抗原识别的氨基酸[39,40]。诱变寡核苷酸抗原首先启动合成互补 DNA 链，再连接形成一个共价闭合环形的双链 DNA（CCC-dsDNA）杂化双链。共价闭环 dsDNA 杂化双链之后会经电转转入大肠杆菌 dut^{+}/ung^{+} 株以构建文库，此过程中发生的错配会被修复回到野生型或者保留了突变序列。在大肠杆菌 ung^{+}株中，含尿嘧啶的模板链更易失活，而合成的突变链得以复制，因而可以获得高的突变率（>50%）。使用一个在所有位点随机引入终止密码子的模板是为了确保仅有完全突变的克隆才能展示在噬菌体表面，因为只有这些克隆包含可读框，能编码与噬菌体衣壳蛋白融合的全长蛋白质。在辅助噬菌体与大肠杆菌共感染下，文库成员得以包装形成噬菌体颗粒。

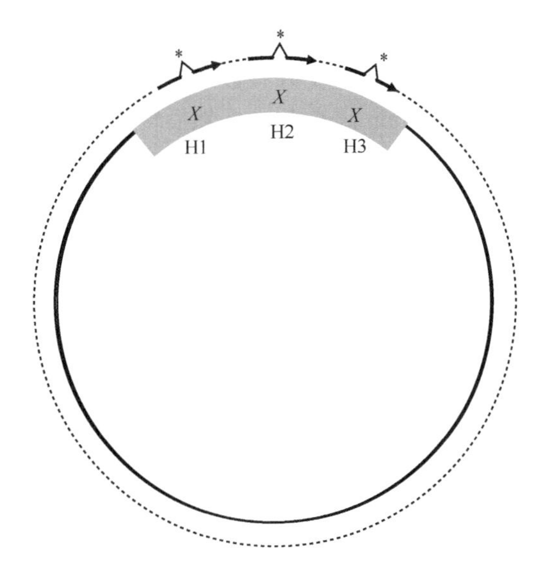

图 7.4　应用寡核苷酸定点突变技术进行文库构建。人工合成的寡核苷酸（箭头）与 Du-ssDNA（实心圆）复性。该例中，三组不同的寡核苷酸与重链可变结构域（灰色盒）复性，在其互补决定区（H1、H2 和 H3）引入突变。设计的寡核苷酸在两侧都是严格互补配对序列的错配区引入突变(*)。在 T7 DNA 聚合酶和 T4 DNA 连接酶（虚线圆）的作用下合成了杂化双链共价闭合环状 DNA 分子，然后被转入大肠杆菌，错配区域被修复回到野生型序列或者保留突变序列。因为模板中的待突变区（X）含终止密码子，所以只有诱变的寡核苷酸修复了所有终止密码子的克隆才能够展示 Fab 蛋白。

7.3.2.1 含尿嘧啶的单链 DNA 模板纯化

突变效率依赖于模板纯度，因此使用高纯度的dU-ssDNA对于成功构建文库是关键。我们使用 Qiagen QIAprep Spin M13 Kit 进行 dU-ssDNA 的纯化，下面是 Qiagen 操作程序的改良版本。一个中等拷贝量的噬菌体颗粒载体（如以 pBR322 为骨架的载体）至少可以制备 20μg 含尿嘧啶的单链 DNA 模板，足够构建一个文库。

（1）从一个新鲜的 LB/carb 平板上，挑取带有合适噬菌粒的大肠杆菌 CJ236（或另一个 *dut*⁻/*ung*⁻表型的菌株）单克隆，接种到 1ml 2YT 培养基中，该培养基中补充有 M13KO7 辅助噬菌体（10^{10}pfu/ml）和合适的抗生素以维持宿主 F′游离基因和噬菌粒在宿主菌中的存在。例如，2YT/carb/cmp 培养基含有羧苄青霉素以选择携带 β-内酰胺酶基因的噬菌粒，含有氯霉素以选择大肠杆菌 CJ236 的 F 游离基因。

（2）37℃，200r/min 震荡培养 2h，加卡那霉素（25μg/ml）可以筛选已成功共转染 M13KO7 的克隆，这些克隆中带有卡那霉素抗性基因。

（3）37℃，200r/min 震荡培养 6h，将培养物转移到 30ml 2YT/carb/kan/uridine 培养基。

（4）37℃，200r/min 振摇 20h。

（5）4℃，Sorvall SS-34 型转头中 15 000r/min（27000*g*）离心 10min，转移上清液到一个含有 1/5 体积的 PEG/NaCl 新管中，室温孵育 5min。

（6）4℃，Sorvall SS-34 型转头中 10 000r/min（12000*g*）离心 10min，弃去上清，4000r/min（2000*g*）简单离心，吸走残留的上清。

（7）重悬噬菌体沉淀于 0.5ml PBS 中并转移至 1.5ml 微量离心管中。

（8）微量离心机中，13 000r/min 离心 5min，然后转移上清液至 1.5ml 微量离心管中。

（9）加入 7.0μl MP 缓冲液（Qiagen）并混匀，室温孵育至少 2min。

（10）样品加入事先放入 2ml 微量离心管中的 QIAprep spin column（Qiagen）中，微量离心机中 8000r/min 离心 30s，弃滤过液，噬菌体颗粒吸附在柱基质上。

（11）加 0.7 ml MLB 缓冲液（Qiagen）到吸附柱中，8000r/min 离心 30s，弃滤过液。

（12）加 0.7 ml MLB 缓冲液，室温孵育至少 1min。

（13）8000r/min 离心 30s，弃滤过液。DNA 与蛋白质衣壳分离并吸附在柱基质上。

（14）加 0.7ml PE 缓冲液（Qiagen），8000r/min 离心 30s，弃滤过液。

（15）重复步骤（14），以除去残留的蛋白质和盐。

（16）换一个新的 1.5ml 微量离心管，8000r/min 离心 30s，以除去残留的 PE 缓冲液。

（17）将吸附柱转移到一个新的 1.5ml 微量离心管中。

（18）加 100μl EB 缓冲液（Qiagen；10mmol/L Tris-HCl，pH8.5）到吸附柱膜的中心，室温孵育 10min。

（19）8000r/min 离心 30s，保留洗脱液，其含有纯化的含尿嘧啶的单链 DNA。

（20）取 1.0μl DNA 做 TAE/琼脂糖凝胶电泳分析，电泳图应为单一明亮的条带，但也常见一些低电泳迁移力的微弱条带，可能是有二级结构的含尿嘧啶的单链 DNA。

（21）检测 260nm 处吸光度值（A_{260}=1.0 相当于 33ng/μl 的 ssDNA），确定 DNA 浓度。DNA 浓度范围一般为 200~500ng/μl。

7.3.2.2　杂化共价闭环 dsDNA 的体外合成

经三步法并以 dU-ssDNA 为模板通常即可把诱变寡核苷酸掺入共价闭环 dsDNA 杂化链。这里描述的方法是一个已发表的、经优化的大规模制备版本[38]。5′端磷酸化的寡核苷酸和一条 dU-ssDNA 模板链复性后，经酶促延伸并连接形成共价闭环 dsDNA 杂化链（见图 7.4），然后被纯化脱盐。下面的方法可制备约 20μg 高纯度的低电导率的共价闭环 dsDNA 杂化链，足以构建含量超 10^{10} 个独特噬菌体的文库。

7.3.2.2.1　T4 多聚核苷酸激酶作用下的寡核苷酸磷酸化

（1）在一个 1.5ml 微量离心管中混合 0.6μg 诱变寡核苷酸、2.0μl 10×TM 缓冲液、2.0μl 10mmol/L ATP、1.0μl 100mmol/L DTT，加水至总体积为 20μl。

（2）加入 20 单位的 T4 多聚核苷酸激酶，在 37℃ 孵育 1.0h 后立即复性。

7.3.2.2.2　寡核苷酸与模板复性

（1）20μg dU-ssDNA 模板，加入 25μl 10×TM 缓冲液、20μl 每种磷酸化寡核苷酸，并加水至终体积为 250μl。当 DNA 中不止一处区域需引入突变时（如在多个互补决定区引入突变），只要寡核苷酸之间没有互相重叠序列，就可以同时加入两个或更多个寡核苷酸。如果寡核苷酸与模板的长度比是 1∶100，那么所用的寡核苷酸与模板量的摩尔比应为 3∶1。

（2）90℃孵育 3min，50℃孵育 3min，最后 20℃孵育 5min。

7.3.2.2.3　共价闭环 dsDNA 的酶促合成

（1）往已复性的寡核苷酸/模板混合物中加入 10μl 10mmol/L ATP、10μl 100mmol/L dNTP 混合液、15μl 100mmol/L DTT，30Weiss 单位的 T4 DNA 连接酶和 30 单位的 T7 DNA 聚合酶。

（2）20℃ 孵育过夜。

（3）用 Qiagen QIA（quick DNA purification kit）对 DNA 亲和纯化和脱盐。加 1.0ml QG 缓冲液（Qiagen）并混匀。

（4）将样品分两份加入事先套在一个 2ml 微量离心管中的两个 QIAquick spin columns 中。在微量离心机中 13 000r/min 离心 1min，丢弃滤过液。

（5）每个吸附柱中加入 750μl PE（Qiagen）缓冲液，13 000r/min 转速离心 1min。

（6）转移吸附柱到一个新的 1.5ml 微量离心管中，13 000r/min 转速离心 1min。

（7）转移吸附柱到一个新的 1.5ml 微量离心管中，加 35μl 超纯 USP 水在膜中央，室温孵育 2min。

（8）13 000r/min 离心 1min 以洗脱 DNA，收集合并两个吸附柱中的洗脱液。得到的 DNA 可以马上用于 DNA 电转化大肠杆菌或者冷冻保存备用。

(9)取 1.0μl 洗脱产物与 ssDNA 模板在相邻点样孔进行电泳，用带溴化乙锭的 TAE/琼脂糖凝胶观察 DNA 条带（图 7.5）。

一个成功的反应可以使 ssDNA 完全转变为有较低电泳迁移率的 dsDNA。通常可以看到至少两条条带且没有残余的 ssDNA（图 7.5）。有较高电泳迁移率的条带即为目标产物：经过正确延伸和连接的共价闭环 dsDNA，可以有效转化大肠杆菌，还能获得高突变率（约 80%）。有较低电泳迁移率的条带是 T7 DNA 聚合酶固有的不利活性产生的链置换产物[41]。虽然链置换产物的突变率低（约 20%），其转化大肠杆菌的效率也比共价闭环 dsDNA 低至少 30 倍。如果单链模板中有相当比例都转变成共价闭环 dsDNA，就可以得到一个高突变率的高度多样性文库。有时候也可以看到第三条带，其电泳迁移率介于上述两个产物条带中间。这个中间条带是正确延伸了但未连接的 dsDNA（缺刻 dsDNA），产生原因是 T4 DNA 连接酶的活性不够，或者寡核苷酸的磷酸化不完全。

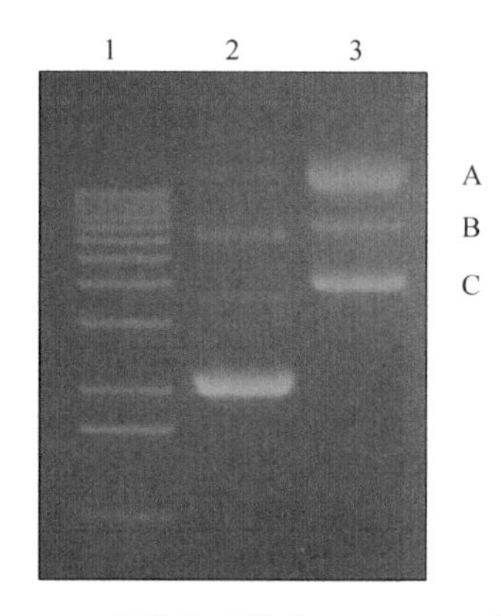

图 7.5 体外合成杂化共价闭环 dsDNA。带溴化乙锭的 1.0% TAE/琼脂糖凝胶电泳观察反应产物，紫外线灯下可见 DNA 条带。泳道 1：DNA 标准分子量；泳道 2：带尿嘧啶的单链 DNA 模板；泳道 3：杂化共价闭环 dsDNA 的合成产物。低位条带（C）是正确延伸并连接的共价闭环 dsDNA，中间条带（B）是缺刻 dsDNA；最上方的条带（A）是链置换的 dsDNA。

7.3.2.3 共价闭环 dsDNA 转入噬菌体展示文库

为了完成文库构建，共价闭环 dsDNA 需转入含有 F′游离基因的大肠杆菌宿主中，以确保 M13 噬菌体成功感染和扩增。噬菌体展示文库多样性高低受限于 DNA 转入大肠杆菌的方式，其中高电压电转化方式最有效。

我们已经构建了一株有高效电转化和生产噬菌体的理想大肠杆菌株（SS320）[37]。用标准细菌接合方法[42]，将大肠杆菌株 XL1-blue 的 F′游离基因转移至大肠杆菌株 MC1061 中，并筛选后代中有链霉素和四环素双抗性的菌株。这是因为大肠杆菌株 MC1061 染色体带有链霉素抗性基因，而大肠杆菌株 XL1-blue 的 F′游离基因提供了四环素抗性。最终得到的大肠杆菌株 SS320，既保留了大肠杆菌株 MC1061 的高电转化效率，F′游离基因的存在也保证了 M13 噬菌体能够感染成功。

下面的优化方案适用于大肠杆菌株 SS320 感受态细胞的大规模制备，以及产生高度多样化文库的电转化过程。

7.3.2.4　大肠杆菌株 SS320 电转化感受态细胞的制备

下述方法可以制备约 12ml 高浓度的、已感染 M13K07 辅助噬菌体的大肠杆菌株 SS320 电转化感受态细胞（约 3×10^{11}cfu/ml）。该感受态细胞中加入 10%甘油后可以储存于–70℃备用。感染辅助噬菌体可以确保一旦大肠杆菌感受态细胞转入噬菌粒，就可以产生噬菌体颗粒。

（1）从新鲜 LB/tet 平板上挑取大肠杆菌 SS320 单克隆，接种于 25ml 2YT/tet 培养基上，在 37℃，200r/min 振摇培养至对数中期（OD_{550}=0.8）。

（2）将 20μl M13K07 加入 180μl PBS 中，进行 10 倍系列稀释（每次稀释需换用新的吸头）。

（3）将 500μl 对数生长期的大肠杆菌 SS320、200μl 各稀释度的 M13K07 及 4ml 2YT 顶层琼脂混匀。

（4）将混合物倾倒在预热的 LB/tet 平板上，37℃生长过夜。

（5）挑取一个独立的单个噬菌斑接种在 1ml 2YT/kan/tet 培养基中，37℃孵育 8h。

（6）将培养物转移至装有 250ml 2YT/kan 培养基的 2L 长颈震荡培养瓶中，200r/min，振摇过夜。

（7）将 5ml 过夜培养物接种到 6 个装有 900ml superbroth/tet/kan 培养基的 2L 长颈振荡培养瓶，200r/min，37℃振摇生长至对数中期（OD550=0.8）。

（8）三瓶培养物在冰上冷却 5min，中间偶尔涡旋。下述步骤需要在冷室中冰上操作，需用预冷的溶液和设备。

（9）4℃，Sorvall GS-3 型转头中 5500r/min（5000*g*）离心 10min。

（10）弃上清液，将瓶中残留的培养物加入同一离心管中（这些残留培养物在第一批培养物离心时应该保持冷却状态）。

（11）重复离心步骤，弃上清液。

（12）离心管中装满 pH7.4 的 1.0mmol/L Hepes 缓冲液，放入无菌磁力搅拌棒以促进沉淀重悬。中速搅动，使沉淀物从管壁脱落，完全悬浮。

（13）4℃，Sorvall GS-3 型转头中 5500r/min（5000*g*）离心 10min，弃上清液，小心留下搅拌棒。为避免搅动沉淀，从转头中取出时要保持离心管在转头中的位置。

（14）重复步骤（12）和（13）。

（15）重悬每份沉淀于 150ml 10%的超纯甘油中，使用搅拌棒，但不合并沉淀。

（16）4℃，Sorvall GS-3 型转头中 5500r/min（5000*g*）离心 15min。弃上清液并移去搅拌棒。用吸头吸走残留的上清液。

（17）管中加入 3.0ml 10%超纯甘油，吸头吹打重悬沉淀。将重悬液转移到下一个离心管中，重复上述操作直到重悬所有的沉淀。

（18）每个 1.5ml 微量离心管中分装 350μl 感受态细胞。

（19）液氮速冻，–70℃保存。

7.3.2.5　大肠杆菌电转化和噬菌体扩增

（1）冰上冷却纯化的共价闭环 dsDNA（最小体积 20μg）和一个 0.2cm 的狭缝电

转杯。

（2）冰上融化一管 350μl 的大肠杆菌株 SS320 感受态细胞，加入 DNA 中，吸头吸打几次混匀（避免产生气泡）。

（3）将混合物转移入电转杯中进行电转化。根据操作手册指示进行电转化，推荐使用 BTX ECM-600 电转系统，参数设置：2.5kV 场强、129Ω 电阻和 50μF 电容。或者使用 Bio-Rad Gene Pulser 电转系统，参数设置：2.5kV 场强、200Ω 电阻和 25μF 电容。

（4）电转化后立即向细胞中加入 1ml SOC 培养基，再一起移入装有 10ml SOC 培养基的 250ml 长颈振荡培养瓶中。用 1ml SOC 培养基淋洗电转杯两次，补加 SOC 培养基至终体积 25ml。

（5）37℃，200r/min 摇晃孵育 30min。

（6）在 LB/carb 平板上接种一系列稀释感受态以筛选噬粒，鉴定文库的多样性。

（7）将培养物转移至装有 500ml 2YT 培养基的 2L 长颈振荡培养瓶中，补加了筛选噬粒和 M13K07 辅助噬菌体的抗生素（如 2YT/carb/kan 培养基）。

（8）37℃，200r/min 摇晃孵育过夜。

（9）4℃，Sorvall GSA 型转头中 10 000r/min（16 000*g*）离心 10min。

（10）转移上清液到一新离心管中，加 1/5 体积的 PEG/NaCl 溶液以沉淀噬菌体。室温孵育 5min。

（11）4℃，Sorvall GSA 型转头中 10 000r/min 离心 10min，弃上清液。再简单离心后用吸头吸走残留的上清液。

（12）20ml PBT 缓冲液重悬噬菌体沉淀。

（13）在 4℃，SS-34 型转头中转速 15 000r/min（27 000*g*），5min，离心下球状不可溶物质，转移上清液到一新管中。

（14）在 268nm 波长下测定吸光度，计算噬菌体浓度（OD_{268}=1.0，相当于溶液中噬菌体浓度为 5×10^{12} 个噬菌体/ml）。

（15）文库可立刻用于筛选，或者文库在加入甘油终浓度达到 10%后，可冻存于 –80℃。通常来说，最好立即使用文库，因为随着保存时间的延长，文库展示的蛋白质水平可能会因蛋白质变性或水解作用而降低。

7.3.3 抗原特异性抗体的筛选

可使用许多策略对噬菌体展示抗体文库进行抗原特异性抗体的筛选，我们下面描述最常见的两种方法：第一种方法，噬菌体展示文库与免疫吸附板上固定的抗原共同孵育；第二种方法，与溶液中生物素化的抗原共同孵育，然后结合的噬菌体被包被有 Neutravidin（Pierce/Invitrogen，Carlsbad，CA）的免疫吸附板捕获。

在第一种方法中，在固体表面结合的抗原所产生的亲和效应可以筛选有弱亲和力的配体。在第二种方法中，通过调整与文库共孵育的生物素化抗原的浓度，更能筛选出高亲和力克隆。也就是说，第一种方法可用于筛选天然文库，第二种方法更适于改进已有抗体的亲和性。

7.3.3.1　基于固定化抗原的筛选

（1）用 100μl 抗原溶液（5μg/ml 于包被缓冲液）包被 96 孔免疫吸附微孔板（Maxisorp immunoplate），室温 2h 或 4℃ 过夜。根据文库的多样性来确定需要包被的孔数目。一般噬菌体的浓度不应大于 10^{13} 个噬菌体/ml，噬菌体总数应超过文库多样性的 1000 倍。因此，如果文库容量为 10^{10}，则需要 10^{13} 个噬菌体，当噬菌体浓度为 10^{13} 个噬菌体/ml，需要包被 10 个孔。

（2）移走包被液后，用含 0.2% BSA 的 200μl PBS 缓冲液封闭 1h。同时对相同数量的未包被孔进行封闭用做阴性对照。

（3）除去封闭液，用 PT 缓冲液洗 4 次。

（4）每个包被和未包被的孔中都加入 100μl PBT 缓冲液中的噬菌体文库溶液。轻微振摇，在室温孵育 2h。

（5）移走噬菌体溶液，用 PBT 缓冲液洗 10 次。

（6）加入 100μl 100mmol/L HCl 在室温孵育 5min，以洗脱结合的噬菌体。转移 HCl 溶液到 1.5ml 微量离心管中。

（7）以 pH8.0，1.0mol/L Tris-HCl 调节 pH 至中性。

（8）将一半噬菌体洗脱液加入 10 倍体积的生长旺盛的大肠杆菌 XL1-Blue（OD_{550}<1.0）中，培养基为 2YT/tet，37℃，200r/min 振摇培养 20min。

（9）将培养物连续稀释后涂板在 LB/carb 培养基平板上，以确定洗脱噬菌体的数量。用抗原包被孔中洗脱的噬菌体数量除以未包被孔中洗脱的噬菌体数量，以计算富集率。

（10）加 M13K07 辅助噬菌体至终浓度 10^{10} 个噬菌体/ml，37℃，200r/min 振摇孵育 45min。

（11）将培养物从抗原包被孔转到 25 倍体积的 2YT/carb/kan 培养基中，37℃，200r/min 振摇孵育过夜。

（12）用 PEG/NaCl 溶液沉淀分离噬菌体，1.0ml PBT 缓冲液重悬沉淀，测定吸光度，计算噬菌体浓度。

（13）重复筛选步骤直到富集率达到最高。一般筛选 3 或 4 轮即可观察到富集，不需要超过 6 轮筛选。

（14）挑单克隆测序分析，进行噬菌体 ELISA。

7.3.3.2　基于生物素化抗原的筛选

（1）抗原与 EZ-Link NHS-SS-生物素连接进行抗原生物素化。

（2）100μl 的 Neutravidin 溶液（5μg/ml 于包被缓冲液中）包被 96 孔免疫吸附微孔板，室温 2h 或 4℃过夜。包被的孔数由文库的多样性决定。

（3）移走包被液后，用含 0.2% BSA 的 200μl PBS 缓冲液封闭。

（4）在一个 1.5ml 的微量离心管中，将生物素化的抗原与 1.0ml PBT 缓冲液中的噬菌体文库溶液混合。降低抗原浓度可以提高筛选的严谨性，同时在连续几轮筛选后，抗原浓度（0.1~10nmol/L）会降低。

（5）轻微振摇室温孵育 2h。

（6）每个 Neutravidin 包被的孔中加入 100μl 噬菌体/抗原混合物。

（7）轻微振摇室温孵育 15min。

（8）除去噬菌体溶液，并用 PT 缓冲液洗 10 次。

（9）加入 100μl 100mmol/L HCl 室温孵育 5min，以洗脱结合的噬菌体。

（10）转移 HCl 溶液到 1.5ml 微量离心管中。用 pH8.0 的 1.0mol/L Tris-HCl 调节 pH 至中性。

（11）在大肠杆菌 XL1-blue 株中扩增噬菌体用于后续几轮筛选。

7.3.3.3 结合克隆的分析方法——噬菌体 ELISA

上述筛选过程产生了含丰富抗原结合克隆的噬菌体库。但是，这个库里可能还包含未结合克隆或者非特异结合的克隆。可以通过检查噬菌体颗粒的抗体量是否升高来反映噬菌体展示抗体和固定抗原的结合能力，而 ELISA 可用来分析噬菌体展示抗体和抗原的特异性结合。含噬菌体颗粒的培养基可用于直接结合噬菌体 ELISA，快速鉴别抗原特异性结合的克隆。

竞争性噬菌体 ELISA 可用于估计特异性抗原结合克隆的亲和力。在这种 ELISA 中，溶液中已知浓度的抗原会竞争抑制噬菌体与固定抗原的结合。该实验可以以相对高通量的方式进行，即单点竞争噬菌体 ELISA，也就是说通过单一抗原浓度检测对结合的抑制程度。能以结合抑制的百分比为基础，对许多独特克隆进行亲和力排序，但不提供确切的亲和力值。

或者，更精确的多点竞争性噬菌体 ELISA 可以以 IC_{50} 值来精确地估计抗体的亲和力。IC_{50} 定义为阻断 50%噬菌体抗体与固定抗原的结合时的抗原浓度。多点噬菌体 ELISA 分两步。首先，噬菌体抗体溶液进行连续稀释以确定一个合适的浓度，以便与抗原包被孔结合时发出可检测但亚饱和的信号。然后，溶液中连续的抗原浓度会竞争抑制亚饱和噬菌体与固化抗原的结合，产生一条剂量依赖性抑制曲线，可以确定 IC_{50} 值。

7.3.3.3.1 直接结合的噬菌体 ELISA

（1）在 96 孔微管中加入 450μl 2YT/carb/KO7 培养基，其中每孔中接种带有噬菌体的单克隆，37℃，200r/min 振摇过夜。

（2）4000r/min 离心 10min，转移噬菌体上清液到新管中。

（3）用 PBT 缓冲液三倍稀释噬菌体上清液。

（4）转移 100μl 稀释的噬菌体上清液到包被抗原的 96 孔板中，并如前述用 BSA 封闭。另外结合过程还应同时使用无关蛋白包被的板子，或者封闭时仅使用 BSA 作为阴性对照。

（5）轻微振摇孵育 15min。

（6）PT 缓冲液洗 8 次。

（7）加 100μl 辣根过氧化物酶标记或抗 M13 抗体（PBT 缓冲液中 1∶3000 稀释），轻微振摇孵育 30min。

（8）PT 缓冲液洗 6 次，PBS 洗 2 次。

（9）加 100μl 新鲜制备的 TMB 底物，显色 5~10min。

（10）加 100μl 1.0 mol/L H_3PO_4 终止反应，450nm 波长下测定吸光度。

（11）比较抗原包被板和 BSA 包被板或者其他蛋白质包被板上的信号强度，来评估结合的特异性。

7.3.3.3.2 单点竞争噬菌体 ELISA

（1）如前所述培养和收获噬菌体。

（2）单独用 PBT 缓冲液或者含有抗原的 PBT 缓冲液（其中抗原浓度接近于预期抗体亲和力），进行 5 倍稀释噬菌体上清液。

（3）孵育 1h 后各转移 100μl 到包被抗原的 96 孔板上，之后如前所述进行 BSA 封闭。

（4）轻微振摇孵育 15min。

（5）如前洗板，显色，读板。

（6）计算每个克隆中未与溶液相抗原结合的抗体比例：以有溶液相抗原存在时的 A_{450} 值除以无溶液相抗原时的 A_{450} 值，该比值与抗原抗体间的亲和力成反比，据此可对克隆亲和力的高低进行排序。

7.3.3.3.3 多点竞争噬菌体 ELISA

（1）带噬粒的 XL1-blue 大肠杆菌单克隆接种到 1ml 2YT/carb/tet/KO7 培养基，37℃，200r/min 振摇 2h。

（2）加卡那霉素（25μg/ml），继续培养至对数中期（OD_{550}=0.6）。

（3）培养物转移入装有 25ml 2YT/carb/kan 培养基的 250ml 长颈震荡培养瓶，37℃，200r/min 振摇过夜。

（4）用 PEG/NaCl 溶液沉淀分离噬菌体，沉淀重悬于 1.0ml PBT 缓冲液，如前所述测定 OD 值，计算噬菌体浓度。

（5）PBT 缓冲液中 3 倍连续稀释噬菌体储存液。

（6）转移 100μl 噬菌体溶液到包被抗原的 96 孔板中，之后如前封闭板子。

（7）轻微振摇孵育 15min。

（8）如前洗板，显色，读板。

（9）后续步骤中使用亚饱和浓度的噬菌体储存液（提供饱和浓度下 50% ELISA 信号的浓度）。

（10）135μl 亚饱和浓度的噬菌体溶液分别加到 96 孔板的 12 孔中。

（11）每孔中加入 15μl 连续稀释的抗原。使用两倍稀释梯度，理想状态下抗原的起始浓度应该大于理想 IC_{50} 值的 100 倍。

（12）孵育 1.0h 后转移 100μl 到包被抗原的 96 孔板中，之后如前封闭板子。

（13）轻微振摇孵育 15 min。

（14）如前洗板，显色，读板。

（15）根据 OD_{450} 的读数作图，显示抗原浓度的影响，根据标准曲线确定 IC_{50} 值。

7.3.3.4 DNA 测序

前述方法可以对噬菌体颗粒表面的抗体片段进行分离和功能研究。包装在噬菌体颗粒内的编码 DNA 测序可以推断出展示抗体片段的序列。整个 DNA 测序能在高通量 96 孔板上进行。

（1）96 孔板中，把带噬粒的单克隆接种到 200μl 2YT/carb/KO7 培养基，并于 37℃，200r/min 振摇过夜。

（2）4000r/min 离心 5min，转移 100μl 噬菌体上清液到新板中。

（3）60℃ 孵育 1h，灭活噬菌体上清液。

（4）蒸馏水 10∶1 稀释噬菌体上清液，取 2μl 加入下述 PCR 混合液中：19.7μl 蒸馏水，2.5μl 10×PCR 缓冲液，0.25μl 100mmol/L dNTP，每种 PCR 引物 0.25μl 及 0.5U Amplitaq DNA 聚合酶。引物对后续用于测序的 DNA 进行扩增。PCR 反应混合液也可先配制分装到 96 孔 PCR 板中进行高通量测序。

（5）PCR 扩增程序：95℃，5min；25 个循环（94℃，30s，55℃，30s，72℃，60s）；72℃，7min；4℃储存。

（6）在 TAE/琼脂糖凝胶上取样 3.0μl 电泳，分析关键结果。

（7）新的 96 孔 PCR 板上，每孔分装 2μl PCR clean up mix。

（8）每孔中再加入 5μl PCR 产物，仔细混匀。

（9）37℃ 孵育 15min，然后 80℃ 孵育 15min，4℃保存。

（10）样本可以直接进行 Big-Dye Terminator Sequencing Reactions 测序（PE Biosystems，Foster City，CA）。

7.3.3.5 蛋白质纯化

在重链和噬菌体衣壳蛋白基因的融合位点插入一个终止子，即能把噬菌体展示噬粒转变成一个 Fab 蛋白的表达载体。琥珀终止密码子（TAG）是最方便的，因为在一个琥珀抑制子宿主如大肠杆菌 XL1-blue 中，Fab 仍然可以在噬菌体表面表达，或者它可以在一个非抑制子菌株中表达游离的 Fab 蛋白。原则上讲，可以使用任何方便的大肠杆菌表达菌株，但我们选择了一个蛋白酶缺陷菌株 34B8。下述方法能用于载体中 Fab 蛋白的表达和纯化，此时受碱性磷酸酶启动子的调控，在培养基中磷酸盐耗尽时该启动子会激活。

（1）把带表达载体的大肠杆菌 34B8 的单克隆接种到 25ml 2YT/carb 培养基中。

（2）37℃，200r/min 振摇过夜。

（3）5ml 培养物接种于 500ml 添加有 50μg/ml 羧苄青霉素的完全 C.R.A.P 培养基中。

（4）37℃，200r/min 振摇 18~24h。

（5）4℃，Sorvall GS-3 型转头下，5500r/min（5000*g*）离心 15min。

（6）弃上清液，–70℃保存沉淀。

（7）50ml 重悬缓冲液中重悬沉淀。

（8）用 T-50 Ultra-Turrax 匀浆器在冰上 11 000r/min 离心 5 min，匀浆培养物。

（9）用 M-110Y 微射流乳化处理器（Microfluidics，Newton，MA），6000psi 乳化样品两次。

（10）4℃，Sorvall SS-34 型转头下，15 000r/min（27 000*g*）离心 60min 以除去细胞碎片，之后 0.45μm 滤膜过滤。

（11）用 PBS 平衡蛋白 A-琼脂糖树脂。

（12）样品加到蛋白质 A-琼脂糖树脂中 2 次。

（13）用 PBS 清洗树脂，直至 280nm 处光吸收值小至可以忽略为止。

（14）用树脂 1/2 体积的 0.1mol/L 乙酸洗脱 Fab 蛋白。

（15）用 pH8.0 的 1.0mol/L Tris 碱中和树脂的酸性。

（党光蕾 译　张建民 校）

参考文献

1. Simmons, L.C. and Yansura, D.G., Translational level is a critical factor for the secretion of heterologous proteins in *Escherichia coli*, *Nat. Biotechnol.*, 14, 629, 1996.
2. Presta, L., Sims, P., Meng, Y.G., Moran, P., Bullens, S., Bunting, S., Schoenfeld, J. et al., Generation of a humanized, high affinity anti-tissue factor antibody for use as a novel antithrombotic therapeutic, *Thromb. Haemost.*, 85, 379, 2001.
3. Better, M., Chang, C.P., Robinson, R.R., and Horowitz, A.H., *Escherichia coli* secretion of an active chimeric antibody fragment, *Science*, 240, 1041, 1988.
4. Huston, J.S., Levinson, D., Mudgett-Hunter, M., Tai, M.S., Novotny, J., Margolies, M.N., Ridge, R.J. et al., Protein engineering of antibody binding sites: Recovery of specific activity in an anti-digoxin single-chain Fv analogue produced in *Escherichia coli*, *Proc. Natl. Acad. Sci. U.S.A.*, 85, 5879, 1988.
5. Skerra, A. and Pluckthun, A., Assembly of a functional immunoglobulin Fv fragment in *Escherichia coli*, *Science*, 240, 1038, 1988.
6. Hamers-Casterman, C., Atarhouch, T., Muyldermans, S., Robinson, G., Hamers, C., Songa, E.B., Bendahman, N., and Hamers, R., Naturally occurring antibodies devoid of light chains, *Nature*, 363, 446, 1993.
7. Decanniere, K., Desmyter, A., Lauwereys, M., Ghahroudi, M.A., Muyldermans, S., and Wyns, L., A single-domain antibody fragment in complex with RNase A: Non-canonical loop structures and nanomolar affinity using two CDR loops, *Structure*, 7, 361, 1999.
8. Desmyter, A., Spinelli, S., Payan, F., Lauwereys, M., Wyns, L., Muyldermans, S., and Cambillau, C., Three camelid VHH domains in complex with porcine pancreatic alpha-amylase. Inhibition and versatility of binding topology, *J. Biol. Chem.*, 277, 23645, 2002.
9. Simmons, L.C., Reilly, D., Klimowski, L., Raju, T.S., Meng, G., Sims, P., Hong, K., Shields, R.L., Damico, L.A., Rancatore, P., and Yansura, D.G., Expression of full-length immunoglobulins in *Escherichia coli*: Rapid and efficient production of aglycosylated antibodies, *J. Immunol. Methods*, 263, 133, 2002.
10. Smith, G.P., Filamentous fusion phage: Novel expression vectors that display cloned antigens on the virion surface, *Science*, 228, 1315, 1985.
11. Barbas, C.F. III and Burton, D.R., Selection and evolution of high-affinity human antiviral antibodies, *Trends Biotechnol.*, 14, 230, 1996.

12. Barbas, C.F. III, Bain, J.D., Hoekstra, D.M., and Lerner, R.A., Semisynthetic combinatorial antibody libraries: A chemical solution to the diversity problem, *Proc. Natl. Acad. Sci. U.S.A.*, 89, 4457, 1992.
13. Marks, J.D., Hoogenboom, H.R., Bonnert, T.P., McCafferty, J., Griffiths, A.D., and Winter, G., By-passing immunization: Human antibodies from V-gene libraries displayed on phage, *J. Mol. Biol.*, 222, 581, 1991.
14. Griffiths, A.D., Malmqvist, M., Marks, J.D., Bye, J.M., Embleton, M.J., McCafferty, J., Baier, M. et al., Human anti-self antibodies with high specificity from phage display libraries, *EMBO J.*, 12, 725, 1993.
15. Nissim, A., Hoogenboom, H.R., Tomlinson, I.M., Flynn, G., Midgley, C., Lane, D., and Winter, G., Antibody fragments from a 'single pot' phage display library as immunochemical reagents, *EMBO J.*, 13, 692, 1994.
16. Knappik, A., Ge, L., Honegger, A., Pack, P., Fischer, M., Wellnhofer, G., Hoess, A., Wolle, J., Pluckthun, A., and Virnekas, B., Fully synthetic human combinatorial antibody libraries (HuCAL) based on modular consensus frameworks and CDRs randomized with trinucleotides, *J. Mol. Biol.*, 296, 57, 2000.
17. Fellouse, F.A., Wiesmann, C., and Sidhu, S.S., Synthetic antibodies from a four-amino-acid code: A dominant role for tyrosine in antigen recognition, *Proc. Natl. Acad. Sci. U.S.A.*, 101, 12467, 2004.
18. Lee, C.V., Liang, W.-C., Dennis, M.S., Eigenbrot, C., Sidhu, S.S., and Fuh, G., High-affinity human antibodies from phage-displayed synthetic Fab libraries with a single framework scaffold, *J. Mol. Biol.*, 340, 1073, 2004.
19. Jespers, L., Schon, O., James, L.C., Veprintsev, D., and Winter, G., Crystal structure of HEL4, a soluble refoldable human V_H single domain with a germ-line scaffold, *J. Mol. Biol.*, 337, 893, 2004.
20. Frisch, C., Brocks, B., Ostendorp, R., Hoess, A., von Ruden, T., and Kretzschmar, T., From EST to IHC: Human antibody pipeline for target research, *J. Immunol. Methods*, 75, 203, 2003.
21. Bond, C.J., Wiesmann, C., Marsters, J.C.J., and Sidhu, S.S., A structure-based database of antibody variable domain diversity, *J. Mol. Biol.*, 348, 699, 2005.
22. Fellouse, F.A. and Sidhu, S.S., Synthetic antibody libraries, In Sidhu, S.S. (ed.), *Phage Display in Biotechnology and Drug Discovery*, vol. 3, CRC Press, New York, 2005.
23. Marvin, J.S. and Lowman, H.B., Antibody humanization and affinity maturation using phage display, In Sidhu, S.S. (ed.), *Phage Display in Biotechnology and Drug Discovery*, vol. 3, CRC Press, New York, 2005.
24. Berry, J.D. and Popkov, M., Antibody libraries from immunized repertoires, In Sidhu, S.S. (ed.), *Phage Display in Biotechnology and Drug Discovery*, vol. 3, CRC Press, New York, 2005.
25. Dobson, C.L., Minter, R.R., and Hart-Shorrock, C.P., Naive antibody libraries from natural repertoires, In Sidhu, S.S. (ed.), *Phage Display in Biotechnology and Drug Discovery*, vol. 3, CRC Press, New York, 2005.
26. Sidhu, S.S., Fairbrother, W.J., and Deshayes, K., Exploring protein-protein interactions with phage display, *ChemBioChem.*, 4, 14, 2003.
27. Sidhu, S.S., Phage display in pharmaceutical biotechnology, *Curr. Opin. Biotechnol.*, 11, 610, 2000.
28. Smith, G.P. and Petrenko, V.A., Phage display, *Chem. Rev.*, 97, 391, 1997.
29. Hoogenboom, H.R., Griffiths, A.D., Johnson, K.S., Chiswell, D.J., Hudson, P., and Winter, G., Multi-subunit proteins on the surface of filamentous phage: Methodologies for displaying antibody (Fab) heavy and light chains, *Nucl. Acids. Res.*, 19, 4133, 1991.
30. McCafferty, J., Griffiths, A.D., Winter, G., and Chiswell, D.J., Phage antibodies: Filamentous phage displaying antibody variable domains, *Nature*, 348, 552, 1990.
31. Tanha, J., Dubuc, G., Hirama, T., Narang, S.A., and MacKenzie, C.R., Selection by phage display of llama conventional V(H) fragments with heavy chain antibody V(H)H properties, *J. Immunol. Methods*, 263, 97, 2002.
32. Burton, D.R., Barbas, C.F. 3rd, Persson, M.A., Koenig, S., Chanock, R.M., and Lerner, R.A., A large array of human monoclonal antibodies to type 1 human immunodeficiency virus from combinatorial libraries of asymptomatic seropositive individuals, *Proc. Natl. Acad. Sci. U.S.A.*, 88, 10134, 1991.

33. Griffiths, A.D., Williams, S.C., Hartley, O., Tomlinson, I.M., Waterhouse, P., Crosby, W.L., Kontermann, R.E. et al., Isolation of high affinity human antibodies directly from large synthetic repertoires, *EMBO J.*, 13, 3245, 1994.
34. Clackson, T., Hoogenboom, H.R., Griffiths, A.D., and Winter, G., Making antibody fragments using phage display libraries, *Nature*, 352, 624, 1991.
35. Hoogenboom, H.R. and Winter, G., By-passing immunisation. Human antibodies from synthetic repertoires of germline VH gene segments rearranged *in vitro*, *J. Mol. Biol.*, 227, 381, 1992.
36. Sidhu, S.S., Li, B., Chen, Y., Fellouse, F.A., Eigenbrot, C., and Fuh, G., Phage-displayed antibody libraries of synthetic heavy chain complementarity determining regions, *J. Mol. Biol.*, 338, 299, 2004.
37. Sidhu, S.S., Lowman, H.B., Cunningham, B.C., and Wells, J.A., Phage display for selection of novel binding peptides, *Methods Enzymol.*, 328, 333, 2000.
38. Kunkel, T.A., Roberts, J.D., and Zakour, R.A., Rapid and efficient site-specific mutagenesis without phenotypic selection, *Methods Enzymol.*, 154, 367, 1987.
39. Fellouse, F.A., Wiesmann, C., and Sidhu, S.S., Synthetic antibodies from a four-amino-acid code: A dominant role for tyrosine in antigen recognition, *Proc. Natl. Acad. Sci. U.S.A.*, 101, 12467, 2004.
40. Fellouse, F.A., Li, B., Compaan, D.M., Peden, A.A., Hymowitz, S.G., and Sidhu, S.S., Molecular recognition by a binary code, *J. Mol. Biol.*, 348, 1153, 2005.
41. Lechner, R.L., Engler, M.J., and Richardson, C.C., Characterization of strand displacement synthesis catalyzed by bacteriophage T7 DNA polymerase, *J. Biol. Chem.*, 258, 11174, 1983.
42. Miller, J.H., *Experiments in Molecular Biology*, Cold Spring Harbor Laboratory Press, New York, 1972.

第 8 章　核酸适配体的体外筛选

Tianjiao Wang, Xiangyu Cong and Marit Nilsen-Hamilton

8.1　引言

核酸适配体本质是较短的单链寡核苷酸，可与其相应的靶点发生特异性、紧密性结合。核酸适配体可通过指数富集配体系统进化技术（systematic evolution of ligands by exponential enrichment，SELEX）在体外筛选富集，该体系简称为 SELEX，最早是由 Szostak 和 Gold 团队独立开发的[1,2]（图 8.1）。过去 20 年中，核酸适配体主要应用于生物学研究领域，而最近有研究报道表明，其也具有成为诊断和治疗试剂的潜力[3]。在本章中，我们将详细介绍 SELEX 筛选系统的技术细节和原理，为促进核酸适配体这类新型试剂的进一步发展提供帮助。

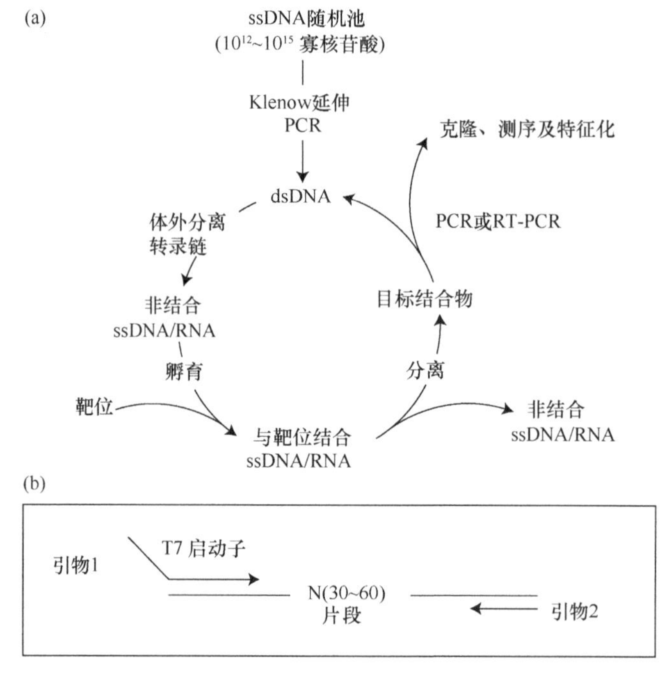

图 8.1　指数富集配体系统进化（SELEX）。(a) SELEX 程序。核酸适配体的体外选择先从 ssDNA 随机池开始，然后通过 Klenow 延伸或 PCR 将其转化成 dsDNA。从 dsDNA 产生 ssDNA/RNA 的重复循环、ssDNA/RNA 与靶的结合、靶结合物的分离及 dsDNA 从结合物的再生，直到高亲和力结合物（适配体）被富集。然后，富集的结合物被克隆、测序，并进一步表达以鉴定适体。(b) SELEX 池和引物。ssDNA 随机池由两侧的恒定区域（20~25 NT）与中心随机区域（30~60 NT）共同组成。恒定区域被用作引物扩增引物 1 和引物 2 的 PCR 扩增的锚定区域。RNA-SELEX 的体外转录需要在引物 1 中添加 T7 启动子，但 DNA-SELEX 的体外转录则不需要。（摘自 Wang T，Function and dynamics of aptamers: A case study on the malachite green aptamer，Ph.D. dissertation，Iowa State University，Ann Arbor：ProQuest/UMI，2008. Publication No. AAT 3342297）

核酸适配体与经典的抗体具有一定的相似性，二者与相应靶点的结合均具有高度亲和性和特异性（表 8.1）。不同的是抗体产生于体内，结合物性质多为蛋白质和小分子半抗原；而核酸适配体是在体外筛选得到，可广泛识别包括小分子、大分子细胞甚至毒素在内的靶点。此外，核酸适配体通过体外筛选获得，该过程也便于对其进行合成、修饰，因而具有更好的灵活性。在治疗方面，抗体本身具有免疫原性，可引起机体免疫应答，而核酸适配体不具有有毒性和免疫原性。与蛋白质性质的抗体不同，核酸适配体还可以通过变性和复性在诊断中重复使用[4,5]。尽管核酸适配体功能发挥依赖于三维折叠，对环境较敏感，不及抗体结构稳定，但其对极端温湿度的耐受较抗体更高。综上所述，核酸适配体可定义成核酸性质的抗体，具有独特的优势。

表 8.1　化学分子、核酸适配体和抗体的比较

	化学分子	核酸适配体	抗体
大小	<1 kDa	10~15 kDa	150 kDa
靶位	蛋白质	种类广泛，包括毒性靶位（从离子到大分子）	半抗原或大分子
亲和力	mmol/L~nmol/L 级	μmol/L~pmol/L 级	nmol/L-pmol/L 级
特异性	与分子结合位点匹配	区分单一化学基团和构象差异	区分单一化学基团和构象差异
免疫原性	无	无	有
组织渗透力	易进入组织或细胞	可有条件地进入组织或细胞	难以进入组织或细胞
是否能在胞内起作用	是	是	否
是否可被拮抗	有时	可被反义寡核苷酸拮抗	否
是否可打断大分子间相互作用	通常不可	是	是
筛选过程	体外合理设计或组合化学选择	体外组合化学选择	生物系统体内选择
分离条件	多样化	多样化	生理条件
化学修饰	多样化	多样化	有限
耐热性	稳定	稳定	温度敏感
有效期	无限制	无限制	约 5 年
生物半衰期	几分钟至几天	几小时至几天	几小时至几天
花费	低廉	相对昂贵	十分昂贵

8.2　核酸适配体在定量检测中的应用

鉴于核酸适配体相较于化学制剂和抗体有许多如表 8.1 所示的优势，其在医学及生物分析领域较抗体有更好的应用前景。自 20 世纪 90 年代问世以来[1,2,6]，SELEX 系统的相关研究与进步为当今核酸适配体应用的飞速发展打下了坚实的基础。使用 SCIFINDER 引擎对关键词“核酸适配体”进行快速搜索，仅在 2010~2011 年度产生的相关文献就达 1650 篇[7]之多（包含 299 篇综述）[8]。在本书中我们主要的关注点在于抗体的应用，故本章讨论将仅限于核酸适配体在生物传感、生物成像、亲和纯化等领域的应用。我们将通过核酸适配体与抗体之间的对比，更好地调整核酸适配体研究的方向并提升产品性能，使其发展更契合未来需求。

8.2.1 核酸适配体在生物传感领域的应用

一般的生物传感器都由两种功能模块构成，分别用于识别和产生信号。基于抗体识别原理的生物传感器，其生物信号产生环节通常是位于 Western blot、ELISA、质谱或流式细胞术等检测步骤后的独立环节。虽然某些特定抗体可应用于均质分析，但该方法技术尚不成熟。相反，核酸适配体因其结构较为灵活，很适合用于均质分析鉴定。在与被分析物结合时，核酸适配体即可发生结构改变，进而激活电化学信号、荧光信号或者发生机械输出改变，从而进行被分析物的浓度检测。

基于 RNA 或 DNA 核酸适配体的识别模块目前已经有商品化产品，同时也有很多综述报道了多样化的基于核酸适配体原理的生物传感器，即适配体传感器[9~14]。由于核酸适配体识别范围广泛，其检测物质可覆盖离子[15]、小分子[16]、肽[17]、蛋白质[18]、原核生物[19]、寄生虫[20]，甚至真核细胞[21]。核酸适配体-靶点间的相互作用也可以通过下游产生的电化学信号[22]、化学发光信号[23]、荧光信号[24]、量子点（quantum dot，QD）[22,25]、色谱改变[26]、表面电浆共振(surface plasmon resonance，SPR)[27]、表面声波信号[28]、石英晶体微量天平[29]等多种方法检测。

8.2.1.1 实时检测细胞分泌活动

许多核酸适配体激活的信号都是基于核酸适配体结构的可变性，并常根据结合靶分子的不同而改变。以使用检测干扰素 γ（interferon gamma，IFN-γ）为例，该功能模块通过经修饰的 DNA 适配体结合原代人白细胞产生的 IFN-γ，进而产生电化学信号[30,31]，其中，识别 IFN-γ 的 DNA 适配体以连接在其 3′端的氧化还原染料甲基蓝作为标签，并由 5′端经硫化后连接金电极。在环境中无 IFN-γ 存在的情况下，适配体的 3′端可形成发夹样环状结构，使其更接近金电极表面，使甲基蓝基团和电极间维持高效的电子转移；当结合 IFN-γ 时，DNA 适配体结构可发生改变，使甲基蓝基团远离金电极表面，进而使电子转移效率减低，用方波伏安法（square wave voltammetry，SWV）可检测结合 IFN-γ 前后电极处法拉第电流的变化；同时，金电极本身也可以捕获原代人白细胞，并通过吸引 T 细胞特异抗体进而使产生 IFN-γ 的细胞更靠近传感器。因而，使用适配体作为传感器，以抗体来捕获细胞即可持续监测活体 CD_4^+ T 细胞释放的 IFN-γ。该检测方法的检测下限为 60pmol/L，可以满足均质性检测对区分度和精密等级的要求。核酸适配体在结合被分析物时产生的结构改变也会影响输出结果的荧光[32,33]和机械信号[34]。在另一例相似的研究中，FRET 体系采用一对 ssDNA 适配体，并以可相互作用的荧光染料分别修饰，可用来识别和检测细胞环境中的血小板生长因子（platelet-derived growth factor，PDGF）[35]。在该方案中，用适配体与细胞表面生物素化的氨基酸组以硫化-生物素-*N*-羟基-琥珀酸（NHS-biotin）的方式结合，同时通过链亲和素桥与生物素化的适配体连接。根据报道，该方法不影响实验中使用的 MSC 的细胞表型及归巢能力，但该方法是否对其他细胞系产生毒性效果还需进一步确认。

8.2.1.2　在均质性检测中适配体传感器的修饰方式

在许多实例中，信号分子均以共价形式结合适配体传感器的识别单元，如前文提到的甲基蓝等。受表面连接基团的影响，核酸适配体可能发生结构改变进而导致其结合敏感度和选择性丧失[36]。为避免该问题，可改为使用结合靶分子后改变颜色或增强荧光的适配体分子传感器。例如，使用 ATP、茶碱、黄素单核苷酸 RNA 等种类的核酸适配体，可与截短的标记孔雀绿的 RNA 核酸适配体融合，在该融合结构的辅助下，当腺苷、茶碱或黄素单核苷酸等标签存在并与孔雀绿标记的相应适配体结合时，即可检测到孔雀绿荧光的增加。其原理是：当被分析物与核酸适配体结合时，可引起适配体结构重排，并将此重排效应传导至链接于其上的孔雀绿适配体，使后者结合孔雀绿染料[37]。以上这类探针在检测被分析物时，本身还需要链接额外的小分子（孔雀绿）作为信号标签，近来新研究中报道了一类无标签（label-free）、无底物（substrate-free）的新型探针，被称为“LFSF”适配体传感器[12,38]。以一种检测人 α-凝血酶的荧光 LFSF 适配体传感器为例，其检测下限可低至 2×10^{-15}mol，是由杂化阴离子单链 DNA（single-stranded DNA）凝血酶适配体/阳离子共轭聚合物复合物构成。

8.2.1.3　适配体用于基于竞争结合原理的检测

利用核酸适配体检测被分析物时，也可基于其结合靶分子与其他分子的竞争结合原理设计。例如，采用比色法检测可卡因的含量，即是利用被分析物与化学发色基团竞争结合核酸适配体的原理设计的。而核酸适配体也可被互补寡核苷酸调控，使其结合被分析物的活化构象分子发生形变。当其针对互补寡核苷酸的可结合性被待测物调节时，适配体发出的信号则与待测物的含量成比例。该原理用于核苷酸的检测时，当被分析物结合能竞争结合适配体的抑制性互补寡核苷酸时，可致其脱落使适配体活性增强[40~42]。当其用于检测蛋白质时则是相反的过程，是由被测物代替抑制物，进而使适配体连锁信号活化[43]。在相关领域最新的研究进展中有报道指明，当抑制性竞争物因待测物作用从适配体上脱落时，抑制性竞争物进而通过结合预装配的纳米结构级互补序列，形成核酸内切酶的剪切位点并释放可产生强烈电化学发光（electrochemiluminescent，ECL）信号的树枝状纳米团簇（dendrimer nanocluster，NC）/QD，成为信号产生的媒介[44]。该方法可被进一步升级并引入条码概念（一种只剪切含有特定限制性酶切位点的杂交序列的内切酶），使 NC/QD 应用于间接法检测并通过共价链接抑制性结合物与固相适配体杂交。在此方法中，电化学发光信号随待测物浓度的增加而衰减，待测物与抑制子竞争性结合并使适配体释放 NC/QD。目前该方法已被成功应用于肿瘤细胞的检测[44]。适配体与 QD 配对的分析方法结合了核酸适配体灵活性和 QD 释放强信号两者的优势。未来这些进展还会持续为开发兼顾便捷、快速、灵敏的新型分析方法提供支持[21,45,46]。

8.2.1.4　核酸适配体用于基于片段重组原理的检测

利用核酸适配体设计检测方法时也可采用片段重组原理，即当待测物存在于其附近时，可驱动核酸适配体片段发生重组进而产生信号。将同一核酸适配体序列的两半分别以信号发生结构的两部分标记，如一种靶向 HIV Tat 的 RNA 适配体，即是将参与 FRET 反应的两种荧光基团分别标于适配体两端，当其结合待测物时，可使两发色基团靠近，产生荧光信号，以检测待测物含量[47]。在另一类研究中，则是采用在一类或多类配体互补寡核苷酸辅助下，适配体结合的靶分子发生片段重组的检测原理。检测腺苷的适配体便是基于此原理设计[48]。该方案设计了两段单链 DNA 寡核苷酸，可与腺苷 DNA 适配体上的两个相近区域互补，并分别于5′端和3′端标记荧光发色团和匹配的荧光猝灭基团，当荧光发色基团接近猝灭基团时，则会导致三条寡核苷酸复性重组。当腺苷存在时，结合腺苷的 DNA 适配体会产生结构改变，使三条寡核苷酸与结合的腺苷解离，使荧光发色基团远离猝灭基团，使荧光信号增加与腺苷的含量成正比。

8.2.2 核酸适配体在生物成像中的应用

成像是生物传感器功能的自然拓展，核酸适配体在分子成像和医学成像中的应用正变得日益广泛[9~11,45,46,49~51]。该成像流程通常使用 QD 分子作为可视化标记，相较于传统有机染料，QD 具有更强的成像稳定性和亮度。因其具有较大的表面积/体积比，每一个 QD 分子可以捕获大量适配体，并可调节与之结合的适配体密度。交联 QD 的适配体纳米探针目前已可应用于部分细胞和分子表面蛋白的成像，如甲型流感病毒[52]表面的血凝素和胶质瘤细胞表面的腱糖蛋白（tenascin-C）[53,54]及小鼠肝癌细胞表面蛋白的成像[55]。此外，RNA 适配体-QD 结合体也可用于电泳后组蛋白标签蛋白的成像，未来可作为 Western blot 显影步骤的备选方案[56]。

肝细胞中存在抗体无法结合但核酸适配体可识别的独特位点。在这类限制性空间环境中，抗体无法正确折叠产生效应。基于 RNA 适配体原理的成像技术，常与传统有机染料或新型纳米材料配合使用，除进行细胞表面结构成像以外，也可应用于胞内染色。近来有报道表明，使用绿色荧光蛋白（green fluorescence protein，GFP）的 RNA 可标记其捕获的核糖体 RNA[57]，说明 RNA 适配体已可成功应用于胞内实体结构的检测。研究者在该实验中利用三种折叠蛋白中的定植氨基酸于胞内自动环化的特性合成了 GFP 荧光发色团 4-羟基苄基咪唑啉酮（4-hydroxybenzylidene imidazolinone，HBI）[58,59]，由于 GFP 可促进 HBI 产生荧光并为其制造合适的微环境，而 HBI 在外界环境中不产生荧光，故而以可结合 HBI 的核酸适配体标记核糖体，当被标记的核糖体发生亚细胞级的位移时，可促进其产生荧光；通过该过程即可追踪其在肝细胞内的移动。尽管该探针检测的信噪比水平仅能满足含量较高的胞内结构如核糖体的检测需要，但该研究展示了使用核酸适配体进行胞内成分定位成像和分子示踪的可能性。

8.2.3 基于核酸适配体的亲和纯化

鉴于核酸适配体对其靶点具有高特异度和敏感度，它们自然成为基于亲和力原理的一系列识别、分离和纯化实验的重要选择。近年来，基于核酸适配体的亲和纯化方法取得了长足进步，并表现出标准差回收率高、易修饰固相化、稳定性好、产量高等优势[9,45,60]。核酸适配体除可用于分离多种小分子物质之外，如利用腺苷[61]核酸适配体分离纳米微粒，还可用于制作基于微流体或毛细管技术的活细胞分离装置[50,62,63]。这些应用将有效地支持疾病的诊断和预后判断。

8.3　SELEX 系统的技术要点

作为一种体外实验筛选核酸适配体的方法，SELEX 系统是由反复的体外筛选、扩增、修饰等步骤组成的（见图 8.1）。首先，需要建立一个含有 10^{12}~10^{15} 种不同分子的单链 DNA 文库。该文库是由两段固有序列（20~25nt）经 PCR 扩增而来的、30~60nt 随机长度的片段。PCR 过程中的引物需要与这两段固有序列分别互补，筛选 RNA 适配体时，其中一段引物还需要含有 T7 启动子序列以用于体外转录；当筛选 DNA 适配体时，则需要其中一段引物标记生物素标签，以备后续筛选。

当准备好引物和 ssDNA 文库后，则可利用该文库，使用 DNA 聚合酶或 PCR 进行扩增，建立双链 DNA（dsDNA）文库。当筛选 RNA 适配体时，RNA 是通过 dsDNA 片段转录所得；而筛选 DNA 时，ssDNA 是从 dsDNA 经解链分离所得。ssDNA/RNA 与靶分子共孵育，进而将可能的适配体（可与靶分子结合的 ssDNA/RNA）与未结合的分子分离，通过 RT-PCR 产生 dsDNA；继续重复该步骤，以提高选择的准确性，直到可能的预期适配体在 ssDNA/RNA 中富集。最后，将经过进一步富集的 ssDNA/RNA 克隆、测序、添加特异性标签，即可完成功能性适配体的生产。下面，我们将具体探讨 SELEX 系统的技术要点和应用。

8.3.1　ssDNA 文库及引物设计

初始的 ssDNA 文库是由长度随机的众多序列片段在两端添加相同的固有序列组成的 ssDNA 库。在该类 DNA 文库的设计中，需要考虑长度、序列随机程度及固有区域序列等多种因素的选择和设计[64]。

随机序列的最佳长度并非是固定的，通常来说，长随机序列（70~200nt）常用于筛选低活性的复杂结构（如催化用核酶），而短随机序列（<70nt）常用于结合活性结构（如核酸适配体）。在多数新型结合结构的筛选中，常使用完全随机库。经计算机分析预测完全随机库通常仅可形成单一结构，并通常是单向、双向或三通连接[65,66]。部分随机文库或片段随机文库可筛选更复杂的结构并具有更好的亲和性。基于这些分组可使用计算机辅助工具设计部分/片段随机文库，并使用 RNA 作为成像和遗传学过滤工具[65,66]。

在随机区域之外，固有区序列和相应的适配体也是设计 ssDNA 文库时需要考虑的因素。固有区设计时主要需考虑其 RT-PCR 效率，同时也要避免固有区形成稳定的二级结构。与其匹配的引物不能含有可产生如引物二聚体等 PCR 产物二聚体的结构。通常 A/T 含量高和 3′端含有 WSS（W= A 或 T，S= C 或 G）的引物，具有更优秀的有效扩增率。引物设计方面，目前已有许多成熟的计算机辅助程序，如 OligoAnalyzer（http://www.idtdna.com/analyzer/Applications/OligoAnalyzer）和 PRIMER3（http://frodo.wi.mit.edu）等。由于核酸适配体可能倾向于形成稳定的茎环结构，因此引物应设计为具有较高的工作温度（65~70℃），以确保适配体序列的正确解链和反转录。目前已有许多成功构建的 ssDNA 文库和相应的引物应用于体外筛选过程[64,67]，并可直接作为引物生产的参考模板。一旦 ssDNA 文库和引物设计完成，即可进行商业性的化学合成且产量可达微摩尔级。在该量级的合成中，ssDNA 库通常含有约 10^{15} 不同的可扩增分子或复合物，足以支撑含量仅为库中 10^{-11} 级别的适配体筛选[68]。但需要说明的是，对于 60nt 的随机序列，包含所有可能序列的文库的最小容量需为 10^{36} 可复制分子。因此，尽管 SELEX 文库容量巨大，但仍未完全覆盖到所有可能序列。

8.3.2 靶点

针对广泛种类靶点的适配体目前已被成功筛选开发。可根据识别靶点类型来分类排序，目前适配体识别的靶位按常见程度可排为蛋白质>小分子有机物>>肽，核酸>碳水化合物>离子，脂质[69]。该趋势与靶分子的稳定度有关。靶向细胞的 SELEX 程序目前也可用于鉴定结合特异细胞群体的适配体分子[70~72]。在这些研究中，适配体通常识别未知靶点，其技术目标在于从众多细胞中（正常细胞中）分离识别单一细胞群体（如病变细胞）的适配体。

蛋白质是适配体筛选的主要靶点，其亲和度达到纳摩尔至皮摩尔级别。蛋白质具有重要的生物学功能和稳定的结构，并且表面适配体结合域宽广的特点，因而被选为适配体靶点。具有基础斑状结构的蛋白质具有更多机会发生蛋白基础斑块和核苷酸磷酸二酯主链间的静电吸引反应，因而更适于适配体筛选。此外，还需要适当设计以增强适配体分子识别蛋白质保守碱基的亲和力和特异度，同时减少核酸和保守碱基的低亲和力的非特异结合，来保证筛选的精密度。蛋白质结构中的保守碱基同时也可介导初始的低亲和度反应，从而促进适配体与蛋白质表面的相互作用，并支持碱基与蛋白质氨基酸支链间其他特异性相互作用如范德华力、氢键结合、堆积作用等的发生。

小分子有机物是微摩尔范围中亲和力排在第二位的适配体靶分子。与蛋白质相比，小分子具有更小的表面积，并以更少的结构与适配体产生相互作用。目前已有的识别核苷酸、共刺激因子、氨基酸、抗生素、有机染料等小分子有机物的适配体通常具有杂环或面状结构，这类分子多数可插入适配体的碱基之间。

针对糖类包括单糖和多糖的适配体检测范围多为纳摩尔级至微摩尔级，目前也可基于亲和系数原理筛选。而适配体识别离子（如 Zn^{2+}和 Ni^{2+}）的亲和力相对较低，只能达到毫摩尔级至微摩尔级。此外，识别脂质分子包括识别胆酸和脂肪族缬氨酸侧链的适配体也有报道，其亲和力为毫摩尔级至微摩尔级。

目前针对从离子至大分子的靶位广泛的适配体均有开发面世。理论上所有分子皆可成为适配体筛选的靶点，但是实际操作中，不同靶分子筛选的准确性差别很大。当靶分子具有有利于核苷酸非特异结合的特殊结构时，其结合较不含有此结构的分子更高。因此，当使用全序列的不同部分在随机库中钓取配体时，不同序列结合文库分子时表现出不同的亲和力。因此，对靶点的生物物理特性分析，可引导我们更好地选择靶分子及设计适配体筛选方案。此外，筛选文库随机性也是影响适配体筛选的重要因素。本章节主要讨论在假设文库中存在目标序列的情况下，如何增加适配体筛选的成功率。

8.3.3　由 ssDNA 随机文库产生 dsDNA

dsDNA 可经由初始 ssDNA 随机文库通过 PCR 或 DNA 聚合酶介导的引物扩增过程合成产生。使用 PCR 介导引物扩增过程时，高效的 PCR 条件需满足每循环的扩增系数>1.8，从而避免复制偏差，其优势在于被复制序列可产生多个拷贝便于筛选。而使用 DNA 聚合酶依靠引物延伸，则可在保证偏差更小的情况下延伸所有可复制序列，但每一序列仅能产生一份拷贝。在这两种方法中如何选择，还要基于对其靶点作为适配体的性能评价。如果其靶点具有成为适配体的潜力，则在文库中可能存在大量可与之结合的序列，因而即使在 PCR 的过程中存在偏差而未能扩增所有可能序列，也不会影响最终的适配体筛选效果。而如果根据预测，其靶点不是一个合适的适配体靶点，则使用引物延伸法是针对大部分差异序列的更优方法。

8.3.4　由 dsDNA 合成 ssDNA 或 RNA

当筛选 RNA 适配体时，可通过 T7 RNA 聚合酶使用商业试剂盒或自配试剂经体外转录产生 RNA。对任意酶促反应，使用自配试剂进行实验时，需要考虑溶液 pH、$MgCl_2$ 浓度、亚精胺含量、NTP、dsDNA 模板、T7 RNA 聚合酶等体外转录条件。在体外转录后，dsDNA 可通过 DNase I（RNase-free）处理清除。

筛选 DNA 适配体时可先使用 dsDNA 制备 ssDNA，dsDNA 可由 5′端标记生物素的引物在解链条件下以链亲和素磁珠除去未结合链筛选得到。

在两种情况下，每轮筛选后都应以凝胶纯化的方法收集全长 ssDNA/RNA。该操作可为下一步筛选提供纯化样本并可去除体系内固有 dsDNA，以避免 dsDNA 的存在对后续 RT-PCR 筛选步骤产生巨大影响。

8.3.5　靶分子与核苷酸的相互作用

在靶分子-核苷酸相互作用的步骤中，结合条件和选择精确度都属于影响最终结合效果的因素。靶分子-核苷酸相互作用时的结合条件包括孵育条件和洗脱缓冲液、孵育时间和温度、靶分子和核苷酸浓度和比例等。另外，还应在富集适配体筛选过程引入筛选精确度概念，包括降低靶点/核苷酸浓度比例、增加洗涤时间、降低竞争结合物含量。利用数学分析软件可辅助预测和计算筛选过程中靶点与 RNA 比例的调和级数，以确定二者之间适宜的比例，进而优化筛选体系[73]。

靶分子与核酸适配体相互作用体系的结合缓冲液体系通常由缓冲剂(如 Tris、HEPES 或磷酸盐，pH 6~8)、盐（NaCl 或 KCl 50~200mmol/L）和 Mg^{2+}（1~10mmol/L）构成；针对蛋白质筛选的缓冲系统，通常还需包括还原试剂成分，如二硫苏糖醇（dithiothreitol，DTT）或 Tris（2-羧乙基）盐酸膦（TCEP hydrochloride，TCEP 盐酸盐）。其中的单价和二价阳离子在核酸适配体和靶位结构组装和电荷中和过程中起重要作用。洗脱步骤也可使用培养基作为缓冲液，包括有机溶剂的各种缓冲剂均可用于适配体筛选。但无论用户使用何种缓冲液，都应注意优化靶分子和核酸适配体在缓冲液中的溶解度，避免二者发生聚集和沉淀。缓冲体系建议现用现配，新鲜灭菌，防止久置引起的变质和污染。

靶分子与核酸适配体相互作用的温度通常设置为 25℃或 37℃，孵育时间为5~30min。具体孵育温度应根据靶分子的结构稳定性和所选适配体的预期工作温度适当调整确定。在温度较低时或黏性溶液如含甘油的缓冲液中，分子扩散速度变慢，应适当延长孵育时间。同时，最初几轮筛选中，在保证靶分子维持足够稳定的前提下也应尽量延长孵育时间，以便低含量的高亲和力结合物获得更多结合靶分子的机会，结合更多靶分子。因靶分子与相应的潜在适配体相遇所需的时间受到扩散速率和单个分子出现频率的限制，故靶分子浓度也应保持在足够的水平。

为了进一步优化筛选条件，使用数学模型可以辅助分析 SELEX 过程并预测 SELEX 的最佳反应条件[6,73,74]。通常 SELEX 实验可从严格度较低的条件开始，充分地富集尽可能多的候选适配体。通过每三轮左右的筛选，测试候选适配体群与靶分子的结合性能，随时评价筛选的进展；当观察到预测的候选适配体富集时，则改用严格的条件进一步选择高亲和力的候选适配体[75]。根据一般经验，初筛中常选择 ssDNA 或 RNA 结合率为5%~10%的目标分子浓度作为初始浓度。实际操作中，会发现初筛中的许多靶分子可能未与 ssDNA 或 RNA 发生明显的结合（<1%），适配体与蛋白质的解离常数 K_d 通常为 nmol/L~pmol/L 级，而适配体与小分子的解离常数 K_d 通常为 nmol/L~μmol/L 级，该情况下可将蛋白质类靶分子的起始浓度设定为 1~10μmol/L 范围，而小分子类靶分子的起始浓度设定为 1~10mmol/L 范围，同时调整靶分子/核酸比率在 0.1 和 1 之间。

8.3.6 分离

从非结合性核酸中分离，需要在避免核酸适配体与分离基质非特异性结合的同时实现有效分离。目前 SELEX 系统中使用的分离方法包括硝化纤维素膜过滤、亲和层析、电泳迁移率漂移分析、免疫沉淀、离心、流式细胞术、SPR 和毛细管电泳等。

在诸多分离方法中，最常用的是过滤捕获和亲和层析。分离基质的选择方面，过滤捕获法常使用硝酸纤维素膜，而亲和层析常使用树脂，二者与核酸的非特异性结合均在 0.1%~1%。当根据概率计算估计随机池[68]中潜在适配体存在概率为 10^{-11} 时，通常使用 10~12 个标准程序（过滤捕获/亲和色谱）和<4 轮的毛细管电泳 SELEX（CE-SEELX）操作以富集目标适配体[69,73]。硝酸纤维素膜过滤法主要用于筛选识别蛋白质的 ssDNA 或 RNA 适配体。亲和层析也可用于筛选识别包括蛋白质和小分子等靶分子的 ssDNA 或 RNA 适配体选择。然而与过滤法相比，亲和层析法在结合时需要更多的蛋白质，同时，若偶联的靶分子在基质中含量过多，则难以分离与亲和树脂结合的目标适配体。为避免以上方法的缺陷，CE-SELEX 系统也不失为从未结合核酸中分离适配体-靶分子复合体的另一种选择。通常情况下，分离步骤中用于适配体选择的循环多设置为 2~4 轮，以控制核酸在涂有负电荷聚合物的毛细管中分离时，全程维持高分辨率和低吸收率[76,77]。但 CE-SELEX 应用尚少，仍需要靶分子具有相对清晰的电泳

图谱使系统可以在核酸池明显分辨其存在，并且不适用于电流敏感性适配体与靶分子间的相互作用。

8.3.7 扩增

在与未结合核酸分离后，首先需将筛选出的 RNA 适配体通过反转录转化为 cDNA。由于各种反转录酶在 SELEX 系统中的相对效率尚不确定，而适配体通常需要具有高度稳定的结构，故而我们更倾向使用在高温（55~70℃）下起作用的、具有较高热稳定性的反转录酶。

下一步，则是通过 PCR 扩增候选 RNA 适配体的 cDNA 库和候选 DNA 适配体的 ssDNA 库，为下一轮选择提供所需寡核苷酸库。保证 PCR 反应的高效性和无偏性是 SELEX 操作成功的关键，而要实现待测序列的无偏扩增需要扩增过程保持 90%~100% 的效率，也就是说每个 DNA 每周期需要扩增 1.8~2 倍。与大多数常规 PCR 反应不同，SELEX 中的 PCR 反应使用的 DNA 模板非常短，随着 SELEX 循环的增加，其中的许多模板可能出现多个拷贝，进而引起不必要的引物-产物或产物-产物等形式的异常杂交副产品形成增加。在 SELEX 体系的 PCR 反应中，一般情况下目标 dsDNA 产物通常应在 15~18 个或更少的循环后达到最大值，继续扩增则可出现过度扩增。过度扩增会导致目标 dsDNA 产物消失，并且产生大量不需要的副产品。这些无用的副产品通常呈现一种离散带的状态，在凝胶中移动比期望的双链 DNA 产物慢得多。判断过度扩增何时发生需要考虑序列池类型及其浓度，最早可在 10 次循环后发生，最晚也可发生于超过 20 次循环后。

在 SELEX 体系的 PCR 反应中，所需的 dsDNA 产物随 *Taq* DNA 聚合酶浓度在 0.025~0.1U/μl 范围内增加，这与常规 PCR 的预期结果相反[78]。在 SELEX 体系中加入单链 DNA 结合蛋白、DMSO 和甜菜碱等可以提高 PCR 反应的产率和质量[79,80]。采用经优化的乳化液 PCR 体系可以很大程度上避免大部分的无用副产物产生，但由于其要求的扩增体系体积较大而并不实用（用于扩增复杂度为 10^{14} 的 ssDNA 随机池所需体积约为 100ml）[81]。在 SELEX 体系 PCR 反应中我们常遇到的另一问题是扩增循环中出现 PCR 产物的长度减小的情况。与较大的无用副产物片段产物不同，通常片段缩小的问题常与所筛选适配体的种类有关。通常这些片段缩小范围为 3~20nt，并通常为 DNA 模板截断的情况导致。

8.3.8 阴性选择与阳性选择

为避免筛选时样品与分离基质包括硝化纤维素膜和树脂的非特异结合，或筛选高度特异性的适配体时，通常需对基质或可能靶分子进行阴性选择。阴性选择通常与阳性选择交替进行，后者是针对目标分子。在负选择轮中间隔的正选择轮数通常采用 2~3 回合，并根据所筛选的适配体种类而变化。最近有研究结果表明，在负选择轮之前的阳性轮数越多，越可能筛选结合到亲和力和特异性高的目标 RNA 适配体[82]。

要实现成功筛选到目标适配体，还需通过增加 DNA/RNA 池对目标适配体分子的亲和力来实现。当增加与目标结合的序列在序列池中的比例时，可以明显提高二者的结合亲和力，其效果可以通过目标适配体结合核酸量与目标适配体浓度间的函数绘制结合曲线来检验。序列池整体表现出的亲和力不能反映池中随机的单一 DNA/RNA 序列的亲和力，但可指示其中是否存在高亲和力结合物群体。通常情况下蛋白质的亲和力高于小分子，如果亲和力的增加接近于对所筛选目标分子类型的预期，即可通过标准大肠杆菌载体来扩增产物（本团队使用的是 Invitrogen 公司的 TOPO XL PCR 载体）。如果筛选时观察到群体性亲和力增加，则可选择约 100 个菌落进行测序（本团队使用了约一板 96 孔板收集菌落）。此外，也可在早期几轮筛选选定的序列池中进行深度测序，并使用生物信息学来识别可能的目标适配体群体。目前已有许多序列比对程序可用来分析 DNA/RNA 序列之间的进化关系，如 VectorNTI、SDSC 生物工作台（SDSC Biology Workbench）等。通常使用这类分析软件即可找到一个或多个可能的目标适配体种群。通常这些软件预测出的可能目标 DNA/RNA 适配体长度不等，其中更合适的适配体分子更倾向为随机化区域中的较短序列。

8.3.9 适配体优化

优化改进适配体的基本思路在于：设法确定筛选到的候选适配体中的最佳适配体序列，并基于此最优结合序列优化其结合亲和力或特异性。具体的优化方式可有很多种类。首先，可选择初筛得到的候选适配体进行合成，并测试其与靶分子的亲和力。假设原核酸适配体可结合靶分子，进一步则需要筛选对靶分子具有最佳亲和力和特异性的备选项中长度最小的序列。该筛选过程要求排除干扰适配体结合的外来序列。如下文 SELEX 操作步骤中所讨论的，可以通过边界确定实验确定具有最小长度的最佳适配体，或通过实验验证进行计算。计算 DNA/RNA 折叠的程序如 Mfold、Sfold 和 ValFold，均可用于确定所选择的原始适配体可能的结构，并探索其中的结构模式。之后进一步优化适体的方法取决于初步检测的结果，并需要测试截短寡核苷酸对靶分子的亲和力，以及通过 RNase、DNase 或化学探针验证靶结合区域。如果要修饰候选适配体，则修饰试验必须与优化试验同时进行，因为即使对核酸序列进行很小的修饰，也可能对其靶分子亲和力产生很大的影响。

8.3.10 复选提升适配体亲和力

如果所筛选到的优化过的候选适配体亲和力不够高，则需通过掺杂或非同源随机重组的方法进行再次筛选来改善。在掺杂实验中，亲本适配体可部分随机化，在每个位点都具有一定的突变（掺杂）率。为了提高亲和力，建议使用高掺杂率（30%~50%）来最大化突变距离（10~15个个体突变），同时保留所有可能的序列[86]。在非同源随机重组中，通过随机交叉、重复、重新排序、重新定位和删除，可以获得更加多样的结构变化。通过掺入杂物的重复筛选操作可使适配体的亲和力提高10倍[87]，而通过非同源随机重组则可使其亲和力提高30~50倍[88]。

8.4 适配体修饰

对适配体进行适当修饰可以优化其功能性、稳定性或药代动力学特性。常见的修饰方式包括 2′和 4′的糖基修饰，其中 2′修饰常用 NH_2、F、OCH_3、LNA 等基团，而 4′修饰常用 S、LNA，以及 5 位点（嘧啶）、7 位点和 8 位点（嘌呤）的碱基修饰，其常见修饰形式包括氨基酰基、疏水基、亲水基、带电基和荧光基团等；此外，常见的修饰形式还包括磷酸二酯骨架修饰（S、BH_3）和末端修饰（如生物素、IDT、聚乙二醇化、荧光基团等）。碱基修饰通常可引入新的功能基团。例如，在 5 位点使用 dUTP 引入吲哚基团标记，可作为底物来筛选针对抗肿瘤坏死因子受体超家族成员 9（tumor necrosis factor receptor superfamily member 9，TNFRSF9）的高亲和力 DNA 适配体[89]。

对适配体添加修饰可改善其药物动力学特性（如核酸酶抗性、亲和性、热稳定性、组织摄取和循环半衰期等），如在 2′位点添加 F、OCH_3、NH_2 等修饰可增加血清中适配体的半衰期，使其在血清中停留时间从几秒钟增加到几天[90]。此外，末端 PEG 化修饰也可使适配体的循环半衰期从 1h 提高至 16h 以上[91]。

适配体修饰可以通过酶促反应法在 SELEX 反应过程中添加，或在 SELEX 反应后以化学法或酶法引入[90,92,93]。通过修饰可以改变适配体结构，从而改善其对靶分子的亲和力。适配体修饰的具体效果应通过实验结果进行验证。由于聚合酶同时结合 4 种修饰的（d）NTP 的效率较低，因此适配体修饰通常会选择在 SELEX 反应过程中先对嘌呤或嘧啶进行修饰，在 SELEX 后再进行对其余核苷酸修饰。末端加帽修饰是适配体优化的最后步骤，常常在其他修饰的步骤完成后进行。在下文中，我们将主要讨论实际情况下，在 SELEX 反应中如何通过酶反应法对适配体进行修饰。

在 SELEX 反应过程中对适配体进行修饰，通常是采取酶反应法，使用非天然核苷酸来修饰 ssDNA/RNA。对于结构更稳定的 RNA 适配体，通常使用 2′-NH_2 和 2′-F 修饰的核苷酸作为底物[94~96]。目前，已有多种能够使用非天然核苷酸作为底物的 DNA 聚合酶、RNA 聚合酶和反转录酶突变体面世。实际应用中如何在其中正确选择合适的聚合酶，还需考虑核苷酸底物的种类和组成情况。用于 RNA 适配体筛选时，2′-NH_2 和 2′-F 修饰的 CTP 和 UTP 可作为 T7 RNA 聚合酶（Y639F）的良好底物[97]；2′-OCH_3 修饰的 CTP 和 UTP 是 T7 RNA 聚合酶（Y639F/H784A）的良好底物[98]。另有一种 T7 RNA 聚合酶变体（Y639V/H784G/R593G/V685A），可与 2′-OCH_3 修饰的 UTP、CTP 和 ATP 而非 2′-OCH_3 修饰的 GTP 发生反应[99]。在理想条件下，4 种 2′-OCH_3 修饰的 NTP 均可作为 T7 RNA 聚合酶（Y639F/H784A/K378A）的反应底物，用于筛选 2′-OCH_3 修饰的 RNA 适配体[100]。锁核酸（locked nucleic acid，LNA）是另一种 2′修饰形式，是通过一个亚甲基基团将 2′-O 和 4′-C 相连。LNA-UTP 可作为野生型 T7 RNA 聚合酶的底物[101]。除了 2′修饰外，4′-巯基修饰 CTP 和 4′-巯基修饰 UTP 也可作为野生型 T7 RNA 聚合酶的底物[102,103]。α-S-NTP 也是野生型 T7 RNA 聚合酶的良好底物，可用于含有磷酸酯骨架的适配体筛选[104]。5 位点的 UTP 上的修饰常使用苯基、4-吡啶基、2-吡啶基、吲哚基、异丁基、咪唑、氨基[105]、Br 和 I[106]，也可用作野生型 T7 RNA 聚合酶的良好底物。通常上文介绍的这些修饰方法也与反转录酶兼容。

使用修饰 dNTP 筛选 DNA 适配体时，采用 B 族 DNA 聚合酶[如 Vent（exo-）、KOD Dash（exo-）、Pwo、Pfu（exo-）等]通常比 A 族 DNA 聚合酶（*Taq*、Klenow、Tth）效果更好。2′F-dNTP（2′F-dATP、2′F-dCTP 和 2′F-dGTP 复合物）是 Pfu（exo-）、Vent（exo-）、Deep Vent（exo-）和 UITma 这 4 种酶的底物[107]。高保真度 DNA 聚合酶和 KOD DNA 聚合酶可利用 LNA、LNA-UTP 和 C5-乙炔基化 LNA-UTP 作为有效底物[101]。αS-dNTP 是 *Taq* DNA 聚合酶和 Goldstar red DNA 聚合酶的底物，在二者的作用下可使硫代磷酸酯键部分或完全取代磷酸二酯[108]。包括羧基、酰胺、胍和氨基的许多功能基团可以修饰 dNTP 的 5、7 和 8 位点，这些经修饰的 dNTP 又可作为 Vent（exo-）DNA 聚合酶和 KOD Dash（exo-）DNA 聚合酶的底物[89,109~111]。Taq（M1）也可使用生物素、荧光素和罗丹明标记的 dNTP 作为底物[112]。此外，使用 5-Br dUTP 和 5-I dUTP 时，则需要同时使用 *Taq* 和 Pwo DNA 聚合酶才能维持反应的有效性[113]。

8.5 SELEX 技术的发展与变化

SELEX 技术自 1990 年首次推出以来一直不断更新发展。到目前为止，适配体的筛选、优化和修饰仍然是一项需要投入大量时间和人力的工作，通常制作完成一种适配体往往需要数月至数年。因此，该行业内许多团队的研究重点一直是推动技术的自动化，促进实验方法向高通量、高效率和易于修饰的方向发展。要实现适配体的自动化筛选，则可将机器人工作站与分离方法集成结合，即使用自动化的方法控制包括亲和层析和过滤、真空歧管、PCR 热循环器、酶冷却器和吸管工具等在内的分离步骤，同时可以结合荧光检测装置来完成半定量 PCR，利用这样的自动化系统，即可在 2 天内完成 8 次（每次进行 12 轮）平行筛选，甚至未来还有潜力将该反应扩容至 96 次。同时，还可以结合其他工具高通量克隆、测序和亲和性检测。机器控制下的自动化适配体筛选，其技术关键在于确定目标分子和筛选方法，且筛选过程还需经过人工干预和判断把关。因此相比完全自动化系统，具有良好的质量控制和监测选择进度手段的半自动化系统在实际应用中可能具有更高的实用性。

提高适配体筛选工作效率的另一种途径是开发高效、快速的分离方法。目前已投入使用分离方法包括毛细管电泳（capillary electrophoresis，CE）、SPR、流式细胞术、原子力显微镜（atomic force microscopy，AFM）和微流体学等，采用 CE-SELEX 和 AFM-SELEX 反应体系可在 1~3 轮选择周期中分离适配体[76,77,117,118]。在 AFM-SELEX 体系中，原始适配体的选择还可与亲和力测定同时进行。此外，基于微流体的 SELEX 体系也可在 1~4 轮选择循环中鉴定出候选适配体[62]。在微流体 SELEX 体系中，利用基于平衡混合物的非平衡毛细管电泳（nonequilibrium capillary electrophoresis of equilibrium mixtures，NECEEM）的 SELEX 筛选流程，即可筛选符合用户预设定结合参数（K_{on}、K_{off}、K_d）的适配体[76]。与常规 SELEX 筛选体系平均需要 12 个选择周期相比，这些新型 SELEX 体系筛选方法能在 2~4 个选择周期中产生适配体，在大大提高了筛选效率之外，同时也可与自动化和高通量检测等扩展功能兼容。但由于微流体装置体积较小且表面积有限，原始序列池的复杂性可能受到限制（如用于毛细管电泳要求待测分子<10^{13}个），因而减少了该体系可筛选的适配体范围。目前问世的许多新方法已被个别实验室报告有效，虽然这些方法还没有经过广泛验证，但这些新技术在未来必将推动 SELEX 体系向高效化和高通量化方向发展。

作为高效的分离方法代替方案，早期筛选循环的高通量测序（>1.7×10^7个有效序列，内含有 2×10^6~9×10^6个特异序列）可以在 1~3 轮选择中鉴定显性和富集的克隆（潜在适配体）[119,120]。此外，目前已开发出无引物 SELEX，可以更方便地鉴定最低限的功能适配体[121,122]。

目前已有团队开发了基因组 SELEX，意在替代使用合成随机池进行筛选的经典 SELEX，可用于识别包括转录因子结合位点和基因组 DNA 的天然 RNA 表位在内的自然 DNA/RNA 靶位相互作用[123,124]。

8.6　计算机辅助技术

目前，已有各种计算工具来分析 SELEX 过程并指导适配体优化（截断、结构预测），例如，在硅基 SELEX 系统中可通过结构预测和分子对接，尝试利用计算机系统辅助筛选适配子[125]。虽然该方法还未经过完整验证，但未来或将对适配体技术的发展产生推动作用。

在 SELEX 系统中，各种计算分析应用已广泛开展[6,73,74]。在更实际的层面，我们已经开发了一个基于 SELEX 系统的运行期间化学平衡的模型。基于该分析模型的模拟表明，目标浓度以每轮 10%~40%的比例逐渐降低有利于成功筛选，而背景结合越高，筛选过程越困难。此外，最佳结合物的富集率与序列池中最佳结合物的数量及其相对序列池中较差结合物的亲和力、选择轮的数量相关[73]。基于 MATLAB®模拟程序有助于指导 SELEX 实验条件的选择[73]。此外，我们扩展性地使用该模型来分析多靶点 SELEX，结果表明单独的适配体-靶分子间相互作用的热力学特征对于成功的多靶点 SELEX 十分重要，且正向选择和负向选择的最佳组合是进行一系列正向选择后跟随稍少的阴性选择轮[74,82]。

除了包括 Sfold（http://sfold.wads.org/cgi-bin/index.pl）在内的通用 RNA 折叠预测软件之外，ValFold 可专门用于适配体二级结构预测和截断。在该程序中，首先基于树干构造和最小能量预测输入序列的次优二级结构。然后根据其出现频率对预测次优二级结构的单链区域中的潜在结合基序进行识别和排序（http:/code.google.com/p/valfold/）[126]。包括 MC-SYM（http://www.major.iric.ca/MC-Pipeline/）在内的一些工具也有预测 RNA 的 3D 结构的功能[127]。当然，这些用于特征化适配体的计算机辅助手段仍然需要生物化学（RNA 足迹和边界确定）和生物物理（NMR 和 X 射线晶体学）等分析角度的实验验证。

8.7　SELEX 操作流程

前文中，我们已经详细描述了许多常规 SELEX 的操作流程[67,75,128,129]。下文里我们将以一个已经成功应用于RNA适配体选择的SELEX系统为例，具体介绍识别蛋白质和小分子的核酸适配体筛选方案。

8.7.1 由ssDNA合成dsDNA文库

筛选从寡核苷酸（ssDNA文库）的单链DNA募集开始。起始寡核苷酸序列的选择范围可以是完全随机序列，也可以是包含某些结构元件（如茎环）的序列，或是先前筛选到的适配体或天然RNA元件的退化序列的互补序列。

通过限制性循环（5~7个周期）PCR或*Taq* DNA聚合酶延伸，可从ssDNA文库中产生双链DNA。我们发现，第一轮SELEX通常需要大约50个碱基的随机序列、PCR引物序列和200pmol~2nmol寡核苷酸的ssDNA文库，则相应地需要准备1~10ml PCR /延伸反应体系。在PCR/延伸反应后，对较大反应体积可以通过正丁醇萃取、苯酚/氯仿萃取和乙醇沉淀等方式浓缩，然后通过8%~12%聚丙烯酰胺凝胶电泳（native PAGE）分离得到合成的双链DNA（117 bp），并进一步按后述方法从凝胶中纯化。

8.7.1.1 PCR反应（总体积100 μl）

8.7.1.1.1 反应体系

终浓度	储存液	体积（总体积100μl）
0.25μmol/L	100μmol/L oligo_lib1	0.25μl
2μmol/L	50μmol/L 引物 1	4μl
2μmol/L	50μmol/L 引物 2	4μl
0.2mmol/L	每份10mmol/L dNTP	2μl
1×	10×PCR缓冲液（无Mg^{2+}）	10μl
1.5mmol/L	25mmol/L $MgCl_2$	6μl
0.025U/μl	5U/μl *Taq* DNA聚合酶	0.5μl
	H_2O	73.25μl

8.7.1.1.2 条件

初始阶段：93℃ 3min；1个循环。第二阶段：93℃ 30s；65℃ 1min；72℃ 1min；5~7个循环。第三阶段：72℃，5min。1个循环。

需要注意尽量减少循环次数以防止非目标DNA扩增。虽然通常情况下设计为5~7个循环较合适，但在某些情况下，15个扩增循环也不会显著提高寡核苷酸群体非特异背景。此外，还可通过PAGE监测PCR产物中非特异性DNA的含量。

8.7.1.2　*Taq* DNA 聚合酶延伸反应

8.7.1.2.1　反应体系

终浓度	储存液	体积（总体积 1ml）
1×	10×PCR 缓冲液（无 Mg^{2+}）	100μl
1.5mmol/L	25mmol/L $MgCl_2$	60μl
每份 0.5mmol/L	每份 10mmol/L dNTP	50μl
1.67μmol/L	1mmol/L oligo_lib1	1.67μl
3.33μmol/L	1mmol/L 引物 1	3.33μl
0.025U/μl	5U/μl *Taq* DNA 聚合酶	5μl
	H_2O	780μl

8.7.1.2.2　反应条件

孵育 93℃　3min；65℃　5min；72℃　30min。

8.7.2　经体外转录由 dsDNA 合成 RNA

RNA 可以用 T7 RNA 聚合酶从 dsDNA 模板体外转录，可按下文所述配制反应体系。通常使用20μl 反应混合物，由10~100 pmol 双链 DNA 模板可产出0.5~2nmol RNA。使用成熟的商业试剂盒，如 AmpliScribe™ T7高产转录试剂盒（Epicentre 公司，cat#: AS3107，用于天然 RNA）和 DuraScribe™ T7转录试剂盒（Epicentre 公司，cat#：DS010925，用于2′-氟-嘧啶修饰 RNA）等，也可获得相似的 RNA 合成产率。

8.7.2.1　反应体系

终浓度	储存液	体积（总体积 100μl）
1×	10×转录缓冲液	10μl
20mmol/L	1mol/L $MgCl_2$	2μl
每份 5mmol/L	NTP，25mmol/L/份	20μl
0.02U/μl	2U/μl 焦磷酸酶	1μl
80μg/ml	4mg/ml T7 RNA 聚合酶	2μl
2.5μmol/L	50μmol/L dsDNA	5μl
	H_2O	60μl

8.7.2.2 条件

37~42℃孵育2~4h，加入10 MBU DNA酶Ⅰ（Epicentre公司，cat#：DB0711K）继续在37℃下孵育30min，降解dsDNA模板。合成RNA，将100%乙醇和3mol/L乙酸钠按25∶1混合，调整pH至5.2进行沉淀，–20℃放置2h，以16 000*g*离心10min，然后溶于20μl尿素负载缓冲液中。75℃变性5min后，样品采用8%的变性PAGE凝胶（7mol/L尿素，10cm×8cm，20~30V/cm，15min）进行分离。作为监测电泳过程的标记物，将5μl甲酰胺上样缓冲液同时上样。当电泳停止时，该缓冲液中的二甲苯环己烷FF带（约70nt）应该恰好处于凝胶距离一半的位置。用手持紫外灯（254nm）照射预先荧光包被的TLC板可观察到RNA带（100nt）。在紫外光下，TLC板呈现浅绿色背景，RNA带变黑。将切开的RNA条带，在37℃下用300mmol/L乙酸钠和10mmol/L EDTA（*V*/*m*）洗脱3h，用苯酚/氯仿萃取，乙醇沉淀，然后溶于H_2O。

提示：

（1）如果乙醇沉淀产生的RNA产量较低，加入线性聚丙烯酰胺和（或）将乙醇混合物置于20℃孵育过夜可促进更多的沉淀产生。产品也可用于在柱上捕获短RNA。

（2）将RNA（和DNA）暴露于UV中的时间尽可能缩短，当核酸长时间暴露于紫外线中时会发生损伤。

8.7.3 利用不同分离方案捕获RNA结合物

捕获目标分子（RNA结合物）的RNA可以通过包括亲和层析和硝化纤维素膜过滤等方案从未结合的RNA（游离RNA）中分离出来。

亲和层析可用于选择识别小分子或蛋白质的适配体。目标分子首先共价偶联至基质（如琼脂糖、琼脂糖树脂），当目标分子对树脂具有高亲和力时，也可通过非共价方式偶联（例如，与生物素化目标蛋白和链霉亲和素柱，或HIS标签的目标蛋白质和Ni-NTA柱）。在用大约10柱体积的结合缓冲液孵育和洗涤后，RNA结合物然后可以通过亲和洗脱（占游离目标分子的4柱体积）或加热（隔水加热95℃，5~10min）洗脱。在洗脱温度下孵育30min，使核酸从柱中完全分离，大大提高了亲和洗脱的效率。

过滤器捕获主要用于选择针对蛋白质的RNA适体，因为RNA–蛋白混合物通过真空硝酸纤维素膜过滤时（12.5cm Hg），蛋白质可有效地吸附在硝酸纤维上而大多数RNA不吸附。保留在膜上的RNA结合物靶蛋白可以取400μl的7mol/L尿素∶酚∶氯仿混合液（按1∶2∶1体积比例混合），在室温下孵育30min后16 000*g*离心5min，取水相物用氯仿提取两次，再用乙醇与3mol/L的乙酸钠（pH 5.2）按25∶1混合，在20℃下沉淀至少2h。

在第一轮筛选之前，应进行预结合实验，以确定RNA序列池对分离基质（树脂或膜，通常小于1%）的非特异性结合量，并确定5%~10% RNA结合靶标的条件。如果初始RNA序列池与目标分子没有明显的结合，则建议以高目标浓度开始目标分子选择（小分子为mmol/L级别，蛋白质为μmol/L级别）。随着筛选逐步进行，可以通过降低目标浓度、增加洗涤时间和体积，以及添加 DNA/RNA 结合蛋白、目标分子类似物等竞争结合物来提升选择精确度。基于平衡系数设计数学模型可通过一谐波函数预测目标分子浓度（相对于 RNA 浓度）的降低程度（如每轮 10%），从而更有效地指导筛选过程提速。在没有具体目标分子时，针对基质进行的阴性选择也可采取一定方法消除非特异性结合物。通过交替使用不同筛选方案，例如，交替使用过滤捕获法与亲和层析法循环筛选，也有助于将基质非特异性结合控制在最小化水平。

8.7.4　通过 RT -PCR 由 RNA 结合物产生 dsDNA

对序列的进化和选择中，1/3~1/2 的 RNA 结合物可转化为 dsDNA 片段以备下轮筛选。低精度的 PCR 可促进已筛出序列的突变以获得进一步的进化体。

8.7.4.1　反转录反应

8.7.4.1.1　反应体系

终浓度	储存液	体积（总体积 20μl）	
	捕获 RNA	2μl	预混合
2.5μmol/L	50μmol/L 引物 2	1μl	
0.5mmol/L	每份 10mmol/L dNTPs	1μl	
1×	5×第一标准缓冲液	4μl	
5μmol/L	0.1mmol/L DTT	1μl	
10U/μl	200U/μl SuperScript™ III RT	1μl	

8.7.4.1.2　条件

将预混物在 65℃下孵育 5min，在冰上冷却 5min，然后加入其余成分，在 55℃下孵育 1h 产生 cDNA。在 70℃下孵育 15min，反应停止。取此反应所得的 cDNA 产物总量的 1/3~1/2 用于下步所述 PCR。

注：对于结构高度稳定且难以转录的 RNA，可以使用 Thermoscript™ RT 代替 SuperScript™ III RT，反应在 65℃进行。

8.7.4.2　PCR

8.7.4.2.1　反应体系

终浓度	储存液	体积（总体积 100μl）
1mmol/L	每份 10mmol/L dNTP	10μl
1×	10× PCR 缓冲液（无 Mg^{2+}）	10μl
7.5mmol/L	25mmol/L $MgCl_2$	30μl
2μmol/L	50μmol/L 引物 1	4μl

续表

终浓度	储存液	体积（总体积 100μl）
2μmol/L	50μmol/L 引物 2	4μl
0.025U/μl	5U/μl *Taq* DNA 聚合酶	0.5μl
	cDNA（上述反转录产物）	2~10μl
	H_2O	31.5~39.5μl

8.7.4.2.2 条件

93℃ 3min，1 个循环；93℃ 30s，65℃ 1min，72℃ 1min，7~15 循环；72℃ 5min 1 个循环。PCR 产物用苯酚/氯仿提取，乙醇沉淀，进行下一轮筛选。PCR 产物（117 bp）通过 4%琼脂糖凝胶电泳和 1×TAE 缓冲液电泳检测 DNA 质量。

注：PCR 的质量可在后期循环中（约 7~10 循环时）暂停 PCR，提取 5μl PCR 产物进行 4%琼脂糖电泳检测。PCR 循环次数设置通常不超过 15，以避免产生高分子量的双链 DNA 副产物。

8.7.5 适配体克隆及测序

在筛选结束时，除了用 1.5mmol/L 的 $MgCl_2$、0.5μmol/L 的引物（1 和 2）和 50~200μmol/L 的 dNTP 进行高保真 PCR 外，上述 RNA 结合物将通过 RT-PCR 转化成 dsDNA。经过 PCR 产物分离（PCR 凝胶纯化试剂盒，Promega 公司，cat#：A9891），然后使用 TOPO XL PCR 克隆试剂盒克隆 dsDNA，并选取至少 96 个菌落用于高通量质粒纯化和引物 R-1 测序。后续可通过 VectorNTI 等软件或 SDSC Biology.Workbench（http://workbench.sdsc.edu/）等在线服务器进行序列分析。

8.7.5.1 TOPO® Cloning

8.7.5.1.1 反应体系

终浓度	储存液	体积（总体积 5μl）
1.6~32ng/μl	2~40ng/μl dsDNA	4μl
0.2×	pCR-XL-TOPO vector	1μl

8.7.5.1.2 反应条件

将以上预混物置于 25℃孵育 5~30min 后，加入 1μl 的 6×TOPO XL PCR 克隆终止溶液终止反应。将 2μl 的连接产物与 1 份 One Shot®TOP10 化学感受态细胞混合，于冰上孵育 30min，然后通过 42℃热激 30s 和冰镇 2min 转化细胞，250μl 培养基稀释体系后 37℃振荡孵育 1h，将转化细胞（50~150μl）接种于含有 50μg/ml 卡那霉素的 LB 琼脂板上，在 37℃下孵育过夜，挑选所得菌落与引物 R-1 进行高通量质粒纯化和测序。

8.7.6 适配体特征化修饰

在选择结束时，当通过计算分析确定了可能的适配体序列，就确定了各个候选适配体的 K_d。为了获得具有最小长度的最佳功能适体，也需进行边界实验。

适配体 K_d 可以通过不同的方法来确定，包括等温滴定量热法[130]、表面等离子共振[131]、等度洗脱[128]和过滤结合试验[75]等。

边界实验可用来确定维持适配体功能所需最小的序列长度。具体操作时，首先需将待鉴定的适配体去磷酸化，然后用 T4 多核苷酸激酶在 5′端用 ^{32}P 标记，或用 T4 RNA 连接酶 1 在 3′端进行标记。^{32}P 标记的适配体置于 pH 较高的条件下使之部分水解，然后将其与目标分子共孵育。结合靶分子的 RNA 序列可通过过滤法或亲和层析法回收，并通过 7mol/L 尿素-聚丙烯酰胺凝胶电泳（8%~12%聚丙烯酰胺，常数 60W），采用 G 梯度（使用 RNase T1 部分消化的 ^{32}P-适配体）或 OH 梯度（部分碱解 ^{32}P-适配体）进行分离，以确定 5′端和 3′端的边界。

8.7.6.1　去磷酸化

8.7.6.1.1 反应体系

终浓度	储存液	体积（总体积 50μl）
1×	10× NEB 缓冲液 3	5μl
10μmol/L	100μmol/L RNA	5μl
0.2U/μl	10U/μl CIP	1μl
	H_2O	39μl

8.7.6.1.2 反应条件

在 37℃下孵育 1h，然后用苯酚/氯仿提取，乙醇沉淀，溶解于 ddH_2O。

8.7.6.2　5′端标记

8.7.6.2.1 反应体系

终浓度	储存液	体积（总体积 20μl）
1×	10× T4 PNK 缓冲液	2μl
5μmol/L	100μmol/L 去磷酸化 RNA	1μl
0.17~0.85μmol/L	1.7μmol/L γ-^{32}P ATP（10μCi/μl）	2~10μl

续表

终浓度	储存液	体积（总体积 20μl）
1 U/μl	20U/μl T4 PNK	1μl
	H_2O	6~14μl

8.7.6.2.2 反应条件

将预混物在 37℃孵育 1h 后用乙醇沉淀，将沉淀溶解在尿素缓冲液中。在 7mol/L 尿素存在下通过电泳（PAGE）使用 8%凝胶溶解标记的 RNA，并如前述方法从凝胶中纯化标记适配体。

8.7.6.3 3′端标记

8.7.6.3.1 反应体系

终浓度	储存液	体积（总体积 40μl）
1×	10×反应缓冲液	4μl
3.3μmol/L	100μmol/L RNA	1μl
1μmol/L	3.4μmol/L [^{32}P]pCp（10μCi/μl）	30μl
0.67U/μl	20U/μl T4 RNA 1	1μl
10%	100% DMSO	4μl

8.7.6.3.2 反应条件

在 16℃孵育过夜，按上述其他修饰采用的方法纯化。

8.7.6.4 部分碱解（OH 梯度）

8.7.6.4.1 反应体系

终浓度	储存液	体积（总体积 50 μl）
50mmol/L	100mmol/L Na_2CO_3，pH 9.0	25μl
1μmol/L	10μmol/L ^{32}P-RNA	1μl
	H_2O	24μl

8.7.6.4.2 反应条件

在 95℃下孵育 5~15min 后用乙醇沉淀，溶解于 H_2O 或 1×甲酰胺上样缓冲液中。

8.7.6.5　部分 RNase T1 消化（G 梯度）

8.7.6.5.1　反应体系

终浓度	储存液	体积（总体积 10μl）	
0.8×	1× RNase T1	8μl	预混合
1μmol/L	10μmol/L ^{32}P-RNA	1μl	预混合
	RNase T1（0.625U/μl、1.25U/μl、2.5U/μl、5U/μl）	1μl	

8.7.6.5.2　反应条件

预混试剂 50℃孵育 2min，然后添加系列稀释 RNase T1 并置于 50℃继续孵育 4min，以酚/氯仿萃取抽提，然后用乙醇沉淀，取沉淀溶于 1×甲酰胺上样缓冲液配制的丙烯酰胺凝胶中。

8.7.7　设备、试剂、溶剂

8.7.7.1　设备

热循环仪（MJ Research 公司，PTC-200），强效小型垂直凝胶电泳仪 SE 200（Hoefer Scientific Instruments 公司），DNA 测序系统（Fisher 公司，cat#：FB-SEQ-2045），微型水平凝胶电泳细胞仪（BIO-RAD 公司，cat#: 166-4288EDU），UV 透射仪（UVP BioDocIt™ system），液体滴定分析仪（Packard 公司，Model 1600TR），涂氟薄层色谱板（Ambion，cat#10110），紧凑型紫外灯（UVP 公司，型号 UVG-11，短波 UV：254nm），泵（Millipore 公司，cat#：WP6111560），25mm 滤光器（Millipore 公司，cat#：XX1002503），Minifold I 点样系统（Whatman 公司，cat#：10447900）。

8.7.7.2　试剂

以下列出的酶和试剂，我们同时标明了对应的来源和货号。使用这些试剂我们在实验中取得了不错的实验效果，但不排除其他公司的相似产品也可以满足实验需求达到预期效果，在使用时可根据实际情况选择其他来源的替代品。

8.7.7.2.1　寡核苷酸序列

- oligo_lib1：GCCTGTTGTGAGCCTCCTGTCGAA(N53)TTGAGCGTTTATTCTTGTCTCCC
- 引物 1：TAATACGACTCACTATAGGGAGACAAGAATAAACGCTCAA
- 引物 2：GCCTGTTGTGAGCCTCCTGTCGAA
- 引物 R-1：CAGGAAACAGCTATGACC

几种序列均可以直接购买和合成，oligo_lib1、引物 1 和引物 2 单次合成量可达 1μmol；引物 R-1 单次合成量可达 100nmol，均采用标准方式脱盐。

8.7.7.2.2 酶

- *Taq* DNA 聚合酶（Genescript 公司，cat#：E0008）
- 无机焦磷酸酶（New England Biolabs 公司，cat#：M0296S）
- SuperScript^{TM}III 反转录酶（Invitrogen 公司，cat#：18080-93）
- Thermoscript^{TM} 反转录酶（Invitrogen 公司，cat#：12236-014）
- DNase I（Epicentre 公司，cat#：DB0711 K）
- 碱性磷酸酶，提自牛小肠（CIP）（New England Biolabs 公司，cat#：M0290S）
- T4 多核苷酸激酶（T4 PNK，NEB 公司，cat#：M0201S）
- T4 RNA 连接酶 1（NEB 公司，cat#：M0204S）
- RNase T1（Ambion 公司，cat#：AM2280）

8.7.7.2.3 其他

- Wizard 凝胶和 PCR 净化系统（Promega 公司，cat#：A9281）
- Topo XL PCR 克隆试剂盒（Invitrogen 公司，cat#：K4750-10）
- 琼脂糖，高分辨率（Sigma-Aldrich 公司，cat#：A4718）
- 低分子量 DNA 梯度（New England Biolabs 公司，cat#：N3233S）
- 硝酸纤维素膜（□25 mmol/L，0.45μm 孔径）（Millipore 公司，cat#：HAWP02500）
- Nitrocellulose 膜（0.45μm 孔径）（GE Water & Process Technologies 公司，cat#：EP4HY00010）
- 尼龙薄膜卷（BIO-RAD 公司，cat#：162-0196）
- ^{32}P-γ-ATP（Perkin Elmer 公司，cat#：BLU502Z001MC）
- [P^{32}] pCp（Perkin Elmer 公司，cat#：BLU019A50UC）
- 30%丙烯酰胺混合物（29∶1）
- 40%丙烯酰胺混合物（19∶1）
- TEMED
- 过硫酸铵 10%
- 溴化乙锭
- 4 种脱氧核糖三磷酸（dNTP），每种 10mmol/L
- 4 种核苷酸三磷酸（NTP），每种 25mmol/L

8.7.7.2.4 溶液

- 10×PCR 缓冲液：500mmol/L KCl，100mmol/L Tris-HCl（pH 9.0，25℃），1%的 Triton X-100
- 10×转录缓冲液：300mmol/L Tris（pH8.5），100mmol/L DTT，20mmol/L spermidinc，0.1% Triton X-100

- 5×First-strand 缓冲液：250mmol/L Tris-HCl（pH 8.3，25℃），375mmol/L KCl，15mmol/L $MgCl_2$
- 1×NE 缓冲液 3：50mmol/L Tris-HCl，100mmol/L NaCl，10mmol/L $MgCl_2$，1mmol/L DTT（pH 7.9，25℃）
- 1×T4 PNK 反应缓冲液：70mmol/L Tris-HCl，10mmol/L $MgCl_2$，5mmol/L DTT（pH 7.6，25℃）
- 1×T4 RNA 连接酶 1 反应缓冲液：50mmol/L Tris-HCl（pH 7.8），10mmol/L $MgCl_2$，10mmol/L DTT，1mmol/L ATP
- 1×RNase T1 部分消化缓冲液：7mol/L 尿素，500mmol/L 枸橼酸钠（pH 5），1mmol/L 乙二胺四乙酸
- 6×DNA loading 染料：0.03%溴酚蓝，0.03%二甲苯环磷酰胺 FF，15% FICOLL 400，10mmol/L Tris-HCl（pH 7.5），50mmol/L EDTA（pH 8）
- 2×甲酰胺 loading 缓冲液：98%甲酰胺（*V*/*V*），1mmol/L Na_2EDTA，0.02%溴酚蓝，0.02%二甲苯环己烷
- 10×TBE：890mmol/L Tris-base，890mmol/L 硼酸，20mmol/L EDTA（pH 9）
- 50×TAE：2mol/L Tris-base，1mol/L 乙酸乙酯，0.05mol/L EDTA

8.7.7.2.5　配方

4% 琼脂糖凝胶/1×TAE

终浓度	储存液	体积（总体积 40ml）	
4%	1.6g 琼脂糖		预混合
1×	50× TAE	0.8ml	
	H_2O	39.2ml	
0.5 μg/ml	10mg/ml 溴化乙锭	2μl	

在微波炉中加热预混料，将琼脂糖熔化，加入溴化乙锭冷却至 50℃。将混合物倒入模具，插入梳子，然后冷却。

12% 非变性聚丙烯酰胺凝胶电泳

终浓度	储存液	体积（总体积 10ml）
12%	30% 丙烯酰胺预混液	4ml
0.5×	10× TBE	0.5ml
	H_2O	5.5ml
	TEMED	2μl
	10% 过硫酸铵	45μl

TEMED 和 10%过硫酸铵在浇注凝胶之前和最后加入。

7mol/L 尿素-12% PAGE

终浓度	储存液	体积（总体积 10 ml）
7mol/L	4.2g 尿素	
12%	40% 丙烯酰胺预混液	3ml
1×	10× TBE	1ml
添加	H_2O	至 10ml
	TEMED	2μl
	10% 过硫酸铵	45μl

最后加入 TEMED 和 10%过硫酸铵，然后将凝胶混合物立即倒入模具中。用于 RNA 纯化需要的体积较小（5~10ml），用于 RNA 测序则需要的凝胶体积较大（约 80ml）。

8.8 结语

随着近年来基于适配体生物传感器的开发增多，不同开发阶段的各种适配体也纷纷投入临床试验，适配体正成为一类具有重要诊断和治疗价值的试剂。此外，它们还可以作为科研工具参与包括基因表达、分子成像和分子相互作用等各种生物现象的研究。本章中我们详细介绍了 SELEX 核酸适配体筛选反应体系的操作流程，回顾了 SELEX 筛选技术的发展历程和现状。随着 SELEX 筛选技术不断向自动化、高通量方向发展，不久的未来，通过将该系统与其他新型筛选分析技术进行优化整合，必将进一步促进适配体相关技术的开发，并有力地推动该技术投入实际生产研究的速度。

（许依 译　张建民 校）

参考文献

1. Tuerk, C. and Gold, L. Systematic evolution of ligands by exponential enrichment: RNA ligands to bacteriophage T4 DNA polymerase. *Science* **249**, 505–510, 1990.
2. Ellington, A.D. and Szostak, J.W. *In vitro* selection of RNA molecules that bind specific ligands. *Nature* **346**, 818–822, 1990.
3. Klussmann, S. (ed.) *The Aptamer Handbook: Functional Oligonucleotides and Their Applications*. Wiley-VCH, Weinheim; 2006.
4. Liss, M., Petersen, B., Wolf, H., and Prohaska, E. An aptamer-based quartz crystal protein biosensor. *Anal Chem* **74**, 4488–4495, 2002.
5. Kirby, R. et al. Aptamer-based sensor arrays for the detection and quantitation of proteins. *Anal Chem* **76**, 4066–4075, 2004.
6. Irvine, D., Tuerk, C., and Gold, L. Selexion. Systematic evolution of ligands by exponential enrichment with integrated optimization by non-linear analysis. *J Mol Biol* **222**, 739–761,1991.
7. SciFinder Chemical Abstracts Service: Columbus, OH, 2011; 1,650 records for "aptamers," 2010–2011. Journal, Review (accessed February 16, 2012).
8. SciFinder Chemical Abstracts Service: Columbus, OH, 2011; 299 records for "aptam-

ers," 2010–2011, Review (accessed February 16, 2012).
9. Iliuk, A.B., Hu, L., and Tao, W.A. Aptamer in bioanalytical applications. *Anal Chem (Washington, DC, U.S.)* **83**, 4440–4452, 2011.
10. Lee, J.H., Yigit, M.V., Mazumdar, D., and Lu, Y. Molecular diagnostic and drug delivery agents based on aptamer-nanomaterial conjugates. *Adv Drug Deliv Rev* **62**, 592–605, 2010.
11. Juskowiak, B. Nucleic acid-based fluorescent probes and their analytical potential. *Anal Bioanal Chem* **399**, 3157–3176, 2011.
12. Li, B.L., Dong, S.J., and Wang, E.K. Homogeneous analysis: Label-free and substrate-free aptasensors. *Chem Asian J* **5**, 1262–1272, 2010.
13. Zhou, J., Battig, M.R., and Wang, Y. Aptamer-based molecular recognition for biosensor development. *Anal Bioanal Chem* **398**, 2471–2480, 2010.
14. Tombelli, S. and Mascini, M. Aptamers biosensors for pharmaceutical compounds. *Comb Chem High Throughput Screen* **13**, 641–649, 2010.
15. Ma, C., Huang, H., and Zhao, C. An aptamer-based and pyrene-labeled fluorescent biosensor for homogeneous detection of potassium ions. *Anal Sci* **26**, 1261–1264, 2010.
16. Di, F.M., Tortolini, C., Frasconi, M., and Mazzei, F. Aptamer-based and DNAzyme-based biosensors for environmental monitoring. *Int J Environ Health* **5**, 186–204, 2011.
17. Rahim, R.A. et al. Human immunodeficiency virus trans-activator of transcription peptide detection via ribonucleic acid aptamer on aminated diamond biosensor. *Appl Phys Lett* **99**, 123702/123701–123702/123703, 2011.
18. Zheng, J. et al. Specific recognition for PDGF based on the competitive reactions between aptamer-DNA and aptamer-protein. *Chem J Chinese Univ* **32**, 2509–2514, 2011.
19. Hamula, C.L.A. et al. Selection and analytical applications of aptamers binding microbial pathogens. *TRAC Trends Anal Chem* **30**, 1587–1597, 2011.
20. Moreno, M. and Gonzalez, V.M. Advances on aptamers targeting Plasmodium and trypanosomatids. *Curr Med Chem* **18**, 5003–5010, 2011.
21. Yang, L. et al. Aptamer-conjugated nanomaterials and their applications. *Adv Drug Delivery Rev* **63**, 1361–1370, 2011.
22. Li, Y. et al. A sensitive electrochemical aptasensor based on water soluble CdSe quantum dots (QDs) for thrombin determination. *Electrochim Acta* **56**, 7058–7063, 2011.
23. Li, Y., Qi, H., Gao, Q., and Zhang, C. Label-free and sensitive electrogenerated chemiluminescence aptasensor for the determination of lysozyme. *Biosens Bioelectron* **26**, 2733–2736, 2011.
24. Zhang, X. et al. A fluorescence aptasensor based on DNA charge transport for sensitive protein detection in serum. *Analyst (Cambridge, U.K.)* **136**, 4764–4769, 2011.
25. Wang, L. et al. Fluorescent strip sensor for rapid determination of toxins. *Chem Commun (Cambridge, U.K.)* **47**, 1574–1576, 2011.
26. Yang, C., Wang, Y., Marty, J.-L., and Yang, X. Aptamer-based colorimetric biosensing of Ochratoxin A using unmodified gold nanoparticles indicator. *Biosens Bioelectron* **26**, 2724–2727, 2011.
27. Pelossof, G., Tel-Vered, R., Liu, X.-Q., and Willner, I. Amplified surface plasmon resonance-based DNA biosensors, aptasensors, and $Hg2^+$ sensors using hemin/G-quadruplexes and Au nanoparticles. *Chem Eur J* **17**, 8904–8912, 2011.
28. Gronewold, T.M. et al. Kinetic binding analysis of aptamers targeting HIV-1 proteins by a combination of a microbalance array and mass spectrometry (MAMS). *J Proteome Res* **8**, 3568–3577, 2009.
29. Yao, C. et al. Aptamer-based piezoelectric quartz crystal microbalance biosensor array for the quantification of IgE. *Biosens Bioelectron* **24**, 2499–2503, 2009.
30. Liu, Y., Yan, J., Howland, M.C., Kwa, T., and Revzin, A. Micropatterned aptasensors for continuous monitoring of cytokine release from human leukocytes. *Anal Chem* **83**, 8286–8292, 2011.
31. Liu, Y., Tuleouva, N., Ramanculov, E., and Revzin, A. Aptamer-based electrochemical biosensor for interferon gamma detection. *Anal Chem* **82**, 8131–8136, 2010.
32. Li, J.J., Fang, X., and Tan, W. Molecular aptamer beacons for real-time protein recognition. *Biochem Biophys Res Commun* **292**, 31–40, 2002.

33. Jhaveri, S., Rajendran, M., and Ellington, A.D. *In vitro* selection of signaling aptamers. *Nat Biotechnol* **18**, 1293–1297, 2000.
34. Kang, K., Sachan, A., Nilsen-Hamilton, M., and Shrotriya, P. Aptamer functionalized microcantilever sensors for cocaine detection. *Langmuir* **27**, 14696–14702, 2011.
35. Zhao, W. et al. Cell-surface sensors for real-time probing of cellular environments. *Nat Nanotechnol* **6**, 524–531, 2011.
36. de-los-Santos-Alvarez, N., Lobo-Castanon, M.J., Miranda-Ordieres, A.J., and Tunon-Blanco, P. Aptamers as recognition elements for label-free analytical devices. *TRAC Trends Anal Chem* **27**, 437–446, 2008.
37. Stojanovic, M.N. and Landry, D.W. Aptamer-based colorimetric probe for cocaine. *J Am Chem Soc* **124**, 9678–9679, 2002.
38. Sassolas, A., Blum, L.J., and Leca-Bouvier, B.D. Homogeneous assays using aptamers. *Analyst (Cambridge, U.K.)* **136**, 257–274, 2010.
39. Ho, H.A. and Leclerc, M. Optical sensors based on hybrid aptamer/conjugated polymer complexes. *J Am Chem Soc* **126**, 1384–1387, 2004.
40. Cai, L., Chen, Z.-Z., Dong, X.-M., Tang, H.-W., and Pang, D.-W. Silica nanoparticles based label-free aptamer hybridization for ATP detection using hoechst33258 as the signal reporter. *Biosens Bioelectron* **29**, 46–52, 2011.
41. Wang, Y., Wang, Y., and Liu, B. Fluorescent detection of ATP based on signaling DNA aptamer attached silica nanoparticles. *Nanotechnology* **19**, 415605/415601–415605/415606, 2008.
42. Cong, X. and Nilsen-Hamilton, M. Allosteric aptamers: Targeted reversibly attenuated probes. *Biochemistry* **44**, 7945–7954, 2005.
43. Chelyapov, N. Allosteric aptamers controlling a signal amplification cascade allow visual detection of molecules at picomolar concentrations. *Biochemistry* **45**, 2461–2466, 2006.
44. Jie, G., Wang, L., Yuan, J., and Zhang, S. Versatile electrochemiluminescence assays for cancer cells based on dendrimer/CdSe-ZnS-quantum dot nanoclusters. *Anal Chem* **83**, 3873–3880, 2011.
45. Kong, R.-M., Zhang, X.-B., Chen, Z., and Tan, W. Aptamer-assembled nanomaterials for biosensing and biomedical applications. *Small* **7**, 2428–2436, 2011.
46. Chen, T. et al. Aptamer-conjugated nanomaterials for bioanalysis and biotechnology applications. *Nanoscale* **3**, 546–556, 2011.
47. Yamamoto-Fujita, R. and Kumar, P.K. Aptamer-derived nucleic acid oligos: Applications to develop nucleic acid chips to analyze proteins and small ligands. *Anal Chem* **77**, 5460–5466, 2005.
48. Nakamura, I., Shi, A.C., Nutiu, R., Yu, J.M., and Li, Y. Kinetics of signaling-DNA-aptamer-ATP binding. *Phys Rev E Stat Nonlin Soft Matter Phys* **79**, 031906, 2009.
49. You, M. et al. Engineering DNA aptamers for novel analytical and biomedical applications. *Chem Sci* **2**, 1003–1010, 2011.
50. Soontornworajit, B. and Wang, Y. Nucleic acid aptamers for clinical diagnosis: Cell detection and molecular imaging. *Anal Bioanal Chem* **399**, 1591–1599, 2010.
51. Lopez-Colon, D., Jimenez, E., You, M., Gulbakan, B., and Tan, W. Aptamers: Turning the spotlight on cells. *Wiley Interdiscip Rev Nanomed Nanobiotechnol* **3**, 328–340, 2011.
52. Cui, Z.Q. et al. Quantum dot-aptamer nanoprobes for recognizing and labeling influenza A virus particles. *Nanoscale* **3**, 2454–2457, 2011.
53. Daniels, D.A., Chen, H., Hicke, B.J., Swiderek, K.M., and Gold, L. A tenascin-C aptamer identified by tumor cell SELEX: Systematic evolution of ligands by exponential enrichment. *Proc Natl Acad Sci USA* **100**, 15416–15421, 2003.
54. Chen, X.-C. et al. Quantum dot-labeled aptamer nanoprobes specifically targeting glioma cells. *Nanotechnology* **19**, 235105/235101–235105/235106, 2008.
55. Zhang, J., Jia, X., Lv, X.-J., Deng, Y.-L., and Xie, H.-Y. Fluorescent quantum dot-labeled aptamer bioprobes specifically targeting mouse liver cancer cells. *Talanta* **81**, 505–509, 2010.
56. Shin, S., Kim, I.-H., Kang, W., Yang, J.K., and Hah, S.S. An alternative to western blot analysis using RNA aptamer-functionalized quantum dots. *Bioorg Med Chem Lett* **20**, 3322–3325, 2010.

57. Paige, J.S., Wu, K.Y., and Jaffrey, S.R. RNA mimics of green fluorescent protein. *Science* **333**, 642–646, 2011.
58. Niwa, H. et al. Chemical nature of the light emitter of the Aequorea green fluorescent protein. *Proc Natl Acad Sci USA* **93**, 13617–13622, 1996.
59. Ward, W.W. and Bokman, S.H. Reversible denaturation of Aequorea green-fluorescent protein: Physical separation and characterization of the renatured protein. *Biochemistry* **21**, 4535–4540, 1982.
60. Peyrin, E. Nucleic acid aptamer molecular recognition principles and application in liquid chromatography and capillary electrophoresis. *J Sep Sci* **32**, 1531–1536, 2009.
61. Deng, Q., German, I., Buchanan, D., and Kennedy, R.T. Retention and separation of adenosine and analogues by affinity chromatography with an aptamer stationary phase. *Anal Chem* **73**, 5415–5421, 2001.
62. Xu, Y., Yang, X., and Wang, E. Review: Aptamers in microfluidic chips. *Anal Chim Acta* **683**, 12–20, 2010.
63. Martin, J.A., Phillips, J.A., Parekh, P., Sefah, K., and Tan, W. Capturing cancer cells using aptamer-immobilized square capillary channels. *Mol Biosyst* **7**, 1720–1727, 2011.
64. Hall, B. et al. Design, synthesis, and amplification of DNA pools for *in vitro* selection. *Curr Protoc Mol Biol* Chapter 24, Unit 24 22, 2009.
65. Kim, N., Gan, H.H., and Schlick, T. A computational proposal for designing structured RNA pools for *in vitro* selection of RNAs. *RNA* **13**, 478–492, 2007.
66. Luo, X. et al. Computational approaches toward the design of pools for the *in vitro* selection of complex aptamers. *RNA* **16**, 2252–2262, 2010.
67. Fitzwater, T. and Polisky, B. A SELEX primer. *Methods Enzymol* **267**, 275–301, 1996.
68. Gold, L., Polisky, B., Uhlenbeck, O., and Yarus, M. Diversity of oligonucleotide functions. *Annu Rev Biochem* **64**, 763–797, 1995.
69. Wang, T. Function and dynamics of aptamers: A case study on the malachite green aptamer, Ph.D. dissertation, Iowa State University, Ann Arbor: ProQuest/UMI, 2008. (Publication No. AAT 3342297). 2008.
70. Mayer, G. et al. Fluorescence-activated cell sorting for aptamer SELEX with cell mixtures. *Nat Protoc* **5**, 1993–2004, 2010.
71. Meng, L. et al. Using live cells to generate aptamers for cancer study. *Methods Mol Biol* **629**, 355–367, 2010.
72. Meyer, C., Hahn, U., and Rentmeister, A. Cell-specific aptamers as emerging therapeutics. *J Nucleic Acids* **2011**, Article ID 904750, 18 pages, 2011.
73. Levine, H.A. and Nilsen-Hamilton, M. A mathematical analysis of SELEX. *Comput Biol Chem* **31**, 11–35, 2007.
74. Seo, Y.J., Chen, S., Nilsen-Hamilton, M., and Levine, H.A. A mathematical analysis of multiple-target SELEX. *Bull Math Biol* **72**, 1623–1665, 2010.
75. Jhaveri, S.D. and Ellington, A.D. *In vitro* selection of RNA aptamers to a protein target by filter immobilization. *Curr Protoc Mol Biol* Chapter 24, Unit 24 23, 2001.
76. Berezovski, M.V., Musheev, M.U., Drabovich, A.P., Jitkova, J.V., and Krylov, S.N. Non-SELEX: Selection of aptamers without intermediate amplification of candidate oligonucleotides. *Nat Protoc* **1**, 1359–1369, 2006.
77. Mosing, R.K. and Bowser, M.T. Isolating aptamers using capillary electrophoresis-SELEX (CE-SELEX). *Methods Mol Biol* **535**, 33–43, 2009.
78. Musheev, M.U. and Krylov, S.N. Selection of aptamers by systematic evolution of ligands by exponential enrichment: Addressing the polymerase chain reaction issue. *Anal Chim Acta* **564**, 91–96, 2006.
79. Crameri, A. and Stemmer, W.P. 10(20)-fold aptamer library amplification without gel purification. *Nucleic Acids Res* **21**, 4410, 1993.
80. Kang, J., Lee, M.S., and Gorenstein, D.G. The enhancement of PCR amplification of a random sequence DNA library by DMSO and betaine: Application to *in vitro* combinatorial selection of aptamers. *J Biochem Biophys Methods* **64**, 147–151, 2005.
81. Shao, K. et al. Emulsion PCR: A high efficient way of PCR amplification of random DNA libraries in aptamer selection. *PLoS One* **6**, e24910, 2011.
82. Seo, Y.-J., Levine, H., and Nilsen-Hamilton, M. In preparation, 2012.
83. Bailly, C., Kluza, J., Martin, C., Ellis, T., and Waring, M.J. DNase I footprinting of small molecule binding sites on DNA. *Methods Mol Biol* **288**, 319–342, 2005.

84. Ziehler, W.A. and Engelke, D.R. Probing RNA structure with chemical reagents and enzymes. *Curr Protoc Nucleic Acid Chem* Chapter 6, Unit 6 1, 2001.
85. Merino, E.J., Wilkinson, K.A., Coughlan, J.L., and Weeks, K.M. RNA structure analysis at single nucleotide resolution by selective 2′-hydroxyl acylation and primer extension (SHAPE). *J Am Chem Soc* **127**, 4223–4231, 2005.
86. Knight, R. and Yarus, M. Analyzing partially randomized nucleic acid pools: Straight dope on doping. *Nucleic Acids Res* **31**, e30, 2003.
87. Biesecker, G., Dihel, L., Enney, K., and Bendele, R.A. Derivation of RNA aptamer inhibitors of human complement C5. *Immunopharmacology* **42**, 219–230, 1999.
88. Bittker, J.A., Le, B.V., and Liu, D.R. Nucleic acid evolution and minimization by non-homologous random recombination. *Nat Biotechnol* **20**, 1024–1029, 2002.
89. Vaught, J.D. et al. Expanding the chemistry of DNA for *in vitro* selection. *J Am Chem Soc* **132**, 4141–4151, 2010.
90. Adler, A., Forster, N., Homann, M., and Goringer, H.U. Post-SELEX chemical optimization of a trypanosome-specific RNA aptamer. *Comb Chem High Throughput Screen* **11**, 16–23, 2008.
91. Healy, J.M. et al. Pharmacokinetics and biodistribution of novel aptamer compositions. *Pharm Res* **21**, 2234–2246, 2004.
92. Mayer, G. The chemical biology of aptamers. *Angew Chem Int Ed Engl* **48**, 2672–2689, 2009.
93. Eaton, B.E. et al. Post-SELEX combinatorial optimization of aptamers. *Bioorg Med Chem* **5**, 1087–1096, 1997.
94. Henry, A.A. and Romesberg, F.E. The evolution of DNA polymerases with novel activities. *Curr Opin Biotechnol* **16**, 370–377, 2005.
95. Holmberg, R.C., Henry, A.A., and Romesberg, F.E. Directed evolution of novel polymerases. *Biomol Eng* **22**, 39–49, 2005.
96. Rothnagel, J.A., Lauridsen, L.H., and Veedu, R.N. Enzymatic recognition of 2′-modified ribonucleoside 5′-triphosphates: Towards the evolution of versatile aptamers. *Chembiochem* **13**, 19–25, 2011.
97. Padilla, R. and Sousa, R. Efficient synthesis of nucleic acids heavily modified with non-canonical ribose 2′-groups using a mutantT7 RNA polymerase (RNAP). *Nucleic Acids Res* **27**, 1561–1563, 1999.
98. Padilla, R. and Sousa, R. A Y639F/H784A T7 RNA polymerase double mutant displays superior properties for synthesizing RNAs with non-canonical NTPs. *Nucleic Acids Res* **30**, e138, 2002.
99. Chelliserrykattil, J. and Ellington, A.D. Evolution of a T7 RNA polymerase variant that transcribes 2′-*O*-methyl RNA. *Nat Biotechnol* **22**, 1155–1160, 2004.
100. Burmeister, P.E. et al. Direct *in vitro* selection of a 2′-*O*-methyl aptamer to VEGF. *Chem Biol* **12**, 25–33, 2005.
101. Veedu, R.N. et al. Polymerase-directed synthesis of C5-ethynyl locked nucleic acids. *Bioorg Med Chem Lett* **20**, 6565–6568, 2010.
102. Kato, Y. et al. New NTP analogs: The synthesis of 4′-thioUTP and 4′-thioCTP and their utility for SELEX. *Nucleic Acids Res* **33**, 2942–2951, 2005.
103. Minakawa, N., Sanji, M., Kato, Y., and Matsuda, A. Investigations toward the selection of fully-modified 4′-thioRNA aptamers: Optimization of *in vitro* transcription steps in the presence of 4′-thioNTPs. *Bioorg Med Chem* **16**, 9450–9456, 2008.
104. Jhaveri, S., Olwin, B., and Ellington, A.D. *In vitro* selection of phosphorothiolated aptamers. *Bioorg Med Chem Lett* **8**, 2285–2290, 1998.
105. Vaught, J.D., Dewey, T., and Eaton, B.E. T7 RNA polymerase transcription with 5-position modified UTP derivatives. *J Am Chem Soc* **126**, 11231–11237, 2004.
106. Jensen, K.B., Atkinson, B.L., Willis, M.C., Koch, T.H., and Gold, L. Using *in vitro* selection to direct the covalent attachment of human immunodeficiency virus type 1 Rev protein to high-affinity RNA ligands. *Proc Natl Acad Sci USA* **92**, 12220–12224, 1995.
107. Ono, T., Scalf, M., and Smith, L.M. 2′-Fluoro modified nucleic acids: Polymerase-directed synthesis, properties and stability to analysis by matrix-assisted laser desorption/ionization mass spectrometry. *Nucleic Acids Res* **25**, 4581–4588, 1997.

108. Andreola, M.L., Calmels, C., Michel, J., Toulme, J.J., and Litvak, S. Towards the selection of phosphorothioate aptamers optimizing *in vitro* selection steps with phosphorothioate nucleotides. *Eur J Biochem* **267**, 5032–5040, 2000.
109. Jager, S. et al. A versatile toolbox for variable DNA functionalization at high density. *J Am Chem Soc* **127**, 15071–15082, 2005.
110. Kuwahara, M. et al. Direct PCR amplification of various modified DNAs having amino acids: Convenient preparation of DNA libraries with high-potential activities for *in vitro* selection. *Bioorg Med Chem* **14**, 2518–2526, 2006.
111. Kuwahara, M. et al. Systematic characterization of 2′-deoxynucleoside-5′-triphosphate analogs as substrates for DNA polymerases by polymerase chain reaction and kinetic studies on enzymatic production of modified DNA. *Nucleic Acids Res* **34**, 5383–5394, 2006.
112. Ghadessy, F.J. et al. Generic expansion of the substrate spectrum of a DNA polymerase by directed evolution. *Nat Biotechnol* **22**, 755–759, 2004.
113. Golden, M.C., Collins, B.D., Willis, M.C., and Koch, T.H. Diagnostic potential of PhotoSELEX-evolved ssDNA aptamers. *J Biotechnol* **81**, 167–178, 2000.
114. Cox, J.C. and Ellington, A.D. Automated selection of anti-protein aptamers. *Bioorg Med Chem* **9**, 2525–2531, 2001.
115. Cox, J.C. et al. Automated acquisition of aptamer sequences. *Comb Chem High Throughput Screen* **5**, 289–299, 2002.
116. Eulberg, D., Buchner, K., Maasch, C., and Klussmann, S. Development of an automated *in vitro* selection protocol to obtain RNA-based aptamers: Identification of a biostable substance P antagonist. *Nucleic Acids Res* **33**, e45, 2005.
117. Peng, L., Stephens, B.J., Bonin, K., Cubicciotti, R., and Guthold, M. A combined atomic force/fluorescence microscopy technique to select aptamers in a single cycle from a small pool of random oligonucleotides. *Microsc Res Tech* **70**, 372–381, 2007.
118. Miyachi, Y., Shimizu, N., Ogino, C., and Kondo, A. Selection of DNA aptamers using atomic force microscopy. *Nucleic Acids Res* **38**, e21, 2010.
119. Cho, M. et al. Quantitative selection of DNA aptamers through microfluidic selection and high-throughput sequencing. *Proc Natl Acad Sci USA* **107**, 15373–15378, 2010.
120. Schutze, T. et al. Probing the SELEX process with next-generation sequencing. *PLoS One* **6**, e29604, 2011.
121. Lai, Y.T. and DeStefano, J.J. A primer-free method that selects high-affinity single-stranded DNA aptamers using thermostable RNA ligase. *Anal Biochem* **414**, 246–253, 2011.
122. Pan, W. et al. Primer-free aptamer selection using a random DNA library. *J Vis Exp* **41**, e2309, 2010.
123. Lorenz, C., von Pelchrzim, F., and Schroeder, R. Genomic systematic evolution of ligands by exponential enrichment (Genomic SELEX) for the identification of protein-binding RNAs independent of their expression levels. *Nat Protoc* **1**, 2204–2212, 2006.
124. Zimmermann, B., Bilusic, I., Lorenz, C., and Schroeder, R. Genomic SELEX: A discovery tool for genomic aptamers. *Methods* **52**, 125–132, 2010.
125. Chushak, Y. and Stone, M.O. *In silico* selection of RNA aptamers. *Nucleic Acids Res* **37**, e87, 2009.
126. Akitomi, J. et al. ValFold: Program for the aptamer truncation process. *Bioinformation* **7**, 38–40, 2011.
127. Laing, C. and Schlick, T. Computational approaches to RNA structure prediction, analysis, and design. *Curr Opin Struct Biol* **21**, 306–318, 2011.
128. Ciesiolka, J. et al. Affinity selection-amplification from randomized ribooligonucleotide pools. *Methods Enzymol* **267**, 315–335, 1996.
129. Tuerk, C. Using the SELEX combinatorial chemistry process to find high affinity nucleic acid ligands to target molecules. *Methods Mol Biol* **67**, 219–230, 1997.
130. Velazquez-Campoy, A., Ohtaka, H., Nezami, A., Muzammil, S., and Freire, E. Isothermal titration calorimetry. *Curr Protoc Cell Biol* Chapter 17, Unit 17 18, 2004.
131. de Mol, N.J. and Fischer, M.J. (eds.) *Surface Plasmon Resonance: Methods and Protocols*, Vol. 627, Edn. 2010/03/11. Humana Press, New York; 2010.

第 9 章　抗体的化学和蛋白水解修饰

George P. Smith

9.1　引言

在过去 30 年中，随着生物学研究应用产业的蓬勃发展，研究人员几乎很少自己修饰抗体。最为显著的是，众多的商业产品目录中都具有一系列荧光染料、生物素、酶和其他偶合基团标记二抗的列表，使得在诸多研究领域中能够使用未经修饰的一抗用于检测或定量。然而，有时抗体仍需经过直接修饰后才可使用。例如，如果两个来源于同一种属但具有不同特异性的一抗需要在同一细胞样本中获得区分，必须采用不同的标记进行直接修饰。其中一种抗体可被一种颜色的荧光染料标记，而另一种抗体可经生物素标记，进而用另一颜色荧光染料标记的链霉亲和素加以检测。为了满足这类需求，目前各种商业化渠道提供了大量试剂用以便捷地进行抗体和其他蛋白质的修饰。

本章旨在为那些需要自己修饰抗体的研究人员提供实践指导。内容涵盖了保留 IgG 抗体其抗原结合功能的常见化学和蛋白质水解修饰方法。因过于剧烈的修饰方法会导致广泛蛋白质变性及功能失活而不在此讨论。通过重组技术进行抗体的放射性标记和修饰也不在本章范围内讨论。本章将提供典型修饰的详尽反应流程，同时也将对其基本原理加以解释，但不会涵盖全部修饰反应的方方面面。为了更加全面地理解化学修饰技术，包括放射性标记技术，推荐读者阅读 Hermanson[1]近期的著作。

本文涉及的化学修饰是指某一基团与抗体的共价偶合；不管基团本身性质如何，“附加物”是用来指代与抗体结合基团的常用术语。本章重点不在于附加物的性质，而是化学偶联本身，因为这正是研究人员成功修饰抗体所关注的首要问题。至于偶联所产生的加合物，其应用则主要取决于附加物的性质，并不在本章讨论范围内。当然，对主要附加物的类型加以介绍，有助于阐释本章的许多操作流程，从而更精确地理解修饰反应。表 9.1 列举了附加物的分类，但并非依据其偶联到蛋白质上的化学方法。

表 9.1　修饰抗体的典型附加物

附加物或附加物类型	典型应用
生物素	亲和标签；与抗生物素蛋白及链霉亲和素极强结合
荧光染料	标记后通过传统的荧光或激光共聚焦扫描显微镜进行免疫定位；高通量荧光结合试验；体内成像（用近红外荧光素）；其他免疫检测应用
固相支持介质	制备亲和介质用于亲和纯化或耗损抗原
酶或其他蛋白质	制备酶标一抗和二抗用于免疫印迹、酶联免疫吸附试验和其他免疫检测应用；构建免疫毒素
反应基团（如硫醇、马来酰亚胺）	激活抗体作为偶联蛋白质或其他基团的媒介

续表

附加物或附加物类型	典型应用
光活化交联剂（如二氮杂萘、香豆素）	构建在光照射下可共价偶联至靶抗原的亲和探针
“生物正交”反应基团[2]	构建能在活体或细胞中与化学互补效应物特异性偶联的亲和探针
放射性碘和其他放射性同位素示踪剂	放射标记用于免疫印迹或显微镜下样本的放射自显影定位；通过 gamma 计数检测和定量抗原
螯合剂	靶向特异的放射性疗法或放射性金属离子进行活体放射成像
聚乙二醇（或其他如右旋糖酐等亲水聚合物）	在体、天然液体或其他情况下抗体的抗原性或药代动力学特性修饰

本章首先描述了处理抗体（和其他蛋白质）的一些常规方法，然后将重点介绍化学修饰和酶修饰的主要类型。

9.2　一般步骤

9.2.1　抗体溶液的稳定性

IgG 是最稳定的球蛋白之一，通常在浓度不高于 20mg/ml 的缓冲液中可溶，在大范围 pH5~9 的缓冲液中其可溶性更强且更加稳定。缓冲盐是最常见的储存缓冲液，含有约 0.15mol/L NaCl，浓度为 5~100mmol/L，具有适宜缓冲 pH。本章许多流程应用了弱磷酸盐缓冲液（LoPBS；0.15mol/L NaCl，5mmol/L NaH_2PO_4，用 NaOH 将 pH 调节至 7.0），强磷酸盐缓冲液（PBS；0.15mol/L NaCl，0.1mol/L NaH_2PO_4，用 NaOH 将 pH 调节至 7.2），或者强 Tris 盐缓冲液（TBS；0.15mol/L NaCl，50mmol/L Tris-HCl，pH 7.5）。弱缓冲液的优点是可通过添加高浓度的另一缓冲液而随时调整所需的 pH。抗体溶液可于 4℃条件下储存数月乃至数年，尤其是加有抗菌防腐剂［通常为 0.05%NaN_3；其毒性强，应用高浓度储存液（如 5%）时需十分谨慎］。IgG 溶液常能耐受反复冻融而损失较小，因此可储存于－20℃或－80℃条件下。一种减少冻融损耗的储存方法日趋受到推崇，将抗体溶液与等量超纯甘油或 50%纯化的乙二醇混合后储存于－20℃，在此温度下，混合储存液并不冻结。高浓度甘油和乙二醇作为防冻剂可以降低溶液 pH，因此抗体溶液应在加入防冻剂之前配制所需 pH 的强缓冲液。

少量抗体可因吸附于储存容器表面而损失，聚苯乙烯和玻璃制品对蛋白质的吸附性尤其强，当然聚丙烯和其他表面也可发生微量损失。不过，当 IgG 溶液的浓度低至 1μg/ml 或以下时，仍可存放于聚丙烯实验器具内。但是，更为可行的方法是将稀释的抗体溶液（≤50μg/ml）加入保护性纯化的非干扰性携带蛋白质，如牛血清蛋白（BSA），使其浓度达到 100μg/ml 或更高。

多数抗体可长期冻干储存而几乎不影响活性。为了实现这一目的，可采用后文提到的合适的缓冲液交换方法（见 9.2.3 节），首先将溶剂变为水或弱挥发性缓冲液，如 10mmol/L 重碳酸铵或乙酸铵，而后溶液在冻干瓶中被贴壁冰冻进而冻干。为去除残留的挥发性盐，绒毛状的白色粉末可于纯水中再次溶解进而冻干。最后，无盐粉末以干粉状储存于暗处可达数十年，并且当需要时可溶于所需缓冲液中至所需的浓度。另外一种简单的替代方法就是将抗体直接冻干于不易挥发性缓冲液中，从而省去缓冲液交换步骤；在此情况下，需要注意当盐浓度不断升高时，应具备足够高的真空度以保证溶液的冻结状态。用这种方法冻干的抗体，当再次使用时，应溶于适量水中从而达到所需的缓冲液浓度。

9.2.2 抗体的定量

表 9.2 列出了 IgG 定量最常用的方法，其中第二列和第三列显示了该方法所能精确测得的 IgG 最小极限量和最低浓度值。但这些方法并不能将 IgG 与其他蛋白质区分开，因此，只能用来测定以 IgG 为主要成分的蛋白质溶液。这几种方法各有其适用性和优缺点，下面将逐一进行讨论。

表 9.2 抗体定量方法总结

方法	最小极限量/（μg）	最低浓度值/(μg/ml)	主要干扰物	备注
普通分光光度法	2①	20	许多紫外吸收污染物	280nm 处的摩尔吸光系数为 186 000~231 000；见表 9.3
分光光度法使用 NanoDrop（ThermoFisher）	0.1	20	许多紫外吸收污染物	280nm 处的摩尔吸光系数为 186 000~231 000；见表 9.3
Bradford 法	1.5	60②	去污剂	包括源于同一物种溶于相同缓冲液的 IgG 标准品
Bicichoninic acid（BCA）法	1.3	10	还原剂；许多其他有机化合物，包括 Tris	包括溶于相同缓冲液的 IgG 标准品，适合于磷酸盐缓冲液

注：①假定微量比色杯具有 100μl 的容量；②用自制的浓缩染液，浓度可减少到约 10μg/ml。

9.2.2.1 分光光度法（scanning spectrophotometry）

图 9.1 显示了溶于 PBS 的 IgG 溶液的紫外吸收谱，PBS 缓冲液作为空白对照。实际上，对于任何近于中性的缓冲液都可得到同样谱形。鉴于多数大型蛋白质含有色氨酸和酪氨酸（主要的紫外发色基团），其吸收峰约为 278nm，传统上蛋白质的吸收峰在 280nm。如图 9.1 中所示纯化的非聚集态的 IgG 溶液在 320nm 波长处的吸光度极低，但如果出现大量的聚集或存在不溶物质时，则在该波长可发生显著的光散射。如果抗体溶液已经过离心纯化，则假定这种光散射是由比波长（Rayleigh 散射）小的聚集体所致是合理的。在这种情况下，散射与波长的四次幂成反比，在 278nm 的光散射为在 320nm 光散射的 $(320/278)^4=1.756$ 倍。在 278nm 真实的吸光度值可以通过在该波长观测得的吸光度值减去估算的光散射值计算得到。

例如，图 9.1 的示例中，校正光散射后 278nm 波长的实际吸光度应为 $0.371-0.002\times1.756=0.367$（通常光散射校正值比这一例子要大得多）。Mandy 和 Nisonoff [3]测得 1mg/ml 的兔 IgG 溶液在 280nm 处的吸光率为 1.4，假设分子量为 150 000Da，相应的摩尔吸光系数为 210 000；这一系数（或其他类似的）通常可用来将吸光度转换成各种来源的 IgG

的浓度。如图 9.1 中样品的 IgG 浓度可以这样计算：0.367/210 000=1.75×10^{-6}mol/L=1.75μmol/L，相当于 262μg/ml。如表 9.3 所示，Solulink，Inc.（San Diego，California）近期发布了一张各种来源的免疫球蛋白的分子量和摩尔吸光系数的表。紫外吸收污染物经常会使短波长的光谱发生改变，只要 278nm 附近有可辨识的隆起或缓峰，且随着波长增加超过 278nm，峰值后的下降趋势或多或少有所呈现，则可以将 278nm 的吸光度作为测定蛋白质浓度的可靠指标。如果确认 IgG 溶液未受紫外吸收污染物和光散射聚集物的影响，则 275~280nm 的单一吸光度可用于测定 IgG 浓度，而不必进行波长扫描。

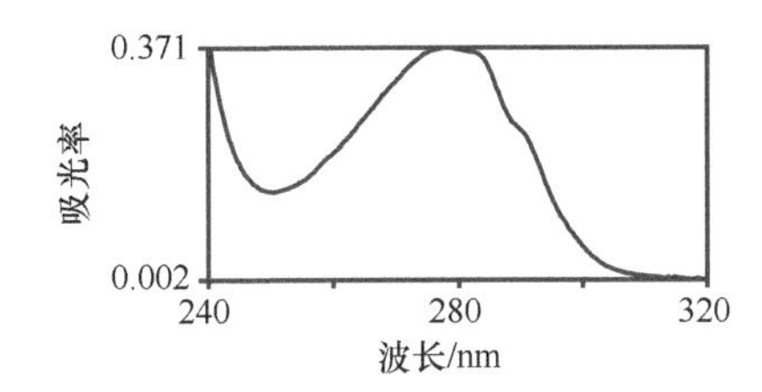

图 9.1 典型的 IgG 紫外吸收光谱。

表 9.3 280nm 处免疫球蛋白的摩尔吸光系数

免疫球蛋白	分子量	摩尔吸光系数
牛 IgG	150 000	186 000
驴 IgG	150 000	225 000
山羊 IgG	156 000	212 160
马 IgG	150 000	225 000
人 IgG1、IgG2、IgG4	146 000	198 560
人 IgG3	170 000	231 200
小鼠 IgG	150 000	210 000
兔 IgG	150 000	202 500
绵羊 IgG	152 000	203 680
人 IgA	160 000	217 600
人 IgE	190 000	290 700
鸟 IgY	180 000	229 680

来源：数据由 Solulink，Inc.，（San Diego，California）提供

9.2.2.2 Bradford 法

该颜色测定方法的原理是利用考马斯亮蓝 G-250 染色液在酸性溶液中与蛋白质结合，使其最大吸收峰位置由 470nm 变为 595nm。典型的测定方法是：将 250μl 商品化的稳定的酸性染料溶液（如 Pierce 公司的考马斯蛋白测定试剂）与未知 IgG 浓度的样本溶液 5~25μl 及已知 IgG 含量为 0.625~7.5μg 的标准品（最好在相同缓冲液中）相混合。经过至少 10~15min 的平衡期使染料与蛋白质充分结合，然后可通过分光光度计或读板机测定 595nm 的吸光度值。图 9.2 显示了 IgG 标准品 PBS 溶液的 Bradford 法 4 次重复测定结果。数据通过最小二乘法处理得到经验的曲线公式，以这种简洁实用的计算方式获取标准品的信息。通过公式的反转变形可以计算未知样本平行测定的光密度值，从而推

算出其 IgG 浓度。

一般而言，Bradford 法兼容于多种溶质和杂质，包括几乎所有常用的缓冲液成分。但其对去污剂却异常敏感。不同的标准蛋白，即使是来源于不同物种的 IgG，根据氨基酸成分和其他特性的不同，可形成完全不同的标准曲线。例如，兔 IgG 的吸光度值约为相同浓度人或牛 IgG 吸光度值的一半。

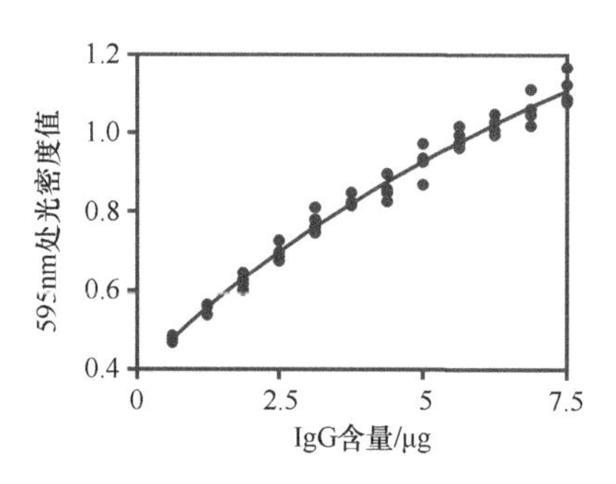

图 9.2　Bradford 法应用光密度值测定 IgG 含量。观察数据（实心圆点）可用理论曲线（实线）$y=m/[1+(k/c)^n]$进行拟合，式中，y 为光密度值，c 为 IgG 含量，m、k 及 n 为优化拟合的参数。

9.2.2.3　BCA 法

BCA 法的原理是检测由蛋白质的酰胺键将 Cu^{2+}还原生成的 Cu^+，Cu^+与二喹啉甲酸（bicinchoninic acid，BCA）形成复合物，其在 562nm 处吸光度最强。常规方法是将样品和 IgG 标准品分别溶于同种缓冲液，如 PBS 中，各取 128μl 样品和 IgG 标准品滴入 96 孔 ELISA 板或微试管，同时在单独的容器中取适量商品化试剂盒中的组分混匀配制 BCA 工作液。例如，对于一个 96 孔 ELISA 板而言，使用 Pierce 公司的 Micro BCA 试剂盒时，需将 7.5ml 试剂 MA、7.2ml 试剂 MB，以及 300μl 试剂 MC 混合。每个标准品和样本孔均加入 128μl 工作液，待测板或反应管经 37℃孵育 1h 使其充分进行显色反应。冷却至室温后，562nm 的光密度值可通过酶标仪或分光光度计测量。图 9.3 显示了一系列 IgG 标准品的测量结果，在测定范围内光密度值随着 IgG 浓度呈线性增加。

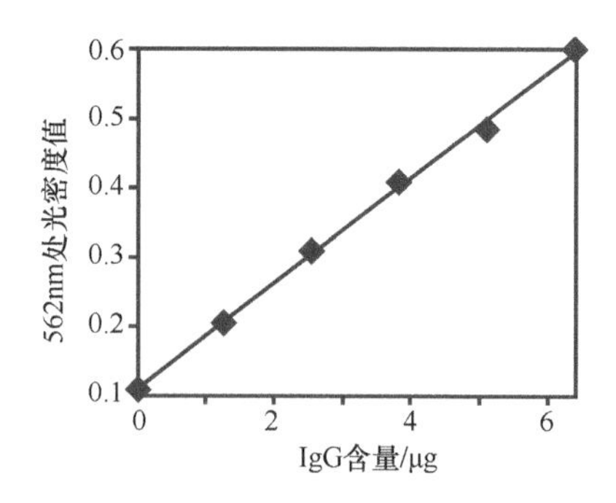

图 9.3　BCA 法由光密度值测定 IgG 含量。实的直线为数据点（实心方块）的最佳线性拟合。

BCA 法同 Bradford 法相比，其对去污剂的敏感性较低，但却与许多缓冲液不相容，如浓度很低的 Tris 溶液。硫醇和非硫醇二硫化物还原剂（9.4.2 节和 9.4.3 节分别介绍）

具有干扰性，但 Pierce 公司提供了一种耐受硫醇还原剂的试剂盒。由于 BCA 法对许多溶质敏感，因此强烈建议使用完全相同的缓冲液溶解或稀释 IgG 标准品及未知 IgG 样本。

因 BCA 法主要的蛋白质反应剂是酰胺键，适用于所有的多肽，因而标准曲线中蛋白质-蛋白质的变异远远小于 Bradford 法或分光光度法。BCA 法尤其适合于测定复杂样本中的总蛋白质浓度，如含有成百上千不同种蛋白质的天然液体或组织提取物。

9.2.3　抗体的浓缩和缓冲液置换

多种离心浓缩装置可通过商业途径购买。相对低浓度的抗体溶液受力于离心作用通过超滤膜，小分子溶质得以透过而抗体和其他大于一定尺寸（如 30kDa）的蛋白质得到保留。因此蛋白质被保留在容量逐渐缩小的所谓“渗余物”溶液中，而小的溶质与水一起通过滤膜进入滤过小室。表 9.4 列出了一些装置，给出了各自的容量（起始溶液的最大体积）和大约的终末体积（最大浓缩后残留渗余物的体积）；这些体积的不同通常取决于这些装置是在平转斗（90°）还是固定角转头中进行离心。容量除以终末体积为可得到的浓缩倍数。某些情况下，按照这些浓缩率制备成最大浓缩后的起始抗体溶液会形成黏性的胶体，非常难以稀释成均一的溶液。因此，最好将浓缩率限制在抗体最大浓度不超过 20mg/ml。这是一个烦人的过程，需反复停止和重新离心以不断监控浓缩过程。为了避免这种不便，一些装置已经适度限制了最大浓缩率，使用户不致过量浓缩抗体。尽管 Pierce 公司的 7ml 和 20ml 浓缩器具有最高的浓缩率，但获得所有增加的终末体积可以通过向滤过小室内添加缓冲液，最终滤出液增加所产生的反向流体静水压会逐渐与渗余物水平下降所致的正向流体静水压相等，从而使过滤过程停止。图 9.4 显示了水平转子和 35°及 25°固定角转子的终末体积作为总体积的函数。通过调整该函数的 5 个可调参数，可以根据经验将每个转子和浓缩器类型的数据拟合到三次多项式函数（图 9.4 中的图例），以便最小化其与观察到的终末体积的均方根偏差。得到的函数绘制在图 9.4 中的连续曲线中；表 9.5 给出了可调参数的相应优化值。在表 9.4 中的许多其他设备中可以类似地控制终末体积。

表 9.4　离心浓缩设备总结

装置	供应商	转孔或适配器尺寸/ml	角度	容量	终含量
Centricon Plus-80	Millipore	250ml	90°	80ml	300μl
Jumbosep	Pall	250ml	90°	60ml	3.5~4ml
Centricon Plus-20	Millipore	50ml	90°	20ml	200μl
20 ml concentrator	Pierce	50ml	90°	20ml	约 20μl
			35°	13.5ml	约 20μl
			25°	9.5ml	约 20μl
Macrosep	Pall	50ml	90°	15ml	0.5~1ml
			45°	15ml	1~1.5ml
			34°	12.5ml	1~1.5ml
			23°	9ml	1.5~2ml
Centriprep	Millipore	250ml	90°	15ml	3ml
			23°	12ml	2.5ml

续表

装置	供应商	转孔或适配器尺寸/ml	角度	容量	终含量
Ultra-15	Millipore	15ml	90°	15ml	50μl
			35°	12ml	50μl
Centriplus	Millipore	50ml	90°	15ml	500μl
			25°	10ml	500μl
7ml concentrator	Pierce	15ml	90°	7ml	约 20μl
			35°	5ml	约 20μl
			25°	5ml	约 20μl
Ultra-4	Millipore	15ml	45°~90°	4ml	20μl
			23°	3.5ml	20μl
Microsep	Pall	15ml	45°	3.5ml	30~40μl
			34°	3.5ml	40~50μl
Vivaspin 2	Sartorius Stedim	15ml	90°	3ml	8μl
			固定角	2ml	8μl
Centricon（不再能获得）	Millipore	15ml	23°~45°	2ml	40μl
Microcon	Millipore	微型离心机	固定角	500μl	5~15μl
Vivaspin 500	Sartorius Stedim	微型离心机	固定角	500 μl	5 μl
Nanosep	Pall	微型离心机	固定角	500 μl	15 μl

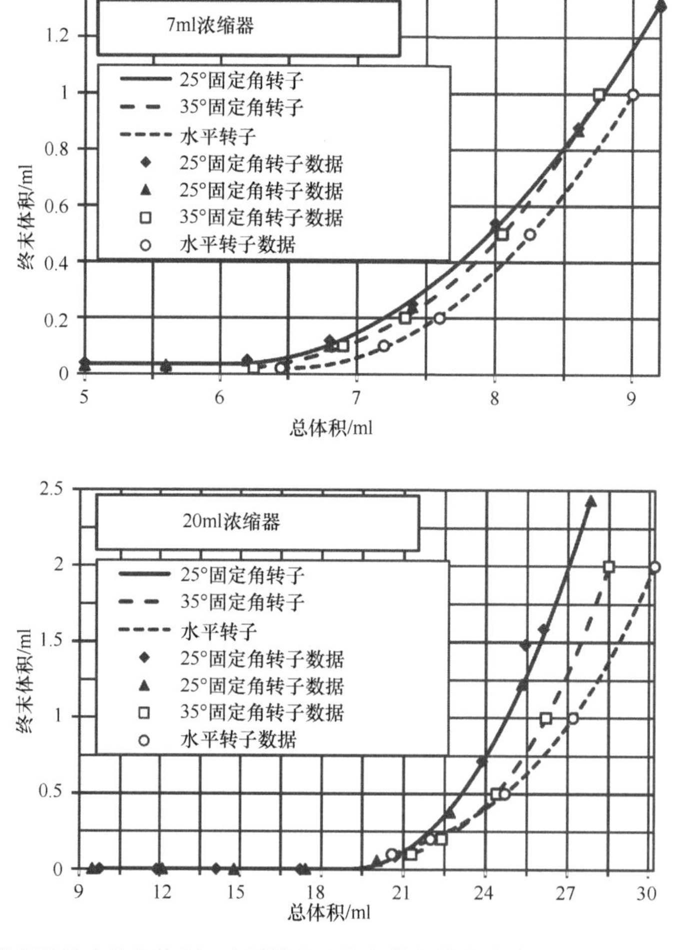

图 9.4 Pierce 浓缩器的终末体积控制。本图给出了终末体积作为总体积（内部样品室中的样品体积加上外部收集管中的额外体积）的函数。内部样品室中的样品体积不能超过表 9.4 所列出的容量。连续曲线由下面的多项式函数生成，其中最佳可调参数值在表 9.5 中详细指定。

表 9.5　由图 9.4 中的多项式函数生成的终末体积曲线的最佳参数值

浓缩器装置	转子	D_{min}	V_{min}	a_1	a_2	a_3
7ml	水平转子	0.0208	6.513	0	0.1566598	0.0007245
	35°固定角转子	0.0000	5.467	0.0094230	0.0018646	0.0268266
	25°固定角转子	0.0353	6.084	0	0.1325292	0
20ml	水平转子	0.0000	18.691	0.0494897	0.0000237	0.0009364
	35°固定角转子	0.0274	18.279	0.0008556	0.0034156	0.0015056
	25°固定角转子	0.0054	19.084	0	0.0289739	0.0003330

$$D=\begin{cases} D_{min} & \text{if } V < V_{min} \\ D_{min} + a_1(V - V_{min}) + a_2(V - V_{min})^2 + a_3(V - V_{min})^3 & \text{if } V \geqslant V_{min} \end{cases}$$

式中，D 为终末体积（因变量）；V 为总体积（自变量）；D_{min} 为当收集管空了时的最小终末体积（可调节参数）；V_{min} 为除 D_{min} 外需要增加终末体积的最小总体积（可调节参数）；a_1、a_2 和 a_3 为多项式系数（可调节参数）。

溶解于一种缓冲液中的抗体可通过传统的透析管或透析卡（如 Pierce 公司的 Slide-A-Lyzers 透析卡）利用另一种缓冲液进行透析。为了减少由于滞留体积引起的相对损失，最好选择与所要透析量相一致的容量类型。对于少量样品而言，应用适当容量和终末体积的离心浓缩装置反复浓缩和再稀释来置换缓冲液更为方便。

无论是透析管、透析卡还是离心浓缩装置，透析膜的选择均很重要。膜的截留分子量（能够通过膜孔的最大分子的额定分子量）应该低于所要浓缩的蛋白质分子量（完整 IgG 为 150kDa，Fab 片段为 50kDa），但足以使不需要的低分子量溶质被渗透除去。然而，额定截留分子量并不是膜的渗透性的一个决定性指标。例如，大规模透析未能从抗体溶液中去除的未偶联的荧光染料，在离心浓缩装置中反复浓缩和再稀释是可以有效去除的[4]。除了适宜的通透性，膜非特异性吸附蛋白质（无论是所需蛋白还是其他重要的非目的溶质）的容量要低，而且对于抗体溶液中所有的溶质均有较好的抵御性（包括前述的污染物）。最常见的膜材料是具备这些特性的再生纤维素。

9.3　胺类的修饰

9.3.1　总体考虑

典型的 IgG 分子约有 30 个可以在温和近中性 pH 的非变性情况下被许多胺反应试剂有效修饰的氨基组（参见第 3 章文末参考文献[1]）。这些胺大多是赖氨酸的 ε-氨基组，但也有少数可能是多肽链 N 端的 α-氨基组。只有未质子化形式的胺是强亲核剂可以与上述试剂反应。在小型非结构模式化合物中，ε-氨基典型 pK_a 约为 9.5，因此在 pH 7.5 时仅约有 1%未质子化的形式。无论如何，IgG 和其他天然蛋白质中许多暴露的 ε-氨基组在 pH 接近中性时易于与胺反应性试剂相互作用。半胱氨酸的自由硫醇（非二硫键的）和酪氨酸的酚羟基未质子化（负电荷）形式也能与胺反应试剂作用，生成的加合物有时足够稳定，而在功能上与胺加合物区别不大。其他羟基的亲核性通常比巯基和胺低得多，但 IgG 的自由巯基是很少见的（9.4.1 节）。在本章中，当基团可以被这类试剂稳定修饰时即被认为是“胺”，即便偶尔也会包括巯基或酚羟基。

尽管一些可修饰性胺位于或靠近抗原结合位点，但更多的则位于分子表面的其他部位。这些基团部分被小分子附加物随机修饰，除了极少的一部分，一般不会造成 IgG 的功能失活，因此胺修饰已成为将生物素、荧光染料和其他附加物偶合到抗体上，以及将抗体偶合到固相亲和介质上的最常用方法。控制修饰的水平是这项技术成功的关键：修饰不足则不能使 IgG 获得所需的特性，而过度修饰则会大大损害抗原结合功能或改变蛋白质的整体物理性质。因而，为了设计有效的反应流程，必须对修饰的动力学有一些基本了解。

图 9.5 上部分显示为一般的胺修饰反应，其中蛋白氨基基团对试剂的亲电子中心进行亲核攻击，导致氨基基团与偶合基团 R 相结合，R 可为整个试剂或其中一部分。由于周围是水相，修饰反应难免会不同程度上受到试剂水解失活作用的牵制，如图 9.5 下部分所示；所以胺反应试剂长期储存时必须保持干燥，通常放于干燥器中。显然反应的适宜条件应该尽可能排除水以外的任何亲核试剂的竞争，包括：硫醇，如巯基乙醇或二硫苏糖醇（DTT）；一级胺，如 Tris 基；二级胺，如 Bis-Tris-丙烷等。针对水和其他亲核试剂对胺试剂的选择不仅依赖于亲电子中心的亲电子性，还受其他因素的控制，如周围原子的空间位阻或这些原子参与配位键重排的有效性。

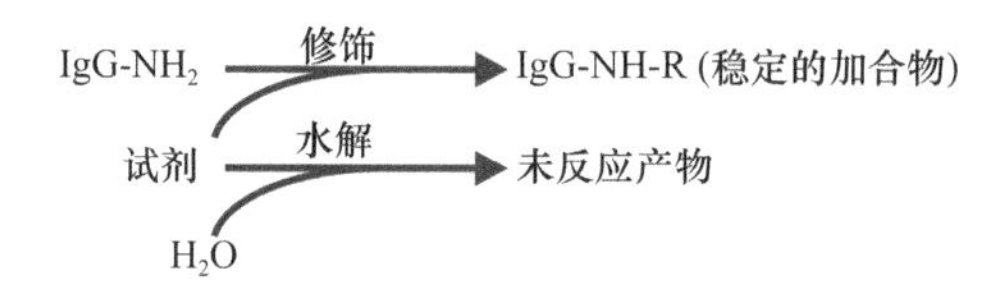

图 9.5　一般胺修饰反应

水解可以分为两种方式：一种为非蛋白质依赖性，其水解速率不依赖于 IgG 浓度；另一种为蛋白质依赖性，其水解速率随 IgG 浓度成比例变化。蛋白质依赖性水解可能包括无效修饰（如组氨酸），形成的加合物立即水解恢复为最初的蛋白质基团。两种类型水解的速率均与温度、pH 和缓冲液的构成有关。

鉴于上述考虑，作者已经发表了一个通用的数学模型，描述了当全部的初始试剂被水解和修饰所消耗时，反应完成后蛋白质的动力学可区分的任意数量的胺修饰程度[4]。假设在特殊情况下所有可用于反应的胺在动力学上无法被区分，则模型简化为[5]：

$$R=\left[m-\frac{Q}{k_{\mathrm{m}}}\ln\left(1-\frac{m}{M}\right)\right]P-\frac{k_{\mathrm{h}}}{k_{\mathrm{m}}}\ln\left(1-\frac{m}{M}\right) \tag{9.1}$$

式中，P 为 IgG 浓度（μmol/L）；M 为每个 IgG 分子可修饰胺的总数目（无量纲）；m 为修饰水平（每个 IgG 分子被修饰的胺的数目）（无量纲）；R 为达到最终修饰水平 m 所需的最初试剂浓度（μmol/L）；k_{m} 为二级修饰速率常数［μ/（mol/L·s)］；k_{h} 为一级蛋白非依赖水解速率常数（s^{-1}）；Q 为二级蛋白依赖水解速率常数［μ/（mol/L·s)］。

公式含有三个独立的动力学参数——M、$k_{\mathrm{h}}/k_{\mathrm{m}}$ 和 Q/k_{m}，它们的数值并不是由模型本身推算指定的，而是根据经验由不同试剂和一系列反应条件（pH、缓冲液构成和温度）

所决定的。数值可通过测定达到试剂浓度 R 和 IgG 浓度 P 范围内的修饰水平 m 来估算。对于 IgG，至少使用一般数学模型将动力学可区分的胺类的数量增加到两个或更多，并没有显著改善模型与数据的拟合（数据未显示）。对于给定的蛋白质，给定试剂和给定一组条件（缓冲液组成、pH 和温度），一旦参数值确定，公式（9.1）带来了巨大的使用便利：它可以告诉实验者，当已知欲修饰的 IgG 浓度为 P 时，若想达到所要的修饰水平 m，需多大的试剂浓度 R。

公式（9.1）的定量应用将以下面的范例流程 1 和 2（内容均在 9.3.3.3.1 节）中说明。同时还要强调，作为成功应用关键的定性原则也很重要。根据该公式，达到固定修饰水平 m 所需的试剂浓度 R 随着 IgG 浓度 P 呈线性增加，斜率为[$m-(Q/k_m)\ln(1-(m/M))$]，截距为（$-k_h/k_m$）ln（$1-m/M$）（由于对数为负值，所以两者总为正值）。考虑到两种极端情况，一方面，由于蛋白质浓度 P 很高或非蛋白依赖的水解速率与修饰速率的比值很低（如 k_h/k_m 值相对低），可忽略截距项，则达到给定修饰水平 m 所需的试剂浓度 R 直接与 IgG 浓度 P 成正比。此时，m 仅对其比值 R/P 的改变敏感，而非单独的 R 值或 P 值变化。另一方面，如果截距项占优势［P 值相对低和（或）k_h/k_m 值相对高］，则达到给定修饰水平 m 所需的试剂浓度不依赖于蛋白质浓度。此时，IgG 达到特定的修饰水平，不必知道 IgG 浓度 P 的确切值。在这两种极端情况之间，修饰水平 m 既依赖于试剂浓度 R，也依赖于 IgG 浓度 P，不仅仅是两者比值也不仅仅是单独的 R 值。遗憾的是，文献和厂商目录中充斥着许多误导性的描述和建议，即使当比值已经明显不能完全确定反应情况时，无经验的用户依然被导向仅关注 R/P 值。

当仅有相对较小的一部分胺被修饰，即 $m/M<40\%$，则公式（9.1）的对数项约等于 $-m/M$，公式（9.1）可以简化整理为另一种近似形式。

$$m \approx \frac{1}{1+(Q/Mk_m)+(k_h/Mk_mP)} \times \frac{R}{P} \tag{9.2}$$

因此这些情况几乎涵盖了本章所要讨论的所有胺修饰反应，当给定蛋白质浓度 P 后，反应完成时所达到的修饰水平 m 几乎与试剂浓度与蛋白质浓度之比 R/P 成正比，公式右侧的第一部分为比例常数。同等情况下，控制反应动力学的动力学参数量由三个缩减为两个：Q/Mk_m 和 k_h/Mk_m。在公式 9.1 中对全部三个参数模型的数据拟合以确定最佳动力学参数时，拟合过程对 M、Q/k_m 和 k_h/k_m 各自的数值不太敏感，而对 Q/Mk_m 和 k_h/Mk_m 的商更加敏感。同理，由这种方式决定的最适值 M、Q/k_m 和 k_h/k_m 不能不加鉴别地表示其名义上所测量的物理学参数。

9.3.2　胺反应试剂的分类

图 9.6 列举了通常用于修饰 IgG 的商品化胺反应基团分类。每一类中，形形色色偶联在 IgG 的 R 基团（表 9.1 中列举的附加物之一）各不相同，在图 9.6 中并未详细说明。

最常见的一类胺反应化合物是酰化试剂，羰基通过连接到解离基团而被激活。其中最主要的是 *N*-羟基琥珀酰亚胺[*N*-hydroxysuccinimide（NHS）]酯，此外，图中还包括一类具有更为活跃的五氟苯酚解离基团的新型试剂，以及另一类在蛋白质化学中经

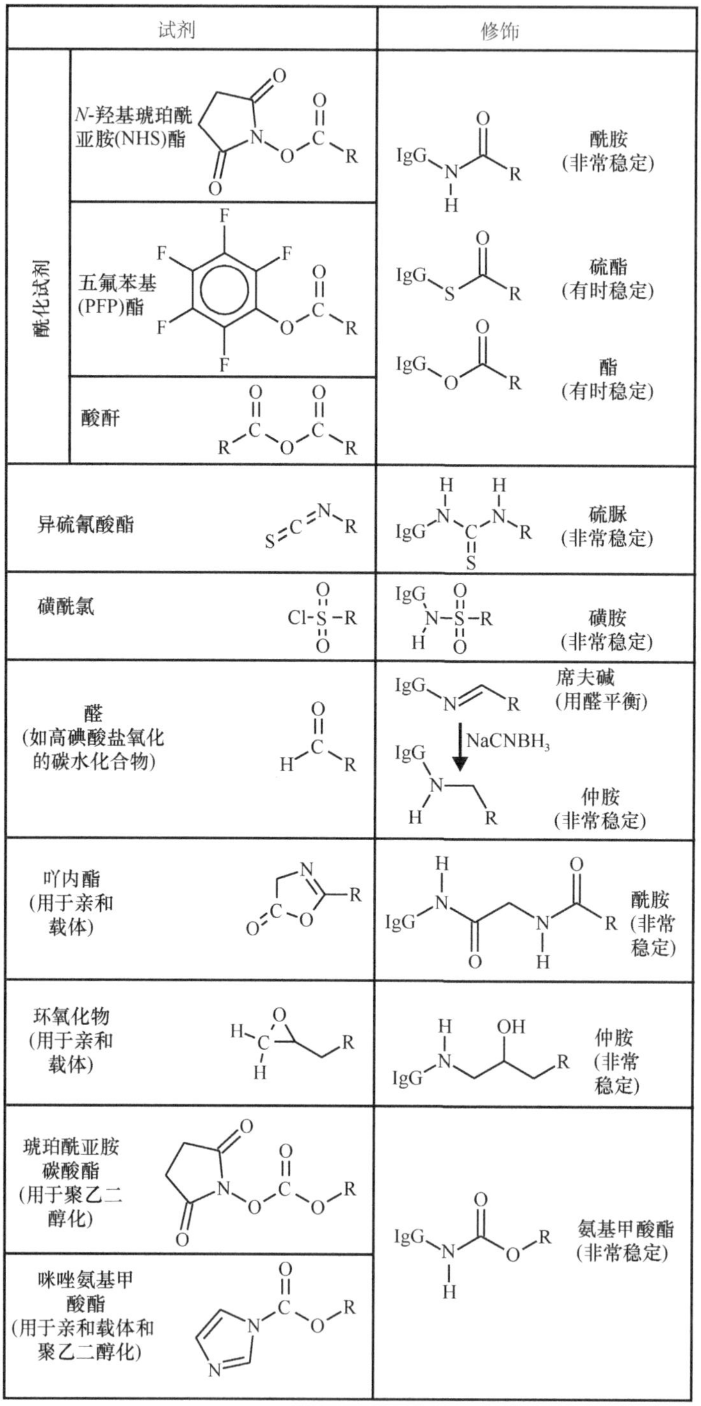

试剂		修饰
酰化试剂	N-羟基琥珀酰亚胺(NHS)酯	酰胺（非常稳定）
酰化试剂	五氟苯基(PFP)酯	硫酯（有时稳定） 酯（有时稳定）
酰化试剂	酸酐	
异硫氰酸酯		硫脲（非常稳定）
磺酰氯		磺胺（非常稳定）
醛（如高碘酸盐氧化的碳水化合物）		席夫碱（用醛平衡） NaCNBH$_3$ 仲胺（非常稳定）
吖内酯（用于亲和载体）		酰胺（非常稳定）
环氧化物（用于亲和载体）		仲胺（非常稳定）
琥珀酰亚胺碳酸酯（用于聚乙二醇化）		氨基甲酸酯（非常稳定）
咪唑氨基甲酸酯（用于亲和载体和聚乙二醇化）		

图 9.6　胺反应试剂的分类。

久不衰的酸酐。图示的酸酐具有相同的 R 基团，但有时也用不对称性酐；而环酐的单一分子结构则连接着两个羰基（如马来酸酐或丁二酸酐）。这些试剂具体的酰化作用不同，取决于解离基团的性质，但其胺的修饰产物则是相同的：极稳定的酰胺基连接在 R 与蛋白质之间。巯基的酰化作用（如果存在的话——IgG 中的自由巯基是很罕见的）生成硫酯，后者在缺乏亲核试剂的情形下，无论在溶液中或在蛋白质近旁都可以稳定存在。酪氨酸羟基的酰化作用同胺的酰化作用相比通常很慢，但反应若得以完成，其产物酚酯也十分稳定。组氨酸咪唑氮的酰化作用生成不稳定加合物，其快速水解后重新生成未经修饰的组氨酸；这一无效修饰循环是蛋白质依赖性水解的例证（9.3.1 节），其促进试剂消耗却未产生稳定的修饰。

醛与胺反应可逆性生成席夫碱，当 pH 低于 5 时席夫碱大量解离；而用弱还原剂氰基硼氢化钠处理则使其更加稳定，但氰基硼氢化钠的毒性是这种偶联方式的缺陷。虽然理论上醛可与水反应，但产物双羟基会立即失水再生成醛；因此，在无还原剂或氧化剂的情况下，可认为醛是稳定的。

异硫氰酸酯、环氧化物和咪唑氨基甲酸酯与蛋白胺的反应相对缓慢，且仅在水中缓慢分解。具有后两者的固相亲和介质在加入所要偶联的蛋白质溶液之前，能够与水样缓冲液作用进而被水合和（或）清洗。

9.3.3　NHS-PEO$_4$-Biotin 的生物素化反应

NHS-PEO$_4$-Biotin（Pierce）是一种典型的 NHS 酯，如图 9.7 所示。亲水的四单位聚乙烯氧化物（PEO，也称为聚乙烯乙二醇或 PEG）连接体使该化合物可溶于水，增加了加合物的亲水性。该试剂是 NHS 酯修饰 IgG 的例证之一。

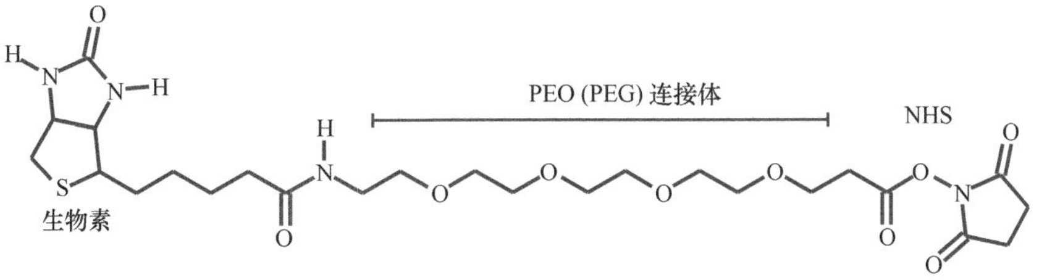

图 9.7　NHS-PEO$_4$- Biotin，一种胺反应性生物素化试剂。

就该试剂而言，公式（9.1）的最佳动力学参数值可用于特定的一组反应条件：室温 PBS 孵育过夜（0.15mol/L NaCl，0.1mol/L NaH_2PO_4，用 NaOH 将 pH 调节至 7.2）。对于任何浓度达到所需生物素化水平的 IgG 均可计算出试剂浓度[5]。将图 9.8 参数值代入公式（9.1）中，以修饰水平 m 为 1~11，可绘制出同等修饰水平的等值曲线。正如公式（9.2）所示（9.3.1 节），关于参数 M 的最佳值，不能认为每个 IgG 分子 129 个胺就是实际可反应胺的数目；事实上，一个 IgG 分子中胺的总数，无论是否参与反应，仅约为 90 个。我们用这一试剂来说明在两种截然不同的情况下，即大量 IgG 以高浓度提供（范例流程 1，图中右上部点）或少量但未知数量的低浓度 IgG（范例流程 2，左下角的向左箭头），达到每个 IgG 分子在 3 个生物素水平进行修饰的生物素化作用（几乎在所有应用中均为适宜的修饰水平）。

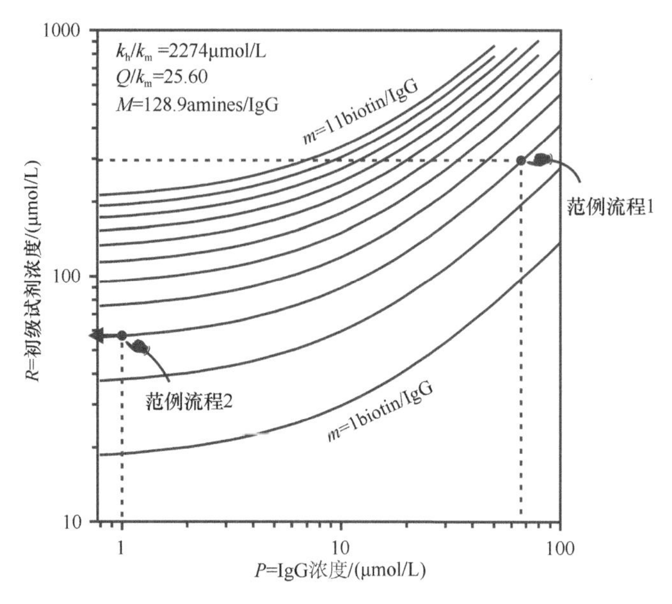

图 9.8 IgG 的 NHS-PEO$_4$-biotin 生物素化同等修饰水平的等值曲线。本图给出了对于给定浓度 P 的 IgG 其生物素化达到预定修饰水平 m 所需的试剂浓度 R。这些等值曲线是由图中的最佳参数值通过公式（9.1）计算得出。

9.3.3.1 大量高浓度 IgG 的生物素化作用

在下述范例流程 1 中，1mg（6.7 nmol）正常人 IgG 溶于 90μl PBS（0.15mol/L NaCl，0.1mol/L NaH_2PO_4，用 NaOH 将 pH 调节至 7.2），被生物素化达到每分子 3 个生物素水平，总反应体积为 100μl。如果蛋白质溶于其他缓冲液中，则必须通过透析或其他方法用 PBS 加以平衡（9.2.3 节）。将 1mg 定为“大量”的分类似乎有些武断，但这里考虑的两个主要因素是这一数量足以完成标准的理化测定（9.2.2 节），且足以随意操作而不必加入携带蛋白以弥补由管壁表面吸附所引起的蛋白质损失（9.2.1 节）。鉴于 IgG 的终浓度 P 为 10mg/ml（67μmol/L，图 9.8 右侧的垂直虚线），我们可由公式（9.1）计算得出达到修饰水平 m=3 的试剂浓度 R，此处的动力学参数值取自图 9.8。相应地，可制备 2.95mmol/L 的稀释试剂，也就是终浓度的 10 倍，取 10μl 加入到 90μl 蛋白质溶液中。

$$
\begin{aligned}
R &= \left[m - \frac{Q}{k_m}\ln\left(1-\frac{m}{M}\right)\right]P - \frac{k_h}{k_m}\ln\left(1-\frac{m}{M}\right) \\
&= \left[3 - 25.6\times\left(1-\frac{3}{128.9}\right)\right]\times 67 - 2274\times\ln\left(1-\frac{3}{128.9}\right) \\
&= 295\mu\text{mol/L}\left(\text{图9.8中的水平虚线}\right)
\end{aligned}
$$

9.3.3.1.1 范例流程 1：大量高浓度 IgG 的生物素化作用

（1）向 1.5ml 微量离心管中用移液器加入 90μl 浓度为 11.3mg/ml 溶于 PBS 偶联缓冲液中的 IgG。

（2）向预装有 2mg（3.4μmol）NHS-PEO$_4$-biotin 的 Pierce“no-weigh”型小管中用

移液器加入 100μl 二甲基亚砜（DMSO），然后用移液器吸头穿破箔封；用吸头上下吹打及抹刮使油状固体完全溶解（虽然试剂可溶于水，但很难直接溶解水中的油状固体，在此过程中试剂可发生显著水解；相反，试剂在干燥 DMSO 中易溶解而且稳定，终反应混合物中痕量浓度的溶剂对 IgG 是完全无害的）。

（3）向装有 1.05ml PBS 偶联缓冲液的 1.5ml 微量离心管中用移液器加入全部的 100μl 3.4mmol/L DMSO 溶液，然后制成 2.95mmol/L 的稀释液；立即涡旋混匀，向微量离心管内加入 10μl IgG，涡旋混匀微量离心管，瞬时离心使溶液沉入管底，室温避光反应至少 4h。试剂与 IgG 的摩尔比是 4.4（这个动力学参数适用于计算室温孵育的试剂浓度；而 4℃孵育的参数尚不明确，但一般情况下可有所不同。4h 的孵育无疑可以使反应充分完成——例如，水解和修饰共同消耗完所有的初始试剂）。

（4）向反应微量离心管中加入 1ml TBS（0.15mol/L NaCl，50mmol/L Tris-HCl pH7.5），涡旋混匀，然后转移至一个截留分子量为 20kDa 的 7ml 浓缩器的离心浓缩装置（Pierce）中（9.2.3 节）；再加入 3.9ml TBS，使总体积达 5ml；向外测的滤液收集管中加入 1.75ml TBS，使 25°固定角转子的预期终止体积达到 100μl（图 9.4 和表 9.5，9.2.3 节；适当调整其他转子的总体积）；根据厂商说明书通过用 25°固定角转子离心，经 4 个循环浓缩至 100μl，进而去除未结合的生物素，在每个循环丢弃外部收集管中的滤液后，将 1.75ml 新鲜 TBS 加入外部收集管中，并将渗余物重新稀释至 5ml；向最终渗余物中加入 400μl TBS，涡旋离心浓缩装置以确保所有蛋白质从膜上清除，并将渗余物转移到适当的容器中储存。

（5）如果不考虑损失，则从上述方案得到的最终 500μl 溶液其 IgG 浓度的理论值应为 2mg/ml。浓度可根据经验通过分光光度法（9.2.2.1 节）或 Bradford 反应（9.2.2.2 节）测定，但由于有高浓度的 Tris（9.2.2.3 节）不能采用 BCA 法测定。1mg 范围内的初始 IgG 典型产率约为 80%，而大规模的制备则可接近 100%。

这一方法可按比例缩小到至少 500μg，且可放大至无限，只需应用适宜的透析和（或）浓缩装置去除未结合生物素，以及交换为所需的缓冲液（9.2.3 节）。根据公式（9.1）调节试剂浓度，可以使 IgG 的浓度大约从 150μg/ml（范例流程 2 的粗略上限）调整至溶解度的最大限度。

9.3.3.2　生物素化水平的检测

遗憾的是，精确测定生物素化水平是很困难的。标准生物素的测定依赖于分析物（所要测定的生物素）与其他配体同亲和素或链霉亲和素的竞争性结合。例如，4'-羟基偶氮苯-2-羧基酸（HABA）试验中，分析物取代了 HABA 染料与链霉亲和素或亲和素结合，因此，500nm 处的摩尔吸光率减少了约 23 000[6]（也可参见参考文献[1]中 921~923 页）。HABA 试验具有很大的不确定性，因为与自由生物素不同，同蛋白质偶联的生物素，不能封闭在四聚物亲和素或链霉亲和素分子上全部的 4 个生物素结合位点，因而产生了严重的空间位阻效应。竞争性 ELISA 作为下述范例流程 3（9.3.3.4.1 节）的示例比 HABA 试验更为敏感，但仍充满不确定性，其不仅来自于位阻效应，也来自于多价效应。这些不确定性可通过下述方法加以消除：测定前用酸性水解[7]或链霉蛋白酶（参考文献[1]，第 922 页）或蛋白酶 K[8,9]消化蛋白质进而使生物素释放。然而对于一个像 NHS-PEO$_4$-biotin 那样很好的生物素化试剂，没必要进行这样的定量，因为实际达到的生物素化水平不应该远离图 9.8 中的预测值或者公式（9.1）中动力学参数的适宜值。

Solulink，Inc.（San Diego，California）销售一种内含发色基团的名为 ChromaLink 的生物素化剂，可直接容易地利用分光光度法测定生物素化水平（参考文献[1] 730~732 页）。发色团的摩尔吸光系数在 354nm 处为 29 000，其中 IgG 几乎没有吸光度；这种足够强的吸收，足以测定每个 IgG 至少 1 个生物素。发色团主要在 280nm 处有吸光峰，允许用该波长处的校正吸光度计算 IgG 浓度。

9.3.3.3 少量未知数量低浓度 IgG 的生物素化作用

在下述范例流程 2 中，假定终反应混合物中 IgG 浓度未知但不超过 1μmol/L（150μg/ml）。如图 9.8 所示，如此低的 IgG 浓度下，达到给定生物素化水平（如每个 IgG 分子三个生物素；图 9.8 中左侧箭头所指示的点）所需的试剂浓度实质上并不依赖于 IgG 浓度。应用公式 9.1，设蛋白质浓度 P 为 0，我们可推算出在极低 IgG 浓度下达到生物素化水平 m=3 所需的试剂浓度：

$$R=-\frac{k_{\mathrm{h}}}{k_{\mathrm{m}}}\ln\left(1-\frac{m}{M}\right)=-2274\times\ln\left(1-\frac{1}{128.9}\right)=54\mu\mathrm{mol}/\mathrm{L}$$

IgG 浓度并没有明确划分的下限，但在极低浓度下（少于 100ng/ml）IgG 吸附到管壁上的损失则是不容忽略的。但生物素化作用完成后，大量 BSA 携带蛋白质被加入 Bio-IgG 中，因此，消除了进一步的吸附损失。范例流程中的终反应容积是 10μl，由 5μl IgG 和 5μl 108μmol/L 试剂（给定的终试剂浓度是 54μmol/L）组成；在此情况下，IgG 数量的上限应是 5μl 偶联缓冲液中含 1.5μg。如果 Bio-IgG 的浓缩生产通过下述范例流程 3 中的 ELISA 滴定法定量，则必然会损失一些 Bio-IgG，精确的滴定需要 50ng。所以，如果滴定损失了 33%的终产物，则 Bio-IgG 的总产量应该仅有 150ng，仍然可以相当精确地进行定量。

9.3.3.3.1 范例流程 2：少量低浓度 IgG 的生物素化作用

（1）向 1.5ml 微量离心管中加入 5μl 溶于偶联缓冲液的 IgG。可以不必知道 IgG 浓度，但不能高于 300μg/ml。

（2）向装有 2mg（3.4μmol）NHS-PEO$_4$-biotin 的 Pierce“no-weigh”型小管中加入 100μl DMSO，然后用移液器吸头穿破箔封；用吸头上下吹打及抹刮使油状固体完全溶解[参见范例流程 1 中步骤（2），9.3.3.1.1 节]。

（3）向装有 3.14ml 偶联缓冲液的适宜容器中加入 10μl DMSO 溶液，制成 108μmol/L 的稀释液；立即涡旋混匀，向 1.5ml 微量离心管中加入 5μl IgG，涡旋混匀微量离心管，瞬时离心使液体沉入管底，室温避光反应至少 4h。

（4）向 1.5ml 反应微量离心管中加入 90μl 1mol/L 乙醇胺，用 HCl 将 pH 调节至 9.0；涡旋混匀，瞬时离心使液体沉入管底，室温避光孵育至少 1h。初始高浓度的胺消除了（与之快速反应）任何残留的未水解试剂，确保下一步加入的 BSA 不发生生物素化反应。

（5）向装有 TBS（0.15mol/L NaCl，50mmol/L Tris-HCl，pH7.5）的 1.5ml 反应微量离心管中加入 1ml 1mg/ml BSA，涡旋混匀，如前面范例流程 1 的步骤（4）所述，通过 7ml 浓缩器进行反复的稀释和浓缩以去除未偶联的生物素。大量的 BSA 携带蛋白用于保护生物素化的 IgG 免于由管壁吸附而造成的损失。由于前面步骤预先的消除，它本身不能被生物素化。

（6）如果需要，最后制备过程中 Bio-IgG 的浓度可通过下面的范例流程 3 中 ELISA 滴定法定量。

9.3.3.4　ELISA 滴定法测定 Bio-IgG 浓度

在此过程中，一系列稀释的未知浓度的 Bio-IgG 样本和一个已知浓度的 Bio-IgG 标准品与链霉亲和素包被的 ELISA 板各试样孔反应；Bio-IgG 的标准品和样品必须在种属来源、同型分布（如果适用）和每分子生物素的数量等方面相匹配。最低稀释度的 Bio-IgG 标准品浓度约为 100nmol/L；如果最低稀释的未知样本其 Bio-IgG 浓度小于 3nmol/L，则精确度将会大打折扣。未结合的 Bio-IgG 被洗脱之后，结合的 Bio-IgG 可用酶联二抗检测。该实验需要能够在约 405nm 处读 ELISA 孔的读板机（动力学读板机更为优越，但是单一的读数装置也足以胜任），如有洗板机则会更方便。

9.3.3.4.1　范例流程 3：ELISA 滴定法测定 Bio-IgG 浓度

（1）在 50ml 试管中，配制 8.5ml 10μg/ml 溶于 0.1mol/L $NaHCO_3$ 的链霉亲和素（取自 1mg/ml 水溶冻存液），用 NaOH 将 pH 调至 8.5；向改良的平底 ELISA 板中每孔滴入 80μl；盖上盖子，使蛋白质包被在试样孔的塑料表面，在冷的湿盒中过夜孵育（密封的塑料小盒底部带有潮湿纸塔以维持湿度）。

（2）将 15ml Sea Block 封闭液（Pierce；几乎任何其他的封闭液均可；这里的封闭液中要避免使用牛蛋白，因为所需定量的 Bio-IgG 来自同一种属）与 15ml 水混合；向每孔中滴入 300μl，使孔充满。置该板（不盖盖子）于冷的湿盒中封闭至少 2h。

（3）与此同时，用红色 TTDB（含有 Tween、1mg/ml BSA 和 100μmol/L 酚红的 TBS）作为稀释液，制备未知 Bio-IgG 样本的稀释序列（通常为倍比稀释），以及 120nmol/L Bio-IgG 标准品；下一步骤中每孔需要 50μl，另外要多加 10μl 作为滴加误差的补偿。在此例中，样品和标准品为生物素化达到相同水平的多克隆牛 IgG；标准稀释品体积为 250μl（足以超过 4 个 50μl 的循环用量），最小稀释 Bio-IgG 样品的浓度为 120nmol/L；稀释样品体积为 120μl（足够超过两个 50μl 循环用量）。

（4）当第二步封闭完成时，用 TBS/Tween 洗涤 ELISA 孔，可手动或用洗板机，用 150μl TTDB（不含酚红；如果有多通道移液器，此步骤会更加便捷）快速加满试样孔（避免过干）。向孔中（已经含有 150μl 没有颜色的稀释液）加入 50μl 前一步骤中的红色样品和 Bio-IgG 标准稀释液（使 Bio-IgG 成 4 倍稀释）；红色可避免对样本孔的遗漏或重复加样。盖上盖子在冷的湿盒中至少孵育 2h；在此期间，Bio-IgG 分子被固相化的链霉亲和素所捕获。

（5）将 12.5ml TTDB 与适量（见此流程最后一步）的碱性磷酸酶（AP）酶联二抗

混合；如前所述洗涤 ELISA 板；每孔加入 100μl 二抗稀释液（当然如果有多通道移液器此步骤会更便捷）；盖上盖子，在冷的湿盒中孵育 2.5h。AP 酶联二抗的特异性显然取决于 Bio-IgG 的来源。此例中，IgG 为多克隆牛源蛋白，应用 3.5μl Southern Biotechnology 公司的 AP 酶联山羊抗-牛 IgG（H+L）（产品目录号 6030-04）；3.5μl 的体积是由预实验决定的，当固相的链霉亲和素被 Bio-IgG 饱和后，足以显示很强的 ELISA 信号（下一步）。

（6）前一步骤中即将完成 2.5h 的孵育时，将 10ml 1mol/L 二乙醇胺（用 HCl 将 pH 调节至 9.8）、10μl 1mol/L $MgCl_2$ 和 100μl 50mg/ml 冻存的磷酸对硝基苯酯（*p*-nitrophenyl-phosphate）混合制成底物溶液。如前述洗涤 ELISA 板，速度要快，避免过度干燥，每孔中加入 90μl NPP 底物溶液（如有多通道移液器此步骤会更便捷）。405nm 和 490nm 处光密度（OD）值的差异通过动力学读板机在 57min 内每隔 3min 读测一次，每孔可以得到一个斜率值（mOD/min）（1mOD 等于 1/1000 OD），以此作为 ELISA 的采集信号。如果没有动力学读板机，30min 或 60min 后在 405nm 处单独测量 OD 值也可以代替斜率。图 9.9 显示了范例实验的结果。

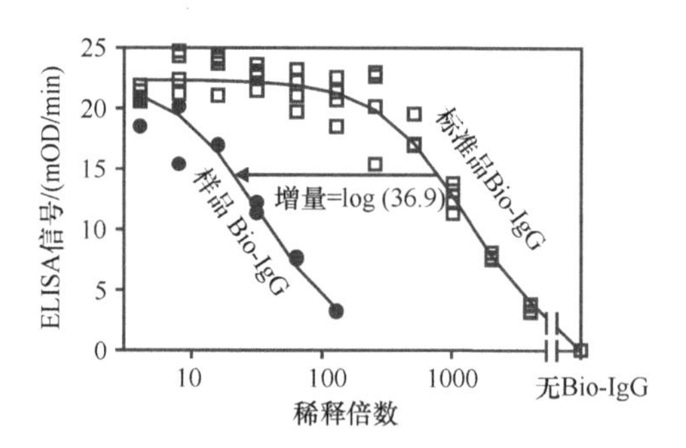

图 9.9　通过酶联免疫吸附试验滴定法定量 Bio-IgG。详见范例流程 3。

最小稀释因子是 4，表示步骤（4）中为 4 倍稀释。比较两个滴定曲线表明 Bio-IgG 标准品浓度是 Bio-IgG 样品浓度的 36.9 倍，标准品浓度为 120nmol/L；因此，估算 Bio-IgG 样品浓度为 3.25nmol/L。事实上，实验中“未知样本”的 Bio-IgG 浓度已知为 3.75nmol/L；因此实验低估了真正的 Bio-IgG 浓度约 13%——多数情况下这属于完全可接受的误差。从图 9.9 中明显可见，如果“未知样本”Bio-IgG 浓度小于 1nmol/L，则测定精确度会有所影响。

9.3.3.5　固相生物素标记

多数 IgG 在重链近 C 端有三个高度保守的、暴露于溶剂的一个组氨酸簇。此氨基酸簇存在于人类 IgG1、IgG2 和 IgG4（但不存在于 IgG3 中），鼠 IgG1、IgG2a 和 IgG3（但不存在于 IgG2b 中），兔 IgG，以及牛 IgG 中。所以，多数纯化的 IgG 可被含镍的固相金属亲和层析（IMAC）介质所捕获（IMAC 对于捕获全血清中的 IgG 是无效的）。尚不清楚如人 IgG3 和鼠 IgG2b 这类没有组氨酸簇的 IgG 是否也与镍柱结合。当蛋白质固定于镍柱时，这种结合可用于 NHS-PEO$_4$-biotin 进行 IgG 的生物素化[10]。固相生物素化反应的优势是试剂的加入和未偶联生物素的清除可以仅通过试剂流动或洗涤缓冲液过柱来实现，此后，生物素化的 IgG 可用含有 0.2mol/L 的咪唑缓冲液从柱中释出。但是，如果在应用生物素化抗体之前，浓缩的咪唑必须被清除，那么这一优势将不复存在。固相生物素化反应的动力学十分复杂，尚未完全明确。达到给定修饰水平所需的试剂浓度似乎比传统液相反应高。尚不清楚反应过程中究竟是溶液中位于 IMAC 柱上游还是下游区段的试剂与固化的 IgG 接触机会更多。

9.3.4　用荧光染料进行标记

AlexaFluor 647 羧酸琥珀酰亚胺酯（AF647NHS；Molecular Probes）是一种典型的胺反应性荧光染料。当偶联到蛋白质上，其在 650nm 处具有最大吸收峰，摩尔消光系数为 239 000 且散射最大值在 665nm 处；其在 280nm 处（所偶联蛋白的最大吸收峰位置）的吸收值是 650nm 处的 3%。前述的光谱参数因染料不同而异。在这一范例流程中，AF647NHS 与牛 IgG 进行反应；通过反复的稀释和超滤清除未结合的染料后（甚至大量的透析也无法去除未偶联的染料[4]），再通过分光光度法分析结合的荧光，进而测定 IgG 浓度和每个 IgG 分子所结合的染料分子数量。由于荧光染料是光敏感性的，所以应在弱光下操作，如果可行，最好完全避光。对于 AF647NHS 试剂，没有在 9.3.3 节中描述的那种系统动力学研究的报道；因此，还需要进一步研究在范例流程 4 反应条件之前能够明确外推到目标修饰水平，蛋白质浓度或除下面报道之外的试剂浓度（分别为 3.6 染料/分子、92μmol/L 和 553μmol/L）。

9.3.4.1　范例流程 4：用 AlexaFluor647 标记 IgG

（1）向 1.5ml 微量离心管中加入 10mg 溶于 606μl 低磷酸化 PBS（LoPBS；0.15mol/L NaCl，5mmol/L NaH_2PO_4，用 NaOH 将 pH 调节至 7.0）和 67μl 1mol/L $NaHCO_3$ 中的 IgG，用 NaOH 将 pH 调至 8.5。LoPBS 的弱缓冲能力使得可以通过加入少量强缓冲液而将 pH 重新调节至所需数值（本例为 8.5）。

（2）向装有 1mg AF647NHS（分子探针）的试管加入 100μl DMSO，通过剧烈振荡混匀使之完全溶解（浓度为 10mg/ml=8mmol/L）；将 50μl 加入前一步骤的微量离心管内，立即涡旋混匀；瞬时离心使溶液沉入管底；4℃避光过夜孵育。IgG 和试剂的终浓度分别为 92μmol/L 和 553μmol/L。

（3）加入 100μl 3mol/L 乙醇胺，用 HCl 将 pH 调节至 9；室温避光孵育 1h 以消除未反应的试剂。

（4）转移至截留分子量为 20kDa（表 9.4，9.2.3 节）的 20ml 浓缩器离心浓缩装置（Pierce）的内部样品室；添加额外的 TBS 以使样品体积达到表 9.4 中规定的容量；在外部收集管中加入足够的 TBS，使计算的终末体积达到 500μl（图 9.4 和表 9.5，9.2.3 节）；使用合适的转子以 6000r/min 离心；根据供应商的说明，在固定角度转子中离心，通过四个循环浓缩至 500μl 去除未偶联的生物素，并重新稀释至原始样品体积；再次浓缩至 500μl；涡旋该装置以确保所有蛋白质从膜上移除，并将保留物转移到 1.5ml 微量离心管中；通过加入 300μl LoPBS 冲洗膜，涡旋，并将冲洗液加入 1.5ml 微量离心管中的原始保留物中；使最终体积为 610μl。

（5）以 LoPBS 作为稀释剂，制成 500μl 1/100 的稀释液，从 220~320nm 及 610~690nm

进行分光光度扫描，LoPBS 作为参照溶液。光谱如图 9.10 所示。因 650nm 处的吸收峰值为 0.778，稀释因子为 100，给定的染料摩尔吸光系数为 239 000，故染料浓度推算为 325.5μmol/L。280nm 处加入染料（0.778 的 3%；见上文）后的纠正吸收峰值为 0.214，故 280nm 处 IgG 的吸光度值推算为 0.19066；由于稀释因子为 100，IgG 的摩尔吸光系数为 210 000（相当于 1mg/ml 溶液的吸光度值为 1.4），故推算 IgG 浓度为 90.8μmol/L（13.6mg/ml）。所以，每个 IgG 分子所偶联的染料分子数目是 325.5/90.8=3.6；这一修饰水平几乎不会封占大部分的抗原结合位点，却足以通过激光扫描共聚焦显微镜进行鲜明的免疫细胞成像。IgG 的终产量为 0.61ml×13.6mg/ml=8.3mg，或者初始 IgG 的 83%——这是多步反应中典型的完全可以接受的产率。值得注意的是，由于在 320nm 和 690nm 处均存在显著的残余染料光吸收，故未作光散射纠正。

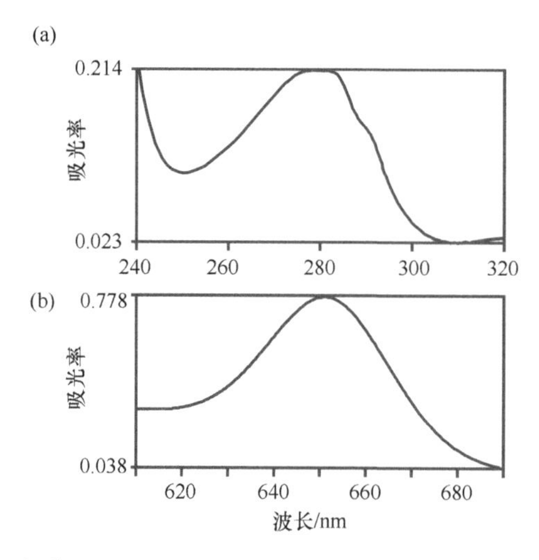

图 9.10　AF647 标记的 IgG 的紫外（a）和可见光（b）吸收光谱。（a）240~320nm；（b）610~690nm。

上述方法对较广范围的 IgG 数量和浓度均可适用。但是，由于对 AF647NHS 的修饰动力学研究尚不如 NHS-PEO_4-biotin 深入（9.3.3 节），因此如果 IgG 的浓度、温度、pH 或缓冲液构成与此案例完全不同时，可能需要对试剂的浓度范围进行摸索。

9.3.5　巯基的导入

IgG 本身很少或不含自由的巯基（图 9.15，9.4.1 节），但可通过一个末端胺反应基团与另一端巯基的异源双功能交联方法人工引入巯基。大多数情况下，硫醇化作用的目的是使抗体偶联到酶或其他由巯基反应性马来酰亚胺基团衍生而来的蛋白质上（9.4.4 节）。SATA（*N*-succinimidyl *S*-acetylthioacetate）是实现该功能的一种典型交联剂，其胺反应性 NHS 基团与硫酯相交联，可被认为是巯基的一种保护形式。SATA 与 IgG 反应时，其某些氨基基团的酰基化产生含有硫酯的加合物，如图 9.11 上部所示。在缺乏亲核溶质时，硫酯比自由巯基更为稳定。被保护的巯基用羟胺处理后在温和情况下仅在临用前去除保护，产生如图 9.11 底部的加合物；产生的含有巯基的 IgG 应立即使用，以避免巯基的氧化或其他副反应所造成的渐进性损失。

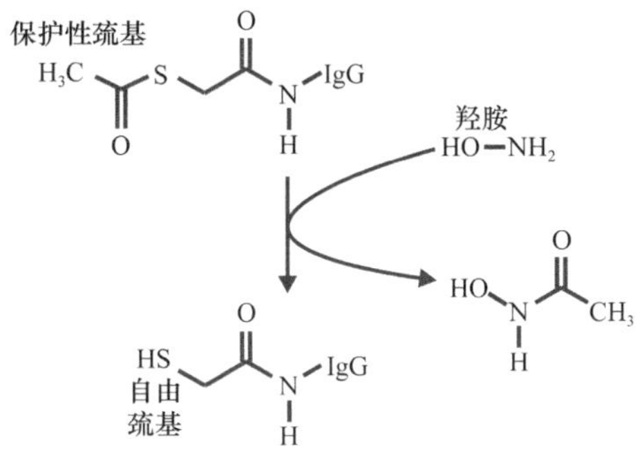

图 9.11　用 SATA 将保护性巯基引入 IgG 中并用羟胺去除巯基保护。

9.3.5.1　范例流程 5：SATA 的巯基化作用

该流程是以 Pierce 公司的 SATA 说明书为蓝本撰写的。

（1）向 1.5ml 微量离心管内加入 1ml 溶于 PBS（0.15mol/L NaCl，0.1 mol/L NaH_2PO_4，用 NaOH 将 pH 调节至 7.2）中的浓度为 9mg/ml（60μmol/L）的 IgG。

（2）将 SATA 溶解于 DMSO 中，浓度为 5.36mg/ml（55mmol/L）；向前一步骤的微量离心管内加入 10μl，立即涡旋混匀，室温反应 30min。IgG 和 SATA 的终浓度分别为 59.4μmol/L 和 545μmol/L；因而最后的修饰水平被认为是每个 IgG 分子 3~3.6 个保护性巯基。与 SATA 反应后并不适合用乙醇胺来消除未反应试剂［例如，范例流程 2 的步骤（4），9.3.3.3.1 节］，因为高浓度乙醇胺可以使巯基过早地去除保护。

（3）可用 PBS 透析或使用离心浓缩装置用 PBS 进行多步循环稀释和浓缩来去除未反应的 SATA（表 9.4，9.2.3 节）；用分光光度法、Bradford 法或 BCA 法测定 IgG 浓度（9.2.2 节）。IgG 的确切终浓度并不重要，在下一步骤中起始浓度假设与 9mg/ml 相差不多。制成的 IgG 可储存于冰箱或冰柜中数月或数年。

（4）如需去除 IgG 的保护，则向微量离心管中加入所需体积的衍生 IgG 及 0.1 倍体积新鲜制备的脱酰溶液（1.74g 羟胺·HCl 和 0.365g EDTA 二钠溶解于 40ml PBS 中；加水至终体积 50ml；用 NaOH 将 pH 调节至 7.2）；涡旋混匀，瞬时离心使溶液沉入管底，室温反应 2h。

（5）通过对 PBS/EDTA（PBS 加入 10mmol/L EDTA）的透析或用离心浓缩装置对 PBS/EDTA 进行多步循环稀释和浓缩（表 9.4，9.2.3 节）来清除反应物；用分光光度法、Bradford 法或 BCA 法测定 IgG 浓度（9.2.2 节）。

（6）用 Ellman 氏试剂对巯基进行定量（范例流程 8，9.4.2.1 节）。

EDTA 使巯基避免金属催化的氧化反应；不过，因为 EDTA 不能避免所有方式的巯基损失，所以去保护的 IgG 应尽快使用。

9.3.6　聚乙二醇化

将 PEG 链连接到治疗性的单克隆抗体上可能显著改变它们的药代动力学特性[11]。多聚物链极度亲水且在周围形成了广泛的水化外壳，继而倾向于排阻邻近的大分子。这种容积排异效应可延长血清 IgG 的半衰期，阻止其与抗 IgG 抗体和其他高分子的结合。Larson 及其同事[12]研究了用 NHS 酯 mPEG-SPA 对 IgG 进行聚乙二醇化修饰后的动力学效应，mPEG-SPA 具有一个平均相对分子质量为 5000 的 PEG 链，产生的加合物结构如图 9.12 所示。3mg/ml（20μmol/L）指定浓度的 IgG 与不同浓度的 mPEG-SPA 反应，其最后的修饰水平需用磁共振（NMR；由于缺乏对 PEG 敏感的简单颜色反应）来测定。与公式（9.2）相符（9.3.1 节），他们发现修饰水平 m 与试剂和蛋白质之比 R/P 成比例，在此反应条件和蛋白浓度下比例常数为 0.73。范例流程 6 基于 Larson 等的文章。

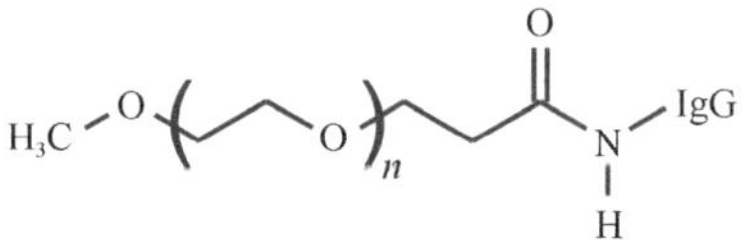

图 9.12　应用胺反应性聚乙二醇化试剂进行 IgG 聚乙二醇化修饰后的示意图。

9.3.6.1　范例流程 6：应用 mPEG-SPA 进行聚乙二醇化修饰

（1）将相对分子量为 5000 的 mPEG-SPA（Shearwater Polymers，Inc.，Huntsville，Alabama）溶解于 DMSO 中，使其浓度高于下一步骤最终浓度至少 20 倍以上（DMSO 的终浓度因此不超过 5%）。

（2）将溶于 pH9.2 硼酸盐缓冲液的 3mg/ml IgG 溶液，搅拌或涡旋振荡中逐滴加入所需体积的 mPEG-SPA 溶液。mPEG-SPA 与 IgG 的摩尔比 R/P 应高于所需修饰水平 m（每个 IgG 分子 PEG 链的数目）的 1/0.73=1.37 倍。室温持续搅拌反应 1h，4℃过夜。

（3）通过截留分子量为 50~100kDa 的离心浓缩装置多轮循环浓缩和再稀释，去除未结合的 PEG，交换为 PBS（9.2.3 节）。

（4）通过分光光度法测定蛋白质浓度。

（5）如果有磁共振设备，可用所述方法对每个 IgG 分子所偶联的 PEG 链数目进行测定[12]。

9.3.7　与螯合剂的偶合

胺反应性螯合剂可通过双功能交联将放射性金属连接到抗体（或其他蛋白质）上，进行放射性治疗或活体成像[13,14]。标记过程包括两个阶段。第一步，将空螯合剂（即没有金属配体的螯合剂）共价偶联到抗体（或其他生物分子）上，产生可以永久储存的稳定加合物。第二步，一部分螯合剂偶联的加合物与放射性核素及自由未结合金属反应；由于所用的放射性核素半衰期短，故第二步反应必须快速进行并且形成的加合物应立即使用。

由于二乙烯三胺五乙酸（DTPA）的胺反应性衍生物在适宜温度下可迅速发生螯合作用，所以非常适合于标记抗体。DTPA 有效地螯合 ^{90}Y（用于放射性治疗的 α、β 射线源）、^{86}Y（用于正电子发射断层扫描成像的射线源）、^{111}In（用于单光子发射计算机断层扫描成像的 γ 射线源），以及其他放射性核素。两种 DTPA 的胺反应性异硫氰酸盐衍生物可通过商业途径从 Macrocyclics（Dallas，TX）公司购得，Mirzadeh 及其同事已经对第三种 1M3B-DTPA 的反应动力学进行了广泛研究[15]。范例流程 7 就依据了他们的文章；与 1M3B-DTPA 反应形成的硫脲加合物如图 9.13 所示。

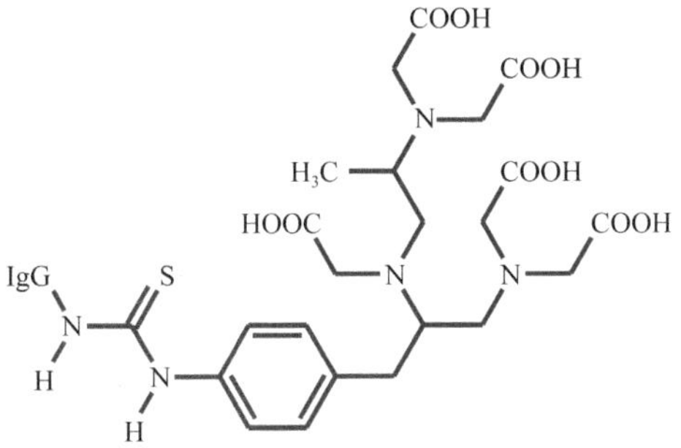

图 9.13　金属螯合剂 DTPA 的胺反应性异硫氰酸盐衍生物 1M3B-DTPA 修饰 IgG 的示意图。

异硫氰酸盐与胺（以及与水）的反应速度同在范例流程 1~6 中的 NHS 酯相比更为缓慢；即使经过 35h 与 1M3B-DTPA 的反应后偶合仍不完全[15]。因此公式（9.1）和公式（9.2）（9.3.1 节）不能被确信可用于从已知反应条件推断未知条件。应用下述范例流程 7 的反应条件与浓度为 46μmol/L 的 IgG 反应，作者针对一些不同的试剂与 IgG 摩尔比 R/P 测定了修饰水平 m，结果如图 9.14 所示。数据与经验公式（不以任何的动力学模型为基础）完全吻合 m=9.939×［1–exp（–0.045 33R/P）］（图中的连续曲线），因此可用于推算修饰 46μmol/L IgG 达到任何修饰水平 m 所需的试剂浓度。很有可能（但经验上并未证明）商品化的 DTPA 异硫氰酸盐衍生物对 IgG 的修饰表现出非常近似的动力学效应。

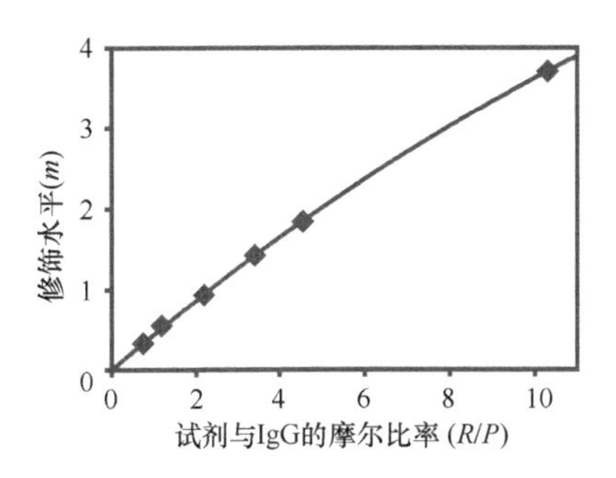

图 9.14　1M3B-DTPA 修饰 IgG 的结果；详见文章。IgG 浓度为 46μmol/L。实线为文中所述的理论曲线。

9.3.7.1　范例流程 7：应用 DTPA 异硫氰酸盐衍生物进行修饰

（1）将 46μmol/L IgG 溶于 0.15mol/L NaCl 与 50mmol/L N-（2-羟乙基）哌嗪-N'-乙磺酸（HEPES）中，用 NaOH 将 pH 调节至 8.6，向其中加入适量体积的 10mmol/L 新鲜制备的水溶 DTPA 异硫氰酸盐衍生物，体积如前文所计算；反应在室温（27℃）条件下进行 17.3h。

（2）通过 PBS 透析法或使用离心浓缩装置，用 PBS 进行多轮稀释和浓缩循环来去除未结合的 DTPA（9.2.3 节）。

（3）应用分光光度法、Bradford 法或 BCA 法测定蛋白质浓度（9.2.2 节）。

在前述研究中[15]，可应用 1M3B-DTPA 的 ^{14}C 标记型，通过闪烁计数来测定修饰水平 *m*。后来，一种简单的比色法也可用于没有标记型试剂时 DTPA 滴定定量[16]。

9.4 巯基和二硫键的修饰

9.4.1 IgG 的二硫键和巯基

免疫球蛋白由多个具有保守结构的同源单位组成，称为免疫球蛋白折叠。每个免疫球蛋白折叠内具有单一的高度保守的链内二硫键；如图 9.15 的普通 IgG 示意图所示，方括号表示二硫键。打断这些键需要涉及参与反应的半胱氨酸使得抗体变性，因此不在本章讨论范围之内。

链间二硫键连接在两个重链内铰链区附近及重链与轻链之间，如图 9.15 虚线所示。这些键的数量和确切位置因种属及亚型的不同而各异，但在特定种属的特定亚型的 IgG 中是高度保守的，不论其可变区序列和抗原结合特异性如何。由于这些接触溶剂的链间二硫键通常可在 IgG 未变性或抗原结合能力未被破坏的情况下断裂，所涉及的反应属于本章的内容范畴。

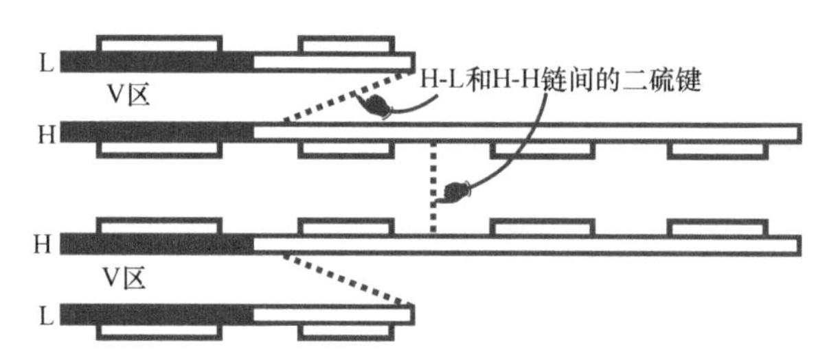

图 9.15　普通 IgG 分子的二硫键。虚线所示的链间二硫键在不同种类及同种类的不同 IgG 亚型中均不同，可在蛋白质未变性的情况下被巯基或三羧基乙膦所还原。黑色实框区所示的链内二硫键在所有物种和同型的基础免疫球蛋白折叠内是高度保守的，不易在未变性蛋白质中受到影响。

某些 IgG 在重链恒定区有额外的链内二硫键；例如，兔的 IgG 就具有这样的二硫键，在蛋白质未变性时可受到影响（图 9.29）。除了恒定区的链内和链间二硫键，IgG 个别分子类型（如单克隆抗体）在其可变区有独特的巯基或二硫键。自由巯基（非二硫键）一般在 IgG 中极为罕见。

9.4.2 二硫化物的互换反应

二硫化物的互换反应是细胞内巯基/二硫化物转换，以及体外操作巯基与二硫化物的基础。最小的二硫化物互换仅涉及偶联于基团 R 和 R′的不同的两个硫，如图 9.16 所示。即使这个最小的反应也包括了 4 个同时发生的平衡过程：在无电荷巯基与负电荷硫醇盐型巯基之间的两个酸碱平衡，以及两个二硫物互换反应本身。现实中，典型的二硫互换反应可能涉及 12 个不同的巯基，以及成百上千个同时发生的平衡过程。但是，无论系统多么复杂，尽管因平衡常数和最初的硫醇浓度不同，二硫键的分布可显著不同，却都不会造成二硫键的净值增加或减损。

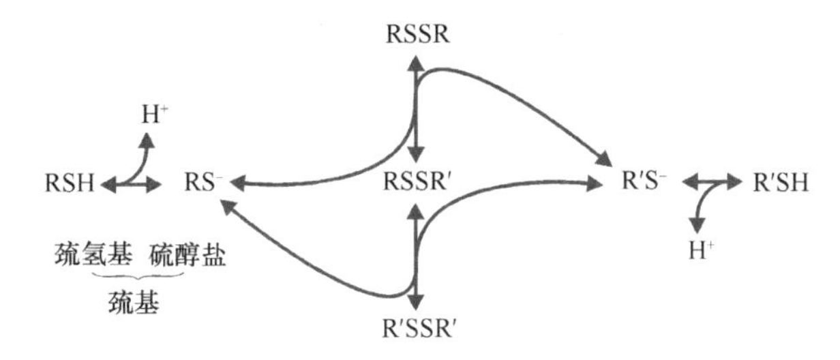

图 9.16 仅涉及两个不同的巯键基团 R 和 R'的最小二硫化物互换反应。

显而易见，如果少量含有二硫键的蛋白质，图中显示为 R'SSR'，用过量摩尔数的含巯基试剂（图中显示为 RSH），如巯基乙醇处理，则两个二硫化物互换的平衡压倒性地趋于上行。净效应是将几乎所有最初位于蛋白质中的二硫键转移至试剂上，图中显示为 RSSR，同时释放无二硫键的蛋白质（图中显示为巯基对 $R'S^-$/R'SH）。在此情况下加入的 RSH 巯基被认为已经“裂解”或“减少”了所有的蛋白质二硫键。相反地，如果用过量的含二硫键试剂 RSSR（如胱胺）处理少量不含二硫键的蛋白质 R'SH，上述二硫化物的互换平衡则势必趋向下行，以致几乎所有蛋白质均转化为混合的二硫化合物 R'SSR，其中 R 通过二硫键结合到几乎所有蛋白质巯基上。

由于自由巯基易受酸碱平衡影响，如图 9.16 所示，得到的硫醇盐型巯基的百分比取决于 pH。小型模式化合物中半胱氨酸残余硫醇的 p*K*s 约为 8~9，而天然蛋白质巯基的 p*K*s 因其直接的微环境差异与该范围显著不同。小的烷基硫醇，如巯基乙醇的 p*K*s 约为 9.5。因此，二硫化物互换反应通常在弱碱性 pH（约为 8）下进行。反之，使样本酸化至 pH 约等于 5 或更低，一般可大大减少二硫化物的互换反应。

构象的限制可大大改变二硫化物互换反应的平衡，如 Cleland 氏试剂二硫苏糖醇（DTT）和二硫赤藓糖醇（DTE）[17]，其两个巯基生成二硫键的反应分为两步（图 9.17），第二步反应实质上是不可逆的。这种不可逆性源于混合二硫化物的巯基的定位更容易攻击 DTE 或 DTT 来源的硫而不是蛋白质来源的硫，因此分子内二硫键形成非常稳定的六元环的一部分。因此 DTE 或 DTT 从数量上减少了可反应的蛋白质二硫键，即使 DTE 或 DTT 摩尔数仅轻度过量。

天然蛋白质包括 IgG 中的巯基和二硫键，同小型模式化合物中的巯基和二硫键相比其行为往往大不相同。其中一些在非变性条件下常不能暴露，如前面所强调的每个免疫球蛋白折叠中的保守型链内二硫键（图 9.15 中的实线括号）。而其他的一些尽管可能接触（至少可以接触小分子），但高度的构象限制也许会使平衡压倒性地趋向某个方向或另一方向，正如前面图示中 DTE 和 DTT 的实例一样。例如，pH 为 5 时，10mmol/L 2-巯基乙酰胺（2-mercaptoethylamine，2-MEA）能够优先还原兔 IgG 在非变性条件下重链之间的成键，而并未切断其他的二硫键，包括重链轻链间的链间二硫键（图 9.29，9.7 节）[18]。关于不同单克隆抗体的链间二硫键在各种情况下优先断裂的研究最近已经发表[19]。

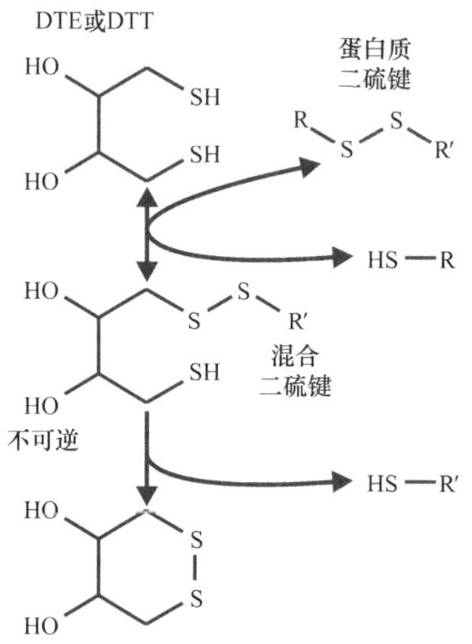

图 9.17 应用 DTE 和 DTT 完全断裂蛋白质二硫键。

在 Ellman 氏试剂 5,5'-dithio-bis-（2-nitrobenzoic acid）（DTNB；图 9.18）[20]及 2,2'-dithiopyridine（2，2'-DTP）和 4,4'-dithiopyridine（4,4'-DTP；图 9.19）[21]中的对称性芳香基二硫键通过普通烷基硫醇（包括蛋白硫醇）的作用可发生不可逆性还原，形成混合

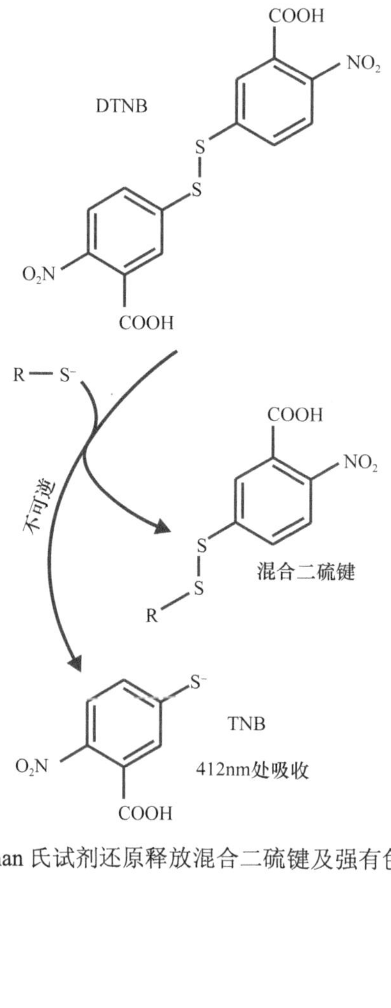

图 9.18 Ellman 氏试剂还原释放混合二硫键及强有色巯基 TNB。

二硫键和一个高度显色的解离基团。解离基团分别为 DTNB（图 9.18）的 5-thio-（2-nitro-benzoic acid）（TNB）及 4,4'-DTP（图 9.19）的 4-thiopyridone（4-TP）。颜色的增加可用于对 IgG 或其他蛋白质中的自由巯基进行定量，在下述的范例流程 8 中将举例说明。如果在第二阶段反应中第二个烷基硫醇攻击混合二硫键，则几乎总是攻击烷基硫而不是芳香基（试剂）硫，因此可形成与第一阶段反应同样的有色解离基团（TNB 或 4-TP）。图 9.19 表明了如何利用这一特性偶联两个巯基 RSH 和 R'SH（如两个含有巯基的蛋白质）生成一个二硫键加合物 RSSR' [22]。第一步，RSH 与过量的 4,4'-DTP 反应形成混合二硫键，释放 4-TP 解离基团和过量的 4,4'-DTP 试剂。第二步，混合二硫键与大致等量的 R'SH 反应形成终产物 RSSR'加合物。两个步骤均可通过分光光度法监测其数量。

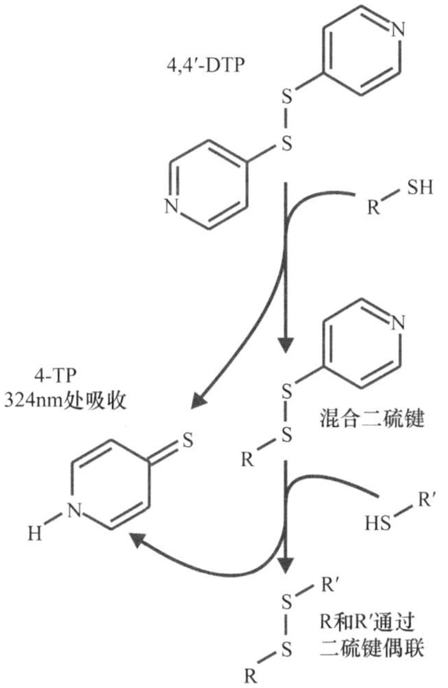

图 9.19　用巯基 RSH 还原过量 4,4'-DTP 生成混合二硫键，随后混合二硫键与第二个巯基 R'SH 反应，通过二硫键将 R 与 R'偶联在一起。两步反应均释放强有色基团 4-TP。

9.4.2.1　范例流程 8：应用 Ellman 氏试剂（DTNB）测定自由巯基

（1）新鲜制备的 100mmol/L（15.4mg/ml）DTE（或 DTT）溶液，溶于弱酸性缓冲液（5mmol/L 乙酸，用 NaOH 将 pH 调节至 5）中；用相同缓冲液作为稀释液，进行系列线性稀释，范围涵盖 0~90μmol/L（因每个 DTE 分子具有两个巯基，故巯基为 0~180μmol/L）；这些就是 DTE 的标准品。

（2）再次应用弱酸性缓冲液作为稀释液，稀释未知蛋白质（或其他样本），使预期巯基浓度为 60~180μmol/L（如果预期巯基浓度具有超过 3 倍的不确定性，应准备合适的稀释系列）。

（3）称量 1~3mg DTNB 加入配衡的玻璃小瓶（用湿纸巾擦拭并且干燥以消除静电）内；再次称量记录确切净重；溶解于足量 1mol/L pH8 的 Tris-HCl 中，使浓度为 0.8mg/ml

(2mmol/L)。在1.5ml微量离心管内用水1∶7稀释使286μmol/L的DTNB溶于143mmol/L Tris缓冲液中。

(4)向500μl微量离心管或ELISA 板孔内小心加入150μl上述混合液。每孔中再加入50μl步骤(1)的DTE标准品或步骤(2)中蛋白质样品之一，用移液器吸头搅拌混匀(150μl DTNB混合液中143mmol/L pH为8的Tris可压倒DTE标准品或蛋白质样品中5mmol/L pH为5的乙酸)，使颜色反应至少进行15min。

(5)用分光光度法测定412nm处(TNB解离基团的最大吸收峰处；见图9.18)的吸光度值，或者应用酶联免疫吸附试验读板仪测定附近波长(如405nm处)的光密度值。推算最佳的拟合直线绘制DTE的标准曲线(图9.20)；应用直线的斜率和截距可以换算未知蛋白质样品观测的吸光度值，或光密度值与相对应的巯基浓度。

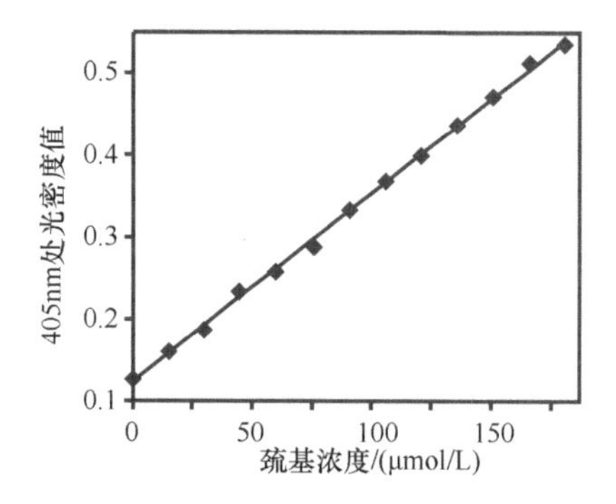

图9.20　应用Ellman氏试剂DTNB滴定巯基；详见范例流程8。填充的菱形为DTE标准品所观测到的光密度值；实线为数据的最佳线性拟合。

注：应用酶联免疫吸附试验读板仪会引入小的误差，因为蛋白质样品在塑料孔内形成弯曲凹液面，而在打湿塑料面时由于DTE标准品不含蛋白质，液面呈水平。为了消除这种视觉误差，可应用比色皿通过分光光度计来测定标准品和样品的吸光度值。如果蛋白质的巯基含量很低，则需要很高浓度的蛋白质才能达到相当的精确数值，或许在412nm处会有一些由光散射和(或)杂质造成的背景吸收。在此情况下，可以用分光光度计扫描365~465nm处标准品和蛋白质样品的吸光度值，从而能够更精确地测定TNB解离基团对吸收谱的真实影响。

9.4.3　其他涉及巯基和二硫键的氧化-还原试剂

如果参与反应的巯基具有恰当的几何关系得以彼此接近，则可以被弱氧化剂，如亚碘酰基苯甲酸(iodosobenzoic acid)氧化为二硫键[23,24]。然而，即使没有额外的氧化剂，空气中溶解的氧也能够在中性和碱性条件下将巯基缓慢氧化成为二硫键；这种空气氧化可被痕量重金属污染物所加速。通常可采取三种措施来避免不希望的空气氧化：如果可行，尽可能将pH降低至5或以下，加入螯合剂(如浓度至少为1mmol/L的EDTA)压制重金属离子，用氮或其他惰性气体清除溶解的氧。小的烷基硫醇，如巯基乙醇极易受空气氧化影响，因此应在使用前数小时内制成。另外，二硫键六元环具有高稳定性，DTE

和 DTT 较为耐受空气的氧化（图 9.17）；储存液可置于冰箱中数月而极少丧失效能（下文所述的 TCEP 比 DTE 和 DTT 具有更强的抗空气氧化性）。

如图 9.21 所示，TCEP（tri-carboxyethylphosphine）可还原二硫键，一个 TCEP 分子能够释放两个巯基，从而氧化为 TCEP 的氧化物。TCEP 作为二硫键还原剂同 DTE 和 DTT 相比至少有三个重要的优点：第一，反应本质上是不可逆的，可在非常宽的 pH 范围内进行；第二，如上段末尾所提到的，TCEP 具有抗空气氧化性，储存液可在相当长的时期内保持稳定；第三，将在 9.4.4 节指明，TCEP 同烷基化试剂的反应强度远远低于同巯基的强烈反应。

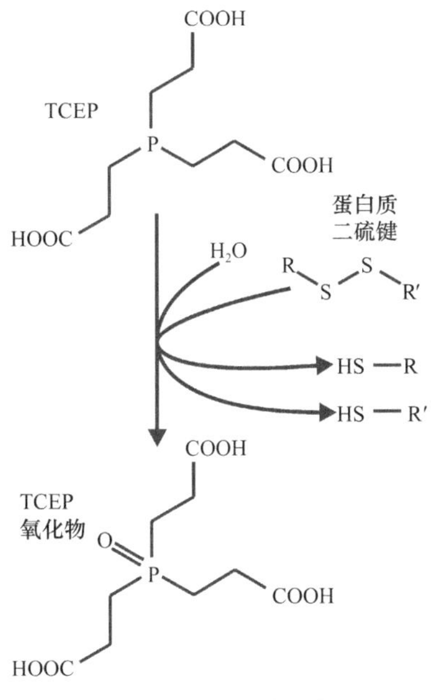

图 9.21　TCEP 还原二硫键。

亚硫酸分解（sulfitolysis）[25]通过氧化而非还原方式断裂二硫键，如图 9.22 所示。生成的 *S*-磺化半胱氨酸残基在中性 pH 下较为稳定，但半胱氨酸硫醇在过量巯基，如 DTE 或巯基乙醇处理后，很容易再生。虽然具有这些潜在的优点，但尚无关于非变性条件下 IgG 二硫键被亚硫酸分解的明确研究。

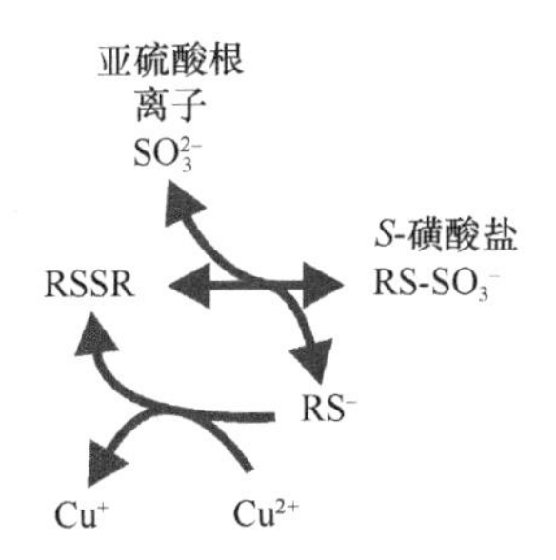

图 9.22　应用亚硫酸盐氧化断裂二硫键。

9.4.4 用卤代烃和 *N*-烷基马来酰亚胺进行硫醇的烷基化

卤代烃和 *N*-烷基马来酰亚胺是中度亲电子的试剂，优先与硫醇盐型的巯基反应，形成稳定的硫醚（如烷基硫醇）加成化合物如图 9.23。卤代烃和烷基马来酰亚胺的最佳反应 pH 分别约为 8.5 和 7.0；在最适条件下，试剂均与巯基发生反应并具有选择性。当远低于最适 pH 时，硫醇盐型巯基数量很少以致反应非常缓慢；当 pH 远高于最佳值时，其他蛋白质亲核试剂，尤其是胺可与巯基反应。为了确保选择性，通常所加入的烷化试剂摩尔数仅轻微超过反应巯基的总浓度。如果通过加入巯基还原剂 DTE 或 DTT 产生蛋白硫醇，则所加的烷化试剂摩尔数应略高于还原剂硫醇（如为 DTE 或 DTT 浓度的两倍）。但是，如果通过加入 TCEP 生成蛋白硫醇，则烷化试剂摩尔数仅需要多于蛋白硫醇本身，因为 TCEP 很少与此类试剂反应。卤代烃和烷基马来酰亚胺在水溶液中比 NHS 酯更加稳定。胺反应性 NHS 酯和巯基反应性 *N*-烷基马来酰亚胺作为异源双功能交联试剂均利用了这一相对的稳定性。第一步，如范例流程 1 所述（9.3.3.1.1 节），交联剂被偶联到蛋白质的氨基上，生成带有大量巯基反应性马来酰亚胺附加物的修饰性蛋白；马来酰亚胺基团十分稳定，可以接受这类处理。第二步，马来酰亚胺修饰的蛋白质与含有巯基的分子进行反应，后者也可以是另一种蛋白质（9.8 节）。干粉状的马来酰亚胺修饰蛋白能够冻干永久储存而不会丧失马来酰亚胺的反应性。大量此类的马来酰亚胺修饰蛋白可通过商业途径获得。

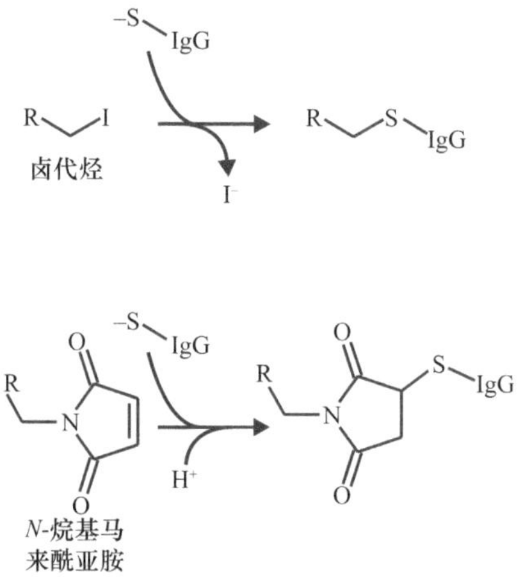

图 9.23 用卤代烃和 *N*-烷基马来酰亚胺烷化蛋白巯基形成稳定的硫醚加成化合物。

在范例流程 9，用 maleimide-PEO_2-biotin（图 9.24）将 IgG 链间二硫键的半胱氨酸生物素化，如同 NHS-PEO_4-biotin 的应用（图 9.7，9.3.3 节），两者均具有亲水的 PEO（与 PEG 相似）连接体。

9.4.4.1 范例流程 9：应用 maleimide-PEO_2-biotin 生物素化 IgG

该流程参照了 Pierce 公司 maleimide-PEO_2-biotin 试剂的说明书。

（1）向 1ml 溶于还原缓冲液（0.1mol/L NaH_2PO_4，2.5mmol/L Na_2EDTA，用 NaOH 将 pH 调节至 6.0）浓度为 2.5mg/ml 的 IgG 溶液中加入 6mg 2-mercaptoethylamine-HCl

（2-MEA）并溶解；2-MEA 终浓度为 53mmol/L；溶液 37℃孵育 90min。这些条件可以切断重链-重链间的链间二硫键，而完整地保留其他二硫键（包括重链-轻链间的链间二硫键）（9.4.1 节）。

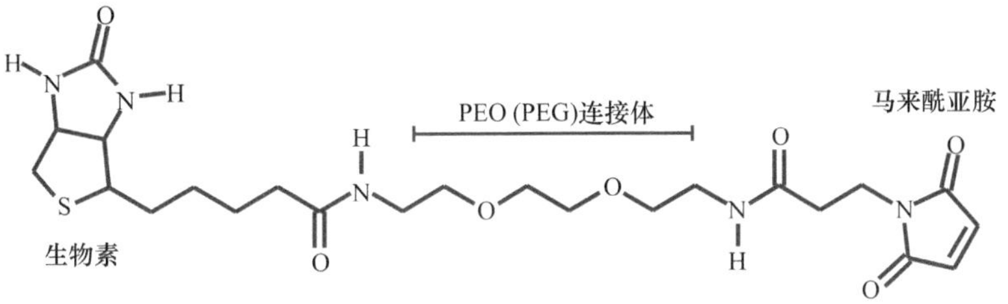

图 9.24　maleimide-PEO_2-biotin，巯基反应性生物素化试剂。

（2）应用脱盐柱（如 Pierce 公司的 D-Salt）快速去除 2-MEA，并且用结合缓冲液（溶于 PBS 的 1mmol/L Na_2EDTA；PBS 是 0.15mol/L NaCl，0.1mol/L NaH_2PO_4，用 NaOH 将 pH 调到 7.2）重新平衡蛋白；将 IgG 稀释至 2.5ml（理论浓度为 1mg/ml）。

注：脱盐柱进行的缓冲液交换远比透析袋或盒或离心浓缩装置快速（表 9.4，9.2.3 节），因此减少了二硫键的再氧化。

（3）将 2mg maleimide-PEO_2-biotin（Pierce No-Weigh tube）溶于 100μl DMSO 中；向 2.5ml 还原性 IgG 溶液中加入 25μl；混匀，室温反应至少 2h。

（4）通过透析法或离心浓缩装置来移除过剩的试剂，并完成 PBS 平衡生物素化 IgG 的过程（9.2.3 节）。

（5）用分光光度法、BCA 法或 Bradford 法测定 IgG 浓度（9.2.2 节）。

（6）如所预期，重链-重链间二硫键被还原生成自由生物素化硫醇，而重链-轻链间二硫键保持完整（见图 9.15），则二硫键未经还原的电泳［范例流程 17 中的步骤（6），9.7.1.4 节］明显可见一个 75kDa 的异源二聚体，由二硫键连接的重链和轻链组成。

固相生物素化山羊 IgG 时，应用 TCEP 还原链间二硫键后，重链-重链间和重链-轻链间的二硫键均被切断[10]；但 IgG 仍然保持完整且保留全部的抗原结合能力。这表明 IgG 在非变性情况下，维持其构象完整和功能激活并不需要保留重链-轻链间的二硫键。但在某些应用中，硫偶合物的功能则明显受到链间二硫键断裂的影响[19]。

9.5　碳水化合物修饰

天然生成的抗体是 N 端连接有寡聚糖的糖蛋白[26]，尽管某些单克隆抗体呈低糖基化或完全无糖基化。由于碳水化合物修饰几乎均发生在 Fc 段之外（见图 9.29，9.7 节），远离 Fab 段的抗原结合位点，所以 IgG 的碳水化合物修饰极少影响抗原结合。当用小型附加物修饰抗体时，这一理论上的优势同随机胺修饰相比，在实际效应上通常难以被辨识。但当附加物很大时，如当 IgG 偶联到酶或其他大分子（9.8 节）或固相表面时（9.6 节），则碳水化合物偶联会显著优于胺偶联。而且，少数单克隆抗体偶尔会在靠近抗原结合位点处有特定的反应性胺，可发生胺修饰，导致大部分 IgG 分子的失活。

N 端连接的寡聚糖是典型的复合碳水化合物，其还原末端具有唾液酸残基，所以没有醛基暴露。但可通过下述三种方法之一人工生成醛基：①用神经氨酸酶除去唾液酸（但暴露的半乳糖残基的醛型与半缩醛型存在平衡，后者占有很大优势）；②用 1mmol/L 高碘酸钠氧化邻位唾液酸羟基；③用 10mmol/L 高碘酸钠氧化邻位其他糖链残基的羟基。正如图 9.6 所示（9.3.2 节），在轻度碱性条件下，生成的醛与氨基发生可逆反应形成席夫碱，后者通过用弱还原剂 $NaCNBH_3$ 可变得更为稳定。但这并不是一种很好的 IgG 修饰方法，因为 IgG 分子本身也有许多氨基能够与另一个 IgG 分子的醛基形成席夫碱。更为实用的方法是在弱酸性条件下与酰肼反应，此时形成的席夫碱最少（图 9.25）；生成的腙加合物在中性 pH 下十分稳定，可适于大多数应用（见下述内容），如果需要，还可用 $NaCNBH_3$ 还原为更加稳定的替代酰肼型，而不必还原二硫键或另行对蛋白质进行修饰（图 9.25）。这种偶合模式的一个重要好处就是醛与酰肼等反应物很稳定，因此不需要现配现用。

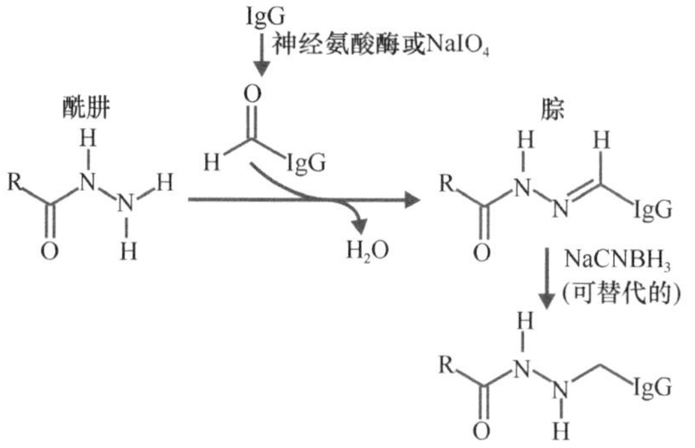

图 9.25 酰肼与氧化的 IgG 反应形成腙加合物，腙可进一步选择性还原生成更为稳定的替代酰肼加合物。

在范例流程 10 中，结合肿瘤的鼠单克隆 IgG 被 $NaIO_4$ 氧化，在其碳水化合物部分形成醛。范例流程 11 中，生成的活性醛 IgG 与 4-desacetylvinblastine-3-carbohydrazide（DAVLB 酰肼）反应，后者为细胞毒性长春生物碱的酰肼衍生物（图 9.26）。最终生成的共轭 IgG 每分子约有 5 个 DAVLB 附加物，是具有抗肿瘤特性的免疫毒素。两个流程的编写均基于 Laguzza 及其同事关于 10 种抗肿瘤鼠单克隆 IgG 所进行的充分研究，这 10 种 IgG 包括了 IgG 的所有 4 个亚型[27]。

9.5.1 范例流程 10：用 $NaIO_4$ 氧化 IgG 的碳水化合物部分

（1）用冰冷的 pH5.6 的 0.1mol/L 乙酸钠缓冲液溶解 10mg/ml 的 IgG，向其中加入足量的粒状高碘酸钠，使高碘酸盐浓度达到 34mg/ml（160mmol/L），将悬浆置于冰上不断搅拌，旋转或轻微涡旋振荡 21min。

（2）0~2℃条件下快速持续地搅拌，旋转或涡旋振荡，加入 1/15.7 体积的 12.5mol/L 乙二醇（终浓度 800mmol/L），继续孵育 1h 以终止氧化反应。

（3）室温或 4℃下，2000*g* 离心 20min，沉淀少量的不溶物质。

（4）以 pH5.6 的 0.1mol/L 乙酸钠缓冲液透析清亮无色的上清液，更换透析液数次（9.2.3 节）。

（5）用分光光度法定量抗体（9.2.2 节）。

注：该方法所用的高碘酸盐浓度为 160mmol/L，比标准浓度高 16 倍；研究人员发现用 10mmol/L 高碘酸盐在同样条件下氧化 IgG 所产生的偶合物每分子约带有两个 DAVLB 附加物。鼠 IgG 之一的 IgG1 氧化后完全丧失了结合肿瘤细胞的能力；另外 9 种，包括另一种 IgG1，则保留了全部的细胞结合能力。

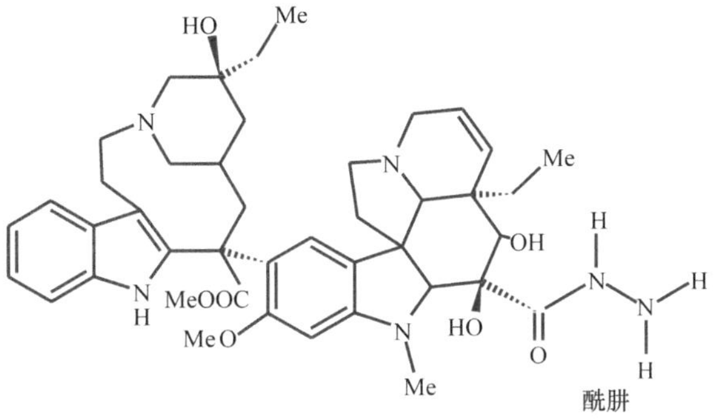

图 9.26　DAVLB 酰肼，一种细胞毒性长春生物碱的酰肼衍生物。

9.5.2　范例流程 11：DAVLB 酰肼与氧化型 IgG 的偶合

（1）2.76mg/ml（18.4μmol/L）氧化型 IgG 溶液，溶于冰冷的 pH 5.6 的 0.1mol/L 乙酸钠缓冲液中，向其中加入 1/12.4 体积的溶于二甲基甲酰胺（DMF）的 53.7mg/ml（70mmol/L）DAVLB 酰肼，应逐滴（或小量逐渐递增）加入并且持续搅拌或轻微涡旋振荡混匀；4℃持续搅拌或摆动式振摇 24h。

（2）室温或 4℃ 2000*g* 离心 20min，沉淀少量不溶物质。

（3）冷藏环境下，以 PBS（0.15mol/L NaCl，0.1 mol/L NaH_2PO_4，用 NaOH 将 pH 调到 7.2）透析上清液（9.2.3 节）。

（4）用分光光度法定量偶合抗体及测定修饰水平（每个 IgG 分子 DAVLB 残基数）（9.2.2 节）。可由 280nm 和 270nm 的吸光度比值来推算修饰水平，以下数值为设定的摩尔消光系数：IgG 在 270nm 和 280nm 处分别为 180 000 和 214 000；DAVLB 在 270nm 和 280nm 处分别为 12 300 和 10 800。

（5）研究人员[27]发现经 $NaCNBH_3$ 还原的偶联物并不稳定，虽然在 pH7.4 温度 4℃（7 天后损失了 2.5% DAVLB 残基）和 37℃（7 天损失约 10%）条件下尚可，但在 pH5.6 温度 4℃（7 天损失 18%）及 37℃（7 天损失达 27%~30%，主要发生在第一个 24h 内）条件下则不大稳定。

9.6　抗体的固相化

9.6.1　聚苯乙烯培养皿和 ELISA 孔的固相化

许多常见的细胞和分子生物学过程，如 ELISA（范例流程 3，9.3.3.4.1 节）和噬菌体展示库的亲和筛选[28]，均需要将抗体或其他蛋白质固化在聚苯乙烯表面。在这一节中，将介绍 4 种模式的固相化：①在塑料表面的直接非特异性吸附；②通过生物素-链霉亲和素结合的固相化；③通过 Fc 结合蛋白的固化（如二抗或蛋白质 A 或蛋白质 G）；④共价结合。

抗体同其他蛋白质一样，能够非特异性吸附到聚苯乙烯培养皿或 ELISA 孔表面，正如前文范例流程 3（9.3.3.4.1 节）步骤（1）、（2）的链霉亲和素所示。蛋白质溶解于浓度为 1~10μg/ml 的无去污剂非变性缓冲液中，如 PBS、TBS 或 0.1mol/L $NaHCO_3$。包被的溶液与固相表面反应至少 4h（或者过夜），然后用溶于无去污剂缓冲液的高浓度无干扰蛋白质（如 5mg/ml BSA）封闭至少 1h。包被溶液应仅占据培养皿或孔的部分容积，但封闭液应将其充满，以确保没有未封闭的塑料与后续反应物的接触。封闭后，彻底清洗培养皿或 ELISA 孔以准备随后的固相反应。吸附蛋白质的数量取决于反应条件，尤其是聚苯乙烯的准备；每个 ELISA 孔通常为 10ng——远远少于包被溶液中的蛋白质数量。长期储存或长时间反应时，塑料应放入密封的潮湿容器内以防止干燥。非特异性吸附需要蛋白质局部变性，从而使疏水侧链暴露给疏水的聚苯乙烯。多数情况下，这种局部变性只会使一小部分吸附的抗体分子丧失其抗原结合能力。同样地，其他吸附蛋白质也通常在很大程度上可保留其功能活性。非变性去污剂，如 Tween20 对吸附进行封闭，在吸附过程完成后不致使吸附 IgG（或封闭蛋白）脱附；在后面与包被表面反应时常使用这样的高浓度去污剂（如 0.5%的 Tween20），从而阻断非特异性相互作用。

范例流程 3 步骤（1）~（4）（9.3.3.4.1 节）举例说明了将生物素化 IgG（Bio-IgG）间接固定于链霉亲和素包被的聚苯乙烯。如前所述，第一步，链霉亲和素包被培养皿或孔；或者，可以用从供应商处购得预包被链霉亲和素的 ELISA 板。第二步，链霉亲和素包被的表面与 Bio-IgG（或其他生物素化蛋白）在非变性条件下反应。可在缓冲液中添加非干扰性携带蛋白，如 BSA 和非变性去污剂（如 0.5%的 Tween20 缓冲液）以抑制生物素化蛋白的非特异性吸附。间接固定 IgG 具有几个优点。由于生物素化作用或与链霉亲和素包被表面的反应均未使 IgG 变性，蛋白质在整个过程中都保持其天然形式。因为生物素-链霉亲和素的结合具有极高的亲和力，所以只要未超过固化链霉亲和素的容量，固化过程基本上可以量化，从而增加了可预测性，且大大减少了同直接非特异性吸附相比所需的 IgG 数量。由于生物素-链霉亲和素相互作用的分离率极为缓慢，故即使后续暴露于高浓度生物素（如 10μmol/L）时也很少使固化的 Bio-IgG 释放。少量释放的发生可能是由于某些吸附的链霉亲和素分子发生部分变性，因为即便在高生物素浓度的溶液中生物素-链霉亲和素复合体的分离也达不到如此的数量。在某些应用中，生物素可被加入后续的步骤与包被的塑料表面反应，进而封闭所有空载生物素结合位点。

一些供应商提供了预先包被好蛋白质 A、蛋白质 G、蛋白质 A/G 或蛋白质 L 的聚苯乙烯微孔板。与这些蛋白质结合的 IgG 以天然状态被表面捕获，且并未封闭它们的抗原结合位点。选择合适的微孔板是很重要的，因为不同物种来源的不同 IgG 亚类对于 4 种 IgG 结合蛋白具有不同的亲和力。

可从一些供应商处购买到用马来酸酐（胺反应性）、马来酰亚胺（巯基反应性）和酰肼（与氧化型 IgG 反应；见图 9.25 及范例流程 10 和 11，9.5.1 节和 9.5.2 节）预先活化的微孔板。在这些表面上抗体的共价捕获并未使抗体变性，也极少封闭抗体的抗原结合位点。

9.6.2　与亲和介质的共价偶合

近 40 年来，亲和层析已经成为细胞和分子生物学的核心技术。应用抗原作为固定诱饵进行抗体亲和纯化是免疫学中最常见的应用；但与之相对，用固定抗体作诱饵亲和纯化抗原也是很常见的。多年来，一直通过诱饵的胺与 CNBr 激活的琼脂糖微珠进行偶联，但最近大量更具优势的另类胺反应性固相支持物可从商业途径获得。不仅包括最初 CNBr 激活的琼脂糖类微珠样介质，而且也包括平薄膜片（如 Pall 的 Immunodyne ABC 和 UltraBind 改良尼龙膜）。范例流程 12 中的亲和介质是 UltraLink Biosupport Medium（Pierce），含有由亲水性交联的双丙烯酰胺/吖内酯（bis-acrylamide/azlactone）多聚物微珠，其直径为 50~80μm，孔径为 100nm，允许通过的分子排阻界限为 2MDa。该介质比琼脂糖微珠更坚硬，可以承受的最大压强为 100psi；干重的溶胀比为 8~10ml/g，基本上不依赖于缓冲液离子强度。尽管胺反应性吖内酯基团（见图 9.6，9.3.2 节）摩尔数大大超过蛋白质的氨基，但其固化过程与空间位阻效应防止了单个蛋白质分子与更多的吖内酯基团反应。因此，抗体的固相化不大可能阻碍偶联分子重要部分的抗原结合位点。

9.6.2.1　范例流程 12：蛋白质与 UltraLink Biosupport Medium 的偶联

（1）浓度为 1.724mg/ml 的蛋白质（确切浓度并不重要；1~2mg/ml 为较佳范围）溶于 LoPBS（或任何其他不含亲核溶质的弱缓冲溶液）中，取 5ml 与等量偶联缓冲液（1mol/L 柠檬酸三钠，0.2mol/L $NaHCO_3$，用 NaOH 将 pH 调节至 8.5）混合。

（2）取出 40μl 混合液样本加入微量离心管中，储存于冰箱待步骤（6）使用；此为偶联前蛋白质溶液。

（3）称量 0.625g UltraLink Biosupport Medium（Pierce；这一批次每克干重的溶胀比为 8ml）放入 15ml 聚丙烯锥底离心管中，即刻加入其余的步骤（1）混合液，涡旋振荡使干燥的微珠悬浮；4℃缓慢地摆动式振摇离心管过夜，使蛋白质通过氨基偶联到微珠上。

（4）将 15ml 离心管低速（约 1000r/min）离心 5min；待下一步骤取出 40μl 上清液作为样本后，离心管可置于冰箱，待步骤（6）Bradford 法的测量结果后再进一步操作。

（5）取 40μl 上清液样本加入微量离心管待下一步使用。

（6）将 500μl LoPBS［或步骤（1）中溶解蛋白质的任何缓冲液］与 500μl 偶联缓冲液［步骤（1）］混合，置于 1.5ml 微量离心管内，制成 Bradford 稀释液。应用该稀释液，将步骤（2）的偶联前蛋白溶液和上一步的偶联后上清液均制成 11 个连续双倍稀释液，方法是用 20μl 样本转移至 20μl 稀释液内。将上述 24 个样本（包括未稀释的偶联前蛋白溶液和偶联后上清液）各取 10μl 与 250μl Coomassie 蛋白检测试剂（Pierce）混合，使颜色反应进行 15~45min，用读板机或分光光度计读取 595nm 处的光密度值。范例结果如图 9.27 所示；显然此例中大部分输入蛋白被偶联到基质上，因此未见于偶联后的上清液。

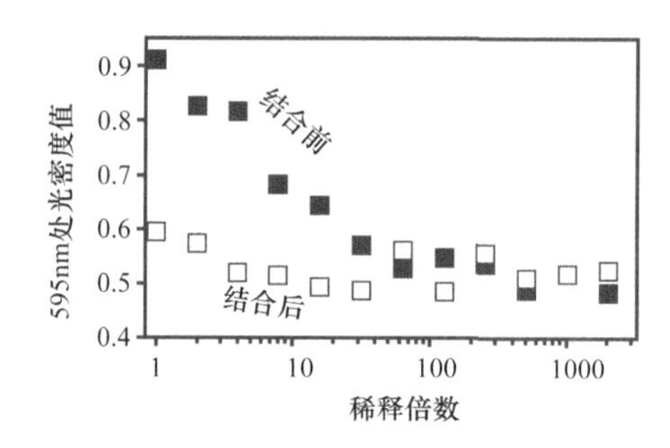

图 9.27 Bradford 法测定蛋白质与胺反应性基质 UltraLink Biosupport Medium 反应中的输入蛋白溶液和偶联后上清。详见范例流程 12。数据显示偶联后上清内残留极少蛋白质（中空的方形），表明大部分输入蛋白被成功偶联到基质上。

注：因为干介质中有紫外吸收物质，所以偶联不能用分光光度计法测定；供应商的说明书建议 BCA 法可作为偶联定量的替代方法。

（7）步骤（4）的 15ml 反应管在 1000r/min 下离心 3min；小心弃去上清而不要扰动沉淀；向管中加入 6ml 2mol/L 乙醇胺，用 HCl 将 pH 调至 9.0；涡旋振荡重悬基质；缓慢摆动式振摇离心管 4℃过夜，使乙醇胺偶合，从而去除所有剩余的吖内酯反应基团。

（8）将悬液转移至 50ml 离心管并充满 TBS；用 TBS 洗涤偶联基质 10 次，每次约 1000r/min 离心 5min，然后小心弃除上清；最后一次洗涤之后将基质重悬于 45ml 总容积，4℃储存（不要冷冻）。正如预期的那样，本批次说明书中给出的溶胀比为 8，包装的容量为 5ml。如果需要，可加入 0.02%叠氮钠（NaN_3）作为防腐剂（注意浓缩的叠氮钠毒性很高，应小心操作）。

9.6.3 经生物素介导与亲和介质的固相化

利用生物素-链霉亲和素结合的极高亲和力，可将 Bio-IgG 固化在聚苯乙烯表面（9.6.1 节），同理，也可将 Bio-IgG 固定于亲和介质。可购得多种形式适宜的商品化预偶联链霉亲和素的亲和介质。这种模式的固相化极为可靠和高效，基本上所有投入的生物素化蛋白都将被捕获在基质上直至超越所偶联的链霉亲和素的结合能力。因此，实验人员能够控制固定蛋白的密度。为了充分利用这一优势，Bio-IgG（或其他生物素化蛋白）应分批结合到介质并充分混匀，从而使其均匀分布到介质材料上。如果违背这点建议，将数量有限的 Bio-IgG 加载入层析柱的介质，则柱床上部蛋白质的密度会远远高于下部。

表面等离子体共振技术（surface plasmon resonance，SPR；经 Karlsson 和 Larsson 做了综述[29,30]）是这类亲和介质最为常见的应用，充分展现了其优势。SPR 设备可连续记录暴露于液流的芯片表面 100nm 层的折射率指标。通常，芯片表面被覆有羧甲基葡聚糖聚合链，蛋白质或其他生物分子可以被共价偶联到其长链上。预先偶联高密度链霉亲和素的 SPR 芯片可从不同来源的商业途径获得。SPR 芯片被安装在整合的微流体插件内，其管道和计算机控制阀允许泵选液体送至称为流动池的芯片表面小斑片。例如，Biacore 2000 SPR 仪（Biacore），每个芯片都有 4 个独立可寻址的流动池，其容量均为 60nl，当少量溶液单独或连续地流过，设备同时可分别对全部 4 个流动池进行记录。“配体”作为配对结合的成员之一被固定在芯片表面。在下面范例流程 13 中，配体为链霉亲和素并且预先偶联到芯片表面。含有另一结合对成员的“分析物”溶液随后被泵入（或“注入”）流动池。此范例流程中，分析物为 Bio-IgG。当分析物分子结合到固定的配体分子上，设备以标准共振单位（RU）精确测量并连续记录芯片表面折射率的微量增加。由于分析物溶液连续流经芯片表面，所以结合过程并不会导致大量溶液中分析物的浓度出现任何显著减少。

偶联到 SPR 芯片上的链霉亲和素是极其稳定的。在注入生物素化蛋白之前，常规应用多组 1min 脉冲加样的强碱性膜漂洗液（0.05mol/L NaOH，1mol/L NaCl）清除流动池中所有偶联链霉亲和素的偶然结合物质。生物素化蛋白结合后，在多个两步结合实验中可作为配体与另一移动分析物结合。每次两步实验后可用苛性膜漂洗液洗脱流动池的残余分析物，而并不会释出生物素化蛋白（如果后者能够在这类膜再生液中存活的话）。此类膜再生液主要有 0.025mol/L HCl、pH2.2 的洗脱缓冲液（0.1mol/L HCl，用甘氨酸将 pH 调至 2.2）、Pierce 公司的免疫纯化 IgG 漂洗缓冲液（pH2.75）、Pierce 公司的免疫纯化温和漂洗缓冲液（pH6.55；离子浓度极高）。

范例流程 13 中，4 种不同的 Bio-IgG 被固化在含有 100RU 水平的链霉亲和素偶联芯片的 4 个流动池内。其中三种 Bio-IgG 是抗多肽抗体，以复合的抗病原抗血清形式从具有针对这三种肽以及另外成百上千种抗原特异性亚型的 Bio-IgG 总群中亲和纯化。第四个 Bio-IgG 是亲和纯化中未结合的 Bio-IgG 群；因为这种吸附多肽的 Bio-IgG 基本上没有任何针对这三种肽的结合能力，在范例流程之后所描述的两步结合实验中可作为阴性对照流动池。控制 Bio-IgG 的固化水平在这类应用中非常重要。如果固化水平太低，则在随后的两步结合实验中不能测定分析物的结合；如果固化水平太高，则这种两步结合实验会受到假象的影响。每种 Bio-IgG 的总消耗量少于 25ng。

9.6.3.1　范例流程 13：将 Bio-IgG 固化在链霉亲和素偶联的芯片上

（1）用 TBS/Tween（0.15mol/L NaCl，0.1mol/L Tris-HCl pH7.5，0.5% Tween20）以 10μl/min 的流速平衡全部 4 个流动池。

（2）制备每种溶于 TBS/Tween 的 1nmol/L Bio-IgG 稀释液 150μl；以 10μl/min 的流速注入单独的流动池，连续监测 RU 值的增加；当增加达到 100RU 时，停止注入并且将 TBS/Tween 泵入流动池。其中的一种 Bio-IgG 注入结果如图 9.28（a）所示。注入过程起始 RU 值立即会有一个急剧升高；此升高称为量移（bulk shift），反映出 TBS/Tween 缓冲液和与其相同缓冲液的 Bio-IgG 稀释液总体折射率的轻微差异（如果 Bio-IgG 稀释液比 TBS/Tween 折射率更低，则量移应为阴性）。在量移之后，RU 值逐渐增加，反映了 Bio-IgG 分析物与链霉亲和素配体的结合。生物素-链霉亲和素相互作用的简易性使固化水平得以立即直接读取；而更为复杂的固相化方法，如共价偶联则不能获得直接读数。

（3）当累积性的增加（在量移之后）达到约 100RU 之后，立即停止灌注。重启液流，将 TBS/Tween 注入流动池。在一个急剧的负性量移（初始注入时正向量移的镜像）之后 RU 停留在最初基线之上的 100RU 水平，表明 Bio-IgG 成功固化于 100RU 水平。

（4）对于其他三种 Bio-IgG 可重复上述两步骤。

前述范例流程中制成的芯片可用于许多两步结合研究，将固化的 Bio-IgG 作为配体，含肽的融合蛋白作为分析物。每次结合实验后，可利用两个 1min 脉冲的漂洗缓冲液对芯片进行再生，如前面所提及的 pH2.2 洗脱缓冲液、免疫纯化 IgG 洗脱缓冲液或免疫纯化温和洗脱缓冲液。图 9.28（b）显示了连续 8 个结合实验的结果，4 种浓度的含肽融合蛋白被注入全部 4 个流动池，持续 2.5min 或 10min，无论在注入期间（此时分析物与配体结合）还是在随后的 10min 解离阶段，共振应答均被连续记录下来。每次实验后，用两个 1min 脉冲的免疫纯化温和洗脱缓冲液漂洗流动池。全部 4 个流动池的共振应答记录中，阴性对照流动池的背景应答值应在其他三个流动池的应答值中减去。图 9.28（b）显示为固化有同源抗多肽 Bio-IgG 的流动池在扣除背景后的应答值（其他流动池实际上在注入时并无应答）。由于减去了背景，仅呈现出小而短暂的量移。融合蛋白 4 种浓度下 2.5min 和 10min 结合阶段应答的叠加表明每次结合实验后固化 Bio-IgG 的抗原结合能力均可完全恢复。这些 SPR 实验生动地阐明了生物素介导的亲和介质的固相效果。

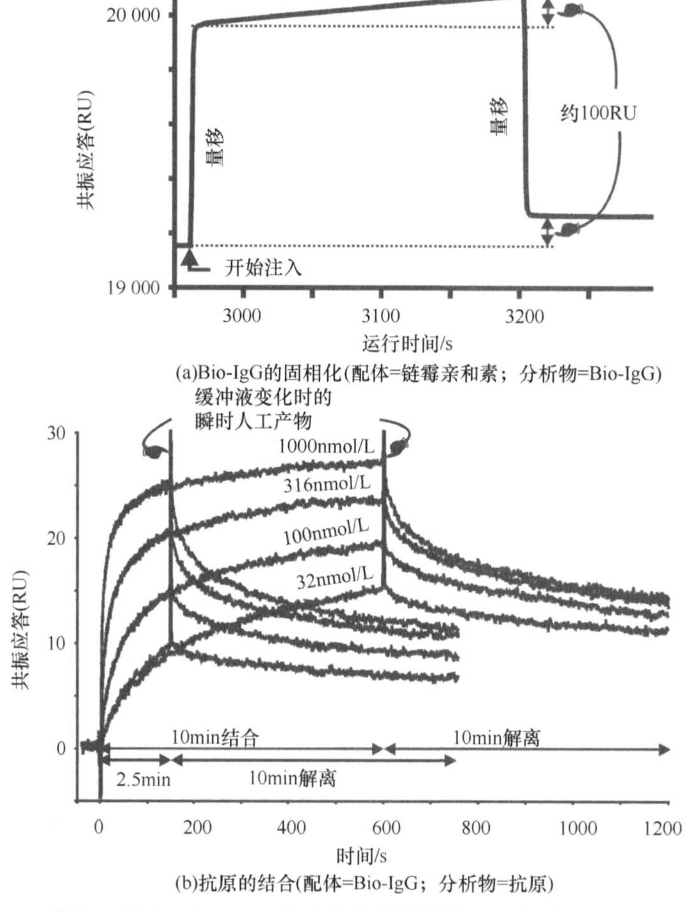

(a)Bio-IgG的固相化(配体=链霉亲和素；分析物=Bio-IgG)

(b)抗原的结合(配体=Bio-IgG；分析物=抗原)

图 9.28　两阶段 SPR 分析。详见正文。（a）链霉亲和素偶联的 SPR 芯片捕获 Bio-IgG。（b）两步实验分析捕获的 Bio-IgG 与其同源抗原的结合动力学。

9.7　蛋白质的水解修饰

Porter 发现木瓜蛋白酶可将天然兔 IgG 分割为两个与抗原结合的 Fab 片段及一个单独的可结晶的 Fc 片段[31]，这是将免疫球蛋白描述为四链/三域基础结构的关键。切割释放 Fab 片段和 Fc 片段发生于重链铰链区，并非因为蛋白酶对此区域的氨基酸序列具有高度特异性，而是因为铰链区更加柔性且易于延伸，同轻链和重链的其他区域相比，更易接近蛋白酶发生作用。其他蛋白酶同样优先切割天然 IgG 的铰链区，如图 9.29 所示。因木瓜蛋白酶切割 N 端至重链-重链间二硫键的部分，其释放的 Fab 和 Fc 片段（每一个约为 50kDa）彼此并无二硫键相连。切割的重链 N 端一半是 Fab 片段的一部分，称为 Fd 片段。相反，胃蛋白酶在 Fc 段内多个位点切割 C 端至重链-重链间结合的部分；因此 Fab 段保留了彼此间结合的二硫键，可形成一个 100kDa 的 $F(ab')_2$ 片段。Fab 和 $F(ab')_2$ 蛋白水解片段很容易从多克隆兔 IgG 中大量分离，具有许多实际的应用。Fab 片段与抗原单价结合，因此避免了多价相互作用的亲和效应，而 $F(ab')_2$ 片段与抗原二价结合，从而保留了完整 IgG 的可见亲和效应。两类片段都失去了大部分涉及抗体效应功能的特异性结合位点，如固定补体。尤其是它们与许多哺乳动物细胞上的多种 Fc 受体均不结合，因此，在免疫细胞化学或活体显像探针方面通常更优于完整 IgG。$F(ab')_2$ 片段重链之间的二硫键可在非变性条件下被还原成为单价 F(ab')片段，随后可被大量可选择的巯基反应性修饰试剂所修饰（9.4 节）。

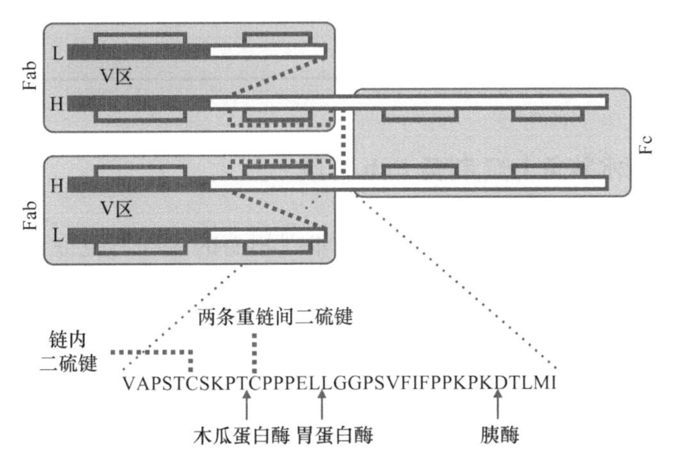

图 9.29　兔 IgG 示意图，原始免疫球蛋白折叠（仅在变性条件下可得）保留的链内二硫键如图实线方括号所示，另一类二硫键（可在非变性条件下得到）如图虚线方括号和虚线（如图 9.15 普通 IgG 二硫键示意图）所示。兔 IgG 在重链恒定区极少有额外的链内二硫键（虚线括号）。该图详细展示了重链铰链区的氨基酸序列（基因库序列号 P01870），虚线代表二硫键，箭头所示为木瓜蛋白酶、胃蛋白酶和胰酶切割天然 IgG 的部位（改编自：O'Donnell，Frangione B，and Porter RR 1970. *Biochem. J.* 116（2）：261-268；Givol D and De Lorenzo 1968. *J Biol Chem* 243（8）：1886-1891.）。胃蛋白酶也在 Fc 功能区内多个位点进行切割（未标注）。

兔是哺乳动物中与众不同的、仅有单一 IgG 亚型的种类，因此木瓜蛋白酶和胃蛋白酶可以大致相同的动力学切割正常或免疫血清中绝大部分的 IgG 分子。大部分其他物种具有多种 IgG 亚型，被各种蛋白酶切割的动力学大为不同，取决于链间二硫键的位置及铰链区构造和确切氨基酸序列。表 9.6 列举了一些对多类种属 IgG 亚型蛋白质水解片段的研究。尽管对每个单独亚型有适宜的条件已明确，但无论在小鼠、人类还是大鼠都不存在对所有亚型均能可靠生成 Fab 或 $F(ab')_2$ 且产率较好的单独一组条件。蛋白质水解片段的制备将用单独一组 3 个范例流程举例说明。

表 9.6　不同物种来源非变性 IgG 的蛋白酶切研究

IgG	蛋白酶	作者
人 IgG1~IgG4	胃蛋白酶、木瓜蛋白酶、胰蛋白酶、纤溶酶	Gorevic 等[34]
小鼠 IgG1、IgG2a、IgG2b	梭菌蛋白酶、赖氨酰肽链内切酶、金属内肽酶、V8 蛋白酶	Yamaguchi 等[35]
小鼠单克隆抗体 OC859	胃蛋白酶、木瓜蛋白酶、菠萝蛋白酶、无花果蛋白酶	Zou 等[36]
小鼠 IgG 亚类	木瓜蛋白酶	Adamczyk 等[37]
小鼠 IgG1、IgG2a、IgG2b	胃蛋白酶、木瓜蛋白酶、弹性蛋白酶、胰蛋白酶、糜蛋白酶	Parham[38]
小鼠 IgG1、IgG2a、IgG2b、IgG3	胃蛋白酶	Lamoyi[39]
小鼠 IgG1、IgG2a、IgG2b、IgG3	胃蛋白酶、木瓜蛋白酶	Smith-Gill 等[40]
小鼠 IgG 同种型	多种	Smith[41]
小鼠 IgG1	胃蛋白酶、木瓜蛋白酶	Kurkela 等[42]
小鼠单克隆 B72.3	胃蛋白酶、木瓜蛋白酶、菠萝蛋白酶	Milenic 等[43]
大鼠 IgG 同种型	胃蛋白酶、木瓜蛋白酶、V8 蛋白酶	Rousseaux 等[44,45]
牛 IgG1、IgG2a、IgG2b	胃蛋白酶、木瓜蛋白酶	Butler 等[46,47]
鸡 IgY	胃蛋白酶、木瓜蛋白酶	Akita 和 Nakai[48]

9.7.1　木瓜蛋白酶水解兔 IgG 制备 Fab 片段

这一方法用固相木瓜蛋白酶，其优于非固相酶的主要好处是消化后切割的 IgG 底物能够从蛋白酶中完全清除，同时也能够完全清除消化前酶活化（半胱氨酸蛋白水解酶）所需的二硫化物还原试剂（尽管这种优势在下述范例流程中未被利用）。移除还原试剂对兔 IgG 尤为重要，因其 Fab 片段含有重链内二硫键，在非变性条件下能够被还原（图 9.29）。木瓜蛋白酶消化的 IgG 可通过蛋白 A 亲和层析柱移除 Fc 片段及任何残留的未切割或部分切割的保留 Fc 段的 IgG。固化木瓜蛋白酶和其他酶（包括胃蛋白酶）可从多种来源获得。在下面的范例流程中，固相化木瓜蛋白酶是 Pierce 公司 ImmunoPure Fab 制备试剂盒的一部分。

9.7.1.1　范例流程 14：预试消化反应条件以确定木瓜蛋白酶消化兔 IgG 的时程

（1）将 17.5mg 半胱氨酸盐酸盐溶于 5ml Pierce 试剂盒中 pH 为 10 的磷酸盐缓冲液中。其 pH 变为 6.6；通过加入少量 2mol/L NaOH 调节 pH 至 6.8。此为消化缓冲液；保存于冰上。

（2）向 1.5ml 微量离心管内滴入 800μl 消化缓冲液。切断移液器吸头的末端使开口处扩大。通过多次将容器颠倒混匀轻柔地将固化的木瓜蛋白酶（6%偶联琼脂糖微珠形成溶于 50%甘油、0.1mol/L 乙酸钠和 0.05%叠氮钠的 50%浆液，pH 4.4；每毫升固相胶体中含 250μg 酶；每毫克酶相当于 28 BAEE 单位）彻底重悬。使用切断的吸头向 1.5ml 微量离心管内滴入 50μl 固相木瓜蛋白酶浆液；旋转样品管 5min。在这一孵育过程中，消化缓冲液中的半胱氨酸可还原在储存过程中被氧化的任何活性位点的半胱氨酸，从而活化固化的木瓜蛋白酶。

（3）样品管以 6000r/min 的速度离心 4min。轻轻吸出上清液（小心避免损失任何胶体），用 800μl 消化缓冲液重悬胶体。翻转混匀，同前再次离心并吸出上清液。再次重悬、离心并吸出上清液。加入 100μl 消化缓冲液，使总体积至大约 150μl。得到活化的木瓜蛋白酶；含此内容物的微量离心管在步骤（5）和（6）中称为消化管。

（4）向 6 个 1.5ml 微量离心管内各滴入 40μl 2×样本缓冲液（125mmol/L pH6.8 的 Tris-HCl，20%甘油，4%十二烷基磺酸钠，0.4mg/ml 溴酚蓝）；这些为时间点样品管。

（5）向消化管内的活化木瓜蛋白酶［步骤（3）］添加 53.7μl（962μg）溶于 LoPBS（0.15mol/L NaCl，5mmol/L NaH_2PO_4，用 NaOH 将 pH 调整至 7.0）的兔 IgG，浓度为 17.9mg/ml；终体积为 200μl，终蛋白浓度为 4.7mg/ml。翻转混匀消化管中的内容物，立即取样 4μl（18.9μg）加入前一步骤中的时间点样品管之一；以此为 0h 时间点。水浴温热消化管至 37℃，然后将其水平贴附在 37℃摇床台面上。同时，将 0h 时间点样品管在 95℃加热数分钟后储存于低温冰箱。

（6）在 1h、2h、4h、8h 和 20h，分别取出 4μl 消化管内的样本加入步骤（4）中其余的时间点样品管。每次应尽快将主消化管放还至恒温摇床以保证主消化反应的温度控制在 37℃。每个时间点样品管在 95℃加热 5min 后与 0h 时间点样本（上一步）一起储存于冰箱内。

（7）在一个 1.5ml 微量离心管内混合标准品［10μl 2×样本缓冲液，8μl H_2O，2μl Promega 中等蛋白标准品（Promega，Madison，Wiscosin）］，以及 1μl 2-巯基乙醇。

（8）解冻 6 个时间点样品管［步骤（5）和（6）］；向每管内加入 40μl 1/10 稀释的 2-巯基乙醇稀释液。

（9）将标准品与时间点样品管（前两步）在 95℃加热 5min，瞬时离心使溶液和木瓜蛋白酶树脂沉入底部。

（10）取 21μl（9μg）时间点样品管的上清液和 5μl 标准品样本，进行一个标准的 12.5%丙烯酰胺的 Tris-HCl 凝胶电泳，常规用考马斯亮蓝染色[49]。染色后的凝胶如图 9.30 所示。

消化之前（0h）完整的 IgG 呈现深染的重链（可见分子量约为 50kDa）和淡染的轻链（可见分子量约为 25kDa）。消化 1h 后，重链几乎完全被切成两半：深染的 Fc 段（显见分子量约为 31kDa；天然 Fc 是这些链的同型二聚体）和淡染的 Fd 段（可见分子量约为 27kDa），后者恰在轻链（其仍然保持完整，可见分子量约为 25kDa；天然 Fab 是 Fd 与轻链的异型二聚体）之后。根据这些结果则可推知大规模的木瓜蛋白酶消化（范例流程 15）应进行 1h。

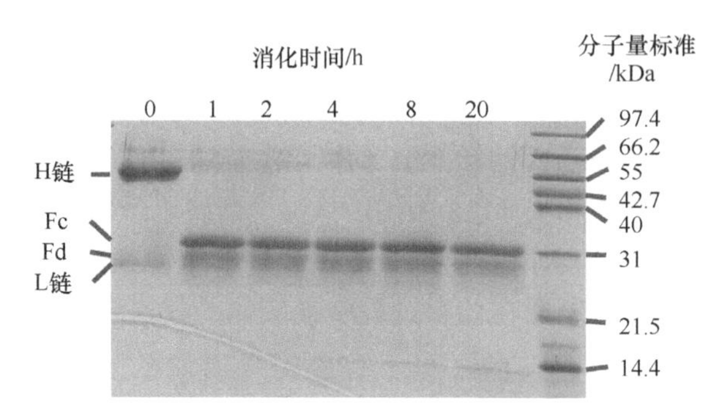

图 9.30　固化木瓜蛋白酶消化兔 IgG 的时程。二硫键还原后通过丙烯酰胺凝胶电泳分析在不同消化时间后的 IgG 样本。详见范例流程 14。

9.7.1.2　范例流程 15：大规模木瓜蛋白酶消化兔 IgG

（1）将 0.25g 半胱氨酸盐酸盐溶解于 71.4ml Pierce 试剂盒内 pH10 的磷酸盐缓冲液中。通过加入少量 2mol/L NaOH 将 pH 调节至 6.84。此为消化缓冲液，置于冰上。

（2）准备一个附有 15ml 烧结式玻璃滤器的 125ml 真空瓶。通过多次上下翻转瓶子重悬固相的木瓜蛋白酶；胶体再次沉淀前快速地向烧结式玻璃滤器内加入 4ml 悬液（澄清床体积约为 2ml）。

（3）连接真空泵吸干液体。断开真空软管，加入 10ml 消化缓冲液，用一支小宽棒搅拌重悬胶体，重新连上真空并吸出缓冲液。如此循环两次以上。用 5ml 消化缓冲液重悬胶体；使用转移吸液管将其全部移入预冷的 50ml 尖底离心管内，将烧结式玻璃滤器投入该 50ml 离心管内另加消化缓冲液浴洗，使胶体悬液的总体积为 12ml（体积可通过 50ml 管上的刻度估算）。这便是活化的木瓜蛋白酶。

注：如前所述，兔 IgG 的链间二硫键和链内二硫键之一可以在非变性条件下被还原（图 9.29 中虚线括号和虚线）。由于消化缓冲液中存在半胱氨酸，所以在木瓜蛋白酶消化过程中可能会发生二硫化物的互换。为了消除这种可能性，活化的固相木瓜蛋白酶从烧结式玻璃滤器移出前，应经过 pH6.8 的无巯基消化缓冲液清洗数次。

（4）向活化的木瓜蛋白酶中加入 4.3ml（77mg）溶于 LoPBS 的浓度为 17.9mg/ml 的兔 IgG。将盖子扣紧，轻微涡旋混匀，37℃水浴短暂温育，置入 37℃培养箱轻摇 1h。

（5）在 1h 的消化期间，冲洗一只 15ml 烧结式玻璃滤器并且将其安装在 125ml 真空瓶上。可用 5ml 浓度为 1mg/ml 的 BSA 冲洗滤器，以封闭滤器上的非特异性吸附，随后用蒸馏水多次冲洗，彻底清洁过滤器。将过滤器安放在干净的 125ml 真空瓶上。

（6）当 1h 的消化结束时，立即将 50ml 管中的内容物转移至连接真空的 15ml 烧结式玻璃滤器内，在真空瓶中收集滤出液。离心使 50ml 管残余的悬浮液沉入瓶底，将其并入烧结式玻璃滤器内。断开真空，用 8ml Pierce 试剂盒中的 ImmunoPure IgG（A）结合缓冲液重悬胶体，立即将洗液吸出也滤入真空瓶内（烧结式玻璃滤器内反应过的固相木瓜蛋白酶可通过下一步骤进行再生）。将滤出液从真空瓶转移至 50ml 尖底离心管内；另用 5ml 结合缓冲液冲洗真空瓶，也并入 50ml 尖底离心管的滤出液。由此得到木瓜蛋白酶的消化物，其体积约为 28ml，IgG 浓度理论值 2.75mg/ml，在范例流程 16 中将对其进一步处理。

（7）再生用过的固相木瓜蛋白酶，可用 LoPBS 清洗烧结式玻璃滤器内的介质 5 次。将悬浮的胶体转移至 15ml 瓶内，总容积 10ml（无须精确测定），并且加入 100μl 5%的叠氮钠。储存于冰箱以备再次使用。

9.7.1.3　范例流程 16：用蛋白质 A 亲和层析法移除 Fc 段和不完全消化产物

（1）Pierce 试剂盒中有两个 2.5ml 蛋白质 A 柱，去掉柱顶端的塞子；倒掉储存液（小心，含有叠氮化物）；卸下柱子底端的塞子，将胶柱安在环形架上；从柱顶充满 7ml IgG 结合缓冲液（见前述的范例流程 15）并开放胶柱的液体排流（液体流至柱子烧结处的顶端时会自动停止）；另外用 7ml IgG 结合缓冲液冲洗柱子。

（2）将每个柱子安放入 50ml 尖底离心管。用移液管向每个柱中加入半量（14ml）的木瓜蛋白酶消化产物［范例流程 15 的步骤（6）］；离心 50ml 管使残余消化物沉入底部，再将其一半分别加入每个柱子。待所有的木瓜蛋白酶消化产物流入胶柱，另加 5ml IgG 结合缓冲液也让其流入；待其流入后，再注入 5ml IgG 结合缓冲液。此时，胶柱的流出液全部被收集到 50ml 尖底离心管内。每管的终体积应为 24ml。将一个尖底离心管的内容物转移至另一个管中。这是总体积 45ml 的 Fab，理论上 Fab 浓度为 1.14mg/ml；在下面步骤（6）处理之前储存于冰箱内。

（3）每个蛋白质 A 柱使用完毕后，架放在废液杯上。用 3ml IgG 结合缓冲液冲洗柱子 2 次，流出液体收集在废液杯里。然后将胶柱放入在装有 300μl pH9.1 的 1mol/L Tris-HCl 的 15ml 聚丙烯管内。用 Pierce 试剂盒内免疫纯化 IgG 洗脱缓冲液 1ml 流洗每个胶柱 6 次。将两个柱的洗出液（一个柱一份）汇集放入 1 个配衡的 15ml 瓶内，净重为 13.6g=13.6ml。Fc 浓度理论值为 1.89mg/ml；洗脱液中也可能存在一些切割不完全的污染物。用试纸估算 pH 约为 8.4。试剂瓶应冷冻储存。

（4）为了再生胶柱，可将每个柱子稳放在大废液杯中，用以 NaOH 调 pH 至 3.0 的 0.1mol/L 柠檬酸 5ml 冲洗 2 次，再用 5ml 蒸馏水冲洗 2 次，最后用 7ml 含 0.02%叠氮钠的水冲洗 1 次。当柱床顶部剩有 2ml 液体时关闭柱流。首先安上底部塞子，然后再安上顶部塞子。将柱胶储存于冰箱内。

（5）如范例流程 14 步骤（7），在一个 1.5ml 微量离心管内混合标准品。预混 585μl 水、650μl 2×样本缓冲液和 65μl 2-巯基乙醇。向两个 1.5ml 微量离心管内分别加入 60μl 该预混液：其中一管（Fab）加入 3μl（理论值为 3.42μg）步骤（2）制备的 Fab；另一管（Fc）加入 1μl（理论值为 1.89μg）步骤（3）制备的 Fc。将样本在沸水浴中加热 5min；冷却；瞬时离心使样本沉入管底。如范例流程 14 步骤（10），取 21μl Fab、21μl Fc 样本和 5μl 标准品进行电泳。结果如图 9.31 所示，基本上被木瓜蛋白酶完全消化（如范例流程 14 中的时程实验所示）并且 Fab 片段和 Fc 片段得到完全分离。

（6）浓缩步骤（2）制备的大体积 Fab 片段，用 LoPBS 在 30kDa 离心浓缩装置的浓缩离心管内将其冲洗 2 次（9.2.3 节）；终体积为 1.935ml。通过分光光度计扫描 1/40 稀释液测得蛋白质浓度为 24mg/ml（9.2.2.1 节），假定 1mg/ml 溶液的吸光度值为 1.48（3），则总产量为 46mg，理论上达到了输入的 77mg IgG 的 90%。

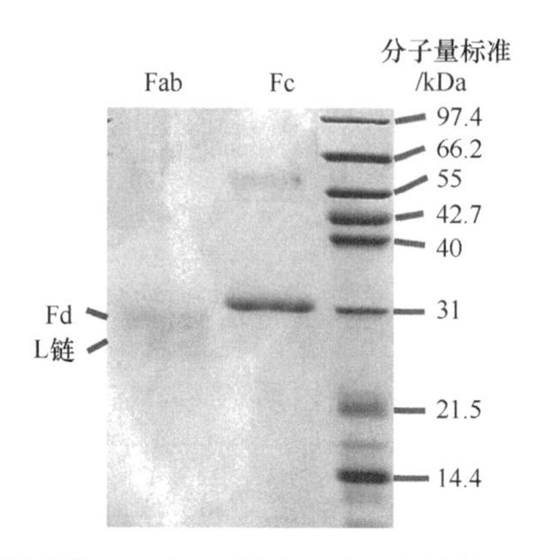

图 9.31　通过蛋白质 A 层析所得到的 Fab 和 Fc 样本，当二硫键被还原后由丙烯酰胺凝胶电泳进行分析。详见范例流程 16。数据显示 Fab 片段并无 Fc 段污染物。

由于在木瓜蛋白酶消化过程中可能会发生二硫互换反应［范例流程 15 步骤（3）中有标注，9.7.1.2 节］，所以 Fab 可带有一些自由巯基。在下述范例流程 17 中，任何这样的巯基都可用 *N*-ethylmaleimide（NEM；参见图 9.23 及 9.4.4 节）通过烷基化作用来封闭。Fab 产物随后可由交联葡聚糖 G150 通过凝胶过滤层析进行分离，以明确区分 Fab 分子（50kDa）与杂质，如 Fab 二聚体（100kDa）、部分切割的 IgG（100kDa）或未切割的 IgG（150kDa）等。结果表明，在此例中可能并不需要进行层析，因为未见杂质。

9.7.1.4　范例流程 17：用 *N*-Ethylmaleimide 封闭巯基及交联葡聚糖 G150 层析

（1）将 10g 交联葡聚糖 G150 在 80℃水中溶胀 5h，冷却，通过三次循环沉淀移除细碎杂质，用 LoPBS 平衡，然后将其灌入内径 2.5cm 的层析柱，以 1ml/min 的泵速填压。最终柱床高度为 45cm，相应的体积为 220ml。

（2）将 65μl LoPBS 和 9.2μl 250mmol/L 的 EDTA，用 NaOH 将 pH 调节至 8，加入到 Fab 产物［范例流程 16 步骤（6）］；加入 EDTA 的目的是螯合重金属离子，后者可催化巯基的氧化反应。

（3）将小量 NEM 溶于足量 HEPES 缓冲液（100mmol/L HEPES，用 NaOH 将 pH 调节至 7.0），制成 2.5mg/ml（40mmol/L）溶液；向上一步 Fab 产物内加入 670μl 40mmol/L NEM，使 NEM 终浓度为 10mmol/L；室温孵育 40min 使 NEM 可烷基化任何自由巯基。需注意 NEM 有毒，应恰当处理其废弃物。

（4）立即将 NEM 处理的 Fab 产物装入 G150 柱内，用 LoPBS 以 1ml/min 的流速洗柱，分段收集 3.9ml 和 1.9ml。

（5）测定收集物在 280nm 处的吸光度值，结果如图 9.32 下部所示。在预期出现 50kDa Fab 片段的位置可见单一对称的蛋白质峰；未见明显的 150kDa 完整 IgG 或 100kDa 部分消化产物的痕迹。

（6）预混 585μl 水和 650μl 2×样本缓冲液［范例流程 14 步骤（4），9.7.1.1 节］，分别取 19μl 预混液加入 16 个 1.5ml 微量离心管；向这些微量离心管中加入 2μl 步骤（4）所收集的部分。向另外两个 1.5ml 微量离心管内加入 385μl 和 44μl 预混液；再向这些微量离心管内各加入 1μl（17.9μg）未处理的 IgG 和 1.1μl（理论值 2.1μg）Fc 片段［范例流程 16 步骤（3）］。95℃加热全部 18 个微量离心管 5min；瞬时离心使液体沉入管底。这种电泳样本不含巯基乙醇或其他还原试剂，因而所有二硫键均应保持完整。

（7）将前一步骤的样本分在两块 Tris-HCl 丙烯酰胺凝胶上进行电泳，并用范例流程 14 步骤（10）的方法进行凝胶染色，结果如图 9.32 上部所示。所有片段的主要种类其分子量均为明显的 50kDa，如预期的 Fab 片段，其轻链和 Fd 段仍然由二硫键彼此相连（图 9.29）。

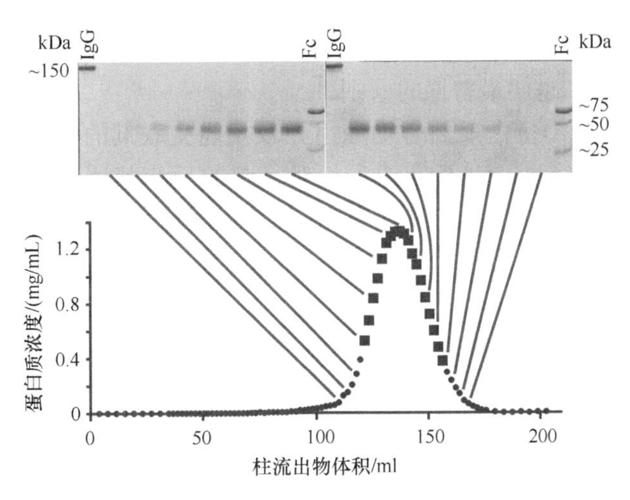

图 9.32　分析 G150 凝胶过滤的片段，详见范例流程 17。图的下部显示为 G150 片段的蛋白质浓度；大的实心正方形为最终收集的纯化 Fab 片段；小的实心圆形为丢弃的片段。图的上部显示的是 G150 片段在未还原二硫键情形下丙烯酰胺凝胶电泳分析结果。几乎所有蛋白质均有二硫键，且大小约为 50kDa。

注：Fc 片段大约是明显的 25kDa、50kDa 和 75kDa 分子量的几个不同种类片段的混合，分别对应于重链 Fc 段的单体、同源二聚体和同源三聚体（图 9.29）。在木瓜蛋白酶消化过程中由于二硫互换反应可引起这种多聚体状态的异质性［参见范例流程 15 的步骤（3）的注释］。但是，由于在非变性条件下重链 Fc 部分理论上仅有一个可接近的半胱氨酸基团（图 9.29），因此不能形成三聚体。或许在上述步骤（6）变性后可发生二硫互换反应；此外，三聚体的形成可见于一些重链 N 端至首个半胱氨酸部分被木瓜蛋白酶切除，详见图 9.29，而不是被切割在首个半胱氨酸与由二硫键连接于另一重链的半胱氨酸之间。

（8）汇集步骤（4）所获得的峰值部分（图 9.32 下部大的实心正方形所示）；在 30kDa 离心浓缩装置的浓缩离心管内浓缩并且用 LoPBS 清洗两次（9.2.3 节）；终体积为 1.445ml。可将制品储存于冰箱或深度冻存。

（9）用分光光度计扫描 1/40 稀释液（9.2.2.1 节）。按照范例流程 16 步骤（6）的方法推算其浓度为 24.4mg/ml。因此总产量是 1.445×24.4=32.3mg，为起始 77mg IgG 应得理论产量的 69%。

9.8 抗体与其他蛋白质的交联

9.8.1 两步交联的一般要求

抗体与其他蛋白质共价交联的免疫结合方式已经广泛应用于当今的生物技术中。最主要的此类交联物包括应用于ELISA、免疫印迹和免疫细胞化学的抗体与酶的偶联物，以及抗体与免疫毒素的偶联，其将针对肿瘤或其他治疗靶标特异性的抗体与细胞毒“有效载荷”连接起来进而杀灭目标。Hermanson[1]在其书中已经总结了酶结合和免疫毒素的制备；在此仅讨论和说明最普遍的原则。

现今几乎所有抗体-蛋白质结合均应用异双功能交联剂的两步法来完成。双方（抗体和其他蛋白质）均经过一对互补的、相对稳定的反应基团中的一个而被修饰“活化”。混合两个激活的蛋白质使彼此交联。两步交联主要适于双方彼此交联生成功能复合体，而不是自身的交联形成无功能蛋白质或产生可能有干扰性的多聚物。有效的两步交联法关键在于三个基本特征：①交联化学应有“正交性”，意指结合到一种蛋白质的激活基团不应与该蛋白质的任何基团反应，但应易于同结合到另一蛋白质的互补激活基团反应；②活化基团应该是稳定的，能够留出足够时间使得两个激活的蛋白质在彼此交联前被纯化和定量；③活化基团应可以定量，能够实现交联反应的调控与可重复。

9.8.2 马来酰亚胺/硫醇交联法

某些例子中的马来酰亚胺/硫醇反应系统（9.4.4 节）相当好地满足了这些标准。例如，保护性硫醇可以用胺反应性NHS酯SATA（图9.11，9.3.5节）与抗体（少有或没有内源性自由巯基）结合，而马来酰亚胺能够用胺反应性NHS酯succinimidyl-4-(*N*-maleimi-domethyl) cyclohexane-1-carboxylate(SMCC)与其他蛋白质结合。另外，将马来酰亚胺结合到抗体的氨基上，而其他蛋白质的氨基可以被硫醇化（若其本身不含内源性自由巯基）。自由巯基尽管易受空气氧化的影响，但对于一个短暂的纯化过程而言仍然足够稳定，并且很容易用Ellman氏试剂（范例流程8，9.4.2.1节）进行定量。马来酰亚胺虽然可发生慢性水解，对于纯化过程而言已是足够稳定了（9.4.4节）；然而其有不易定量的缺点。

9.8.3 醛/肼交联法

Solulink（San Diego，CA）最近提出了一种双芳香族的醛/肼交联技术，称为HydraLinK，同马来酰亚胺/硫醇系统相比，它更充分满足了正交性、稳定性和可定量性的需求。如图9.33所示，IgG的氨基与SANH反应形成一个MEHN-IgG加合物，封闭有丙酮的芳香肼；而其他蛋白质的氨基与SFB反应形成FB-蛋白质加合物，具有芳香醛。胺修饰的蛋白质在水溶液中可以稳定数周——有大量时间进行定量和纯化。当两者被混合后，一个蛋白质上的芳香醛迅速取代了另一个蛋白质上芳香肼中的丙酮，因此通过稳定的双芳香腙（HydraLinK 交联）将两个蛋白质交联起来。不同于非芳香腙（见图 9.25），这些连接在非常广的 pH 范围内都是稳定的，不会被还原。当两个蛋白质成功交联后，任何未反应的醛均能够被过量芳香肼所封闭，任何未反应的肼均能够被过量芳香醛所封闭（图 9.34）。这类封闭反应也形成了近紫外的发色基团，在交联前可通过位于修饰蛋白上一小部分的肼或醛的数量来进行定量（图 9.34）。范例流程 18~20 以 Novabiochem（San Diego，CA）的说明书为基础，讲解了肼修饰 IgG 与醛修饰其他蛋白质的过程；顺序是可以完全颠倒的。

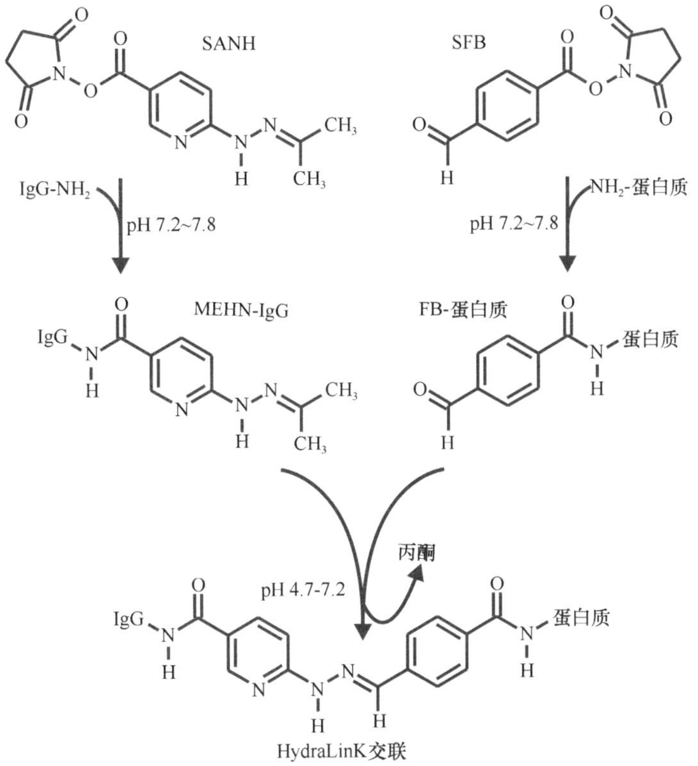

图 9.33　IgG 与另一蛋白质的 HydraLinK 交联。两个蛋白质之一（此例中的 IgG），在中性 pH 条件下用 NHS 酯 acetone 5-(succinimidyloxycarbonyl)-pyridine-2-yl hydrazone(SANH)对其进行胺修饰，产生了 6-[2-(1-methyethylidene)hydrazino]nicotinyl-(MEHN-)IgG 加合物，具有一些丙酮封闭的芳香肼。相应地，另一个蛋白质（也在中性 pH 条件下）用另一 NHS 酯 succinimidyl 4-formylbenzoate（SFB）进行胺修饰，生成 formylbenzoyl-(FB-)蛋白质加合物，具有一些芳香醛。当两种修饰蛋白混合后，一个蛋白质的芳香醛取代了另一蛋白质芳香肼的丙酮封闭基团，通过稳定的双芳香腙连接将蛋白质交联起来。

9.8.3.1　范例流程 18：肼与 IgG 氨基的交联

（1）IgG 溶于 PBS 使其浓度为 50μmol/L（0.15mol/L NaCl，0.1mol/L NaH_2PO_4，用 NaOH 将 pH 调节至 7.2）。将固体 SANH（见图 9.33）溶于足量的二甲基甲酰胺（DMF），

浓度为 1.45mg/ml（5mmol/L）。向 10 倍体积的 50μmol/L IgG 溶液中加入 1 倍体积的 5mmol/L SANH；IgG 和 SANH 的终浓度分别为 45.5μmol/L 和 455μmol/L。室温下反应至少 2~3h。

注： Novabiochem 的说明书推荐每个 MEHN-IgG 分子的修饰水平 *m* 为 2.5~3 个肼（范例流程 18），每个 FB-蛋白质分子的修饰水平 *m* 为 2.5~3 个醛（范例流程 19），但并未给出可获得此等可靠的修饰水平（相当于图 9.8 中）的具体指导。因此，为得到适宜的修饰水平，可能需要进行细致的试验研究，反复摸索。

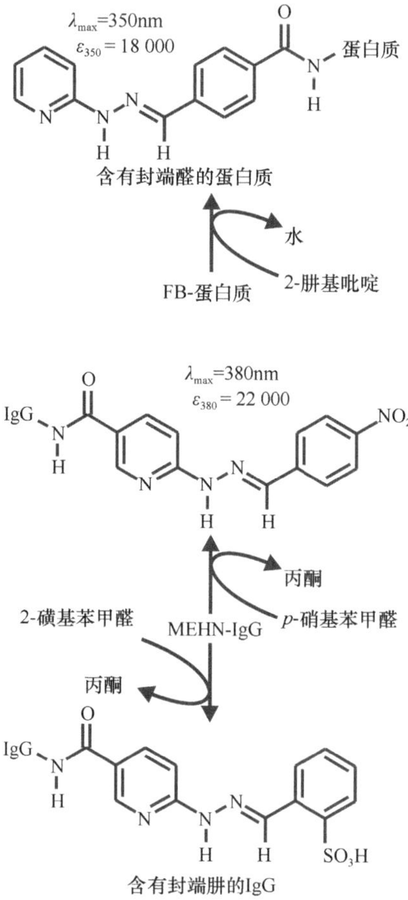

λ_{max}=350nm
ε_{350} = 18 000
蛋白质
含有封端醛的蛋白质
水
FB-蛋白质
2-肼基吡啶

λ_{max}=380nm
ε_{380} = 22 000
IgG
NO_2
丙酮
2-磺基苯甲醛
MEHN-IgG
p-硝基苯甲醛
丙酮
IgG
SO_3H
含有封端肼的IgG

图 9.34　修饰蛋白的定量和封闭。为了对 FB-蛋白质加合物的醛进行定量，少量修饰蛋白与过量 2-肼基吡啶（2-hydrazinopyridine）反应，产生了封闭醛的加合物，其在 350nm 处吸收光。同样地，为了对 MEHN-IgG 加合物的肼进行定量，少量修饰的 IgG 与过量 *p*-硝基苯甲醛（*p*-nitrobenzaldehyde）反应，产生了封闭酰肼的加合物，其在 390nm 处吸收光。当 FB 蛋白和 MEHN-IgG 加合物混合后，使蛋白质与蛋白质交联，未反应的醛能够被过量 2-肼基吡啶所封闭（使其不能反应），此后未反应的肼能够被过量 2-磺基苯甲醛（2-sulfobenzaldehyde）所封闭。

（2）消除 MEHN-IgG 结合物中的未结合肼，用乙酸盐交联缓冲液（见下述的注释）通过透析或离心浓缩装置重新平衡（9.2.3 节）。

关于交联缓冲液的注释：交联反应（范例流程 20）的最佳 pH 为 4.7，在范例流程

20 中使用乙酸盐交联缓冲液（0.1mol/L 乙酸钠，用 HCl 将 pH 调节至 4.75）。虽然在 pH4.75 的条件下，抗体通常并非不可逆性的失活，但很可能抗体所偶联的另一蛋白质并不能经受如此的 pH。范例流程 20 中，仅能选择较弱的酸性交联缓冲液，相应延长交联的时间。其他的交联缓冲液如：0.15mol/L NaCl，0.1mol/L 柠檬酸，用 NaOH 将 pH 调节至 6.0；pH 7.2 的 PBS。

（3）用 Bradford 或 BCA 法测定 MEHN-IgG 结合物的浓度（分别参见 9.2.2.2 节和 9.2.2.3 节；芳香酰肼附加物会干扰分光光度计测定）。

（4）少量的 MEHN-IgG 结合物与 *p*-nitrobenzaldehyde（PNBA）反应可通过比色法测定出修饰水平 *m*（每个 IgG 分子的肼的数目），如图 9.34 所示。将少量毫克级 PNBA 溶于 DMSO 中，使溶液浓度为 7.56mg/ml（50mmol/L）。将 1 倍体积的 50mmol/L PNBA 稀释于 100 倍体积的乙酸盐交联缓冲液［参见步骤（2）之后的注释；即使范例流程 20 的交联在一较弱酸性缓冲液中进行，仍可用乙酸盐缓冲液进行定量］，配制 500μmol/L PNBA 稀释液。将 1 倍体积的 500μmol/L PNBA 与至多 0.25 倍体积的 MEHN-IgG 结合物混合，生成的 IgG 样本中 IgG 终浓度为 7μmol/L，PNBA 终浓度至少为 400μmol/L；作为对照，将 1 倍体积的 500μmol/L PNBA 与等体积的空白缓冲液［步骤（2）中用于平衡 IgG 的相同缓冲液］混合。IgG 样本和对照均应该有足够的终体积装满分光光度计的比色杯，且 pH 不应高于 5。两种混合液经 37℃孵育 1h 或室温孵育 2h，然后在 380nm 处测定其吸光度值。修饰水平 *m* 的推算方法为 $m=[(A_{380\text{-IgG 样品}})-(A_{380\text{-对照}})]/(0.022\times7)$。如步骤（1）之后的注释，建议每个蛋白质分子的修饰水平为 2.5~3 个肼。

9.8.3.2　范例流程 19：醛与另一个蛋白质氨基的交联

（1）将另一个蛋白质（偶联到 IgG 上的蛋白质）溶于 PBS 中使浓度为 50μmol/L。SFB 固体（见图 9.33）溶于足量的二甲基甲酰胺（DMF）使浓度为 1.24mg/ml（5mmol/L）。将 1 倍体积的 5mmol/L SFB 加入 10 倍体积的 50μmol/L 蛋白质溶液中；蛋白质和 SFB 的终浓度分别为 45.5μmol/L 和 455μmol/L。反应在室温下至少进行 2~3h［参见范例流程 18 步骤（1）后的注释］。

（2）清除 FB-蛋白质结合物中的未结合醛，用乙酸盐交联缓冲液［参见范例流程 18 步骤（2）后的注释］通过透析或离心浓缩装置重新平衡（9.2.3 节）。

（3）如范例流程 18 步骤（3）中所示，用 Bradford 法或 BCA 法测定 FB-蛋白质结合物的浓度。

（4）少量的 FB-蛋白质结合物与 2-hydrazinopyridine（HP）反应可通过比色法测定出修饰水平 *m*（每个蛋白质分子的醛的数目），如图 9.34 所示。将少量毫克级 2-hydrazinopyridine-2HCl 溶于水使其成为 9.1mg/ml（50mmol/L）浓度的 HP 溶液。将 1 倍体积的 50mmol/L HP 稀释于 100 倍体积的乙酸盐交联缓冲液中［见范例流程 18 步骤（2）之后的注释；即使范例流程 20 的交联在一较弱酸性缓冲液中进行，仍然可以用乙酸盐缓冲液来定量］，制成 500μmol/L HP 稀释液。将 1 倍体积的 500μmol/L HP 与至多 0.25 倍体积的 FB-蛋白质结合物混合，产生的蛋白质样本其蛋白质终浓度为 7μmol/L，HP 终浓度至少为 400μmol/L；作为对照，将 1 倍体积的 500μmol/L HP 与等体积的空白缓冲液［与步骤（2）用于平衡蛋白的缓冲液相同］混合。蛋白质样本和对照均应该有足够的终体积充满分光光度计的比色杯，且 pH 不应高于 5。两种混合液经过 37℃孵育 1h 或室温孵育 2h，然后测定 350nm 处吸光度值。修饰水平 m 推算式为 m=[（$A_{350\text{-蛋白质样品}}$）－（$A_{350\text{-对照}}$）]/（0.018×7）。如范例流程 18 步骤（1）后面的注释，建议每个蛋白质分子的修饰水平为 2.5~3 个醛。

注：显然，只有当蛋白质具有足够易接近的氨基时，才能进行范例流程 19 的操作。辣根过氧化物酶（HRP）是 ELISA、免疫细胞化学和免疫印迹中最常用的抗体交联酶，其与众不同之处是每分子仅有 2 个可用的 ε-氨基组。另外，辣根过氧化物酶含有丰富的碳水化合物，易于用高碘酸盐氧化为醛（9.5 节）；而高碘酸盐氧化的辣根过氧化物酶已经商品化，可从多方购得。高碘酸盐氧化的辣根过氧化物酶可替换下述范例流程 20 交联反应中的 FB-蛋白质结合物。尽管产生的交联反应并非双芳香 HydraLinK 的连接，不过仍然足够稳定，无须再用后面的还原反应加强稳定性。

在下述范例流程 20 中，将 MEHN-IgG 和 FB-蛋白质结合物混合，以 HydraLinK 连接实现交联（见图 9.33）。交联反应尚无普遍适用的指南，不过 Novabiochem 的使用说明中报告了 FB-IgG（相对分子量 150 000）与 MEHN-BSA（相对分子量 66 000）以不同比率进行交联的试验性示例结果（非完整记述）。当 BSA 与 IgG 的摩尔比为 3∶1 时，全部 IgG 和大部分 BSA 可合并成交联复合体。在可用的肼和醛完全反应之前很久就可能由于空间位阻而导致交联剧减或完全停止。出于同样原因，交联程度主要取决于两种反应物的比率，其次是它们各自的浓度。总之，可以应用过量的 HP 封闭 FB-蛋白质结合物上未反应的醛，以及用过量 2-sulfobenzaldehyde（SBA）封闭 MEHN-IgG 结合物上未反应的肼，如图 9.34 和范例流程 20 所示。封闭可阻止任何进一步的交联反应。

9.8.3.3 范例流程 20：MEHN-IgG 与 FB-蛋白质的交联

（1）将 MEHN-IgG 和 FB-蛋白质交联物以适当的摩尔比混合于交联缓冲液中［参见范例流程 18 步骤（2）后的注释］，室温反应 1~3h（如偶联缓冲液的 pH 为 7.2，则反应至少 6h）。

（2）向 100 倍体积的前一步骤的交联反应混合液中加入 1 倍体积的 50mmol/L HP［范例流程 19 步骤（4）］，HP 的终浓度为 500μmol/L。封闭反应室温持续 1h。

（3）将 2-SBA 钠盐溶于水制成浓度为 10.4mg/ml（50mmol/L）的 SBA 溶液。向 50 倍体积的前一步骤的反应混合液中加入 1 倍体积的 50mmol/L SBA，SBA 终浓度为 1mmol/L（超过上一步骤添加的 HP 摩尔浓度的两倍）。封闭反应在室温持续 1h；孵育过程中，SBA 不仅封闭 MEHN-IgG 结合物上未反应的肼，而且与前一步骤过量未反应的 HP 发生反应。

注：这两步封闭反应必须按顺序完成，不能同时进行；否则，封闭反应物之一（过量者）会使另一反应物在封闭完成之前就已失活。

（4）释放过量封闭反应物的交联蛋白，通过透析或离心浓缩装置用需要的终缓冲液进行平衡（9.2.3 节）。

（5）通过 SDS-聚丙烯酰氨凝胶电泳（PAGE）及所需的功能实验鉴定交联复合体。倘若 IgG 能够有效地结合到镍螯合物上，如果需要，可以通过含镍的固相金属亲和层析（IMAC）使交联复合体释放未交联到 IgG 上的蛋白质（9.3.3.5 节）。

9.8.4 “Bioorthogonal”交联反应

Bertozzi 团队在 2003 年进行的偶联反应创造出“生物正交”（bioorthogonal）这个术语，它完全符合正交性标准，即它们可以在活细胞或动物体极其复杂的化学环境中进行[1,32]。生物正交连接的范例是叠氮化物与特殊设计的膦（图 9.35）之间的施陶丁格连接（Staudinger ligation）和叠氮化物与炔烃之间的“点击化学”（1,3-环加成反应）（图 9.36）。在某些情况下，术语“生物正交”可能要求地过多；特别是施陶丁格连接的生物正交性已受到挑战[50]。

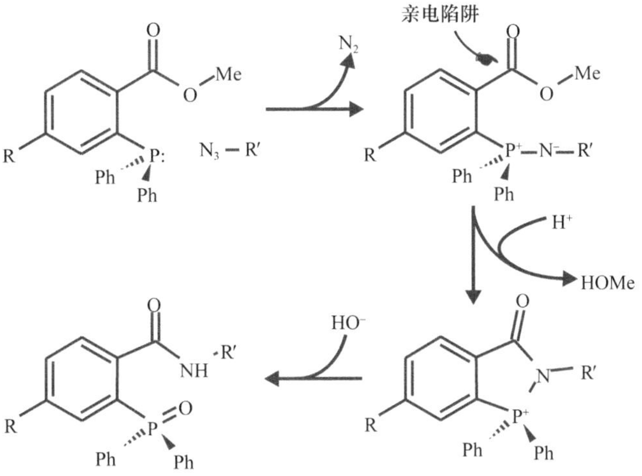

图 9.35 叠氮化物与特殊设计的膦之间的施陶丁格连接。“亲电陷阱”通过附近的-N⁻-中间原子促进亲核攻击。详情参见正文。[改编自 Saxon E and Bertozzi CR 2000. *Science*，287（5460）：2007-2010.]

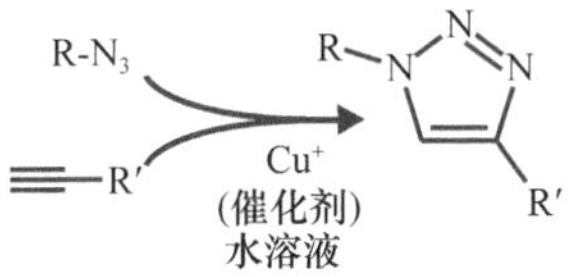

图 9.36 叠氮化物和炔烃之间的“点击化学”（1,3-环加成）反应。详情参见正文。体外水溶性点击化学通常由 Cu^+催化，其在大多数活细胞或生物体中是不存在的。然而，由应变而非 Cu^+促进的点击化学则是可以在活细胞和生物体中进行的。（改编自 Sletten EM and Bertozzi CR 2011. *Acc Chem Res* 44：666-676.）

生物正交耦合的在体应用关键是使用低分子量放射性螯合物的预靶向分子成像[52]。在该方法中，肿瘤或其他靶组织分两步成像。在典型的第一步中，向受试者施用非放射性亲肿瘤抗体，并且允许未结合肿瘤的抗体分子在数天内从体内清除。附着于该抗体的是互补的一对反应物中的一个—— 可能是生物正交偶联反应中的反应物之一。在第二步中，低分子量的放射性螯合物附着在互补反应物的另一个成员上施用于受试者。大部分放射性螯合物在 10~20min 内从体内清除，但在其短暂地停留在循环中时，一些放射性螯合物分子遇到肿瘤结合抗体分子。在这相遇期间，成对的互补反应物有机会发生反应，进而在肿瘤部位共价捕获放射性螯合物。通过单光子发射计算机断层扫描或正电子发射断层扫描对肿瘤进行特异性成像，适用于放射性螯合物中的放射性同位素。预靶向允许短暂的放射性同位素与肿瘤亲和探针（包括抗体）一起使用，该探针从循环中清除得非常缓慢。快速耦合动力学对于这种类型的预靶向是必不可少的。在放射性螯合物于循环中停留期间，成功捕获放射性螯合物的可用的抗体负载反应配体的部分不超过二级偶联速率常数（$M^{-1}\cdot s^{-1}$）与放射性螯合物暴露量（局部放射性螯合物浓度随时间累积）的乘积。假设放射性螯合物为辐照量级，如 $10^{-7}M\cdot s$（相当于 100pmol/L 浓度的稳定放射性螯合物超过 1000s），需要偶联放射性螯合物至 0.1%可用的抗体负载反应物的偶联速率常数为 $10^{4}M^{-1}\cdot s^{-1}$。直到几年前，生物正交反应在水溶液中的反应速率仍低于该动力学基准的数量级，特别是在没有像对活性动物过毒的 Cu^{+}等催化剂的情况下。然而，最近，已经实现了所需范围内的反应速率，并且已经报道了使用四嗪与应变反式环辛烯衍生物间的生物正交环加成反应的成功预靶向实验[53]。

与活体动物中的预靶向不同，抗体与另一种蛋白质（或其他附加物）的体外偶联不需要严格的生物正交性或快速的动力学。这是因为化学环境很简单，并且暴露量比使用放射性螯合物的预靶向分子成像高出约 100 万倍。有毒催化剂通常是可以忍受的。几家化学品供应公司现在提供用叠氮化物、炔烃和施陶丁格连接膦修饰蛋白质的试剂。

致谢：本章由美国国立卫生研究院资助作者的 GM41478 和 R21CA127339 基金及美国国家癌症研究院资助 Wynn A. Volkert 的 P50-CA-10313-01 基金支持。感谢 Robert Davis 在本章所涉及的许多实验工作中给予了大量的技术协助。

（张斯雅 译　张建民 校）

参考文献

1. Hermanson GT 2008. *Bioconjugate Techniques* (Academic Press, New York) Second Ed.
2. Sletten EM and Bertozzi CR 2011. From mechanism to mouse: A tale of two bioorthogonal reactions. *Acc Chem Res* 44:666–676.
3. Mandy WJ and Nisonoff A 1963. Effect of reduction of several disulfide bonds on the properties and recombination of univalent fragments of rabbit antibody. *J Biol Chem* 238(1):206–213.
4. Jin X, Newton JR, Montgomery-Smith S, and Smith GP 2009. A generalized kinetic model for amine modification of proteins with application to phage display. *Biotechniques* 46:175–182.
5. Smith GP 2006. Kinetics of amine modification of proteins. *Bioconjug Chem* 17(2):501–506.
6. Green NM 1965. A spectrophotometric assay for avidin and biotin based on binding of dyes by avidin. *Biochem J* 94:23C–24C.
7. Rao SV, Anderson KW, and Bachas LG 1997. Determination of the extent of protein biotinylation by fluorescence binding assay. *Bioconjug Chem* 8(1):94–98.
8. Bayer EA and Wilchek M 1990. Protein biotinylation. *Methods Enzymol* 184:138–160.

9. Smith GP 2005. Kinetics of amine modification of proteins. *Bioconj. Chem.* 17:501–506.
10. Strachan E et al. 2004. Solid-phase biotinylation of antibodies. *J Mol Recognit* 17(3):268–276.
11. Chapman AP 2002. PEGylated antibodies and antibody fragments for improved therapy: a review. *Adv Drug Deliv Rev* 54(4):531–545.
12. Larson RS, Menard V, Jacobs H, and Kim SW 2001. Physicochemical characterization of poly(ethylene glycol)-modified anti-GAD antibodies. *Bioconjug Chem* 12(6):861–869.
13. Liu S 2004. The role of coordination chemistry in the development of target-specific radiopharmaceuticals. *Chem Soc Rev* 33(7):445–461.
14. Liu S and Edwards DS 2001. Bifunctional chelators for therapeutic lanthanide radiopharmaceuticals. *Bioconjug Chem* 12(1):7–34.
15. Mirzadeh S, Brechbiel MW, Atcher RW, and Gansow OA 1990. Radiometal labeling of immunoproteins: Covalent linkage of 2-(4-isothiocyanatobenzyl)diethylenetriaminepentaacetic acid ligands to immunoglobulin. *Bioconjug Chem* 1(1):59–65.
16. Pippin CG, Parker TA, McMurry TJ, and Brechbiel MW 1992. Spectrophotometric method for the determination of a bifunctional DTPA ligand in DTPA-monoclonal antibody conjugates. *Bioconjug Chem* 3(4):342–345.
17. Cleland WW 1964. Dithiothreitol, A new protective reagent for Sh groups. *Biochemistry* 3:480–482.
18. Nisonoff A and Dixon DJ 1964. Evidence for linkage of univalent fragments or half-molecules of rabbit gamma-globulin by the same disulfide bond. *Biochemistry* 3:1338–1342.
19. Sun MM et al. 2005. Reduction-alkylation strategies for the modification of specific monoclonal antibody disulfides. *Bioconjug Chem* 16(5):1282–1290.
20. Ellman GL 1959. Tissue sulfhydryl groups. *Arch Biochem Biophys* 82(1):70–77.
21. Grassetti DR and Murray JF, Jr. 1967. Determination of sulfhydryl groups with 2,2′- or 4,4′-dithiodipyridine. *Arch Biochem Biophys* 119(1):41–49.
22. King TP, Li Y, and Kochoumian L 1978. Preparation of protein conjugates via intermolecular disulfide bond formation. *Biochemistry* 17(8):1499–1506.
23. Kim DS and Churchich JE 1987. The reversible oxidation of vicinal SH groups in 4-aminobutyrate aminotransferase. Probes of conformational changes. *J Biol Chem* 262(29):14250–14254.
24. Webb JL 1966. *Enzyme and Metabolic Inhibitors* (Academic Press, New York, USA).
25. Cole R 1967. Sulfitolysis. *Methods Enzymol* 11:206–208.
26. O'Shannessy DJ and Quarles RH 1987. Labeling of the oligosaccharide moieties of immunoglobulins. *J Immunol Methods* 99(2):153–161.
27. Laguzza BC et al. 1989. New antitumor monoclonal antibody-vinca conjugates LY203725 and related compounds: Design, preparation, and representative *in vivo* activity. *J Med Chem* 32(3):548–555.
28. Scott JK and Smith GP 1990. Searching for peptide ligands with an epitope library. *Science* 2494967:386–390.
29. Karlsson R 2004. SPR for molecular interaction analysis: a review of emerging application areas. *J Mol Recognit* 17(3):151–161.
30. Karlsson R and Larsson A 2004. Affinity measurement using surface plasmon resonance. *Methods Mol Biol* 248:389–415.
31. Porter RR 1959. The hydrolysis of rabbit y-globulin and antibodies with crystalline papain. *Biochem J* 73:119–126.
32. O'Donnell IJ, Frangione B, and Porter RR 1970. The disulphide bonds of the heavy chain of rabbit immunoglobulin G. *Biochem J* 116(2):261–268.
33. Givol D and De Lorenzo F 1968. The position of various cleavages of rabbit immunoglobulin G. *J Biol Chem* 243(8):1886–1891.
34. Gorevic PD, Prelli FC, and Frangione B 1985. Immunoglobulin G (IgG). *Methods Enzymol* 116:3–25.
35. Yamaguchi Y et al. 1995. Proteolytic fragmentation with high specificity of mouse immunoglobulin G. Mapping of proteolytic cleavage sites in the hinge region. *J Immunol Methods* 181(2):259–267.

36. Zou Y et al. 1995. Comparison of four methods to generate immunoreactive fragments of a murine monoclonal antibody OC859 against human ovarian epithelial cancer antigen. *Chin Med Sci J* 10(2):78–81.
37. Adamczyk M, Gebler JC, and Wu J 2000. Papain digestion of different mouse IgG subclasses as studied by electrospray mass spectrometry. *J Immunol Methods* 237(1–2): 95–104.
38. Parham P 1983. On the fragmentation of monoclonal IgG1, IgG2a, and IgG2b from BALB/c mice. *J Immunol* 131(6):2895–2902.
39. Lamoyi E 1986. Preparation of F(ab')2 fragments from mouse IgG of various subclasses. *Methods Enzymol* 121:652–663.
40. Smith-Gill SJ, Finkelman FD, and Potter M 1985. Plasmacytomas and murine immunoglobulins. *Methods Enzymol* 116:121–145.
41. Smith TJ 1993. Purification of mouse antibodies and Fab fragments. *Methods Cell Biol* 37:75–93.
42. Kurkela R, Vuolas L, and Vihko P 1988. Preparation of F(ab′)2 fragments from monoclonal mouse IgG1 suitable for use in radioimaging. *J Immunol Methods* 110(2):229–236.
43. Milenic DE, Esteban JM, and Colcher D 1989. Comparison of methods for the generation of immunoreactive fragments of a monoclonal antibody (B72.3) reactive with human carcinomas. *J Immunol Methods* 120(1):71–83.
44. Rousseaux J, Rousseaux-Prevost R, and Bazin H 1986. Optimal conditions for the preparation of proteolytic fragments from monoclonal IgG of different rat IgG subclasses. *Methods Enzymol* 121:663–669.
45. Rousseaux J, Rousseaux-Prevost R, Bazin H, and Biserte G 1981. Tryptic cleavage of rat IgG: A comparative study between subclasses. *Immunol Lett* 3(2):93–98.
46. Butler JE and Kennedy N 1978. The differential enzyme susceptibility of bovine immunoglobulin G1 and immunoglobulin G2 to pepsin and papain. *Biochim Biophys Acta* 535(1):125–137.
47. Heyermann H and Butler JE 1987. The heterogeneity of bovine IgG2—IV. Structural differences between IgG2a molecules of the A1 and A2 allotypes. *Mol Immunol* 24(12):1327–1334.
48. Akita EM and Nakai S 1993. Production and purification of Fab′ fragments from chicken egg yolk immunoglobulin Y (IgY). *J Immunol Methods* 162(2):155–164.
49. Harlow E and Lane D 1988. *Antibodies: A Laboratory Manual*. Cold Spring Harbor Laboratory, Cold Spring Harbor, NY.
50. Vugts DJ et al. 2011. Synthesis of phosphine and antibody-azide probes for *in vivo* Staudinger ligation in a pretargeted imaging and therapy approach. *Bioconjug Chem* 22(10):2072–2081.
51. Saxon E and Bertozzi CR 2000. Cell surface engineering by a modified Staudinger reaction. *Science* 287(5460):2007–2010.
52. Goldenberg DM, Sharkey RM, Paganelli G, Barbet J, and Chatal JF 2006. Antibody pretargeting advances cancer radioimmunodetection and radioimmunotherapy. *J Clin Oncol* 24(5):823–834.
53. Rossin R et al. 2010. *In vivo* chemistry for pretargeted tumor imaging in live mice. *Angew Chem Int Ed Engl* 49(19):3375–3378.

第 10 章　蛋白质免疫印迹及抗体的其他应用

Lee Bendickson and Marit Nilsen-Hamilton

10.1　引言

几种有效的蛋白质检测方法都是利用抗原抗体相互作用的特性来显示样本中目的蛋白的存在，包括蛋白质免疫印迹（Western blot）、免疫沉淀（immunoprecipitation，IP）、免疫细胞化学（immunocytochemistry）、免疫组织化学（immunohistochemistry），以及许多其他免疫检测方法，包括放射免疫检测（RIA）、均质酶免疫测定（EIA）和非均相酶免疫测定（ELISA）。

免疫沉淀是利用抗体从蛋白质混合物中特异性地沉淀出感兴趣的蛋白质或蛋白质复合物，沉淀下来的蛋白质再用聚丙烯酰胺凝胶电泳（PAGE）进一步分离，而后通常用蛋白质免疫印迹检测沉淀中的目的蛋白。如果原始混合物是放射性标记的，可以用放射自显影来显示放射性信号。除此之外，生物素化或磷酸化的蛋白质也能利用这些修饰进行检测，而酶蛋白可以检测其酶活性。检测生物素化或磷酸化蛋白常常需要利用蛋白质免疫印迹技术，如果生物素底物或者供体磷酸基团是用放射性标记的，就可以通过放射自显影的方法来检测。

免疫组织化学和免疫细胞化学是两种密切相关的检测方法，分别用于原位检测组织或完整细胞中的蛋白质，通常是利用显色底物或荧光剂在固定的组织或细胞的具体位置着色，显示靶蛋白的存在。这些原位检测方法的一个有趣的扩展是组织印迹技术，通过该技术，组织切片直接印在硝酸纤维素膜上，留下切片的表面图像，可以用特异性抗体来检测[1]。这些原位方法适用于对靶蛋白进行定位检测，但不能定量检测，不能对其特征做进一步分析，如蛋白质的相对分子量要通过蛋白质免疫印迹才能检测。因此，这些方法常出现非特异性背景染色造成的假阳性结果，导致对实验结果的误解。

酶联免疫吸附检测（ELISA）能够实现大量样本的快速检测。这种方法依赖于蛋白质吸附于塑料介质，吸附的蛋白质能够与特异的一抗结合，一抗又可与酶标二抗相结合，而酶可以催化显色底物发生颜色改变。利用分光光度计可以检测可溶性的显色产物，得到相应的数值。其他类型的酶联免疫吸附检测有磁力免疫检测（MIA）和环绕光纤免疫吸附检测（SOFIA），前者用磁珠作为吸附蛋白质的固体介质，后者是一种高度敏感的蛋白质检测方法。抗原也可以使用均质酶免疫检测或放射免疫检测来定量。虽然放射免疫检测相较于酶联免疫吸附检测更加敏感，获得的线性变化也更大，但因其需要放射性标记（^{125}I 常被用于标记抗原）而使其应用受到限制。

蛋白质免疫印迹技术自 1981 年首次报道以来，因其简单、特异、灵敏的特点而广泛用于检测复杂混合物中的特异蛋白[2]。随后利用蛋白质免疫印迹技术检测特异蛋白的应用案例越来越多，至2011年年初，美国国家生物技术信息中心（NCBI）数据库中搜索含有关键词“Western blot”的文章约占PubMed数据库文章数的0.75%（图10.1）。20世纪80年代中期以来，已报道的工作报告中使用蛋白质免疫印迹技术的增长率并没有发生变化。相比之下，20世纪90年代以来，酶联免疫吸附检测的应用率已经放缓。20世纪开发的各种印迹技术中，蛋白质免疫印迹是21世纪最杰出的幸存技术，至2010年，88%使用了“blot”一词发表的文章中都含有“Western blot”的术语（图10.1）。因此，尽管预测质谱分析将代替蛋白质免疫印迹现在所做的一些分析，但蛋白质免疫印迹技术的应用并未受到显著影响，并且呈现逐年稳步增加的势头。

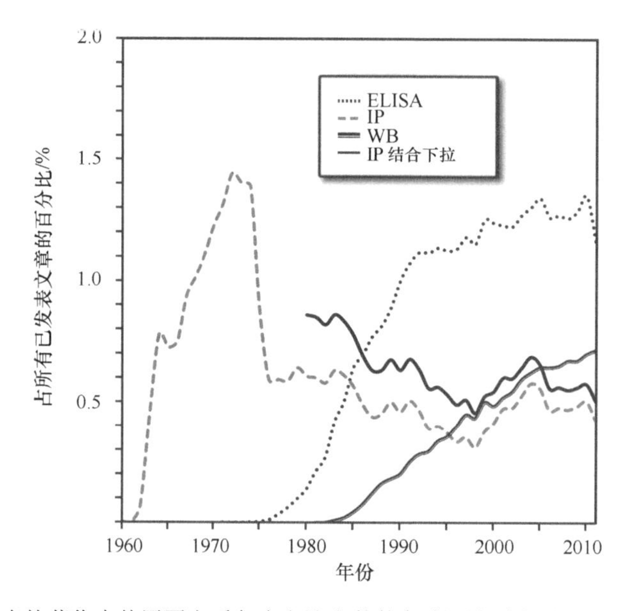

图10.1　在已发表的著作中使用蛋白质免疫印迹和其他免疫测定法的情况。酶联免疫吸附试验（ELISA）、免疫沉淀（IP）、蛋白质免疫印迹（WB）和IP结合下拉试验，自1960年到2011年首次引入免疫沉淀以来的使用变化的时间表。

免疫检测方法如ELISA、RIA、免疫组织化学和免疫细胞化学，常常由于抗体与一种以上的蛋白质有交叉反应而造成实验结果的误判。这方面蛋白质免疫印迹法具有独特的优势，因为它是利用分子量大小来区分不同的蛋白质，目的蛋白很容易与其他蛋白质区分开来。这可能是蛋白质免疫印迹技术成为生物化学与分子生物学技术领域检测目的蛋白的标准技术的主要原因。

蛋白质免疫印迹技术的特点是将蛋白质复杂混合物先经过电泳分离，再转移并固定于膜（图10.2），电泳通常采用聚丙烯酰胺凝胶电泳（PAGE），凝胶和缓冲液中含有十二烷基硫酸钠（即SDS-PAGE）。单从概念而言，蛋白质免疫印迹与检测DNA的Southern印迹和检测RNA的Northern印迹类似，均是用电泳的方法分离目标分子（DNA、RNA或蛋白质），然后转膜，最后用探针对目标分子加以检测，检测到的信号用放射自显影胶片或者数码相机进行记录。从常规蛋白质免疫印迹衍生的方法还有用蛋白质的配体而不是用抗体来识别目标蛋白，如核酸适配子（aptamer）和链霉亲和素（streptavidin）常被用于取代抗体来识别膜上的特异性蛋白质。在此，我们对蛋白质免疫印迹技术的各个方面进行讨论，包括变化、优点、缺点等，逐一描述我们实验室成功应用的经典蛋白质免疫印迹实验方案。

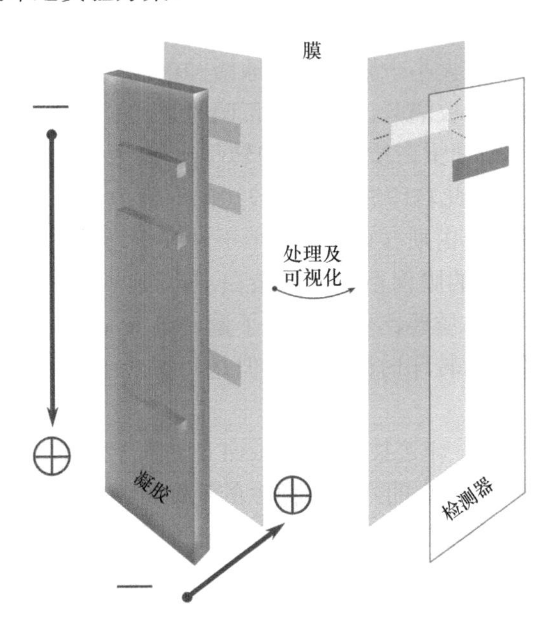

图 10.2　常规蛋白质免疫印迹法。蛋白质按大小分开，然后（从左到右）转移到膜，该膜被封闭，并与特异性识别感兴趣的蛋白质的适当检测分子（抗体或抗体替代物，见正文）孵育。使用适当的检测器记录信号分子的发射（通常是光）。

10.2　蛋白质的转印

10.2.1　转印设备

电泳结束后，蛋白质可以通过电转移[3]、毛细管转移[4,5]、被动扩散等途径转移到膜上。电转移可分为两种方式：湿转移和半干转移。

湿转印设备主要包括一个可以盛转移缓冲液的电转槽、一个或多个可以轻轻将易碎的聚丙烯酰胺凝胶和转印膜加以固定的夹子，并且将其垂直固定在由电转设备产生的电场中。铂金电极浸在电转槽中，电极与绝缘的外接电源相连或者直接通过电转槽盖上的固定电源供电。转印过程中，为了将电转印产生的热量及时消减，通常采用以下降温措施：①外接冷却盘管的缓冲再循环装置；②在电泳槽的底部安装一个铝制散热器，通过冷水循环降温；③也可以将电转设备放置在冷藏室，使缓冲液保持在较低的温度，以控制转印期间的温度。另外，Burnette 建议转印电极之间的电压不要超过 10V/cm，以避免这种产热效应[2]。如果不采用上述预防措施，我们曾经发现缓冲液温度超过 80℃的情况。尽管大多数电转设备都采用了必要的措施来预防温度的上升，但是 Kurien 和 Scofield[6] 曾经报道：使用不含甲醇的 Towbin 缓冲液，加热到 70℃进行电转印的方法与在 4℃进行电转印相比，前者能够提高转印效率和速度。这种方法用于大分子量（70~200kDa）蛋白质的转印时，效果更明显，他们认为加热可以增加凝胶的渗透性。

半干电转设备通常由两块大的、呈水平平行放置的电极面板构成，每一个电极板均用绝缘导线与外源电源相连。与湿转法相似，准备好一个或多个凝胶-转移膜的“夹心三明治”，放置在两块电极面板之间，可同时进行转膜。将滤纸（常用 Whatman 3MM 层析滤纸）切成与凝胶、膜大小一致，用电泳缓冲液浸透，放在凝胶-转移膜的“夹心三明治”外面，使其与电极板隔开。在安放正确时，通过凝胶-转移膜“夹心三明治”使电极之间形成回路，从而使蛋白质从凝胶中转移出来。由于电极也是一个大的散热器，而热量能导致扩散加速，因此转印通常能在较短的时间内结束。

用硝酸纤维素膜进行蛋白质转印，比较半干法和湿转法两种转移系统发现，0.1μm 硝酸纤维素膜可比 0.45μm 的膜保留更多的蛋白质，而两种转移系统的转移效率相当，从凝胶中转移小分子量蛋白质要比转移大分子量（>100 kDa）蛋白质快[2,7]。半干转印法由于其更大的电压梯度而转印时间更短。但是，湿转法比半干法更为可靠，转移的蛋白质更均匀。

毛细管转印是基于 DNA 印迹技术（Southern 印迹）开发的，在 Southern 印迹中 DNA 片段是从琼脂糖凝胶中转移出来的，通过向上的毛细管作用而沉积在合适的膜上[8]。将用于核酸印迹的向下毛细管电泳技术[9]经过适当修改[4]应用于蛋白质转印，使蛋白质从 SDS-琼脂糖凝胶中转移出来，这种转移法大约是向上毛细管法的两倍[4]。有一种向上的毛细管技术（类似于 Southern 印迹）被应用于从 SDS-PAGE 凝胶转移蛋白质，与电转印技术相比，这种方法需要更长的时间，但比电转印技术转印效率更高[5]。

另外有一种印迹方法被称为“modi-blotting”，它是将毛细管转印和扩散转印相结合的一种转印方法，此方法不需要将胶从塑料板上取下而直接将凝胶中的蛋白质转印到印迹膜上[10]。在这种转印方法中，将 PVDF 膜放在凝胶（上层）和 Whatman 3MM 滤纸（底层，作毛细管之用）之间，把它们用玻璃板和夹子固定。将毛细滤纸的一端浸入盛有缓冲液的槽中，这个缓冲液槽放置的位置比转印三明治夹层稍微高一点，另一端自由悬挂，从而让缓冲液蒸发。在这种条件下，转印缓冲液不断地从缓冲液槽中吸出，又不断地从下端的印迹膜穿过，并从滤纸的另一端蒸发。这样，就形成了一个持续的梯度扩散，从而将蛋白质从凝胶中转移出来。

扩散转印与毛细管转印不同的是，扩散转印没有缓冲液的流动，而且当蛋白质从凝胶向外扩散时，蛋白质分子是由转印膜来捕获的。所以，扩散转印可以在凝胶的两面各放一张膜而同时得到两个完全相同的转印膜。凝胶可被重复转印，最多可以从一块凝胶得到 12 个转印膜[11]。如果转印的时间少于 3h，那么蛋白质条带弥散（分辨率降低）的情况并不严重[12]。为了在一系列连续转印期间向膜转移大致相同量的蛋白质，每个后续转印的转印时间必须加倍[12]。

一般而言，凝胶电泳一结束，就立即进行蛋白质的转印。但是，也可以将经过考马斯亮蓝染色的凝胶，经过脱色后，再加以转印[13]，或者从经过脱色并干燥的凝胶中转印[14]。因为考马斯亮蓝与蛋白质的结合是非可逆的，随后的免疫检测过程中必须使用非显色的方法进行，如使用同位素 ^{125}I-蛋白质 A 的方法或者使用增强的化学发光法。

相比之下，从银染凝胶中转印的蛋白质可以使用显色的方法来检测，因为转移到膜上的蛋白质没有被染色[13,14]。干燥凝胶重新水化后所需要的转印时间比脱色的湿凝胶要少得多，其原因也许是因为凝胶在干燥的过程中去除了挥发性物质[14]。蛋白质从被染色和干燥的凝胶中通过重新水化而得以转印到膜上，这种方法使我们能够从同一块凝胶既得到蛋白质数据，又得到免疫印迹的数据，并且这些染色后干燥的凝胶易于储存，如果将来我们得到了新的抗体，这些样品可以再次用于免疫印迹实验分析[14]。

10.2.2　转印缓冲液

大多数蛋白质免疫印迹的电转缓冲液是以电泳缓冲液为基础的：25mmol/L Tris，192mmol/L 甘氨酸，pH8.3[15]，为将蛋白质转印到硝酸纤维素膜上，在这个电泳缓冲液基础上添加 20%的甲醇即为电转缓冲液[3]。人们已经研究了许多不同的缓冲液配方，并研究了它们在蛋白质印迹和后续实验中对蛋白质转移和保存的影响[16,17]。这些 Tris/甘氨酸/甲醇缓冲液（通常用于湿转移和半干转移）与不连续缓冲液相比有优势，后者偶尔用于半干转印，其中阴极缓冲液（25mmol/L Tris，40mmol/L ε-氨基己酸，pH 9.4）和阳极缓冲液（Ⅰ：300mmol/L Tris，pH 10.4；Ⅱ：25mmol/L Tris，pH 10.4）被用来建立等速电泳系统[18]。

10.2.3　条件的优化

为了达到最大的敏感性，必须对电转印条件进行优化，包括膜的类型、转印时间、转印缓冲液的构成。为了达到这个目的，在转印膜之后再多放置一块或多块硝酸纤维膜是很有帮助的。备用的转印膜可以捕获从第一块转印膜穿出的蛋白质，通过这种方式，可以确定蛋白质穿出膜之前的最大转印时间。如果有大量的蛋白质进入备用转印膜中，我们建议最好用几种不同类型的膜再次加以测试。电转移之后的凝胶也需要进行染色（如考马斯亮蓝染色、银染或两者联合染色），以确认绝大多数的蛋白质已经从凝胶中转移出去。

与蛋白质电泳的情况一样，蛋白质在转印过程中也依赖于蛋白质所含有的正电荷净值或负电荷净值。为了确保蛋白质完全转移，或许可以尝试在转移缓冲液中加入 SDS。尽管 SDS 在 PAGE 中工作得很好，而且可以促进电转印过程中蛋白质从凝胶中转移出来。但是，当转印缓冲液中包含 SDS 时，SDS 也可能干扰蛋白质和某些类型转印膜之间的结合（最显著的是尼龙膜）[17]。当转印缓冲液中包含 SDS 时，SDS 几乎可以完全阻断蛋白质和尼龙膜的结合，而蛋白质与 PVDF 膜和硝酸纤维素膜的结合是低的、可变的，还与膜的来源有关。这种影响可以通过将 pH 从 8.3 调至 8.0 和加入 NaCl 来降低，之所以能减轻影响，可能是由于电离基团的屏蔽。然而，在使用 Fairbanks 凝胶[19]和它的转印缓冲系统（40mmol/L Tris，20mmol/L 乙酸钠，2mmol/L EDTA，pH7.4，20%甲醇，0.05%SDS）时[20]，SDS 是能够成功转印大分子蛋白质的一个很重要的因素。因此，在决定是否在转印缓冲液中加入 SDS 之前，务必要对 SDS 的优缺点进行充分的考虑。

10.2.4　转印膜

用同位素 ^{125}I 标记几种不同的蛋白质，研究观察了硝酸纤维素膜、混合酯膜、尼龙膜和 cPVDF 膜对被动吸附蛋白质和电转印蛋白质的结合情况[17]。几种膜在对 ^{125}I 标记的牛血清白蛋白（BSA）的被动吸附中表现不同，cPVDF 膜结合最少，而再生纤维素膜和尼龙膜结合最多，硝酸纤维素膜和混合酯膜介于两者之间。在测试不同膜对蛋白质的保存功能时，当用去污剂或 5%的脱脂奶洗涤后，cPVDF 膜能保存最多的结合蛋白质[17]，这一结果是由于 cPVDF 的共价结合性质而产生。在使用 Towbin 缓冲液对蛋白质进行电转印的条件下，用放射自显影的方法检测不同膜对蛋白质的结合能力，所有膜结合蛋白质的能力几乎相同。在被动吸附蛋白质能力的测试中，不同的膜结合蛋白质的能力差异较大，但在电转移的条件下，则显示出相似的结合能力。这些差异归因于蛋白质是主动迁移到膜基质中而不是简单的扩散，并且由于在 Towbin 缓冲液中添加了甲醇，从而增加了缓冲液的疏水性[17]。由于不同的膜在蛋白质的结合和保持能力上变化很大，在实验设计中应考虑膜的性能，因为它关系到所要进行的特定实验。

在蛋白质免疫印迹实验中，如果相关的抗体只能识别蛋白质的天然构象，对膜的选择就显得尤为关键。例如，在应用 GTP-overlay 实验对一种 GTP 结合的牛的蛋白质进行比较研究中发现，使用疏水性 PVDF 膜进行蛋白质转印时，很难检测到这种 GTP 结合蛋白的活性，而使用硝酸纤维素膜进行转印时，能很清晰地检测到这种 GTP 结合蛋白的活性[21]。但对两种膜进行免疫印迹检测显示：该 GTP 结合蛋白同时存在于 PVDF 膜和硝酸纤维素膜上，并且 PVDF 膜上蛋白质还稍多于硝酸纤维素膜。作者推测，在 GTP-overlay 实验中，PVDF 膜的结果之所以表现不佳是因为这种 GTP 结合蛋白的失活，即 PVDF 膜对其固定后，蛋白质没有正确地复性。因此，在蛋白质免疫印迹实验中，如果检测方法要求转膜后的蛋白质需要恢复其天然构象，例如，所用的试剂是识别抗原的三维结构（蛋白质的抗原表位由不连续的残基构成），硝酸纤维素膜也许是优先选择。

硝酸纤维素膜、PVDF 膜、尼龙膜和重氮纸等物品作为蛋白质印迹实验的固相支持物，已经使用了很多年。静电（复印）纸可作为一种替代品，与昂贵的 PVDF 膜相比，它能够更灵敏地检测到 αS1-酪蛋白[22]。使用前将纸浸泡在甲醇中是蛋白质结合的关键，因为在 Towbin 转移缓冲液中不含甲醇。对染色印迹的直接密度测定显示，蛋白质浓度的对数值在 5ng~15μg 范围内与密度信号呈线性相关。

通过对分子量 5.6~17kDa 的各种生长因子的检测，建立了检测小分子蛋白质（<10 kDa）的蛋白质免疫印迹技术[23]。尽管这些蛋白质在使用无甲醇的 Towbin 缓冲液进行转印时，尼龙膜（Zeta Probe）和硝酸纤维素膜都具有很高的转移效率，但是在进行后续操作时，这些膜对蛋白质的保留都不好。在采用 0.5%（*V*/*V*）戊二醛对蛋白质印迹膜（Zeta Probe）进行处理后，在不影响抗体检测敏感度的情况下，能够使膜保留蛋白质的能力提高 1.5~12 倍[23]。但是，戊二醛固定对抗体结合的影响要用每一种抗体进行测试，因为某些固定方法会影响一些抗体对抗原表位识别的灵敏度。

即使是 400Da 的小分子蛋白质，如神经肽，也可以通过预先用 0.5%明胶包被硝酸纤维素膜再进行电转印，使神经肽与膜结合，转印结束后再用多聚甲醛加以固定[24]。应用该方法，可使低分子量表皮生长因子（EGF）检测的灵敏度提高约 10 倍，达到免疫印迹法的检测下限 30ng[25]。需要注意的是，即使在甲醛处理之后，转印到 PVDF 膜上 EGF 仍然容易被去污剂 0.1% Tween20（*m*/*V*）洗脱。一种可能的解释是，在这些条件下，甲醛将 EGF 固定到涂在膜上的较大明胶分子上，而不是固定到膜本身，而洗涤剂处理去除了明胶-EGF 复合物。

10.3　检测

10.3.1　免疫印迹实验中的蛋白质直接染色

为了检测蛋白质转印的质量，可以用氨基黑[26]、考马斯亮蓝[2]或者可逆的丽春红 S 染色[27]来显示蛋白质的转印情况。丽春红 S 具有溶于水的优点，因此可以在对蛋白质印迹进行检测前，用水将丽春红洗去。考马斯亮蓝和氨基黑对蛋白质的染色是不可逆的。转印膜在封闭前，用 0.14mol/L NaCl、2.7mmol/L KCl、9.6mmol/L NaKPi、0.1% Tween20，pH7.3 的缓冲液洗涤 1~2min，可以加速完全去除丽春红 S（Bendickson，未发表）。经氨基黑和考马斯亮蓝染色的蛋白质可以用 90%甲醇和 2%乙酸进行脱色[2,26]。有报道使用一种活性织物染料（活性棕色 10）的可逆染色方法，其检测限近似于胶体金（1ng）[28]。该方法快速（5~10s 染色，水洗 30s 脱色即可），而且能够通过在碱性条件下孵育的方法完全脱色（如在 0.1mol/L NaOH 孵育 10min）。

在某些情况下，如在双向凝胶电泳对蛋白质进行分析和微量测序中，需要对同一块膜既进行特异性免疫染色，又进行总蛋白染色，最近的几个实验方案实现了这一点。其中的一个方案是，首先用增强化学发光检测系统进行特异性酶联免疫检测，然后再用 BSA-金偶联物对总蛋白进行染色[29]。印迹膜的金染色与凝胶中蛋白质的银染色，二者在染色的灵敏度方面是相似的，但是金染与免疫印迹检测步骤之前的卵清蛋白封闭不兼容，与电转印前用明胶包被膜也不兼容[29]。这种方法的缺点是在金染色之前，需要将印迹膜上与抗原结合的抗体提前去除[30]。蛋白质染色还可用既不干扰后续免疫检测过程，又不需要在染色前将抗体去除的蛋白质染料，如印度墨汁[31,32]和荧光染料 2- methoxy-2,4-diphenyl-3(2H)-furanone[33]。

10.3.2　抗原的检测

蛋白质免疫印迹的特异性依赖于印迹膜上的抗原与抗原特异性探针的结合，抗原特异性探针通常是抗体，被称为初级抗体。探针可以直接连接检测信号（如 ^{125}I 标记的 IgG），或者偶联一个能催化底物产生显色反应的酶，或者充当一个类似三明治结构的中间体与携带检测信号的分子结合（如辣根过氧化物酶偶联的蛋白质 A）。在后一种情况下，识别初级抗体并与信号分子共价连接的二级抗体通常用作分子夹层的一部分。每种情况下，抗原的存在总可以通过膜上信号，或者感光胶片或者磷光存储板来显示（图 10.2）。

特异性和敏感性是对抗原检测条件进行优化的重要参数。特异性是第一抗体或其他探针（如适配体）最重要的功能。希望探针只识别正在研究的靶蛋白的表位，但是许多探针还识别其他蛋白质上的类似表位（交叉反应），或非特异性地与许多不相关的位点结合。特异性可以用封闭剂对膜进行封闭来提高，如用脱脂奶粉或Tween20进行封闭。封闭能够防止检测抗体和膜之间的非特异性结合。特异性也可以通过在蛋白质进行聚丙酰胺凝胶电泳之前对其进行免疫沉淀来增强[34]。在后一种情况下，特异性的增强是通过让抗体首先与溶液中抗原的天然表位结合来实现的，而交叉反应的抗原表位或许并不能和抗体结合。但是，免疫沉淀反应与免疫印迹实验联合使用也有一个潜在的缺点：用于沉淀抗原的抗体仍然存在于样品中，在凝胶电泳和蛋白质转印的过程中，抗体会和抗原一起被转到膜上。在电泳的过程中，这种抗体在凝胶上被分离成重链和轻链，会在免疫印迹时被检测到，从而可能会掩盖靶蛋白条带的显示。

当蛋白质免疫印迹的二抗所检测的抗原的分子量与免疫沉淀所用抗体的重链或轻链的分子量相近时，该抗体同时与沉淀抗体的反应就成了问题。这个问题可以通过使用来自不同物种的用于蛋白质印迹的初级抗体组合和区分这两种蛋白质的次级抗体来解决。然而，这样的抗体组合并不多见。对脂蛋白脂酶（LPL）的研究[34] 是一个很好的例子，为解决这个问题提供了另一种解决策略。LPL的分子量约57kDa，用于免疫沉淀的鸡和兔免疫球蛋白重链在随后的蛋白质印迹时产生的条带（66kDa、50kDa）干扰了LDL抗原条带的观察，解决这个问题的策略包括两部分，此策略也适用于目标蛋白的大小与IgG重链相近时的类似情况。首先，用木瓜蛋白酶消化免疫沉淀抗体，得到抗体的Fab片段，去除抗体的 Fc段。抗体的 Fab段包含原来抗体的抗原结合部位，但是分子量（约25kDa）远比全长的免疫球蛋白重链小。第二步，将所得 Fab段与灭活的金黄色葡萄球菌交联在一起，从而防止电泳过程中抗体迁移进入凝胶之中。这样，脂蛋白脂酶就能够用蛋白质免疫印迹方法来研究，而不会受到IgG重链的干扰。

敏感性是抗原检测条件优化中第二个参数，这取决于所用检测系统能够检测到的最低阈值和抗原抗体结合的亲和力[35]。很多经过优化的蛋白质免疫印迹实验能够检测到纳克级的蛋白质。通过增加检测样品中靶蛋白的比例，可以提高敏感性，如上面所讨论的，待测蛋白质在进行凝胶分离之前先进行免疫沉淀以提高样品中靶蛋白的比例。其他的选择性浓缩靶蛋白的方法还包括亲和捕获的方法：将微珠与一些分子，如配体或凝集素等共价结合，而凝集素能与糖蛋白的碳水化合物部分结合。微珠与相应靶蛋白结合后，通过离心（或者磁性吸引，如果微珠是磁珠））将靶蛋白分离出来。另一种被称为免疫过滤（immunofiltration）的方法可以将最低检测阈值从50ng降至10ng[36]。这种方法是将抗体和洗涤缓冲液用过滤的方式穿过蛋白质印迹膜，而不是简单地将抗体和印迹膜放在一个摇床上共同孵育。提高检测的灵敏度也可以通过放大待检样品信号的方法来实现，这将在下节讨论。

10.3.3 免疫印迹实验中的检测抗体

当抗体和抗原结合后，通常需要一个能特异地识别其 Fc段的第二蛋白来显示，这种第二蛋白可以是二抗，也可以是细菌蛋白（如蛋白质 A 和蛋白质 G）。因此，一抗夹在这种“三明治”结构中的膜上抗原和第二蛋白之间，这里的第二蛋白通常作了标记以便能够进行可视化检测。标记物可以是同位素（如 ^{125}I），用放射自显影的方式来检测；也可以是酶，通过显色底物产生的颜色或者通过化学发光底物产生的荧光来检测。酶联系统产生的检测信号涉及酶的使用，这些酶催化底物产生颜色或者产生化学发光的不溶性产物。例如，碱性磷酸酶（AP）＋BCIP-NBT 系统能在膜上产生颜色沉淀，直接显现在免疫印迹膜上。但是，在这个系统中形成的紫色沉淀物通常比较弱，与放射自显影或化学发光产物相比，难以用照相系统将结果记录下来。最常用的酶还是辣根过氧化物酶（HRP）和碱性磷酸酶（AP）。尽管市场上有许多可用的化学发光试剂盒，但是非商业制剂同样有效，并且可能更经济。一个典型的例子是包括香豆酸和 4-碘苯基硼酸的鲁米诺/过氧化氢制剂[37]。

抗原检测的灵敏度随信号产生方法的不同而不同，并且取决于信号放大的程度和检测方法的灵敏度。这类“三明治”技术的优点是能将检测到的信号放大。例如，每一个一抗分子通常有多个抗原表位可以被二抗识别，这样就增加了二抗/一抗的比例。与之相似的是，二抗的生物素化利用了链霉亲和素与生物素（strepavidin-biotin）的极高亲和力，并使单个二抗能和多个链霉亲和素结合，这进一步增加了一抗与信号分子（链霉亲和素连接的报告物）之间的比例。将酶连接在链的末端（如上所述，链霉亲和素）提供了另外一个增强信号的位点，因为它们能催化多个底物分子转化为不溶性显色产物或化学发光产物。依据“越多越好”的原理，将一种免疫复合物多聚体应用于蛋白质免疫印迹实验[38]，进一步提高了放大效应。将二抗与商业化的 HRP 多聚体偶联，可使实验曝光时间从 2h 缩短到 1min，可得到相似的信号强度，并且与标准生物素-链霉亲和素/HRP 检测相比，减少了非特异性信号。

某些因素可能会影响酶的活性，了解这一点也很重要。例如，叠氮钠（NaN_3）是一种保护缓冲液免受微生物污染的常用添加剂，但是它能够抑制辣根过氧化物酶的活性[39]。实验中酶失活或者其他问题可以通过设置阳性对照而很容易检测出来。阳性对照是含有已知量靶蛋白的样品，如果系统的所有组分都正常发挥作用，将可以得到阳性信号。通常使用的阳性对照是用于生产一抗的蛋白质。如果一抗是通过商业渠道购买的，那么这个公司通常会提供一个包含靶抗原的样品作为阳性对照。如果这种蛋白质的基因已被克隆，表达载体是可以获得的，因此，阳性对照样本可以通过将表达载体瞬时转染 SV40（COS）细胞或其他真核细胞来获得。

10.3.4　免疫印迹实验中抗体的替代品

正在研究开发具有高特异性和亲和力的其他类型的检测分子，它们或许可以补充甚至替代蛋白质免疫印迹实验中的多克隆抗体和单克隆抗体。寡核苷酸和多肽适配子（peptide aptamer）就是两类这样的新型检测分子。寡核苷酸（DNA 和 RNA）适配子，有时也被称为寡核苷酸配体，是利用配体的系统进化，从一个庞大的随机寡核苷酸库中通过指数富集法（SELEX）筛选出的[40,41]，如本书另一章所述。核酸适配子对相应的靶蛋白表现出很高的亲和力和特异性：它们的解离常数通常在皮摩尔级到纳摩尔级之间。更重要的是，适配子具有比抗体更高的特异性。例如，一个 RNA 适配子可能只特异性地识别血管内皮生长因子 165[42]，但是一个针对血管内皮生长因子的单克隆抗体也许能同时识别它的两个亚型[43]。适配子的可调性及其在蛋白质印迹实验中的应用，还表现在可以用于区分天然和变性的 Erk2 分子[44]。尽管适配体已被应用于许多其他分析平台（Wang 等，第 8 章），但迄今为止，它们在蛋白质印迹中的应用有限。然而，有一些报道证实了它们在蛋白质印迹实验中的应用[45~48]。例如，在检测导致严重急性呼吸综合征（SARS）的冠状病毒的蛋白质印迹实验中，使用针对核衣壳蛋白（SARS CoV N）的 ssDNA 适配子[K_d=(4.93±0.3)nmol/L]与使用针对同一蛋白的商业化抗体有同等的效果[45]。

基因工程产生的蛋白质片段代表了另一种类型的检测分子[49]。这种方法是策略性地选择小分子蛋白质区域的序列，如 ^{10}Fn3，它是 94 个氨基酸的 III 型第十纤维连接素结构域（domain）[50,51]；或者是含 174 个氨基酸的胆酸盐结合蛋白（bilin-binding protein），它是 lipocalin 家族的一个成员，这个家族以具有 8 条链、β-barrel 基序（motif）为特征[52]。然后对其进行随机突变而构建一个大的分子文库，再用噬菌体展示（phage display）技术[53,54]或 mRNA 差异显示（mRNA differential display）技术[55]筛选相关的靶结合分子。迄今为止，这些实验方案已产生了能够结合肿瘤坏死因子-α（反应速率 K_d 为 20pmol/L）[51]、Abl 激酶 SH2 结构域（反应速率 K_d 为 7nmol/L）[56]、溶菌酶（反应速率 K_d 为 1pmol/L）[57]等抗原的多种 ^{10}Fn3 变异体，以及一种能与荧光素结合的胆酸盐结合蛋白变异体，其反应速率 K_d 为 35nmol/L[52]。使用合理的设计，这种变异体的结合亲和力可以增加，K_d 达到 1nmol/L[58]。

10.3.5 蛋白质免疫印迹的定量

虽然蛋白质免疫印迹技术通常以定性的方式用于确定特定样品中是否存在抗原，但也可用于抗原的定量。如果要对一个未知的样品进行定量，蛋白质的含量与其所产生的信号之间必须有线性相关性。为了保证量化的可靠性，未知样品的量化值必须在这个线性范围内。这个线性关系可以通过在待测未知样品的膜上包含一组已知含量范围的蛋白质来建立。需要加以注意的是：必须加入过量的探针，以防止目的分子被完全结合之前，探针被提前耗竭。量化的测定方法取决于与一抗结合的分子产生信号的类型，这将在下面的例子中加以讲解。

^{125}I 标记的蛋白质 A 用于蛋白质免疫印迹的可视化和定量抗体[59,60]，可在 0.5~30ng 蛋白范围内显示线性关系。

HRP 标记的二抗 已被用于通过偶联化学反应和化学发光反应来定量抗体。用偶联化学反应来定量，可以用 4-氯-1-萘酚和 H_2O_2 染色，检测蛋白质条带，切下条带，加过氧化物酶显色底物邻苯二胺和 H_2O_2，用分光光度法测定过氧化物酶活性[61]。在 10~1000ng 范围内，反应速率与蛋白质在印迹上的量呈线性相关。

HRP 标记的二抗还可与增强的化学发光法联合使用，对可记录在 X 射线胶片上的信号进行测量，并相对于总蛋白量绘图[62]。用这种方法测定了两种蛋白质，其中一个蛋白质的数据符合渐近曲线，而另一个符合线性关系的。这种结果使作者得出这样的结论："总蛋白量和抗原信号之间的相关性具有一定的特殊性，必须根据具体情况区别对待"（参考文献[62]，456 页）。然而，对于渐进曲线现象的一个更简单解释是：探针的数量相对于印迹上的抗原数量是有限的。这个例子强调了制作一个相关蛋白质标准曲线的必要性，这个标准曲线的范围要将未知样品蛋白质的含量包括在内。我们曾经用 HRP 标记二抗（Amersham Biosciences/GE Healthcare Life Sciences，Piscataway，NJ）产生的增强化学发光信号（ECL）来检测 BSA 的含量，结果显示其线性范围为 25 ~375ng，这也是整个检测范围（Bendickson and Nilsen-Hamilton，未发表）。

荧光标签　另一个用于蛋白质免疫印迹定量的非放射性方法是使用荧光化合物。一种方法是用荧光铕螯合物标记以链霉亲和素为基础的大分子复合物，作为产生荧光信号的分子[63]，利用时间分辨荧光分析仪（time-resolved fluorometer）对样品进行扫描定量。实验结果显示荧光强度和蛋白质含量之间呈近似线性相关，方法的灵敏度和 BCIP-NBT 方法相近。一个更直接的方法是直接将荧光分子 Cy5 与二抗偶联，经 Storm Phosphorimager 仪器检测的信号和蛋白质含量之间呈现一个线性相关性，其线性范围是 6.25~100ng 蛋白质，此方法在线性方面与 AP：BCIP-NBT 方法相当，但是没有那么敏感；使用 Cy5 时为 6.25ng，使用 AP 时为 3.13ng[64]。量子点在生物研究中也有广泛的应用[65]。这些是由半导体合金（例如，CdTe 和 CdSe）制成的纳米颗粒，其直径为 2~6nm，而 IgG 的直径约为 10nm（R_h=5.29nm）[66]。当在紫外（UV）范围内激发时，量子点根据它们的大小在不同波长处发光。因此，当与适当的传感器分子（一抗[67]、适配体[48]和金属-硝基三乙酸盐[NTA][68]）结合时，这些颗粒能够进行单抗原和多抗原检测。

10.3.6　相对分子量标准品

通过估计分子量来确定免疫印迹检测中的蛋白质大小，这可以通过将未知蛋白的相对电泳迁移率与包含在同一凝胶上的已知分子量的一组蛋白质标准物的迁移率进行比较来实现。由于蛋白质免疫印迹技术是为检测特异目标蛋白而设计，因此，蛋白质相对分子量标准品经常要用各种方式来显示，而适宜的标准品显示方式取决于目标蛋白的显示方法。例如，如果将显色底物直接用于印迹膜的染色，可以直接用印度墨汁、丽春红 S、考马斯亮蓝或者金染色法来显示蛋白质标准品条带的分布情况。另一方面，如果目标蛋白检测信号是放射线或荧光，就可以将蛋白质标准品用放射性物质或者荧光化合物加以标记。标准蛋白的位置也可以在膜上标记，在蛋白质从凝胶转移至膜之前，在每个蛋白质条带的位置用针扎凝胶和膜，做适当标记，之后再进行探针的信号显示。

10.3.6.1　预染的蛋白质相对分子质量标准品

预染的蛋白质相对分子量标准品可以从几家公司购买，也可以在实验室用丹磺酰氯（dansylchloride）[69]、盐酸二苯甲酰氯（dabsylchloride）[70]或荧光素（fluorescamine）[71]标记，得到荧光标记的蛋白质标准品。如果转膜结束后，转印膜要被切成好几块，那么这种蛋白质标准品也可以作为泳道指示物使用[72]。多色预染蛋白质相对分子量标准品，如“Kaleidoscope”标准品（Bio-Rad Laboratories，Hercules，CA），是用多种颜色将不同的蛋白质条带染色，有助于清晰确定每条带的相对分子量。

10.3.6.2 发光的蛋白质相对分子量标准品

背面带胶黏剂的发光纸（Diversified Biotech，Newton Centre，Massachusetts）可用作在印迹膜上定位蛋白质分子量标准品，以及记录其他相关信息。蛋白质转印膜用丽春红 S（panceau S）染色后，将蛋白质标准品的位置用绘图铅笔直接在印迹膜上标记出来。在膜被曝光之前，切一小块发光纸，贴在印迹膜上靠近标准品蛋白质条带的位置。这样就在前面铅笔标记的地方有了一个精确的荧光标记，曝光到胶片上即是标准相对分子量条带的准确位子。我们也曾尝试使用从普通工艺商店即可买到的发光织物染料（Ghostly Glo #SC350；Duncan，Fresno，CA）来进行。与之相似的是，硫化锌溶液也曾被推荐作为这种标记物质的替代品[73]。尽管织物染料和硫化锌染色的方法在放射自显影的实验中发挥了很好的作用，但是在化学发光法的实验中，它们应用起来就不是很方便，因为它们需要 4~6h 干燥的时间，这会错过发光产生的峰值时间。

10.3.6.3 用抗体显示蛋白质相对分子量标准品

蛋白质相对分子量标准品也可以用针对它的抗血清来显示[74]。在这种情况下，显示标准品条带的实验程序与显示目的蛋白的实验程序一样，只是在检测目的蛋白的一抗中加入抗标准品的抗体。但是每一种抗血清都有可能出现非特异性的染色背景，抗标准品抗体有可能与待测样品中一个或多个蛋白质发生交叉反应，这是这种技术的一个缺点。另一种方法是在大肠杆菌中生产一系列蛋白质 A 融合蛋白作为相对分子量标准品，只要在检测方案中使用结合蛋白质 A 的抗体，标准品就可以与目的蛋白同时检测，而不需要额外的步骤[75]。类似的方法还有，使用一系列表达结构，编码由蛋白质 A 的 Fc 结合域和蛋白质 G 的 Fc 结合域组成的嵌合融合蛋白的串联重复序列。从含有 4 个串联重复序列的构建物中得到的产物由一组 6 种蛋白质组成（约 25kDa、30kDa、50kDa、58kDa、89kDa 和 85kDa），这些蛋白质可能是预期表达的单个 120kDa 蛋白质的降解产物。因此，纯属偶然，该单一结构提供了一组用作蛋白质免疫印迹的标准蛋白质[76]。

10.4 蛋白质免疫印迹实验操作方案

下面的内容是我们实验室常用的一个从 SDS-PAGE 凝胶中电转印蛋白质的详细实验流程。这是一个建立在 Burnette 实验方案基础上的实验流程[2]，对于分子量小于 80kDa 的蛋白质效果很好，可以将蛋白质均匀地转移到膜上。应用这种膜转移方法，我们利用多克隆抗体从以下样本中检测目的蛋白：哺乳动物细胞和细菌细胞裂解物、细胞培养上清、组织提取物及组织液。虽然下列实验条件是根据我们自己的实验需求已经得到优化的条件，但是在蛋白质免疫印迹的其他应用中，这些实验条件也许还需要小的调整。

蛋白质是从 SDS-PAGE 凝胶转移到膜上，有很多制备 SDS-PAGE 胶并进行蛋白质电泳的方法。最流行的是 Laemmli 的 SDS-PAGE 系统[77]，而我们更喜欢的是在 Omstein[78]和 Davis[15]的系统基础上发展起来的一个系统，这种系统提供了比 Laemmli 系统更好的分离效果[77]。但是，这种系统电泳时间要比 Laemmli 系统稍微长一点，对于一块 10cm 的 PAGE 胶，这个系统的电泳时间约需 4.5h，而 Laemmli 系统约需 3h。

蛋白质免疫印迹实验需要转印膜、一抗、酶标的第二分子，以及一种合适的信号记录方式。电转仪和电源是必要的实验设备。我们实验室常用的转印设备是从 Owl Scientific（Woburn，MA）公司购买的 Hoefer TE50 电转仪或者半干转仪（PantherModel HEP-1）。准备和安装转印设备需要 15~30min，转印时间需要 2~12h 不等。需要注意的是，转印过程需要的时间取决于所用转印设备的类型、转印蛋白质的大小，以及凝胶的厚度。例如，应用 Phastgel 系统转印非常薄的凝胶，完成整个转印过程大约需要 20min。半干转移装置进行转印大约需要 30min。依我们的经验，半干转印系统可以提供充分的转印，但是偶尔观察到凝胶上有不均匀转移。蛋白质转印结束后，抗体孵育和洗膜大约需要 4h。如果需要对结果进行定量，还需要使用密度计或其他类似装置。

10.4.1　操作程序

（1）将 1 张硝酸纤维素膜、2 张吸水滤纸（Whatman3MM）切成与凝胶大小一致。

（2）将凝胶在转印缓冲液中浸泡 30min，将转移膜、滤纸和海绵垫也在同样的缓冲液浸湿。

（3）安装转印“夹心三明治”。将凝胶放置在玻璃平板上，然后将一张浸湿的滤纸（切成凝胶大小）放在凝胶上，如果是采用半干转印，要用三张滤纸。将玻璃板翻转，并且将其放置在海绵垫上，用一个小的刮铲，轻轻地将凝胶和滤纸从玻璃板上分开。将转印膜放置在凝胶之上，用一个圆筒状的物品，如铅笔或者玻璃棒放在膜上，轻轻地去除所有的气泡，然后将第二层滤纸放在转移膜上并且去除所有的气泡，如果采用半干转印，这里也应该使用三张滤纸。需要注意的是，如果有气泡存在于凝胶和转印膜之间，将会影响蛋白质转印的效果。

（4）将完整的转印“三明治”夹好放入转印槽中，转印膜这一面靠近阳极（正极），凝胶一面靠近阴极（负极）。

（5）使用电转印槽：将预冷的缓冲液倒入转印槽中，如果有必要，可以设置一个缓冲液冷却系统。如果采用 Hoefer 系统，至少需要 4L 缓冲液。转印缓冲液至少可以使用 3 次。但由于转移过程中缓冲液会蒸发，因此在重新使用前，可能有必要补充一些新的缓冲液。

（6）采用半干转印：缓冲液附着于滤纸上，转印完成之后弃去即可。

（7）转印时间与条件。使用电转印槽：在 4℃，90V（0.6~0.8A）恒压的条件下转印 4h，或者恒压 30V，转印 12h，在转印的过程中，需要用一个磁力搅拌器持续搅动缓冲液。在这两种条件之间，也可以使用其他的转印电压和时间，只要保持电压乘以时间的值为 360 即可。采用半干转印：用 400mA 的稳定电流在室温下（约 23℃）转移 1~2h。

转移时间应该根据目的蛋白进行优化。转移过程中电压会有所变动，但应该为10~20V。

（8）转印完成后，分开凝胶和膜。将凝胶放入考马斯亮蓝溶液中，将转印膜放置在另一个容器中，蛋白质面朝上。将50ml的丽春红S染色液加在转印膜之上，孵育1~2min，孵育过程中，轻轻地搅动染液。丽春红染液可多次重复使用。

（9）用水轻轻洗涤以去除膜上多余的背景染料。

（10）在膜上，用铅笔将分子量标准品的位置标记出来。

（11）将染色的转印膜拍照留存。

（12）继续洗涤转印膜直到所有的染料被去除干净。如果在蛋白质富集的位置，染料仍有存留，那么可以用NaKPS + Tween20洗涤转印膜1~2min，然后用水浸洗几次，每次1~2min。

（13）将转印膜放置于200ml封闭液中，在37℃摇床上，轻轻地摇动孵育30min，或者在4℃孵育过夜。封闭结束之后，在摇床上轻轻摇动洗涤：

a. 100ml NaKPS + Tween20，洗涤一次，时间15min；

b. 100ml NaKPS，洗涤2次，每次15min。

（14）将转印膜和一抗共同孵育1.5h，在室温条件下，放置在摇床上轻轻摇动。

（15）再次洗涤，洗涤方式与步骤（13）相同。

（16）将膜和偶联HRP的蛋白（蛋白质A或二抗）共同孵育30min，在室温条件下，放置在摇床上轻轻摇动。

（17）再次洗涤，洗涤方式与步骤（13）相同。

（18）待转印膜干燥后，将膜和ECL底物共同孵育1min。去除多余的底物液体，然后将膜放置在滤纸之上，用保鲜膜包裹，将膜在胶片上曝光。

10.4.2 免疫印迹实验溶液配制

10.4.2.1 转印缓冲液（4L）

12.11g　Trizma（Tris）（终浓度25mmol/L）

57.65g　glycine（终浓度190mmol/L）

800ml　methanol（终浓度20%）

用蒸馏水补充体积至4L。

注：检查确认溶液的pH大约为8.3。不用调节溶液的pH，如果溶液的pH不接近8.3，那么溶液的配制有误，需要检查后重新配制。液体使用前要尽量去除其中的气体。

10.4.2.2 考马斯亮蓝溶液（1L）

0.47g考马斯亮蓝 R（Sigma-Aldrich，St. Louis，MO）

234ml异丙醇

94ml冰乙酸

用蒸馏水调整体积至1L。

10.4.2.3　脱色液（1L）

94ml 异丙醇
94ml 冰乙酸
用蒸馏水调整体积至 1L。

10.4.2.4　丽春红 S 染色液

2g 丽春红 S（终浓度 0.2%），购自 SERVA（Fein Biochemica，Heidelberg，NY；catalog#33427）
30g TCA（终浓度 3%）
用蒸馏水调整体积至 1L；该液体至少能重复使用 10 次。

10.2.4.5　封闭液

25g 脱脂奶粉（终浓度 5%，*m*/*V*）
0.1g NaN_3（终浓度 0.02%）
500ml TD 溶液
在室温搅拌过夜，使奶粉完全溶解。

10.2.4.6　第一抗体孵育溶液

0.2ml 抗血清（1∶200 稀释）*
40ml 封闭缓冲液
*每一种抗血清都需要测试，得到理想的稀释度。对完全抗血清，我们通常按照 1∶100~1∶500 稀释。经过亲和纯化的商业化 IgG 抗体（多克隆或单克隆）的终浓度通常为 0.1 ~1μg/ml。

注：这是足够用于一块凝胶的一抗孵育液的容量（约 13cm×10cm 大小、2mm 厚的凝胶)，并且至少能重复使用 4 次。

10.2.4.7　HRP 偶联蛋白，第二探针

40μl HRP 标记的二抗，用 NaKPS 溶液 1∶100 稀释（终浓度为 1∶100 000 稀释）*
或者
4μl 1mg/ml HRP 标记的蛋白质 A（终浓度为 1∶10 000 稀释）*
40ml NaKPS 溶液
*对不同的实验，需要预实验以获得理想的稀释度。不同的实验中，最佳的条件有比较大的变化，但稀释度通常为 1∶5000 ~1∶100 000。

10.2.4.8　4×TD 溶液（4L）

128g NaCl（终浓度 0.14mol/L）
6.08g KCl（终浓度 5mmol/L）
1.60g Na_2HPO_4（终浓度 0.4mmol/L）

48g Trizma（终浓度 25mmol/L）

加入大约 3.5L 蒸馏水。然后加入大约 32ml 浓 HCl，用 pH 计调 pH 至 7.4~7.5，加入蒸馏水至 4L。将液体放入一个干净的 4L 容器中，储存于 4℃。在配制 TD 溶液时，将储藏液用蒸馏水 1∶3 稀释。

10.2.4.9　10× NaKPS（2L）

160g NaCl（终浓度 1.37mol/L）
4g KCl（终浓度 27mmol/L）
4g KH_2PO_4（终浓度 15mmol/L）
23g Na_2HPO_4（终浓度 81mmol/L）

用约 1500ml 蒸馏水溶解，用 10mol/L NaOH 调整 pH 至 7.3。然后补充蒸馏水至 2L。为了便于长期储存，可以将液体高压灭菌后，300~400ml 分装。

10.2.4.10　NaKPS（1L）

100ml 10 × NaKPS
用蒸馏水调整体积至 1L。

10.2.4.11　NaKPS ＋ Tween20（1L）

100ml 10× NaKPS
10ml 10% Tween20（终浓度 0.1%）
用蒸馏水调整体积至 1L。

10.2.4.12　ECL 底物

按照制造商的说明书将检测试剂 1 和检测试剂 2 等量混合（ECL Western blotting reagents，Amersham Bioscience/GE Healthcare Life Sciences）。底物液配制后，如果保存于 4℃，可以在 48h 内重复使用。

10.5　实验假象与对策

任何实验在操作和解释过程中，都可能出现假象，蛋白质免疫印迹实验也不例外。将增强化学发光检测系统与蛋白质 A 联合运用时，我们不时地看到的一些虚假的、模糊的信号，这些是需要被排除的，因为它们不代表特异性的蛋白质条带。这些信号偶尔会阻碍真实蛋白质信号的显现。我们推测这些信号可能是由于静电释放、凝胶和转印膜之间存在的气泡，或者是转印膜制造过程中本身的缺陷。

另外一个重要的问题是蛋白质条带的扭曲变形，这种情况常常发生在凝胶上样孔中一种或多种蛋白质的浓度过高。例如，当用含有牛血清的细胞培养上清进行电泳时，样本中血清白蛋白的含量会超过 1%~2%，如果靶蛋白分子量与白蛋白分子量相近时，就会导致靶蛋白条带扭曲变形，给识别靶蛋白带来困难。因此，要尽量避免上样的待测样品中含有超过 2%的血清白蛋白。

一抗或者二抗与其他蛋白质或膜的非特异性或低亲和力的结合也可以导致背景信号的产生。封闭试剂也可能是一抗或二抗的非特异性靶蛋白。例如，当应用蛋白质 A 作为第二检测分子的时候，用牛奶作为封闭试剂会导致背景信号的增强，这是由于牛奶中含有的 IgG2 能较弱地和蛋白质 A 结合[30,80]。

当检测分子直接与酶偶联时，如碱性磷酸酶或辣根过氧化物酶，必须注意蛋白质印迹膜上是否有内源性的酶活性的存在。例如，来源于兔胃黏膜的样本过氧化物酶能够在 SDS-PAGE 的分离过程中保存下来，从而在对膜进行化学发光底物反应时产生相应的信号[81]。这种酶活性可以通过抗体孵育前用 3% H_2O_2 对膜进行处理来消除。在使用链霉亲和素-生物素作为检测系统的实验中，内源性的生物素化蛋白质也能导致非特异性信号的产生。Vaitaitis 等[82]在研究细胞核提取物转录因子 NF-κB 的实验中，只将蛋白质印迹膜和链霉亲和素-HRP 进行孵育，然后用化学发光底物反应，也发现 4 个条带。为了解决这个问题，首先用 0.25g/ml 的链霉亲和素对内源性生物素进行封闭处理，然后用含 50ng/ml 的 d-生物素（d-biotin）溶液清洗（阻断结合的链霉亲和素）。这样，用生物素化的二抗和链霉亲和素-HRP 系统就只会识别 NF-κB。

10.6　抗体芯片

如果有适宜的抗原捕获试剂，抗体芯片能够同时对大量样品进行平行分析[83,84]。相比之下，本章中迄今讨论的免疫测定法大都为每次测定一种分析物或利用多重蛋白质免疫印迹测定几种分析物。目前的抗体芯片主要是借助机械打点设备和一系列精心挑选的抗体来获取所有细胞的蛋白质信息。硝酸纤维素膜和经过化学处理的显微镜载玻片常被用来做固定抗体的固相支持物。

结合抗原的检测是通过直接标记抗原或用夹心法检测系统来完成的，在夹心法中捕获的抗原可被第二抗体识别。第二抗体本身可以被荧光标记用于检测，或者可以作为第二级信号分子的识别分子。Nielsen 和 Geierstanger 回顾了这种夹心法检测系统的多样性[83]。与标准 ELISA 相比，抗体芯片检测有同样的灵敏度（检测极限为 4~12 pg/ml），而每个分析物的成本则仅为原来的 1/10[85]。至于蛋白质免疫印迹，量子点的加入增加了抗体芯片检测的灵敏度[86]。

虽然抗体芯片在蛋白质组学研究中具有很大的潜力，但如果要用这种方法进行大规模的蛋白质分析，必须克服几个问题。其中一个问题是抗体对的可用性，抗体对中一个抗体用于捕获，另一个抗体用于检测，并非所有抗体都能有效捕获抗原。由于高亲和力和高特异性的可用抗体对的数量相对较少，故而每个抗体芯片可以测量的分析物的数量约为 50 个[83,87]。替代抗原捕获试剂，如适配体的开发显著增加了单个芯片上捕获蛋白质的数量[88]。抗体芯片的另一个限制是许多抗体的非特异性结合。将强大的质谱分析工具与蛋白质芯片联合，可鉴定已识别的抗原，从而最大限度地减少由于抗体的非特异性结合导致的假阳性[89]。质谱分析还能够对难以用标准夹心法检测的小抗原和多肽进行无标记检测。质谱分析使得对抗体芯片捕获的蛋白质修饰的分析成为可能。

10.7　免疫沉淀及其相关应用

抗体的许多应用都有一个特点，即将抗体或者靶抗原固定在一个固体表面。例如，抗体芯片是将抗体固定在尼龙膜上，ELISA 是将抗体固定在塑料基质表面。免疫沉淀（IP）是将抗体和捕获的抗原固定在合成的小珠或固定的细菌上，通过沉淀可收集抗体和捕获的抗原。IP 的固体支持物多为琼脂糖、琼脂糖凝胶（Sepharose）或是具有磁芯的聚合物珠子，抗体可以用化学方式固定在这些基质上。此外，这些珠子上还可以利用共价键连接上蛋白质 A 或蛋白质 G，而蛋白质 A 或蛋白质 G 对于免疫球蛋白的 Fc 区具有高亲和力。合成珠发明之前一种较老的替代品是固定的金黄色葡萄球菌，蛋白质 A 就来源于金黄色葡萄球菌。用细菌作为吸附剂的方法现在不常用，可能是因为与合成珠相比，细菌制剂的可靠性较低，蛋白质在细菌表面的非特异性吸附更容易出现。连接着抗体的支持物和与之结合的蛋白质可以通过离心或磁力的方法与上清中未结合的蛋白质或其他成分分离。通过几轮的清洗，仍然结合在珠子上的蛋白质可被热变性而溶解在 SDS 样品缓冲液中，然后通过电泳来鉴定捕获的蛋白质。

如果免疫沉淀的蛋白质是用放射性标记，或者带有荧光素标签，就可以通过电泳的方法直接检测，也可以利用蛋白质免疫印迹来显示免疫沉淀获得的蛋白质。电泳前，可以先用 100~200mmol/L 的甘氨酸溶液（pH2.5~3）处理 5min，使得捕获的抗原和抗体从沉淀中释放出来。与之相比，co-IP（免疫共沉淀）程序是用 SDS 上样凝胶缓冲液溶解免疫沉淀颗粒中的蛋白质，将捕获抗体和抗原从沉淀中分离出来。后一种情况下，可能会在印迹上检测到捕获抗体，这取决于蛋白质印迹实验所用二抗的特异性。如何通过对免疫沉淀抗体的染色来处理抗体对实验结果的干扰问题可参见 10.3.2 节。

免疫沉淀联合蛋白质免疫印迹应用广泛。这里介绍两个例子：①免疫共沉淀（co-IP）及相关的下拉（pull-down）实验；②染色质免疫共沉淀（ChIP）。在这两种检测中，免疫共沉淀都是用来证明捕获的蛋白与可疑分子间能够相互作用。co-IP 实验中可疑的搭档分子多为蛋白质，因此，蛋白质免疫印迹常被用来鉴定可疑的搭档分子。pull-down 实验中，除了抗体之外，其他用于捕获靶标的结合元件常常是个重组蛋白。例如，用谷胱甘肽衍生物替代抗体结合于微珠，去捕获谷胱甘肽 S 转移酶（GST）融合蛋白，用链霉亲和素去捕获生物素化的蛋白质[90]。在 pull-down 试验中，通常使用蛋白质印迹来鉴定潜在的蛋白质伴侣。然而，包括质谱分析在内的其他手段也可以用于识别潜在的伙伴。

染色质免疫共沉淀（ChIP）能够用于分析鉴定与染色质的特定区域相关的转录因子和其他蛋白质[92]，这些区域通常是基因启动子的序列。该方法中，表达靶蛋白的细胞用甲醛处理而温和固定，如果靶蛋白是一种相互作用的分子，固定过程就使得靶蛋白及其蛋白复合体与 DNA 交联。然后从细胞中提取 DNA，剪切成 400~1200bp 的片段。剪切的 DNA 片段（交联有蛋白质）能够与靶蛋白的抗体发生免疫沉淀，或者在平行对照实验中与对照抗体（如非免疫性 IgG 或者血清）发生免疫沉淀。然后用聚合酶链反应（PCR）鉴定免疫沉淀物，所用引物要涵盖可能与靶蛋白相互作用的染色体区域。如果 PCR 能够从来自靶蛋白抗体的免疫沉淀物扩增出预期的片段，而不能从对照抗体的免疫沉淀物中扩增，表明在细胞被固定时，靶蛋白已经与染色体的该区域结合。ChIP 通常可用于分析各种处理（例如，用激素或生长因子处理）对完整细胞中某些蛋白质（如转录因子和辅助因子等）与特定基因相互作用的影响。ChIP 芯片技术的研发使得染色质免疫共沉淀的应用范围扩展到基因组水平，也使得该技术成为高通量分析技术[93]。

10.8　小型蛋白质免疫印迹

许多实验室使用常规的蛋白质免疫印迹技术，其特征是用较大（8cm×10cm，厚度 0.75mm）的垂直聚丙烯酰胺凝胶来分离蛋白质。20 世纪 80 年代中期，就在蛋白质免疫印迹被首次介绍不久，Pharmacia 公司（现在为 GE Healthcare Life Sciences 公司）引进了一种小型的半自动电泳系统，称为 PhastSystem，这种系统一旦电泳完成就可以进行半干蛋白质转印。使用的预制胶是传统胶的一半，且电泳是在一块水平温控板上进行的。每块胶有 12 个泳道，每个泳道可以加入 0.3μl 样品。最近出现的微流体芯片技术将小型电泳推向了微观领域，该技术使得蛋白质分离、转移和检测过程在一个显微切片大小的微流体芯片上完成。该装置如载玻片大小，其分离/检测室大小仅仅 1mm×1.5mm[94,95]。该装置除了个头小，还兼具快捷、多个检测可同时进行的优点[96]。例如，检测前列腺特异抗原（fPSA），使用常规技术需要几个小时，而该设备只需不到 5min。在另外一种不同的方法中，毛细管电泳已被用于将蛋白质沉积在 PVDF 膜上，膜被固定在一个 *x-y* 轴可移动平台上[97]。当电泳在毛细管中发生时，该平台使膜以 3mm/min 的速率通过毛细管末端，从而捕获蛋白质。一旦蛋白质沉积到膜上，便可以采用常规方法检测。与基于微流体技术的免疫印迹相比，毛细管电泳免疫印迹需要较长的时间，约 1h，但也远快于常规的蛋白质免疫印迹。尽管使用试剂非常传统，但是这两种方法在分析的样品数量和多重化（到目前为止，只有两种）程度上仍然相当有限。

一种将常规的分离及检测方法与微流体技术相结合的分析系统被研发，该系统可以节省试剂并具有多重分析的能力[98]。该系统功能与 1987 Immunetics circa 公司引进的 Miniblotter® 系统类似，唯一不同的是后者需要巨型胶（与其名称相反）。微流体系统含有一个由聚二甲基硅氧烷制备的平行通道网络，该网络被固化在电转移后的膜上。与 Miniblotter 系统类似，通道垂直于蛋白质条带。不同的是，每个通道的宽度只有 150μm，而 Miniblotter 系统最小的通道宽度也达到 1500μm。这种系统通道的小型化使得所用试剂量大幅度减少。

10.9　结语

在 20 世纪 60 年代早期，免疫沉淀是第一个使用抗体从细胞和组织裂解物中鉴定蛋白质的方法，这种方法在 70 年代中期得到了广泛运用。到 80 年代，流式细胞术、酶联免疫吸附实验和蛋白质免疫印迹实验被引入使用。由于免疫沉淀的技术更难、操作更烦琐，在 80~90 年代，免疫沉淀技术的使用有所减少。但随着免疫共沉淀技术和蛋白质免疫印迹实验的联合应用，以及染色质免疫共沉淀方法和 PCR 技术的联合应用，免疫沉淀技术分析的特异性得到增加，到了 21 世纪初又焕发了青春。此外，随着对细胞活动如信号转导过程中蛋白质相互作用的研究兴趣的增加，相关的下拉实验开始发挥作用。

蛋白质免疫印迹技术最早出现在1981年，Western blot的得名只是源于一个文字上的游戏。将凝胶中的DNA片段印迹到硝酸纤维素膜上之后进行检测的方法，建立于20世纪70年代的中期，并且用它的发明者 Ed Southern 的名字命名。不久以后，相似的实验方案，将RNA从凝胶上转印到硝酸纤维素膜之后再进行杂交检测，被命名为Northern blot。依据这种命名模式，使用抗体来检测硝酸纤维素膜上蛋白质的方法，被命名为Western blot。与其他免疫学检测技术相比，蛋白质免疫印迹的主要优势是能将靶蛋白与其他蛋白质或其他可能的抗原分开后进行显示。除了能将靶蛋白与可能污染的抗原分开之外，蛋白质的凝胶分离还使研究者不仅能从抗体反应上识别靶蛋白，也能从相对分子量大小上对靶蛋白进行识别。蛋白质免疫印迹技术中的蛋白质-抗体的相互作用可用于检测混合物中的特异蛋白质，如组织提取物；同时它也可用于检测混合物中的抗体，如血清。由于蛋白质免疫印迹实验包含了强有力的蛋白质分离步骤，依赖于具有高亲和力的抗体-抗原结合反应，并且在信号的检测阶段对信号进行了放大处理，因此是一个具有高度敏感性和高度特异性的实验方法。另外，在适宜的实验对照和标准品的协助下，蛋白质免疫印迹产生的信号与加入系统中一定含量的蛋白质之间，存在一种线性相关性。基于这些原因，尽管迄今已涌现许多包含质谱和高通量分析的更为精密的方法，蛋白质免疫印迹技术仍将被广泛用于科学研究和临床检测。

（韩睿钦 译　陈实平 校）

参考文献

1. Cassab, G. I. Localization of cell wall proteins using tissue-print western blot techniques. *Methods Enzymol* **218**, 682–688, 1993.
2. Burnette, W. N. "Western blotting": Electrophoretic transfer of proteins from sodium dodecyl sulfate–polyacrylamide gels to unmodified nitrocellulose and radiographic detection with antibody and radioiodinated protein A. *Anal Biochem* **112**, 195–203, 1981.
3. Towbin, H., Staehelin, T., and Gordon, J. Electrophoretic transfer of proteins from polyacrylamide gels to nitrocellulose sheets: Procedure and some applications. *Proc Natl Acad Sci USA* **76**, 4350–4354, 1979.
4. Nagy, B., Costello, R., and Csako, G. Downward blotting of proteins in a model based on apolipoprotein(a) phenotyping. *Anal Biochem* **231**, 40–45, 1995.
5. Zeng, L., Tate, R., and Smith, L. D. Capillary transfer as an efficient method of transferring proteins from SDS-PAGE gels to membranes. *Biotechniques* **26**, 426–430, 1999.
6. Kurien, B. T. and Scofield, R. H. Heat-mediated, ultra-rapid electrophoretic transfer of high and low molecular weight proteins to nitrocellulose membranes. *J Immunol Methods* **266**, 127–133, 2002.
7. Tovey, E. R. and Baldo, B. A. Comparison of semi-dry and conventional tank-buffer electrotransfer of proteins from polyacrylamide gels to nitrocellulose membranes. *Electrophoresis* **8**, 384–387, 1987.
8. Southern, E. M. Detection of specific sequences among DNA fragments separated by gel electrophoresis. *J Mol Biol* **98**, 503–517, 1975.

9. Lichtenstein, A. V., Moiseev, V. L., and Zaboikin, M. M. A procedure for DNA and RNA transfer to membrane filters avoiding weight-induced gel flattening. *Anal Biochem* **191**, 187–191, 1990.
10. Braun, W. and Abraham, R. Modified diffusion blotting for rapid and efficient protein transfer with PhastSystem. *Electrophoresis* **10**, 249–253, 1989.
11. Kurien, B. T. and Scofield, R. H. Multiple immunoblots after non-electrophoretic bidirectional transfer of a single SDS-PAGE gel with multiple antigens. *J Immunol Methods* **205**, 91–94, 1997.
12. Olsen, I. and Wiker, H. G. Diffusion blotting for rapid production of multiple identical imprints from sodium dodecyl sulfate polyacrylamide gel electrophoresis on a solid support. *J Immunol Methods* **220**, 77–84, 1998.
13. Ranganathan, V. and De, P. K. Western blot of proteins from Coomassie-stained polyacrylamide gels. *Anal Biochem* **234**, 102–104, 1996.
14. Gruber, C. and Stan-Lotter, H. Western blot of stained proteins from dried polyacrylamide gels. *Anal Biochem* **253**, 125–127, 1997.
15. Davis, B. J. Disc electrophoresis—II method and application to human serum proteins. *Ann NY Acad Sci* 404–427, 1964.
16. Jacobson, G. and Karsnas, P. Important parameters in semi-dry electrophoretic transfer. *Electrophoresis* **11**, 46–52, 1990.
17. Tovey, E. R. and Baldo, B. A. Protein binding to nitrocellulose, nylon and PVDF membranes in immunoassays and electroblotting. *J Biochem Biophys Methods* **19**, 169–183, 1989.
18. Kyhse-Andersen, J. Electroblotting of multiple gels: A simple apparatus without buffer tank for rapid transfer of proteins from polyacrylamide to nitrocellulose. *J Biochem Biophys Methods* **10**, 203–209, 1984.
19. Fairbanks, G., Steck, T. L., and Wallach, D. F. Electrophoretic analysis of the major polypeptides of the human erythrocyte membrane. *Biochemistry* **10**, 2606–2617, 1971.
20. Bolt, M. W. and Mahoney, P. A. High-efficiency blotting of proteins of diverse sizes following sodium dodecyl sulfate–polyacrylamide gel electrophoresis. *Anal Biochem* **247**, 185–192, 1997.
21. Chen, L. M., Liang, Y., Tai, J. H., and Chern, Y. Comparison of nitrocellulose and PVDF membranes in GTP-overlay assay and western blot analysis. *Biotechniques* **16**, 600–601, 1994.
22. Yom, H. C. and Bremel, R. D. Xerographic paper as a transfer medium for western blots: Quantification of bovine alpha S1-casein by western blot. *Anal Biochem* **200**, 249–253, 1992.
23. Karey, K. P. and Sirbasku, D. A. Glutaraldehyde fixation increases retention of low molecular weight proteins (growth factors) transferred to nylon membranes for western blot analysis. *Anal Biochem* **178**, 255–259, 1989.
24. Too, C. K., Murphy, P. R., and Croll, R. P. Western blotting of formaldehyde-fixed neuropeptides as small as 400 daltons on gelatin-coated nitrocellulose paper. *Anal Biochem* **219**, 341–348, 1994.
25. Nishi, N., Inui, M., Miyanaka, H., Oya, H., and Wada, F. Western blot analysis of epidermal growth factor using gelatin-coated polyvinylidene difluoride membranes. *Anal Biochem* **227**, 401–402, 1995.
26. Schaffner, W. and Weissmann, C. A rapid, sensitive, and specific method for the determination of protein in dilute solution. *Anal Biochem* **56**, 502–514, 1973.
27. Salinovich, O. and Montelaro, R. C. Reversible staining and peptide mapping of proteins transferred to nitrocellulose after separation by sodium dodecylsulfate–polyacrylamide gel electrophoresis. *Anal Biochem* **156**, 341–347, 1986.
28. Yonan, C. R., Duong, P. T., and Chang, F. N. High-efficiency staining of proteins on different blot membranes. *Anal Biochem* **338**, 159–161, 2005.
29. Exner, T. and Nurnberg, B. Immuno- and gold staining of a single western blot. *Anal Biochem* **260**, 108–110, 1998.
30. Kaufmann, S. H., Ewing, C. M., and Shaper, J. H. The erasable western blot. *Anal Biochem* **161**, 89–95, 1987.

31. Eynard, L. and Lauriere, M. The combination of Indian ink staining with immunochemiluminescence detection allows precise identification of antigens on blots: Application to the study of glycosylated barley storage proteins. *Electrophoresis* **19**, 1394–1396, 1998.
32. Glenney, J. Antibody probing of western blots which have been stained with India ink. *Anal Biochem* **156**, 315–319, 1986.
33. Alba, F. J. and Daban, J. R. Rapid fluorescent monitoring of total protein patterns on sodium dodecyl sulfate–polyacrylamide gels and western blots before immunodetection and sequencing. *Electrophoresis* **19**, 2407–2411, 1998.
34. Doolittle, M. H., Ben-Zeev, O., and Briquet-Laugier, V. Enhanced detection of lipoprotein lipase by combining immunoprecipitation with western blot analysis. *J Lipid Res* **39**, 934–942, 1998.
35. Harlow, E. and Lane, D. *Antibodies: A Laboratory Manual*. Cold Spring Harbor Laboratory Press, New York, 1988.
36. Clark, C. R., Kresl, J. J., Hines, K. K., and Anderson, B. E. An immunofiltration apparatus for accelerating the visualization of antigen on membrane supports. *Anal Biochem* **228**, 232–237, 1995.
37. Haan, C. and Behrmann, I. A cost effective non-commercial ECL-solution for western blot detections yielding strong signals and low background. *J Immunol Methods* **318**, 11–19, 2007.
38. Fukuda, T., Tani, Y., Kobayashi, T., Hirayama, Y., and Hino, O. A new western blotting method using polymer immunocomplexes: Detection of Tsc1 and Tsc2 expression in various cultured cell lines. *Anal Biochem* **285**, 274–276, 2000.
39. Harris, R. Z., Liddell, P. A., Smith, K. M., and Ortiz de Montellano, P. R. Catalytic properties of horseradish peroxidase reconstituted with the 8-(hydroxymethyl)- and 8-formylheme derivatives. *Biochemistry* **32**, 3658–3663, 1993.
40. Ellington, A. D. and Szostak, J. W. *In vitro* selection of RNA molecules that bind specific ligands. *Nature* **346**, 818–822, 1990.
41. Tuerk, C. and Gold, L. Systematic evolution of ligands by exponential enrichment: RNA ligands to bacteriophage T4 DNA polymerase. *Science* **249**, 505–510, 1990.
42. Green, L. S. et al. Nuclease-resistant nucleic acid ligands to vascular permeability factor/vascular endothelial growth factor. *Chem Biol* **2**, 683–695, 1995.
43. Drolet, D. W., Moon-McDermott, L., and Romig, T. S. An enzyme-linked oligonucleotide assay. *Nat Biotechnol* **14**, 1021–1025, 1996.
44. Bianchini, M. et al. Specific oligobodies against ERK-2 that recognize both the native and the denatured state of the protein. *J Immunol Methods* **252**, 191–197, 2001.
45. Cho, S.-J., Woo, H.-M., Kim, K.-S., Oh, J.-W., and Jeong, Y.-J. Novel system for detecting SARS coronavirus nucleocapsid protein using an ssDNA aptamer. *J Biosci Bioeng*, **112**, 535–540, 2011.
46. Ramos, E. et al. A DNA aptamer population specifically detects *Leishmania infantum* H2A antigen. Laboratory investigation. *J Tech Methods Pathol* **87**, 409–416, 2007.
47. Sekiya, S. et al. Characterization and application of a novel RNA aptamer against the mouse prion protein. *J Biochem* **139**, 383–390, 2006.
48. Shin, S., Kim, I.-H., Kang, W., Yang, J. K., and Hah, S. S. An alternative to western blot analysis using RNA aptamer-functionalized quantum dots. *Bioorg Med Chem Lett* **20**, 3322–3325, 2010.
49. Nygren, P. A. and Skerra, A. Binding proteins from alternative scaffolds. *J Immunol Methods* **290**, 3–28, 2004.
50. Koide, A., Bailey, C. W., Huang, X., and Koide, S. The fibronectin type III domain as a scaffold for novel binding proteins. *J Mol Biol* **284**, 1141–1151, 1998.
51. Xu, L. et al. Directed evolution of high-affinity antibody mimics using mRNA display. *Chem Biol* **9**, 933–942, 2002.
52. Beste, G., Schmidt, F. S., Stibora, T., and Skerra, A. Small antibody-like proteins with prescribed ligand specificities derived from the lipocalin fold. *Proc Natl Acad Sci USA* **96**, 1898–1903, 1999.
53. Smith, K. A. et al. Demystified ... recombinant antibodies. *J Clin Pathol* **57**, 912–917, 2004.

54. Winter, G., Griffiths, A. D., Hawkins, R. E., and Hoogenboom, H. R. Making antibodies by phage display technology. *Annu Rev Immunol* **12**, 433–455, 1994.
55. Wilson, D. S., Keefe, A. D., and Szostak, J. W. The use of mRNA display to select high-affinity protein-binding peptides. *Proc Natl Acad Sci USA* **98**, 3750–3755, 2001.
56. Wojcik, J. et al. A potent and highly specific FN3 monobody inhibitor of the Abl SH2 domain. *Nat Struct Mol Biol* **17**, 519–527, 2010.
57. Hackel, B. J., Kapila, A., and Wittrup, K. D. Picomolar affinity fibronectin domains engineered utilizing loop length diversity, recursive mutagenesis, and loop shuffling. *J Mol Biol* **381**, 1238–1252, 2008.
58. Vopel, S., Muhlbach, H., and Skerra, A. Rational engineering of a fluorescein-binding anticalin for improved ligand affinity. *Biol Chem* **386**, 1097–1104, 2005.
59. Griswold, D. E., Hillegass, L., Antell, L., Shatzman, A., and Hanna, N. Quantitative western blot assay for measurement of the murine acute phase reactant, serum amyloid P component. *J Immunol Methods* **91**, 163–168, 1986.
60. Fang, Y. et al. Signaling between the placenta and the uterus involving the mitogen-regulated protein/proliferins. *Endocrinology*, **140**, 5239–5249, 1999.
61. Uhl, J. and Newton, R. C. Quantification of related proteins by western blot analysis. *J Immunol Methods* **110**, 79–84, 1988.
62. Huang, D. and Amero, S. A. Measurement of antigen by enhanced chemiluminescent western blot. *Biotechniques* **22**, 454–456, 458, 1997.
63. Diamandis, E. P., Christopoulos, T. K., and Bean, C. C. Quantitative western blot analysis and spot immunodetection using time-resolved fluorometry. *J Immunol Methods* **147**, 251–259, 1992.
64. Fradelizi, J., Friederich, E., Beckerle, M. C., and Golsteyn, R. M. Quantitative measurement of proteins by western blotting with Cy5™-coupled secondary antibodies. *Biotechniques* **26**, 484–494, 1999.
65. Fu, A., Gu, W., Larabell, C., and Alivisatos, A. P. Semiconductor nanocrystals for biological imaging. *Curr Opin Neurobiol* **15**, 568–575, 2005.
66. Armstrong, J. K., Wenby, R. B., Meiselman, H. J., and Fisher, T. C. The hydrodynamic radii of macromolecules and their effect on red blood cell aggregation. *Biophys J* **87**, 4259–4270, 2004.
67. Gilroy, K. L., Cumming, S. A., and Pitt, A. R. A simple, sensitive and selective quantum-dot-based western blot method for the simultaneous detection of multiple targets from cell lysates. *Anal Bioanal Chem* **398**, 547–554, 2010.
68. Kim, M. J. et al. Western blot analysis using metal–nitrilotriacetate conjugated CdSe/ZnS quantum dots. *Anal Biochem* **379**, 124–126, 2008.
69. Lubit, B. W. Dansylated proteins as internal standards in two-dimensional electrophoresis and western blot analysis. *Electrophoresis* **5**, 358–361, 1984.
70. Tzeng, M. C. A sensitive, rapid method for monitoring sodium dodecyl sulfate–polyacrylamide gel electrophoresis by chromophoric labeling. *Anal Biochem* **128**, 412–414, 1983.
71. Strottmann, J. M., Robinson, J. B., Jr., and Stellwagen, E. Advantages of preelectrophoretic conjugation of polypeptides with fluorescent dyes. *Anal Biochem* **132**, 334–337, 1983.
72. Tsang, V. C., Hancock, K., and Simons, A. R. Calibration of prestained protein molecular weight standards for use in the "Western" or enzyme-linked immunoelectrotransfer blot techniques. *Anal Biochem* **143**, 304–307, 1984.
73. Seto, D., Rohrabacher, C., Seto, J., and Hood, L. Phosphorescent zinc sulfide is a nonradioactive alternative for marking autoradiograms. *Anal Biochem* **189**, 51–53, 1990.
74. Carlone, G. M., Plikaytis, B. B., and Arko, R. J. Immune serum to protein molecular weight standards for calibrating western blots. *Anal Biochem* **155**, 89–91, 1986.
75. Lindbladh, C., Mosbach, K., and Bulow, L. Standard calibration proteins for western blotting obtained by genetically prepared protein A conjugates. *Anal Biochem* **197**, 187–190, 1991.
76. Zhang, Y.-M., Geng, L., and Huang, D.-W. Generate western blot protein marker from a single construct. *Anal Biochem* **390**, 206–208, 2009.

77. Laemmli, U. K. Cleavage of structural proteins during the assembly of the head of bacteriophage T4. *Nature* **227**, 680–685, 1970.
78. Ornstein, L. Disc electrophoresisI—Background and theory. *Ann NY Acad Sci* 321–349, 1964.
79. Nilsen-Hamilton, M., and Hamilton, R. Detection of proteins induced by growth regulators. *Methods Enzymol* **147**, 427–444, 1987.
80. Lindmark, R., Thoren-Tolling, K., and Sjoquist, J. Binding of immunoglobulins to protein A and immunoglobulin levels in mammalian sera. *J Immunol Methods* **62**, 1–13, 1983.
81. Navarre, J., Bradford, A. J., Calhoun, B. C., and Goldenring, J. R. Quenching of endogenous peroxidase in western blot. *Biotechniques* **21**, 990–992, 1996.
82. Vaitaitis, G. M., Sanderson, R. J., Kimble, E. J., Elkins, N. D., and Flores, S. C. Modification of enzyme-conjugated streptavidin–biotin western blot technique to avoid detection of endogenous biotin-containing proteins. *Biotechniques* **26**, 854–858, 1999.
83. Nielsen, U. B. and Geierstanger, B. H. Multiplexed sandwich assays in microarray format. *J Immunol Methods* **290**, 107–120, 2004.
84. Pavlickova, P., Schneider, E. M., and Hug, H. Advances in recombinant antibody microarrays. *Clin Chim Acta* **343**, 17–35, 2004.
85. Knight, P. R. et al. Development of a sensitive microarray immunoassay and comparison with standard enzyme-linked immunoassay for cytokine analysis. *Shock* **21**, 26–30, 2004.
86. Sanvicens, N. et al. Quantum dot-based array for sensitive detection of *Escherichia coli*. *Anal Bioanal Chem* **399**, 2755–2762, 2011.
87. Schweitzer, B. et al. Multiplexed protein profiling on microarrays by rolling-circle amplification. *Nat Biotechnol* **20**, 359–365, 2002.
88. Gold, L. et al. Aptamer-based multiplexed proteomic technology for biomarker discovery. *PLoS One* **5**, e15004, 2010.
89. Kim, Y. E., Yi, S. Y., Lee, C. S., Jung, Y., and Chung, B. H. Gold patterned biochips for on-chip immuno-MALDI–TOF–MS: SPR imaging coupled multi-protein MS analysis. *Analyst* **137**, 386–392, 2011.
90. Harris, M. Use of GST-fusion and related constructs for the identification of interacting proteins. *Methods Mol Biol* **88**, 87–99, 1998.
91. Loomis, J. S., Courtney, R. J., and Wills, J. W. Binding partners for the UL11 tegument protein of herpes simplex virus type 1. *J Virol* **77**, 11417–11424, 2003.
92. Wells, J. and Farnham, P. J. Characterizing transcription factor binding sites using formaldehyde crosslinking and immunoprecipitation. *Methods* **26**, 48–56, 2002.
93. Negre, N., Lavrov, S., Hennetin, J., Bellis, M., and Cavalli, G.. Mapping the distribution of chromatin proteins by ChIP on chip. *Methods Enzymol* **410**, 316–341, 2006.
94. He, M. and Herr, A. E. Automated microfluidic protein immunoblotting. *Nat Protoc* **5**, 1844–1856, 2010.
95. He, M. and Herr, A. E. Polyacrylamide gel photopatterning enables automated protein immunoblotting in a two-dimensional microdevice. *J Am Chem Soc* **132**, 2512–2513, 2010.
96. Tia, S. Q., He, M., Kim, D., and Herr, A. E. Multianalyte on-chip native western blotting. *Anal Chem* **83**, 3581–3588, 2011.
97. Anderson, G. J., Cipolla, M. C., and Kennedy, R. T. Western blotting using capillary electrophoresis. *Anal Chem* **83**, 1350–1355, 2011.
98. Pan, W., Chen, W., and Jiang, X. Microfluidic western blot. *Anal Chem* **82**, 3974–3976, 2010.

第 11 章　免疫组织化学法

José A.Ramos G-Vara

11.1　引言

免疫组织化学（immunohistochemistry，IHC）是利用特异性抗体检测存在于组织切片中的抗原的一种方法。相较于其他蛋白质鉴定的技术方法，IHC 的独特优势是：它将抗原的检测与其在组织或细胞中的定位联系在一起，这对于正常或病理组织中细胞功能的研究具有重要意义。20 世纪 40 年代末 Coons 首先建立了免疫组织化学法，随后该技术被广泛地应用到生物学的多个领域。IHC 可用于检测感染因子和细胞抗原，在肿瘤学中也被证明是非常有用的工具，可用于包括检测预后指标（如增殖抗原、癌基因表达、基因突变、染色体易位等）、检测治疗靶点（如淋巴瘤中的 CD20、胃肠间质瘤中的 c-Kit、乳腺癌中的 HER2/neu 等）和监控治疗反应等[1~3]。免疫组织化学，顾名思义，是形态学、组织化学和免疫学三个重要学科的结合。本章将会重点介绍组织切片中抗原的检测，也会简单介绍 IHC 方法在细胞染色中的应用（又名免疫细胞化学）。

11.1.1　方法学概述

过去，免疫组织化学方法是在冷冻切片上用荧光标记来操作。随着技术的进步，免疫组织化学已经可以用于福尔马林固定、石蜡包埋的组织切片，这就使得形态学能和抗原检测联系起来，并且可以使用存档的石蜡组织块。在 IHC 中，抗体与组织中的抗原结合通常是通过有色的化学反应显示的。针对福尔马林固定会干扰一些抗原的检测，现已研究出多种“抗原修复”方法以克服该问题。反应的敏感性对于一些微量抗原的检测至关重要。IHC 反应的敏感性依赖于检测系统；现有的方法已使组织切片的多种抗原的检测水平有了明显提高。虽然 IHC 反应的定量在方法学上还有待提高，但是光谱分析的使用已使 IHC 的半定量检测有了一定进步[4]。

11.1.2　新免疫组织化学检测标准化的实用方法

对一个新的 IHC 检测进行标准化非常具有挑战性，因为影响结果的因素非常多。大部分市售抗体已在人类组织中做过检测，但很少在其他动物中检测。抗体说明书通常会提供抗体的关键性信息，如该抗体是否适用于某种动物、是否适用于冰冻切片和（或）免疫印迹的检测等。但很多时候说明书中并未提供这些信息，这就需要科研人员建立出一种标准方案来检测新抗体。所有 IHC 检测都应该包括已知的阴性和阳性对照以验证流程。由于有诸多变量，一个 IHC 反应只有在使用对照的情况下才可以进行有效地解读，这是毋庸置疑的[5]。组织芯片的使用提高了利用 IHC 寻找新的生物标记的标准化程度和可信性[6]。下面介绍的研究方案以福尔马林固定/石蜡包埋的组织块为研究材料。

11.1.2.1 方法

（1）选取最合适做阳性对照的组织，最好包含不具待检测抗原的区域。

（2）对照组织的加工过程（如固定、包埋等）需与待检测组织一致，且应与待检测组织的物种来源一致。如果新抗体尚未在待检测组织的物种中验证过是否表达，则需要增加已知能与该抗体反应的物种组织作为对照。

（3）准备一抗不同浓度的稀释液（通常 4 个倍比稀释的抗体浓度足以满足要求）。

（4）为确定最适抗原修复方法（antigen retrieval，AR），需要准备三套切片：第一套不做抗原修复，第二套使用酶抗原修复法（如蛋白酶 K），第三套使用 pH6.0 的柠檬酸盐缓冲液做热诱导抗原决定簇修复（heat-induced epitope retrieval，HIER）。

（5）按照标准步骤进行 IHC 检测，一抗孵育的时间和温度来自抗体已知的信息，如果没有相关信息，则在室温下孵育 60min。

（6）观察反应结果，比较不同反应条件（抗体稀释度、孵育条件和修复程序等）切片的差异。

11.1.2.2 注意事项

得到特异的 IHC 反应结果后，需要进一步优化一抗的浓度、孵育时间和温度、抗原修复程序等以使信噪比达到最佳。如果染色未成功，就需要做进一步调整，包括调整一抗浓度、孵育的温度和时间（包括 4℃过夜或者延长孵育时间）、抗原修复方法（使用其他酶、不同 pH 的缓冲液或多种 AR 方案）等。请记住抗原检测的失败可能是组织固定、物种差异、抗体识别表位的缺失或数量不足等因素导致的。

11.1.3 免疫组织化学中的抗体

抗体是通过纯化的抗原去免疫动物（如小鼠、兔、山羊、马等）来制备的。用于 IHC 的理想抗体应该：①能产生强的特异性的信号，同时噪声（背景）低或无；②依据被检测抗原预期的显微结构和生理特征，定位于恰当的组织、细胞或细胞器[7]。多种动物可用于制备多克隆抗体，特别是兔、马、山羊和鸡等。多克隆抗体的亲和力高，反应性较广，但与单克隆抗体相比其特异性较低。多克隆抗体能与固定组织中多个抗原决定簇结合，从而提高了反应的敏感性。但是，由于多克隆抗体制剂中识别较强免疫原性抗原决定簇的抗体和识别较弱免疫原性抗原决定簇的抗体通常同时存在，因此多克隆抗体存在较大的异质性。多克隆抗体的这种多抗原决定簇结合的特性可以是个优点（如因其抗原决定簇识别的多样性使抗原检测得以增强），但是这也促使它与其他蛋白质相似的抗原决定簇产生交叉反应，导致出现假阳性反应。

小鼠单克隆抗体（mouse monoclonal antibody，MMA）制备技术是由 Köhler 和 Milstein 创建的[31]。与多克隆抗体相比，单克隆抗体的优点是具有较高的特异性，因此降低了与其他抗原的交叉反应（尽管不能完全消除）。若出现了交叉反应，一个可能的原因是单克隆抗体针对的抗原决定簇只由少数几个氨基酸组成，而这段序列可能存在于多个蛋白质和多肽中。有些情况下，很难确定免疫反应是由于共享的抗原决定簇（交叉反应）造成的，还是组织在醛类固定剂固定过程中蛋白质交联造成的。使用单克隆抗体能够使源于非特异性免疫球蛋白的背景染色减弱（如果抗体来自腹水）或者消失（抗体来自细胞培养上清液）。抗体库技术的发展使得兔单克隆抗体商品化成为可能。与小鼠单克隆抗体相比，兔单克隆抗体（rabbit monoclonal antibody，RMA）亲和力高，无须特殊处理即可应用于小鼠组织，在一定条件下特异性高，并且无须抗原修复[8]。根据我们的经验，兔单克隆抗体并不适用于来自家畜（domestic species）的组织，其效果不如小鼠单克隆抗体效果好[9]。

商品化抗体的介绍　通常商品化抗体的目录中会提供以下信息（尤其是来自专业生产抗血清的公司）：用于免疫的抗原类型（如天然的、线性的、磷酸化的）；抗体的形式（如纯化的、全血清、上清、腹水、免疫球蛋白同种型）；制备抗体的动物品系（如小鼠、兔）；蛋白质浓度；使用的免疫原（如果知道，应包括抗原决定簇及分子量）；种属反应（如人类、小鼠；其他种属未知）；细胞内定位（如细胞质、细胞膜、细胞核）；推荐的阳性对照组织；应用范围（如免疫沉淀、免疫印迹、酶联免疫吸附试验、免疫组织化学染色——利用经福尔马林固定的石蜡切片或冰冻切片完成的）及相关文献。当准备使用一个新抗体时，产品说明书未提供所需种属或组织的相关信息，建议先与抗体生产商联系以获得该抗体的其他信息。通常抗血清制造商不常规性提供的信息有抗体的亲和常数、与其他抗原交叉反应的概率（如病毒血清型、其他相关的病毒或细菌、细胞抗原），交叉反应可能是由于固定、抗原修复或者不同抗原间拥有共同抗原决定簇所致（图 11.1）[10]。

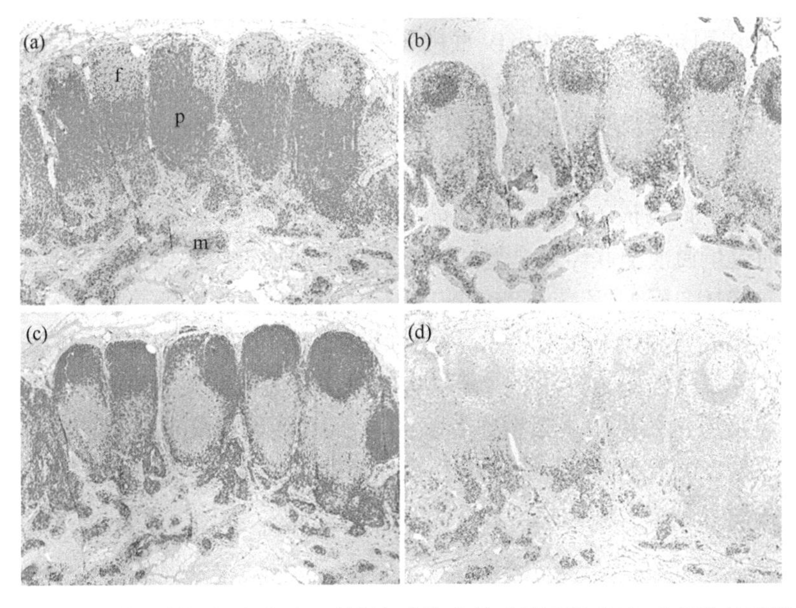

图 11.1　了解目的抗原表达的组织定位对于判断免疫染色的质量至关重要。上图比较了淋巴结内 CD3（a）、CD79a（b）、CD20（c）、MUM1（d）4 种抗原抗体的免疫反应。滤泡区（f）大部分细胞呈 CD79a、CD20 阳性，少量细胞呈 CD3 阳性，MUM1 的阳性细胞很少。副皮质区（p）主要是 CD3 阳性的细胞，其他抗体标识的阳性细胞很少。髓质区（m）包含大量 CD79a、CD20、MUM1 阳性细胞及少量 T 细胞。免疫过氧化物酶-DAB 显色，苏木精复染。（彩图请扫封底二维码）

11.2 组织准备

组织准备在很大程度上决定了免疫组织化学反应的成功与否。组织准备部分依赖于待检测抗原的类型（如一些抗原在甲醛固定过程中会被破坏，所以这些组织需要冷冻或者使用其他固定液来固定）。无论检测什么抗原，都应该遵循一个原则：在组织降解之前收集并且处理样品。延迟固定可能会明显影响部分抗原的检测，尤其在用磷酸化的抗体检测时[11]。

如果组织没有立刻冰冻则必须固定，原因如下：①保存细胞组分，包括可溶性和结构性蛋白等；② 防止抗原及酶等细胞组分降解和移位；③稳定细胞组分，以减少对后续步骤的不利影响；④ 有利于常规染色及免疫染色。组织病理学主要使用两种类型的固定剂：交联性固定剂（非凝固）和凝固性固定剂[10]。甲醛是常规组织化学和免疫组织化学的标准固定剂，它可以保存多数多肽和细胞器的一般结构，也能够与核酸反应，但对碳水化合物没有作用。当固定剂含有钙离子时，对脂类也有很好的保护性。甲醛固定的基本机制是：福尔马林与不带电荷的反应性氨基基团（—NH或 NH_2）形成加成产物，最终在蛋白质的三级和四级结构上形成亚甲基桥修饰（交联）。甲醛固定是一个渐进的、时间及温度依赖性的过程。过度固定会产生因交联过度而导致的免疫组化假阴性结果[12]，根据我们的经验，对于多数抗原而言，延长固定时间并无效果[13,14]。而且，福尔马林固定效果取决于待检测抗原和其他一些原因。如果一些在福尔马林中固定若干天或更长时间的组织，出现阴性结果或一些非预期反应时，推荐用固定 2~3 天的组织重做实验，以排除过度固定对结果的影响。固定不足也会产生非预期的结果，如果组织只被部分固定（如大块的实体样本），由于周边比中央的组织固定效果好，IHC 反应应该只评估样品周边的结果。底线：不存在一个对每一种抗原都适用的最佳固定时间。

其他固定剂 许多福尔马林的替代品属于凝固性固定剂，通过破坏氢键从而沉淀蛋白质，而非通过蛋白质交联。最典型的非交联固定剂是乙醇。免疫组化中使用的其他固定剂还有乙二醛（二醛）、乙二醛与乙醇的混合物、4%多聚甲醛、锌福尔马林等，它们对于蛋白质构象改变的影响没有福尔马林显著。应当以抗体说明书推荐的方法为依据进行预实验，以寻找最佳固定方法。对于仅有冰冻切片染色结果的一抗，想探索固定组织石蜡切片的免疫组化效果时，根据作者的经验，4%多聚甲醛或锌福尔马林可作为首选固定剂开始探索。由于不同固定剂影响免疫反应的方式不同，非甲醛固定剂所固定的组织石蜡块在存档时需要明确标记。

11.2.1 载玻片

高质量的免疫组化结果需要组织切片与载玻片之间紧密粘贴，以防止出现试剂淤积和染色假象。商品化的专门用来进行免疫组织化学染色的载玻片是经过标准化包被的。下面介绍两种用于免疫组织化学染色的常规载玻片包被方法。

11.2.1.1　多聚左旋赖氨酸（ploy-L-lysine）包被载玻片

（1）准备 0.1%（*m*/*V*）多聚左旋赖氨酸水溶液（Sigma P-8920）。
（2）将载玻片在溶液中浸泡。
（3）室温干燥载玻片。
（4）载玻片室温保存。

11.2.1.2　3-氨丙基乙氧基硅烷（3-aminopropyltriethoxy silane，APES）包被载玻片

（1）准备含 2%（*V*/*V*）APES（Sigma A-3648）的丙酮溶液。
（2）将载玻片浸入丙酮中 1~5min。
（3）将载玻片浸入含 2% APES 的丙酮溶液中 1~5min。
（4）将载玻片在丙酮溶液中连续涮洗两次，每次 5min。
（5）室温干燥并储存。

11.2.2　细胞涂片/离心细胞涂片制备

（1）在 APES/多聚左旋赖氨酸包被的载玻片上制备细胞涂片/细胞离心涂片。
（2）室温下干燥 30min。
（3）在预冷的、新鲜的丙酮中–20℃固定 20min。
（4）室温下干燥至少 15min。
（5）对细胞涂片/细胞离心涂片染色。

11.2.2.1　注意

100%乙醇可替代新鲜丙酮使用[15]；固定剂的选择取决于目的抗原。为减少小分子蛋白质和多肽的移动，推荐至少使用中性福尔马林缓冲液（neutral buffered formalin，NBF）固定 1min[12]。NBF 固定的切片需要进行抗原修复。未染色的组织切片可用铝箔包裹，–20℃储存。准备染色时，将切片从铝箔中取出并恢复至室温，采用储存前使用的相同固定剂进行后固定至少 30s，空气干燥，再在缓冲液中浸润 5min 后进行染色。未染色切片的稳定性取决于抗原性质；一些抗原很不稳定，必须涂片后立刻染色。NBF 固定的切片可在 4℃长期保存，但丙酮固定、冷冻保存的切片不能无限期保存。

11.2.3　冰冻切片

（1）未固定组织切 4~7μm 厚的冰冻切片。
（2）将切片裱贴于 APES/多聚左旋赖氨酸包被的载玻片上。
（3）切片空气干燥 30min。
（4）切片在预冷的新鲜丙酮中 4℃固定 20min。
（5）室温干燥切片至少 15min。
（6）染色。

11.2.3.1　注意

见 11.2.2。

11.2.4　石蜡切片

（1）将组织在 10%甲醛（或其他更适宜的固定剂）中固定 12~48h（固定时间取决于组织块厚度、温度及待检抗原的性质）。

（2）石蜡包埋。

（3）切 3~5μm 厚的切片。

（4）使用无黏片剂的水浴，将切片裱贴于 APES/多聚左旋赖氨酸包被的载玻片上。

（5）沿切片边缘吸干水。

（6）将切片置于 60℃烤箱中 30~60min。

（7）切片脱蜡后染色。

11.2.4.1　注意事项

对于富含脂肪的组织（如脑、乳腺），延长干燥时间（如室温下过夜）可以增强组织切片的黏附效果。

烤片温度超过 60℃可能对某些抗原的检测产生不利影响或者增加背景染色[16,17]。

对于一些抗原，无论石蜡切片的储存条件如何，较长的储存时间会导致其免疫反应减弱[18~20]。根据作者经验，CD18、CD45、CD68 和甲状腺转录因子-1（thyroid transcription factor-1，TTF-1）等容易降解，特别是暴露在日光下的切片不适于长期保存。如果石蜡切片由于一些原因必须储存一段时间，则应 4℃避光保存。如果与以往的石蜡切片反应结果不一致，需重新切片再做染色。

11.2.5　细胞块

本方案适用于因为组织块太小无法进行常规加工、石蜡包埋的组织。需要一种能形成所谓细胞块（Cytoblock®）的试剂（Thermo Electron Corporation，7401150），该试剂有试剂盒出售。另外还需要细胞离心涂片器。由于福尔马林钙、含磷酸根离子的溶液等有抑制凝胶的聚合作用，所以应避免使用这些溶液。

（1）用福尔马林固定组织。

（2）将组织转移至一离心管中。

（3）12 000r/min 离心 5min。

（4）弃掉大部分上清。

（5）将 4 滴蓝色 Cytoblock 液（试剂 2）加入到两滴细胞沉淀液（样品）中，混匀。每个细胞块应含有两滴或以下样品。

（6）将细胞块包埋盒装入带样本槽的 Cytoclip 中。

（7）在样品孔中央加入 3 滴试剂 1。

（8）将装配好的 Cytoclip 放进细胞离心涂片器内。

（9）将混匀的细胞悬液加入 Cytofunnel 中，1500r/min 离心 5min。

（10）从装置中取出含有细胞块的包埋盒，去掉包埋盒。

（11）在细胞块凝胶中加入至少一滴无色 Cytoblock 液（试剂 1）。

（12）让细胞块放入包埋盒中固定。

（13）石蜡包埋。

（14）随后按石蜡包埋的标准步骤操作。

11.3　酶标记

虽然 IHC 中使用的酶种类很多，但最常用的是辣根过氧化物酶（horseradish peroxidase，HRP）和碱性磷酸酶（alkaline phosphatase，AP）。

11.3.1　辣根过氧化物酶

HRP 的作用底物是过氧化氢，过氧化物酶在过氧化氢存在的条件下氧化显色剂（chromogen），使其在结合有抗体的部位产生沉淀。最常用的显色剂是 3,3′-二氨基联苯胺四盐酸盐（3,3′-diaminobenzidine tetrachloride，DAB），可产生不溶于有机溶剂的棕色沉淀。目前有多个方案可增强 DAB 终产物的颜色（见 A.12.1.2 节）。虽然 DAB 不是最敏感的显色剂，但其有色反应的结果更易保存，且比其他显色剂更易区分[4]。当内源性过氧化物酶活性很高（见 11.4.1）或者黑色素较为明显时，应选用其他显色剂或者碱性磷酸酶。在最近发表的一篇文献中可见显色剂和其敏感性/有效性的对比列表[4]。另外一种过氧化物酶的显色剂 3-氨基-9-乙基咔唑（3-amino-9-ethylcarbazole，AEC）产生红色沉淀，但该沉淀溶于有机溶液，因此必须使用水溶性封片剂封片。还有其他一些显色剂可生成相似的红色沉淀且不溶于有机溶剂。另一个 HRP 的显色剂是 4-氯-1-萘酚，它生成可溶于有机溶剂的蓝色沉淀。

11.3.2　碱性磷酸酶

碱性磷酸酶来源于小牛小肠。碱性磷酸酶方法的基本原理是水解含可置换的萘酚基团的磷酸盐，产生不溶性的萘酚衍生物，随后与适合的重氮盐偶联，在酶活性部位生成带有颜色的不溶性偶氮染料。最常使用的显色剂为 5-溴-4-氯-3-吲哚磷酸酯/硝基四氮唑蓝（5-bromo-4-chloro-3-indolylphosphate/nitro blue tetrazoliumchloride，BCIP/NBT，蓝色，永久封片剂）、固红（fast red，红色，水性封片剂）、新品红（紫红色，水性封片剂）。碱性磷酸酶适用于细胞样品或内源性过氧化物酶较高的组织样品。碱性磷酸酶与辣根过氧化物酶可联合应用于双重标记的免疫组化染色。

11.4　背景与非特异反应产生的原因

免疫组织化学最常见的问题就是背景，它会严重影响对实验结果的解读。产生背景染色最常见的原因如下所述。

11.4.1 内源性酶活性

11.4.1.1 内源性过氧化物酶

红细胞（假过氧化物酶）、粒细胞（髓过氧化物酶）及神经元中天然存在内源性过氧化物酶活性，可与 DAB 反应产生棕色产物，难以与特异性的免疫染色区别。冷冻切片用 0.03% ~3%的 H_2O_2 水溶液（含 0.1% 叠氮钠）预处理，可以减少或消除红细胞的假过氧化物酶活性及粒细胞的髓过氧化物酶活性。常规石蜡包埋组织切片及出血较多或含酸性血红素的切片需要使用浓度更高的 H_2O_2（3%水溶液，含 0.1% 叠氮钠），或者在低浓度溶液中延长孵育时间来消除内源性酶活性。不推荐常规使用 H_2O_2-甲醇溶液，尤其是检测细胞表面抗原时，因为它会对抗原性及免疫反应产生不良影响。如果必须使用 H_2O_2-甲醇时，应将孵育时间控制在 15min 之内。

11.4.1.2 内源性碱性磷酸酶

哺乳动物组织中有两种碱性磷酸酶的同工酶，即肠源型和非肠源型，在使用碱性磷酸酶法时会产生背景染色。1mmol/L 左旋咪唑即可抑制非肠源型的碱性磷酸酶同工酶，且不影响肠源型同工酶作为报告因子在免疫碱性磷酸酶法中的使用效果。1%乙酸可阻断肠源型同工酶，但同时也会破坏部分抗原。

11.4.2 其他内源性物质活性

11.4.2.1 内源性抗生物素/生物素活性

由内源性生物素引起的背景在冰冻切片中较为明显，而在福尔马林固定的组织切片中引起的背景明显降低。碱性卵白抗生物素的高离子浓度对细胞内带相反电荷的分子，如核酸、磷脂、肥大细胞胞质中的糖胺聚糖等有较强的吸引力，因而会产生非特异性结合。卵白抗生物素的等电点为 10，在免疫染色的 pH 接近中性的缓冲液中带正电荷，呈碱性。

内源性生物素广泛分布于哺乳动物的组织中，尤其在肝、肺、脾、脂肪、乳腺、肾和脑等组织中含量丰富。剧烈的热抗原修复法会将福尔马林固定组织中的内源性生物素暴露出来，而检测系统中的抗生物素可与其结合产生强烈背景，需要对其进行抑制。配制 pH 为 9.4 而非 pH7.6 的 ABC 或 LAB 溶液，可以避免这种非免疫性结合。另外，5%脱脂奶粉溶液可以抑制抗生物素-荧光素复合物与细胞核、细胞质、细胞膜的非特异性偶联。用链霉亲和素（来源于 *Streptomyces avidinii*，等电点为 5.5~6.5）替代卵白中的抗生物素可显著降低免疫组化中的非特异性结合。商业检测试剂盒中应用较为广泛的亲和素类型就是链霉亲和素，市售的含 0.1%链霉亲和素及 0.01% 生物素的试剂可以封闭这种内源性活性。基于酪胺-链霉亲和素等的一些高敏感性检测方法，需要预先进行封闭步骤以避免产生过强背景。作为替代，目前已有基于多聚物的商品化的检测系统上市，可以避免使用抗生物素标记的二抗和抗生物素-生物素阻断试剂。

11.4.2.2　内源性免疫球蛋白活性

免疫组织化学方法中，一抗与组织表面的免疫球蛋白结合就会产生背景。在一抗孵育步骤前应使用非特异性阻断试剂（如 5% 牛血清白蛋白）以封闭一抗与组织中的无关抗原结合。

11.4.3　一抗引起非特异性反应或背景染色的原因

11.4.3.1　抗体滴度（titration）

一抗稀释度不足会导致背景染色。理想的抗体滴度是能够产生较强的信号而没有或很少背景染色。为了确定抗体的最佳稀释度，每种抗体都应该通过棋盘滴定法进行标准化，或者至少检测若干个稀释度的效果。多种因素可以影响一抗的最佳滴度，包括一抗孵育的时间和温度、AR 的参数（方法、时间、温度、pH、化学成分等）、缓冲液（PBS 或 TBS、pH），以及检测方法（敏感性、特异性、时间和温度）等（图 11.2）。

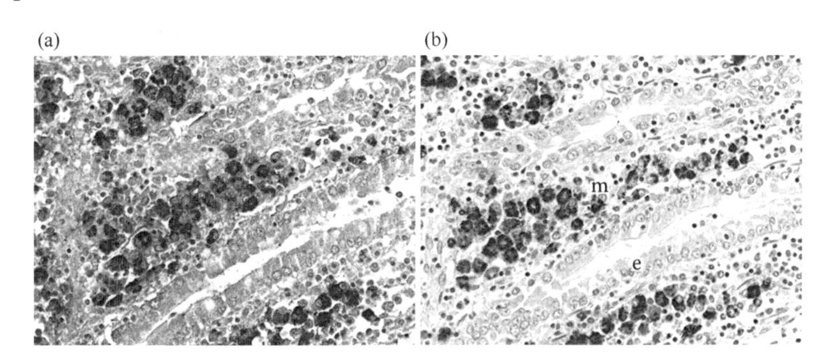

图 11.2　鸟分枝杆菌结核亚属（*Mycobacterium avium* subsp. *paratuberculosis*）引起的牛小肠类结核病的免疫组化染色，显示一抗的最适稀释度对染色结果至关重要。（a）由于一抗稀释不充分而导致的小肠上皮细胞和固有层的非特异染色。（b）最适稀释浓度的一抗只显示被感染的巨噬细胞（m），上皮细胞则不着色（e）。免疫过氧化物酶-DAB 显色，苏木精复染。（彩图请扫封底二维码）

11.4.3.2　抗原的“特异性交叉反应”

该名词是指抗体与靶抗原之外的其他组织或细胞中的抗原发生特异性结合。这是由于不同细胞或组织拥有相同的抗原决定簇所致。例如，CD79a 抗体不仅与预期的 B 淋巴细胞结合，也能与平滑肌细胞产生明显反应。CD15 是用于霍奇金（Hodgkin’s）淋巴瘤的 Reed-Sternberg 细胞染色的，但该抗体也与巨噬细胞存在交叉反应。有一种特殊类型的特异性交叉反应称为“种属交叉反应”，即相同的抗原（抗原决定簇）存在于多个种属中（例如，狗、猫、马的细胞角蛋白；多个种属中的波形蛋白；抗猪冠状病毒单克隆抗体能与雪貂、狗、猫、猪的冠状病毒反应等）。免疫组化中的二抗也可能与组织抗原结合（如兔抗大鼠的二抗可与小鼠组织结合），使用时需要用待检组织同一种属的免疫球蛋白对这种二抗进行吸附以去除该反应（如使用小鼠免疫球蛋白或小鼠血清蛋白）。

11.4.3.3 抗体的“非特异性交叉反应”

一抗或二抗与不相关蛋白质通过非免疫性机制结合（见 11.4.4 节），组织固定或抗原修复导致蛋白质构象改变都可导致背景产生。

11.4.4 疏水作用和离子相互作用产生的背景

11.4.4.1 蛋白质的疏水作用

疏水力在抗原-抗体（Ag-Ab）成功结合时起关键作用，但同时也会导致产生意外的背景。经含醛类固定剂固定后，相邻组织蛋白内部或之间的活性ε-氨基酸、α-氨基酸发生交联反应，导致组织蛋白疏水力增强。由于固定使蛋白质的疏水性增加，导致免疫组化过程中背景染色增加，因此应避免组织在福尔马林或其他醛类固定剂中固定时间过长。这种由于醛类固定剂过度固定导致的背景染色可以通过 Bouin's、Zenker's 或 B5 固定液的后固定加以改善。免疫球蛋白也是疏水性很强的蛋白质，尤其是 IgG1 和 IgG3 亚类的抗体。在抗体储存过程中，免疫球蛋白的聚集（aggregation）和多聚作用（polymerization）会导致蛋白疏水性增强。组织切片中蛋白质-蛋白质的偶联基团和极性基团的相互作用也会产生背景。

目前有些方法可以降低免疫球蛋白和组织蛋白的疏水性结合，包括用与抗体等电点 pH 不同的稀释缓冲液（尤其适用于单克隆抗体）、低离子强度的稀释液（低盐浓度）、稀释液中添加非离子去污剂（如 Tween-20、Triton X）或乙二醇、提高稀释液的 pH（适用于多克隆抗体）。但最常用的减少因疏水作用所产生背景染色的方法是在一抗孵育前应用封闭蛋白对切片进行封闭。经典的方法是用与免疫染色所使用的二抗种属相同的免疫球蛋白进行封闭；此外，牛血清白蛋白、鱼胶、胎牛血清、脱脂奶粉及目前较常用的酪蛋白都可使用[10]。酪蛋白比正常血清在封闭疏水性背景染色方面更为有效。

11.4.4.2 离子相互作用产生的背景

离子间相互作用是控制抗原-抗体相互作用的主要力量之一，但同时也会导致非特异背景染色。大多数抗体的等电点为 5.8~8.5。在常规使用的稀释缓冲液 pH 下，抗体可能带负/正净表面电荷，如果组织蛋白与免疫球蛋白带相反的表面电荷，那么二者之间就会发生离子间相互反应。使用前将稀释缓冲液恢复至室温很重要，它将有助于防止相反净电荷的产生。免疫球蛋白与带负电荷的组织或细胞（如内皮、胶原等）的非免疫结合可用高离子强度的稀释缓冲液有效地阻断。人们逐渐认识到很多时候非特异染色是由于离子相互作用与疏水作用两方面联合作用的结果；并且，纠正其中一方面可能会加重另一方面，因此解决这种非特异背景染色显得更为复杂。

11.5 抗原修复技术

组织固定过程中抗原发生交联使许多抗原的三级结构和四级结构发生改变，无法被特异性抗体检测到。抗原修复技术旨在修复丢失的抗原性，理论上使蛋白质恢复固定前的构象。经福尔马林固定后约 85%的抗原需要通过某种抗原修复方法以优化免疫反应[21]。是否有必要进行抗原修复不仅依赖于待检测抗原，还取决于所使用的抗体。多克隆抗体由于敏感性高，在不进行抗原修复的情况下比单克隆抗体更容易检测到抗原[10]。目前抗原修复的技术方法主要分为两种：酶抗原修复法和热诱导抗原决定簇修复法。

11.5.1 去污剂和离散剂

去污剂可在水溶液中形成微粒，降低水的表面张力，所以也是一种表面活性剂。去污剂模拟脂质双分子层环境，可以溶解膜蛋白，形成由脂质、去污剂及含蛋白质的去污剂微团组成的混合微粒（通常一个微粒包含一个蛋白质分子）。免疫组化方法中较为常用的去污剂是非离子型去污剂，它们更适用于破坏脂质-脂质、脂质-蛋白质间的相互作用，而非蛋白质-蛋白质相互作用，因此被认为是非变性剂。非离子型去污剂主要包括 Triton-X 100、Tween-20、皂苷、BRIJR、NP40；它们通常被加入到漂洗缓冲液中（如 0.05% Tween 20）。

离散剂（chaotropic substances）包括盐酸胍、硫氰酸钠、铯等，通过解离蛋白质复合体使蛋白质变性，部分打开或逆转福尔马林固定导致的蛋白质交联。通常使用去污剂或离散剂的抗原修复法比酶抗原修复法和热抗原修复法（HIER）效率低，一般与酶或热修复法联合使用。

11.5.2 酶抗原修复法

在热诱导抗原修复法出现之前，蛋白酶诱导的抗原决定簇修复法（protease-induced epitope retrieval，PIER）是最常用的修复方法。许多酶都曾在这一技术中被使用过，其中最常用的是胰蛋白酶（trypsin）、蛋白酶 K（proteinase K）、链霉蛋白酶（pronase）、无花果蛋白酶（ficin）及胃蛋白酶（pepsin）[10]。PIER 的作用机制很可能是通过酶消化打断福尔马林固定过程产生的蛋白质交联，但这种断裂是非特异性的，对某些抗原具有不利影响。PIER 的效果取决于酶的浓度和种类、孵育参数（时间、温度、pH），以及样本的固定时间。通常只对少数几种酶进行优化而不是尝试很多种酶。我们使用一种商品化的即用型蛋白酶 K 溶液，它在室温下具有很好的活性，可用于自动化免疫染色机。PIER 的缺点：并非大多数抗原的最适修复方法；它可能改变组织的形态或破坏抗原决定簇。下面介绍三种酶消化方法。

11.5.2.1 胰蛋白酶（参见附录 A.6）

（1）将切片浸入 0.1%胰蛋白酶溶液（pH7.8），37℃孵育 10~30min。

（2）流水冲洗切片。

（3）继续进行免疫组织化学染色步骤。

不同公司、不同批次的胰蛋白酶溶液活性不同。

11.5.2.2　蛋白酶（参见附录 A.7）

（1）在组织切片上滴加数滴预温的 0.05%~0.5%的蛋白酶 XXIV，37℃孵育 10~25min。

（2）流水充分冲洗切片。

（3）继续进行免疫组织化学染色步骤。

11.5.2.3　胃蛋白酶（参见附录 A.8）

（1）将切片浸入 0.4%胃蛋白酶溶液。

（2）37℃孵育 10~25min。

（3）流水冲洗切片。

（4）继续进行免疫组织化学染色步骤。

11.5.3　热诱导抗原决定簇修复（HIER）法

下面介绍的这组抗原修复方法彻底改变了在交联固定剂中（如甲醛）固定的抗原的免疫组织化学检测。HIER 来源于 Fraenklen-Conrat 和他的同事们提出的一个概念，他们证实蛋白质和福尔马林之间的化学反应通过高温加热或强碱水解至少可以达到部分逆转[10]。其机制目前尚不清楚，但它的最终效果是逆转了抗原在固定过程中的构象改变。加热可能水解了亚甲基交联键而使抗原决定簇暴露，但也可能是其他未知机制，因为加热可以使乙醇固定的组织的免疫染色增强，而乙醇固定是不引起蛋白质交联的。其他抗原修复假说还包括对弥散型封闭性蛋白的抽提、蛋白质沉淀、组织切片的再水化使抗体的渗透性增强、加热使切片中微量的石蜡熔解等。固定过程中组织内的钙离子可能屏蔽了部分抗原，因此抗原修复时钙螯合剂（如 EDTA）可能比柠檬酸盐缓冲液效果更好。但是 pH9.0 Tris-EDTA 会比 pH6.0 柠檬酸盐缓冲液产生更多由内源性生物素导致的背景[22]。有多种加热方法（如微波、高压锅、蒸锅、水浴等）可用于处理福尔马林固定、石蜡包埋的组织切片，以逆转甲醛固定对于组织免疫组化染色造成的有害影响。高温（100℃）加热时间短（10min）要比温度稍低但加热时间较长的效果好。对于多数需要 HIER 的抗原，蒸汽浴（90~95℃）20min 都可得到令人满意的效果。如果不考虑海拔（随海拔增高沸腾温度会降低），高压锅可以达到同样的效果。用微波炉做 HIER 则比较难于标准化，因为各种微波炉的差异很大，微波炉必须要保证适于在实验室使用。目前还没有一种通用的抗原修复溶液，现用的几种 HIER 溶液，包括不同的缓冲盐溶液（如柠檬酸盐、Tris 等）和不同的 pH（3~10），其中溶液的 pH 十分重要。一些抗原可在低 pH 溶液中被修复，而另外一些则只能在高 pH 溶液中被修复，还有一些可在较宽的 pH 范围内被修复[10]。对大部分抗原来说，与使用较高的 pH 溶液或者含 EDTA 的溶液相比，使用 0.01mmol/L 柠檬酸盐缓冲液（pH6.0）可以得到更为满意的结果和更好的细胞形态。

固定程度会显著影响抗原对修复的反应。未固定的蛋白质在 70~90℃的温度条件下可以发生变性，但经甲醛固定后变性需要更高的温度。使用不同抗原修复方法检测新抗体的染色效果时要十分注意。使用热诱导抗原决定簇修复法，尤其是使用较低的 pH 溶液时，要考虑到出现非预期的免疫染色的可能。如果条件许可，我们推荐用新鲜的冷冻切片与常规石蜡切片做免疫反应的对比实验。

11.5.3.1　微波炉 HIER

（1）选择带转盘、计时器、可设置功率的微波炉，一个塑料广口瓶装入 500ml 缓冲液（浸泡玻片用），另一个塑料烧杯加入 200ml 水，750W 加热 2min，结束时取出装水的烧杯。

（2）将已脱蜡的玻片完全浸没于预热的缓冲液中，轻盖容器盖子。

（3）750W 加热 5min（溶液必须沸腾）。

（4）观察缓冲液的液面，及时补充热水使溶液恢复到初始体积。

（5）重复步骤（3）、（4），以达到时间要求（通常 15~20min）。

（6）将装切片的容器从微波炉中取出，放入自来水中冷却 15min。

（7）用蒸馏水涮洗切片，继续免疫染色的步骤。

注：如果选择这种方法进行抗原修复，需要注意一点：由于微波炉温度的可变性，可能导致染色结果不一致。

11.5.3.2　高压锅 HIER

11.5.3.2.1　试剂和仪器

Decloaker 高压蒸汽锅（Biocare Medical，DC2002）

切片缸（Tissue Tek^{TM}）或塑料染色缸（Coplin）

HIER 缓冲液

蒸馏水

11.5.3.2.2　方法

（1）电高压锅接通电源，放入内胆。

（2）向高压锅内胆中加入 500ml 去离子水，打开开关。

（3）将玻片放入盛有 250ml 修复缓冲液的切片缸中，或盛有 50ml 修复缓冲液的塑料染缸（Coplin）中。

（4）将盛有玻片的切片缸放入高压锅内胆中央。

（5）将隔热罩放入高压锅内胆中央。

（6）将蒸汽检测条放在染缸上，盖上盖子将其拧紧。

（7）压下蒸汽喷嘴。

（8）打开显示屏，检查各个参数。

（9）设置 SP1 功能（加热时间），根据不同抗原所需可设置在 30s~5min。

（10）按显示键到 SP1，并按开始键。

（11）当计时器响起时，按开始/停止键。

（12）当温度达到 90℃时，计时器会再一次响起。

（13）按开始/停止键结束程序，等压力读数降为 0。

（14）打开盖子，将玻片冷却几分钟。

（15）将玻片从容器中取出，用自来水缓慢冲洗玻片。

（16）将玻片浸入漂洗缓冲液涮洗。

注：玻片脱蜡并再水化后，要一直避免玻片干燥。由于高压锅中的水很热，所以处理玻片时一定要小心。

11.5.3.3 蒸锅 HIER

（1）将蒸锅底部灌满水。

（2）将盛有 250ml 修复缓冲液的切片缸（Tissue Tek）放入蒸锅的篮子中。也可选择盛有 50ml 修复缓冲液的塑料染缸（Coplin）。

（3）打开蒸锅，预热切片缸或塑料染缸中的抗原修复缓冲液。通过蒸锅盖子上的小孔放入一支温度计浸入缓冲液中，将缓冲液加热到 95℃。

（4）当温度上升到 95℃时，迅速将组织切片放入缓冲液中（避免手碰到溶液），将缓冲液温度重新加热到 95℃。

（5）当温度上升到 95℃后继续保温 20min，或者根据修复抗原的不同加热不同的时间。

（6）将盛有玻片的容器移出，室温冷却 20min。

（7）流水冲洗 10min。

（8）将玻片放入漂洗缓冲液中，继续完成免疫组化染色步骤。

11.6 免疫酶技术

免疫组化技术种类繁多，通常对经典方法的改进可以优化免疫反应、提高对抗原的检测。所有免疫组化方法的最终目标都是：在尽可能少的背景下，检测到最大量的抗原（最大信噪比）。过去只能采取直接法（用酶或荧光染料标记一抗），虽然检测抗原的速度较快，但是敏感性低。间接法不直接标记一抗，它们由两级或两级以上的试剂组成，最后一级带有标记。间接法操作起来比较烦琐，但敏感性较高（是直接法的几百倍），是目前 IHC 中常用的方法。通常有这样一个规律（但也有例外），实验技术越复杂，其灵敏度也越高。本章节将重点介绍福尔马林固定、石蜡包埋切片的免疫酶技术（immunoenzyme technique），而对于其他固定剂固定的组织、冷冻切片、细胞离心涂片等，方案大同小异。选择何种方法要根据待检测抗原的数量、所需敏感性、实验室技术能力等决定。下面介绍的技术中我们将使用一些适用于自动染色机的商品试剂盒，可在自动染色机中完成的步骤取决于仪器的模式设置。

11.6.1　直接法

11.6.1.1　方法

（1）脱蜡，切片在二甲苯或其替代物中浸泡两次。

（2）用 100%乙醇（两次，每次 5min）、95%乙醇（两次，每次 5min）水化切片，用水涮洗切片去除乙醇。

（3）如果需要 HIER 或 37℃酶抗原修复，可在这一步进行。

（4）将切片在缓冲液中浸泡 5min，然后转移到自动染色机中。

（5）阻断内源性过氧化物酶。

（6）缓冲液中涮洗。

（7）室温下，蛋白酶 K 法抗原修复（如果需要），5min。

（8）将切片在非特异封闭液中孵育 10~20min。

（9）不要涮洗，吹掉切片上的封闭液即可（如果徒手操作可用滤纸吸干）。

（10）将切片在标记的一抗中孵育 30min。

（11）漂洗缓冲液涮洗切片三次。

（12）将切片在 DAB 溶液中孵育 5~10min。

（13）用蒸馏水涮洗切片。

（14）Mayer’s 苏木精复染。

（15）蒸馏水涮洗切片，用稀释的氨水溶液使组织返蓝。

（16）依次用 95%乙醇（两次，3~5min）、100% 乙醇（两次，3~5min）、二甲苯或替代物（两次，3~5min）脱水。

（17）用合成树脂封片剂封片。

11.6.1.2　结果

抗原/抗体反应部位：棕色。

细胞核：蓝色。

11.6.2　间接法

11.6.2.1　间接免疫酶法

11.6.2.1.1　方法

（1）切片用二甲苯或替代物脱蜡两次。

（2）用 100%乙醇（两次，每次 2min）、95%乙醇（两次，每次 2min）水化切片，蒸馏水涮洗切片去除乙醇。

（3）如果需要 HIER 或 37℃酶抗原修复法，可在这一步进行。

（4）将切片在缓冲液中浸泡 5min，然后转移到自动染色机中。

（5）阻断内源性过氧化物酶。

（6）缓冲液中涮洗切片。

（7）室温下，蛋白酶 K 法修复抗原（如果需要），5min。

（8）将切片在非特异封闭液中孵育 10~20min。

（9）不要涮洗，吹掉切片上的封闭液即可（如果徒手操作可用滤纸吸干）。

（10）将切片在未标记的一抗中孵育 30min。

（11）漂洗缓冲液涮洗切片三次。

（12）在标记的二抗中孵育 30min。

（13）漂洗缓冲液涮洗切片三次。

（14）将切片在 DAB 溶液中孵育 5~10min。

（15）用蒸馏水涮洗切片。

（16）Mayer's 苏木精复染。

（17）蒸馏水涮洗切片，用稀释的氨水溶液使组织返蓝。

（18）依次用 95%乙醇（两次，3~5min），100% 乙醇（两次，3~5min），二甲苯或替代物（两次，3~5min）脱水。

（19）用合成树胶封片剂封片。

11.6.2.1.2 结果

抗原/抗体反应部位：棕色。

细胞核：蓝色（如果为核抗原，则细胞核是棕色和蓝色的混合色）。

11.6.2.1.3 注意事项

通常在孵育一抗前对内源性过氧化物酶进行阻断，但有些抗原（尤其是 CD 抗原）对这一操作十分敏感，尤其是过氧化氢溶液浓度较高时。这种情况下，此项操作可以在一抗孵育后，但一定要在添加含过氧化物酶的试剂之前进行。

11.6.2.2 聚合物免疫酶法

本法比间接法更为灵敏。在一个高分子惰性骨架（如葡聚糖）上结合许多标记物（如过氧化物酶）及可识别一抗的免疫球蛋白分子（如山羊抗兔免疫球蛋白）（本例中连接的是兔免疫球蛋白）。由于反应中不涉及抗生物素或生物素分子，因此本法的另外一个优点是不存在内源性抗生物素-生物素背景[22]。聚合物法检测试剂盒通常要比抗生物素-生物素法检测试剂盒贵。目前聚合物法检测试剂盒分为二步法系统（一抗和免疫球蛋白-酶聚合物）和三步法系统（一个连接试剂、可以与之相连的一抗及聚合物），以下为典型的聚合物二步法流程。

11.6.2.2.1 方法

（1）切片用二甲苯或替代物脱蜡两次。

（2）用 100%乙醇（两次，每次 5min）、95%乙醇（两次，每次 5min）水化切片。

（3）如果需要 HIER 或 37℃酶法修复抗原，可在这一步进行。
（4）将切片在缓冲液中浸泡 5min。
（5）封闭内源性过氧化物酶。
（6）缓冲液中涮洗切片。
（7）蛋白酶 K 法修复抗原（如果需要），室温 5min。
（8）将切片在非特异结合的封闭液中孵育 10~20min。
（9）不要涮洗，吹掉切片上的封闭液即可（如果徒手操作可用滤纸吸干）。
（10）将切片在未标记的一抗中孵育 30min。
（11）漂洗缓冲液涮洗切片三次。
（12）与聚合物-免疫球蛋白-酶复合体孵育 30min。
（13）漂洗缓冲液涮洗切片三次。
（14）将切片在 DAB 溶液中孵育 5~10min。
（15）用蒸馏水涮洗切片。
（16）Mayer’s 苏木精复染（通常在自动染色机外操作）。
（17）蒸馏水涮洗切片，用稀释的氨水溶液使组织返蓝。
（18）依次用 95%乙醇（两次，3~5min）、100% 乙醇（两次，3~5min）、二甲苯或替代物（两次，3~5min）脱水。
（19）用合成树胶封片剂封片。

11.6.2.2.2　结果

抗原/抗体反应部位：棕色。
细胞核：蓝色（如果为核抗原，则细胞核是棕色和蓝色的混合色）。

11.6.3　多步法

多步法要比间接法烦琐但灵敏度更高。该方法是以抗生物素（avidin，卵白中发现的一种糖蛋白）或链霉亲和素（streptavidin，来自 *Streptomyces avidinii* 的一种糖蛋白）与生物素（biotin，蛋黄中的一种糖蛋白）之间的高亲和力为基础。抗生物素含有 4 个亚基，组成的三级结构中含有 4 个生物素结合的疏水性位点。抗生物素含有的寡糖残基对组织成分具有一定的亲和力，会导致非特异性结合。链霉亲和素缺乏寡糖残基且其等电点为中性，因此产生的背景较少。通常生物素会被连接到二抗或酶分子上（一个免疫球蛋白分子可连接多达 150 个分子的生物素）。抗生物素-生物素法中的标记分子通常为抗生物素分子（第三级试剂）。该方法灵敏度高，在目前免疫组织化学中应用最为广泛（图 11.3）。

11.6.3.1　标记链霉亲和素-生物素法（labeled streptavidin/biotin，LSAB）

11.6.3.1.1　方法

（1）切片用二甲苯或替代物脱蜡两次。

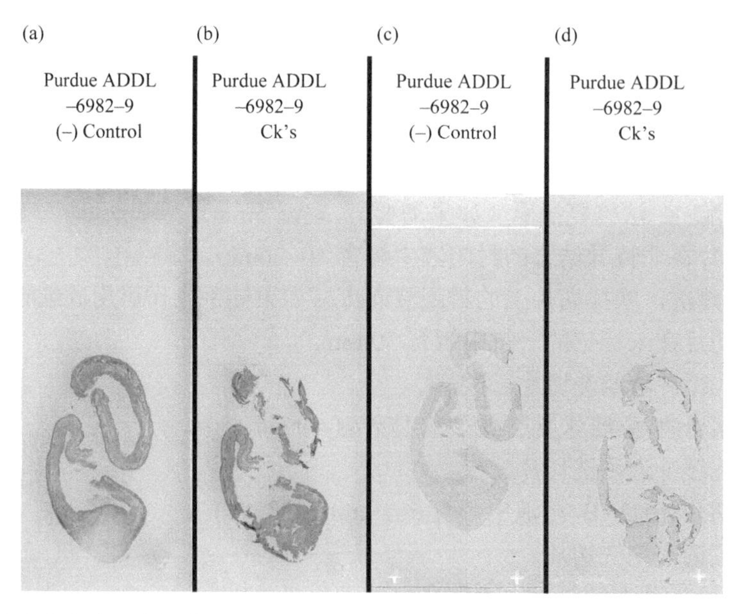

图 11.3　多步法比直接法更为敏感但也更容易产生非特异反应。该图是山羊膀胱组织用抗细胞角蛋白的单克隆抗体染色的结果。(a) 和 (b) 是用可识别兔、鼠及山羊一抗的 LSAB+Link 检测系统进行染色。(a) 是阴性对照切片，(b) 是抗细胞角蛋白抗体染色切片，两者都出现了相同的弥散染色，这是由于抗体与内源性（组织）山羊免疫球蛋白的非特异性结合所致。为避免这个问题，切片 (c) 和 (d) 使用了不识别山羊免疫球蛋白的检测系统（ENVISION＋）。阴性对照 (c) 未出现染色，阳性对照 (d) 在组织的预期区域出现了明显的染色。免疫过氧化物酶-DAB 显色，苏木精复染。(彩图请扫封底二维码)

（2）依次用 100%乙醇（两次，每次 5min）、95%乙醇（两次，每次 5min）水化切片。

（3）如果需要 HIER 或 37℃酶法修复抗原，可在这一步进行。

（4）将切片在缓冲液中浸泡 5min，然后放入自动染色机。

（5）封闭内源性过氧化物。

（6）用缓冲液涮洗切片。

（7）蛋白酶 K 法修复抗原（如果需要），室温 5min。

（8）将切片在非特异封闭液中孵育 10~20min。

（9）不要涮洗，吹掉切片上的封闭液即可（如果徒手操作，可用滤纸将液体吸干）。

（10）将切片在未标记的一抗中孵育 30min。

（11）漂洗缓冲液涮洗切片三次。

（12）在生物素化的二抗中孵育 30min。

（13）漂洗缓冲液涮洗切片三次。

（14）在第三级试剂中孵育（过氧化物酶标记的抗生物素/链霉亲和素）30min。

（15）用漂洗缓冲液涮洗三遍。

（16）在 DAB 溶液中孵育 5~10min。

（17）蒸馏水涮洗切片。

（18）Mayer's 苏木精复染（通常在自动染色机外操作）。

（19）蒸馏水涮洗切片，用稀释的氨水溶液使组织返蓝。

（20）依次用 95%乙醇（两次，3~5min）、100%乙醇（两次，3~5min）、二甲苯或替代物（两次，3~5min）脱水。

（21）用合成树胶封片剂封片。

11.6.3.1.2　结果

抗原/抗体反应部位：棕色。

细胞核：蓝色（如果抗原在核内，则细胞核的颜色是棕色和蓝色的混合色）。

11.6.3.2　链霉亲和素生物素复合物法（streptavidin biotin complex，ABC）

11.6.3.2.1　方法

（1）切片用二甲苯或替代物脱蜡两次。

（2）依次用 100%乙醇（两次，每次 5min），95%乙醇（两次，每次 5min）水化切片。

（3）如果需要 HIER 或 37℃酶法修复抗原，可在这一步进行。

（4）将切片在缓冲液中浸泡 5min。

（5）阻断内源性过氧化物酶。

（6）缓冲液涮洗切片。

（7）蛋白酶 K 法修复抗原（如果需要），室温 5min。

（8）将切片在非特异封闭液中孵育 10~20min。

（9）不要涮洗，吹掉切片上的封闭液即可（如果徒手操作，可用滤纸将液体吸干）。

（10）将切片在未标记的一抗中孵育 30min。

（11）漂洗缓冲液涮洗切片三次。

（12）在生物素化的二抗中孵育 30min。

（13）漂洗缓冲液涮洗切片三次。

（14）在第三级试剂（预制的抗生物素-链亲和素-过氧化物酶复合物）中孵育 30min。

（15）用漂洗缓冲液涮洗三遍。

（16）在 DAB 溶液中孵育 5~10min。

（17）蒸馏水涮洗切片。

（18）Mayer’s 苏木精复染（通常在自动染色机外操作）。

（19）蒸馏水涮洗切片，用稀释的氨水溶液使组织返蓝。

（20）依次用 95%乙醇（两次，3~5min）、100% 乙醇（两次，3~5min）、二甲苯或代替物（两次，3~5min）脱水。

（21）用合成树胶封片剂封片。

11.6.3.2.2　结果

抗原/抗体反应部位：棕色。

细胞核：蓝色（如果抗原在核内，则细胞核的颜色是棕色和蓝色的混合色）。

11.6.3.2.3 注意事项

抗生物素和过氧化物酶溶液需在试管内预孵育以形成复合物，然后再加到玻片上。

11.6.3.3 酪胺法（抗生物素-生物素或荧光素法）

与传统 ABC 方法相比，酪胺法可将免疫反应放大 100~1000 倍，一抗的稀释倍数也可提高几百倍。与链霉亲和素或抗荧光素抗体结合的过氧化物酶与酪胺上标记的生物素或荧光素发生二次反应，将其沉淀下来是该方法的基本原理。最初，该方法是以抗生物素-生物素结合为基础，但该反应在具有高敏感性的同时也增加了内源性抗生物素-生物素产生背景的机会。最近出现的以荧光素为基础的方法虽然可以避免该问题发生，但敏感性也降低了，而且仍然可能产生背景。有关改良的可降低背景的酪胺法已发表[23]。

11.6.3.3.1 方法

（1）切片用二甲苯或替代物脱蜡两次。

（2）依次用 100%乙醇（两次，每次 5min）、95%乙醇（两次，每次 5min）水化切片。蒸馏水涮洗切片去除乙醇。

（3）如果需要 HIER 或 37℃酶法修复抗原，可在这一步操作。

（4）将切片在缓冲液中浸泡 5min。

（5）封闭内源性过氧化物酶。

（6）缓冲液中涮洗切片。

（7）蛋白酶 K 法修复抗原（如果需要），室温 5min。

（8）将切片在非特异的封闭液中孵育 10~20min。

（9）不要涮洗，吹掉切片上的封闭液即可（如果徒手操作，可用滤纸将水吸干）。

（10）将切片在未标记的一抗中孵育 30min。

（11）漂洗缓冲液涮洗切片三次。

（12）在生物素标记的 $F(ab')_2$ 二抗（抗生物素-生物素法）或过氧化物酶标记的抗小鼠 IgG（荧光素法）中孵育 15min。

（13）切片用漂洗缓冲液涮洗三遍。

（14）对于抗生物素-生物素法，用过氧化物酶-链霉亲和素-生物素复合物孵育 15min；而对于荧光素法，用荧光素标记的酪胺放大系统孵育 15min。

（15）漂洗缓冲液涮洗切片三遍。

（16）对于抗生物素-生物素法，用生物素化的酪胺放大系统试剂孵育 15min；而对于荧光素法，用过氧化物酶标记抗荧光素抗体孵育 15min。

（17）漂洗缓冲液涮洗切片三次。

（18）对于抗生物素-生物素法，用过氧化物酶-链霉亲和素复合物孵育 15min；而对于荧光素法，直接进行步骤（20）。

（19）漂洗缓冲液涮洗切片三次。

（20）在 DAB 底物-显色剂中孵育 5min。

（21）蒸馏水涮洗。

（22）Mayer's 苏木精复染。

（23）蒸馏水涮洗切片，用稀释的氨水溶液使组织返蓝。

（24）依次用 95%乙醇（两次，每次 3~5min）、100%乙醇（两次，每次 3~5min）、二甲苯或替代物（两次，每次 3~5min）脱水。

（25）用合成树胶封片剂封片。

11.6.3.3.2　结果

抗原/抗体反应部位：棕色。

细胞核：蓝色（如果抗原在细胞核内，则细胞核的颜色是棕色和蓝色的混合色）。

11.6.3.4　免疫组化检测多抗原（Mutiplex IHC）

检测同一组织切片中的多个抗原一直较为困难。目前有些检测试剂盒通过标记两种不同的酶（HRP 和 AP）来检测至少两种抗原。这种试剂盒灵敏度很高，但价钱也十分昂贵。多抗原检测的关键问题在于抗原的部位（在组织、细胞或细胞器处于相同或不同的部位），必须仔细选择每种抗原的显色剂以便最好地区分抗原，特别是两种抗原共定位时（定位于同一细胞）[3]。Vector Laboratories 公司的产品目录中包括多个双重免疫染色中酶底物组合使用的示例（www.vectorlabs.com）。如果两种抗原位置十分接近（如两种抗原在同一种细胞的细胞核中），那么染色后能清楚地看到两种抗原的机会就会降低。另外，由于不同抗原的修复方法不同，双重免疫检测变得更加复杂。换句话说，一种抗原的修复方法可能损伤另一种抗原。若想对抗原多重免疫染色有更系统的了解，可以阅读 vander Loos 关于多重免疫酶染色法的专著[24]。下面是两个双重免疫酶法的流程，一个是使用不同物种的一抗，另外一个则使用源于同一物种的一抗（图 11.4）。用光谱成像对多个抗原的免疫组化染色结果进行评估的技术已经有了大幅提高，即使抗原位于同一细胞内[3,25]。

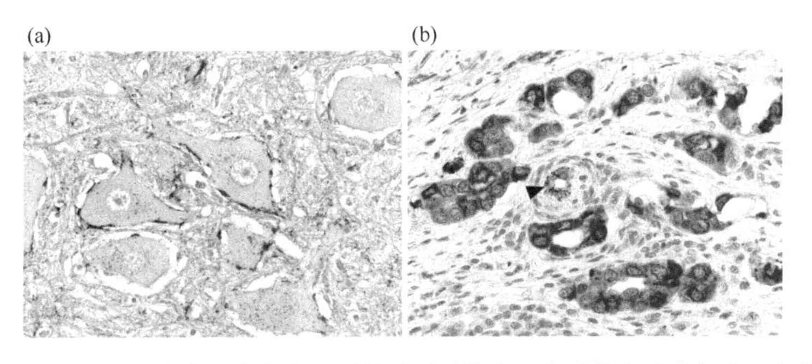

图 11.4　（a）绵羊脑干中朊病毒蛋白的免疫碱性磷酸酶染色。免疫染色为紫红色，复染颜色为蓝色。（b）对 COX-2（紫红色）及 CD31（棕色）双重免疫染色。移行细胞癌中表达 COX-2 的癌细胞由碱性磷酸酶染色，表达 CD31 的内皮细胞由过氧化物酶染色（箭头所示）。（彩图请扫封底二维码）

11.6.3.4.1 一抗来源于不同种属动物的双重免疫酶染色法[24]

该方法用来自不同种属动物的两种一抗进行间接法染色。

11.6.3.4.1.1 方法

（1）切片用二甲苯或替代物脱蜡两次。

（2）依次用 100%乙醇（两次，每次 5min）、95%乙醇（两次，每次 5min）水化切片。蒸馏水涮洗切片去除乙醇。

（3）如果需要 HIER 或 37℃酶法修复抗原，可在这一步操作。

（4）将切片在缓冲液中浸泡 5min。

（5）封闭内源性过氧化物酶。

（6）缓冲液中涮洗切片。

（7）蛋白酶 K 法修复抗原（如果需要），室温 5min。

（8）将切片在非特异结合的封闭液中孵育 10~20min。

（9）不要涮洗，吹掉切片上的封闭液即可（如果徒手操作，可用滤纸吸干）。

（10）用两种未标记的一抗同时孵育切片 30min。

（11）漂洗缓冲液涮洗切片三次。

（12）用二抗混合液（HRP 标记的山羊抗小鼠二抗 1 和 AP 标记的山羊抗兔二抗 2）孵育 30min。

（13）漂洗缓冲液涮洗切片三次。

（14）第一个酶反应（AP 显色剂）5min。

（15）漂洗缓冲液涮洗切片三次。

（16）第二个酶反应（HRP 显色剂）5min。

（17）蒸馏水涮洗。

（18）在 DAB 底物-显色剂中孵育 5min。

（19）Mayer’s 苏木精复染（通常在自动染色机外操作）。

（20）用蒸馏水涮洗切片。用稀释的氨水溶液使组织返蓝。

（21）用合适的封片剂封片。

11.6.3.4.1.2 结果

DAB-HRP 的结果为棕色，固红-AP 的结果为红色。

11.6.3.4.1.3 注意事项

一抗的浓度至少是单独进行免疫组织化学染色时一抗浓度的两倍。

用HRP和AP标记时，先进行AP反应，HPR的显色系统可能会破坏AP的活性（Malik and Daymon，1982）[26]。

选择合适的颜色组合很关键，主要取决于组织切片中抗原的数量和位置。

复染不应该覆盖免疫反应的颜色。

11.6.3.4.2　一抗来源于相同或不同动物种属的顺序双重免疫酶染色法[24]

该方法的优点在于所使用的一抗可以来自于同一动物种属，然而操作起来较为烦琐，在第一次和第二次免疫反应之间需要有洗脱或阻断的步骤。目前已有商品化的基于聚合物法的染色试剂盒（如 ENVISION^{TM}）。

11.6.3.4.2.1　方法

（1）切片用二甲苯或替代物脱蜡两次。

（2）依次用 100%乙醇（两次，每次 5min）、95%乙醇（两次，每次 5min）水化切片。蒸馏水涮洗切片去除乙醇。

（3）如果需要 HIER 或 37℃酶法修复抗原，可在这一步操作。

（4）将切片在缓冲液中浸泡 5min，转入自动染色机中。

（5）封闭内源性过氧化物酶。

（6）缓冲液涮洗切片。

（7）蛋白酶 K 法修复抗原（如果需要），室温 5min。

（8）将切片在非特异结合的封闭液中孵育 10~20min。

（9）不要涮洗，吹掉切片上的封闭液即可（如果徒手操作，可用滤纸吸干）。

（10）将切片在未标记的一抗中孵育 30min。

（11）漂洗缓冲液涮洗切片三次。

（12）在 ENVISION^{TM} 的过氧化物酶试剂中孵育 30min。

（13）漂洗缓冲液涮洗三次。

（14）与 DAB-显色液反应 5min，显示过氧化物酶活性。

（15）用 DAKO 的双染封闭液洗脱，或者在 pH6.0 的柠檬酸盐缓冲液中煮沸 5min。

（16）漂洗缓冲液涮洗三次。

（17）将切片在非特异封闭液中孵育 10min。

（18）不要涮洗，吹掉切片上的封闭液即可（若徒手操作，可用滤纸吸干）。

（19）再用抗小鼠或抗兔的第二种抗体孵育 30min。

（20）漂洗缓冲液涮洗切片三次。

（21）在 ENVISION^{TM} 的 AP 试剂中孵育 30min。

（22）漂洗缓冲液涮洗切片三次。

（23）固红显示 AP 酶活性，5~30min。

（24）蒸馏水涮洗。

（25）Mayer’s 苏木精复染。

（26）水性封片剂封片。

11.6.3.4.2.2　结果

DAB-HRP 和固红-AP 显色系统的反应颜色分别为棕色和红色。

11.6.3.4.2.3　注意事项

一般建议首先进行 HRP 与 DAB 显色反应，该显色剂可以屏蔽第一套试剂，避免第一次和第二次染色反应间存在交叉。但如果两种抗原可能会共定位，则不推荐该方法，因为第一个反应（过氧化物酶-DAB）会屏蔽接下来的第二个抗原抗体反应。避免这个问题的发生可以用相反的染色程序（先做 AP 标记染色再做 HRP），或用 AP 与红、蓝两种显色剂进行双重染色[25]。

11.7　免疫荧光技术

近 20 年来，由于免疫组织化学方法的出现，免疫荧光技术的应用已大幅减少，但对于抗原的原位检测，尤其是同时检测多个抗原时，这项技术仍然很有价值。许多实验室常规使用免疫荧光法来诊断自身免疫性疾病。免疫荧光技术还广泛应用于检测神经系统中的神经肽及用共聚焦显微镜检测抗原的三维分布。免疫荧光法使用荧光染料标记的抗体，通过特定波长的光线激发荧光染料使之发出可见光。与免疫组织化学法相比，其优势在于是在黑色的无荧光背景下观察有色反应。该方法的主要缺点是必须使用特殊的显微镜进行观察，并且荧光淬灭相对较快，尤其是使用荧光素时。一些新的荧光染料（如 Oregon Green™）及市售的专利产品封片剂能减缓荧光的淬灭。

11.7.1　荧光染料

11.7.1.1　荧光素

荧光素（fluorescein）常用的为异硫氰酸荧光素（FITC），被波长 495nm 的光激发时可发出明亮的苹果绿荧光（λ 520nm）。

11.7.1.2　罗丹明

罗丹明（Rhodamine）的衍生物（如得克萨斯红，Texas Red）比 FITC 淬灭的慢，最大激发光 555~596nm 时发出红色荧光，通常与 FITC 共同用于两种抗原的共定位。

11.7.1.3　藻红蛋白

藻红蛋白（phycoerythrin）是一种来自于海藻的荧光染料，是罗丹明的衍生物，与荧光素的激发范围相同，可发出弱的橘红色荧光，通常与 FITC 联合使用，检测存在于不同结构中的两种抗原而无须转换滤镜。

11.7.1.4　AMAC

AMAC（7-氨基-4-甲基-香豆素-3-乙酸，7-amino-4-methyl-coumarin-3-acetic acid）发出蓝色荧光，一般用于多重标记。

11.7.2　间接免疫荧光技术

11.7.2.1　方法

（1）用 pH7.2 的 PBS 水化已脱蜡的石蜡切片或冷冻切片 5min。
（2）擦掉多余的缓冲液，用一抗孵育 30min。
（3）用漂洗缓冲液涮洗切片三次。
（4）在荧光素标记的二抗中孵育 30min。
（5）用漂洗缓冲液涮洗切片三次。
（6）根据生产商的推荐，选用合适的封片剂封片。
（7）立即进行观察或将玻片低温避光保存。

11.7.2.2　结果

使用的荧光染料不同，抗原-抗体反应部位发出荧光的颜色不同。

附录：免疫组织化学染色试剂

A.1　内源性过氧化物酶封闭液

A.1.1　石蜡切片

A.1.1.1　方法

（1）将组织切片脱蜡和水化。
（2）将切片浸入 3%过氧化氢溶液[10ml 30%（*V*/*V*）过氧化氢溶液加蒸馏水至 100ml] 5~15min。
（3）先用水漂洗，再用缓冲液漂洗，之后可进行免疫染色。

A.1.1.2　注意事项

（1）切片抗原修复步骤可在封闭内源性过氧化物酶步骤之前或之后进行。
（2）对于一些抗原，尤其是位于细胞膜上的抗原，该处理是有害的，因此应该在孵育完一抗之后再进行。
（3）3% 过氧化氢储存液在 4℃避光条件下保存，可稳定一周。
（4）目前一些市售的封闭液可同时阻断内源性过氧化物酶和碱性磷酸酶活性。

A.1.2 富含红细胞切片的处理

A.1.2.1 试剂

过碘酸（periodic acid）（Sigma P7875）
硼酸钾（potassium borohydride）（Sigma P4129）

A.1.2.2 方法

（1）将已脱蜡的玻片浸入 1.8% 过氧化氢溶液（6ml 30%过氧化氢溶液加蒸馏水至100ml）孵育 10~20min。
（2）流水冲洗切片。
（3）切片浸入 2.5%过碘酸水溶液 5min。
（4）流水冲洗切片。
（5）切片浸入 0.02% 硼酸钾或硼酸钠溶液中 2min。
（6）流水冲洗切片，之后可进行免疫组化染色。

A.1.2.3 注意事项

（1）硼酸钾溶液必须新鲜配制。
（2）该处理可能对某些抗原有害。

A.1.3 冷冻切片和细胞涂片的准备

A.1.3.1 方法

将切片浸入含 0.1%叠氮钠的 0.03%过氧化氢水溶液中 5min。

A.2 内源性碱性磷酸酶封闭液

A.2.1 试剂

左旋咪唑（levamisole，盐酸四咪唑）（Sigma，L9756），1mmol/L（12mg/50ml 缓冲液）

A.2.2 方法

该溶液在碱性磷酸酶显色之前添加，也可以与显色液混合后使用。

A.2.3 注意事项

目前已有商品化的封闭液，有些可同时封闭内源性过氧化物酶和碱性磷酸酶的活性。

A.3　非特异结合性封闭液

A.3.1　试剂

与二抗相同种属的动物正常血清，用 Tris 缓冲液稀释至 5%~20%。

A.3.2　方法

（1）缓冲液涮洗玻片。
（2）玻片吸干或风干，在非特异性结合的封闭液中孵育 10~20min。
（3）不要漂洗，吹掉或吸掉玻片上的封闭液。
（4）与未标记的一抗孵育。

A.3.3　注意事项

牛血清白蛋白溶液可替代正常血清使用，但较为昂贵。目前也有商品化的封闭液出售。

A.4　内源性抗生物素/生物素封闭液[27]

A.4.1　试剂

抗生物素（avidin）（Sigma，A9275）/链霉亲和素（streptavidin）（Sigma，S4762），1mg/ml 缓冲液
生物素（biotin）（Sigma，B4501），0.1mg/ml 缓冲液

A.4.2　方法

（1）已脱蜡和水化的切片在抗生物素溶液中孵育 20min。
（2）缓冲液涮洗 5min。
（3）生物素缓冲液中孵育 20min。
（4）缓冲液中涮洗 5min。
（5）进行后续免疫染色的步骤。

A.4.3　注意事项

（1）目前有些商品化的封闭试剂盒可与自动染色机共同使用，这些溶液都比较昂贵。如果待检测组织富含内源性链霉亲和素-生物素，可考虑使用非链霉亲和素-生物素检测系统。
（2）商品化的抗生物素可以用蛋清（100ml 水中含一个蛋清和 0.1%叠氮钠）代替，4℃保存。

（3）商品化的生物素可以用脱脂牛奶或含 5%脱脂奶粉的 PBS 缓冲液（含 0.05% Tween-20、0.1%叠氮钠）代替，–20℃保存。

A.5 抗原修复缓冲液

A.5.1 柠檬酸盐缓冲液，pH 6.0

A.5.1.1 试剂

100mmol/L 一水柠檬酸（citric acid monohydrate）（Sigma C0706），2.1g
2mol/L NaOH 溶液

A.5.1.2 方法

（1）将柠檬酸溶于 1L 蒸馏水中。
（2）用氢氧化钠溶液调 pH 至 6.0（约 13 ml）。
（3）该缓冲液可在室温保存 5d。

A.5.2 EDTA 缓冲液，pH 9.0，10×

A.5.2.1 试剂

Tris（hydroxymethyl）methylamine，12g
EDTA（ethylene-diamine tetra-acetic acid，disodum salt，dehydrate）（Sigma E4884），1g
1mol/L 盐酸，500ml
蒸馏水，500ml

A.5.2.2 方法

（1）Tris 和 EDTA 溶于水。
（2）加入盐酸。
（3）测定并调整到需要的 pH。

A.5.2.3 工作液

10×储存液 4℃储存。工作液按储存液：蒸馏水=1：9（*V*/*V*）配制。

A.5.3 高 pH Tris 缓冲液（pH 10.0）

A.5.3.1 试剂

Tris 碱（Calbiochem 648310），1.21g
蒸馏水，1000ml
1mol/L 氢氧化钠

Tween-20

A.5.3.2　方法

（1）Tris 粉末用蒸馏水溶解。
（2）1mol/L NaOH 调 pH 至 10。
（3）加入 0.5ml 的 Tween-20，混匀。

A.6　抗原修复用胰蛋白酶溶液

A.6.1　试剂

胰蛋白酶（粗制，猪源）（ICN，150213），约 435USP U/mg
氯化钙（Sigma C4901），0.1%水溶液或 0.005mol/L Tris-HCl 缓冲液稀释，pH7.6~8.0
0.1mol/L 氢氧化钠

A.6.2　制备

将胰蛋白酶溶于氯化钙溶液中配制成 0.1%溶液。胰蛋白酶在 pH 接近 7.8 时（用氢氧化钠溶液调节）溶解较为完全。

A.6.3　注意事项

有商品化的标量的胰蛋白酶片剂出售。

A.7　抗原修复用蛋白酶溶液

A.7.1　试剂

蛋白酶 XXIV，细菌来源，7~14U/mg（Sigma，P8038）
PBS，pH7.2~7.4，37℃预热

A.7.2　方法

用 PBS 配制 0.05%~0.5%蛋白酶 XXIV 溶液（无须调节 pH）。

A.8　抗原修复用胃蛋白酶溶液

A.8.1　试剂

胃蛋白酶，来源于猪胃，600~1800U/mg（Sigma，P7125）

盐酸，0.01mol/L，37℃

A.8.2 方法

用 0.01mol/L 盐酸配制 0.4%胰蛋白酶溶液

A.9 TBS（Tris buffer normal saline）漂洗缓冲液 0.5mol/L，pH7.6

A.9.1 试剂

Tris 碱（Sigma，T1503）
Tris 盐酸（Sigma，T3253）
氯化钠（Sigma，S3014）
盐酸 12mol/L
Tween-20

A.9.2 方法

（1）将 13.9g Tris 碱、60.6g Tris 盐酸、87.66g NaCl 溶于 500ml 蒸馏水中，磁力搅拌器搅拌。
（2）加入 12mol/L HCl 将 pH 调至 7.6。
（3）加入 5ml Tween-20。
（4）用蒸馏水将溶液最终定容为 1L。

A.9.3 注意事项

目前有商品化的 TBS，直接加水配制即可。不要加入叠氮钠。

溶液最终含 0.5mol/L Tris、1.5mol/L NaCl、0.5% Tween-20。

配制 Tris 缓冲液的工作液（0.05mol/L），将上述 100ml 0.5mol/L TBS 缓冲液与 900ml 蒸馏水混合。

TBS 的储存：室温条件下可储存 4d，4℃条件下储存 7d。

A.10 磷酸缓冲盐溶液（phosphate-buffered normal saline，PBS），0.02mol/L，pH7.0

A.10.1 试剂

氯化钠（Sigma，S3014）
磷酸氢二钠（无水）（Sigma，S0876）

磷酸二氢钠（无水）（Fisher，S369）
Tween-20（Sigma，P9416）
氢氧化钠，50%（*m/m*）溶液（Baker，3727）

A.10.2 方法

（1）500ml 蒸馏水中加入 5.38g 磷酸二氢钠、8.66g 磷酸氢二钠、8.77g 氯化钠。磁力搅拌器搅拌。
（2）氢氧化钠调 pH 至 7.0。
（3）当 pH 到 7.0 时，加入 0.5ml 的 Tween-20，混匀。
（4）用蒸馏水定容至 1L。

A.10.3 注意事项

PBS 溶液应在 2~8℃储存，以抑制细菌生长。

A.11 抗体稀释缓冲液

有商品化的抗体稀释缓冲液出售，也可以自行配制含 0.1%牛血清白蛋白（Sigma，A4503）的 PBS 或 TBS。叠氮钠会抑制酶活性，所以在酶标记试剂中不要添加。可在稀释液中使用 protexidase（ICN，980631）。

A.12 底物及显色液的制备

A.12.1 辣根过氧化物酶（HRP）

A.12.1.1 过氧化物酶-DAB 溶液

有商品化的 DAB 片剂或稳定的工作液出售，也可以根据下列方法自行在实验室配制 DAB 溶液。

A.12.1.1.1 试剂

3,3′-二氨基联苯胺（3,3′-diaminobenzidine tetrahydrochloride，DAB），50mg（Sigma，D5637）
TBS，100ml
过氧化氢溶液（30%），30μl（终浓度 0.01%~0.03%）

A.12.1.1.2 方法

（1）将 DAB 加入缓冲液中混匀，溶液应清澈，无色或淡黄色。
（2）使用前加入过氧化氢。

（3）将之前浸于缓冲液中的玻片浸入 DAB 溶液中 5min 或更长时间。
（4）蒸馏水涮洗切片。
（5）Mayer’s 苏木精复染组织切片，并用合成树胶封片剂封片。

A.12.1.1.3　注意事项

（1）孵育时间取决于抗原的含量，较长的孵育时间可能会使背景增强。

（2）DAB 的处理：DAB 有毒性并且有潜在的致癌作用，所以需根据单位的规章制度进行正确操作。为使 DAB 失活，通常可加入几滴家用的漂白剂或次氯酸钠溶液，溶液将会变黑（DAB 被氧化），此时可以用大量的水将其冲入下水道。美国食品药品监督管理局也认可另外一种处理办法，溶液配制：将 15ml 浓硫酸缓慢加入 85ml 水中，再加入 4g 高锰酸钾。将此溶液加到使用过的 DAB 中过夜，用氢氧化钠溶液中和后弃掉。

A.12.1.2　过氧化物酶-DAB 增强溶液

完成 DAB 标准显色步骤后，或在 DAB 孵育显色过程中使用金属离子可以增加反应强度或改变反应颜色，这里我们介绍三种方法。目前也有商品化的 DAB 沉淀增强溶液。

A.12.1.2.1　硫酸铜（改良自 Hanker 等方案）[28]

A.12.1.2.1.1　试剂

硫酸铜（$CuSO_4$）（Sigma，C1297）
0.85% 氯化钠

A.12.1.2.1.2　方法

（1）将 0.25g 硫酸铜溶于 50ml 0.85%氯化钠溶液中，配制成 0.5%的溶液。
（2）常规 DAB 显色步骤后，将切片浸入硫酸铜溶液中 2~10min，显微镜下观察。
（3）涮洗，复染，用合成树胶封片剂封片。

A.12.1.2.1.3　注意事项

此方法将会使 DAB 反应的颜色加深。
可用 0.05mol/L Tris-HCl 缓冲液（pH 7.6）代替氯化钠来制备硫酸铜溶液。

A.12.1.2.2　钴（改良自 Hsu 和 Soban 的方案，1982）[29]

A.12.1.2.2.1　试剂

氯化钴（Sigma，C8661），0.5%水溶液
DAB（Sigma，D5637），50mg/100ml 缓冲液（见 14.8.12.1.1）
过氧化氢，30%

A.12.1.2.2.2　方法

（1）将 1ml 氯化钴溶液加入到 100ml DAB 液中，边加边搅拌。

（2）将玻片浸入该液体孵育 5min。

（3）加入 10μL 过氧化氢溶液，再孵育 1~5min，镜检。反应产物为深蓝色或蓝黑色。

（4）流水冲洗，复染，封片。

A.12.1.2.2.3　注意事项

该方法可在 DAB 显色过程中操作。为不与反应颜色冲突，使用核固红或甲基绿进行核复染。

钴的浓度可提高到 1%钴溶液 2ml。

A.12.1.2.3　过氧化物酶-AEC

A.12.1.2.3.1　试剂

3-amino-9-ethylcarbazole（AEC）（Sigma，A5754）

N,N-二甲基甲酰胺（Aldrich，31，993-7）

AEC 储存液：1% AEC 甲酰胺溶液（室温避光储存）

0.05mol/L 乙酸钠/乙酸缓冲液，pH5.2

30%过氧化氢溶液

工作液：2.5 ml AEC 储存液与 47.5ml 乙酸盐缓冲液混合。过滤溶液，使用前，加入 20μl 过氧化氢溶液。

A.12.1.2.3.2　方法

（1）水化组织切片后在乙酸盐缓冲液中孵育 3min。

（2）将切片浸入 AEC 工作液中孵育 10~20min。每隔一定时间，用缓冲液漂洗后在显微镜下观察染色效果，如果染色不够强，可继续孵育。

（3）切片先用乙酸盐缓冲液漂洗，再用水漂洗。

（4）Mayer's 苏木精复染，用水性封片剂封片。

A.12.1.2.3.3　注意事项

该方法产生的红色沉淀可溶于乙醇（不要用合成树胶或有机封片剂）。

A.12.2　碱性磷酸酶萘酚 AS-MX 磷酸盐/固蓝 BB（改良自 Burstone 方案，1961）[30]

A.12.2.1　试剂

萘酚 AS-MX 磷酸盐，钠盐（Sigma，N5000），20mg

N,N-二甲基甲酰胺（Aldrich，31，993-7），0.4ml

0.1mol/L Tris-HCl 缓冲液，pH8.2，19.6ml

盐酸左旋咪唑（Sigma，L9756）

固蓝 BB 盐（Sigma，F3378）

A.12.2.2 方法

（1）在玻璃容器中将萘酚 AS-MX 磷酸盐溶于甲酰胺。
（2）迅速加入 Tris 缓冲液，搅拌。
（3）加入左旋咪唑配制成 1mmol/L 溶液（5ml 溶液中约含 1.2mg）。
（4）使用前加入固蓝 BB，1mg/ml。混匀，过滤备用。
（5）组织切片在溶液中室温孵育 5~15min，如 37℃孵育，则可缩短时间。
（6）流水冲洗切片。
（7）卡红明矾染液复染，水性封片剂封片。

A.12.2.3 注意事项

（1）如果需要红色的终产物，可用固红 TR 盐（Sigma，F8764）代替固蓝 BB，Mayer's 苏木精复染。
（2）萘酚 AS-MX 储存液与二甲基甲酰胺及 Tris 缓冲液混合后可在 4℃保存数周。
（3）左旋咪唑会抑制内源性碱性磷酸酶的活性，但不能抑制肠源型同工酶的活性。
（4）有商品化的内源性碱性磷酸酶抑制剂出售，使用时无须在底物中添加左旋咪唑。

A.13 复染剂

合理的复染在免疫组织化学中至关重要。通常免疫反应的颜色必须与复染的颜色有明显区别。免疫组织化学中常用的三种复染剂分别为 Mayer's 苏木精（蓝色）、核固红（红色）和甲基绿（绿色）。市面上有多种商品化复染剂出售，其中有些特别适用于免疫组织化学操作。下面介绍的方法可用于手工染色，蓝色复染剂（苏木精）可用于 DAB（棕色）、AEC（红色）和固红 TR（红色）等显色剂的复染；甲基绿可与 DAB 联合使用，但不能与固红 TR 及 AEC 联合使用；核固红可与 DAB 联合使用。更多的复染剂与显色剂联合使用的方案可以查阅 Vector Laboratories 公司的产品目录或登录 www.vectorlabs.com。

A.13.1 Mayer's 苏木精

A.13.1.1 试剂

硫酸铝钾（明矾）（Sigma，A7210），50g
苏木精（Sigma，H3136），1g
碘酸钠（Sigma，S4007），0.2g
乙酸（Fluka，45726），20ml
蒸馏水，1L

A.13.1.2 储存液

（1）将明矾溶于蒸馏水。

（2）加入苏木精并使之完全溶解。
（3）加入碘酸钠及乙酸。
（4）煮沸，冷却，过滤。

A.13.1.3　染色方法

（1）免疫组化染色后，将切片用蒸馏水涮洗。
（2）室温下，切片在储存液中染色 2~5min。
（3）蒸馏水涮洗切片。
（4）迅速用 95%及两次 100%乙醇使切片脱水。
（5）二甲苯透明。
（6）常规封片剂封片。

A.13.1.4　结果

细胞核染成蓝色。

A.13.2　核固红

A.13.2.1　试剂

核固红（Fluka，60700），0.1g
硫酸铵（Sigma，A2939），5g
蒸馏水，100ml

A.13.2.2　储存液

（1）硫酸铵溶于蒸馏水。
（2）加入核固红，缓慢加热至沸腾 5min。
（3）冷却并过滤。
（4）加入一粒麝香草酚作为防腐剂。

A.13.2.3　染色方法

（1）免疫组化染色，蒸馏水涮洗切片。
（2）室温下切片浸入储存液中染色 5min。
（3）蒸馏水涮洗切片。
（4）用 95%乙醇及两次 100%乙醇使切片脱水。
（5）二甲苯透明。
（6）常规封片剂封片。

A.13.2.4　结果

细胞核染成红色。

A. 13.3 甲基绿

A.13.3.1 试剂

a. 0.1mol/L 乙酸钠缓冲液，pH4.2

（1）三水乙酸钠（MW 136.1）（Sigma，S7670），1.36g

（2）蒸馏水，100ml

乙酸钠溶于水，用乙酸原液调 pH 至 4.2。

b. 甲基绿溶液（0.5%）

（1）甲基绿（不含乙基紫）（Aldrich，19，808－0），0.5g

（2）0.1mol/L 乙酸钠缓冲液，pH4.2，100ml

混匀使其溶解。

A.13.3.2 方法

（1）免疫组织化学染色，蒸馏水涮洗切片。

（2）室温下切片浸入甲基绿溶液中染色 5min。

（3）蒸馏水涮洗切片（此时切片呈蓝色）。

（4）快速通过 95%乙醇（蘸洗 10 次，切片将变为绿色），两次 100%乙醇以脱水。

（5）二甲苯透明。

（6）合成树胶封片剂封片。

A.13.3.3 结果

细胞核染成绿色。

（钱晓菁 译　章静波 校）

参考文献

1. Leong, A.S.-Y., Newer developments in immunohistology. *J. Clin. Pathol.* 59, 1117, 2006.
2. Mandell, J.W., Immunohistochemical assessment of protein phosphorylation state: The dream and the reality. *Histochem. Cell Biol.* 130, 465, 2008.
3. Teruya-Feldstein, J., The immunohistochemistry laboratory. Looking at molecules and preparing for tomorrow. *Arch. Pathol. Lab. Med.* 134, 1659, 2010.
4. Van der Loos, C.M., Chromogens in multiple immunohistochemical staining used for visual assessment and spectral imaging: The colorful future. *J. Histotechnol.* 33, 31, 2010.
5. Willingham, M.C., Conditional epitopes: Is your antibody always specific? *J. Histochem. Cytochem.* 47, 1233, 1999.
6. Giltane, J.M. and Rimm, D.L., Technology insight: Identification of biomarkers with tissue microarray technology. *Nat. Clin. Pract. Oncol.* 1, 104, 2004.
7. Kalyuzhny, A.E., The dark side of the immunohistochemical moon: Industry. *J. Histochem. Cytochem.* 57, 1099, 2009.

8. Rossi, S., Laurino, L., Furnaletto, A., Chinellato, S. et al., A comparative study between a novel category of immunoreagents and the corresponding mouse monoclonal antibodies. *Am. J. Clin. Pathol.* 124, 295, 2005.
9. Vilches-Moure, J.G. and Ramos-Vara, J.A., Comparison of rabbit monoclonal and mouse monoclonal antibodies in immunohistochemistry in canine tissues. *J. Vet. Diagn. Invest.* 17, 346, 2005.
10. Ramos-Vara, J.A., Technical aspects of immunohistochemistry. *Vet. Pathol.* 42, 409, 2005.
11. Pinhel, I.F., MacNeill, F.A., Hills, M.J., Salter, J. et al., Extreme loss of immunoreactive p-Akt and p-Erk1/2 during routine fixation of primary breast cancer. *Breast Cancer Res.* 12, R76, 2010.
12. Van der Loos, C.M., A focus on fixation. *Biotech. Histochem.* 82, 141, 2007.
13. Webster, J., Miller, M., DuSold, D., and Ramos-Vara, J., Effects of prolonged formalin fixation on the immunohistochemical detection of infectious agents in formalin-fixed paraffin embedded tissues. *Vet. Pathol.* 47, 529, 2010.
14. Webster, J.D., Miller, M.A., DuSold, D., and Ramos-Vara, J. Effects of prolonged formalin-fixation on diagnostic immunohistochemistry in domestic animals. *J. Histochem. Cytochem.* 57, 753, 2009.
15. Valli, V., Peters, E., Williams, C., Shipp, L. et al., Optimizing methods in immunocytochemistry: One laboratory's experience. *Vet. Clin. Pathol.* 38, 261, 2009.
16. Hansen, B.L., Winther, H., and Moller, K., Excessive section drying of breast cancer tissue prior to deparaffinisation and antigen retrieval causes a loss in HER2-immunoreactivity. *Immunocytochemistry* 6, 119, 2008.
17. Henwood, A.F., Effect of slide drying at 80°C on immunohistochemistry. *J. Histotechnol.* 28, 45, 2005.
18. Atkins, D. et al., Immunohistochemical detection of EGFR in paraffin-embedded tumor tissues: Variation in staining intensity due to choice of fixative and storage time of tissue sections. *J. Histochem. Cytochem.* 52, 893, 2004.
19. Fergenbaum, J.H. et al., Loss of antigenicity in stored sections of breast cancer tissue microarrays. *Cancer Epidemiol. Biom. Prev.* 13, 667, 2004.
20. Mirlacher, M. et al., Influence of slide aging on results of translational research studies using immunohistochemistry. *Mod. Pathol.* 17, 1414, 2004.
21. Ramos-Vara, J.A. and Beissenherz, M.E., Optimization of immunohistochemical methods using two different antigen retrieval methods on formalin-fixed, paraffin-embedded tissues: Experience with 63 markers. *J. Vet. Diagn. Invest.* 12, 307, 2000.
22. Vyberg, M. and Nielsen, S., Dextran polymer conjugate two-step visualization system for immunohistochemistry. *Appl. Immunohistochem.* 6, 3, 1998.
23. Hasui, K. and Murata, F., A new simplified catalyzed signal amplification system for minimizing non-specific staining in tissues with supersensitive immunohistochemistry. *Arch. Histol. Cytol.* 68, 1, 2005.
24. Van der Loos, C.M., *Immunoenzyme Multiple Staining Methods*. Bios Scientific Publishers, Oxford, 1999.
25. Van der Loos, C.M. and Teeling, P., A generally applicable sequential alkaline phosphatase immunohistochemical double staining. *J. Histotechnol.* 31, 119, 2008.
26. Malik, N.J. and Daymon, M.E., Improved double immunoenzyme labeling using alkaline phosphatase and horseradish peroxidase. *J. Clin. Pathol.* 35, 1092, 1982.
27. Wood, G.S. and Warnke, R., Suppression of endogenous avidin-binding activity in tissues and its relevance to biotin–avidin detection systems. *J. Histochem. Cytochem.* 29, 1196, 1981.
28. Hanker, J.S. et al., Facilitated light microscopic cytochemical diagnosis of acute myelogenous leukemia. *Cancer Res.* 39, 1635, 1979.
29. Hsu, S-M. and Soban, E., Color modification of diaminobenzidine (DAB) precipitation by metallic ions and its application for double immunohistochemistry. *J. Histochem. Cytochem.* 30, 1079, 1982.
30. Burstone, M.S., Histochemical demonstration of phosphatases in frozen sections with naphthol AS-phosphates. *J. Histochem. Cytochem.* 9, 146, 1961.
31. Köhler, G. and Milstein, C. Continuous cultures of fused cells secreting antibody of predefined specificity. *Nature*, 256, 495–497, 1975.

第12章　免疫电子显微镜

Sara E. Miller and David N. Howell

12.1　引言

本章对免疫标记方法在电子显微镜（以下简称电镜）检测中的应用进行概述。有多种固定、包埋、切片、染色技术适用于免疫电镜染色，但限于篇幅，在此仅做简单介绍。如果需要更加详细的信息，请读者自行查阅文后专门论述免疫电镜染色（IEM）的精湛参考文献[1~6]。

成功的免疫电镜染色必须克服一些技术障碍，其中一些障碍是与光学显微镜（以下简称光镜）免疫组化所共有的，一些则是电镜所特有的。和光镜免疫标记一样，用于IEM的一抗（或者直接与它们相连的二抗/三抗）必须以可见形式被标记。电镜的标记物是可以部分或全部阻断电子束的金属（或含有金属的物质），最常用的是胶体金球形颗粒，但铁结合蛋白和含铁合成聚合物也可以选用。光镜免疫组化常用标记物辣根过氧化物酶也可用于电镜标记，虽然这种酶及其催化反应产物都是低电子密度的，但其反应产物可以用重金属染色而被电镜检测。

电镜免疫标记的第二个问题是组织固定，组织固定对保存超微结构是必需的，但对许多抗原表位的完整性有进行性的破坏作用。这个问题也同样见于光镜免疫标记，但在电镜中更加复杂。电镜样本固定不充分会导致光镜水平检测不出超微结构的损伤，而过度固定则导致超薄切片抗体反应性破坏，尤其是在抗原表位稀疏和免疫反应较弱的部位。组织固定方法可参阅文后的参考文献[7,8]。

常规环氧树脂包埋样本产生了电镜免疫标记的特有问题。对于光镜组织石蜡包埋切片，有机溶剂能够溶解切片中的石蜡，水溶性缓冲溶液可以替换有机溶剂从而完全清除石蜡，但与之不同的是，聚合的树脂会一直保留在电镜切片中，严重妨碍了抗原决定簇与抗体的结合。有蚀刻树脂以暴露组织抗原的方法，但是这些方法一般太过强烈，可能本身会造成活性表位损伤。石蜡切片常用的热修复抗原的方法，也有成功地用于IEM包埋后处理的案例[9,10]。在某些条件下，亲水性树脂也可作为环氧树脂的替代物使用，无需用切片蚀刻技术就能成功地进行免疫染色。

在光镜水平，组织包埋和固定造成的表位遮蔽或损伤可以通过制备非固定冷冻切片来解决（虽然会损失一些组织细节）。尽管需要相当的技巧和专门设备，冷冻切片仍是IEM的重要方法。与光镜冷冻切片不同，冷冻超薄切片必须要求有一定程度的、不能造成不可接受的样本超微结构破坏的前固定，这种固定剂要比常规电镜固定剂温和很多，可以降低活性表位损伤的程度。

另一种用于克服组织包埋和固定造成的表位遮蔽或损伤的方法是进行固定和包埋前免疫标记。除非使用特殊的通透技术，这种方法只能用于检测位于样品表面的目的抗原，且在包埋和切片过程中必须万分小心，如垂直于扁平组织的标记面切片或者制备碳复型（carbon replica）。

IEM 最后一个特有的问题是超微结构组织块和切片的体积都必须很小。常规环氧树脂包埋的样本体积上限是 1mm×1mm×1mm，超低温冷冻组织块通常会更小。这对于均一样本（如均匀细胞悬液离心块或者有相对均匀结构的组织如肌组织）来说不是问题，但对于复杂的、非均一样本（如肾脏或肝脏组织）会造成相当复杂的问题，因为在这些组织中，感兴趣结构（如肾小球或门管区）可能只占整个组织体积的一小部分。常规电镜解决这个问题的常用方法是制备多个组织块，通过制备半薄切片进行光镜下初筛，挑选包含有感兴趣结构的组织块，这种方法也可以用于免疫电镜，但费时费力。

12.2　抗体

12.2.1　一抗

IEM 一抗的选择与光镜免疫标记一抗的选择过程很类似，因为已在书中其他章节详尽描述，故本章不再赘述。

当目的抗体有多种抗体可供选择的时候，下面几个因素可以影响选择，包括不同抗体类型的相对优点（单抗 vs.多抗）、制剂（血清、腹水、纯化免疫球蛋白、亲和纯化抗体）和费用。发表的文献和厂商说明有时可以帮助预估抗体免疫电镜的效果，但值得注意的是，许多抗体只是经过生物化学方法（如免疫印迹和免疫沉淀）验证，并非经过 IEM 验证。

一般来说，寻找一个有效抗体的最实用方法是利用一个或多个抗体，来检测它们在已知阳性或高度怀疑含有这种抗原的组织中是否能有效工作。理论上，应该选择能够高表达抗原的组织，即使这个组织并不是最终要研究的组织。强烈推荐使用光镜免疫标记方法预测可能被用于 IEM 的抗体，如免疫过氧化物酶或免疫荧光染色，因为一般来说这些技术更加省力、更加敏感。尽管在光镜测试中不可能复制所有电镜实验的条件，但仍需尽可能地标准化实验参数（如抗体选择、浓度、组织固定时间）。免疫光镜测试中信号显示微弱、易变动的抗体通常不用于 IEM。但是，如果某些抗原表位以聚集的形式表达，而其相应的抗体能与之发生活跃的反应，那么这些抗体就是例外，可以用于免疫电镜。这些抗体的反应性在光镜下很难与非特异性背景区分开来，但在电镜水平很容易被特异性地鉴定出来，特别是当它定位于特定亚结构的时候。

12.2.2　常见问题解析和抗体储存

一个抗体达不到预期染色效果可能是多种原因造成的。在某些情况下，抗原表位可能被树脂包埋遮蔽，或者在样本/切片制备时丢失/破坏；也可能由于固定、还原或其他化学改变使样本中的抗原形式发生了变化，导致抗体不能与之结合。这些问题有时可以通过调整固定/包埋步骤或抗原修复技术来改善。对于最初好用但一段时间后变得不好用的抗体，最常见的原因是储存不当。抗体最好以相对较高浓度储存，而不是以最终工作液形式储存。如果必须稀释，推荐在稀释液中加入载体蛋白，如牛血清白蛋白或胎牛血清。为了延长冰箱储存的有效期，可以加入 0.02%的叠氮钠以抑制细菌生长。抗体也可以冻存，但是应避免反复冻融，因为这样会损害免疫球蛋白分子，诱导沉淀物形成。冻存时可以加入低温保护剂，如 20%~30%的甘油；抗体可以在–20℃条件下冻存几个月，但若需要保存 1 年以上，最好还是在–70℃条件下冻存。

12.2.3 二抗

IEM 可以用电子致密标记物如胶体金直接标记的一抗来进行（直接免疫标记）。然而，因为许多影响因素，一抗未标记的间接染色方法更具有优势。这项技术包括使用金属标记抗免疫球蛋白试剂或具有免疫球蛋白结合特性的细菌产物（葡萄球菌 A 蛋白、链球菌 G 蛋白）来检测未标记一抗。连接有小分子衍生物，包括二硝基苯酚[11,12]、荧光素[13]、地高辛[14,15]、生物素[16,17]和溴脱氧尿苷[18]的一抗（和其他特异性检测试剂，如核酸探针），可以通过相关标签抗体来进行检测。生物素化的一抗也可用重金属标记亲和素来检测。二抗和亲和素与蛋白 A/G 相比可以结合更多一抗位点，从而放大信号，但也使抗体结合的定量变得复杂（见下述）。由于蛋白 A 不能结合某些免疫球蛋白亚类，它的使用受到一定限制；这个问题可以通过引入“桥”抗体来解决，“桥”抗体可以与一抗结合，进而与标记的蛋白 A 结合。其他多于两层的夹层技术，包括亲和素-生物素-过氧化物酶复合物（ABC）[19]和过氧化物酶-抗过氧化物酶（PAP）[20]技术，也可用于增强超微结构免疫标记的敏感性。

间接染色方法具有很多优点，其中最主要的优点是每层试剂理论上都放大了信号，当目的抗原决定簇分布稀疏或者一抗亲和力不佳时效果尤为显著。因为高质量胶体金标记的抗体价格昂贵或者生产困难，使用能够与几个不同一抗反应的单一标记二抗是相当经济的（在许多情况下，并不能得到直接标记的一抗）。在相对容易的光镜水平验证未标记或生物素标记一抗与目的组织反应的有效性，建立最适工作稀释度，然后再通过二抗的简单转换应用于复杂的电镜水平测定。可以通过银增强技术在光镜水平观察胶体金标记物，原则上电镜标记之前均需进行一抗和二抗的光镜检测。荧光/金联合标记二抗（FluoroNanogold，Nanoprobes，Yaphank，NY）也需进行同样的检测。

间接染色方法也有缺点，例如，它比直接法更加复杂和费时，且很难用于两个同种属、同类型一抗的双标记实验（但并非不可能）；最后，由于每层试剂的空间分辨率或多或少地减小，抗原表位很难精确定位。

12.2.4 试剂滴定

建立最适的抗体工作浓度对于 IEM 至关重要，其主要目的是为了确定在特定条件下（如孵育时间、温度等）饱和有效结合位点的最低试剂浓度，想要达到这一目的更多的是一门艺术而不仅仅是一门科学，但是鲜见可供参考的有用原则。

特定试剂的IEM工作滴度可以参考已出版文献、厂商说明书或者与同事讨论决定，尽管结果各异，这些方法提供了一个有用的起点。如果得不到 IEM 的相关建议，相对合理的第一选择是参考已出版的光镜免疫染色方法的工作滴度，特别是当被标记组织以相似方法进行处理（如光镜冰冻切片、超薄冷冻切片）时。免疫印迹（抗体生产商首选的验证其产品活性和特异性的方法）的推荐滴度并不适用于免疫电镜，尤其是非常敏感的、使用放射标记或化学发光检测系统的免疫印迹，同样的抗体滴度在电镜下只能产生微弱信号或者不能产生信号。

为了建立工作滴度，合理的方法是使用倍比稀释试剂溶液，对几个重复组织切片进行染色，以得到“最佳推测浓度”。如果从文献、同事或者厂商得不到相关信息，我们实验室的粗略做法是使用未稀释杂交瘤细胞株培养上清液、1∶100 杂交瘤细胞腹水或抗血清、0.2μg/ml 纯化免疫球蛋白制剂开始实验。理想实验条件下，染色强度随试剂浓度的增加而增强，直至达到配体结合的饱和点，超过此点则染色强度会相对稳定（不增加非特异性背景染色条件下）。一旦建立最适滴度，再增加试剂浓度并不能增强稀疏表达抗原的染色，而只会增加非特异性背景染色和人工假象。

当制定一个新的、未检测一抗的间接染色步骤时，推荐使用另外一个已知具有较强结合能力的一抗来建立理想的二抗（三抗）浓度，常规进行 IEM 的大多数实验室保存有这种类型的二抗和三抗储备液。使用“棋盘”滴定组合方案，是同时探索几个未检测试剂的理想工作液浓度的较好方法，可以避免很多麻烦。

12.2.5　背景染色

除了配体特异性结合外，免疫电镜的一个或多个试剂常常以非特异方式（如通过静电或疏水作用、与固定剂残余活性醛基共价结合）结合细胞或组织成分，这将导致应与抗原特异染色严格区分开来的背景染色。设立阴性对照（见下文）是辨别背景染色的重要方法，另外，预期外位置（如没有样本的包埋介质区域、样本中不恰当的位置）的标记染色也是区分的有用线索。

完全去除背景染色是不可能的，但是经常可以通过注意实验细节来减少背景染色（少量背景染色实际上是二抗成功结合切片的证明）。将每种试剂滴定至最低适宜浓度是有帮助的，如果一抗是不纯的制剂，如全血清或者腹水，可用不含目的抗原的细胞或组织吸附以去除其他污染抗体。除胶体金标记物（可以通过中度离心力沉淀）外，其他所有试剂在使用前应通过微量离心去除沉淀。金标记物以浓缩形式储存，使用前再稀释至新配制的、含蛋白质载体的微量离心缓冲液中。

使用非反应蛋白稀释液（如 2%~5%牛血清白蛋白、5%~10% 胎牛血清、1%卵白蛋白或者 0.1%~1%冷水鱼皮肤明胶）对切片进行预孵育，然后再用含上述载体蛋白的试剂溶液去稀释一抗，能够显著降低染色背景，一些学者认为这是一种“高分子量”的封闭方法。与二抗相同种属的非免疫血清（不太可能与二抗反应）是另外一个较好的载体蛋白选择，孵育液中加入少量去离子去污剂（如 0.05% Tween-20）也能帮助降低背景染色。

含有两个活性醛基让戊二醛成为一个良好的交联固定剂，但每当只有一个醛基与样本形成共价结合时，就会留下一个游离醛基，这就导致了一个特殊的问题，即游离活性醛基能够共价结合蛋白质试剂而产生背景。可以用 0.1% $NaBH_4$ 或 50mmol/L 甘氨酸、赖氨酸或者氯化铵处理切片，共价修饰这些基团从而灭活它们，$NaBH_4$ 可以还原醛基，其他的化合物可以通过与醛基形成席夫碱而阻断非特异性结合。这些方法也可以用于去除免疫荧光染色过程中自由醛基基团的自发荧光，有时也被称为“低分子量”封闭。

12.2.6 对照

原则上 IEM 对照的设立与其他形式免疫染色类似，每个实验需设立阴性对照，即用与组织抗原没有特异性反应，而其他性质与目的一抗尽可能相似的一抗替代目的一抗，在平行样本（连续切片或独立网格切片）上进行免疫染色。如果实验目的一抗是全血清，通常选用来源于同种未免疫动物的血清（最理想的是产生抗血清的动物的免疫前血清）作为对照。对于纯化的免疫球蛋白一抗，应尽量选用与种属、同种型和浓度相匹配的对照免疫球蛋白。如果使用直接标记一抗进行染色，阴性对照一抗也应该是直接标记的。

偶尔，研究者使用“缓冲液对照”，即用免去一抗的稀释液作为对照。应当尽量避免这种做法，因为它不能排除是否存在一抗与组织成分非抗原特异性（如静电）的结合。在已知阴性组织中开展的证实一抗特异性的对照，尽管对评价一抗质量很有用，也不应该被误认为可替代阴性对照。

如果用于一抗制备的免疫原是纯的可溶物，一个可供选择的理想阴性对照是将一抗与免疫原饱和溶液进行前孵育，这可以有效阻断它与组织表位特异性结合的能力，但是对非抗原特异性结合无效。这种方法尤其适用于抗多肽抗体，有些抗体厂商会提供免疫原作为“封闭肽”。达到完全阻断目的抗体所需多肽浓度和孵育时间没有一个标准，因抗体不同而异。根据经验，我们一般使用 10 倍摩尔浓度的过量多肽溶液在 4℃孵育 30min。

如果已知或者高度怀疑某组织或细胞目的抗原表达量少，可以用已知高表达同种目的抗原的可用组织作为“阳性对照”，使用与实验样本相同的试剂条件开展平行实验。如果阳性对照不能产生预期的染色，提示染色步骤的一步或多步存在临时或固有的问题。临床诊断性免疫染色被强制要求设立阳性对照，这种对照对于结果微弱的免疫电镜尤其有用。

12.3 标记物

12.3.1 胶体金

现代 IEM 广泛使用的标记物是胶体金[21~26]。在适宜条件下，金盐形成稳定的球形聚合物，能够包被多种蛋白质，包括免疫球蛋白和免疫球蛋白结合配体。用传统透射电镜观察与试剂相结合的金颗粒最为常见，然而，许多其他超微结构成像系统，包括传统第二代电子成像[27~30]、扫描电镜散射成像[30,31]、能量发散 X 射线分析[32]和原子力显微镜[33,34]也可用来检测金颗粒。

从小于 1nm 至大约 250nm 直径范围的胶体金颗粒都可制备，但免疫电镜标记中最常用的是 5~20nm 直径的颗粒。鉴于与不同试剂相连的不同大小颗粒可以通过电镜区分开来，与多重免疫荧光方法类似，我们可以同时对一个以上目标抗原进行标记和染色。一定程度上可以通过调节胶体形成条件来控制颗粒大小[25,26]，使用黄磷或白磷还原氯化金（水合四氯化金或者 $HAuCl_4$）生产小颗粒（约 5nm）；抗坏血酸钠可用于生产大约 12nm 的颗粒；枸橼酸钠可用于生成 16~150nm 的颗粒[25]。通过甘油或蔗糖梯度差异超速离心[23]或者调整离心速度和离心时间选择性沉淀，可以纯化较窄直径范围内的金颗粒。

尽管生产胶体金颗粒所需的试剂非常便宜，反应也不难进行，但仍需一定的化学合成经验。生产大小均一的颗粒更加复杂，如果需进行多重标记实验，这就成为一个特殊问题。在包被抗体或其他试剂完成后，需要进行大量检测来保证完成的产品能正常工作。鉴于以上原因，大多数实验室使用标准化商业金试剂。

通过非共价结合在颗粒表面，胶体金颗粒可以包被许多抗体和抗体结合蛋白。其他配体结合物，如毒素、激素、多糖、凝集素和其他蛋白质等也可以与胶体金颗粒结合。包被不仅仅使颗粒特异结合配体，也阻断了胶体金颗粒的凝聚。几乎所有颗粒（除了最小的颗粒）都有多个免疫球蛋白分子结合在其表面，且结合数量与颗粒表面积成正比。商业化胶体金颗粒通常已包被好，然而，也有商用的未包被胶体金颗粒稳定悬浮液可供实验室定制结合物。

直径小于 5nm 的金颗粒具有易穿透样本的优点，直径 1~3nm 的传统胶体金颗粒（通常被称为“超小”金），可以用制备和包被比它们大的颗粒的类似方法制备[35]，也有市售[36]。另一类金颗粒是具有金原子核心、共价耦合有机分子外壳的金颗粒，包括“纳米金”（包含大约 67 个金原子的直径 1.4nm 颗粒）[37,38]和“undecagold”（一种包含 11 个金原子的均一小颗粒）[38,39]，均由纳米探针公司提供。与传统的胶体金颗粒不同，“纳米金”和“undecagold”在颗粒表面通过共价结合有机分子交联剂，具有更加稳定和使抗体的抗原结合区定位一致、易于抗原结合的优势。用抗体分解产物如 Fab 和 $F(ab')_2$ 片段[37,38]或更加小的单链可变片段（scFv）[40]替代完整免疫球蛋白分子，可以进一步增强小金颗粒对样本的通透性。

5nm 以下的金颗粒在电镜下很难分辨，但它们与靶点结合后，可以通过以金颗粒为核心，在其周围沉积银层而变得可见[41,42]，这项技术被称为银增强技术或者金属自显影技术，起源于光镜免疫染色时的一种被称为“物理增强”的光学方法[43]。虽然银是最常用的增强剂，金或者金银结合物也可以使用，后者还具有更好地保护超微结构的功能[44]。除了增强小金颗粒的可见性，银增强技术也可以用于增加大金颗粒的直径。对两种结合同样直径（如 5nm）金颗粒的试剂，使用银增强步骤能够将两者区分开来，因为第一个抗体因银增强而颗粒直径变大[45]，导致一抗的空间位阻增加而难以再结合，有助于开展两个同种属一抗的双标记染色。银增强金颗粒可以通过第二代扫描电镜[46]和背散射成像[47]进行检测，微波可以减少银增强的处理时间[48]。

市售胶体金结合物可以有多种尺寸和包被物，大多数以悬浮于缓冲盐溶液中的形式供应，溶液中辅以载体蛋白。理想的包被颗粒悬液中应不含游离的可溶性抗体，因为它们可以竞争性地结合配体。我们实验室一直使用 AuroProbe 系列试剂[AuroProbe reagent series（GE Healthcare，Buckinghamshire，UK）]取得了良好的效果，但其他公司也可提供高质量的结合物。颗粒浓度可以用颗粒数目（典型市售制剂通常是 10^{12}~10^{13} 个/ml）或者光密度表示。对于特定颗粒浓度，光密度参数随颗粒直径增加而增高；一个主要供应商供应的直径为 5nm、15nm 和 30nm 颗粒的经典光学密度（在 520nm 检测）分别为 2.5、3.5 和 7.0。高质量胶体金颗粒也会提供颗粒大小分布评估（如对于直径≥10nm 的颗粒，理想的变异系数应小于 10%）和相对不含颗粒聚合物的信息。颗粒聚合物是免疫电镜的一个严重问题，因为它们会非特异性黏附组织，易被误认为是抗原密集表达部位结合的金颗粒簇。

12.3.2 其他电子密度标记物

除了胶体金，铁蛋白也是透射电镜试剂的结合物，它的分子量为 750kDa，含有大量结合铁而致电子密度高。其他含铁化合物，包括右旋糖酐铁（Imposil）和铁甘露聚糖（iron mannan），也能用于电镜免疫标记。这些聚合物在电镜下呈现不同的长方形颗粒，可以被用于双标[49,50]。其他金属如钯和铂产生的胶体颗粒也可以用于多重标记，利用能量滤过透射电镜（EFTEM）识别[51]。量子点、半导体材料制备的纳米粒子也可以和生物分子（包括抗体）结合，通过电镜和荧光成像方法显示出来[52]。

HRP 标记试剂是光镜免疫组织化学广泛使用的试剂，也可被用于 IEM，有报道称其样本渗透性较好[53]。HRP 本身不具有电子密度，但是它作用于常见底物 3,3-二氨基联苯胺（DAB）形成的氧化沉淀，能够被锇或氯化金着色，其他的与锇具有较高亲和力的 HRP 底物最近也有报道[54]。虽然 HRP 在免疫染色中是用作蛋白质结合物，HRP DNA 也可作为一个报告基因转染细胞并表达，通过与其在 IEM 中类似的方法进行检测[55]。

基于 HRP 的技术在 IEM 中也有缺点。某些细胞，特别是造血细胞，含有内源性过氧化物酶。依赖于固定和包埋的方法，这些细胞内酶可保留催化活性，生成 DAB 反应产物。这个非特异性反应必须被阻断[如在 0.3% H_2O_2/水溶液中孵育 30min，然后用磷酸盐缓冲液（PBS）洗涤]或者使用过氧化物酶标记实验做对照。含铁标记物和大多数 HRP 反应产物也有缺点，与金产生的轮廓清晰的不透明颗粒不同，它们在电镜下产生不清晰的、“脏污”的信号。HRP 底物四甲基联苯胺是个例外，有报道称其在酶催化下产生星型的晶体状沉淀[56,57]。

HRP 标记物穿透力较强，可用于厚组织切片的染色，通过高压电镜（HVEM）来检测。可利用此法进行三维结构的重建，过去常用于检测复杂的结构如神经突触[57]和有丝分裂器[58]。三维结构的重建也可通过连续超薄切片染色和成像技术，用计算机拼合图片而成[59]，但该方法技术要求较高，而且耗时。

免疫标记偶尔也可用于扫描电镜样本，通常用于样本表面配体的检测，一般选用胶体金颗粒，特别是那些大直径的颗粒作为标记物。其他扫描电镜下可见的均匀颗粒，如病毒颗粒（烟草花叶病毒、噬菌体）和乳胶微球[60]，偶尔也连接于抗体或第二试剂作为标记物。可以用高压电镜替代扫描电镜，研究相对厚样本的表面标记物（如完整细胞的包埋样本）[61]。

12.3.3　重金属标记物显色的故障诊断与排除

尽管大多数电镜金属免疫标记物有明显的外观特征，检测它们并将之与背景区分开有时也有困难。低于 25 000 倍的放大倍数不能可信地分辨小金颗粒（≤5nm），而这个倍数高于许多显微镜工作人员习惯使用的放大倍数范围。观察它们也需要将显微镜置于高倍放大。不同于大金颗粒的完全不透明和致密黑色外观，小金颗粒略显灰色。

与光镜免疫酶染色经常使用的苏木精复染方式类似，用于 IEM 的切片通常用可溶性重金属盐（如乙酸双氧铀）对比染色显示组织超微结构。但是，在树脂切片成像图上将小金颗粒或其他重金属标签如铁蛋白，与大量重金属染色剂区分开来是有困难的，尤其是当重金属溶液含有沉淀或使用后形成沉淀时，这个问题变得更加严重。乙酸双氧铀在高浓度时易于沉淀，在磷酸盐缓冲液中或当溶液由中性转变为高 pH 时，沉淀更加明显，这个问题可以通过使用低浓度乙酸双氧铀复染（如 1%~2%，5~12min），且在用前用水彻底冲洗载网以去除残余的磷酸盐而解决。超微冷冻切片最后的包埋步骤（见下文）中常用乙酸双氧铀溶液，其中含有的甲基纤维素可在后续的染色中与染色剂形成结块，可在使用前通过微量离心去除以避免结块产生。铜网可与某些缓冲液反应形成沉淀，换用镍网可以解决这一问题。

在进行扫描电镜观察前，样本通常会喷涂金以防止荷电和增加二次电子的产生，利于成像。但免疫金标记用背散射成像或者 X 射线微探针元素分析作为检测系统时，金喷涂膜不能显示背景和信号标记之间的对比；喷涂的金也可以形成聚合物干扰结果分析。因为以上原因，一些研究者主张在免疫金标记时使用铬作为喷涂膜[62]。

12.3.4　多重标记应用

可以使用不同大小的胶体金颗粒，或者联合应用金和其他电子密度标签，对组织样本同时进行多个抗原的超微结构定位[49,63]。联合应用免疫标记和其他检测方法，如原位杂交[5,64,65]、电镜放射自显影、阳离子铁蛋白或微过氧化物酶（一种来源于细胞色素 c 的小血红素多肽）[66]摄取实验、荧光染料标记在合适光强下诱导 DAB 光氧化（光转化）[52,67]或者神经元示踪剂逆行显像[57]也可以做到。对于任何多重标记实验，建议在联合应用之前先单独确定每个标记的染色条件。同样，排除试剂系统间的交叉反应也十分重要（如确定在一个联合应用兔一抗和小鼠一抗的实验中使用的羊抗兔二抗不与小鼠免疫球蛋白发生交叉反应）。

有无数的方法连接不同的标记物和抗原，无法一一罗列。简而言之，最简单的方式就是一抗直接与不同的标签相连（如5nm 和10nm 金颗粒）。更敏感也更复杂的是实验采用不带重金属标签的多个一抗（如来自不同物种的一抗、同一物种不同亚类的一抗、生物素化和非生物素化的一抗），被带有不同标签的二抗选择性检测。有时候多种试剂可以同时使用；而另一些时候需要精心选择试剂使用顺序（如依次孵育兔一抗、5nm 金颗粒标记的羊抗兔免疫球蛋白、针对第二个配体的生物素化兔一抗、10nm 金标记亲和素，每步之间要充分洗涤）。甚至一般情况下无法区分的成对一抗，如选择正确的孵育顺序也是可以区分的（如依次孵育兔一抗、5nm 金标记蛋白 A、未标记蛋白 A 阻断任意残余结合位点、针对第二个配体的兔一抗、10nm 金标记蛋白 A，每步之间要充分洗涤）。如上文所说，两个一抗孵育中间插入银增强步骤是解决这个问题的另一种可能方法；因为银增强使与第一个抗体结合的金颗粒直径变大，导致空间位阻增加而难以再结合第二种试剂。对于树脂切片，有报道，双标也可通过使用两套试剂对载网两面（切片两面）进行染色来完成[68]。

12.3.5 标记定量

定量 IEM 需要在几个步骤注意细节[2,69]。必须考虑影响一抗结合目标抗原有效性和特异性的很多因素，包括固定后抗原保护、抗原抗体亲和力、切片类型（冷冻还是树脂包埋、环氧树脂还是丙烯酸树脂）、通过目的细胞器的切片平面、抗体结合空间位阻、样本中可溶性抗原的移位和背景染色等。假定一抗结合与抗原密度直接相关，结合定量最好用直接标记一抗法，或者用间接法，二抗选用以一对一方式结合一抗的蛋白 A 或蛋白 G。结合数量的计数也可通过使用胶体金作为标记物来进行，因为这种颗粒相对容易计数。无定形标记物，如过氧化物酶反应产物则不具有这一优点。

12.4 用于标记的组织材料

12.4.1 固定

固定是用一种或多种方法处理组织或细胞，旨在保存其生理和分子结构以便后期分析或储存。对于大多数病理学家来说，固定与化学固定同义，即用一种化学活性物质渗透样本，常用的是醛类，通过交联固定组织。固定是电镜的重要环节，然而，就像光镜免疫染色中一样，电镜免疫染色的固定更加复杂。

一般来说，IEM 固定应使用温和的适宜固定剂，使用能达到超微结构保存期望水平的最低浓度和固定时间[8]。最常用的是用适宜缓冲液（如磷酸盐、PIPES 或 HEPES）配制的 2%~8%多聚甲醛，可以加入少量戊二醛（0.1%~0.5%）增强固定，但这有可能降低抗原的完整性。微波照射可以增强和加速固定（和后续的包埋、染色）[6,70]。

四氧化锇（OsO_4）常被用于处理普通电镜样本，它既是固定剂也是全重金属染色剂。但在免疫染色实验中应避免使用四氧化锇，因为它会引起大多数抗原的氧化损伤。然而，偶尔可以在这些实验中加入少量四氧化锇作为补充固定剂，因为这样有助于显示组织切片的超微结构细节（见下文）。在这种情况下，有时也可用过碘酸钠处理切片来修复组织抗原性[71]。

在电镜技术中冷冻也可被认为是一种固定方式，传统的光镜冷冻固定方法因为会形成冰晶、严重破坏超微结构而不能用于电镜。在电镜冷冻固定方法中，速冻可使组织玻璃化而避免冰晶形成。速冻方法包括用样本强力撞击（抨击）超冷金属块或用高压液态丙烷喷射样本，或快速将样本浸入液氮冷却的低温乙烷或丙烷中（样本直接浸入液氮将导致样本表面隔热的液氮气泡形成）。冷冻固定可快速中断代谢过程，最大限度地减少组织和细胞中的抗原人工移位，而移位是相对较慢的化学固定方法中的常见问题。

12.4.2　超薄切片制备

除了下面提到的个别例外之外，大多数 IEM 是在超薄切片机切出的超薄切片上进行。就像光镜中一样，必须让组织硬化，主要有两种方法：第一种是冷冻，组织先用化学固定剂处理，用防冻剂如蔗糖渗透（尽量减少上面提到的冰晶形成），然后再冷冻制备超薄切片；第二种方法是包埋，固定的组织用液态物质渗透，然后在化学或物理催化剂作用下硬化（包埋也可以在电镜观察前稳定超薄冷冻切片）。这些方法将在下面超薄切片的免疫标记技术中详细介绍。

如前所述，冷冻也是一种初始的固定方法。冷冻固定的组织偶尔无须进一步处理便可在冷冻切片机中切片和观察（如冷冻状态的样本可在一个电镜低温台上成像），但在包括 IEM 在内的大多数情况下，冷冻固定的样本在切片前要进行化学固定和树脂浸透（冷冻置换）。冷冻固定后，样本保持低温，通常转移到一个专用的、可以精确控制温度的冷冻置换装置中（传统的–80℃冰箱是比较经济的选择，但它在升温时温度不能保持一直恒定）。在大多数方法中，样本浸泡于含固定剂（醛类，有时用锇酸）的有机溶剂（如丙酮）中。高的浸泡液与样本体积（<0.5mm）的比例（1000 倍）是成功的关键。持续低温可以最大限度地减少抗原分子的移位。根据使用方法不同，组织可在低温条件下进行低温树脂渗透和处理、紫外聚合（如 Lowicryl）或加热至室温用常规树脂渗透。任一适合超薄树脂包埋切片的方法都可用于免疫染色。有报道称冷冻固定和冷冻置换既可以保持很强的免疫反应性，又可以保持很好的超微结构[7,72~75]，但技术复杂，需要复杂而昂贵的设备。

12.5　标记方法

12.5.1　冷冻切片标记

来源于冷冻组织块的冷冻切片的免疫染色，为了纪念它的发明者，通常被称为“Tokuyasu 方法”，是最好和最常用的保存抗原表位的技术[76]，但它仍有一些缺点。冷冻切片超微结构染色类型（细胞膜亮而细胞质暗）与常规固定/包埋方法产生的类型正好相反（图 12.1）；冷冻切片图像解释需要一定的经验，制备冷冻切片的设备昂贵、操作复杂，冷冻组织块大小的限制问题比传统电镜组织块更加严重，冷冻组织的长期储备需要超低温或者液氮冰冻。尽管有这些局限性，冷冻切片仍是免疫电镜标记的一种有效方法。

在大多数情况下，组织使用多聚甲醛温和固定（有时加入少量的戊二醛，但是不用四氧化锇），用 2.1~2.3mol/L 蔗糖渗透后速冻。也可以使用含 1.15mol/L 蔗糖和 10%聚乙烯吡咯烷酮/0.1mol/L 磷酸缓冲液的混合液进行渗透[80]。与冷冻置换技术不同，冷冻超

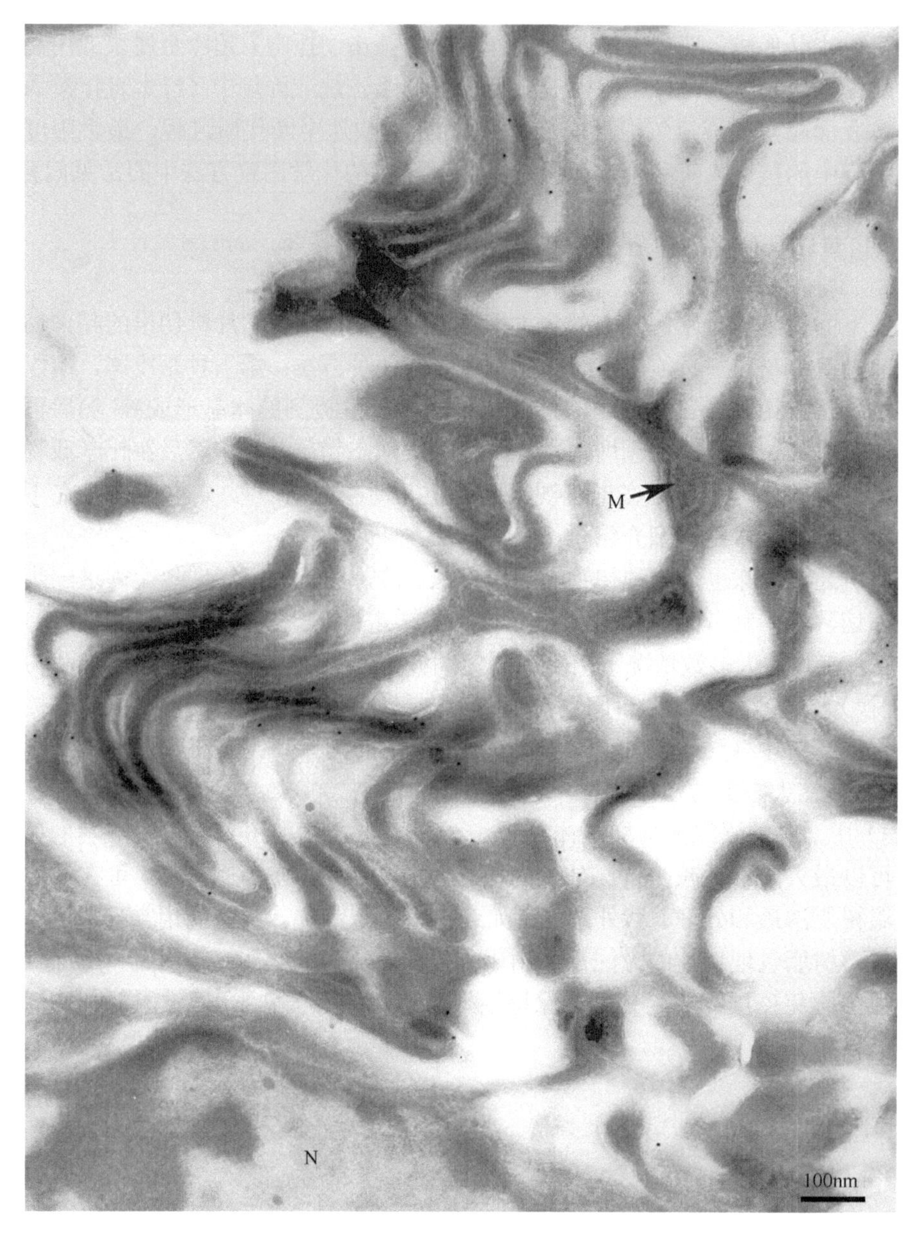

图 12.1 超薄冷冻切片标记。眼睫状体经多聚甲醛温和固定，蔗糖低温保护，液氮冷冻。切成 60~80nm 超薄低温切片，置于含有聚乙酸甲基乙烯酯和活性炭的支持膜上。使用膜蛋白抗体进行免疫染色，缓冲液洗 5 次，与 10nm 胶体金标记的二抗反应。最后，水冲洗，用溶于甲基纤维素的乙酸双氧铀进行对比染色，无尘室空气干燥。注意这张图片是“反”片，细胞膜亮而胞质暗。N 为细胞核；M 为线粒体。黑点是 10nm 金标记。

薄切片术的蔗糖冷冻保护样本可以简单浸入液氮中冷冻，在液氮冷却的–80 ~ –110℃的超低温切片机上进行切片。组织切片可塑性会由于蔗糖浓度、切片温度不同而不同；一般来讲，使用的蔗糖浓度越高，冷冻组织块越软，切片所需温度越低[79]。

冷冻切片贴附于滴加数滴室温 2.3mol/L 蔗糖的钢丝圈（直径 1.5~2.0mm）上从冰冻切片机中取出，移到包被支持膜的新鲜载网上[81]。然后切片面朝下将载网置于试剂滴顶部；通常可以在涂有石蜡膜的平面上按照要求的顺序进行系列操作。一个室温染色顺序的例子如下：

试剂	时间
PBS 洗涤（×3 次）	5 min×3 次
50mmol/L 甘氨酸（灭活活性醛基）	10 min
一抗	30~60 min
PBS 洗涤（×5 次）	5 min×5 次
金标记二抗	30 min
水洗涤（×3 次）	5′×3 次
2%甲基纤维素/0.3%乙酸双氧铀	20 min

用最后一种溶液包埋和稳定切片，同时提供了一定程度的超微结构对比染色。用钢丝圈（3~4mm）将载网在液滴间转运，一定要避免其干燥。载网依赖表面张力悬浮于试剂滴上，不要将载网沉入液滴，因为其背面湿润后会导致高背景染色。最后步骤完成后，用滤纸吸去多余液体，悬挂载网的钢丝圈置于薄甲基纤维素膜上进行空气干燥。有文献记录了最后染色包埋步骤的几种不同方法，其中一种是冷冻切片用树脂替代甲基纤维素包埋[2,82]。

12.5.2　非冷冻组织的包埋后标记

在许多情况下，极性丙烯酸树脂（LR White，LR Gold，Lowicryl K4M 或 K11M）包埋的组织切片可以替代冷冻切片进行免疫染色（图 12.2）[83]。尽管它在抗原保护和树脂可及性方面不能与冷冻组织相媲美，但在几个方面优于环氧树脂，且具有与环氧树脂相似的保护超微结构的能力。极性丙烯酸树脂的亲水性有利于一些水溶性试剂的渗透，使之无须经过环氧树脂包埋组织所需的严苛蚀刻步骤，即可进行免疫染色（见下文）。在聚合过程中它们一定程度上能与水混合，无须样本完全脱水。已经研制出低温下保持低黏度、紫外光下能够聚合的丙烯酸树脂[84]；避免环氧树脂固化所需的高温能够保存许多抗原。使用最小免疫探针（如过氧化物酶连接抗体、“纳米金”或“undecagold”连接物），可以通过增加渗透来进一步增强丙烯酸树脂的良好渗透性。

环氧树脂包埋（或非极性丙烯酸树脂，如 Lowicryl H20 或 H23 包埋）样本，比极性丙烯酸树脂包埋样本更不适合进行免疫标记。环氧树脂包埋会破坏许多抗原表位，环氧树脂的疏水性导致水溶性试剂不易渗透。然而，因为环氧树脂是临床免疫电镜实验室最常用的包埋剂，有时候环氧树脂包埋样本是唯一的选择，特别是对临床档案材料进行

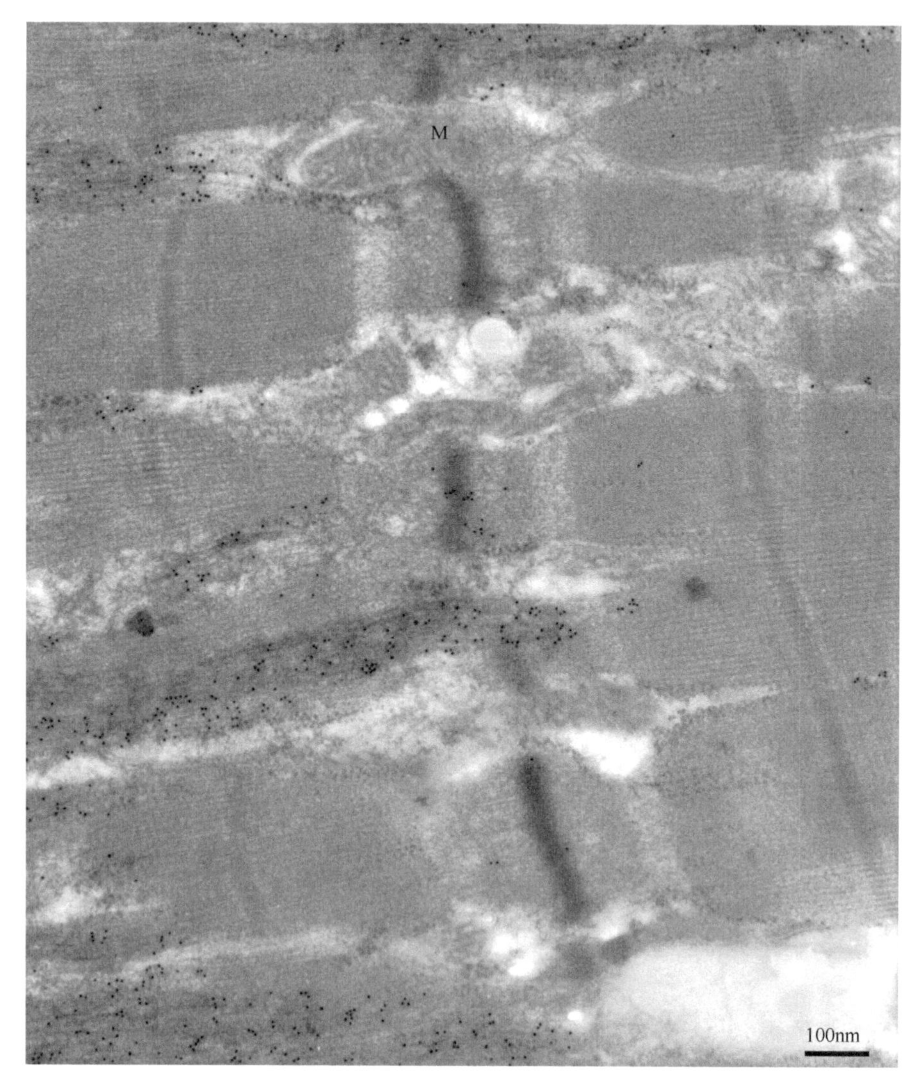

图 12.2 包埋后免疫标记。小鼠肌肉经多聚甲醛温和固定，丙烯酸树脂 LR White 包埋，不加重金属染料。将载网上的超薄切片漂浮在抗突变肌蛋白一抗液滴上，缓冲液洗涤 5 次，再与 10nm 胶体金标记二抗共同孵育，水洗三次之后，将载网进行乙酸双氧铀和柠檬酸铅复染。注意：尽管可以辨认很多超微结构，但因为组织未经锇酸染色，所以细胞膜不着色。M 为线粒体。

研究时。如果目的抗原对样本处理有较强的抵抗力或有较高的表达水平，切片未经特殊处理偶尔也能成功免疫染色，但获得成功染色更常见的是必须使用表位暴露技术，包括氧化剂化学蚀刻和热诱导抗原修复[4]。

丙烯酸树脂和环氧树脂都可以在包埋切片中永久保留。另一个可用于冷冻超薄切片组织包埋的是聚乙二醇（PEG，Carbowax），像常规石蜡包埋组织切片脱蜡一样，它能以类似方式从切片中去除[85~87]。聚乙二醇包埋组织脆弱、切片困难，但是可用标准设备切片。用干刀进行切片，与超薄冷冻切片相似，用钢丝圈捞片。去除聚乙二醇后，免疫染色试剂很容易与抗原表位结合。

12.5.3 包埋前标记

在包埋前，对悬浮细胞或者振动切片机制备的醛固定组织薄片进行一抗标记，然后以常规方法（图 12.3）进行包埋、切片、检测是可行的[88]。抗原表位在包埋过程中经常丢失或被屏蔽，包埋前标记具有保存抗原表位的优点。因为免疫标记后组织可经锇酸固定，终产物的超微结构细节比较容易识别。如果在银增强金标记后使用四氧化锇，可导

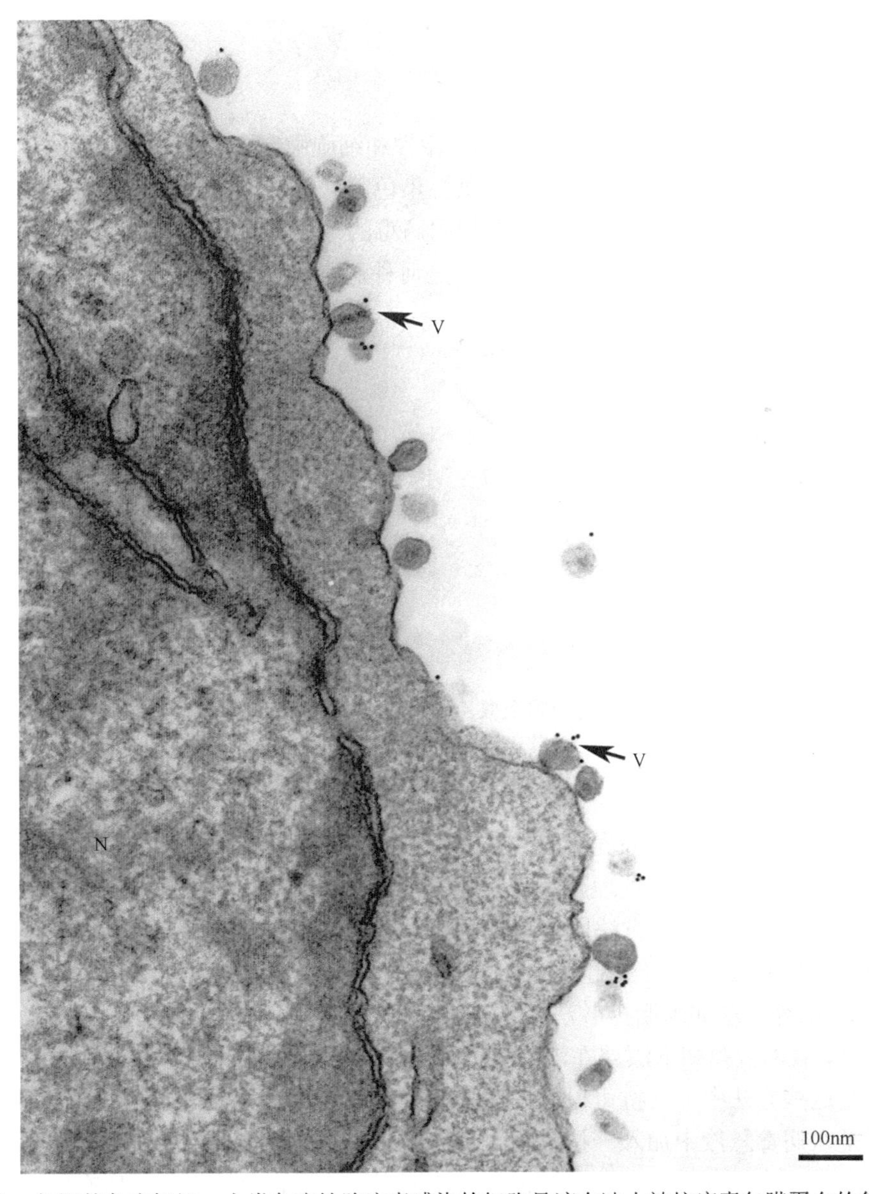

图 12.3　包埋前免疫标记。人类免疫缺陷病毒感染的细胞悬液在冰上被抗病毒包膜蛋白的兔抗体免疫标记。在离心和缓冲液重悬、洗涤三次后，加入 10nm 胶体金标记的山羊抗兔抗体孵育，然后细胞再次被洗涤，固定在戊二醛、锇、乙酸双氧铀中用于常规薄切片。注意正常外观、深染的细胞膜。N 为细胞核；V 为金标记病毒。

致金属银氧化，引起信号降解。在这种情况下，通过轻度过增强（overenhancement）和少量锇暴露（如 1% $OsO_4$15min）常常能够保存标记。

预包埋标记方法的主要缺点是只有细胞或组织切片表面的位点能够被标记物标记。用甲醇或去离子去污剂（如皂素或 Triton）处理细胞或组织，可以一定程度上增加通透性，使得标记物能够深入 8~9μm 的有限深度，这些通透剂在抗体孵育前必须被洗掉。不幸的是，它们也能够破坏细胞膜与损坏超微结构，并可能在后续染色步骤中使抗原决定簇移位。

12.5.4 颗粒样本

有时候小颗粒标本，如病毒（图 12.4）、微粒和细胞膜制备物，在薄膜包被的载网或悬浮状态下也能够被免疫标记，随后进行负性染色[89~93]，无须包埋。这种技术在病毒诊断和研究领域特别有用，可用于区别形态相同病毒的不同类型和富集病毒颗粒用于超微结构研究。诊断应用的成功与否依赖于预估是何种病毒存在，据此选择合适的抗体。下面分为三类讨论这种技术。

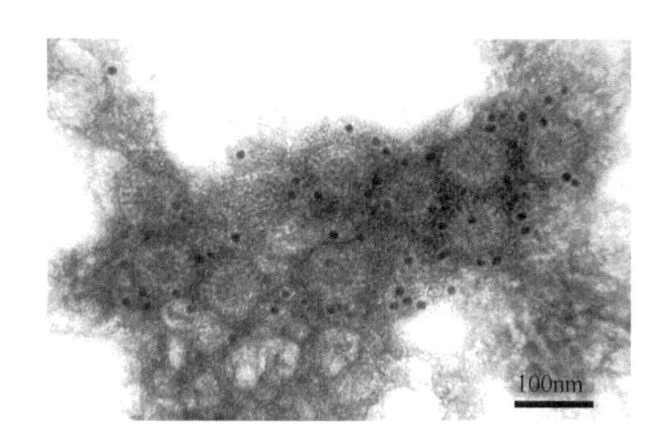

图 12.4　病毒载网免疫标记。轮状病毒吸附至聚乙酸甲基乙烯酯和碳包被载网，然后使载网漂浮在抗病毒单抗液滴上，用缓冲液洗涤 5 次，使其漂浮在 10nm 胶体金标记山羊抗小鼠免疫球蛋白液滴上，三次水洗之后，将病毒进行乙酸双氧铀负染。

第一种方法是用抗病毒外壳蛋白的抗体标记病毒，金标记二抗[81,91,94~96]。病毒贴附于支持膜包被的载网，用与处理超薄切片相似的方式直接加一抗和金标记二抗到载网，然后负性对照染色。有多种方法固定病毒颗粒于支持薄膜包被载网，包括简单地滴一滴悬液在载网、离心技术（如在配有 EM-90 转子的气动离心机离心，Beckman，Brea，California）、浓缩方法如琼脂扩散法[81,97]。琼脂扩散法的做法是：将一滴悬液滴加在 1% 固体琼脂上，载网被膜朝下漂浮在液滴表面，液体扩散入琼脂，颗粒浓缩在支持膜表面。

在所有这些方法中，一抗可以黏附在支持膜上，结合二抗后导致很强的背景染色。解决方式是在病毒悬液中加入一抗，利用超速离心洗涤去除多余的抗体，然后再将病毒附着于载网，将载网漂浮在一滴金标记二抗液滴中，洗涤，负性染色。所有的步骤都要求有正确的封阻试剂，每步之后充分洗涤。金标记二抗不能与病毒悬液进行孵育（但一抗可以），因为未结合的金颗粒超速离心时可以与病毒一起沉淀，沉积在载网引起很高的背景染色。

第二种鉴定病毒的方法是在稀释的（预估抗原浓度过量范围内）、怀疑有某种病毒的悬液中加入特异性抗体[81,94,95,98,99]，如果二价抗体与病毒反应，会聚合病毒，然后它们被置于载网上负性染色；观察到聚合物则提示有抗体检测的病毒存在，无关病毒和/或无关抗体可以作为对照。这种方法的一个变种被称为固相 IEM（SPIEM），特异性抗体直接加到载网上，孵育，洗掉多余抗体。然后载网与一滴病毒悬液孵育，抗体吸附病毒颗粒并将其“黏到”支持膜上，从而从稀释液中富集病毒 [100,101]。

第三种方法是在电镜下直接观察未标记的抗体。高浓度抗体，（确保抗体过量）加入病毒悬液中，负性染色中没有结合抗体的病毒保持原有大小，而结合抗体的病毒会因为附有模糊的外壳而变得更大[81,95]。

12.5.5　复型标记

复型标记是另一种检测未包埋样本表面抗原的方法，对研究细胞膜相关抗原特别有用[102~105]。对于细胞表面抗原，免疫金标记可以在完整细胞上进行。可以通过黏附细胞外表面于一种物质（如塑料薄膜或带正电荷的盖玻片）然后剥离黏附的细胞膜，或者通过超声破坏细胞膜，或者通过冷冻断裂技术，从而暴露细胞质结构。不论哪种情况，免疫染色后样本被干燥（如通过冷冻干燥或者临界点干燥），在真空蒸发器或者冷冻蚀刻仪上制备碳复型，碳复型用低角度金属（如铂）包被以加强反差。金颗粒包埋在复型中，复型完成后，用次氯酸钠（未稀释商用漂白剂）或者酸（如 10%氢氟酸或者 60%硫酸）消化掉细胞成分。碳复型提供了一个细胞膜的正面观，而常规切片通常在横断面对细胞膜进行观察。

12.6　相关的免疫显微镜检测

希望本章提供了有关电镜免疫标记技术操作和应用的一个清晰概况。无疑，本章的许多（可能是大多数）读者熟知光镜免疫染色方法，希望这章介绍能够鼓励他们（如果有需要或条件允许的话）尝试开展电镜免疫研究。总之，值得注意的是 IEM 经常与光镜免疫标记方法互相对照使用，本章能给更熟悉光镜免疫标记方法的研究者提供一个引导。有关电镜免疫基本原理的内容很多，我们已经强调在进行电镜免疫前最好先用相关试剂进行光镜水平的预先检测。除此之外，光镜方法提供整体信息，而后电镜在高分辨率条件下给出细节，这是一个经过证实的好方法，实验者也会因为额外的付出收获颇丰[8,106]。

免疫电镜经常使用两种或更多完全不同的检测/染色系统应用到不同（有时是连续）的组织切片[107]，但是已经发明了更好的方法，让单一的一片组织在两种或多种显微镜下依次成像[52]。有时候每个步骤可检测不同的标记物，如组织表达绿色荧光蛋白（GFP）可以被荧光显微镜检测，然后用胶体金标记抗 GFP 抗体可以在电镜下检测[108]。MiniSOG（小单氧气发生器）是新近研制出来的基因编码黄蛋白标签，既可以通过荧光显微镜直接检测，又可以在电镜下通过显色剂如 DAB 光转化而间接检测[109]。另外，有些单一标记物具有双重功能，已经讨论过这些万能标签。胶体金颗粒既可在光镜水平暗视野照明、反射照明下或者具有视觉增强功能的微分干涉显微镜（DIC）下成像，又可在透射或扫描电镜下成像。银增强金标记物在常规光镜下可见。联合免疫荧光和电镜检测的金和荧光、量子点的双标签已经开发出来，免疫过氧化物酶反应产物通过重金属染色在电镜下可见。高压电镜检测的厚切片，也可用免疫荧光显微镜、共聚焦显微镜和分光光度法检测[57,58,61,110]。我们鼓励读者选取其中一种方法，找一台电子显微镜试一试。

（陈咏梅 译　章静波 校）

参考文献

1. Polak, J.M. and Varndell, I.M., *Immunolabelling for Electron Microscopy*, Elsevier, New York, 1984.
2. Griffiths, G., *Fine Structure Immunocytochemistry*, Springer-Verlag, Berlin, 1993.
3. Hayat, M.A., *Colloidal Gold: Principles, Methods, and Applications*, Vols. 1–3, Academic Press, San Diego, 1989.
4. Hayat, M.A., *Microscopy, Immunohistochemistry, and Antigen Retrieval Methods for Light and Electron Microscopy*, Kluwer Academic/Plenum Publishers, New York, 2002.
5. Morel, G., *Hybridization Techniques for Electron Microscopy*, CRC Press, Boca Raton, FL, 1993.
6. Kok, L.P. and Boon, M.E., *Microwave Cookbook for Microscopists. Art and Science of Visualization*, 3rd ed. Coulomb Press Leyden, Leiden, 1992.
7. Studer, D., Humbel, B.M., and Chiquet, M., Electron microscopy of high pressure frozen samples: Bridging the gap between cellular ultrastructure and atomic resolution, *Histochem. Cell Biol.* 130, 877, 2008.
8. Webster, P., Schwarz, H., and Griffiths, G., Preparation of cells and tissues for immuno EM, *Methods Cell Biol.* 88, 45, 2008.
9. Xiao, J.C. et al., A comparison of methods for heat-mediated antigen retrieval for immunoelectron microscopy: Demonstration of cytokeratin no. 18 in normal and neoplastic hepatocytes, *Biotech. Histochem.* 71, 278, 1996.
10. Yamashita, S., The post-embedding method for immunoelectron microscopy of mammalian tissues: A standardized procedure based on heat-induced antigen retrieval, *Methods Mol. Biol.* 657, 237, 2010.
11. Jasani, B. et al., Dinitrophenyl (DNP) hapten sandwich staining (DHSS) procedure. A 10 year review of its principle reagents and applications, *J. Immunol. Methods* 150, 193, 1992.
12. Pathak, R.K. and Anderson, R.G.W., Use of dinitrophenyl IgG conjugates: Immunogold labeling of cellular antigens on thin sections of osmicated and epon-embedded specimens, in *Colloidal Gold. Principles, Methods, and Applications*, Vol. 3, Hayat, M.A., ed., Academic Press, San Diego, 1991, pp. 223–241.
13. Amato, P.A. and Taylor, D.L., Probing the mechanism of incorporation of fluorescently labeled actin into stress fibers, *J. Cell Biol.* 102, 1074, 1986.
14. Ishida-Yamamoto, A. et al., Electron microscopic *in situ* DNA nick end-labeling in combination with immunoelectron microscopy, *J. Histochem. Cytochem.* 47, 711, 1999.
15. Cenacchi, G. et al., *In situ* hybridization at the ultrastructural level: Localization of cytomegalovirus DNA using digoxigenin labelled probes, *J. Submicrosc. Cytol. Pathol.* 25, 341, 1993.
16. Muller-Hocker, J. et al., The application of a biotin–anti-biotin gold technique providing a significant signal intensification in electron microscopic immunocytochemistry: A comparison with the ultrasmall immunogold silver staining procedure, *Histochem. Cell Biol.* 109, 119, 1998.

17. Sato, S. and Sato, Y., Localization of rDNA at nucleolar structural components by immunoelectron microscopy, *Methods Mol. Biol.* 657, 287, 2010.
18. Sato, S. and Yano, H., Ultrastructural localization of intranucleolar DNA in *Vicia faba* root-tip cells by immunocytochemistry using an anti-BUdR antibody, *J. Electron. Microsc. (Tokyo)* 43, 373, 1994.
19. Childs, G.V. and Unabia, G., Application of a rapid avidin–biotin–peroxidase complex (ABC) technique to the localization of pituitary hormones at the electron microscopic level, *J. Histochem. Cytochem.* 30, 1320, 1982.
20. Sternberger, L.A. et al., The unlabeled antibody enzyme method of immunohistochemistry: Preparation and properties of soluble antigen–antibody complex (horseradish peroxidase–antihorseradish peroxidase) and its use in identification of spirochetes, *J. Histochem. Cytochem.* 18, 315, 1970.
21. Slot, J.W. and Geuze, H.J., A new method of preparing gold probes for multiple-labeling cytochemistry, *Eur. J. Cell Biol.* 38, 87, 1985.
22. Horisberger, M. and Rosset, J., Colloidal gold, a useful marker for transmission and scanning electron microscopy, *J. Histochem. Cytochem.* 25, 295, 1977.
23. Slot, J.W. and Geuze, H.J., Sizing of protein A–colloidal gold probes for immunoelectron microscopy, *J. Cell Biol.* 90, 533, 1981.
24. Horisberger, M., Colloidal gold: A cytochemical marker for light and fluorescent microscopy and for transmission and scanning electron microscopy, in *Scanning Electron Microscopy*, Vol. 2, Johari, O., ed., SEM, Inc., AMF O'Hare, Chicago, 1981, pp. 9–31.
25. Horisberger, M., Electron-opaque markers: A review, in *Immunolabeling for Electron Microscopy*, Polak, J.M. and Varndell, I.M., eds., Elsevier, Amsterdam, 1984, pp. 17–26.
26. Handley, D.A., Methods of synthesis of colloidal gold, in *Colloidal Gold. Principles, Methods, and Applications*, Vol. 1, Hayat, M.A., ed., Academic Press, San Diego, 1989, pp. 13–32.
27. Molday, R.S. and Maher, P., A review of cell surface markers and labelling techniques for scanning electron microscopy, *Histochem. J.* 12, 273, 1980.
28. Albrecht, R.M. and Hodges, G.M., *Biotechnology and Bioapplications of Colloidal Gold*, Scanning Microscopy International, Chicago, 1987.
29. Bullock, G.R. and Petrusz, P., *Techniques in Immunocytochemistry*, Vol. 3, Academic Press, New York, 1983.
30. Allen, T.D. et al., Scanning electron microscopy of nuclear structure, *Methods Cell Biol.* 88, 389, 2008.
31. Namork, E., Double labeling of antigenic sites on cell surfaces imaged with backscattered electrons, in *Colloidal Gold. Principles, Methods, and Applications*, Vol. 3, Hayat, M.A., ed., Academic Press, New York, 1991, pp. 187–208.
32. Eskelinen, S. and Peura, R., Location and identification of colloidal gold particles on the cell surface with a scanning electron microscope and energy dispersive analyzer, *Scanning Microsc.* 2, 1765, 1988.
33. Thimonier, J. et al., Thy-1 immunolabeled thymocyte microdomains studied with the atomic force microscope and the electron microscope, *Biophys. J.* 73, 1627, 1997.
34. Avci, R. et al., Comparison of antibody–antigen interactions on collagen measured by conventional immunological techniques and atomic force microscopy, *Langmuir* 20, 11053, 2004.
35. Baschong, W. and Stierhof, Y.D., Preparation, use, and enlargement of ultrasmall gold particles in immunoelectron microscopy, *Microsc. Res. Tech.* 42, 66, 1998.
36. Humbel, B.M. et al., Ultra-small gold particles and silver enhancement as a detection system in immunolabeling and *in situ* hybridization experiments, *J. Histochem. Cytochem.* 43, 735, 1995.
37. Hainfeld, J.F. and Furuya, F.R., A 1.4-nm gold cluster covalently attached to antibodies improves immunolabeling, *J. Histochem. Cytochem.* 40, 177, 1992.
38. Hainfeld, J.F. and Powell, R.D., New frontiers in gold labeling, *J. Histochem. Cytochem.* 48, 471, 2000.
39. Hainfeld, J.F., A small gold-conjugated antibody label: Improved resolution for electron microscopy, *Science* 236, 450, 1987.

40. Malecki, M. et al., Molecular immunolabeling with recombinant single-chain variable fragment (scFv) antibodies designed with metal-binding domains, *Proc. Natl. Acad. Sci. USA* 99, 213, 2002.
41. Burry, R.W., Vandre, D.D., and Hayes, D.M., Silver enhancement of gold antibody probes in pre-embedding electron microscopic immunocytochemistry, *J. Histochem. Cytochem.* 40, 1849, 1992.
42. Danscher, G. et al., Trends in autometallographic silver amplification of colloidal gold particles, in *Immunogold Silver Staining: Principles, Methods and Applications*, Hayat, M.A., ed., CRC Press, New York, 1995, pp. 11–18.
43. Holgate, C.S. et al., Immunogold–silver staining: New method of immunostaining with enhanced sensitivity, *J. Histochem. Cytochem.* 31, 938, 1983.
44. Yamamoto, A. and Masaki, R., Pre-embedding nanogold silver and gold intensification, *Methods Mol. Biol.* 657, 225, 2010.
45. Bienz, K., Egger, D., and Pasamontes, L., Electron microscopic immunocytochemistry. Silver enhancement of colloidal gold marker allows double labeling with the same primary antibody, *J. Histochem. Cytochem.* 34, 1337, 1986.
46. Scopsi, L. et al., Silver-enhanced colloidal gold probes as markers for scanning electron microscopy, *Histochemistry* 86, 35, 1986.
47. Goode, D. and Maugel, T.K., Backscattered electron imaging of immunogold-labeled and silver-enhanced microtubules in cultured mammalian cells, *J. Electron Microsc. Tech.* 5, 263, 1987.
48. Van de Kant, H.J. et al., A rapid immunogold–silver staining for detection of bromodeoxyuridine in large numbers of plastic sections, using microwave irradiation, *Histochem. J.* 22, 321, 1990.
49. Dutton, A.H., Tokuyasu, K.T., and Singer, S.J., Iron–dextran antibody conjugates: General method for simultaneous staining of two components in high-resolution immunoelectron microscopy, *Proc. Natl. Acad. Sci. USA* 76, 3392, 1979.
50. Geiger, B. et al., Immunoelectron microscope studies of membrane–microfilament interactions: Distributions of alpha-actinin, tropomyosin, and vinculin in intestinal epithelial brush border and chicken gizzard smooth muscle cells, *J. Cell Biol.* 91, 614, 1981.
51. Bleher, R. et al., Immuno-EM using colloidal metal nanoparticles and electron spectroscopic imaging for co-localization at high spatial resolution, *J. Microsc.* 230, 388, 2008.
52. Cortese, K., Diaspro, A., and Tacchetti, C., Advanced correlative light/electron microscopy: Current methods and new developments using Tokuyasu cryosections, *J. Histochem. Cytochem.* 57, 1103, 2009.
53. Romano, E.L. and Romano, M., Historical aspects, in *Immunolabeling for Electron Microscopy*, Polak, J. M. and Varndell, I. M., eds., Elsevier, Amsterdam, 1984, pp. 3–15.
54. Krieg, R. and Halbhuber, K.J., Recent advances in catalytic peroxidase histochemistry, *Cell Mol. Biol. (Noisy-le-grand)* 49, 547, 2003.
55. Schikorski, T., Horseradish peroxidase as a reporter gene and as a cell–organelle-specific marker in correlative light-electron microscopy, *Methods Mol. Biol.* 657, 315, 2010.
56. Marfurt, C.F., Turner, D.F., and Adams, C.E., Stabilization of tetramethylbenzidine (TMB) reaction product at the electron microscopic level by ammonium molybdate, *J. Neurosci. Methods* 25, 215, 1988.
57. Sakamoto, H. and Kawata, M., Ultrahigh voltage electron microscopy links neuroanatomy and neuroscience/neuroendocrinology, *Anat. Res. Int.* 2012, 948704, 2012.
58. Brenner, S. et al., Kinetochore structure, duplication, and distribution in mammalian cells: Analysis by human autoantibodies from scleroderma patients, *J. Cell Biol.* 91, 95, 1981.
59. Osafune, T. and Schwartzbach, S.D., Serial section immunoelectron microscopy of algal cells, *Methods Mol. Biol.* 657, 259, 2010.
60. Linthicum, D.S. et al., Scanning immunoelectron microscopy of mouse B and T lymphocytes, *Nature* 252, 173, 1974.
61. Pryzwansky, K.B., High voltage immunoelectron microscopy of complement receptor type 3-mediated capping and internalization of group A streptococcal cell walls by human neutrophils, *Microsc. Res. Tech.* 28, 263, 1994.
62. Goldberg, M.W. and Fiserova, J., Immunogold labelling for scanning electron microscopy, *Methods Mol. Biol.* 657, 297, 2010.

63. Geuze, H.J. et al., Use of colloidal gold particles in double-labeling immunoelectron microscopy of ultrathin frozen tissue sections, *J. Cell Biol.* 89, 653, 1981.
64. Chevalier, J. et al., Biotin and digoxigenin as labels for light and electron microscopy *in situ* hybridization probes: Where do we stand? *J. Histochem. Cytochem.* 45, 481, 1997.
65. Hamkalo, B.A. and Narayanswami, S., *In situ* hybridization at the electron microscope level, in *Electron Microscopic Cytochemistry and Immunocytochemistry in Biomedicine*, Ogawa, K. and Barka, T., eds., CRC Press, Boca Raton, FL, 1993, pp. 333–346.
66. Kakigi, A. et al., Endocytosis of microperoxidase in marginal cells is mainly regulated by RhoA signaling cascade, but not by Rho-associated protein kinase, myosin light-chain kinase and myosin phosphatase, *ORL J. Otorhinolaryngol. Relat. Spec.* 73, 1, 2011.
67. Schikorski, T., Monitoring rapid endocytosis in the electron microscope via photoconversion of vesicles fluorescently labeled with FM1-43, *Methods Mol. Biol.* 657, 329, 2010.
68. Bendayan, M., Double immunocytochemical labeling applying the protein A–gold technique, *J. Histochem. Cytochem.* 30, 81, 1982.
69. Mayhew, T.M., Quantitative immunoelectron microscopy: Alternative ways of assessing subcellular patterns of gold labeling, *Methods Mol. Biol.* 369, 309, 2007.
70. Zondervan, P.E. et al., Microwave-stimulated incubation in immunoelectron microscopy: A quantitative study, *Histochem. J.* 20, 359, 1988.
71. Bendayan, M. and Zollinger, M., Ultrastructural localization of antigenic sites on osmium-fixed tissues applying the protein A–gold technique, *J. Histochem. Cytochem.* 31, 101, 1983.
72. Gilkey, J.C. and Staehelin, L.A., Advances in ultrarapid freezing for the preservation of cellular ultrastructure, *J. Electron Microsc. Tech.* 8, 41, 1986.
73. Wang, L., Humbel, B.M., and Roubos, E.W., High-pressure freezing followed by cryosubstitution as a tool for preserving high-quality ultrastructure and immunoreactivity in the *Xenopus laevis* pituitary gland, *Brain Res. Protoc.* 15, 155, 2005.
74. Acetarin, J.D., Carlemalm, E., and Villiger, W., Developments of new Lowicryl resins for embedding biological specimens at even lower temperatures, *J. Microsc.* 143 (1), 81, 1986.
75. Nicolas, M.T., Bassot, J.M., and Nicolas, G., Immunogold labeling of luciferase in the luminous bacterium *Vibrio harveyi* after fast-freeze fixation and different freeze-substitution and embedding procedures, *J. Histochem. Cytochem.* 37, 663, 1989.
76. Tokuyasu, K.T., A technique for ultracryotomy of cell suspensions and tissues, *J. Cell Biol.* 57, 551, 1973.
77. Tokuyasu, K.T., Immunochemistry on ultrathin frozen sections, *Histochem. J.* 12, 381, 1980.
78. Griffiths, G. et al., Immunoelectron microscopy using thin, frozen sections: Application to studies of the intracellular transport of *Semliki* forest virus spike glycoproteins, *Methods Enzymol.* 96, 466, 1983.
79. Tokuyasu, K.T., Immuno-cryoultramicrotomy, in *Immunolabeling for Electron Microscopy*, Polak, J.M. and Varndell, I.M., eds., Elsevier, Amsterdam, 1984, pp. 71–82.
80. Tokuyasu, K.T., Use of poly(vinylpyrrolidone) and poly(vinyl alcohol) for cryoultramicrotomy, *Histochem. J.* 21, 163, 1989.
81. Hayat, M.A. and Miller, S.E., *Negative Staining: Applications and Methods*, McGraw-Hill, New York, 1990.
82. Keller, G.A. et al., An improved procedure for immunoelectron microscopy: Ultrathin plastic embedding of immunolabeled ultrathin frozen sections, *Proc. Natl. Acad. Sci. USA* 81, 5744, 1984.
83. Carlemalm, E., Garavito, R.M., and Villiger, W., Resin development for electron microscopy and an analysis of embedding at low temperature, *J. Microsc.* 126, 123, 1982.
84. Carlemalm, E. and Villiger, W., Low temperature embedding, in *Techniques in Immunocytochemistry*, vol. 4, Bullock, G.R. and Petrusz, P., eds., Academic Press, New York, 1989, pp. 29–45.
85. Wolosewick, J.J., The application of polyethylene glycol (PEG) to electron microscopy, *J. Cell Biol.* 86, 675, 1980.

86. Wolosewick, J.J., Cell fine structure and protein antigenicity after polyethylene glycol processing, in *The Science of Biological Specimen Preparation for Microscopy and Microanalysis*, Barnard, T., Revel, J.P., and Hagg, G., eds., SEM, Inc., AMF O'Hare, Chicago, 1984, pp. 83–97.
87. Kondo, H., Ultrastructural localization of actin in the intermediate lobe of rat hypophysis, *Biol. Cell* 60, 57, 1987.
88. Oliver, C., Pre-embedding labeling methods, *Methods Mol. Biol.* 588, 381, 2010.
89. Spehner, D. et al., Enveloped virus is the major virus form produced during productive infection with the modified vaccinia virus *Ankara strain*, *Virology* 273, 9, 2000.
90. Hopley, J.F. and Doane, F.W., Development of a sensitive protein A–gold immunoelectron microscopy method for detecting viral antigens in fluid specimens, *J. Virol. Methods* 12, 135, 1985.
91. Kjeldsberg, E., Demonstration of *Calicivirus* in human faeces by immunosorbent and immunogold-labelling electron microscopy methods, *J. Virol. Methods* 14, 321, 1986.
92. Müller, G. and Baigent, C.L., Antigen controlled immuno diagnosis—"ACID test," *J. Immunol. Methods* 37, 185, 1980.
93. Appelt, D.M. and Balin, B.J., The association of tissue transglutaminase with human recombinant tau results in the formation of insoluble filamentous structures, *Brain Res.* 745, 21, 1997.
94. Doane, F.W., Immunoelectron microscopy in diagnostic virology, *Ultrastruct. Pathol.* 11, 681, 1987.
95. Doane, F.W. and Anderson, N., Methods for preparing specimens for electron microscopy, in *Electron Microscopy in Diagnostic Virology, A Practical Guide and Atlas*, Cambridge University Press, Cambridge, 1987, pp. 14–31.
96. Patterson, S. and Verduin, B.J., Applications of immunogold labelling in animal and plant virology, *Arch. Virol.* 97, 1, 1987.
97. Katz, D., Straussman, Y., and Shahar, A., A simplified microwell pseudoreplica for the detection of viruses by electron microscopy and immunoelectron microscopy, *J. Virol. Methods* 9, 185, 1984.
98. Fauvel, M., Artsob, H., and Spence, L., Immune electron microscopy of arboviruses, *Am. J. Trop. Med. Hyg.* 26, 798, 1977.
99. Kapikian, A.Z. et al., Visualization by immune electron microscopy of a 27-nm particle associated with acute infectious nonbacterial gastroenteritis, *J. Virol.* 10, 1075, 1972.
100. Lewis, D. et al., Use of solid-phase immune electron microscopy for classification of Norwalk-like viruses into six antigenic groups from 10 outbreaks of gastroenteritis in the United States, *J. Clin. Microbiol.* 33, 501, 1995.
101. Katz, D. and Kohn, A., Immunosorbent electron microscopy for detection of viruses, *Adv. Virus Res.* 29, 169, 1984.
102. Nicol, A. et al., Labeling of structural elements at the ventral plasma membrane of fibroblasts with the immunogold technique, *J. Histochem. Cytochem.* 35, 499, 1987.
103. Rutter, G. et al., Demonstration of antigens at both sides of plasma membranes in one coincident electron microscopic image: A double-immunogold replica study of virus-infected cells, *J. Histochem. Cytochem.* 36, 1015, 1988.
104. Fujita, A. and Fujimoto, T., High-resolution molecular localization by freeze-fracture replica labeling, *Methods Mol. Biol.* 657, 205, 2010.
105. Morone, N., Freeze-etch electron tomography for the plasma membrane interface, *Methods Mol. Biol.* 657, 275, 2010.
106. Martins-Green, M.M. and Tokuyasu, K.T., A pre-embedding immunolabeling technique for basal lamina and extracellular matrix molecules, *J. Histochem. Cytochem.* 36, 453, 1988.
107. Schwarz, H. and Humbel, B.M., Correlative light and electron microscopy using immunolabeled resin sections, *Methods Mol. Biol.* 369, 229, 2007.

108. Sims, P.A. and Hardin, J.D., Fluorescence-integrated transmission electron microscopy images: Integrating fluorescence microscopy with transmission electron microscopy, *Methods Mol. Biol.* 369, 291, 2007.
109. Shu, X. et al., A genetically encoded tag for correlated light and electron microscopy of intact cells, tissues, and organisms. *Plos. Biol.* 9(4), e1001014, 2011.
110. Goodman, S.L., Park, K., and Albrecht, R.M., A correlative approach to colloidal gold labeling with video-enhanced light microscopy, low-voltage scanning electron microscopy and high-voltage electron microscopy, in *Colloidal Gold. Principles, Methods, and Applications*, Vol. 3, Hayat, M.A., ed., Academic Press, New York, 1991, pp. 369–409.

第 13 章　流式细胞术

Steven B. McClellan

13.1　引言

流式细胞术是一种高速分析和纯化细胞的工具。顾名思义，流式细胞术基本原理可以“流”形象体现，即在高压液流系统中细胞悬液以单个细胞队列的形式通过检测器。在此处，激光束与细胞流正交，当细胞通过的时候，光学检测器会收集细胞产生的相关光学信号。这些信号包括基于细胞大小和颗粒度的前向与侧向散射光信号，以及细胞所携带荧光染料被激发产生的荧光信号。这些光学信号被转变成电信号，并以不同图形的形式展示在显示器上。在基础研究和临床实验领域中流式细胞术的应用都很广泛，如检测细胞周期状态、细胞活力和细胞的各项生理参数，但此项技术更重要的应用是用抗体去标记和定量分析细胞表面及细胞内相关抗原的表达情况。流式细胞术中使用的抗体可自行制备或购买，可以是未标记的裸抗体，更常用的是荧光染料直接标记的抗体。

本章将提供一个对于大多数常用抗体染色来说易于遵循的方法。用户首先必须确定将要使用的流式细胞仪可以检测哪些荧光染料。流式细胞仪通常是由共享型中心实验室配备，由受过高级训练的工作人员操作，他们能帮助你设计实验、帮你分析样品或培训你使用仪器。如果单个实验室配备流式细胞仪，通常是由专业技术员负责照管、常规维护并进行质控操作。这里主要讨论的是流式细胞术中基于抗体染色的一些关键问题。

13.1.1　现有技术

过去 10 年，流式细胞技术在仪器和荧光染料研发中都有很多新的进展。越来越多新的公司开始生产他们自己的流式细胞仪器，与一直雄霸流式领域的巨头 BD、Beckman Coulter 等公司相竞争。竞争带来的是仪器总体价格下降，并且让我们看到了个人型流式细胞仪的曙光。过去，流式细胞仪通常由具有专门操作人员的中心实验室所拥有，但现在情况有所不同，很多实验室能购买他们自己的流式细胞仪了。对于流式细胞仪操作者的培训是非常重要的，各个厂家提供了很多途径来培训初学者，也有的第三方培训公司如 FloCyt Associates 公司，为初学者提供了多天的现场综合流式细胞技术培训课程。新技术的应用使得一些新型流式细胞仪的操作和维护变得更加简便，微流控和声波聚焦技术就是其中的代表，正应用于新一代的流式细胞仪设计中。同时，激光技术的发展使流式细胞仪拥有更多的激光光源可选，除了以前常用的紫外（350nm）、蓝光（488nm）和红光（635nm）激光器以外，紫色（405nm）、绿色（523nm）和黄绿色（561nm）激光器现在也很常用，使得目前流式细胞仪可以同时检测多达 18 个荧光染料。表 13.1 列出了目前市面上可购买的大部分流式细胞仪。

表 13.1　市面上的流式细胞仪

品牌	型号	激光数	最多检测色
Beckman Coulter 公司	Galios	2 或 3（紫、蓝、红）	10
BD 公司生命科学部	Accuri C6	2（蓝、红）	4
BD 公司生命科学部	FACS Canto II	2 或 3（紫、蓝、红）	8
BD 公司生命科学部	FACS Verse	2 或 3（紫、蓝、红）	8
BD 公司生命科学部	LSR II　Fortessa	最多 6 个激光器	18
Life technologies 公司	Attune	2（紫、蓝或蓝、红）	6
Millipore 公司	Guava easyCyt	2（蓝、红）	6
Miltenyi Biotech 公司	MACS Quant	3（紫、蓝、红或紫、蓝、黄绿）	8
Partec 公司	CyFlow ML	最多 5 个激光器	14
Sony 公司生命科学部	Eclipse	最多 4 个激光器	5
Stratedigm 公司	S1000	最多 4 个激光器	14

除了激光器以外，30 多个新型荧光染料的问世也大大推动了流式技术的新发展。现在我们在设计实验的时候，可以使用覆盖整个可见光谱的颜色。小分子有机染料 Alexafluor 系列染料非常亮，且具有很好的光稳定性，这使它们不仅可以很好地应用于流式细胞术，也可以广泛地应用于荧光显微镜技术。天然存在的藻胆蛋白如藻红蛋白（PE）、别藻蓝蛋白（APC）及多甲藻黄素叶绿素蛋白（PerCP）应用广泛，为串联染料技术的发展提供了小分子 Cy 染料共价结合的骨架，这样可以使新染料有一个更大范围的荧光素发射光，即利用荧光能量共振转移（FRET）来完成更大的斯托克斯位移（Stokes shift）。Qdot 荧光素纳米晶体是一类非常亮的新型荧光素，最佳激发光范围在紫外/紫区域，并且不像其他大多数荧光染料，其发射光谱非常窄，这就使其在应用于多色分析时光谱重叠非常小。另一类新近由 Sirigen 公司开发上市的以有机多聚物为基础的荧光染料（商品名为 Brilliant Violet）具有非常高的量子产率，使之成为紫色激光器激发的最佳染料选择之一。荧光染料的一些内在的特性决定了其亮度（发射的光量子强度）。一个好的荧光染料要具备在激发光谱范围有强的吸收率、有高分辨率发射光谱（Stokes 位移）、高量子产量（亮度）和光稳定性的特征。一般选择最亮的荧光染料来染细胞上的低表达抗原。表 13.2 按照亮度顺序列出了一些最常用的荧光染料。

表 13.2　常用荧光染料（按照激发光、亮度和最大发射光峰降序排列）

紫 405nm 激发	蓝 488nm 激发	红 635nm 激发
BV 421（421nm）	PE（575nm）	AlexaFluor 647（670nm）
BV 570（570nm）	PE-Cy7（780nm）	APC（660nm）
V450（440nm）	PE-Cy5（665nm）	APC-Cy7 或 APC-H7（780nm）
Pacific Blue（455nm）	PE-Texas Red（610nm）	AlexaFluor 700（720nm）
AlexaFluor 405（425nm）	PerCP-Cy5.5（685nm）	
Krome Orange（530nm）	FITC（520nm）	
V500（500nm）	AlexaFluor 488（520nm）	
Pacific Orange（550nm）	PerCP（680nm）	
AmCyan（485nm）		

13.1.2 抗体选择

单克隆抗体和多克隆抗体都可用于流式细胞术。单克隆抗体（MAb）是用纯化的目的抗原免疫动物（小鼠、大鼠或兔子）制备的，免疫原大多情况下是单一蛋白。从免疫后动物的脾脏中分离B细胞，再与骨髓瘤细胞系融合形成杂交瘤细胞，通过筛选得到单克隆的分泌抗体的杂交瘤细胞系，可通过标准细胞培养体系培养，将分泌到培养基中的抗体纯化。尽管制备单克隆抗体成本高、耗时久（4~8个月），但产生抗体的来源可再生，其批次间特异性（针对特定蛋白的单一表位）和重复性好。另外，单克隆抗体具有单一同种型（例如，免疫球蛋白IgG1），使它们在流式细胞检测时可以选择有效的同型对照抗体来进行标准化分析。此外，单克隆抗体用于流式细胞检测还有一个优势，即更容易与多种荧光染料共价结合，可做细胞直接标记。

多克隆抗体（PAb）也可用于流式细胞术。它们没有单克隆抗体生产成本高。大量的高亲和力的多克隆抗体（约10mg/ml）来自于初次免疫仅2~3个月后的免疫动物（兔、山羊、驴）血清。但是不像单克隆抗体仅针对一个特定的抗原表位，多克隆抗体包括整个抗原特异性的抗体群，并可结合蛋白上许多不同表位。更多的结合位点可产生更明亮的流式信号，但同时也会带来不可忽视的由于抗体交叉反应所带来的结合特异性问题，一般需要使用前对抗体进行亲和纯化来缓解这一问题。如果动物血清稀释后直接使用，那阴性对照必须用来自同一物种、同样稀释度的正常血清。如果多克隆抗体用亲和层析纯化，那么相应的阴性对照必须用来自同一物种的纯化的免疫球蛋白分子。

13.1.3 实验初始应考虑的因素

为了得到理想的流式分析结果，我们必须遵循一些基本原则。首先，用于流式染色的细胞数量非常重要，应该为 10^5~10^6，这样才能保证足够多的细胞用来分析，并确保抗体浓度不会因细胞数太多而不足。其次，细胞标记可在多种试管或微孔板中进行，要使用带合适转头的离心机，以保证在洗涤细胞时能提供适当的离心力（200~800*g*）。

细胞进行流式细胞术分析时有三种基本标记方法。如果是用荧光染料直接标记的抗体，可以将其加入细胞悬液，然后孵育、洗涤（可选）并分析。可以在同一试管中加入带不同荧光标记的、针对不同抗原的抗体组合，以完成对细胞的快速和多参数的流式检测分析。如果是用生物素标记的抗体，那么在孵育和洗涤之后，加入荧光染料标记的链霉亲和素来结合一抗上标记的生物素分子。这种方法需要一个洗涤的步骤，但是由于每个生物素分子有多价结合链霉亲和素的能力，因此能使荧光信号放大。如果使用的是未偶联荧光素的抗体，在孵育和洗涤之后必须加入抗一抗种属特异性的荧光标记的二抗（如山羊抗兔的FITC标记二抗可用来结合兔多克隆抗体）。后面两种间接标记的方法具有更经济（不需要荧光标记抗体）的优点，又由于一抗能为二抗提供多重结合位点，因此能放大荧光信号。但是这种间接标记的方法不适合用于多色流式实验。

抗体浓度、孵育时间和温度是流式染色过程中的三个关键因素。在高浓度、高温时，抗体结合得更快，需要的孵育时间也更短。流式表面染色一般为室温孵育15min。然而，一些细胞类型（如非贴壁细胞系和免疫细胞）易于发生胞外抗体的加帽反应（capping）

或内吞化作用（internalization），需要将染色条件改为在低温（冰上）孵育 30min 来缓解这种现象。细胞在染色后通常用无甲醇的甲醛溶液（1%~4%，*m*/*V*，溶解在 PBS 中）保存或固定。固定剂使蛋白质发生交联可增加抗体结合和细胞结构的稳定性，方便研究者在不同时间点收集和准备标本，并方便研究者在流式细胞仪预约紧张的中心实验室灵活预约时间。固定好的样本通常能在 4℃避光保存数天而不影响分析结果。一些新的串联荧光染料对于甲醛更敏感，易降解，这时通常建议固定过夜，然后洗涤并重悬在含 1% BSA 或 FBS 的 PBS 中，以方便更长时间的保存。

13.1.4　对照设置

选择合适的标记方法和正确设置实验对照对获得可信的流式细胞检测结果数据至关重要。根据选择标记方法的不同，流式样本的对照包括：①不标记的细胞，用来排除细胞的自发荧光；②在间接标记法中，只加入荧光标记的二抗来排除细胞与荧光二抗的非特异性结合；③在直接标记法中，用与检测抗体的种属、同种型、荧光标记、用量都相同的无关抗体作对照，这种同型对照抗体由不在靶细胞上表达的抗原（通常是半抗原）诱导产生。同型对照抗体应该满足与目的抗体的种属来源、同种型、荧光标记及浓度均相同的条件。这些匹配的同型对照以前常用于所有实验，但是目前基于流式细胞术的实践，认识到它们的作用有限，因此，大部分实验都不再使用，然而对于那些细胞表面有抗体 Fc 段结合受体的细胞如单核细胞而言，同型对照是必须设置的。对于这些特殊细胞类型，同型对照可用于排除抗体与细胞的非特异结合，评价封闭步骤是否成功。在流式细胞实验中，通常将检测器的敏感度调整至这些对照位于荧光直方图 10 以内的最低位置。

除此之外，因为许多用于流式细胞检测的荧光染料难以避免会有荧光发射曲线的重叠现象，所以当在同一样本中进行多重荧光染料标记时，需要进行合适的电子补偿，以减少每个检测通道的假阳性信号。现在，大多数流式细胞仪软件可以进行自动调节补偿，但需要针对每种荧光标记，分别准备单染阳性对照。单染阳性对照一般选择高表达的抗原。当细胞低表达的抗原，不适合做单染阳性对照时，可以用补偿微球来模拟细胞。这些聚苯乙烯微球包被着不同种属和同种型特异性的捕获抗体，当和直接标记抗体混合时，它们就能结合抗体，模拟表达该抗原的细胞。在做四色或更多色的高维流式时，更常用的对照是 FMO（荧光扣除对照）。FMO 是用一系列除了与细胞结合的某一抗体外所有抗体的组合，作为该抗体的对照，这样就可以精细调节软件自动计算的补偿模型。图 13.1 显示了一个三色实验的代表性数据（含原始和补偿后的数据）。美国国立卫生研究院（NIH）的 Mario Roederer 博士在其创立的网站中对电子补偿有很详细的说明（参见 http://www.drmr.com）。

13.1.5　特异性

抗体的特异性是实验成功的关键。有上百家商业公司生产单克隆和多克隆抗体。一般认为厂家已经证实了抗体的特异性和亲和力，并选择了最优的克隆。厂家也确认抗体可以应用于多种不同实验中。例如，可用于 Western blot 的抗体可能不一定可用于流式

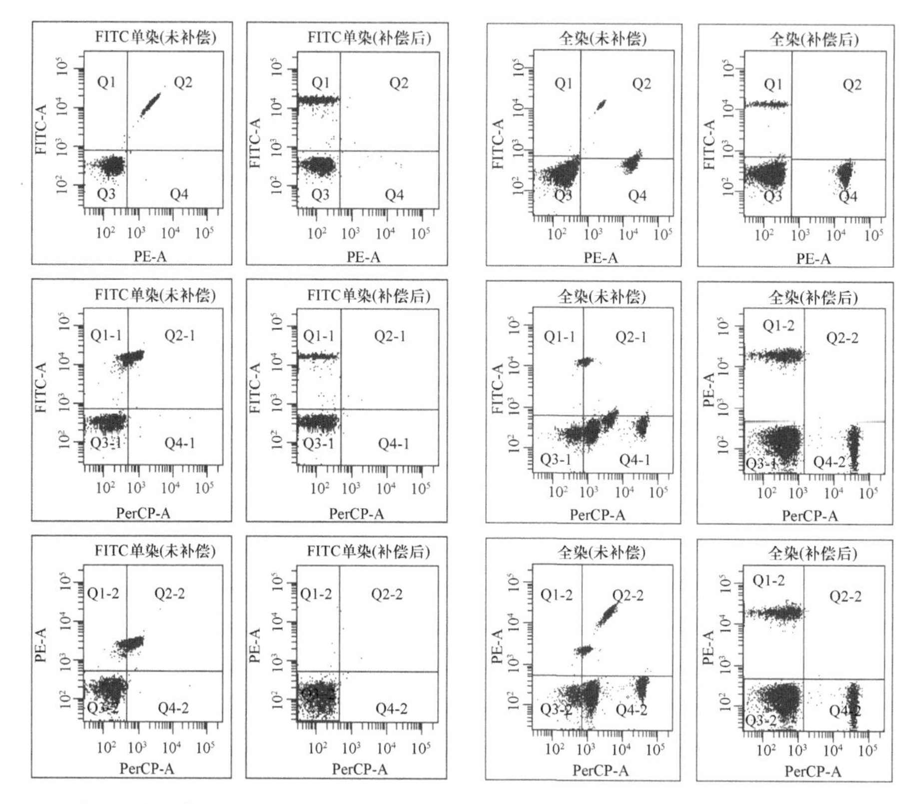

图 13.1 一系列双参数散点图补偿前后的对比数据。左边部分是分析仅标记 FITC 的单色对照，右边部分是所有三个单色荧光混合标记。未补偿的数据显示假阳性信号荧光溢漏，而正确补偿后数据显示阴性和阳性群与相应的坐标轴平行。（彩图请扫封底二维码）

细胞术染色，要选择那些已经证明可以用于流式细胞术或免疫荧光（IF）或免疫化学（IC）染色的抗体。抗原将会在细胞外表面（膜结合或膜内）提呈给抗体或定位在细胞内（细胞质或核）。

其他影响特异性的因素包括细胞表面 Fc 受体和活细胞群中死细胞的存在。单核细胞（全血细胞的一个组分）能通过非抗原特异性的 Fc 结构域结合许多抗体。可通过在实验中使用 Fab 或 $F(ab)_2$ 片段来避免这种非特异性结合，且封闭试剂（动物血清或市售的 Fc 封闭剂）也可在加分析用抗体前加入细胞溶液以封闭这些位点。市售封闭试剂在一抗染色前与 Fc 受体结合可把这个问题最小化。在间接标记时，保证二抗不与任何 Fc 阻断剂结合同样重要。死细胞会非特异结合抗体从而导致错误解释数据和出现假阳性结果的可能。以下是流式细胞术中消除死细胞影响的三种常见方法。对于非常均一的细胞群体，仅通过光散射就足以区分死细胞。死细胞一般表现低水平的前向散射和较高水平的侧向散射。对于均一性不好的细胞，可加入能被健康细胞所排斥、只有死细胞或将要死的细胞可以摄入的染料。这些染料通常是选择性的 DNA 结合剂，只有当它们结合到 DNA 的时候才发出荧光，如碘化丙啶（PI）和 7-氨基放线菌素 D（7-AAD）。做这种染料排除实验之后不能固定细胞，这就意味着这个实验不能和细胞内染色实验同时进行。死/活细胞固定试剂盒可以同时排除死细胞并做细胞内染色，它是利用一种氨基酸反应性荧光染料。细胞先用这个染料处理，然后标记抗体。活细胞表面自由氨基酸水平低，而死细胞可以容许染料进入细胞，这样就有更多的氨基酸可以被标记。这些试剂盒可以有广泛的荧光色范围，死活细胞由于其荧光强度不同很容易区分。

13.2　流式细胞术中基本的染色方法

参考本章序言中所提的要点后，此时实验者应该已经选出与现有流式细胞仪兼容的抗体和染料，确定了要分析的恰当的抗原阳性和抗原阴性细胞及研究中所需要的阴性对照。实验者应注意死细胞对实验结果造成的负面影响和其他潜在的可导致阴性对照样本出现高荧光信号的因素。

13.2.1　抗体滴定

抗体滴定是流式细胞术实验设计中关键的第一步，以确保标记过程中抗体浓度不会过高或过低。适当的抗体滴度能使实验者获得一个群体的抗原水平的量化信息，并能优化分离一个异质群体中表达特异抗原的细胞亚群。每一种新的抗体和之前虽然滴定过的新批次的抗体都要进行抗体滴度测定。确保抗体滴度测定是在与实验设计中相同的温度下和相等时间内完成的。

13.2.1.1　实验过程

滴定方案要求两倍系列稀释的 8 个抗体浓度，并且起始浓度是高过剩的。许多抗体厂家现在提供对于 $1×10^6$ 细胞进行单个测试时建议使用的抗体体积（通常是 5~20μl）或提供每支抗体的确切的抗体浓度。起始量用两倍的推荐测试体积或 1μg 的总抗体，用 50μl 的染色缓冲液配制系列稀释管。如果滴定非标记的一抗，当改变一抗浓度时，二抗浓度不变。遵循本节的方法，用稀释过的抗体按照正确的染色流程进行实验。

13.2.1.2　结果

不管用于荧光标记的细胞来源如何，操作者都要检测样品中的细胞对于激发光的散射情况。这些样本散射光是从相对于光源而言的两个方向进行检测。前向散射光从光源前面进行测量，提供细胞的相对大小值；正交散射光（也称侧向散射光或 90°散射光）是在光源的直角或 90°方向测量，能提供细胞内部结构和颗粒的信息。图 13.2（a）以双参数图展示了逐渐积累的光散射数据：*X* 轴的前向散射光强度逐渐增强，*Y* 轴的 90°散射光强度逐渐增强。*Z* 轴定义细胞的数量，用于解释在密度点图上点密度的差异。

注意全血细胞按照不同的散射特性有不同的细胞群，在这个图中以主要群体来圈门或设门。淋巴细胞的门所圈定的细胞将如图 13.3 所示，用荧光素进行分析。请注意甲醛固定后的细胞散射光信号会发生迁移，这点很重要。死细胞也和活细胞不同，如图 13.2（b）所示，对于一些细胞类型，死细胞的前向角散射光强度更低，而侧向角散射光强度更高。

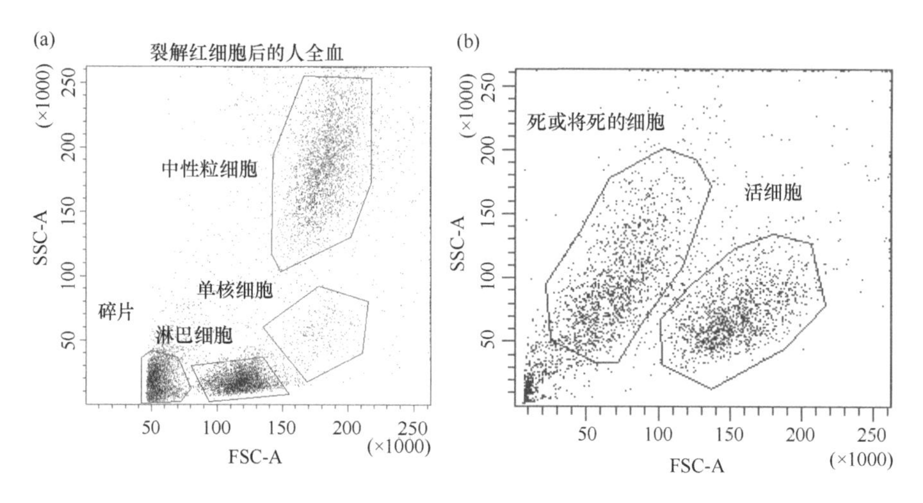

图 13.2 （a）典型的人血细胞双参数点图展示白细胞的不同亚群。这个具有 10 000 个事件的图，*X* 轴（相对大小）上前向散射光强度渐强，*Y* 轴（细胞复杂程度/颗粒度）上侧向散射光强度渐强。沿着主要的白细胞群（淋巴细胞，单核细胞和粒细胞）圈门。（b）本图展示了用光散射信号区分死活细胞。

流式细胞术的数据收集，对于每一个细胞的每一个测量参数都是以单个比特（bit）的形式储存的。这样在流式细胞仪分析细胞的很长时间后研究者都能够用脱机分析窗口重新显示储存数据、设门、用多种参数组合制成单和双参数直方图。仪器制造商会提供分析软件，还有一些第三方软件如 FlowJo、FCS Express、Kaluza 和 Venturi One 也可以使用。

图 13.3 显示的是用异质性的淋巴细胞群（裂解红细胞后的全血细胞）做的 Alexa-Fluor488 标记的特异性 CD4 抗体的滴度数据。在第一个图中，未染色的样本用于设门以确定阳性和阴性细胞。

请记住在图 13.3 中做荧光分析的细胞仅是在图 13.2 散射图中所圈起来淋巴细胞。为了确定信噪比，分析软件可以确定出阳性（信号）细胞和阴性（噪声）细胞的荧光中位数，这些数值会显示在每个门的区域。信噪比等于用阳性细胞的荧光强度中位数除以阴性细胞的中位数。将这些数值绘制成抗体稀释效果图（图 13.4）。最适滴度为产生信噪比最高的滴度。因为在此滴度下，阳性和阴性细胞的区别最大，而与荧光强度的绝对值无关。在这个数据例子中，一个推荐浓度为每次测试需 20μl 的商业化抗体，其测试起始浓度高达 40μl。图 13.4 证实每次测试取 20μl 确实是合适的体积。

不同的表位密度、细胞浓度和染色过程都会影响抗体滴度的正确性。最好在做滴度测定时选用活力非常好的细胞（具有高的抗原密度）并每次实验都精确测定细胞浓度，确保每次标记方法（时间、温度和对照）的一致性。如果不是最终实验要用的细胞，应避免在滴定过程中使用不恰当的靶细胞（细胞系、冻存细胞或固定细胞）。

13.2.2 直接标记抗体的表面免疫染色法

（1）从培养容器中收获细胞。在用胰蛋白酶前，了解要检测的表位是否对胰蛋白酶敏感。乙二胺四乙酸钠（Versene）可以很好地保护许多易被胰蛋白酶破坏的细胞表面表位。

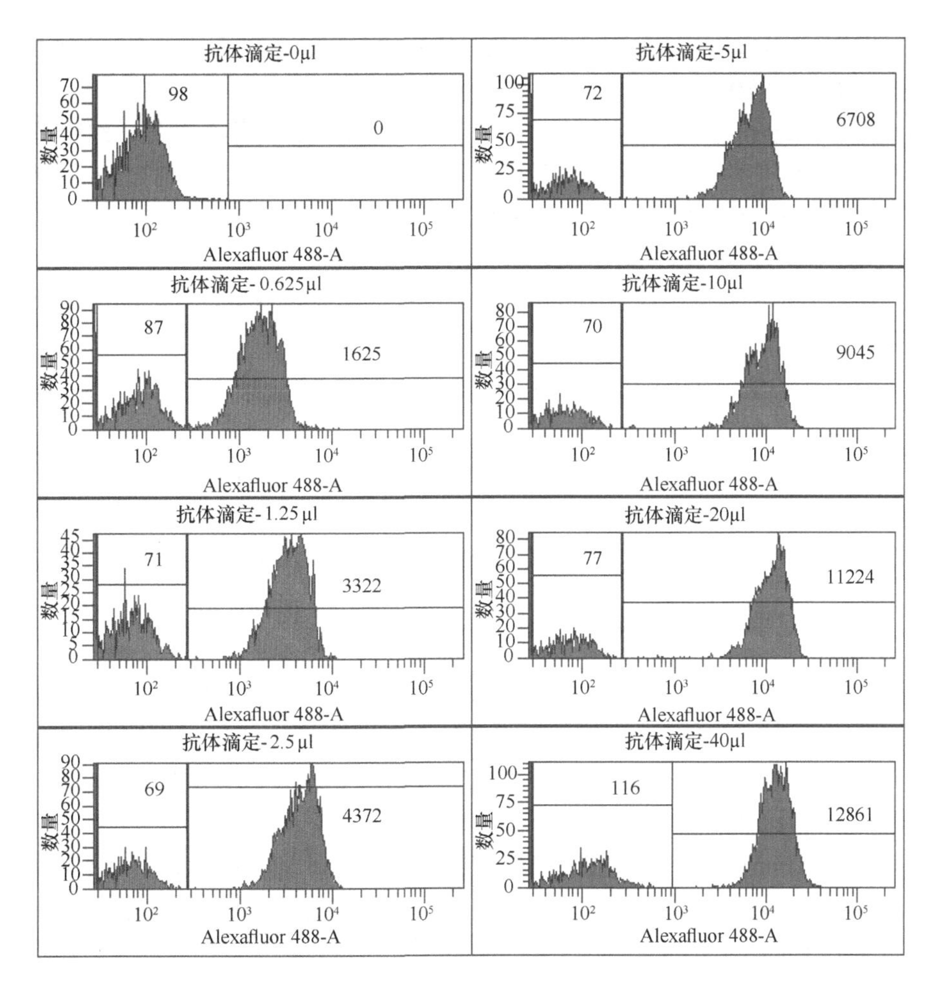

图 13.3　滴定 Alexa Fluor488 标记的特异性 CD4 抗体，以淋巴细胞设门。最上方的图是对照（未染色的阴性细胞），其他 7 个图显示逐渐增强的抗体浓度。注意：在最高浓度，阴性细胞开始有一部分结合了有统计学意义数量的荧光素，即过量的抗体会引起非特异性结合。

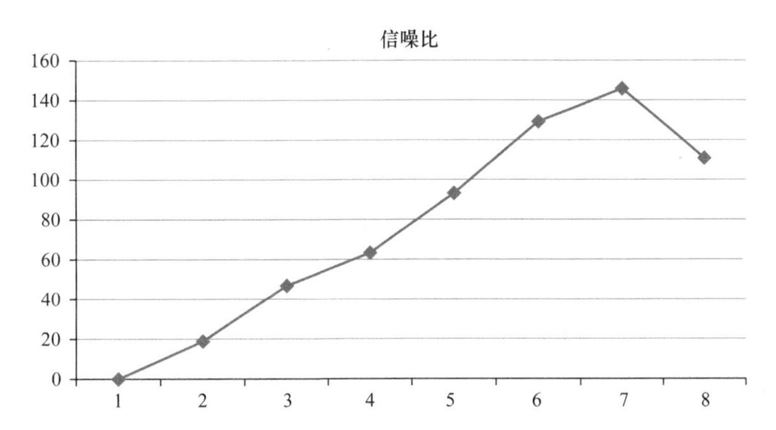

图 13.4　13.2.1.2 节中所描述的 8 个抗体稀释度的滴定图。信噪比用阳性细胞的荧光强度中位数除以阴性细胞的中位数计算得出。信噪比最高处（在这个例子中是第 7 个稀释度即 20μl）即为最佳抗体浓度。

（2）用染色缓冲液（含 2% FBS 或 BSA 的 PBS，PBS 可以含或不含 Ca^{2+}/Mg^{2+}）洗涤和重悬细胞。计数细胞。

（3）每个 12mm×75mm 管中加 1×10^6 细胞。为了达到最好染色效果，细胞重悬在染色缓冲液中，终体积不能超过 100μl；如果需要，可以重新沉淀细胞再达到合适的终体积。

（4）加 1μg 直接标记的 MAb（一些 MAb 会标记着“__μl/test”，一般指每个测试需要 1×10^6 细胞）或用你自己滴定实验确定的合适体积。

（5）在室温避光混合、孵育 15min；或者，可以在冰水混合物（碎冰中加水）中孵育 30min。

（6）用 3ml 染色缓冲液洗细胞，用 400μl 染色液重悬细胞沉淀。用流式细胞仪分析前，样品在冰水混合物中避光保存。

（7）或者可以固定细胞。洗涤后弃尽上清，加 500μl 用 PBS 配制的 2%多聚甲醛重悬细胞沉淀，孵育过夜。固定后的细胞可以稳定最多一周，但推荐过夜固定后洗涤细胞并重悬在染色液中。这会避免一些比较易损的荧光染料发生损坏，如串联共轭染料。

13.2.3　间接标记抗体表面染色法

（1）从培养容器中收获细胞。在用胰蛋白酶前了解要检测的表位是否对胰蛋白酶敏感。乙二胺四乙酸钠（Versene）可以很好保护许多易被胰蛋白酶破坏的细胞表面表位。

（2）用染色缓冲液（含 2% FBS 或 BSA 的 PBS，PBS 可以含或不含 Ca^{2+}/Mg^{2+}）洗涤和重悬细胞，计数细胞。

（3）每个 12mm×75mm 管中加 1×10^6 细胞。为了达到最好染色效果，细胞重悬在染色缓冲液中，终体积不能超过 100μl；如果需要，可以重新沉淀细胞再达到合适的终体积。

（4）加 1μg 未偶联荧光素的单克隆一抗或用你自己滴定实验确定的合适体积。

（5）在室温避光混合、孵育 15min；或者，可以在冰水混合物（碎冰中加水）中孵育 30min。

（6）用 3ml 染色缓冲液洗细胞，用 100μl 染色液重悬细胞沉淀。

（7）加 1μg 偶联荧光素的二抗或用你自己滴定实验确定的合适体积。

（8）在室温避光混合、孵育 15min；或者，可以在冰水混合物（碎冰中加水）中孵育 30min。

（9）用 3ml 染色缓冲液洗细胞，用 400μl 染色液重悬细胞沉淀。用流式细胞仪分析前，样品在冰水混合物中避光保存。

（10）或者可以固定细胞。洗涤后弃尽上清，加 500μl 用 PBS 配制的 2%多聚甲醛重悬细胞沉淀。孵育过夜。固定后的细胞可以稳定最多一周，但推荐过夜固定后洗涤细胞并重悬在染色液中。这会避免一些比较易损的荧光染料发生损坏，如串联共轭染料。

13.2.4　细胞内染色法

13.2.4.1　总则

与表面抗原染色相比，需要用化学试剂使抗体可以穿过细胞膜，从而检测细胞内细胞质抗原或核抗原。高度推荐在胞内染色使用直接偶联荧光素的抗体以降低使用二抗所产生的背景。如果无法得到商业化直接标记的一抗，使用 Zenon 标记试剂盒是一个最好的选择。现在许多厂家提供已经过测试的专为细胞内染色的一些产品。高度推荐从商业供应商购买固定破膜缓冲液。他们已经测试了组分并校正批次间的差异，自己配制试剂很难做到这点。大多数抗体供应商现在以试剂盒的形式提供这些试剂。所有的细胞内染色是一个两步的过程。第一步，用多聚甲醛固定细胞。第二步，对于细胞质抗原是用皂苷或 Triton X100 做一个基于去污剂的透化过程。对于核抗原需要用甲醇更加强烈地穿透核膜。注意一些表面表位对甲醇固定敏感易丢失，这使表面和细胞内双染色并不适合于所有的抗原组合。一个很重要的技术要点是透化后细胞易碎，不能涡旋；轻轻地弹管子来重悬细胞沉淀。一般，也需要额外的一点力量使透化的细胞沉淀。对于大多数细胞推荐 200g，但一旦细胞透化，在洗涤步骤时，为了减少细胞损失需要增加离心力到 400g。大多数细胞质的细胞内染色是用于检测分泌的细胞因子。这个过程需要用 BrefeldinA（一种可以阻止分泌途径的化学物质，可使目的细胞因子在细胞内聚集）在培养时预处理。最常用细胞核内染色还可以用抗体来检测抗原的一个特异的磷酸化状态，这在流式细胞术中是一个相当新的领域，可用于检测信号通路的激活或下调。以前，只能通过 Western blot 分析得到这类信息，但流式细胞术现在可以使我们更多地定量检测这个过程，这也是流式细胞术的一个快速推广的应用。图 13.5 展示了一个测量 PC3 细胞中磷酸化 GSK-3beta 的代表性实验数据。

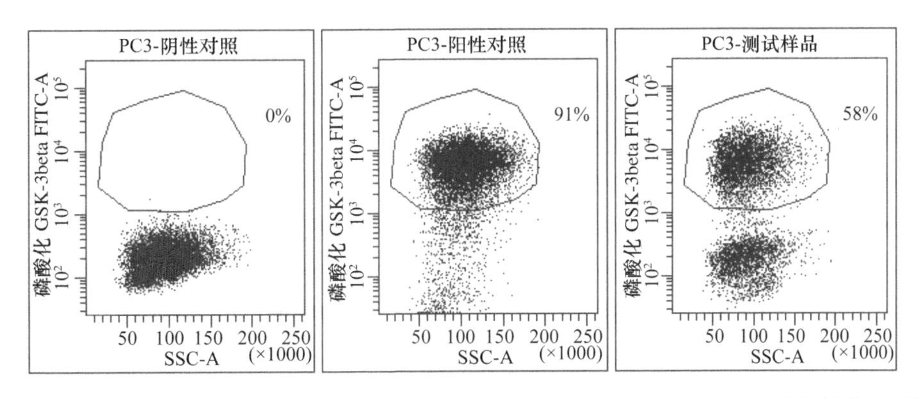

图 13.5　PC3 细胞内染色测定磷酸化 GSK-3beta。阳性对照细胞用重组人 WNT1 蛋白刺激。阴性对照在用 WNT1 蛋白刺激前先用 GSK-3beta 通路抑制剂 CHIR99021 处理。测试样品检测到在实验条件下 60%的细胞激活 GSK-3beta 通路。

13.2.4.2　细胞质抗原的细胞内染色

（1）确保细胞样品处于一个好的单细胞悬液状态，每 12mm×75mm 管分 1×10^6 个细胞。用 3ml 不含 FBS 的 PBS 洗细胞。

（2）如果需要同时做表面和胞内染色，先做表面染色，然后洗涤，接着做步骤（3）。

（3）重悬沉淀，加 1ml 用 PBS 配制的 2%甲醛。室温孵育 20min（如果已经做了表面染色，则需要避光）。

（4）用 4ml 不含 FBS 的 PBS 洗，重悬沉淀。

（5）加 500μl 基于皂苷或 Triton X100 的透化液

（6）冰上孵育 20min。如果已经做了表面染色，则需要避光。

（7）加 4ml 冰上预冷的染色缓冲液，离心。重悬沉淀，并再用 4ml 染色缓冲液再洗一次。离心，弃尽上清，重悬。

（8）加 100μl 染色缓冲液和 1μg 细胞内抗体。冰上孵育 30min，每 10min 轻轻混匀一下。

（9）加 4ml 冷的染色缓冲液。在黑暗中摇晃试管 10min。沉淀细胞，弃去缓冲液。重悬沉淀，再次洗涤。

（10）用 500μl 染色缓冲液重悬最后的沉淀，保持样品置于冰上。在 6h 内用流式细胞仪分析。

13.2.4.3 核抗原的胞内染色

（1）确保细胞样品处于一个好的单细胞悬液状态，每 12mm×75mm 管分 1×10^6 个细胞。用 3ml 不含 FBS 的 PBS 洗细胞。

（2）如果需要同时做表面和胞内染色，先做表面染色，然后洗涤，接着做步骤（3）。

（3）重悬沉淀，加 1ml 用 PBS 配制的 2%甲醛。室温孵育 20min（如果已经做了表面染色，则需要避光）。

（4）用 4ml 不含 FBS 的 PBS 洗，重悬沉淀。

（5）当涡旋混匀时加 1ml 冰冷的透化缓冲液（用 PBS 配制的 70%~90%甲醇）。连续涡旋，一次处理一个管以免发生结块。

（6）冰上孵育 20min。如果已经做了表面染色，则需要避光。

（7）加 4ml 冰上预冷的染色缓冲液，离心。重悬沉淀并用 4ml 染色缓冲液再洗一次。离心，弃尽上清，重悬。

（8）加 100μl 染色缓冲液和 1μg 细胞内抗体。冰上孵育 30min，每 10min 轻轻混匀一下。

（9）加 4ml 冷的染色缓冲液。在黑暗中摇晃试管 10min。沉淀细胞，弃去缓冲液。重悬沉淀，再次洗涤。

（10）用 500μl 染色缓冲液重悬最后的沉淀，保持样品置于冰上。在 6h 内用流式细胞仪分析。

（刘晓玲 王勇 译 章静波 校）

推荐读物

1. Shapiro, H., *Practical Flow Cytometry*, 4th ed., John Wiley and Sons, New York, 2003.
2. Diamond, R. and Demaggio, S. (editors), *In Living Color: Protocols in Flow Cytometry and Cell Sorting*, Springer, Berlin, 2000.
3. Givan, A.L., *Flow Cytometry: First Principles*, John Wiley and Sons, New York, 2001.
4. Robinson, P. and Darzynkiewicz, Z. (editors), *Current Protocols in Cytometry*, John Wiley & Sons, Indianapolis, 2012.

第 14 章　酶联免疫吸附试验

John Chen and Gary C. Howard

14.1　引言

酶联免疫吸附试验（enzyme-linked immunosorbent assays，ELISA）是现代生物学的基础实验技术，在医学诊断和分析领域，拥有数百万美元的市场。ELISA 充分将抗体对特定抗原的特异性和亲和力优势，运用在一个成熟的实验体系中，可用于高通量筛选，实现自动化操作。

ELISA 是一种很好的、运用范围很广的检测方法，可通过选择不同组合的配体对、检测不同的信号（放射性、荧光或酶），形成不同的实验策略，定性检测溶液中是否含有特定抗原、抗体或其他靶标物质，以及定量检测其浓度，具有很高的灵敏度，一般可达到 ng/ml~pg/ml 水平。

ELISA 有两种基本方法，即夹心法和竞争法，在此基础上也有许多变化。对于任何特定的实验设计而言，这两种方法都分别有各自的优点和局限性。在市场上能够买到许多常用的、质量稳定的 ELISA 检测试剂盒。在这一章中，我们将介绍一些 ELISA 的总体原则，详细描述每种方法，并提供每种方法的操作步骤。最后，我们提供了参考文献的列表，在这些文献中能找到更详细的操作程序，并有实例。

14.2　准备

ELISA 有两个关键因素需要考虑，分别是寻找合适的配对抗体及固相抗体的稳定性。

14.2.1　抗体

确认合适的配对抗体在任何 ELISA 方法中都是最关键、最具挑战性的部分。具有两个直接针对感兴趣靶蛋白的抗体并不能确保能一定应用到 ELISA 实验中。例如，在最常用的夹心法 ELISA 中，两个抗体必须结合于同一抗原分子，但是如果它们识别的抗原表位重叠，就可能产生空间位阻，从而不能应用在 ELISA 中。这种物理封闭作用是多克隆抗体（polyclonal antibody，pAb）应用于 ELISA 时最主要的问题。

在 ELISA 应用中，单克隆抗体（monoclonal antibody，mAb）和多克隆抗体具有不同的优势和局限性。因为多克隆抗体可结合多个抗原表位，在简单的 ELISA 中是非常有价值的标记的二抗。单克隆抗体只能结合单一的抗原表位，高特异性和高亲和力是它们的优势，但使用时需要小心确认抗原表位重叠的关键问题。此外，商品化 ELISA 试剂盒使用的单克隆抗体可能会牵涉到专利保护的问题。

抗体的纯度非常重要。在一个简单的ELISA中，捕获抗体首先要结合到固相表面，每一个孔中可结合蛋白的位点数目是有限的，溶液中任何其他蛋白质（如血清、腹水、细胞上清或细菌细胞）都将与抗体分子竞争这些结合位点。因此，与纯度高的抗体相比，使用纯度低的抗体会使ELISA检测灵敏度减弱。

抗体的纯化方法可采用硫酸铵沉淀、DEAE层析或亲和层析。纯化的方法详见第4章。

抗血清可以用简单的免疫扩散法检测。在琼脂糖凝胶上打出一个中心孔，其他几个孔围绕中心孔排列。将抗原加入中心孔，系列稀释的抗血清依次加入外周的几个孔中，室温或37℃孵育过夜。在有效的稀释范围内，内外孔之间将形成白色沉淀线。一般稀释度大于64倍的抗血清可以在ELISA中使用。除此之外，斑点杂交和免疫印迹法也能很容易、快速地检测抗血清。因为样品中的蛋白质先经过凝胶电泳的分离，免疫印迹法能给出有关抗血清特异性的更多信息。这些方法将在第10章有更详细的描述。

此外，抗体的成本和适用性也是需要考虑的因素。多克隆抗体的成本是单克隆抗体的几分之一，而且任何纯化步骤都将导致时间和成本的增加。制备多抗的每一次免疫都会产生不同的抗体群，导致它们具有不同的结合特性。免疫一只兔子产生的抗体一般足以满足实验室需求，而如果用于商业途径，可能需要一只山羊随着时间的推移不断产生相当数量的抗血清。如果杂交瘤细胞能够很好地培养，往往能得到比多抗更多的单克隆抗体。

14.2.2 将蛋白质结合到酶标板上

ELISA固相支持物的选择有很多，聚氯乙烯96孔微孔板是最常用的一种，可实现高通量测定。除了孔的数量以外，孔的容量和形状也很重要。对于ELISA来说，需要使用酶标仪检测每个孔中的信号，因此平底孔是最佳选择。

将捕获抗体结合到酶标板上是ELISA的关键步骤。通常在酶标板的每个孔中加入抗体溶液，抗体分子能通过疏水作用结合到酶标板上。通过稀释或浓缩抗体溶液，可以很容易地实现调节孔中结合的抗体的量。聚氯乙烯微孔板每孔可结合约100ng的蛋白质，因此建议至少使用1μg/孔的抗体浓度，以达到最大的抗体结合率。结合反应相当快，但大多数实验方案都要求将抗体置于孔中，室温孵育15~60min或4℃过夜。

用缓冲液充分洗掉未结合的抗体之后，孔中未结合蛋白的位点必须被封闭。最好的封闭液是牛血清白蛋白或一种对照血清（最好使用与二抗相同物种的动物血清）。

14.2.3 稳定性

对于大多数实验室研究，稳定性是个小问题，因为包被好抗体的ELISA板很快就使用了。但对于商品化的酶标板，稳定性是个很重要的因素。抗体的稳定性由多个因素决定，而每个因素都必须通过经验来确定。通常来说，每种抗体自身的稳定性都是不同的，但无论板是否干燥，IgG往往比IgM更稳定。

结合于酶标板的许多抗体的稳定性都可以通过干燥酶标板而得到改善，冷冻干燥是理想的干燥方法。在干燥之前，需要首先去除孔中的缓冲液，因为缓冲液中的盐会使干燥后抗体处于非常高的盐浓度。另外，糖类（如蔗糖、海藻糖）通常对干燥酶标板中抗体的稳定性是有帮助的。

14.2.4　配体对的选择

大多数 ELISA 检测是基于抗体与靶抗原的相互作用，除此之外也可基于其他分子之间的特异性相互作用进行 ELISA 检测。凝集素缺乏大多数抗体的亲和力，但它们对碳水化合物的特异性结合能力，使它们在某些检测中也具有应用价值。

生物素-亲和素（或链霉亲和素）常常用于 ELISA 的第二步反应。亲和素和生物素的高亲和力结合（$>10^{15}$/mol）使它们成为许多检测方法中非常理想的配体对。同时它们之间结合反应的特异性和高亲和力使反应时间缩短，从而尽可能地减少非特异性结合。许多生物素化试剂都已经商品化，其中一些因其所具有的特点，在某些特殊应用中发挥重要作用。

14.2.5　检测反应

ELISA 反应可以用肉眼观察，或者使用几种方法进行定量测定，包括放射性同位素、比色法、荧光法和化学发光法。这些方法都依赖于抗体与不同标记物的结合。通常抗体的多个基团均可用于结合标记物，包括 α 氨基、ε 氨基、羧基、巯基和碳水化合物等。抗体的标记方法详见第 9 章。

14.2.5.1　放射性同位素

^{14}C、^{3}H 和 ^{125}I 都是用于定量免疫检测的放射性同位素。这些同位素标记物的放射性很小，对抗体的活性几乎没有影响。但是有些同位素，如 ^{125}I 的半衰期较短，稳定性较差；另外，同位素管理的规章限制和放射性废物处理等问题，都使得放射性标记抗体的应用面临巨大问题。

14.2.5.2　酶的显色底物

酶促反应是一种非常好的替代放射性同位素的方法，它通过将酶结合到二抗上，或亲和素-生物素或其他凝集素对上而实现，这些反应的灵敏度与放射性检测的灵敏度相似。在这种情况下，通过测量颜色的变化来达到定量检测：在特定波长、给定时间内，通过仪器测定光密度值，再通过与标准曲线比较，以确定某种抗体或抗原的含量。

辣根过氧化物酶（HRP）和碱性磷酸酶（AP）是最常用的酶类（表 14.1）。HRP 与过氧化氢反应释放氧自由基，氧自由基又与显色底物反应。HRP 的一种常用的底物是 2,2′-叠氮双(3-乙基苯并噻唑-6-磺酸)[2,2′-azino-bis(3-ethylbenzthiazoline-6-sulfonic acid), ABTS]。该底物可溶于水，具有良好的可重复性和高消光系数，产物显示的绿色可以在 405nm 波长下用普通酶标仪进行测量。另一种 HRP 底物为 3,3′,5,5′-四甲基联苯胺

（3,3′,5,5′-tetramethylbenzidine，TMB），该反应的产物可以在 650nm 波长下测量，或者在酶促反应被酸终止后，在 450nm 波长下测量其光密度。

碱性磷酸酶（AP）可以去除底物的磷酸基团，后者再与底物的另一组分反应，产生一种可溶的、明亮的黄色物质——对硝基苯基磷酸盐（p-nitrophenylphosphate，p-NPP），可在 405~420nm 处定量测定。

表 14.1　ELISA 方法中用于检测信号的色原

酶	色原	颜色	波长/nm
HRP	2,2′-Azo-bis(3-ethylbenzthiazoline-6-sulfonic acid)（ABTS）	绿色	405
HRP	*o*-phenylenediamine（OPD）	橙色	450
HRP	3,3′,5,5′-tetramethylbenzidine（TMB）	蓝色	650
AP	p-nitrophenylphosphate（pNPP）	黄色	405~420

注：HRP，辣根过氧化物酶；AP，碱性磷酸酶。HRP 需要以过氧化氢作为底物。

14.2.5.3　荧光

荧光标记也可在 ELISA 中使用，并具有极好的灵敏度。荧光分子可以是一种小的化学物质，如荧光素（fluorescein）、得克萨斯红（Texas Red）、罗丹明（Rhodamine）；或某些蛋白质，如藻红蛋白（phycoerythrin）。

14.2.5.4　化学发光

一般来说，商品化的化学发光 ELISA 检测试剂盒的灵敏度和检测速度都非常优良。它们大多数也是基于碱性磷酸酶或辣根过氧化物酶与特定发光底物的酶促反应。

14.2.6　安全性

正如所有的实验室工作一样，安全性始终是一个至关重要的考虑因素。要确保所有员工得到充分的培训，遵守良好的常规实验室安全守则。在 ELISA 实验中，一些抗原和样品可能是有生物危害性的，它们可能需要特殊的操作和废物处置。在检测方法中，放射性同位素也需要特殊的操作和废物处置。另外，一些底物也可能是致癌的或有毒性的。在实验前，务必需要了解并遵守所有有关使用放射性物质和生物危害样品的培训、使用、储存和处置的适用法律和规章制度。

14.3　夹心法 ELISA

夹心法 ELISA 是最简单和最有用的免疫检测方法之一，它可用于检测样品中抗原的浓度（图 14.1）。将一种抗体包被在酶标板中，当加入含有靶抗原的溶液时，包被的抗体可以捕获溶液中的抗原，未结合的抗原被充分洗涤去除。加入第二抗体，结合在被第一抗体捕获的抗原的不同表位上，多余的第二抗体被充分洗涤去除。第二抗体通常是带有标记的，便于进行定量检测（表 14.2）。

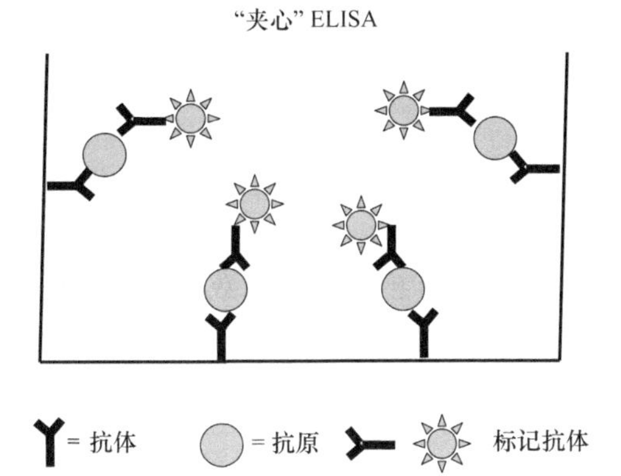

图 14.1　在夹心法 ELISA 中，捕获抗体与抗原结合，再结合标记二抗，标记二抗的总量与结合抗原的总量成正比。

表 14.2　ELISA 试剂的供应商

供应商	地点	产品
BD Biosciences	San Jose，CA	P，M，E，S
BioSearch International	Camarillo，CA	P，M，E
Chemicon	Temecula，CA	P，M，E
Sigma-Aldrich	St. Louis，MO	P，M，L，BA，S，E
Vector Laboratories	Burlingame，CA	P，M，L，BA，S，E

注：BA，生物素-抗生物素蛋白试剂；E，酶偶联物；L，凝集素；M，单克隆抗体；P，多克隆抗体；S，底物。

夹心法 ELISA 除了快速、简便的特点外，还具有相当的准确性和可重复性，并且对抗原的纯度没有要求。

夹心法 ELISA 的检测灵敏度取决于多种因素，包括捕获抗体是否有效地结合到孔中、抗体的亲和力及第二抗体的特异性。

14.3.1　操作步骤

（1）每孔中加入 50μl 的含捕获抗体的溶液（20μg/ml，溶于 PBS），将抗体包被在酶标板上。虽然每个实验不同，但最好保证每孔加 1μg 捕获抗体以保证其能有效地结合在板上。室温孵育 1h，或 4℃孵育过夜。

（2）PBS 洗板两次。该步骤可用多道微量移液器或洗瓶来完成。

（3）用封闭缓冲液封闭孔中剩余的蛋白质结合位点。通常使用的封闭液是牛血清白蛋白（3%）或脱脂奶粉溶解于 PBS 或 TBS 中。孵育 1h[见 14.3.2 节（a）]。

（4）用 PBS 洗板两次 [见 14.3.2 节（b）]。

（5）各孔中加入系列稀释的抗原标准品及待测样品溶液 50μl，用封闭缓冲液（3% BSA/PBS）对标准品和样品进行稀释。在湿润的环境中，室温孵育至少 2h。

（6）用 PBS 洗板 4 次。

（7）加入标记的第二抗体，添加量可以通过预实验来确定。加入的第二抗体通常是过量的。用封闭液稀释第二抗体。

（8）在湿润的环境中，室温孵育 2h 或更长时间。

（9）用 PBS 洗板数次。

（10）按厂商说明加入底物，在显色时间达到推荐时间后，可以在酶标仪上测量目标波长处的光密度 [见 14.3.2 节（c）]。

为了得到定量的结果，可将未知样品的测量数据与标准曲线进行比较。每次实验都要做标准品曲线以确保检测的准确性。

14.3.2 操作注意事项

（a）叠氮钠（剧毒物质）是辣根过氧化物酶（HRP）的抑制剂，会干扰 HRP 的酶促反应。如果使用 HRP 标记的抗体，在缓冲液或洗涤液中不要添加叠氮钠。

（b）如果这些包被好抗体的酶标板是将来使用的，必须按可储存的要求制备。低温储存、冷冻干燥或在包被液中加入糖、甘油等。制备任何特定的抗体板，最佳方法是通过经验来确定的。

（c）由于潜在的致癌作用，一些酶底物被认为是有害的。操作时必须小心，并参考安全手册，采取适当的预防措施。

14.4 竞争法 ELISA

竞争法 ELISA 比夹心法 ELISA 更复杂一些，但是在待检测的靶抗原分子非常小时，它具有优势。此外，该方法可使用纯度较低的抗体。

在竞争法 ELISA 中，抗原必须用能检测的分子标记，如 ^{125}I、HRP 或荧光分子（图 14.2），标记的抗原被当作未标记抗原的竞争物。

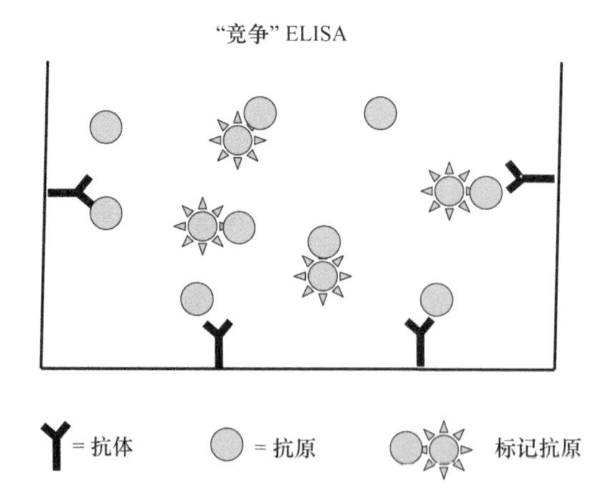

图 14.2　在竞争法 ELISA 中，已知浓度的标记抗原与未标记抗原在同一个试验体系中进行竞争。

如同夹心法一样，纯化的抗体包被在 96 孔酶标板中。通过洗涤去除未结合的抗体，孔中其他未结合蛋白质的位点用封闭液（通常是脱脂奶粉溶液）进行封闭。随后在这种包被了抗体的孔中分别加入已知浓度的未标记抗原标准品和待测溶液，孵育一段时间。在反应达到平衡后，加入已知浓度的标记抗原，它们可与那些尚未结合未标记抗原的包被抗体反应。然后对标记的抗原进行定量测定，标记抗原的量与未标记抗原的量成反比。

检测到的标记抗原的总量与被检样本中抗原总量成反比。

14.4.1　操作步骤

（1）每孔中加入 50μl 稀释的捕获抗体溶液，室温放置 4h 或 4℃过夜。

（2）PBS 洗板两次。

（3）孔中加满封闭液，封闭所有剩余的蛋白质结合位点，封闭液为缓冲液中加 3% 牛血清白蛋白[见 14.4.2 节(a)]，室温孵育 2h 或过夜。

（4）PBS 洗板两次。

（5）孔中加入 50μl 标准品或待测样品[见 14.4.2 节（b）]，所有样品均用封闭液稀释[见 14.4.2 节（c）]。

（6）孔中加入 50μl 的标记抗原，所有样品均用封闭液稀释，室温孵育 2h。

（7）PBS 洗板两次。

（8）用适当的方法检测结合的标记物（例如：用 γ 计数器计数、检测荧光强度或用酶标仪检测酶底物的颜色变化）[见 14.4.2 节（d）]。

14.4.2　操作注意事项

（a）为避免存在非特异性结合，可以加洗涤剂（如 0.05% Tween20）洗板。

（b）在加入标准品和样品之前，轻拍酶标板，去除孔中剩余的液体。

（c）叠氮钠是辣根过氧化物酶（HRP）的抑制剂，如果使用 HRP 标记的结合物，则不要在缓冲液或洗涤溶液中添加叠氮钠。

（d）记住此类实验的结果呈负相关关系。

14.5　ELISA 的故障分析与排除

（1）重复实验，确保不出现任何简单的错误。

（2）确认酶标板还是好的，确保酶标板中包被的抗体仍然稳定。

（3）检查相应的阴性和阳性对照的结果。

①如果阴性对照出现了阳性结果，可能某一个步骤的试剂被污染了。检查底物溶液、酶标抗体溶液或对照组自身。

②如果阳性对照是阴性的，应检查所有试剂的完好性。

（4）检查酶促反应。例如，辣根过氧化物酶的底物过氧化氢是很不稳定的，应使用新鲜配制的溶液；或者使用经过检测的、在 240nm 波长处消光系数达到 43.6 的过氧化氢储存液。

（5）确保对照是可靠的。

①如果阴性对照是阳性结果，试剂之一可能被污染。

②如果阳性对照是阴性结果，试剂之一可能已失效。检查所有试剂的有效期，然后检查它们的浓度。

③如果阳性对照或被检样品显色较弱，可能酶溶液的稀释度不合适或某种反应物的量不够。应对它们进行检查。

④检查酶标仪的波长设置。

（6）为了排除实验问题所在，每次只改变一个实验条件，重复实验。

（陈实平 译 章静波 校）

推荐读物

Bensadoun A. 1996. Sandwich immunoassay for measurement of human hepatic lipase. *Methods Enzymol* 263:333–338.

Butler JE. 1993. Enzyme-linked immunosorbent assays. In G. C. Howard (Ed.), *Methods in Non-radioactive Detection*, Section 9, pp. 90–109. Appleton & Lange, Norwalk, CT.

Butler JE. (Ed.) 1991. *Immunochemistry of Solid-Phase Immunoassay*. CRC Press, Boca Raton, FL, 319pp.

Butler JE, Ni L, Brown WR, Rosenberg B, Chang J, Voss EW, Jr. 1993. The immunochemistry of sandwich ELISA. VI. Greater than ninety percent of monoclonal and seventy-five percent of polyclonal antifluorescyl capture antibodies (CAbs) are denatured by passive adsorption. *Mol Immunol* 30:1165–1175.

Daly DS, White AM, Varnum SM, Anderson KK, Zangar RC. 2004. Evaluating concentration estimation errors in ELISA microarray experiments. *BMC Bioinformatics* 6:17.

Dowall SD, Richards KS, Graham VA, Chamberlain I, Hewson R. 2012. Development of an indirect ELISA method for the parallel measurement of IgG and IgM antibodies against Crimean-Congo haemorrhagic fever (CCHF) virus using recombinant nucleoprotein as antigen. *J Virol Methods* 179:335–341.

Giltinan DM, Davidian M. 1994. Assays for recombinant proteins: A problem in non-linear calibration. *Statistics Med* 13:1165–1179.

Jones G, Wortberg M, Kreissig SB, Hammock BD, Rocke DM. 1995. Sources of experimental variation in calibration curves for enzyme-linked immunosorbent assay. *Anal Chim Acta* 313:197–207.

Joshi KS, Hoffmann LG, Butler JE. 1992. The immunochemistry of sandwich ELISAs. V. The capture antibody performance of polyclonal antibody-enriched fractions prepared by various methods. *Mol Immunol* 29:971–981.

Leng SX, McElhaney JE, Walston JD, Xie D, Fedarko NS, Kuchel GA. 2008. ELISA and multiplex technologies for cytokine measurement in inflammation and aging research. *Gerontol A Biol Sci* 63:879–884.

Lequin RM. 2005. Enzyme immunoassay (EIA)/enzyme-linked immunosorbent assay (ELISA). *Clin Chem* 51:2415–2418.

Ling MM, Ricks C, Lea P. 2007. Multiplexing molecular diagnostics and immunoassays using emerging microarray technologies. *Expert Rev Mol Diagn* 7:87–98.

Mashishi T, Gray CM. 2002. The ELISPOT assay: An easily transferable method for measuring cellular responses and identifying T cell epitopes. *Clin Chem Lab Med* 40:903–910.

Sittampalm GS, Smith WC, Miyakawa TW, Smith DR, McMorris C. 1996. Application of experimental design techniques to optimize a competitive ELISA. *J Immunol Methods* 190:151–161.

Trune DR, Larrain BE, Hausman FA, Kempton JB, MacArthur CJ. 2011. Simultaneous measurement of multiple ear proteins with multiple ELISA assays. *Hear Res* 275:1–7.

Vann WF, Sutton A, Schneerson R. 1990. Enzyme-linked immunosorbent assay. *Methods Enzymol* 184:537–541.

Varnum SM, Woodbury RL, Zangar RC. 2004. A protein microarray ELISA for screening biological fluids. *Methods Mol Biol* 264:161–172.
Wong CH, Bryan MC. 2003. Sugar arrays in microtiter plates. *Methods Enzymol* 362:218–225.
Ziouti N, Triantaphyllidou IE, Assouti M, Papageorgakopoulou N, Kyriakopoulou D, Anagnostides ST, Vynios DH. 2004. Solid phase assays in glycoconjugate research: Applications to the analysis of proteoglycans, glycosaminoglycans and metalloproteinases. *J Pharm Biomed Anal* 34:771–789.

第 15 章　抗体的人源化

Juan Carlos Almagro, Sreekumar Kodangattil, and Jian Li

15.1　引言

治疗性单克隆抗体已成为药物市场的重要组成部分，预计其市场占有比例今后还会增加[1]。杂交瘤技术首先由 Kohler 和 Milstein 在 1975 年予以描述[2]，而该技术的发展是最终引起抗体药物兴起的关键因素。事实已经证明，杂交瘤技术是分离单一特异性抗体并对其进行无限生产的一种有效手段，并且使得对治疗性抗体的鉴定和生产成为可能。然而，由于杂交瘤技术是使用经过免疫的啮齿类动物作为产生抗体的 B 细胞来源，那么在人类体内使用这种来自啮齿类动物抗体的过程中，就会产生免疫原性反应。

20 世纪 80 年代初，科学家们迈出了使啮齿类动物抗体与人类自身抗体更相像的第一步[3]。当时采用的方法称为嵌合反应，即将啮齿类动物抗体的可变区域（V）与人类抗体的恒定区域（C）组合起来，从而产生大约含有 70%人类抗体成分的嵌合抗体分子。虽然这种嵌合抗体保留了亲本抗体的特异性，但是在一些患者的体内使用时仍然会引起抗嵌合抗体反应（HACA）。这种不良反应的发生率和影响程度与抗体本身和患者群体的适应证相关[4,5]。

20 世纪 80 年代后半期，Greg Winter 研究小组开发了一种通过 CDR（互补决定区）移植来实现抗体人源化的免疫技术[6]，这种技术可以进一步减少外源性啮齿类动物抗体成分。该方法首次应用于一种对慢性 B 淋巴细胞白血病具有治疗价值的抗体的人源化处理过程中[7]，目前该抗体的商品名为坎帕斯®（阿仑单抗）[8]。随后，Queen 及其研究团队[9]将美国食品药品监督管理局（FDA）批准用于治疗的第一个抗体进行了人源化处理，并且命名为达克珠单抗（Daclizumab），目前该药物已在器官移植领域得到广泛应用[10]。而关于达克珠单抗的设计过程，首先是通过筛选获得与小鼠抗体序列具有最高同源性的人类框架序列（FR），然后把小鼠的 CDR 及其之外的一组关键的小鼠氨基酸序列（已经确认该序列能够与 CDR 或者抗原相互作用，如回复突变）一起移植到人类框架序列（FR）上。该方法对初始的 CDR 移植方法进行了改进，提高了人源化抗体的亲和力。截至 2013 年 3 月，在欧盟和美国获得批准或尚未获得批准的 35 种用于治疗人类疾病的抗体或抗体片段中，有 15 种（大约占 40%）是人源化抗体分子（http：//www. landesbioscience. com/journals/mabs/about/#background）。在过去 20 年，抗体人源化处理的成功，加上众多对原创性 CDR 移植方法（Winter，美国专利 5225，539）和变体（Queen et al.，美国专利 5693，761；Carter et al.，美国专利 5，821337）等专利的保护，促进了抗体人源化方法朝着多样性方向发展。有些方法，通常被称为理性方法[11]，包括重铺[12]、二次免疫接种[13]、特异性决定残基（SDR）移植[14]、超人源化[15]、对人类树形结构进行优化[16]，以及种系化[17]。基于对序列和结构的考虑，这些方法都有一个共同的特点，即同时设计出多个人源化的变体，然后分别对它们进行结合能力或任何其他感兴趣特性的测试。如果测试结果证明所设计的变体都不能令人满意，那么就会重新进行设计并进行特性评估。

而其他的抗体人源化方法，有时也被称为经验性方法[11]，往往依赖于选择方法而不是设计过程。20 世纪 90 年代，这些方法随着噬菌体展示技术和高通量筛选技术（HTS）的产生得以涌现。依赖噬菌体展示技术和 HTS 技术，人们可以对含有数十亿种变体的抗体库进行有效的筛选，并相对容易地对感兴趣的变体进行选择。与 Greg Winter 研究团队[18]所描述的方法相同，抗体人源化经验性方法的一个典型例子，即是引导性选择。这种方法最初应用于对啮齿类动物抗体 Mab32 进行人源化处理，该抗体是抗人类肿瘤坏死因子 α（hTNF-α）的抗体。由该方法所生产的抗体成为第一个经 FDA 批准的人类抗体，并且命名为修美乐®（Adalimumab），用于类风湿性关节炎和克罗恩病的治疗。相对于理性的抗体人源化方法，引导性选择方法未考虑突变对抗体结构及其结合能力的影响。

另一个经验性方法的例子是框架序列（FR）重新组合[19]，该方法是一种基于通过将非人源性的CDR与多种不同的人源性种系FR相互组合而产生一个人源化抗体变体库的方法，然后再对库中的抗体变体与抗原的结合能力进行筛选。该方法不需要进行回复突变设计，并且同引导性选择方法一样，也未考虑突变对抗体结构及其结合能力的影响。实际上，该方法依赖于生成一个大型人源化变体库，并且需要通过筛选来获得最佳的 FR 组合以维持亲本抗体的结合特性。

近二十年来，抗体领域不断出现的技术进步和基础性研究进展为人们逐步改进初始性 CDR 移植方法提供了基础。这些改进包括：对人类和其他物种种系基因抗体的特性进行充分阐明；对数量不断增加的上市的和研究中的治疗性抗体进行细致周到的分析；对来自不同物种的抗体，在其结合或者不结合抗原的情况下，对其数以百计的结构进行 X 射线晶体学研究。在本章节中，我们阐述了对初始性 CDR 移植方法所做的一些改进，其中既包括理性的成分，也包括经验性的部分。这些改进避免了回复突变，并且利用抗体工程领域的新进展来获得稳定性更强、所引起的免疫原性更少，以及疗效更佳的基于抗体的药物。

15.2　材料

15.2.1　人类 IGHV、IGKV、IGHJ 和 IGKJ 种系基因

15.2.2　文库设计：软件

- 根据 http://www.ncbi.nlm.nih.gov/books/NBK1762/的说明，通过安装可在 ftp://ftp.ncbi.nlm.nim.gov/blast/executable/latest/上获得的可执行文件，在本地计算机上运行 BLAST[20]。
- 通过使用 ftp://ftp.ncbi.nlm.nih.gov/blasts/documents/blastdb.html 的 BLAST 软件包中的“formatdb”功能，将人类 IGV 和 IGJ 种系基因的序列（表 15.1~表 15.3）格式化为自定义的 BLAST 数据库。

表 15.1　人源化过程中使用的人 IGHV 种系基因的氨基酸序列排列

名称-等位基因	H1–H2	UF/%	1........10........20........30..........40........50...........60........70........80...........90 |....|....|....|.... |....|....|.ab...|....|....|....|..abc..|....|....|....|....|....|..abc..|... |....
IGHV1-2*01	1-3	8.34	QVQLVQSGAEVKKPGASVKVSCKASGYTFTG-YYMHWVRQAPGQGLEWMGRINP-NSGGTNYAQKFQGRVTSTRDTSISTAYMELSRLRSDDTVVYYCAR
IGHV1-3*01	1-3	0.76	QVQLVQSGAEVKKPGASVKVSCKASGYTFTS-YAMHWVRQAPGQRLEWMGWINA-GNGNTKYSQKFQGRVTITRDTSASTAYMELSSLRSEDTAVYYCAR
IGHV1-18*01	1-2	4.54	QVQLVQSGAEVKKPGASVKVSCKASGYTFTS-YGISWVRQAPGQGLEWMGWISA-YNGNTNYAQKLQGRVTMTTDTSTSTAYMELRSLRSDDTAVYYCAR
IGHV1-24*01	1-2	0.21	QVQLVQSGAEVKKPGASVKVSCKVSGYTLTE-LSMHWVRQAPGKGLEWMGGFDP-EDGETIYAQKFQGRVTMTEDTSTDTAYMELSSLRSEDTAVYYCAT
IGHV1-45*01	1-3	0.06	QMQLVQSGAEVKKTGSSVKVSCKASGYTFTY-RYLHWVRQAPGQALEWMGWITP-FNGNTNYAQKFQDRVTITRDRSMSTAYMELSSLRSEDTAMYYCAR
IGHV1-46*01	1-3	5.19	QVQLVQSGAEVKKPGASVKVSCKASGYTFTS-YYMHWVRQAPGQGLEWMGIINP-SGGSTSYAQKFQGRVTMTRDTSTSTVYMELSSLRSEDTAVYYCAR
IGHV1-58*01	1-3	0.31	QMQLVQSGPEVKKPGTSVKVSCKASGFTFTS-SAVQWVRQARGQRLEWIGWIVV-GSGNTNYAQKFQERVTITRDMSTSTAYMELSSLRSEDTAVYYCAA
IGHV1-69*01	1-2	9.97	QVQLVQSGAEVKKPGSSVKVSCKASGGTFSS-YAISWVRQAPGQGLEWMGGIIP-IFGTANYAQKFQGRVTITADESTSTAYMELSSLRSEDTAVYYCAR
IGHV1-f*01	1-2	0.03	EVQLVQSGAEVKKPGATVKISCKVSGYTFTD-YYMHWVQQAPGKGLEWMGLVDP---EDGETIYAEKFQGRVTITADTSTDTAYMELSSLRSEDTAVYYCAT
IGHV2-5*01	3-1	0.18	QITLKESGPTLVKPTQTLTLTCTFSGFSLSTSGVGVGWIRQPPGKALEWLALIY--WNDDKRYSPSLKSRLTITKDTSKNQVVLTMTNMDPVDTATYYCAH
IGHV2-26*01	3-1	0.01	QVTLKESGPVLVKPTETLTLTCTVSGFSLSNARMGVSWIRQPPGKALEWLAHIF--SNDEKSYSTSLKSRLTISKDTSKSQVVLTMTNMDPVDTATYYCAR
IGHV2-70*01	3-1	0.54	QVTLRESGPALVKPTQTLTLTCTFSGFSLSTSGMCVSWIRQPPGKALEWLALID---WDDDKYYSTSLKTRLTISKDTSKNQVVLTMTNMDPVDTATYYCAR
IGHV3-7*01	1-3	2.99	EVQLVESGGGLVQPGGSLRLSCAASGFTFSS-YWMSWVRQAPGKGLEWVANIKQ--DGSEKYYVDSVKGRFTISRDNAKNSLYLQMNSLRAEDTAVYYCAR
IGHV3-9*01	1-3	1.87	EVQLVESGGGLVQPGRSLRLSCAASGFTFDD-YAMHWVRQAPGKGLEWVSGISW-NSGSIGYADSVKGRFTISRDNAKNSLYLQMNSLRAEDTALYYCAK
IGHV3-11*01	1-3	1.10	QVQLVESGGGLVKPGGSLRLSCAASGFTFSD-YYMSWIRQAPGKGLEWVSYISS-SGSTIYYADSVKGRFTISRDNAKNSLYLQMNSLRAEDTAVYYCAR
IGHV3-13*01	1-1	0.40	EVQLVESGGGLVQPGGSLRLSCAASGFTFSS-YDMHWVRQATGKGLEWVSAIG---TAGDTYYPGSVKGRFTISRENAKNSLYLQMNSLRAGDTAVYYCAR
IGHV3-15*01	1-4	1.02	EVQLVESGGGLVKPGGSLRLSCAASGFTFSN-AWMSWVRQAPGKGLEWVGRIKSKTDGGTTDYAAPVKGRFTISRDDSKNTLYLQMNSLKTEDTAVYYCTT
IGHV3-20*01	1-3	0.11	EVQLVESGGGVVRPGGSLRLSCAASGFTFDD-YGMSWVRQAPGKGLEWVSGINW-NGGSTGYADSVKGRFTISRDNAKNSLYLQMNSLRAEDTALYHCAR
IGHV3-21*01	1-3	1.28	EVQLVESGGGLVKPGGSLRLSCAASGFTFSS-YSMNWVRQAPGKGLEWVSSISS-SSSYIYYADSVKGRFTISRDNAKNSLYLQMNSLRAEDTAVYYCAR
IGHV3-23*01	1-3	6.09	EVQLLESGGGLVQPGGSLRLSCAASGFTFSS-YAMSWVRQAPGKGLEWVSAISG--SGGSTYYADSVKGRFTISRDNSKNTLYLQMNSLRAEDTAVYYCAK
IGHV3-30*01	1-3	7.65	QVQLVESGGGVVQPGRSLRLSCAASGFTFSS-YAMHWVRQAPGKGLEWVAVISY--DGSNKYYADSVKGRFTISRDNSKNTLYLQMNSLRAEDTAVYYCAR
IGHV3-43*01	1-3	0.16	EVQLVESGGVVVQPGGSLRLSCAASGFTFDD-YTMHWVRQAPGKGLEWVSLISW--DGGSTYYADSVKGRFTISRDNSKNSLYLQMNSLRTEDTALYYCAK
IGHV3-48*01	1-3	1.95	EVQLVESGGGLVQPGGSLRLSCAASGFTFSS-YSMNWVRQAPGKGLEWVSYISS-SSSTIYYADSVKGRFTISRDNAKNSLYLQMNSLRAEDTAVYYCAR

续表

名称-等位基因	H1–H2	UF/%	1 . . . . 10 . . . . 20 . . . . 30 . . . . 40 . . . . 50 . . . . 60 . . . . 70 . . . . 80 . . . . 90 | . . . . | . . . . | . . . . | . . . . | . . . . | . . . . | . ab . . | . . . . | . . . . | . . . . | . . abc . . | . . . . | . . . . | . . . . | . . . . | . . . . | . . abc . . | . . . . | . . . .
IGHV3-49*01	1-4	0.38	EVQLVESGGGLVQPGRSLRLSCTASGFTFGD-YAMSWFRQAPGKGLEWVGFIRSKAYGGTTEYTASVKGRFTISRDGSKSIAYLQMNSLKTEDTAVYYCTR
IGHV3-53*01	1-1	1.28	EVQLVESGGGLIQPGGSLRLSCAASGFTVSS-NYMSWVRQAPGKGLEWVSVIY--SGGSTYYADSVKGRFTISRDNSKNTLYLQMNSLRAEDTAVYYCAR
IGHV3-66*01	1-1	1.28	EVQLVESGGGLVQPGGSLRLSCAASGFTVSS-NYMSWVRQAPGKGLEWVSVIY---SGGSTYYADSVKGRFTISRDNSKNTLYLQMNSLRAEDTAVYYCAR
IGHV3-64*01	1-3	0.46	EVQLVESGGGLVQPGGSLRLSCAASGFTFSS-YAMHWVRQAPGKGLEYVSAISS-NGGSTYYANSVKGRFTISRDNSKNTLYLQMGSLRAEDMAVYYCAR
IGHV3-72*01	1-4	0.29	EVQLVESGGGLVQPGGSLRLSCAASGFTFSD-HYMDWVRQAPGKGLEWVGRTRNKANSYTTEYAASVKGRFTISRDDSKNSLYLQMNSLKTEDTAVYYCAR
IGHV3-73*01	1-4	0.25	EVQLVESGGGLVQPGGSLKLSCAASGFTFSG-SAMHWVRQASGKGLEWVGRIRSKANSYATAYAASVKGRFTISRDDSKNTAYLQMNSLKTEDTAVYYCTR
IGHV3-74*01	1-3	1.57	EVQLVESGGGLVQPGGSLRLSCAASGFTFSS-YWMHWVRQAPGKGLVWVSRINS-DGSSTSYADSVKGRFTISRDNAKNTLYLQMNSLRAEDTAVYYCAR
IGHV4-28*01	2-1	0.04	QVQLQESGPGLVKPSDTLSLTCAVSGYSISSS-NWWGWIRQPPGKGLEWIGYIY-YSGSTYYNPSLKSRVTMSVDTSKNQFSLKLSSVTAVDTAVYYCAR
IGHV4-30-2*01	3-1	0.05	QLQLQESGSGLVKPSQTLSLTCAVSGGSISSGGYSWSWIRQPPGKGLEWIGYIY--HSGSTYYNPSLKSRVTISVDRSKNQFSLKLSSVTAADTAVYYCAR
IGHV4-30-4*01	3-1	1.72	QVQLQESGPGLVKPSQTLSLTCTVSGGSISSGDYYWSWIRQPPGKGLEWIGYIY-YSGSTYYNPSLKSRVTISVDTSKNQFSLKLSSVTAADTAVYYCAR
IGHV4-31*01	3-1	1.72	QVQLQESGPGLVKPSQTLSLTCTVSGGSISSGGYYWSWIRQHPGKGLEWIGYIY-YSGSTYYNPSLKSLVTISVDTSKNQFSLKLSSVTAADTAVYYCAR
IGHV4-34*01	3-1	0.05	QVQLQQWGAGLLKPSETLSLTCAVYGGSFSG-YYWSWIRQPPGKGLEWIGEIN---HSGSTNYNPSLKSRVTISVDTSKNQFSLKLSSVTAADTAVYYCAR
IGHV4-39*01	1-1	1.44	QLQLQESGPGLVKPSETLSLTCTVSGGSISSSSYYWGWIRQPPGKGLEWIGSIY--YSGSTYYNPSLKSRVTISVDTSKNQFSLKLSSVTAADTAVYYCAR
IGHV4-59*01	1-1	7.66	QVQLQESGPGLVKPSETLSLTCTVSGGSISS-YYWSWIRQPPGKGLEWIGYIY---YSGSTNYNPSLKSRVTISVDTSKNQFSLKLSSVTAADTAVYYCAR
IGHV4-61*01	3-1	7.66	QVQLQESGPGLVKPSETLSLTCTVSGGSVSSGSYYWSWIRQPPGKGLEWIGYIY-YSGSTNYNPSLKSRVTISVDTSKNQFSLKLSSVTAADTAVYYCAR
IGHV4-b*01	2-1	0.83	QVQLQESGPGLVKPSETLSLTCAVSGYSISSG-YYWGWIRQPPGKGLEWIGSIY--HSGSTYYNPSLKSRVTISVDTSKNQFSLKLSSVTAADTAVYYCAR
IGHV5-51*01	1-2	17.21	EVQLVQSGAEVKKPGESLKISCKGSGYSFTS-YWIGWVRQMPGKGLEWMGIIYP--GDSDTRYSPSFQGQVTISADKSISTAYLQWSSLKASDTAMYYCAR
IGHV5-a*01	1-2	0.57	EVQLVQSGAEVKKPGESLRISCKGSGYSFTS-YWISWVRQMPGKGLEWMGRIDP--SDSYTNYSPSFQGHVTISADKSISTAYLQWSSLKASDTAMYYCAR
IGHV6-1*01	3-1	5.42	QVQLQQSGPGLVKPSQTLSLTCAISGDSVSSNSAAWNWIRQSPSRGLEWLGRTYYR-SKWYNDYAVSVKSRITINPDTSKNQFSLQLNSVTPEDTAVYYCAR

注：H1–H2 表示位于 CDR-H1 和 CDR-H2 位点的经典构型，为 Chothia's 模式结构[25]。抗体基因取用频率 UF（use frequency）由外周血淋巴细胞和脾脏扩增而得[36]。

表 15.2　人源化过程中使用的人 IGKV 种系基因的氨基酸序列排列

名称-等位基因	L1-L2-L3	UF/%	1 10 20 30 40 50 60 70 80 90 |....|....|....|....|....|....|abcdef....|....|....|....|....|....|....|....|....|....|....|....|....|....|
IGKV1-12*01	2-1-1	3.36	DIQMTQSPSSVSASVGDRVTITCRASQGIS------SWLAWYQQKPGKAPKLLIYAASSLQSGVPSRFSGSGSGTDFTLTISSLQPEDFATYYCQQANSFP
IGKV1-16*01	2-1-1	1.43	DIQMTQSPSSLSASVGDRVTITCRASQGIS------NYLAWFQQKPGKAPKSLIYAASSLQSGVPSRFSGSGSGTDFTLTISSLQPEDFATYYCQQYNSYP
IGKV1-17*01	2-1-1	0.93	DIQMTQSPSSLSASVGDRVTITCRASQGIR------NDLGWYQQKPGKAPKRLIYAASSLQSGVPSRFSGSGSGTEFTLTISSLQPEDFATYYCLQHNSYP
IGKV1D-17*01	2-1-1	0.26	NIQMTQSPSAMSASVGDRVTITCRARQGIS------NYLAWFQQKPGKVPKHLIYAASSLQSGVPSRFSGSGSGTEFTLTISSLQPEDFATYYCLQHNSYP
IGKV1-27*01	2-1-1	1.31	DIQMTQSPSSLSASVGDRVTITCRASQGIS------NYLAWYQQKPGKVPKLLIYAASTLQSGVPSRFSGSGSGTDFTLTISSLQPEDVATYYCQKYNSAP
IGKV1-33*01	2-1-1	2.24	DIQMTQSPSSLSASVGDRVTITCQASQDIS------NYLNWYQQKPGKAPKLLIYDASNLETGVPSRFSGSGSGTDFTFTISSLQPEDIATYYCQQYDNLP
IGKV1-39*01	2-1-3	11.69	DIQMTQSPSSLSASVGDRVTITCRASQSIS------SYLNWYQQKPGKAPKLLIYAASSLQSGVPSRFSGSGSGTDFTLTISSLQPEDFATYYCQQSYSTP
IGKV1-5*01	2-1-1	6.34	DIQMTQSPSTLSASVGDRVTITCRASQSIS------SWLAWYQQKPGKAPKLLIYDASSLESGVPSRFSGSGSGTEFTLTISSLQPDDFATYYCQQYNSYS
IGKV1-6*01	2-1-1	0.68	AIQMTQSPSSLSASVGDRVTITCRASQGIR------NDLGWYQQKPGKAPKLLIYAASSLQSGVPSRFSGSGSGTDFTLTISSLQPEDFATYYCLQDYNYP
IGKV1-9*01	2-1-1	1.10	DIQLTQSPSFLSASVGDRVTITCRASQGIS------SYLAWYQQKPGKAPKLLIYAASTLQSGVPSRFSGSGSGTEFTLTISSLQPEDFATYYCQQLNSYP
IGKV2-40*01	3-1-1	0.51	DIVMTQTPLSLPVTPGEPASISCRSSQSLLDSDDGNTYLDWYLQKPGQSPQLLIYTLSYRASGVPDRFSGSGSGTDFTLKISRVEAEDVGVYYCMQRIEFP
IGKV2-24*01	4-1-1	0.58	DIVMTQTPLSSPVTLGQPASISCRSSQSLVH-SDGNTYLSWLQQRPGQPPRLLIYKISNRFSGVPDRFSGSGAGTDFTLKISRVEAEDVGVYYCMQATQFP
IGKV2-28*01	4-1-1	4.87	DIVMTQSPLSLPVTPGEPASISCRSSQSLLH-SNGYNYLDWYLQKPGQSPQLLIYLGSNRASGVPDRFSGSGSGTDFTLKISRVEAEDVGVYYCMQALQTP
IGKV2-30*01	4-1-1	1.28	DVVMTQSPLSLPVTLGQPASISCRSSQSLVY-SDGNTYLNWFQQRPGQSPRRLIYKVSNRDSGVPDRFSGSGSGTDFTLKISRVEAEDVGVYYCMQGTHWP
IGKV2D-29*01	4-1-1	0.37	DIVMTQTPLSLSVTPGQPASISCKSSQSLLH-SDGKTYLYWYLQKPGQPPQLLIYEVSNRFSGVPDRFSGSGSGTDFTLKISRVEAEDVGVYYCMQSIQLP
IGKV3-20*01	6-1-1	27.90	EIVLTQSPGTLSLSPGERATLSCRASQSVSS-----SYLAWYQQKPGQAPRLLIYGASSRATGIPDRFSGSGSGTDFTLTISRLEPEDFAVYYCQQYGSSP
IGKV3D-20*01	6-1-1	0.23	EIVLTQSPATLSLSPGERATLSCGASQSVSS-----SYLAWYQQKPGLAPRLLIYDASSRATGIPDRFSGSGSGTDFTLTISRLEPEDFAVYYCQQYGSSP
IGKV3D-7*01	6-1-1	0.02	EIVMTQSPATLSLSPGERATLSCRASQSVSS-----SYLSWYQQKPGQAPRLLIYGASTRATGIPARFSGSGSGTDFTLTISSLQPEDFAVYYCQQDYNLP
IGKV3-11*01	2-1-1	3.57	EIVLTQSPATLSLSPGERATLSCRASQSVS------SYLAWYQQKPGQAPRLLIYDASNRATGIPARFSGSGSGTDFTLTISSLEPEDFAVYYCQQRSNWP
IGKV3-15*01	2-1-1	9.61	EIVMTQSPATLSVSPGERATLSCRASQSVS------SNLAWYQQKPGQAPRLLIYGASTRATGIPARFSGSGSGTEFTLTISSLQSEDFAVYYCQQYNNWP
IGKV4-1*01	3-1-1	8.29	DIVMTQSPDSLAVSLGERATINCKSSQSVLYSSNNKNYLAWYQQKPGQPPKLLIYWASTRESGVPDRFSGSGSGTDFTLTISSLQAEDVAVYYCQQYYSTP
IGKV5-2*01	2-1-1	0.07	ETTLTQSPAFMSATPGDKVNISCKASQDIDD------DMNWYQQKPGEAAIFIIQEATTLVPGIPPRFSGSGYGTDFTLTINNIESEDAAYYFCLQHDNFP

注：L1-L2-L3 表示位于 CDR-L1、CDR-L2 和 CDR-L3 位点的经典构型，为 Chothia's 模式结构[25]。抗体基因取用频率 UF（use frequency）由外周血淋巴细胞和脾脏扩增而得[36]。

表 15.3　IGHJ 和 IGKJ 基因的氨基酸序列排列

IGHJ 种系基因	100　　　　110	IGKJ 种系基因	100
	.|....|....|....|...		....|....|..
IGHJ1	AEYFQHWGQGTLVTVSS	IGKJ1	WTFGQGTKVEIK
IGHJ2	YWYFDLWGRGTLVTVSS	IGKJ2	YTFGQGTKLEIK
IGHJ3	AFDVWGQGTMVTVSS	IGKJ3	FTFGPGTKVDIK
IGHJ4	YFDYWGQGTLVTVSS	IGKJ4	LTFGGGTKVEIK
IGHJ5	NWFDSWGQGTLVTVSS	IGKJ5	ITFGQGTRLEIK
IGHJ6	YYYYYGMDVWGQGTTVTVSS		

- 抗体的建模。
- PIGS（免疫球蛋白结构预测），一个 Fv 骨架建模的服务器（快速建模；无侧链细化）。网址：http://arianna. bio.uniroma1.it/pigs。
- Rosetta 抗体，一个 Fv 骨架和侧链建模的服务器。网址：http://antibody. graylab. jhu.edu/。
- PIGS 和 Rosetta 是针对学术研究实验室的免费建模服务器。我们也可以使用商业性的建模服务器。
- 由 Accelrys 公司在 Discovery Studio 内开发的抗体建模模块。
- 由化学计算小组（CCG）开发的抗体模型。
- 密码子优化。

Vector NTI（Invitrogen 公司），网址：http://www.invitrogen.com/site/us/en/ home/LINNEA-Online-Guides/LINNEA-Communities/Vector-NTI-Community/vector-nti-software/what-is-vector-NTI.html。

一般提供基因合成服务的供应商（见下文信息），也提供密码子优化服务。

15.2.3　基因合成

- LifeTechnologies（GENEART 公司），网址：http://www.invitrogen.com/site/us/en/home/Products-and-Services/Applications/Cloning/gene-synthesis/GeneArt-Gene-Synthesis.html
- Integrated DNA Technologies（IDT 公司），网址：http://www.idtdna.com/catalog/CustomGeneSyn/Page1.aspx
- GenScript 公司，网址：http://www.genscript.com/gene_synthesis.html?src=google&gc lid=CPeoh9K3wKoCFQnc4Aod2U7zbQ
- Blue Heron（OriGene 公司），网址：http://www.blueheronbio.com/services/gene-synthesis. aspx
- Genewiz 公司，网址：http://www.genewiz.com/public/gene-synthesis.aspx

15.2.4 IgG 克隆、表达和纯化

15.2.4.1 载体

- pFUSE-CHIg-hG1：含有人类 IgG1 重链恒定区
- pFUSE2-CLIg-hκ：含有人类 kappa 轻链恒定区

质粒图谱、序列、克隆位点和操作规程可以在 InvivoGen 网站查找：http://www.invivogen.com/pfuse-chig-pfusess-chig。

15.2.4.2 试剂

- UltraPure™ 无 DNA 酶/RNA 酶蒸馏水（Invitrogen 公司，货号：10977-015）
- UltraPure™ 甘油（Invitrogen 公司，货号：15514011）
- 磷酸盐缓冲液（PBS），包含：137mmol/L NaCl，3mmol/L KCl，8mmol/L 磷酸氢二钠，2mmol/L 磷酸氢钾，pH 7.4
- 含有 0.2%牛血清白蛋白（BSA）的 PBS 溶液
- TE 缓冲液（10mmol/L Tris，用 HCl 调整 pH 7.0，1mmol/L EDTA，Invitrogen 公司，货号：AM9860）
- S.O.C. 培养液（Invitrogen 公司，货号：15544034）
- LB 培养液（每升含有：10g 胰蛋白胨、5g NaCl 和 5 g 酵母提取物，超纯水溶解，调节 pH 7.5）
- imMedia™ Zeo 琼脂（Invitrogen 公司，货号：Q621-20）
- LB 琼脂，粉末（Invitrogen 公司，货号：22700-025）
- NuPAGE® Novex® 4%~12% Bis-Tris Gels（Invitrogen 公司，货号：NP0329BOX）
- Zeocin（博来霉素）选择试剂（Invitrogen R25001）
- Blasticidin S HCl（Invitrogen 公司，货号：R21001）
- Lipofectamine™ 2000 转染试剂（Invitrogen 公司，货号：11668-019）
- QIAGEN 小量质粒提取试剂盒（QIAGEN 公司，货号：12125）
- QIAGEN 胶回收试剂盒（QIAGEN 公司，货号：28704）
- 限制性内切核酸酶（NEB 公司）
- *Eco*R I NEB 公司，货号：R0101
- *Nhe* I NEB 公司，货号：R0131
- *Nco* I NEB 公司，货号：R0193
- T4 DNA 连接酶（NEB 公司，货号：M0202）
- Quick Ligation™ 试剂盒（NEB 公司，货号：M2200 L）
- 2μm PES 滤膜（Corning 公司，货号：431153）
- ElectroMAX™ DH5α-E™ 感受态细胞（Invitrogen 公司，货号：11319-019）
- HiTrap MabSelect Sure 蛋白 A 纯化柱（GE 公司，货号：11-0034-93）
- FreeStyle™ 293 表达系统（Invitrogen 公司，货号：K9000-01）

15.2.4.3　设备

- 0.2-cm Gap 电转杯（Bio-Rad 公司，货号：165-2082）
- GenePulserMXcell^{TM} 电转系统（Bio-Rad 公司，货号：165-2670）
- BioTek SynergyHT^{TM} 分光光度计（BioTek 公司，型号：Synergy 2 alpha）

15.2.5　文库筛选和鉴定

15.2.5.1　ELISA

- 包被缓冲液：碳酸盐-碳酸氢盐缓冲液（Sigma 公司，货号：C3041）
- 封闭缓冲液：1× PBS + 3%~5% BSA（Pierce 公司，货号：37520）
- 清洗缓冲液：含有 0.05% Tween 的 1× PBS
- 二乙醇胺底物缓冲液浓缩液（5×）（Pierce 公司，货号：34064）
- 底物：3，3′，5，5′-四甲基联苯胺/H_2O_2 过氧物酶 TMB（KPL 公司，货号：52-00-02）
- 终止缓冲液：1 mol/L H_2SO_4
- 抗原：靶抗原，纯度>85%，浓度 1μg/ml
- 检测抗体：山羊抗人 IgG（Southern Biotech 公司，货号：2040-01）
- 辣根过氧化物酶（HRP）标记的抗人 IgG Fc（Jackson ImmunoResearch 公司，货号：109-035-098）
- 辣根过氧化物酶（HRP）标记的抗小鼠 IgG Fc（Jackson ImmunoResearch 公司，货号：115-035-071）
- 稀释缓冲液：含有 0.1% BSA 的 1× PBS
- 人类 IgG 抗原检测试剂盒（Innovative Research HUIGGKT）

15.2.5.2　BIAcore 试剂

- 10× PBS 缓冲液：67mmol/L $Na_2HPO_4 \cdot 2H_2O$，12.5mmol/L KH_2PO_4，70mmol/L NaCl，调节 pH 7.4
- 流动缓冲液：1× PBS（含有 5% DMSO）。配制方法：在 425ml 水中加入 50ml 10× PBS，然后再加入 25ml DMSO（HPLC 级别），调节 pH 为 7.4。
- 样品溶液：50μmol/L 保存样品溶解于 5% DMSO：将 5μl 溶解于 100% DMSO 中的浓度为 10 mmol/L 的保存样品，加入到 995μl 的 1× PBS 中。
- 抗人 IgG Fc-特异性抗体（Jackson ImmunoResearch 公司，货号：109-005-098）

15.2.5.3　设备

- NUNC 96-孔 ELISA 酶标板（VWR 公司，货号：62409-024）
- CM-5 芯片（BIAcore 公司，货号：BR-1000-14）
- ELISA 酶标仪（PerkinElmer 公司，货号：2104-0010）
- BIAcore（GE Healthcare 公司，货号：Biacore 3000）

15.3 方法

图 15.1 描述了抗体人源化的过程，包括三个主要步骤：①文库设计；②V 区域合成、克隆、表达；③文库的筛选和表征。文库的设计组件包括序列分析和 V 片段（Fv）3D 建模，以便：①确定抗原结合位点，并且评估可发展性及存在的问题；②确定匹配性最高的人类种系基因作为 FR 待选序列；③通过整合入选的人类基因及非人类互补决定区（CDR）来设计人源化 V 区序列文库。设计好文库后，接下来为该方法的第二部分。这一部分涉及分子生物学工作，具体包括：①合成人源化 V 区；②将人源化 V 区克隆为人类 IgG；③人源化变异体和对照的表达。该方法的第三个组成部分包括序列库筛选、选择和对最佳人源化分子进行进一步的鉴定。抗体人源化过程的这三个组成部分及其步骤，将在下面的部分中分别进行详细描述。这里，我们以 Fransson 及其研究团队[21] 所描述的抗 IL-13 抗体的人源化过程为例，来图解说明抗体人源化的具体步骤。

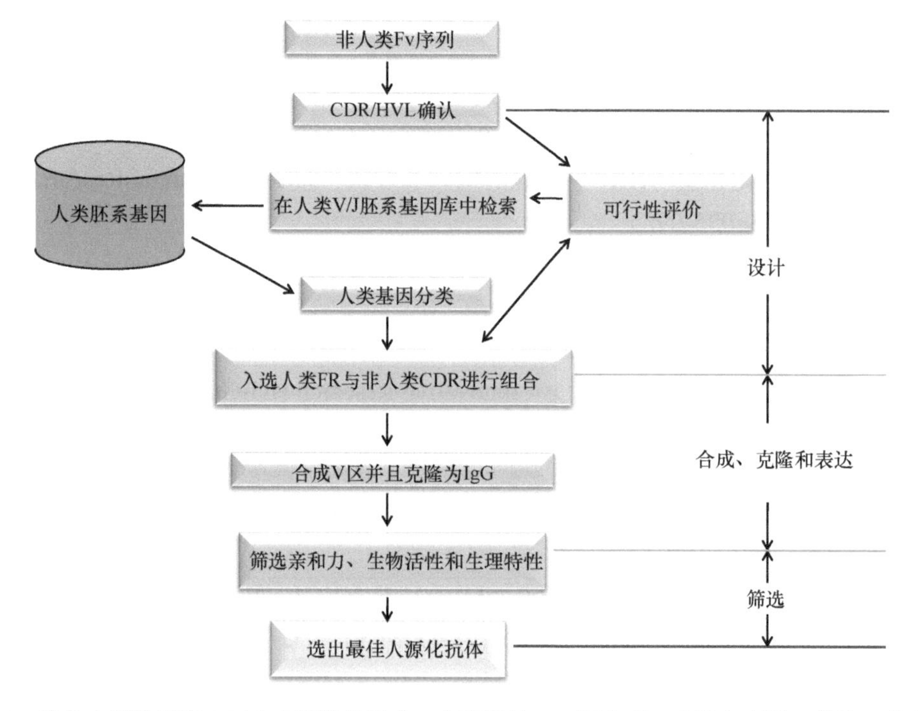

图 15.1　抗体人源化过程由三个主要部分组成：文库设计；V 区合成、克隆与表达；筛选。其中，文库设计又包括：①抗原结合位点的确定；②通过 BLAST[20]识别匹配度最高的人类生殖系基因作为 FR 供体；③结合选定的人类基因和非人类 CDR 来设计人源化 V 区的序列库。建议对非人类 CDR 和人源化变体进行可行性评估，来提高最终候选项在合成和选配过程中的成功概率。设计好文库以后，该方法的第二个组成部分涉及分子生物学内容，即：①人源化 V 区的合成，②将人源化 V 区克隆为人类 IgG，③文库中变体和对照的表达。最后，就结合能力和其他相关生物物理、生化或生物等相关特性对该文库进行筛选，并选择最佳的人源化分子。

15.3.1 文库的构建

15.3.1.1 抗原识别位点的确定

最初的 CDR 移植方法，是将鼠源抗体的 CDR 与来源于人的 V_H 和 V_L 整合在一起[6,7]。CDR 是由 Wu 和 Kabat[22]于 1970 年基于对抗原识别区的氨基酸序列的多样性分析所提出来的概念。人们可以通过对 V_H 和 V_L 标志性的氨基酸残基的确认来对 CDR 进行描述，例如，V_L：半胱氨酸-23、色氨酸-35、半胱氨酸-89 和苯丙氨酸-98，V_H：半胱氨酸-22、色氨酸-36、半胱氨酸-92、色氨酸-103。这些标志性氨基酸残基的编号对应于 Chothia 编号（见参考文献[25]），通过与表 15.1~表 15.3 所示的人类生殖系基因相比较，就可以将其确定为 V 区序列。而对 CDR 的边界确定则可以按照如下描述来进行：

CDR-L1 起始：半胱氨酸-23 之后的 1 个氨基酸残基 结束：色氨酸-35 之前的 1 个氨基酸残基	CDR-H1 起始：半胱氨酸-22 之后的 1 个氨基酸残基 结束：色氨酸-36 之前的 1 个氨基酸残基
CDR-L2 起始：色氨酸-35 之后的 15 个氨基酸残基 结束：半胱氨酸-88 之前的 32 个氨基酸残基	CDR-H2 起始：色氨酸-36 之后的 15 个氨基酸残基 结束：半胱氨酸-92 之前的 32 个氨基酸残基
CDR-L3 起始：半胱氨酸-88 之后的 2 个氨基酸残基 结束：苯丙氨酸-98 之前的 1 个氨基酸残基	CDR-H3 起始：半胱氨酸-92 之后的 3 个氨基酸残基 结束：色氨酸-103 之前的 1 个氨基酸残基

对 CDR 边界的确定，还可以通过另一种方法实现，即按照 Andrew Martin 博士的网页（http://www.bioinf.org.uk/abs/）中描述的相对简单的方法规则，通过查看 V_H 和 V_L 的序列来进行。

在抗体人源化之前和抗体结构解析之前，Wu 和 Kabat 都对 CDR 进行了定义。当 Fab 和 V 片段的第一个 X 射线的晶体结构出现时[23]，他们分析并揭示了 V 结构域是由结构保守的 FR 和结构变化的环状结构所组成，并且将其命名为超变环（hypervariable loop，HVL）[24]。图 15.2 比较了 CDR 和 HVL，可以看出，除了 V_H 的第一个 CDR 外，CDR 包含 HVL。CDR 从第 31 个氨基酸残基开始，主要是位于 β 链，而 HVL 则是从第 26 个氨基酸残基开始（根据 Al-Lazikani 等[25]的研究对氨基酸残基进行编号）。环状结构中的一些氨基酸残基（残基 26~32）可以改变其构象，从而影响抗体对抗原的结合[25,26]。因此，为了尽量保留 CDR 移植后的亲和力，我们将 CDR- H1 和 HVL-H1 联合移植到人的 FR 中。

15.3.1.2 可开发性评估

可开发性是用来描述抗体整体性能的一个术语，是对即将投入生产的和通过调整配方有望达到预期治疗效果的抗体进行事先评价。用于治疗目的抗体制剂通常需要具备以下条件：高浓度（>40mg/ml）的抗体；在无须进行翻译后修饰或其他可能影响其治疗效果的化学和物理修饰的情况下能够保持抗体的治疗效果的能力。随着人们对上市的抗体进行不断分析、总结，从中获得并积累了大量相关信息，尤其是对那些在优化、生产和制剂过程中，以及在临床试验中遭受失败的抗体进行分析所得出的结论，已经使我们认识到，如果对抗体的可开发性缺陷进行监测和补救越早，那么后期在药物开发阶段和临床试验阶段所获得的成功率也将越高。因此，如果人源化项目是开发治疗性抗体计划的一部分，那么我们强烈建议对亲本非人类分子和人源化变体进行可开发性评估。

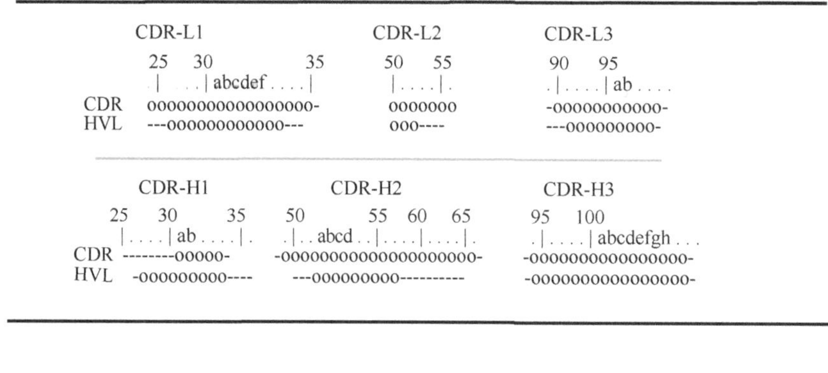

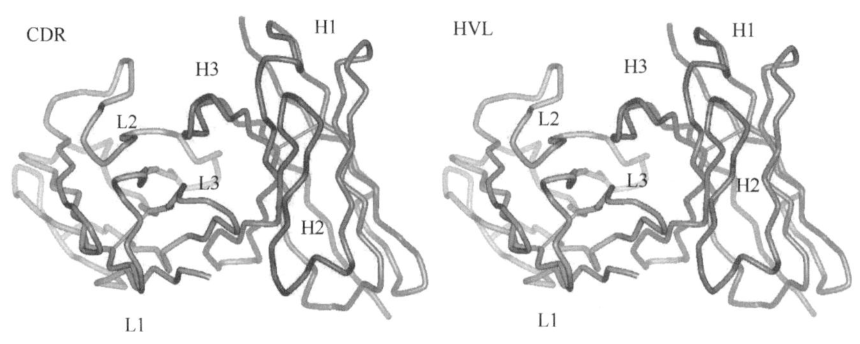

图 15.2 抗原结合位点的定义。上图：使用 Chothia 编号系统对抗原结合位点的定义进行线性表示。对互补决定区域（CDR）（顶部）和超变环（HVL，底部）进行定义的氨基酸残基用“o”表示。左侧图：CDR（亮灰色阴影的 L1、L2、L3 和暗灰色阴影的 H1、H2、H3 分别表示 V_L 和 V_H）映射到从抗原角度所观察到的 Fv 结构的轨迹线路上。右侧图：HVL 映射到相同结构的轨迹线路上。注意：抗原结合位点的定义，在 CDR 和 HVL 上的 H1 处存在差异。用来说明定义的坐标的 PDB 代码是 1FVA。[引用自 Al-Lazikani B，Lesk AM，Chothia C. *J Mol Biol* 1997；273（4）：927-948.]

评估可开发性缺陷可以协助：①选择一个与其他非人类抗体相比具有更少缺陷和类似生物活性的非人类抗体来进行人源化；②设计突变体以去除可能有问题的氨基酸残基，从而增强一种独特的和有价值的抗体在可发展性方面的特质；③确定最有希望的人源化变体。一些可开发性缺陷能够在氨基酸序列水平上进行检测，而其他的则需要使用 3D 结构进行预判。确定可开发性缺陷的一般准则如下：

（1）*N*-糖基化。潜在的糖基化位点编码在序列基序中：N-X-T/S，其中 N 为天冬酰胺，S/T 为丝氨酸/苏氨酸，X 为任意氨基酸。如果一个糖基化位点被一个聚糖占据，并且它位于抗原结合位点上或附近，那么它就可以改变抗体的特异性。

（2）未配对的半胱氨酸残基。除了 V 区保守的半胱氨酸残基（V_L：半胱氨酸-23 和半胱氨酸-88，V_H：半胱氨酸-22 和半胱氨酸-92）外，其他位置的半胱氨酸残基，如果暴露在溶剂中，可能会产生混乱的二硫键或分子间键，这可能反过来会损害抗体的稳定性和（或）导致聚合。

（3）脱酰氨基作用。脱酰胺发生在天冬酰胺（N）和谷氨酰胺（Q）氨基酸残基，而且 N 比 Q 更容易脱酰胺。N 在蛋白质中的相对位置和邻近氨基酸可能影响脱酰胺率。序列模式：NG 和 NS，其中 G 是甘氨酸，更容易脱酰胺。Robinson[27]提出了一种基于附加考虑的去酰胺化斑点检测方法。其成功与否约 60%取决于初始结构，而约 40%取决于 3D 结构。

（4）氧化。如果甲硫氨酸（M）和色氨酸（W）残基暴露在溶剂中，那么它们就会被氧化。如果被氧化的氨基酸残基是那些与靶分子发生关键相互作用的残基，那么氧化很可能导致结合能力的丧失，进而导致抗体效力下降。可接触表面积（accessible surface area，ASA）是溶剂暴露的一种度量值，可以通过 NACCESS（http://www.bioinf.manchester.ac.uk/naccess/）或商业软件包[如 Discovery Studio（Accelrys，Inc.）]在 Fv 结构中进行估计。

（5）聚合。蛋白质分子之间的非特异性疏水-疏水相互作用通常被认为是驱动聚集的主要力量之一，而降低抗体表面疏水性已成功地提高了蛋白质的溶解度[28]。最近有人提出，使用空间聚集倾向性（spatial aggregation propensity，SAP）来定量测量蛋白质和表面疏水性及其对聚集的潜在作用[29~31]。

在缺乏实验性结构的情况下，可以根据 Fv 的三维模型所提供的大部分信息来进行可开发性评估。通过发掘抗体的标准结构，以及通过对蛋白质数据库（Protein Data Bank，PDB[32]，http://www.rcsb.org）中大量抗体晶体结构进行利用，可以为抗体建模提供高度便利。最近我们进行了一项盲研究[33]，以评估抗体可变区（Fv）的三维建模技术的现状。我们使用覆盖了广泛的抗原结合位点构象的 9 个未发表的高分辨率 X 射线 Fab 晶体结构作为基准，来比较由 The Chemical Computer Group 和 Accerlys 公司及由两个完全自动化的抗体建模服务器（PIGS 和 Rosetta）所生成的 Fv 模型。在大多数情况下，我们发现模型和 X 射线结构非常吻合。对模型和结构上的骨架原子所计算的平均 rmsd（均方根偏差）值是相当一致的（例如，大约 1.2 Å）。具有标准结构（L1、L2、L3、H1 和 H2）的 FR 和 HVL 的平均 rmsd 值接近 1.0 Å。大多数模型的 H3 的 rmsd 预测值在 3.0 Å 左右。因此，由 PIGS、Rosetta、CCG 和 Accelrys 获得的 Fv 模型除 H3 以外都是可靠的，在可开发性评估中是有用的。

15.3.1.3　人类 FR 的选择

一旦非人类抗体的抗原结合位点得以确定，并对其进行了可开发性缺陷评估，那么接下来就会选择一组 FR 作为 FR 供体来对非人类抗体进行人源化处理。从人类序列的三个来源中选择作为人类 FR 的序列：共有序列、成熟序列、种系基因。共有序列是由不同基因进行人工组合而成。因此，作为非自然基因，可以引起免疫原性反应。另一方面，成熟序列是免疫反应成熟的产物，因此携带体细胞突变，由于没有经过物种的自然选择，所以也可能具有免疫原性。因此，种系基因被认为是抗体人源化中人类 FR 的最佳来源。

20 世纪 90 年代，人类的 IGH 和 IGL 基因位点的物理图谱被阐明。现在人们对它们所编码的功能性种系基因库已经有了很好的认识，并且这些信息可以在免疫遗传学数据库（IMGT）（http://www.imgt.org/）中找到。随着越来越多来自不同个体的人类种系基因被测序和研究，越来越多的等位基因被鉴定出来，并且有些基因已经被记录在 IMGT 数据库中。为了避免在人源化文库设计中出现冗余，我们使用了等位基因“01”，这些等位基因已经在 IGV 和 IGJ 基因的几个数据来源中经过鉴定，因此可能代表了人类群体中最常见的种系基因。

表 15.1 和表 15.2 分别列出了用于人源化的“01”IGHV 和 IGKV 等位基因的亚群。这些亚群是从在氨基酸水平上相同或近乎相同的“01”等位基因中的筛选产生的。此外，还舍弃了在可进展性评估中存在缺陷的编码 FR 区域的基因，具体是：基因 IGHV3-30-3*01 和 IGHV3-33*01 从“01”等位基因中删除；IGHV3-30-3*01 与 IGHV3-30*01 相同，而与 IGHV3-30*01 相比，IGHV3-33*01 仅在 CDR1-H1 处有一个氨基酸，并且在 CDR-H2 处有一个氨基酸与之不同。基因 IGKV1D-12*01、IGKV1D-33*01、IGKV1D-39*01、IGKV2D-40*01、IGKV2D-28*01、IGKV3D-15*01、IGKV3D-11*01 因为与表 15.2 中其他基因完全相同或仅一个氨基酸不同而被舍弃。人类 IGHV7 家族中仅有的一个基因，连同 IGHV4 家族中的一个基因（IGHV4- 4*01），以及 IGKV1 家族中的两个基因（8 和 D-8）[34]由于在 FR-3 上存在未配对的半胱氨酸残基而被剔除。由于在 FR-3 上存在糖基化位点，基因 IGHV1-8*01 被从数据库中移除。而基因 IGKV1D-43*01、IGKV2D-30*01、IGKV2D-26*01 由于在人体抗体中使用频率较低而舍弃（见下文）。

通过使用非人类抗体序列作为查询目的序列，我们在作为人类基因来源的表 15.1~表 15.3 的数据中，依靠 BLAST 识别出了潜在的人类 FR 供体基因。根据与非人类序列的序列相似性对种系基因进行排序。在这个领域，FR 选择的过程被称为最佳拟合或同源方法[9]。当然，非人类 V 区与人类种系基因序列相似性越高，非人类 CDR 与人类 FR 之间潜在不兼容的数量越少，因此非人类抗体保持亲和力的机会越高。然而，在选择 FR 时，除了依赖序列相似性这一种标准以外，还应该考虑其他因素。

（1）删除冗余。对于既定的一组非人类 CDR 进行人源化时，选择不同的 FR 样本有助于探索更多的解决方案。例如，如果两个人类基因密切相关（彼此之间仅仅一个或两个氨基酸之间存在差异，如 IGHV3-53 和 IGHV3- 66；表 15.1），那么只有最接近非人类序列的那个基因才应该包含在最终的文库中。

（2）选择与非人类抗体具有相同标准结构类别的基因。编码与非人类抗体相同的标准结构类别（类型）组合的基因应该比那些编码不同结构类别的基因更受青睐。表 15.1 和表 15.2（各自第 2 列）注释了在人类种系基因中进行编码的标准结构类别，而参考文献[25]也描述了一组对非人类抗体的标准结构进行定义的规则。我们把环长度作为快速预测标准结构的一种方法，因为对于除了类型 2 和 3 的 CDR-H2 标准结构以外的所有其他环结构而言，它是环构象的主要决定因素[35]。对于这些类型，当定义标准结构的时候，应当对第 71 位的残基进行考虑[25]。

（3）优先考虑高使用率的基因。表 15.1 和表 15.2（各自第 3 列）注释了从外周血白细胞和脾脏扩增出的大量抗体序列中人类基因的使用频率。在 V_H 中有一些基因（即 IGHV1-2、IGVH1-69、IGHV3-23、IGHV3-30 和 IGHV5-51）占总文库的 50%左右。*IGKV* 基因中，*IGKV1-39* 和 *IGKV3-20* 约占总数的 40%。由于这些基因在重组人类抗体基因和免疫反应中被过度使用，所以它们经常作为构建合成抗体噬菌体展示库和治疗抗体的骨架，被用于包括人源化的抗体工程项目中。因此，有关这些基因的信息很多、很全面，而这必将有助于诸如基因工程变体的序列分析、3D 建模和进一步的优化过程，如亲和力成熟库的设计等。因此，我们倾向于选择表达频率较高的基因，而不是那些表达频率较低或很少使用的基因。使用表 15.1 和表 15.2 中的排名最高的基因并不能保证生产和配方过程的顺利进行，但是肯定会增加成功的机会。

15.3.1.4　文库设计

一旦根据前一节中描述的标准获得人类 FR 并对其进行排序，那么下一步就是确定文库中应该包含多少个变体。确定的过程受到非人类抗体、资源和项目成功标准（如亲和力、稳定性和溶解度）等因素的影响。

如果非人类基因序列与人类基因高度相似，那么人源化过程将会很简单，一个包含 2~3 个人源化 V_H 变体和相同数量的 V_L 变体的库就足够了。如果非人类的 V 区域在 CDR 上有非典型的特征（例如，环长度与人类文库中的环长度不同[37,38]或 CDR 发生了突变，以至于与人类基因明显不同），那么在文库中应该包含更多的变体。在文库中包含更多的、多样化的 FR 可以增加产生保留有亲本抗体亲和力的人源化变体的可能性，而不需要设计反向突变。

最后一步是将选定的 FR 与非人类的 CDR 组合起来，但是在组装最终的文库之前，应该进行新的可进展性评估。这一新增的可进展性评估的目的是消除非人类 CDR 和人类 FR 进行组合时所编码的存在可进展性缺陷的变体（例如，潜在的糖基化位点、脱酰胺位点和疏水性聚集体）（见 15.3.1.2 节）。

在 Fransson 及其同事描述的示例中[21]，通过将 6 个人源化 V_H 变体（图 15.3）和 15 个人源化 V_L 变体（图 15.4）进行结合，设计了一个包含 90 个变体的组合库。从 IGVH-2 种系基因家系中筛选出 3 个人类 FR，从 IGVH-4 家系中筛选出 2 个人类 FR，而从 IGVH-3 家系中筛选出 1 个人类 FR。对于 FR-4，选择了人类 IGHJ-1。V_L 文库由 11 个来自 IGVK-1

```
                   1        10        20        30          40        50        60        70        80           90        100          110
                   |...|....|....|....|....|....|.ab..|....|....|....|....|....|....|....|....|..abc..|....|....|....|abc....|....|...
CDRs                                              -------                ------------                                   -----------
HVLs                                         --------                      ----                                         -----------
Mouse V region     QVTLKESGPGILQPSQTLSLTCSFSGFSLSTYGMGVGWIRQPSGKGLEWLAHIWWDDVKRYNPALKSRLTISKDTSGSQVFLKIASVDTSDTATYYCARMGSDYDVWFDYWGQGTLVTVSA
H1   2-70/1        .........ALVK.T...T...T...................P..A..............................KN..V.TMTNM.PV..............................S
H2   2-26/1        .........VLVK.TE..T...TV..................P..A..............................K...V.TMTNM.PV..............................S
H3   2-05/1        .I.......TLVK.T...T...T...................P..A.........................T....KN..V.TMTNM.PV........H.....................S
H4   4-30/1        ..Q.Q.....LVK.........TV..G.I.............P......IG.................V...V...KN.FS..LS..TAA...V..........................S
H5   4-28/1        ..Q.Q.....LVK..D......AV..................P......IG.................V.M.V...KN.FS..LS..TAV...V..........................S
H6   3-33/1        ..Q.V...G.VV..GRS.R.S.AA..............V..AP......V..................F...R.N.KNTLY.QMN.LRAE...V..........................S
```

图 15.3　亲本鼠 VL 和人源化变异体的比对（H1~H6）。CDR 和 HVL 显示在顶部。编号和缺口是遵照 Chothia 的惯例来进行的。正如 IMGT 中显示的那样，第二列表示作为 FR 供体的人类 IGHV/IGHJ 种系基因的名称。

```
                1        10        20        30        40        50        60        70        80        90        100
                |...|....|....|....|....|....|....|....|....|....|....|....|....|....|....|....|....|....|....|....|....|..
CDRs                                   -----------               ------                                  -------
HVLs                                     -------                 ---                                     ------
Mouse V region  DVQITQSPSYLAASPGETITLNCRASKSISKYLAWYQEKPGKTNKLLIYSGSTLQSGIPSRFSGSGSGTDFTLTISSLEPEDFAMYFCQQHNEYPYTFGGGTKLEIK
L1    1-27/4    .I.M.....S.S..V.DRV.IT...............Q....VP.............V....................Q...V.T.Y................V...
L2    1-39/2    .I.M.....S.S..V.DRV.IT...............Q....AP.............V....................Q.....T.Y............Q.......
L3    1D-13/4   AI.L.....S.S..V.DRV.IT...............Q....AP.............V....................Q.....T.Y................V...
L4    1-17/4    .I.M.....S.S..V.DRV.IT...............Q....AP.R...........V...........E........Q.....T.Y................V...
L5    1-9/1     .I.L.....F.S..V.DRV.IT...............Q....AP.............V...........E........Q.....T.Y............Q...V...
L6    3-11/2    EIVL....AT.SL....RA..S...............Q...QAPR..............A........................V.Y............Q.......
L7    1-37/2    .I.L.....S.S..V.DRV.IT..............RQ....VP.............V....................Q...V.T.YG...........Q.......
L8    1-5/5     .I.M.....T.S..V.DRV.IT...............Q....AP.............V...........E........Q.D...T.Y............Q..R....
L9    1-16/4    .I.M.....S.S..V.DRV.IT.............F.Q....AP.S...........V....................Q.....T.Y................V...
L10   1-9/4     .I.L.....F.S..V.DRV.IT...............Q....AP.............V...........E........Q.....T.Y................V...
L11   1-8/4     AIRM.....SFS..T.DRV.IT...............Q....AP.............V..................C.QS....T.Y................V...
L12   1-32/4    .I.M.....S.S..V.DRV.IT...............Q..E.AP.S...........V....................Q.....T.Y................V...
L13   1D-17/4   NI.M.....AMS..V.DRV.IT.............F.Q....VP.H...........V...........E........Q.....T.Y................V...
L14   1-5/4     .I.M.....T.S..V.DRV.IT...............Q....AP.............V...........E........Q.D...T.Y................V...
L15   1D-8/4    VIWM.....L.S..T.DRV.IS...............Q....APE............V..................C.QS....T.Y................V...
```

图 15.4　亲本鼠 VL 和人源化变异体的比对（L1~L15）。CDR 和 HVL 显示在顶部。编号和缺口是遵循 Chothia 的惯例来进行的。正如 IMGT 中显示的那样，第二列表示作为 FR 供体的人类 IGKV/IGKJ 种系基因的名称。

基因家族的基因、2 个分别来自 IGVK-2 和 IGVK-3 家族的基因与基因 IGHJ-1、2、4 和 5 组合而成。该文库是用人类种系基因序列的非筛选样本生成的，事实上，在该文库的初始构建评估中，还包含了来自 IGVK-1 家族（1-8 和 1D-8）的两个在 FR-3 区域带有半胱氨酸残基的基因。但是这些变体在初次筛选时没有被采用（见下文）。

15.3.2　文库构建

15.3.2.1　基因合成

为了获得高水平的 IgG 表达，我们建议在人源化变体的编码区域选择密码子，以使其在哺乳动物或大肠杆菌细胞中表达最大化。我们可以借助 Vector NTI 中提供的一项功能实现该目的。除了对在哺乳动物细胞中表达的核苷酸序列进行优化外，还应该在核苷酸序列中添加适当的限制性位点。设计好的 DNA 序列可以通过标准方法进行合成，例如，通过重叠 PCR 进行扩增[39]，或者从基因合成供应商那里获得，后者经常对哺乳动物或大肠杆菌中表达的核苷酸序列进行优化。

15.3.2.2　对作为人类 IgG1 人源化 V 区域进行克隆

理想的情况下，对文库的筛选应该以治疗分子的分子形式进行。在欧盟或美国，已经批准或正在审批的 35 种（约 70%）人类治疗抗体中，有 26 种是 IgG1 亚型，因此该部分将以这种亚型为例进行说明。为了产生 IgG1 分子，我们将人源化 V_H 变体与人类 C_H1~C_H3 IgG1 编码序列进行融合，并且连接入 pFUSE CHIg-hG1 载体，而将人源化 V_L 变体与人类 CL 相融合，并且连接入 pFUSE CLIg-h 载体。将亲本非人类抗体和人类 IgG1 嵌合体（亲本非人类 V 区和人 Ck、IgG1 C_H1-C_H3）进行克隆，并与人源化变体同时表达以进行比较。下面给出了将 V 区域克隆入 pFUSE 载体的通用流程。

（1）根据制造商（New England Biolabs）的建议，使用限制性内切核酸酶对人源化 V 区域和 pFUSE 载体进行处理：

- V_H：*Eco*R I 和 *Nhe* I

- V：*Eco*R I 和 *Nco* I

（2）使用胶回收试剂盒（QIAgen 公司）对经过 2%琼脂糖凝胶分离的已消化的 V 区（350～400bp）进行纯化。

（3）使用胶回收试剂盒（QIAgen 公司）对经过1.5%琼脂糖凝胶分离的已消化的 pFUSE 载体（4000~4500bp）进行纯化。

（4）检查经琼脂糖凝胶分离的 V 区域和载体的纯度和浓度。

（5）根据经销商的使用说明（NEB 公司），使用 T4 连接酶将 V 区域和 pFUSE 载体进行连接。

（6）根据经销商的使用说明（Invitrogen 公司），将连接混合物使用电转染方法转化 DH5α 电转染感受态细胞。

（7）将转化后的 DH5α 电转染感受态细胞铺在含有适当抗生素的半固体 LB 培养板上。

（8）37℃孵育过夜。

（9）从每个培养板上挑选 5~10 个菌落。

（10）抽提纯化质粒 DNA，并且对 V 区域序列进行测序。

（11）扩增和纯化含有正确序列的克隆中的质粒 DNA，并且用于转染 HEK-293 或 CHO 细胞。

15.3.3　文库筛选

对文库进行初级筛查的主要目的，是筛选掉低表达的变体和在亲和力方面存在重大缺陷的人源化变体。这样的筛查可以通过将文库在 FreeStyle 293 表达系统中进行瞬时表达，然后对细胞培养上清液中的 IgG 浓度进行评估及使用 ELISA 对目的蛋白进行评价的方式得以实现。IgG 的表达、浓度的估计及 ELISA 结合实验的通用步骤将在下文进行详述。

15.3.3.1　瞬时表达

人源化变体和对照抗体可以根据以下流程在 293F 系统中（Invitrogen 公司）进行表达。

（1）根据经销商的使用说明，在转染的前一天，要求 293F 细胞生长密度达到 3×10^6 个细胞/ml，并且含有 3mL 的自由式 293 表达培养基。

（2）按照如下步骤为每次转染制备脂质体-DNA 混合物：

- 将 3μg 含有 V_H 和 V_L 变体的质粒与适量的 Opti-MEM® I 混合以达到总体积 100μl，并且轻轻地混合均匀。
- 将 6μl 的 293fectin™ 与适量的 Opti-MEM® I 混合以达到总体积 100μl，并且轻轻地混合均匀，室温静置 5min。
- 将稀释后的 DNA 加入到稀释后的 293fectin™ 中，并且轻轻混合均匀。
- 室温孵育 20~30min。

（3）将 200μl DNA-293fectin 混合物[步骤（2）]加入到在步骤（1）中准备好的 293F

细胞中。

（4）将细胞置于含有8%二氧化碳湿润空气的37℃孵化器中的轨道摇床上进行孵育培养，摇床转速设定为125r/min。

（5）约在转染后的3~4天收取细胞培养上清，并且进行相关鉴定。

15.3.3.2 IgG定量

按照如下步骤使用人类IgG抗原检测试剂盒（Innovative Res公司）检测IgG的浓度。

（1）将对IgG进行定量的标准品加入到酶标板的孔中，100μl/孔，做2个复孔。

（2）将239F细胞培养上清加入到酶标板的孔中，100μl/孔，做2个复孔。

（3）室温下振动酶标板30min，转速为300r/min。

（4）用洗涤缓冲液冲洗酶标板孔。

（5）将10ml BSA封闭液加入到过氧化物酶偶联抗体试剂瓶中，轻轻摇动，使内容物完全溶解。然后将该溶液加入到酶标板中，100μl/孔。

（6）室温下振动酶标板30min，转速为300r/min。

（7）用洗涤缓冲液冲洗酶标板孔三次，并除去残留的洗涤缓冲液。

（8）将底物溶液加入到酶标板中，100μl/孔。室温下振动酶标板5~15min，转速为300r/min。

（9）将反应终止溶液加入到酶标板中，50μl/孔。

（10）用酶标仪检测反应孔中溶液在450nm（A_{450}）的吸光度值。

（11）将所有标准品和待测样品的吸光度值减去空白孔的吸光度值，以得到校准的吸光度值（A_{450}）。

（12）使用标准品中人类IgG的数量及其对应的A_{450}吸光度值绘制标准曲线。用线性拟合方法拟合直线。待测抗体的数量即可以通过这条标准曲线来确定。

15.3.3.3 ELISA

（1）使用含有靶抗原1μg/ml的包被缓冲液包被Nunc Maxisorp酶标板。

（2）用封闭液封闭酶标板。

（3）用洗涤缓冲液洗涤酶标板三次，以除去残留的封闭缓冲液。

（4）加入经过IgG浓度标准化后的细胞培养上清液。建议对于每一个变体都设置从1μg /ml开始的两个或三个浓度梯度，以应对因IgG浓度估算不准确出现的失误。

（5）在室温下孵育酶标板1h或4℃孵育过夜。

（6）用洗涤缓冲液洗涤酶标板三次，以除去残留的IgG。

（7）加入山羊抗人Fc-特异性的HRP标记的抗体（1∶3000～5000稀释，100μl /孔），然后在室温下孵育酶标板1h。

（8）用洗涤缓冲液清洗酶标板三次，以清除残留的抗人Fc-特异性的HRP标记抗体。

（9）将反应底物加入到酶标板中，100μl /孔。

（10）将反应终止溶液加入到酶标板中，50μl/孔。

（11）用酶标仪检测反应孔中溶液在 450nm（A_{450}）的吸光度值。

按照类似于上文描述的流程，图 15.5 显示了对由 6 个人源化 V_H 变体（图 15.3）与 15 个人源化 V_L 变体（图 15.4）组合起来生成的 90 个变体的结合特性进行评估的结果。在对浓度进行标准化并且对结合特性进行评估后，一个 V_H 变体与除 4 个 V_L 外的所有 V_L 链相组合时都呈现出最佳的结合特性。V_L 使用的多样性和在与抗原相互作用的过程中 V_H 占主导地位的特点是相一致的[21]。

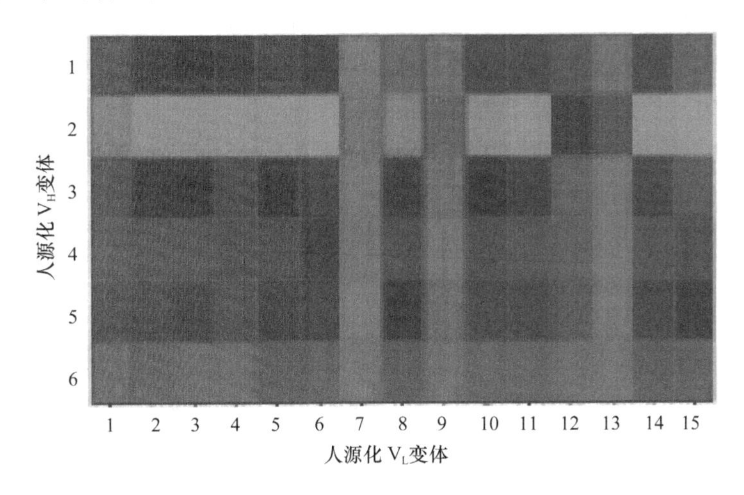

图 15.5　文库筛选。对人源化 V_L 和 V_H 区域（图 15.3 和图 15.4）进行筛选，以确定作为 IgG1 抗体的序列。总共对 90 个变体的结合特性进行了 ELISA 检测。浅灰色表示活性高的变体，深灰色表示活性低的变体。

15.3.4　明星分子的选择和最终性质确认

为了选择最终的明星分子，需要对具有理想化结合特性的人源化变体进行更加严格的再次性质确认。再次性质确认的内容包括：扩大化的 IgG 表达、纯化、可以对其生物活性进行体外评估的分析等。而关于生物活性的体外评估分析又包括诸如受体阻断和（或）生物物理特性描述，如聚集性、溶解度和稳定性等。本节介绍了对 IgG 进行扩大化表达、纯化的步骤流程，以及通过表面等离子体共振（SPR）技术对配体-抗体相互作用的动力学参数进行检测的方法。

15.3.4.1　扩大化表达

要对所选的人源化抗体明星分子进行大规模的表达，可以使用 FreeStyle MAX CHO 表达系统（Invitrogen 公司）。CHO 细胞在生产治疗性抗体方面比 HEK-293 细胞具有诸多优势：①CHO 因其稳定性和高产率而成为最广泛使用的细胞；②CHO 细胞提供稳定的糖基化修饰，这与在人类细胞中看到的糖基化修饰很类似[40]。下面对最终入选明星分子在 CHO 细胞中进行的生产表达流程加以描述。

（1）按照经销商提供的使用说明，将 FreeStyle CHO-S 细胞在 FreeStyle CHO-S 细胞

表达培养基中（Invitrogen 公司）进行培养。

（2）将 FreeStyle CHO-S 细胞传代，保持培养密度在 5×10^5~6×10^5 个细胞/ml。

（3）在 37℃，含有 8%二氧化碳的孵箱中，以 120 r/min 振荡速度将细胞培养过夜。

（4）收取细胞并进行计数，然后将细胞稀释至 1×10^6 个细胞/ml，在转染当天，将 30ml 细胞加入到一个 125ml 的摇瓶中。

（5）将含有 FreeStyle MAX 转染试剂的试剂瓶上下颠倒数次，以轻轻混匀。

（6）将 18μg 含 V_H 和 V_L 的质粒 DNA 加入到 0.6ml 的 OptiPro™ SFM 中，混匀；将 36μl 的 FreeStyle MAX 转染试剂加入到 0.6ml 的 OptiPro™ SFM 中，上下颠倒轻轻混匀。

（7）将稀释后的 FreeStyle MAX 转染试剂加入到稀释后的质粒 DNA 溶液中[步骤（6）]，轻轻混匀，然后在室温下孵育 10min。

（8）在慢速旋转摇瓶的同时，将 1.2ml 的 DNA-FreeStyle MAX 转染试剂混合物慢慢加入含有细胞的 125ml 的摇瓶中。

（9）在 37℃，并且含有 8% CO_2 的孵箱中，以 135r/min 的转速震荡孵育转染的细胞。

（10）在转染后的第 5~7 天收取细胞培养上清液，或者通过稳定转染进入到下一步，以获得更高产量的抗体。

（11）通过加入 50μg/ml 的博来霉素和 100μg/ml 杀稻瘟菌素作为选择性抗生素，来对瞬时转染的细胞进行稳定性转染株的筛选。

（12）在抗生素压力下进行选择性培养 2~3 周后，再对存活的细胞进行扩大培养和/或亚克隆性培养，然后选择更高 PCD 的细胞系进行大规模性培养。

15.3.4.2 抗体纯化

收集来自 FreeStyle MAX CHO 表达系统的含有抗体的细胞培养上清液，并且对其中的抗体按照如下步骤进行纯化。

（1）通过离心来除去所收集上清液中的细胞碎片，并且将离心后的上清液使用 0.2mm 过滤器过滤，以除去其他更小的细胞成分。

（2）按照经销商所提供的使用说明，使用 HiTrap MabSelect Sure Protein A 蛋白柱（GE Healthcare 公司）纯化上清液。

（3）使用 10 倍柱体积的 0.1mol/L 的乙酸钠溶液（pH 3.0）洗脱抗体。

（4）使用 20%体积分数的 2.0mol/L 的 Tris-HCl（pH 7.0）（如 800μl 的洗脱液使用 200μl 的中和液）来中和洗脱液。

（5）收集峰值洗脱液，并且使用 0.2μm 滤器进行过滤。

（6）然后使用 1×PBS 进行 4℃透析过夜。

（7）用 ELISA 法测定 IgG 浓度（见上文 IgG 定量方法）。

（8）如果有必要，使用 10 000 MWCO 的超滤管（Millipore 公司）对目的抗体进行离心浓缩。

（9）根据经销商所提供的使用说明，通过跑 NuPAGE Novex Bis-Tris Gels（Invitrogen 公司）凝胶电泳来检测所纯化蛋白的质量，并且使用 HPLC 来对所纯化蛋白的分子量大小进行检测。

15.3.4.3　K_D的检测

对所纯化抗体的动力学参数和亲和常数（K_D）等特征性参数的检测，可以按照如下步骤通过使用 BIAcore（GE Healthcare 公司）来进行。

（1）按照经销商所提供的使用说明，在 4 个芯片通道中的每一个通道，都将 CM-5 芯片与抗人 IgG Fc 片段特异性抗体进行配对。

（2）常温下使用 PBS 作为运行缓冲液。

（3）使用运行缓冲液制备从 33~0.046nmol/L 的一系列稀释浓度的抗原。

（4）将 1 号通道作为参考通道。在捕获了 mAb 后，以 50μl/min 的流速注入抗原（结合阶段），进样时间为 3min。然后再运行 10min 的流动相缓冲液（解离阶段）。

（5）使用两次脉冲的方式以 50μl/min 的流速注入 100mmol/L 的 H_3PO_4（Sigma 公司）使芯片再生，进样时间为 12s。

（6）首先注入对照样品，然后按照浓度从低到高再到低的顺序注入系列稀释溶液。

（7）使用 BIA 评估软件，按照普遍适用性模型中 1∶1 的结合模式对数据进行收集和分析。

（8）以 k_a（结合速率常数）、k_d（解离速率常数）和 K_D（亲和力常数）的格式报告结果。

表 15.4 为纯化后初筛筛选出的 5 个最优变体的动力学参数[21]。这些变体将不同的 V_L 变体与一个 V_H（H2L2、H2L3、H2L6、H2L8 和 H2L14）进行组合。此外，在进行结合能力评估的变体小组中，还包括两个人源化的 V_L 变体和一个不同但相关的 V_H（H1）。对亲本抗体和嵌合抗体的亲和力也进行了测定。结果表明，这两种抗体对 IL-13（50pmol/L）具有相同的亲和力。与 ELISA 结合实验的结果一致（图 15.5），H2 的组合都表现出相似的 K_D 值（250~370pmol/L）。因此，最佳的人源化分子保持了亲本分子 5 倍的结合亲和力。和与相同的 V_L 进行组合的 H2 变体相比，H1L3 表现出两倍的较低亲和力（530pmol/L）。与预期结果一致（图 15.5），H1L7 显示出较差的结合能力，其亲和力为亲本抗体的 1/2000。

表 15.4　Fransson 和 Coworkers 报道的初筛人源化变体动力学参数

抗体		亲和力 K_D/（pmol/L）[a]	k_a（1/Ms）× 10^4	k_d（1/s）× 10^{-4}
HFS 变体	小鼠	52±10	977±189	5.06±0.13
	Chimera	54±11	1030±7	5.57±1.01
	H2L14	256±19	652±43	16.7±0.5
	H2L8	272±22	648±25	17.6±1.3
	H2L6	269±24	647±7	17.4±1.6
	H2L3	246±24	633±16	15.6±1.5
	H2L2	365±15	563±16	20.6±0.6
	H1L7	132 000±43 000	1.62±0.4	21.5±4.5
	H1L3	529±56	552±51	29.2±1.7

a. BIAcore 值通过与 wtIL-13 蛋白对比得到。

15.4 结语和展望

抗体人源化的目的是为了生产一种尽可能接近人类自身抗体的分子——理想化的人类种系抗体——但保留了亲本非人类抗体的结合特性和生物活性。第一个抗体人源化项目的缺点之一是在进行了 CDR 移植之后出现了亲和力的丧失，而需要再进行回复突变以恢复亲本分子的亲和力，从而增加了最终人源化抗体中非人类氨基酸的数量。

在过去的 25 年里，从第一篇关于 CDR 移植的论文发表以来[6]，抗体工程领域已经在技术和基础性研究等方面取得了巨大的突破，这些进步为最初 CDR 移植方法的实质性改进提供了基础。通过使用本章节所描述的方法，我们在许多项目（超过一半）中都保留了亲本非人类分子的亲和力，而不再需要进行回复突变，尤其是对那些结合亲和力在低纳摩尔级或者高皮摩尔级范围内的抗体而言。近几年来，抗体工程领域的进展也导致了人源化抗体中 CDR 所含有的人类成分的增加。典型的 CDR 移植方案不对亲本非人类抗体的 CDR 进行修饰，但后者因携带非人类氨基酸而存在引起免疫原性反应的风险。最近，研究人员开发了一种方法来识别 CDR 中的非人类氨基酸残基和（或）能够引起免疫原性反应的位点，并在不影响结合能力的情况下将其突变为人类种系基因氨基酸残基[41,42]。本章节未对将 CDR 中的人类种系氨基酸残基进行最大化的方法流程进行描述，但值得一提的是，经过“CDR-后移植”工程技术获得的抗体与种系基因抗体很接近，与从转基因小鼠或人类抗体库中获得的抗体没有差别。

展望未来，除小鼠和大鼠以外的其他物种，包括兔、鸡、美洲驼、鲨鱼等——它们原本是用来获得单克隆抗体的物种——正在为开发以抗体为基础的药物提供原材料，这些抗体将用来治疗癌症、免疫紊乱和病毒感染等相关疾病。兔和鸡等物种具有与小鼠不同的抗体多样化机制，因此有可能产生针对靶抗原和表位的经传统杂交技术无法获得的抗体。人源化是将这些独特性抗体转化为药物的关键技术。在某些情况下，对这些物种的抗体进行人源化是一项挑战。例如，鸡所产生的抗体是 Lambda 型抗体，而本章节并未对此类抗体的相关内容进行阐述，因为绝大多数已上市的治疗性抗体和处于发展阶段的抗体都是在小鼠体内获得的 Kappa 型抗体。因此，鉴于除小鼠以外的其他物种正在成为特定 V 基因的主流来源，以及人们对可开发性和疗效更强的基于抗体的药物的需求不断增加，可以预测在未来的几年中抗体人源化技术将会取得更大的进展。

（庞永胜 译　张建民 校）

参 考 文 献

1. Nelson A, Dhimolea E, Reichert J. Development trends for human monoclonal antibody therapeutics. *Nat Rev Drug Discov* 2010;9:767–774.
2. Köhler G, Milstein C. Continuous cultures of fused cells secreting antibody of predefined specificity. *Nature* 1975;256:495–497.
3. Morrison SL, Johnson MJ, Herzenberg LA, Oi VT. Chimeric human antibody molecules: Mouse antigen-binding domains with human constant region domains. *Proc Natl Acad Sci U S A* 1984;81(21):6851–6855.

4. Mirick GR, Bradt BM, Denardo SJ, Denardo GL. A review of human anti-globulin antibody (HAGA, HAMA, HACA, HAHA) responses to monoclonal antibodies. Not four letter words. *Q J Nucl Med Mol Imaging* 2004;48(4):251–257.
5. Wagner CL, Schantz A, Barnathan E, Olson A, Mascelli MA, Ford J, Damaraju L, Schaible T, Maini RN, Tcheng JE. Consequences of immunogenicity to the therapeutic monoclonal antibodies ReoPro and Remicade. *Dev Biol (Basel)* 2003;112:37–53.
6. Jones PT, Dear PH, Foote J, Neuberger MS, Winter G. Replacing the complementarity-determining regions in a human antibody with those from a mouse. *Nature* 1986;321(6069):522–525.
7. Riechmann L, Clark M, Waldmann H, Winter G. Reshaping human antibodies for therapy. *Nature* 1988;332(6162):323–327.
8. Lundin J, Kimby E, Bjorkholm M, Broliden PA, Celsing F, Hjalmar V, Mollgard L, et al. Phase II trial of subcutaneous anti-CD52 monoclonal antibody alemtuzumab (CamPath-1H) as first-line treatment for patients with B-cell chronic lymphocytic leukemia (B-CLL). *Blood* 2002;100(3):768–773.
9. Queen C, Schneider WP, Selick HE, Payne PW, Landolfi NF, Duncan JF, Avdalovic NM, Levitt M, Junghans RP, Waldmann TA. A humanized antibody that binds to the interleukin 2 receptor. *Proc Natl Acad Sci USA* 1989;86(24):10029–10033.
10. Mottershead M, Neuberger J. Daclizumab. *Expert Opin Biol Ther* 2007;7(10):1583–1596.
11. Almagro JC, Fransson J. Humanization of antibodies. *Front Biosci* 2008;13:1619–1633.
12. Padlan EA. A possible procedure for reducing the immunogenicity of antibody variable domains while preserving their ligand-binding properties. *Mol Immunol* 1991;28(4–5):489–498.
13. Groot ASD, Goldberg M, Moise L, Martin W. Evolutionary deimmunization: An ancillary mechanism for self-tolerance? *Cell Immunol* 2006;244:148–153.
14. Kashmiri SV, De Pascalis R, Gonzales NR, Schlom J. SDR grafting—A new approach to antibody humanization. *Methods* 2005;36(1):25–34.
15. Tan P, Mitchell DA, Buss TN, Holmes MA, Anasetti C, Foote J. "Superhumanized" antibodies: Reduction of immunogenic potential by complementarity-determining region grafting with human germline sequences: Application to an anti-CD28. *J Immunol* 2002;169(2):1119–1125.
16. Lazar GA, Desjarlais JR, Jacinto J, Karki S, Hammond PW. A molecular immunology approach to antibody humanization and functional optimization. *Mol Immunol* 2007;44(8):1986–1998.
17. Pelat T, Bedouelle H, Rees AR, Crennell SJ, Lefranc MP, Thullier P. Germline humanization of a non-human primate antibody that neutralizes the anthrax toxin, by *in vitro* and *in silico* engineering. *J Mol Biol* 2008;384:1400–1407.
18. Jespers LS, Roberts A, Mahler SM, Winter G, Hoogenboom HR. Guiding the selection of human antibodies from phage display repertoires to a single epitope of an antigen. *Biotechnology (N Y)* 1994;12(9):899–903.
19. Dall'Acqua WF, Damschroder MM, Zhang J, Woods RM, Widjaja L, Yu J, Wu H. Antibody humanization by framework shuffling. *Methods* 2005;36(1):43–60.
20. Altschul S, Madden T, Schäffer A, Zhang J, Zhang Z, Miller W, Lipman D. Gapped BLAST and PSI-BLAST: A new generation of protein database search programs. *Nucleic Acids Res* 1997;25:3389–3402.
21. Fransson J, Teplyakov A, Raghunathan G, Chi E, Cordier W, Dinh T, Feng Y, et al. Human framework adaptation of a mouse anti-human IL-13 antibody. *J Mol Biol* 2010;398:214–231.
22. Wu TT, Kabat EA. An analysis of the sequences of the variable regions of Bence Jones proteins and myeloma light chains and their implications for antibody complementarity. *J Exp Med* 1970;132(2):211–250.
23. Amzel L, Poljak R. Three-dimensional structure of immunoglobulins. *Annu Rev Biochem* 1979;48:961–997.
24. Chothia C, Lesk AM. Canonical structures for the hypervariable regions of immunoglobulins. *J Mol Biol* 1987;196(4):901–917.

25. Al-Lazikani B, Lesk AM, Chothia C. Standard conformations for the canonical structures of immunoglobulins. *J Mol Biol* 1997;273(4):927–948.
26. Foote J, Winter G. Antibody framework residues affecting the conformation of the hypervariable loops. *J Mol Biol* 1992;224(2):487–499.
27. Robinson N. Protein deamidation. *Proc Natl Acad Sci U S A* 2002;99:5283–5288.
28. Trevino SR, Scholtz JM, Pace CN. Measuring and increasing protein solubility. *J Pharm Sci* 2008;97(10):4155–4166.
29. Chennamsetty N, Helk B, Voynov V, Kayser V, Trout BL. Aggregation-prone motifs in human immunoglobulin G. *J Mol Biol* 2009;391(2):404–413.
30. Chennamsetty N, Voynov V, Kayser V, Helk B, Trout BL. Design of therapeutic proteins with enhanced stability. *Proc Natl Acad Sci USA* 2009;106(29):11937–11942.
31. Chennamsetty N, Voynov V, Kayser V, Helk B, Trout BL. Prediction of aggregation prone regions of therapeutic proteins. *J Phys Chem B* 2010;114(19):6614–6624.
32. Berman HM, Westbrook J, Feng Z, Gilliland G, Bhat TN, Weissig H, Shindyalov IN, Bourne PE. The Protein Data Bank. *Nucleic Acids Res* 2000;28:235–242.
33. Almagro J, Beavers M, Hernandez-Guzman F, Shaulsky J, Butenhof K, Maier J, Kelly K, et al. Antibody modeling assessment. *Proteins* 2011;79:3050–3066.
34. Tomlinson IM, Cox JP, Gherardi E, Lesk AM, Chothia C. The structural repertoire of the human V kappa domain. *EMBO J* 1995;14(18):4628–4638.
35. North B, Lehmann A, Dunbrack RL Jr. A new clustering of antibody CDR loop conformations. *J Mol Biol* 2011;406(2):228–256.
36. Glanville J, Zhai W, Berka J, Telman D, Huerta G, Mehta GR, Ni I, et al. Precise determination of the diversity of a combinatorial antibody library gives insight into the human immunoglobulin repertoire. *Proc Natl Acad Sci USA* 2009;106:20216–20221.
37. Almagro JC, Hernandez I, Ramirez MC, Vargas-Madrazo E. The differences between the structural repertoires of IGHV germ-line gene segments of mice and humans: Implication for the molecular mechanism of the immune response. *Mol Immunol* 1997;34:1199–1214.
38. Almagro JC, Hernandez I, Ramirez MC, Vargas-Madrazo E. Structural differences between the repertoires of mouse and human germline genes and their evolutionary implications. *Immunogenetics* 1998;47:355–363.
39. Stemmer WP, Crameri A, Ha KD, Brennan TM, Heyneker HL. Single-step assembly of a gene and entire plasmid from large numbers of oligodeoxyribonucleotides. *Gene* 1995;164:49–53.
40. Sheeley D, Merrill B, Taylor L. Characterization of monoclonal antibody glycosylation: Comparison of expression systems and identification of terminal alpha-linked galactose. *Anal Biochem* 1997;247:102–110.
41. Bernett MJ, Karki S, Moore GL, Leung IW, Chen H, Pong E, Nguyen DH, et al. Engineering fully human monoclonal antibodies from murine variable regions. *J Mol Biol* 2010;396(5):1474–1490.
42. Harding FA, Stickler MM, Razo J, DuBridge RB. The immunogenicity of humanized and fully human antibodies: Residual immunogenicity resides in the CDR regions. *MAbs* 2010;2(3):256–265.

第 16 章　抗体的未来：挑战与机遇

Gary C. Howart and Matthew R. Kaser

16.1　引言

自从 Jenner 时代以来的 200 多年，抗体已经成为生物学和医学不可或缺的研究工具。在过去的 25 年，生物医学飞速发展，抗体发挥了至关重要的作用。在医学实践中，多种疫苗已经至少在发达国家，使很多常见传染性疾病（如脊髓灰质炎、腮腺炎、麻疹、水痘）及那些在热带流行的疾病（如黄热病、伤寒、狂犬病等）得到了控制。抗体也被用作传递药物和其他化合物到达疾病部位的有力工具。

未来，虽然我们无法预知生物医学新的发现，但是抗体一定仍然是不可忽视的多用途和强效的生物制剂。事实上，抗体未来的发展方向是可以预知的（参阅 Baker[1]）。目前，抗体主要应用于酶联免疫吸附试验（ELISA）、蛋白质印迹（Western blot）、免疫组织化学和流式细胞术，这些重要方法在未来的研究中必将继续发挥抗体强大的作用。除此以外，制备和运用抗体的新方法仍将被不断发现和改善。本章将指出几个令人激动的抗体发展的领域，本章末的参考文献将为读者提供更多的信息。

16.2　抗体的新来源

16.2.1　从转基因动物制备全人源抗体

目前面临的由其他物种制备的抗体对人类的免疫原性问题，在未来可以通过使用转基因动物得到部分的解决（参阅 Lonberg 的综述[2]）。利用转基因的小鼠产生的全人源抗体应用在临床，可以被机体视为“自身的”，而不会引起排斥反应。

16.2.2　基因免疫制备抗体

目前，蛋白质通常被作为抗原，诱发免疫反应产生抗体，蛋白抗原必须足量，并保证一定的纯度。Tang 等[3]证实可以用编码相关抗原的基因进行动物免疫，以替代蛋白质，解决蛋白质在分离、纯化及产量方面所面临的问题。将编码蛋白质的 DNA 首先包被到金微粒上，并用来免疫动物。在体内，该系统从本质上模拟了机体感染病毒颗粒的反应，金微粒可利用宿主细胞本身的蛋白质表达机制合成蛋白质，诱导抗体反应。这个策略目前已经被许多研究团队所采用（参阅 Chambers 和 Johnston 的文献综述[4]）。

16.2.3 从植物制备抗体

植物为生产抗体和其他多肽类分子提供了许多便利。植物的价格低廉，转化也简单，并且没有如使用动物那样而涉及的伦理问题。不过用植物制备的抗体的纯化问题还有一些挑战[5~7]。

从植物中制造抗体的相关研究最初是在转基因烟草植物上开展的[8]。研究人员分别用植物表达生产了一条小鼠单克隆抗体的κ链、一条杂交的重链、连接链和一个兔的抗体分泌片段。当将这些植物适当地杂交之后，这 4 种蛋白链将组装成一个有功能的免疫球蛋白分子。

16.2.4 人源化抗体

目前，治疗性抗体作为治疗恶性肿瘤和自身免疫病的药物已经发展得非常迅速，其中有很多抗体药物已获得了批准，用于临床，如 adalimumab 和 rituximab[9,10]。尽管治疗性抗体有很好的前景，但它们本身也是免疫原，患者的免疫系统将会试图清除进入机体的治疗性抗体，从而会大大缩短其在体内的半衰期，也同时影响治疗效果。显而易见，如果能制备出不被人类免疫系统识别的人源化抗体，将对治疗性抗体的疗效至关重要。

将从小鼠或其他动物产生的抗体进行人源化改造的策略是基于对不同物种抗体的功能区和骨架区的序列比较分析[11~13]。这些序列在生物进化过程中的保守性是有所差别的，而我们需要从中找到那些高度保守的区域予以改造，通常可能只要改变少数几个氨基酸，就能极大地减小基因工程抗体的免疫原性。更多的信息可参阅 Ross 等[14]和 Villamor 等[15]的综述。

16.2.5 高亲和多聚体：抗体替代物

尽管近年来抗体已经发展成为人们广泛应用的必需、高效、灵活的分子工具，但某些特性仍然限制了抗体的应用。例如，利用哺乳动物系统制备的抗体成本高，而原核表达的抗体则缺少必要的糖基化修饰。此外，抗体不能有效通过机体的血脑屏障或其他屏障，这也是目前面临的重要问题之一。

未来解决抗体应用面临的这些问题的突破口，可能来自一种高亲和多聚体结合蛋白（avimer）[16]。Avimers 是一类基因工程的蛋白质分子，它们是由几个人类细胞表面受体的 A-功能区聚合而成的多聚体分子，其结合部位可以识别一种或多种表位。

16.3 使用抗体的新途径

16.3.1 抗体片段和单功能区

抗体的大小经常会限制它们的用途。在很多情况下，较小的分子往往具有更大的优势。因此，基因工程的抗体片段（如 Fab）和单结构域抗体引起了人们极大的关注和兴趣。这些片段在保留了完整抗体与抗原结合的亲和力的同时，能进入完整抗体无法到达的抗原部位的能力，如一些管腔（参见 Hudson 和 Souriau[17]及 Holliger 和 Hudson[18]的综述）。但是这些抗体片段仍然难以得到有效的产量。最近有研究报道了一种只含重链的抗体，它们具有临床治疗应用的潜力（参阅 Brüggemann 等[19]和 Ménoret 等[20]的报道），而且基因重组的方式解决了抗体生产量的问题。

目前人们关注的较小的抗体片段有几种。最早期研究集中于抗体酶解产生的 Fab 片段和 Fc 片段。尽管抗体的 Fc 区有维持完整抗体分子的稳定性，以及与补体及细胞表面受体结合的功能，但在许多情况下，这些功能不是必需的，可以将其去除。最近，抗体的 Fv 片段已使得人们有更多的选择。用基因工程的方法将不同的 Fv 片段连接成含有多个 Fv 功能区的单一分子，可以增加其结合亲和力并改善一些其他特性。

16.3.2　抗体和蛋白质组学

目前抗体已经被应用到芯片技术中进行蛋白质组学研究[21~23]。但是，在芯片技术中，由于蛋白质具有一定的局限性，一些学者已经开始用被称之为适配子的小 DNA 或 RNA 寡核苷酸，作为抗体的模拟物来替代抗体[24]。此外，适配子可以用基因工程的方法在其核酸上加入报告分子部分，这样它们不仅可以用在蛋白质芯片技术中，并且在 ELISA 和 Western blot 中均能广泛使用。

16.3.3　杂合和嵌合抗体的构建

基因重组技术使我们现在能够构建一个杂合分子或者嵌合分子。例如，现已研发出可以更好靶向肿瘤的三价抗体[25]。也有人将抗体的抗原（或配体）结合活性与另一种蛋白分子相结合，例如，抗体的抗原结合部分与 G 蛋白偶联受体的跨膜片段相结合，制造出一种门控分子，它可通过对内源性或灌注的可溶性抗原或配体的应答反应，将离子或药物注入细胞内。

我们也期待抗体在生物技术领域、微电子及纳米电子领域的交叉渗透越来越多。例如，可将抗体的 Fab 功能区与电路相偶联，这样抗体的抗原或配体结合片段就能够起到分子开关作用，依据细胞内配体浓度的变化，将治疗性药物泵入细胞内。同样的，这样的系统也可用于体外甚至体内的诊断，以检测可溶性抗原含量的改变。

最近几个主要研究所的研究结果显示了嵌合抗体在诊断方面的可喜结果。例如，将抗体、抗体片段或抗原与量子团或其他的纳米粒子偶联，可以用于检测分子标志物是否存在。

16.3.4　DNA 疫苗

在 DNA 疫苗技术中，金颗粒或其他微粒上包被有含目的抗原和控制序列的环状 DNA，使其能在哺乳动物细胞中表达。除此之外，腺病毒也被用作抗原基因的载体（有关综述见 Liu[26]）。利用这种 DNA 疫苗治疗包括各种癌症、艾滋病（人免疫缺陷病毒 HIV）、老年痴呆症在内的许多疾病，都已经得到了一些可喜的结果[27~30]。

然而，DNA 疫苗仍面临着一些复杂而且关键的挑战。癌症既可以由正常蛋白质表达机制的失控引起，也可能是基因突变引起。这种突变会导致产生癌基因激活或肿瘤抑制基因的失活，也有可能是一些与癌症无关的基因重组。为了与这些蛋白质相抗争，抗体必须针对正常蛋白质，但其活性必须得到控制。相似地，自身免疫疾病的发生是由于机体免疫系统将自己作为非己识别，攻击和破坏自身健康细胞及组织。如果能在疾病发生前就了解引起这种免疫反应的抗原或抗原表位，将会帮助我们设计治疗方法，防止易感个体发生这种自身免疫反应。

16.3.5 抗体的其他应用

每个免疫球蛋白分子，或者更具体地说，是每个免疫球蛋白的功能区都是独特的，这种基因重排产生的高度的多样性使其具有与所有自然界中存在的抗原表位结合的能力。抗体的这种高特异性结合抗原分子的特性类似于在解剖学上“钥与匙”的配对，能被用作分子开关，使它们可能在纳米技术中得到应用。

迄今，抗体对于确证靶标、深入进行药物研发[31]及肿瘤免疫治疗诸方面皆十分有用[32~34]。

此外，体细胞亲和力成熟这一过程能够使免疫球蛋白可变区精准地根据与之结合的分子的不同结构，选出在理论上匹配度最高的相互作用序列。如此强大的一种分子工具无疑在未来有很多目前还难以想象的用途，例如，可以用来去除液体中的毒素。通过基因重组产生巨大的免疫球蛋白基因文库，然后再与信号转导分子进行重组，后者又能与电子物质相连。这样的生物硅芯片可以通过对已知有害毒素或有益化合物的结合活性进行相关分子的筛选，以便从承载的介质中将它们去除或纯化。其他的转导系统还可以包含电子传递系统，使植物黄烷类物质变颜色。这样的生物芯片还可以用于检测由空气传播的病原体，检测的速度至少与传统的酶联免疫吸附试验（ELISA）一样快，而且具有小型化及高敏感性的优点。这项技术正引起政府的农业和国防部门及植物生物技术产业的广泛关注。

还有一种被称为拟单克隆抗体（pseudo-monoclonal）的方法，利用原核系统生产免疫球蛋白，这样会大大降低抗体的成本。每个克隆的产物可以选择性地结合到硅胶芯片上的单个位点，这样就省略了对每个克隆进行分别纯化和鉴定的步骤。不能和目的抗原结合的克隆可以丢弃或收集起来进行其他的筛选。

蛋白质工程和生产能力方面的改进使生产出大量的、成本很低的抗体成为可能。如果单克隆抗体、多克隆抗体或合成抗体可以最终实现工业化生产（千克级乃至吨级），它们的许多应用也会应运而生。例如，一种抗“赤潮”毒素的抗体已被研制，通过使用已经开发用于农作物喷粉的喷雾技术，就可用于中和甚至清除大海中的赤潮毒素，消除其对世界渔业和珊瑚的巨大威胁。

16.4　展望

未来会怎样？从 Jenner 为了对抗天花的威胁而采用减毒活疫苗的先驱性探索至今，生物医药科学已经历了漫长岁月的发展。尽管 Jenner 至死也不知道疫苗接种后机体内抗击天花病毒的分子机制，但他的早期探索却让人们发现一种能预防这种令人畏惧的疾病的“魔力子弹”。这颗“魔力子弹”就是我们今天所说的抗体。Jenner 那个时代的人们肯定想象不到当今时代抗体的大多数用途，也正如我们今天不可能预测到抗体在未来的用处。但是不可否认的是我们现在所讨论的许多当代抗体技术，在未来仍将继续运用很长一段时期。我们更期望本书的内容能对今天的生物医学研究人员运用即将来临的技术提供帮助。

（章静波 译　陈实平 校）

参考文献

1. Baker M. 2005. Upping the ante on antibodies. *Nat Biotech* 23:1065–1072.
2. Lonberg N. 2005. Human antibodies from transgenic animals. *Nat Biotech* 23:1117–1125.
3. Tang DC, DeVit M, Johnston SA. 1992. Genetic immunization is a simple method for eliciting an immune response. *Nature* 356:152–154.
4. Chambers RS, Johnston SA. 2003. High-level generation of polyclonal antibodies by genetic immunization. *Nat Biotech* 21:1088–1092.
5. Hiatt A. 1990. Antibodies produced in plants. *Nature* 334:469–470.
6. Giddings G, Allison G, Brooks D, Carter A. 2000. Transgenic plants as factories for biopharmaceuticals. *Nat Biotech* 18:1151–1155.
7. Arntzen C, Plotkin S, Dodet B. 2005. Plant-derived vaccines and antibodies: Potential and limitations. *Vaccine* 23:1753–1756.
8. Ma JK, Hiatt A, Hein M, Vine ND, Wang F, Stabila P, van Dolleweerd C, Mostov K, Lehner T. 1995. Generation and assembly of secretory antibodies in plants. *Science* 268:716–719.
9. Rau R. 2002. Adalimumab (a fully human anti-tumour necrosis factor α monoclonal antibody) in the treatment of active rheumatoid arthritis: The initial results of five trials. *Ann Rheum Dis* 61, ii70.
10. Rizvi SA, Bashir K. 2004. Other therapy options and future strategies for treating patients with multiple sclerosis. *Neurology* Dec 28, 63(6):S47–S54.
11. Bucher P, Morel P, Bühler LH. 2003. Xenotransplantation: An update on recent progress and future perspectives. *Transplant Int* 18:894–901.
12. Krauss J, Arndt MAE, Martin ACR, Liu H, Rybak SM. 2003. Specificity grafting of human antibody frameworks selected from a phage display library: Generation of a highly stable humanized anti-CD22 single-chain Fv fragment. *Prot Engineer* 16:753–759.
13. Hwang WY, Almagro JC, Buss TN, Tan P, Foote J. 2005. Use of human germline genes in a CDR homology-based approach to antibody humanization. *Methods* 36:35–42.
14. Ross et al. 2005. Antibody-based therapeutics: Focus on prostate cancer. *Cancer Metastasis Rev* 24(4):521–537.
15. Villamor N, Montserrat E, Colomer D. 2003. Mechanism of action and resistance to monoclonal antibody therapy. *Semin Oncol* 30(4):424–433.
16. Jiong KJ, Mabry R, Georgiou G. 2005. Avimers hold their own. *Nat Biotech* 23:1493–1494.
17. Hudson PJ, Souriau C. 2003. Engineered antibodies. *Nat Med* 9:129–134.

18. Holliger P, Hudson PJ. 2005. Engineered antibody fragments and the rise of single domains. *Nat Biotech* 23:1126–1136.
19. Brüggemann et al. 2006. H-chain-only antibody expression and β-cell development in the mouse. *Crit Rev Immunol* 26:377–390.
20. Ménoret S, Iscache AL, Tesson L, Rémy S, Usal C, Osborn MJ, Cost GJ, Brüggemann M, Buelow R, Anegon I. 2010. Characterization of immunoglobulin heavy chain knockout rats. *Eur J Immunol* 40(10):2932–2941.
21. Michaud GA, Salcius M, Zhou F, Bangham R, Bonin J, Guo H, Snyder M, Predki PG, Schweitzer BI. 2003. Analyzing antibody specificity with whole proteome microarrays. *Nat Biotech* 21:1509–1512.
22. Bradbury AR, Velappan N, Verzillo V, Ovecka M, Marzari R, Sblattero D, Chasteen L, Siegel R, Pavlik P. 2004. Antibodies in proteomics. *Methods Mol Biol* 248:519–546.
23. Uhlen M, Ponten F. 2005. Antibody-based proteomics for human tissue profiling. *Mol Cell Proteomics* 4:384–393.
24. Hamaguchi N, Ellington A, Stanton M. 2001. Aptamer beacons for the direct detection of proteins. *Anal Biochem* 294:126–131.
25. Cuesta AM, Sainz-Pastor N, Bonet J, Oliva B, Alvarez-Vallina L. 2010. Multivalent antibodies: When design surpasses evolution. *Trends Biotechnol* 28:355–362.
26. Liu, MA. 2003. DNA vaccines: A review. *J Int Med* 253:402–410.
27. Schellekens H. 2002. Immunogenicity of therapeutic proteins: Clinical implications and future prospects. *Clin Therapeut* 24:1720–1740.
28. Brekke OH, Sandlie I. 2003. Therapeutic antibodies for human diseases at the dawn of the twenty-first century. *Nat Rev Drug Discov* 2:52–62.
29. Presta L. 2003. Antibody engineering for therapeutics. *Curr Opin Struct Biol* 13:519–526.
30. Nabel GJ. 2004. Genetic, cellular and immune approaches to disease therapy: Past and future. *Nat Med* 10:135–141.
31. Lawson AD. 2012. Antibody-enabled small-molecule drug discovery. *Nat Rev Drug Discov* 11:519–525.
32. Murad JP, Lin OA, Paez Espinosa EV, Khasawneh FT. 2013. Current and experimental antibody-based therapeutics: Insights, breakthroughs, setbacks and future directions. *Curr Mol Med* 13:165–178.
33. Hong CW, Zeng Q. 2012. Awaiting a new era of cancer immunotherapy. *Cancer Res* 72:3715–3719.
34. Weiner LM, Murray JC, Shuptrine CW. 2012. Antibody-based immunotherapy of cancer. *Cell* 148:1081–1084.